LEÇONS DE CHIMIE

POUR LA CLASSE DE

MATHÉMATIQUES SPÉCIALES

RÉDIGÉES A L'USAGE DES CANDIDATS

A L'ÉCOLE POLYTECHNIQUE ET A L'ÉCOLE NORMALE SUPÉRIEURE

POUVANT ÊTRE UTILES AUSSI AUX CANDIDATS

A l'École centrale et aux Écoles préparatoires à l'École des mines et à l'École des ponts et chaussées

PAR

F.-E. ADAM

Agrégé des sciences physiques
Professeur au lycée Saint-Louis

PARIS

LIBRAIRIE CH. DELAGRAVE

15, RUE SOUFFLOT, 15

LEÇONS DE CHIMIE

COULOMMIERS
Imprimerie Paul Brodard.

LEÇONS

DE CHIMIE

POUR LA CLASSE DE

MATHÉMATIQUES SPÉCIALES

RÉDIGÉES A L'USAGE DES CANDIDATS

A L'ÉCOLE POLYTECHNIQUE ET A L'ÉCOLE NORMALE SUPÉRIEURE

POUVANT ÊTRE UTILES AUSSI AUX CANDIDATS

à l'École centrale et aux Écoles préparatoires à l'École des mines
et à l'École des ponts et chaussées

PAR

F.-E. ADAM

Agrégé des sciences physiques
Ancien professeur au collège Stanislas
Professeur au lycée Saint-Louis

PARIS
LIBRAIRIE CH. DELAGRAVE
15, RUE SOUFFLOT, 15

AVANT-PROPOS

Ces *Leçons de chimie pour la classe de mathématiques spéciales* diffèrent des cours ou traités publiés jusqu'à ce jour, en ce qu'elles ont été *réellement* professées depuis six ans dans les classes pour lesquelles on vient de les rédiger. Les résultats plus qu'encourageants qu'elles ont donnés[1] laissent espérer qu'elles peuvent être utiles aux élèves.

On s'est attaché à présenter les propriétés des corps dans l'ordre où elles peuvent être retenues le plus facilement et où elles passent du simple au compliqué. C'est ainsi que la connaissance des propriétés chimiques essentielles exposées d'abord, éclaire complètement la préparation des corps dans les laboratoires ou leur production industrielle.

On s'est efforcé d'apporter de la précision dans l'étude fondamentale de la composition des corps, en insistant sur la synthèse directe quand elle est possible, ou sur les méthodes de décomposition les plus propres à démontrer que telle substance composée donnée, dont la synthèse n'est pas possible, ne renferme bien que les éléments qu'on y annonce. On a cru combler ainsi de certaines lacunes constatées dans la plupart des ouvrages d'enseignement élémentaire.

1. *Concours général* dans les classes de Mathématiques spéciales : 1899, 1er prix et 2e prix (le 1er à l'École polytechnique); 1900, 1er prix (le 1er à l'École centrale); 1901 : 1er prix (le 1er à l'École préparatoire à l'École des Mines).

On a introduit des signes très clairs pour l'intelligence des réactions :

⇄ indique une réaction pouvant donner lieu à la réaction inverse, qu'il suffira de lire de droite à gauche;

↑ indique un dégagement gazeux;

↷ indique la distillation d'un liquide ou d'un solide;

↓ indique enfin une précipitation.

On a souligné les parties saillantes du texte de manière à rendre la lecture très rapide dans une revision des connaissances acquises.

On a tenu compte dans la rédaction des « Leçons » des découvertes les plus récentes, en s'arrêtant au 1er mai 1902.

F.-E. A.

LEÇONS DE CHIMIE

POUR

LA CLASSE DE MATHÉMATIQUES SPÉCIALES

LIVRE I

GÉNÉRALITÉS

PREMIÈRE LEÇON

Phénomènes chimiques : combinaison ou synthèse, décomposition ou analyse. — Étude d'un corps au point de vue physique. Cristallisation. Dimorphisme. Isomorphisme.

I. — Phénomènes chimiques : combinaison ou synthèse, décomposition ou analyse.

Dans l'action de la chaleur sur un fragment de soufre, on peut constater un accroissement de volume de ce fragment, son passage à l'état liquide à une température déterminée, l'accroissement de volume du soufre liquide, son passage à l'état gazeux par l'ébullition à une autre température déterminée, enfin l'accroissement de volume de la vapeur de soufre sous la pression constante à laquelle on opère. Mais par le refroidissement, les phénomènes observés de dilatation ou de changements d'état disparaîtront; la vapeur de soufre diminuera de volume, se condensera à l'état liquide; le soufre liquide diminuera de volume, se solidifiera; le soufre solide diminuera de volume, jusqu'à ce que la matière soit revenue à la température ordinaire du fragment de soufre primitif. Les phénomènes observés tout d'abord étaient dus à l'absorption par le soufre d'une certaine quantité déterminée de chaleur; ils ont disparu quand la matière, par le refroidissement, a perdu cette quantité de chaleur. — De plus les phénomènes observés se sont produits sans changement dans la masse du soufre. Ces phénomènes sont alors des *phénomènes physiques* présentant les deux caractères suivants : *ils se produisent sans changement de masse* dans la matière, *ils disparaissent avec la cause* qui les a produits.

Fig. 1. — Combustion du fer dans l'oxygène.

Si on brûle un ruban de fer dans un flacon de gaz oxygène, il y a transformation permanente du fer en globules d'oxyde salin de fer dont la masse est plus grande que celle du fer employé; il y a eu accroissement de la masse du fer par la fixation d'une masse d'oxygène déterminée, laquelle a disparu du flacon : il y a eu *combinaison* du fer avec le gaz oxygène; on a réalisé une *synthèse de l'oxyde salin de fer*. — Si maintenant on pulvérise l'oxyde de fer obtenu, qu'on le place dans un tube de verre, que l'on fasse passer un courant de gaz hydrogène, et que l'on chauffe l'oxyde, après un temps suffisamment long, la matière solide sera redevenue du fer métallique avec la masse du fer primitif et la propriété de pouvoir brûler de nouveau dans l'oxygène : il y a eu *décomposition* de l'oxyde salin de fer, en le fer qui reste, et en oxygène qui a été enlevé par le gaz hydrogène; on a réalisé une *analyse de l'oxyde salin de fer*. — Dans le cours de l'expérience précédente, il s'est dégagé de la partie effilée du tube une buée qui recueillie sur un vase froid présente alors tous les caractères de l'eau

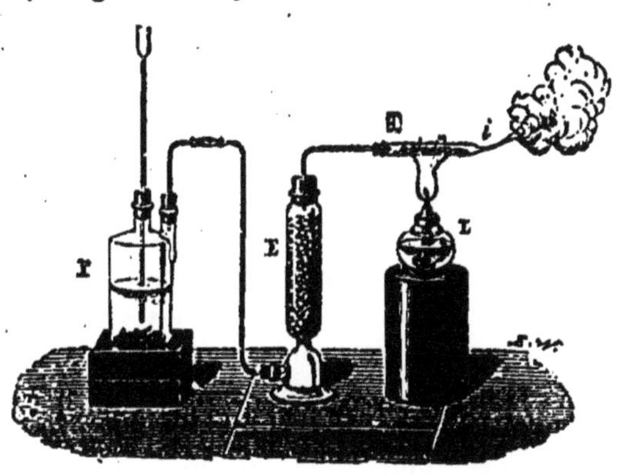

Fig. 2. — Réduction de l'oxyde de fer par l'hydrogène.

pure : il y a eu *combinaison* du gaz hydrogène avec l'oxygène fixé sur le fer; on a réalisé une *synthèse de l'eau.* — De l'eau pure, additionnée d'un peu d'acide sulfurique, et soumise dans le voltamètre au passage d'un courant électrique assez intense, pourrait disparaître complètement en donnant uniquement du gaz hydrogène à la catode et de l'oxygène à l'anode : il y aurait eu *décomposition* de l'eau par le courant électrique; on aurait réalisé une *analyse de l'eau.*

Or ces phénomènes de combinaison et de décomposition sont en général permanents, et la masse de la matière solide ou liquide en expérience varie quand il y a fixation d'un corps gazeux, ou mise en liberté d'un corps gazeux. Ces phénomènes seront des PHÉNOMÈNES CHIMIQUES, qui présentent encore d'autres caractères plus nets : soit un *mélange* de soufre, en poudre jaune aussi fine que possible, et de cuivre, en limaille rouge aussi fine que possible également; ce mélange pourra avoir une *apparence homogène*, mais on y distinguera au microscope les grains de soufre des grains de cuivre ; le mélange aura des propriétés moyennes comme la couleur jaune plus ou moins rouge, avec conservation d'autres propriétés pour chacun des composants : en particulier le soufre du mélange restera soluble dans le sulfure de carbone et pourra être facilement séparé du cuivre par ce dissolvant; un thermomètre introduit dans le mélange n'indiquerait aucune variation de température; et enfin les proportions du mélange peuvent être quelconques. — Mais si nous chauffons le mélange, il y aura combustion des grains de cuivre au contact du soufre liquide ou en vapeurs; il restera une matière noirâtre *homogène* à *propriétés complètement différentes* de celles du soufre ou du cuivre, dont la séparation deviendra alors difficile; il y a eu un *grand dégagement de chaleur* montré par l'incandescence du cuivre; enfin le *rapport des masses de soufre* et de cuivre qui se sont unies est *complètement déterminé :* soit 32 grammes de soufre pour 63 × 2 de cuivre; si le mélange contenait une plus forte proportion de soufre, l'excès de soufre

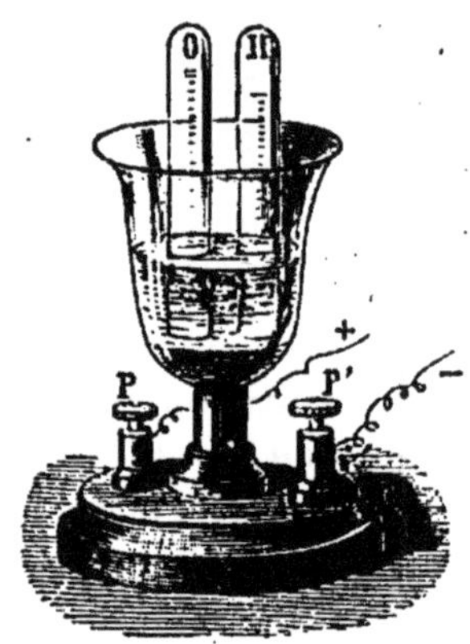

Fig. 3. — Décomposition de l'eau par le courant électrique.

serait resté libre et aurait pu être séparé facilement, soit par distillation, soit par dissolution dans le sulfure de carbone. On dit alors qu'il y a eu RÉACTION CHIMIQUE entre le soufre et le cuivre. — La réaction chimique se distingue alors de l'opération du simple mélange des corps par les TROIS CARACTÈRES SUIVANTS : *changement brusque des propriétés* des corps qui réagissent; *effet thermique en général,* lequel est le plus souvent un dégagement de chaleur, mais qui peut quelquefois être une absorption de chaleur; enfin *rapport défini entre les masses* qui réagissent.

On appelle *corps simple* ou *élément* toute substance dont on n'a pu jusqu'ici, par tous les essais de décomposition, retirer qu'une espèce de matière : exemple, le mercure. Le nombre des corps simples est variable avec les progrès de la science; actuellement, on connaît *environ 80 éléments.* — On appelle *corps composé* ou *combinaison* toute substance dont on peut retirer plusieurs espèces de matière en *rapports de masses définis :* exemple, l'oxyde mercurique, poudre rouge qu'il suffit de chauffer pour en retirer du mercure, qui se dépose à la partie supérieure froide du tube, et du gaz oxygène capable de rallumer une allumette présentant encore un point rouge. Le nombre des corps composés est indéfiniment grand.

L'*analyse d'un composé* est la décomposition du composé en les éléments qu'il contient; la *synthèse d'un composé* est la combinaison des éléments, réalisée pour reconstituer ce composé.

La *chimie générale* étudie les propriétés des éléments; les circonstances dans lesquelles ils se combinent; les propriétés des corps composés; les circonstances dans lesquelles ils se décomposent ou réagissent entre eux et avec les éléments; en somme les propriétés physiques et chimiques des éléments et des combinaisons. — L'étude des propriétés physiques d'un corps doit précéder son étude chimique.

II. — Étude des propriétés physiques d'un corps.

On donnera l'*état physique* du corps, avec les constantes relatives à cet état, comme la *densité*, si le corps est gazeux, ou la *masse spécifique*, si le corps est solide ou liquide; puis les *propriétés organoleptiques* du corps dans l'ordre où elles sont perçues par les sens : d'abord la *couleur*, l'*éclat* ou la *forme;*

puis l'*odeur;* l'*action sur l'épiderme* s'il y a lieu; enfin les *propriétés physiologiques*, comme la toxicité.

On donnera ensuite les *changements d'état* du corps avec les constantes qui les caractérisent; et d'abord les changements d'état produits par l'*action de la chaleur seule* : ainsi on indiquera le *point de fusion* d'une substance solide, le *point d'ébullition* de la substance liquide, le *point critique* de la substance à l'état gazeux. — Puis on donnera les changements d'état produits au *contact des dissolvants* : on dira si la substance solide est *insoluble, peu soluble, assez soluble, très soluble* dans l'eau froide ou chaude, ou dans les dissolvants usuels; on *dit qu'un corps est insoluble dans l'eau,* quand il y est moins soluble que le sulfate de calcium dont 1 litre d'eau dissout environ 2 grammes. On dira si la substance liquide dissout les substances solides, ou si elle est miscible aux autres liquides. On dira enfin si le corps gazeux est insoluble, peu soluble, assez soluble, ou très soluble, dans l'eau ou les autres dissolvants; mais la *solubilité des gaz* étant très importante à considérer pour la façon dont on pourra les recueillir ou les livrer industriellement, il est nécessaire de préciser les termes précédents relatifs à la solubilité.

La solubilité d'un gaz est régie par la *loi de Henri* à laquelle on peut donner plusieurs formes :

1° *Il existe un rapport constant entre la pression p du gaz dissous considéré comme occupant seul le volume de la dissolution,* et *la pression H du gaz non dissous formant atmosphère* au-dessus de la dissolution, pourvu cependant que la température demeure constante. Ce rapport constant $\frac{p}{H} = \beta$ est le *coefficient de solubilité* du gaz dans le dissolvant donné à la température considérée. — La loi n'est exacte que pour le phénomène physique de la simple dissolution; elle ne l'est plus s'il y a combinaison chimique du gaz avec le dissolvant, ce qui est le cas en général pour les gaz très solubles.

Soit alors u le volume du dissolvant regardé comme invariable, ce qui arrivera pour les gaz peu solubles; soit v le volume qu'occuperait la masse de gaz dissoute si cette masse était mesurée sous la pression H du gaz formant atmosphère; en appliquant la loi de Mariotte aux deux états de la masse de gaz, on obtiendra : $Hv = pu$, d'où $Hv = H\beta u$, et enfin $\frac{v}{u} = \beta$. Or $\frac{v}{u}$ est le volume du gaz dissous dans l'unité de volume du dissolvant et supposé mesuré sous la pression du gaz formant atmosphère; donc :

2° *Le volume du gaz dissous dans l'unité de volume du dissolvant supposé mesuré sous la pression du gaz formant atmosphère est une constante* β, qui est encore le coefficient de solubilité du gaz dans le dissolvant à la température considérée. Ainsi quand on dit que le coefficient de solubilité d'un gaz est β, cela veut dire que β^{cmc} du gaz mesurés à la pression du gaz qui surmonte la dissolution sont dissous dans 1^{cmc} du dissolvant. A la température ordinaire, le coefficient est 0,02 pour le gaz azote dans l'eau, 0,04 pour le gaz oxygène, qui sont alors des gaz peu solubles; il est 1 pour le gaz carbonique, 4 pour le gaz sulfhydrique, qui sont des gaz assez solubles; il est 50 pour le gaz sulfureux, 500 pour le gaz chlorhydrique, 800 pour le gaz ammoniac, qui sont des gaz très solubles.

La solubilité pour un mélange de gaz est régie par *la loi de Dalton :* chacun des gaz du mélange se dissout comme s'il était seul à la pression particulière qui lui appartient dans le mélange. Le plus souvent, cette loi n'est qu'approchée comme la loi de Henri. On en fera l'application à la solubilité de l'air dans l'eau.

L'étude des propriétés physiques d'un corps suppose que le corps étudié est *pur*. Un procédé général de purification des corps solides est la cristallisation.

III. — Cristallisation; notions très élémentaires sur les systèmes cristallins.

Par le retour brusque à l'état solide d'un corps à l'état liquide ou à l'état gazeux, une substance solide a alors l'aspect d'une poudre terne ou d'un précipité gélatineux, au moins en apparence, ou encore l'aspect d'une masse à cassure terne; la substance solide est alors dite *amorphe;* dans l'*état vitreux,* qui est un cas particulier de l'état amorphe, et où les propriétés sont les mêmes dans toutes les directions, la cassure est brillante, mais elle présente alors une surface courbe; la cassure est dite *conchoïdale*.

Mais si le retour à l'état solide s'effectue avec lenteur, le plus souvent la substance solide se présente en *fragments* ayant des *formes géométriques, limitées par des surfaces planes* brillantes, n'ayant que des *angles solides convexes*, et que l'on appelle alors des *cristaux*; si on observe des angles solides rentrants dans une agglomération de cristaux, cela est dû à la juxtaposition de cristaux séparés.

Il arrive souvent que, par une altération superficielle d'une agglomération de cristaux par les agents atmosphériques, la masse solide cristallisée prenne un aspect terne comme si elle était amorphe : on reconnaîtra alors facilement l'*état cristallisé de la matière solide d'apparence amorphe* par la cassure, qui est à facettes planes et brillantes. Et la cassure s'effectue de préférence suivant des plans d'orientation déterminée, que l'on appelle des *plans de clivage*, et que l'on utilise par exemple pour le dégrossi du diamant brut.

Une substance solide donnée, qui a cristallisé dans des conditions données, a toujours une forme de cristaux qui lui est propre, et qui peut servir à reconnaître la substance solide. — Cela ne

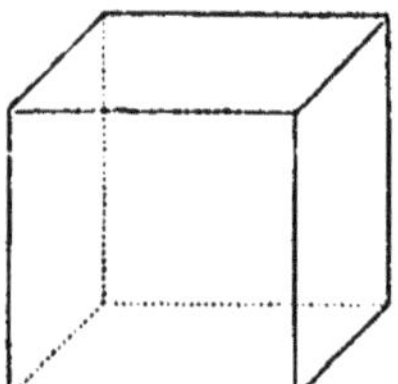

Fig. 4. — Cube.

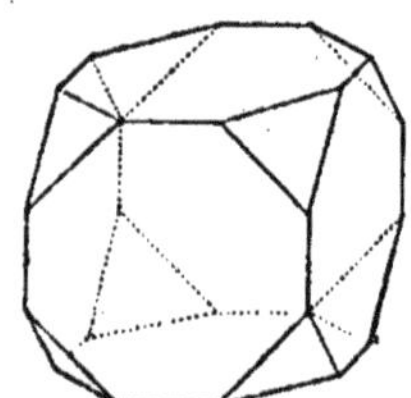

Fig. 5. — Cubo-octaèdre.

veut pas dire que tous les cristaux de la substance sont des solides semblables géométriquement; cela veut dire que tous *les cristaux de la substance peuvent se rattacher à une forme régulière unique particulière*, soit par déplacement des faces parallèlement à elles-mêmes, soit par l'apparition de facettes provenant de troncatures sur les angles solides ou sur les arêtes de la forme régulière, ces modifications produites par troncatures étant en général régies par la *loi de symétrie : toute modification se produisant sur un élément de la forme régulière*, angle solide ou arête, se *produit identiquement sur tous les autres éléments identiques*. — Ainsi, si une facette de troncature apparaît sur l'angle solide d'un cube, cette facette, si elle est seule, devra être également inclinée sur les 3 faces adjacentes, et de plus les 7 autres angles solides du cube éprouveront la même modification; il y aura ainsi sur le cube 8 facettes nouvelles, la modification de la forme cubique sera un *cubo-octaèdre*; et si la troncature s'avance vers le centre du cube primitif jusqu'à faire disparaître les 6 faces primitives, il restera une nouvelle forme à 8 faces : l'*octaèdre régulier*. On peut suivre ces variations de forme dans la *cristallisation de l'alun ordinaire*, sous de faibles influences, comme une légère alcalinité du liquide générateur. — Si une seule facette apparaît sur l'arête d'un cube, elle sera également inclinée sur les 2 faces adjacentes, et les 11 autres arêtes éprouveront la même modification ; d'où finalement, par disparition des 6 faces primitives, une nouvelle forme dérivée de la première et à 12 faces qui sont des losanges, d'où le nom de *dodécaèdre rhomboïdal* donné à cette forme, le losange étant autrefois appelé rhombe. — Le cubo-octaèdre, l'octaèdre régulier, et le dodécaèdre rhomboïdal, seront des *formes dérivées du cube* conformément à la loi de symétrie, les 6 faces du cube ayant les mêmes propriétés, les 8 angles solides du cube ayant aussi les mêmes propriétés.

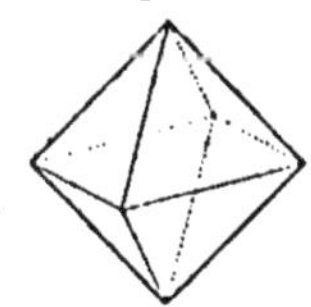
Fig. 6. — Octaèdre régulier.

Il arrive pourtant quelquefois, par exception à la loi de symétrie, que la moitié seulement des éléments de la forme régulière sont modifiés : on dit alors qu'il y a *hémiédrie ;* c'est ainsi que la silice, sous forme de *quartz*, est hémièdre. Si la moitié seulement des 8 angles solides du cube sont modifiés par une facette de troncature, par la disparition des 6 faces primitives, il restera une forme à 4 faces, le *tétraèdre régulier,* qui est une forme hémiédrique du cube. — Il arrive même, mais très rarement, que le quart des éléments d'apparence identique sont modifiés : il y a alors *tétartoédrie*.

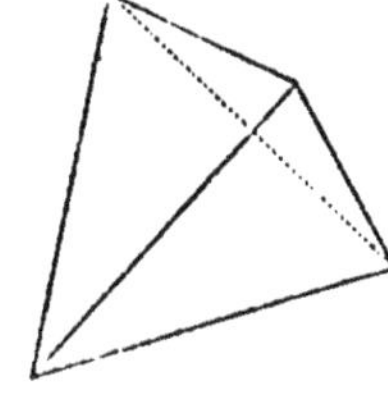
Fig. 7. — Tétraèdre régulier.

De plus, les cristaux d'une substance ne peuvent guère être des formes régulières, car *dans la croissance d'un cristal* en voie de formation, si en chaque point d'une même face il se forme un dépôt d'épaisseur constante puisqu'il n'y a alors aucune différence de propriétés ou d'orientation, ce qui produit le *déplacement de la face parallèlement à elle-même,* il se formera des dépôts d'épaisseur différente sur des faces à propriétés différentes, comme les faces primitives ou les facettes de troncature, ou sur des faces diversement orientées ; le *cristal ne restera donc pas semblable à lui-même* au sens géométrique du mot ; et alors la *forme du cristal est caractérisée uniquement par la constance des angles dièdres des faces*, qui se sont déplacées parallèlement à elles-mêmes. D'où l'*importance de la mesure des angles dièdres des cristaux* pour la recherche de la forme régulière d'où dérive le cristal par les modifications signalées.

On appelle *système cristallin* l'ensemble des formes que l'on peut faire dériver d'une forme régulière fondamentale unique, par des modifications simples sur les éléments de cette forme : c'est ainsi que le cubo-octaèdre, l'octaèdre régulier, le dodécaèdre rhomboïdal, appartiennent au système dont le cube est la forme fondamentale. On distingue les divers systèmes cristallins par la considération de droites dans la forme fondamentale que l'on appelle des *axes* : nous appellerons axe d'une forme régulière toute droite autour de laquelle les faces sont disposées symétriquement deux à deux; ainsi les 3 droites qui joignent les centres de 2 faces opposées dans le cube sont des axes du cube. Les axes de la forme régulière sont souvent ce que l'on appelle des *axes de répétition*, c'est-à-dire des droites telles qu'en faisant faire un tour entier à la forme régulière autour de ces droites, on fait reprendre à la forme régulière plusieurs fois le même aspect pour l'œil dans une position fixe. Le nombre de fois que la forme régulière reprend le même aspect donne l'*ordre de l'axe de répétition* : un axe d'un cube est un axe de répétition quaternaire. Un axe de répétition ne peut être que binaire, ternaire, quaternaire ou sénaire. — On peut choisir assez arbitrairement la forme fondamentale d'un système donné; nous prendrons toujours comme forme fondamentale un prisme, car alors les axes seront en général les droites joignant les centres des faces opposées dans la forme fondamentale régulière.

L'examen de tous les cristaux, tant naturels qu'obtenus artificiellement, a montré que les six ou sept cents formes connues se rattachaient à *six ou sept systèmes cristallins seulement*, répondant à six ou sept formes fondamentales régulières :

1° Le système *cubique* ou *régulier*, dont la forme fondamentale est le *cube*, ayant 3 axes rectangulaires égaux qui sont des axes de répétition quaternaires, d'où le nom de *système terquaternaire* que porte encore ce système. — Dans ce système cristallisent : en cubes, le chlorure de sodium; en cubo-octaèdres, l'alun de Rome, variété de l'alun ordinaire, qui cristallise en octaèdres réguliers; en dodécaèdres rhomboïdaux, le phosphore blanc ou phosphore ordinaire; en formes variées, le carbone diamant.

2° Le système *quadratique*, dont la forme fondamentale est le *prisme droit à base carrée*, ayant 3 axes rectangulaires, dont 2 égaux et binaires, l'autre différent et quaternaire, d'où le nom de *système quaternaire* que porte encore ce système; ce système est *défini par un seul paramètre*, le rapport de la hauteur du prisme au côté du carré de la base. — Dans ce système cristallisent les bioxydes d'étain et de titane.

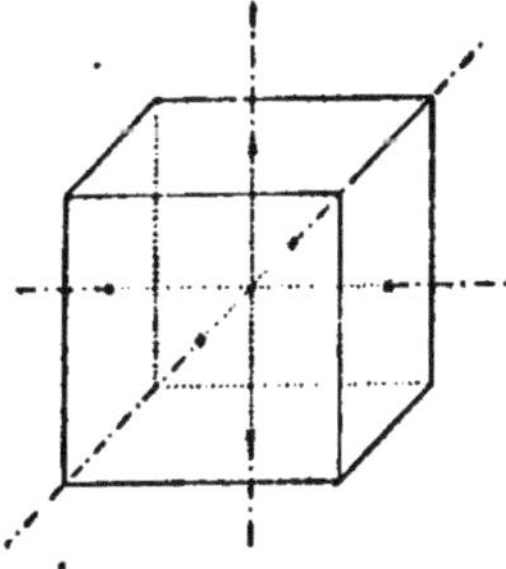

Fig. 8. — Axes du cube.

3° Le système *orthorhombique*, dont la forme fondamentale est le *prisme droit à base rectangle* (ou ce qui revient au même à base losange, d'où le nom du système), ayant 3 axes rectangulaires inégaux et binaires, d'où le nom de *système terbinaire* que porte encore ce système, *défini par 2 paramètres*, les rapports de deux des côtés au troisième. — Dans ce système cristallisent : en prismes, l'anhydride arsénieux dit prismatique, et le carbonate de calcium appelé alors aragonite; en octaèdres, le soufre dit alors octaédrique.

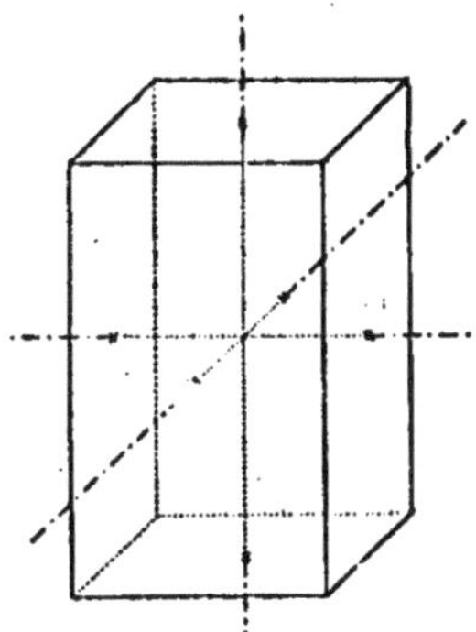

Fig. 9. — Axes du prisme droit à base carrée.

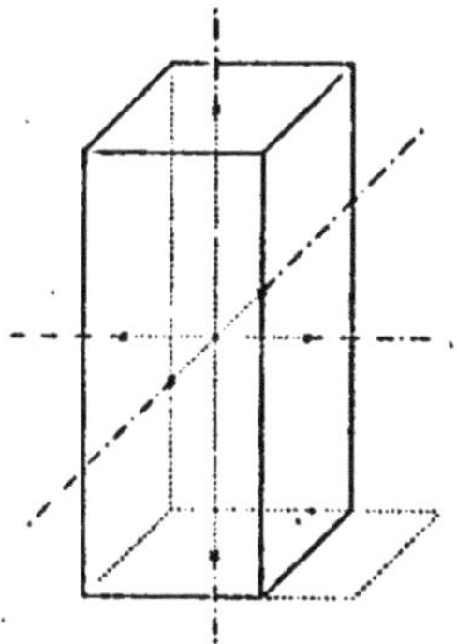

Fig. 10. — Axes du prisme droit à base rectangle.

4° Le système *clinorhombique*, dont la forme fondamentale est un *prisme droit à base parallélogramme* (ou ce qui revient au même un prisme oblique à base rectangle ou losange, d'où le nom du système), ayant un axe perpendiculaire sur le plan des deux autres qui sont obliques, lequel axe est binaire, d'où le nom de *système binaire* que porte encore ce système; il est *défini par 3 paramètres*, l'angle aigu du parallélogramme, et les rapports de 2 des arêtes à la troisième. — Dans ce système cristallise en aiguilles le soufre, qui est alors dit prismatique.

5° Le système *asymétrique* ou *anorthique*, ou encore *triclinique*, dont la forme fondamentale est un *prisme oblique à base parallélogramme quelconque* ne présentant par suite aucune

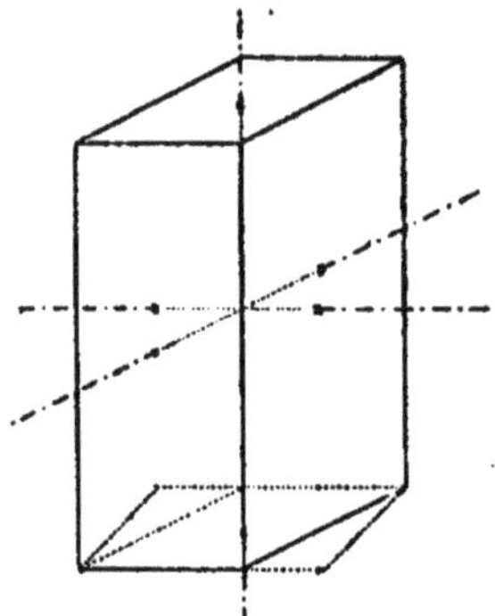

Fig. 11. — Axes du prisme droit à base parallélogramme.

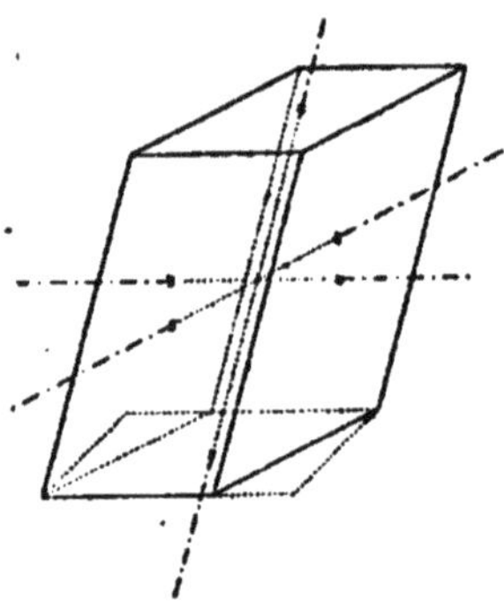

Fig. 12. — Axes du parallélipipède quelconque.

face perpendiculaire sur une autre, ayant 3 axes obliques, *défini par 5 paramètres*, les 3 angles des arêtes et les rapports de deux des arêtes à la troisième. C'est la forme cristalline du sulfate cuivrique hydraté.

6° Le *système hexagonal*, dont la forme fondamentale est un *prisme droit à base hexagone régulier*, ayant 4 axes, dont 3 dans un plan inclinés à 60° l'un sur l'autre et binaires, le quatrième perpendiculaire aux 3 autres et qui est sénaire, d'où le nom de *système sénaire* que porte encore ce système. Il est *défini par un seul paramètre*, le rapport de la hauteur au côté de l'hexagone régulier. Dans ce système cristallisent : en prismes allongés, la silice sous forme de quartz; en prismes très aplatis, la silice sous forme tridymite, et le carbone graphite.

7° Le système *rhomboédrique* ou *ternaire*, dont la forme fondamentale est le *rhomboèdre*, solide à 6 faces qui sont des losanges égaux, et que l'on a regardé longtemps comme une forme hémiédrique du prisme hexagonal dérivant par troncature sur la moitié des angles solides; il y a un axe ternaire, et 3 axes binaires à 60° l'un sur l'autre; le rhomboèdre est *défini par un seul paramètre* qui est l'angle. Cristallisent en rhomboèdres; le carbonate de calcium sous la forme de spath d'Islande, le phosphore rouge, et l'arsenic.

D'après ce qui a été dit du déplacement des faces parallèlement à elles-mêmes dans la formation du cristal, le plus souvent un cristal cubique, ou un cristal prismatique à base carrée,

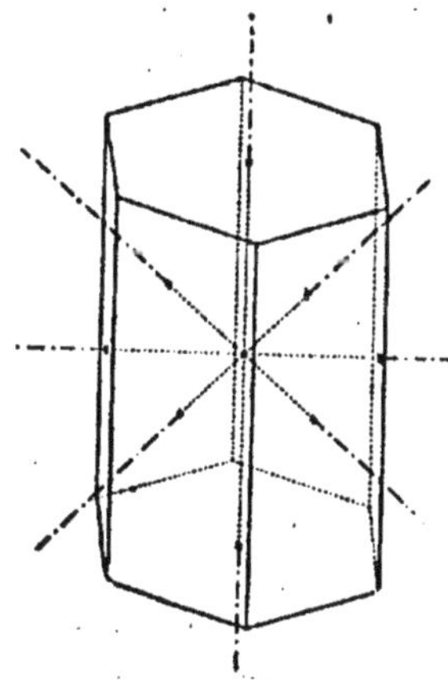

Fig. 13. — Axes du prisme droit à base hexagone régulier.

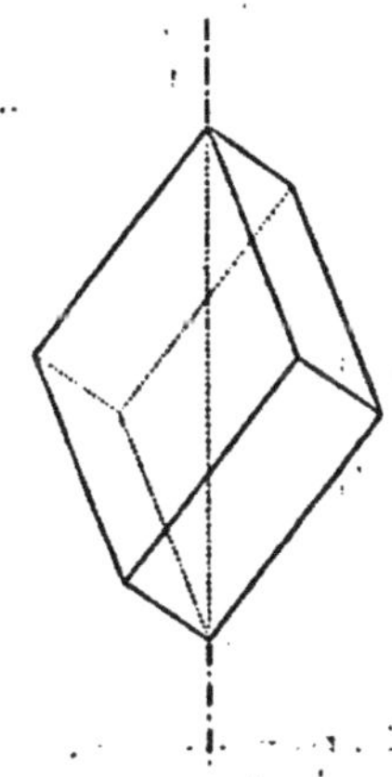

Fig. 14. — Rhomboèdre avec son axe ternaire.

auront la forme d'un parallélipipède rectangle. Mais si le cristal porte une facette de troncature, l'examen de cette facette pourra servir à *reconnaître si le cristal est cubique, quadratique ou orthorhombique.* En effet, d'après la loi de symétrie, s'il y a une facette unique sur un angle solide trirectangle, si cette facette est également inclinée sur les 3 faces adjacentes c'est que le cristal est cubique, sans quoi si la facette était inégalement inclinée, il faudrait qu'il y en eût 3 sur l'angle solide du cube; si la facette est également inclinée sur deux des faces seulement, c'est que le cristal est quadratique, sans quoi il faudrait 2 facettes modificatrices sur l'angle solide; enfin si la facette unique est inégalement inclinée sur les 3 faces trirectangles, c'est que le cristal est orthorhombique. On pourrait faire des observations analogues sur une facette affectant une arête. La mesure des angles dièdres des facettes avec les faces adjacentes permettra donc dans ce cas de reconnaître le système auquel appartient le cristal. En réalité, le problème de la détermination du système d'un cristal est souvent très délicat.

Pour obtenir les corps solides à l'état cristallisé, on emploie *3 méthodes* : la *voie sèche*, où l'on utilise la chaleur seule; la *voie humide*, où l'on utilise un dissolvant; la *voie indirecte*, où l'on met en jeu une réaction chimique.

La voie sèche utilise, soit la fusibilité, soit la volatilité, de la substance solide; d'où *2 procédés par voie sèche* : 1° On fond le solide fusible dans un creuset, on laisse refroidir; la solidification commence sur le pourtour de la masse liquide exposée au refroidissement, et en particulier sur la surface libre; quand la surface s'est recouverte d'une croûte cristalline, on perce cette croûte, et on renverse le creuset pour faire écouler la partie encore liquide; il suffit de détacher la croûte pour apercevoir les cristaux : on obtient ainsi le soufre prismatique dont les aiguilles remplissent une partie du creuset, le bismuth cristallisé en rhomboèdres d'apparence cubique. — 2° Ou bien on procède par *sublimation* : on chauffe le solide pour le transformer en vapeurs qui se dégagent, et viennent se condenser dans une partie plus froide de l'appareil en reprenant directement la forme solide; les cristaux de la substance sont ainsi débarrassés des *impuretés fixes*; aussi on emploie la sublimation pour purifier l'iode, l'arsenic, l'anhydride arsénieux. Si la substance est très volatile, elle se *sublime spontanément* dans le flacon qui la contient grâce aux variations de la température de l'atmosphère : c'est ce qui se produit pour l'iode, l'anhydride sulfurique.

La voie humide utilise la solubilité de la substance solide, et comprend aussi *2 procédés* suivant que la substance est beaucoup plus soluble à chaud qu'à froid, ou non : 1° Si *le solide est beaucoup plus soluble à chaud qu'à froid*, on sature le dissolvant chaud avec le solide, on filtre la solution, pour la débarrasser des impuretés insolubles, en recueillant le liquide chaud dans un vase cylindrique en verre épais ou *cristallisoir*; on laisse refroidir lentement; quand le liquide est revenu à la température ordinaire, il a laissé déposer toute la masse de la matière solide en excès sur la masse nécessaire pour la saturation à froid; on décante alors le liquide qui surnage les cristaux, et que l'on appelle *l'eau-mère*; on égoutte les cristaux et on les laisse sécher à la température ordinaire. Une partie des impuretés solubles ont été rejetées avec l'eau-mère. Les cristaux sont plus purs que la matière initiale. Par recristallisation dans le dissolvant pur, on éliminera une nouvelle fraction des impuretés solubles. Et après quelques opérations, on obtiendra la substance pure. On peut abréger le nombre des opérations nécessaires, en ayant soin de n'obtenir que de petits cristaux dans la première cristallisation, par agitation du liquide lors du refroidissement; on lave alors les petits cristaux égouttés, avec un peu d'une solution saturée à froid de la substance pure préparée à l'avance, laquelle dissoudra les impuretés; une seule recristallisation dans le dissolvant pur donnera la substance pure en en beaux cristaux. On obtient ainsi les cristaux d'un grand nombre de substances comme l'azotate de potassium, l'alun. — Si le procédé est appliqué à une *substance guère plus soluble à chaud qu'à froid*, comme le chlorure de sodium, il ne donne que des cristaux petits. On peut cependant encore dans ce cas obtenir de beaux cristaux par *le réchauffement et le refroidissement successifs* répétés un grand nombre de fois au contact de l'eau-mère : par le réchauffement, il y a redissolution progressive des cristaux par leur surface et disparition des petits cristaux; par le refroidissement, il n'y a pas formation d'autres cristaux que ceux qui restaient, car la matière se dépose uniquement sur les faces des cristaux, et le volume des gros cristaux a augmenté aux dépens des petits qui ont disparu; à chaque double opération, il y a ainsi disparition des cristaux les plus petits et accroissement de volume des plus gros, qui finissent par rester seuls. Cette production de gros cristaux se produit d'elle-même au bout d'un grand nombre d'années par les variations de la température de l'atmosphère, quand on conserve au repos pendant très longtemps une solution en contact avec un excès de la substance solide soluble. — Mais 2° si le *solide n'est pas plus soluble à chaud qu'à froid*, après dissolution et filtration, il sera nécessaire *d'évaporer le dissolvant* pour amener le dépôt des cristaux, ce que l'on peut faire soit *par ébullition* : alors les cristaux sont très petits, comme il arrive dans la préparation du sel fin ou sel de table; ou bien on abandonne le dissolvant à l'*évaporation spontanée*, comme on le fait dans la préparation du soufre octaédrique par évaporation spontanée dans un vase à orifice très étroit de la solution sulfocarbonique de soufre. Ce dernier procédé est seul applicable aux solides solubles *altérables par la chaleur*, comme la plupart des hydrates salins : on accélère l'évaporation du dissolvant en opérant dans le vide en présence de substances capables d'absorber la vapeur du dissolvant, comme l'acide sulfurique dans le cas de dissolutions aqueuses.

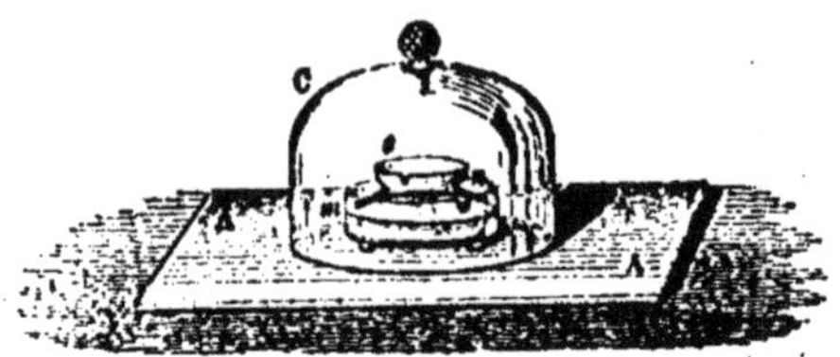

Fig. 15. — Dessiccation dans une atmosphère sèche.

Enfin la voie indirecte est la seule possible quand la substance solide est infusible, fixe et insoluble : le silicium est fusible, mais au rouge blanc seulement; il est fixe et insoluble; on pourra l'obtenir cristallisé en faisant passer de la vapeur de tétrachlorure de silicium, soit sur du fer au rouge qui disparaîtra à l'état de chlorure ferrique volatil à cette température en laissant à sa place des cristaux du silicium mis en liberté, soit sur du silicium amorphe au rouge blanc qui disparaîtra pour donner de la vapeur de sous-chlorure de silicium, lequel dans une région déterminée moins chaude du tube se décomposera pour redonner la vapeur de tétrachlorure de silicium et le silicium, mais à l'état cristallisé.

IV. — Dimorphisme.

Par cristallisation dans des conditions différentes, une même substance solide peut quelquefois prendre 2 formes cristallines incompatibles, soit qu'elles appartiennent à des systèmes différents, soit que appartenant au même système elles dérivent de formes fondamentales à rapports d'axes ou à paramètres différents. On dit alors que la substance est *dimorphe*, et l'on appelle *dimorphisme* la propriété d'un solide de pouvoir exister cristallisé sous deux formes incompatibles. Il n'y a guère qu'une *vingtaine* de substances dimorphes, dont les principales sont :

La *silice*, qui existe sous forme de quartz en prismes hexagonaux à axe sénaire allongé, et sous forme de tridymite en lamelles hexagonales à axe sénaire très court.

L'*anhydride arsénieux*, qui existe à l'état d'octaèdres réguliers et de prismes orthorhombiques.

Le *soufre*, que l'on connaît à l'état d'octaèdres orthorhombiques et de prismes clinorhombiques.

Le *phosphore*, qui cristallise en dodécaèdres rhomboïdaux quand c'est du phosphore ordinaire, et en rhomboèdres quand c'est du phosphore rouge.

Le *carbone*, qui appartient au système cubique sous la forme diamant, et qui cristallise en lamelles hexagonales quand c'est du graphite.

Le *carbonate de calcium*, qui cristallise en prismes orthorhombiques quand il constitue l'aragonite, et en rhomboèdres quand on l'appelle spath d'Islande.

On connaît même un très petit nombre d'exemples de *trimorphisme*, comme la silice, ou l'oxyde de titane.

L'existence du polymorphisme n'empêchera nullement de pouvoir reconnaître une substance cristallisée par l'examen de la forme de ses cristaux.

V. — Isomorphisme.

Quand on fait cristalliser un mélange de 2 substances solides, par exemple en abandonnant au refroidissement un mélange de leurs dissolutions chaudes saturées, la règle est que les cristaux des 2 substances se forment séparément : ainsi le mélange des solutions saturées chaudes de sel ordinaire et d'alun potassique laisse déposer des cristaux cubiques de chlorure de sodium et des cristaux octaédriques d'alun; et cependant ces 2 substances cristallisent toutes deux dans le système cubique. — Mais si on fait cristalliser un mélange de dissolutions d'alun ordinaire incolore et d'alun de chrome qui est violet, lesquels cristallisent tous deux séparément en octaèdres réguliers, on n'obtiendra qu'une seule sorte de cristaux octaédriques de la même teinte; la teinte unique pour tous les cristaux sera d'autant plus foncée que le mélange était lui-même plus foncé ou qu'il renfermait plus d'alun de chrome; de sorte qu'en variant les proportions du mélange à volonté, on pourra préparer toute une série de cristaux octaédriques à teinte variable depuis les cristaux incolores d'alun ordinaire pur jusqu'aux cristaux violet noir presque opaque d'alun de chrome pur. Ces cristaux octaédriques renferment donc une proportion variable à volonté, des 2 aluns. On dit alors que ces 2 substances sont *isomorphes* : deux corps sont isomorphes quand ils peuvent se remplacer en toute proportion dans les cristaux de même forme; ce qui rendra leur séparation difficile.

Pour que deux substances soient isomorphes, il faut qu'elles cristallisent d'abord dans le même système, puis sous des formes à angles ou à paramètres très peu différents : le cristal unique contenant les deux substances aura alors une forme intermédiaire. — L'isomorphisme a été découvert par *Mitscherlich* dans l'examen des phosphates et arséniates naturels. Les exemples d'isomorphisme sont très nombreux :

Les chlorure, bromure, et iodure d'un même métal;

Les sulfure et séléniure d'un même métal;

Les sulfate, séléniate et chromate d'un même métal;

Les aluns, qui sont des sulfates doubles où le métal alcalin peut changer ainsi que l'autre métal comme l'aluminium ou le chrome, sans que la forme d'octaèdres réguliers soit altérée. Le soufre peut aussi y être remplacé par le sélénium;

Les orthophosphates et orthoarséniates d'un même métal, etc.

L'isomorphisme est le plus grand degré de ressemblance chimique que puissent présenter deux substances solides, d'où la grande importance de la considération de l'isomorphisme. Les substances isomorphes devront être constituées chimiquement de la même façon pour pouvoir se remplacer dans un même cristal. Or la constitution chimique d'une substance se traduit par sa formule chimique. D'où *la loi de l'isomorphisme* énoncée par Mitscherlich : *deux substances isomorphes ont la même constitution chimique*, et par suite devront être représentées par une formule chimique analogue.

Aussi il suffira de connaître la formule d'un chlorure d'un métal, d'un sulfate, d'un alun, d'un orthophosphate, pour pouvoir écrire immédiatement les formules des bromure et iodure du même métal, du chromate, de tous les aluns, de l'orthoarséniate du même métal. Car en effet dans la recherche de la constitution à attribuer à une combinaison, on a tenu un grand compte des relations d'isomorphisme avec des combinaisons dont la constitution avait déjà été déterminée (voir propriétés des sulfates).

DEUXIÈME LEÇON

Lois en masses des combinaisons. — Nombres proportionnels. Loi en volumes des combinaisons.

Les *3 premières lois fondamentales* sont les lois de Lavoisier sur la conservation de la masse, de Proust sur les proportions définies, de Dalton sur les proportions multiples.

1° *Loi de Lavoisier*, ou *de la conservation de la masse* dans la combinaison chimique : quand deux corps réagissent chimiquement l'un sur l'autre, la *masse des produits de la réaction* est *égale à la somme des masses des corps qui ont réagi.* — Ainsi dans la combinaison de 1gr de gaz hydrogène avec 8gr de gaz oxygène, il y a formation de $1 + 8 = 9$gr d'eau; et inversement la décomposition de 9gr d'eau donne 1gr d'hydrogène et 8gr d'oxygène dont la somme des masses est 9gr.

2° *Loi de Proust*, ou *des proportions définies :* quand deux corps se combinent pour former une combinaison toujours la même, quelle que soit la façon dont la combinaison a été effectuée, il y a un *rapport défini, caractéristique* de la combinaison formée, *entre les masses des deux corps qui se sont combinées;* si l'un des corps est en excès sur la proportion, cet excès reste libre. — Ainsi on combine le gaz hydrogène à l'oxygène pour former de l'eau, soit par inflammation du mélange des deux gaz, soit par la combustion du gaz hydrogène par l'oxygène de l'air, soit par la combustion du gaz hydrogène au moyen de l'oxygène des oxydes ferrique ou cuivrique chauffés; et toujours l'eau formée a les mêmes propriétés, et le rapport des masses de l'hydrogène et de l'oxygène qui se sont combinées est 1 à 8, caractéristique de l'eau.

3° *Loi de Dalton*, ou *des proportions multiples :* Quand deux corps se combinent, pour former plusieurs composés différents, *à une masse donnée de l'un des corps s'unissent toujours des masses de l'autre qui sont multiples d'une même masse;* les multiplicateurs de cette masse sont souvent la suite des nombres entiers, ou des fractions à termes très simples; pourtant quand le nombre des composés est très grand, comme il arrive pour les carbures d'hydrogène, le multiplicateur fractionnaire n'est plus forcément à termes simples. — Ainsi dans les composés que forme l'azote en s'unissant à l'oxygène, à la même masse d'azote 28^{gr} sont unies les masses d'oxygène :

$16^{gr} \times 1$ dans le protoxyde d'azote;
$16^{gr} \times 2$ dans le bioxyde d'azote;
$16^{gr} \times 3$ dans l'anhydride azoteux;
$16^{gr} \times 4$ dans le peroxyde d'azote;
$16^{gr} \times 5$ dans l'anhydride azotique;
$16^{gr} \times 6$ dans le gaz perazotique;

les multiplicateurs de la masse 16^{gr} d'oxygène sont ici la suite des nombres entiers. Dans les composés que forme le fer en s'unissant à l'oxygène, à la même masse de fer 56^{gr} sont unies les masses d'oxygène :

$16^{gr} \times 1$ dans l'oxyde ferreux;

$16^{gr} \times \frac{3}{2}$ dans l'oxyde ferrique;

$16^{gr} \times \frac{4}{3}$ dans l'oxyde salin de fer;

les multiplicateurs de la masse 16^{gr} d'oxygène sont ici les fractions les plus simples.

En général les composés, formés dans la combinaison d'un corps de nom A avec un corps de nom B, pour une même masse a^{gr} du corps A, renferment des masses du corps B comprises toutes dans l'expression générale $\frac{n}{m}\, b^{gr}$, où m et n sont des nombres entiers; le rapport des masses de A et de B qui s'unissent est a^{gr} à $\frac{n}{m}\, b^{gr}$, ou ma^{gr} à nb^{gr}.

I. — Premières notions sur les fonctions chimiques les plus importantes.

Un composé possède la *fonction acide* quand il fait virer au rouge la teinture de tournesol, qui est bleue. Les produits de la combustion du soufre, du phosphore, du charbon, dans le gaz oxygène, et que l'on appelle anhydrides sulfureux, phosphorique, carbonique, ont une fonction acide en présence de l'eau. Les produits industriels appelés acide sulfurique, acide azotique, et que l'on pourrait obtenir en dissolvant dans l'eau les anhydrides sulfurique ou azotique, ont une fonction acide.

Un composé possède la *fonction base*, quand il ramène au bleu la teinture de tournesol rougie par un corps à fonction acide : les produits de la combustion du potassium, du sodium, du calcium, du baryum, dans l'oxygène, et que l'on appelle oxydes de potassium, de sodium, de calcium ou de baryum, ont une fonction basique en présence de l'eau. — Et on appelle *métal* tout corps simple qui en s'unissant à l'oxygène peut donner un composé basique au moins. Tandis qu'on appelle *métalloïde* tout corps simple qui en s'unissant à l'oxygène ne donne jamais de composé basique. — Cette distinction entre les éléments est tout *artificielle* puisqu'elle repose sur un caractère unique; elle sépare des corps simples qui ont la plus grande ressemblance chimique, tels que l'arsenic métalloïde et l'antimoine regardé en général comme un métal, ou le silicium métalloïde et l'étain rangé parmi les métaux; de plus elle exige dans son application l'extension de la définition trop étroite des fonctions, reposant sur l'action des réactifs colorés. Enfin un métal en s'unissant à l'oxygène pourra donner non seulement un composé basique, mais le plus souvent aussi des composés à fonction acide. — Il y a *une quinzaine de métalloïdes* seulement, non compris les nouveaux gaz découverts dans l'air comme l'argon dont la fonction chimique n'est pas encore connue. — Les dissolutions de potasse ou de soude que l'on appelle solutions alcalines, de chaux ou de baryte qui sont des solutions alcalino-terreuses, contiennent en dissolution les oxydes précédemment cités, et ont une fonction basique.

Quand la teinture rougie par un acide a repris sa teinte bleue sous l'action de la base, on dit que la *fonction base a neutralisé la fonction acide.* Et on appelle *corps neutre* toute substance qui n'a pas d'action, ni sur la teinture bleue, ni sur la teinture rougie; exemples : l'eau avec laquelle on étend souvent les solutions; puis les mélanges en proportions calculées de la dissolution d'acide sulfurique avec les dissolutions de potasse, de soude ou de chaux; ou encore de la dissolution d'acide azotique avec les solutions de potasse, de soude, de chaux ou de baryte.

Quand on fait de tels mélanges, il y a changement de propriétés, on observe un dégagement de chaleur; la proportion des dissolutions pour obtenir la neutralité est définie; il y a donc eu *réaction chimique du corps à fonction acide sur le corps à fonc-*

tion basique. Et si l'on évapore le mélange, on obtient comme résidu un corps solide, cristallisable en général, que l'on appelle un *sel* : Un sel peut donc être défini tout d'abord comme un *corps solide résultant de la réaction d'un composé acide sur un composé basique;* dans la réaction, il y a eu combinaison de l'anhydride contenu dans le composé à fonction acide, avec l'oxyde contenu dans le composé à fonction basique, pour les exemples cités au moins. — Le *sel est neutre* quand il provient d'un mélange neutre : tels sont les sels appelés sulfates de potassium, de sodium, ou de calcium; ou azotates de potassium, de sodium, de calcium ou de baryum; et que l'on peut regarder tout d'abord comme contenant les anhydrides sulfurique ou azotique, et les oxydes de potassium, de sodium, de calcium ou de baryum. — Mais si à la dissolution de sulfate neutre de potassium, ou de sodium, formée par synthèse comme on l'a vu, on ajoute autant de la dissolution d'acide sulfurique que l'on en avait employé, puis qu'on évapore le liquide redevenu acide, on obtiendra un nouveau sel *cristallisable ayant encore la fonction acide,* et contenant une proportion double d'anhydride sulfurique : c'est le sulfate acide de potassium, ou de sodium.

Mais ces définitions des fonctions acide, base, et sel neutre, par l'action sur les réactifs colorés, ne sont pas générales, car elles ne peuvent s'appliquer que pour les corps solubles, les seuls qui puissent réagir sur ces réactifs; de plus elles dépendent du réactif coloré choisi : ainsi les anhydrides sulfureux ou phosphorique font virer au rouge la solution aqueuse d'*hélianthine* ou *orangé n° 3* qui est un colorant industriel et artificiel, tandis que l'anhydride carbonique, qui a la même fonction acide par rapport à la teinture de tournesol que les corps précédents, ne réagit pas sur l'hélianthine qui garde sa couleur jaune. Il a donc fallu *étendre la définition des fonctions* et la *rendre indépendante du choix du réactif coloré.* — Ainsi la silice, que l'on peut obtenir en brûlant du silicium chauffé dans un courant d'oxygène, est un corps insoluble ne pouvant avoir d'action sur les réactifs colorés; mais cette silice se dissout dans les dissolutions chaudes et concentrées de potasse ou de soude en les neutralisant partiellement, et le résultat de l'évaporation est un véritable sel, peu cristallisable il est vrai. On dira que la silice a la fonction acide, puisqu'elle neutralise au moins en partie des composés à fonction basique nette comme les solutions alcalines, pour former de véritables sels. — La plupart des oxydes métalliques, obtenus souvent en chauffant un métal dans du gaz oxygène, sont insolubles et ne peuvent réagir sur les réactifs colorés; mais ils se dissolvent en général dans les dissolutions d'acide sulfurique ou azotique dont la fonction acide disparaît au moins en partie, et l'évaporation des dissolutions ainsi obtenues donne des sels cristallisables : par exemple l'oxyde cuivrique noir, obtenu par calcination du cuivre au contact de l'oxygène, se dissout en bleu dans l'acide sulfurique pour donner une dissolution cristallisable de sulfate cuivrique, ayant encore la fonction acide sur le tournesol comme on le montre en y plongeant un papier au tournesol qui y vire au rouge; mais l'acidité y est bien moindre que dans la solution sulfurique qui a servi. On dira que ces oxydes ont la fonction basique quand ils réagiront sur des composés à fonction acide nette comme les acides sulfurique ou azotique pour former de véritables sels. — Enfin la plupart des oxydes métalliques, même en grand excès, ne neutralisent qu'incomplètement les acides sulfurique ou azotique; on pourra dire cependant que les sels formés sont neutres, si la fonction acide a été neutralisée autant que possible : le sulfate cuivrique sera dit un sel neutre, bien qu'il ait une réaction acide au papier de tournesol, car la fonction acide sulfurique y est neutralisée autant qu'elle peut l'être par l'oxyde cuivrique, puisque celui-ci avait été pris en grand excès. — Il faudra naturellement préciser la définition précédente de la neutralité d'un sel; mais cette définition assez vague peut suffire pour l'instant. Il faut remarquer d'ailleurs que la définition de la fonction acide n'implique nullement que l'on puisse regarder tous les corps acides comme pouvant être obtenus par dissolution d'un anhydride dans de l'eau : ainsi l'acide chlorhydrique du commerce est une dissolution aqueuse du gaz chlorhydrique, formé par union directe du gaz chlore et du gaz hydrogène, et ne pouvant renfermer que ces deux corps.

II. — Lois de Berthollet, relatives aux réactions des acides, des bases ou des sels sur les sels.

Ces actions sont très importantes à considérer, comme on le verra par leurs applications. En général, dans ces actions, il y a *partage entre les acides et les bases,* suivant des lois complexes encore imparfaitement connues. Ainsi soit une dissolution de sulfate neutre de potassium obtenue par synthèse comme on l'a vu; on y ajoute une dissolution d'acide azotique en proportion exactement suffisante pour que cet acide puisse être neutralisé par la potasse que l'on avait employée, proportion qui est connue par la synthèse de la dissolution d'azotate de potassium : il y aura à la fois en *équilibre* dans l'eau du sulfate de potassium initial et de l'azotate de potassium formé, puis de l'acide sulfurique libéré et de l'acide azotique libre; et en effet, par addition d'alcool, dans lequel les sels de potassium sont en général insolubles, il se formera un précipité blanc offrant à la fois les caractères des sulfates et des azotates alcalins, et le liquide acide offrira à la fois les réactions de l'acide sulfurique libre et de l'acide azotique libre. Il y a donc eu partage de la base potasse entre les acides en présence. Et de même dans des cas plus complexes : et finalement il y a un état d'*équilibre entre tous les corps en présence, dépendant de leurs masses.*

Ce fait du partage entre les acides et les bases a conduit Berthollet à une *théorie physique des réactions complètes,* basée sur le raisonnement suivant qui n'est pas à l'abri de toute critique : si l'équilibre étant supposé réalisé par un premier partage, l'un des corps en présence vient à s'échapper du milieu où l'équilibre existait, soit parce qu'étant volatil il se dégage dans l'atmosphère, soit parce qu'étant insoluble il tombe au fond du vase à réaction, les rapports entre les masses en équilibre dans le milieu ont changé; il se produit un nouveau partage, amenant l'élimination d'une masse nouvelle du corps volatil ou insoluble, ce qui détruit de nouveau l'équilibre, et ainsi de suite jusqu'à ce que finalement la réaction devienne aussi complète qu'elle peut l'être. — Ces réactions complètes des acides, des bases et des sels sur les sels sont *en général régies par les lois de Berthollet,* qui ne peuvent s'appliquer à tous les cas car les phénomènes physiques d'insolubilité ou de volatilité ne sont pas les causes des réactions, mais qui sont extrêmement utiles car elles sont presque toujours applicables dans les cas pratiques. On a cherché plus naturellement la cause des réactions dans les variations de l'énergie des systèmes, sans que l'on ait complètement réussi à trouver la loi. On reviendra sur ce sujet en thermochimie.

1re loi, utilisant l'insolubilité et *applicable aux dissolutions : quand la dissolution d'un acide,* ou *d'une base,* ou *d'un sel, est mise en présence de la dissolution d'un sel, il y a réaction com-*

plète si par l'échange des acides ou des bases il peut se former un produit insoluble, lequel peut être un acide, une base, ou un sel. — D'où la *préparation des acides insolubles,* comme l'acide silicique, en faisant réagir la dissolution d'un acide, sulfurique ou chlorhydrique, sur la dissolution d'un sel de l'acide, silicate de potassium ou de sodium. — Puis la *préparation des bases insolubles,* c'est-à-dire de presque toutes les bases, comme les hydrates métalliques, en ajoutant une dissolution de base alcaline ou alcalino-terreuse à une dissolution d'un sel correspondant à la base : exemple, préparation de l'hydrate cuivrique par la solution de potasse. — Enfin *préparation des sels insolubles,* comme le sulfate de baryum, par l'action de l'acide sulfurique ou d'un sulfate soluble sur une dissolution d'un sel soluble de baryum, azotate ou chlorure, ce qui est un caractère de l'acide sulfurique et des sulfates solubles; comme aussi la précipitation du chlorure d'argent par action de l'acide chlorhydrique ou d'un chlorure soluble sur une dissolution d'azotate d'argent.

2e *loi,* utilisant la volatilité et n'exigeant pas de dissolvant : *quand un acide, une base, ou un sel, est mis en présence d'un sel, il y a réaction complète si par l'échange des acides ou des bases il peut se former un produit volatil dans les conditions où l'on opère,* ce qui expliquerait l'utilité de chauffer pour produire la réaction. — D'où la *préparation des acides volatils,* c'est-à-dire de presque tous les acides usuels, en traitant un sel de l'acide par l'acide sulfurique : ainsi préparation des acides azotique ou chlorhydrique en chauffant les azotate ou chlorure de sodium avec l'acide sulfurique. — D'où encore la *préparation des bases volatiles,* comme l'ammoniaque obtenue en chauffant le sulfate correspondant avec de la chaux. — D'où enfin la *préparation des sels volatils* ou sublimés, comme le sublimé corrosif ou chlorure mercurique en chauffant le mélange intime solide de sulfate mercurique et de chlorure de sodium; et le sublimé doux, ou calomel, ou encore chlorure mercureux, en chauffant de même le sulfate mercureux avec le chlorure de sodium.

On voit toute *l'importance pratique des lois de Berthollet,* puisqu'elles indiquent les matières premières qu'il faut prendre en général pour les préparations de corps très importants comme les acides et les sels.

III. — Loi de Wenzel, et notion de l'équivalence entre les anhydrides et les oxydes basiques.

Si on mélange les dissolutions de deux sels neutres, le mélange reste neutre : ainsi le mélange de sulfate neutre de potassium, avec l'azotate de sodium qui est neutre aussi au tournesol, ce mélange est neutre au tournesol. — La loi est surtout très importante quand on l'applique à des *cas particuliers où il y a une réaction visible*, par exemple quand on mélange une dissolution de sulfate neutre de potassium avec une dissolution d'azotate de baryum; il y a alors réaction complète, avec formation de sulfate de baryum insoluble et d'azotate de potassium qui est neutre. Il y a en général un excès de l'un des corps réagissants, mais cet excès étant neutre, on pourra raisonner comme si les proportions avaient été choisies pour que la réaction fût réellement totale, ce que l'on réaliserait d'ailleurs si c'était nécessaire.

Soit $A+B$ une certaine masse de sulfate neutre de potassium contenant A d'anhydride sulfurique et B d'oxyde de potassium; soit $A'+B'$ la masse d'azotate de baryum qui donne une réaction complète avec la masse précédente, et contenant A' d'anhydride azotique et B' d'oxyde de baryum; le mélange des 2 sels neutres reste neutre : or le sel actuellement en dissolution est uniquement $A'+B$, ou l'azotate de potassium, le sulfate de baryum $A+B'$ ayant été précipité. Ainsi le sel $A'+B$ est neutre, et au point de vue de la neutralisation au tournesol, les masses A d'anhydride sulfurique et A' d'anhydride azotique sont équivalentes vis-à-vis la masse B d'oxyde de potassium. — Soit $A''+B'$ la masse de chlorate de baryum qui donne une réaction complète avec la masse $A+B$ de sulfate neutre de potassium; le mélange des 2 sels reste neutre, le sulfate de baryum $A+B'$ est encore précipité, le chlorate de potassium $A''+B$ est donc neutre; et la masse A'' d'anhydride chlorique équivaut aux masses A d'anhydride sulfurique et A' d'anhydride azotique dans la neutralisation par la masse B d'oxyde de potassium. — Et ainsi de suite, en prenant un nouveau sel de baryum pour le faire agir sur le sulfate de potassium neutre. On peut ainsi, en s'aidant de l'analyse pour déterminer les masses en jeu, dresser un *tableau des masses d'anhydrides* A, A', A''....., *qui s'équivalent dans la neutralisation d'une même masse B d'oxyde de potassium.*

Si on reprend la masse A' + B' d'azotate de baryum neutre et que l'on fasse réagir successivement les masses A + B de sulfate neutre de potassium, A + B'' de sulfate neutre de sodium, A + B''' de sulfate de calcium, A + B^{iv} de sulfate de magnésium, etc., telles que la réaction soit complète, tous ces sels étant neutres au tournesol, le mélange restera neutre; le sulfate de baryum A + B' s'est encore précipité, et les sels restés en dissolution : azotate de sodium A' + B'', azotate de potassium A' + B, azotate de calcium A' + B''', azotate de magnésium A' + B^{iv}, etc., sont donc des sels neutres. Et si par l'analyse ou la synthèse, on sait déterminer les masses qui entrent en jeu dans ces réactions complètes, on pourra dresser un *tableau des masses d'oxydes basiques* B, B', B'', B''', B^{iv}....., *qui s'équivalent pour neutraliser la même masse A' d'anhydride azotique.*

Enfin, on aurait pu partir dans la première série d'expérience conduisant au tableau des masses d'anhydrides équivalentes, du sulfate neutre de sodium, ou du sulfate neutre de magnésium, ou du sulfate de calcium, en masses telles que la masse d'anhydride A fût restée la même : le 1er tableau serait resté le même. Et alors on pourra prendre *une masse quelconque du tableau des anhydrides*, A'' d'anhydride chlorique par exemple; cette masse *sera neutralisée par une masse quelconque du tableau des oxydes basiques*, B d'oxyde de potassium, B'' d'oxyde de sodium, B''' d'oxyde de calcium, ou B^{iv} d'oxyde de magnésium. On pourra donc dresser un *tableau unique des masses d'anhydrides et des masses d'oxydes basiques capables de se neutraliser*, ou qui s'équivalent dans la neutralisation.

IV. — Loi de Richter, et notion de l'équivalence des métaux.

L'expérience montre que si on introduit un métal dans la dissolution d'un sel neutre d'un autre métal précipitable par le premier, le liquide reste neutre au sens général donné à ce mot, et on n'observe aucun dégagement gazeux. Ainsi, par une lame de cuivre dans une dissolution neutre d'azotate d'argent incolore, on observe un dépôt noir d'argent métallique précipité, peu à peu une coloration bleue du liquide due à la formation d'azotate cuivrique identique à celui que l'on obtiendrait en saturant l'acide azotique par un excès d'oxyde cuivrique, enfin aucun dégagement gazeux : il y a donc eu simple substitution d'une certaine masse de cuivre dissoute à la masse d'argent qui s'est déposée, sans que la neutralité du sel ait été détruite. — De même, par une lame de fer dans une dissolution bleue de sulfate cuivrique neutre au sens général du mot, on observe un dépôt rouge de cuivre métallique, la disparition progressive de la coloration bleue qui fait place à la coloration vert pâle du sulfate ferreux neutre autant qu'il peut l'être, enfin aucun dégagement gazeux : il y a eu substitution d'une certaine masse de fer entrée en dissolution à la masse de cuivre précipitée, sans perte de la neutralité dans son sens général. — Et ainsi de suite pour les déplacements de tous les métaux. Or dans ces réactions, la masse de l'anhydride n'a pas pu changer, la masse d'oxygène de l'oxyde basique n'a pas changé non plus puisqu'il n'y a eu aucun dégagement gazeux ; d'où *la loi de Richter : dans les sels neutres formés par un même acide*, il y a un *rapport constant* caractéristique du sel neutre *entre la masse de l'anhydride et la masse d'oxygène de l'oxyde basique.*

On peut donner un *autre énoncé* à la loi : *dans les sels neutres formés par un même acide, les masses de métaux qui s'équivalent sont unies à la même masse d'oxygène dans l'oxyde basique.* — Et enfin, si l'on remarque que la masse d'anhydride n'ayant pas changé, la masse de l'oxygène de l'anhydride n'a pas changé non plus, on peut donner un troisième énoncé qui est appelé *loi de Berzélius* : *dans les sels neutres formés par un même acide*, il y a *un rapport constant* entre *la masse d'oxygène de l'anhydride* et *la masse d'oxygène de l'oxyde basique.* Ce rapport caractérise l'espèce du sel neutre ; il est 3 pour les sulfates neutres, 5 pour les azotates neutres, etc. Et alors c'est ce rapport qui sert de *définition précise à la neutralité du sel,* indépendamment de tout réactif coloré.

V. — Loi des équivalents, et tableau des nombres proportionnels.

Par l'analyse de toutes les combinaisons oxygénées des éléments, on peut trouver les masses de chaque élément qui se combinent à une masse d'oxygène arbitrairement choisie, 100[gr] d'oxygène par exemple, comme l'a fait Berzélius, et dresser un tableau de ces masses : on aura ainsi un *tableau des nombres proportionnels des éléments relatifs à 100^{gr} d'oxygène*, et donnant la proportion suivant laquelle chaque corps simple s'unit à l'oxygène. Dans ce tableau, l'hydrogène figure par la masse 12,5 provenant de l'analyse de l'eau; mais le chlore figure par plusieurs masses qui sont en rapport simple : $443,75 \times 1$; $443,75 \times \frac{1}{3}$; $443,75 \times \frac{1}{4}$; $443,75 \times \frac{1}{5}$, etc., d'après la loi de Dalton, et déterminées par l'étude des composés oxygénés du chlore, anhydride hypochloreux, anhydride chloreux, peroxyde de chlore, anhydride chlorique, etc.; le fer y figure aussi par les 3 nombres : 350; $350 \times \frac{3}{4}$; $350 \times \frac{2}{3}$, en rapport simple et donnés par l'analyse ou la synthèse des oxydes ferreux, salin de fer, ou ferrique.

Si l'on fait maintenant l'analyse de toutes les combinaisons chlorées des éléments, on trouvera de même les masses de tous les corps simples qui s'unissent à une masse arbitraire de chlore, par exemple à l'une des masses 443^{gr},75 du tableau relatif à 100^{gr} d'oxygène, et on dressera le *tableau des nombres proportionnels des éléments relatifs à 443^{gr},75 de chlore*, et donnant la proportion suivant laquelle chaque corps simple s'unit au chlore.

Naturellement l'oxygène figurera dans ce tableau par plusieurs nombres dont l'un sera 100^{gr} et les autres des multiples simples 100×3, 100×4, 100×5..... Mais l'hydrogène y figurera par le même nombre 12^{gr},5 que dans le tableau précédent; et le fer y figurera aussi par les deux nombres 350^{gr} et $350 \times \frac{2}{3}$ compris dans le tableau relatif à l'oxygène.

Ainsi la masse 12^{gr},5 d'hydrogène, qui s'unit à la masse 100^{gr} d'oxygène, est aussi la masse d'hydrogène qui s'unit à la masse 443,75 de chlore du premier tableau. La masse 350^{gr} de fer, qui s'unit à la masse 100^{gr} d'oxygène, est aussi la masse de fer qui s'unit à la masse 443,75 de chlore du premier tableau. Enfin la masse $350 \times \frac{2}{3}$ de fer s'unit soit à la masse 100^{gr} d'oxygène, soit à la masse 443,75 de chlore du premier tableau. — Et ceci est général, et constitue la *loi très importante des équivalents* que l'on peut énoncer ainsi : *les masses a et b de deux corps* A et B *qui s'unissent à la même masse c d'un troisième corps, sont aussi les masses des deux premiers corps qui s'unissent entre elles,* ou *ce sont des multiples simples des masses a et b qui s'unissent;* de sorte que, en général, la combinaison des corps A et B se fait dans les proportions ma^{gr} à nb^{gr}. Ainsi dans le tableau des nombres proportionnels relatifs à 100gr d'oxygène, les nombres 12gr,5 d'hydrogène et 443gr,75 de chlore s'unissent, les nombres 350 de fer et 443,75 de chlore se combinent, les nombres $350 \times \frac{2}{3}$ de fer et 443,75 de chlore ou plus simplement 350×2 de fer et $443,75 \times 3$ de chlore sont les masses qui s'unissent.

Le tableau de Berzélius relatif à 100gr d'oxygène devient donc *le tableau unique des nombres proportionnels* donnant la proportion suivant laquelle des corps simples quelconques se combinent. Les nombres de ce tableau sont grands, difficiles à retenir. Le plus petit est le nombre relatif à l'hydrogène 12,5. On a divisé tous les nombres du tableau de Berzélius par 12,5 pour avoir des nombres plus simples : d'où *le tableau des nombres proportionnels des éléments rapportés à la masse 1gr d'hydrogène* : l'oxygène y figure par le nombre 8 et ses multiples, le chlore par le nombre 35,5, le fer par le nombre 28 et ses multiples. — Mais alors puisque le même élément figure dans le tableau par des nombres multiples simples de l'un d'eux, *on ne laissera dans le tableau qu'un de ces nombres* ou une de ces masses *pour représenter l'élément*. Suivant les considérations sur lesquelles on s'est appuyé pour le choix du nombre qui doit représenter l'élément, on a obtenu *plusieurs tableaux de nombres proportionnels* ; on a d'abord employé le *tableau des poids équivalents*; on préfère maintenant le *tableau des masses atomiques*. — Mais quel que soit le choix fait pour le nombre proportionnel unique d'un élément, on le représente toujours par une lettre majuscule, comme H = 1gr d'hydrogène, quelquefois suivie d'une petite lettre formant indice pour distinguer les divers nombres proportionnels représentés par la même majuscule, comme Cl = 35gr,5 de chlore différent de C = 12gr de carbone. — Et alors la *combinaison de plusieurs éléments est représentée* par la somme des nombres proportionels qui y figurent : l'acide chlorhydrique sera représenté par H + Cl ou plus simplement par HCl = 36gr,5 d'acide chlorhydrique; en général la combinaison de 2 éléments sera représentée par $mA^{gr} + nB^{gr}$, ou plus simplement A^mB^n qui est *la formule de la combinaison* signifiant une masse.

Dans *le système des poids équivalents,* on avait choisi le nombre proportionnel, appelé alors assez improprement poids équivalent ou *équivalent,* de manière que la *formule fût la plus simple,* tout en rappelant le plus grand nombre de propriétés possible, comme la loi en masses de Richter, la loi de l'isomorphisme, la loi de Wenzel. — Ainsi la formule la plus simple pour l'eau étant HO, comme dans l'eau à $H = 1^{gr}$ d'hydrogène est unie la masse 8^{gr} d'oxygène, l'*équivalent de l'oxygène* est $O = 8^{gr}$. — La formule la plus simple d'un oxyde métallique étant MO, le *poids équivalent d'un métal* est en général la masse du métal unie à la masse $O = 8^{gr}$ d'oxygène toujours la même dans l'oxyde basique, conformément à la loi de Richter sur l'équivalence des métaux : ainsi le zinc forme un seul oxyde qui est basique, contenant pour 8^{gr} d'oxygène 33^{gr} de zinc, sa formule étant ZnO la plus simple, $Zn = 33^{gr}$ est l'*équivalent du zinc.* — Mais si le même métal forme plusieurs oxydes basiques, un seul peut avoir la formule simple MO ; la loi de l'isomorphisme permettra souvent de savoir quel est celui des oxydes qui devra prendre cette formule ; ainsi l'oxyde ferreux donnant un sulfate isomorphe du sulfate de zinc, il faudra attribuer à l'oxyde ferreux la formule simple FeO, et alors comme il renferme 28^{gr} de fer pour 8^{gr} d'oxygène, le *poids équivalent du fer* sera $Fe = 28^{gr}$. L'oxyde ferrique pour la même masse de fer contient une masse d'oxygène $\frac{3}{2}$ fois plus grande, d'où sa formule $FeO^{\frac{3}{2}}$, ou bien comme *on ne garde jamais de multiplicateurs fractionnaires,* la formule de l'oxyde ferrique sera Fe^2O^3. — Or l'oxyde d'aluminium est isomorphe de l'oxyde ferrique, en particulier l'alun de fer est isomorphe de l'alun ordinaire ou alun d'aluminium ; l'alumine devra donc s'écrire Al^2O^3, et l'*équivalent de l'aluminium* sera défini par $AlO^{\frac{3}{2}}$, ce sera la masse d'aluminium unie à $8 \times \frac{3}{2} = 12^{gr}$ d'oxygène dans l'alumine, le seul oxyde d'aluminium, qu'on eût été porté à écrire le plus simplement possible AlO. — *Les poids équivalents des combinaisons* seront ainsi déterminés : ce seront $HO = 9^{gr}$ pour l'eau, $ZnO = 41^{gr}$ pour l'oxyde de zinc, $FeO = 36^{gr}$ pour l'oxyde ferreux, $Fe^2O^3 = 56 + 24 = 80^{gr}$ pour l'oxyde ferrique, etc. On a ainsi les poids B, B', B''..., des divers oxydes basiques qui figurent dans le tableau déduit de la loi de Wenzel, et on en déduit les poids *équivalents des anhydrides* A, A', A''... : ainsi l'*équivalent de l'anhydride sulfurique* sera 40^{gr}, car c'est la masse d'anhydride unie à $ZnO = 41^{gr}$ ou à $FeO = 36^{gr}$ dans le sulfate de zinc ou dans le sulfate ferreux. Le rapport de la masse d'oxygène de l'anhydride à la masse d'oxygène de l'oxyde basique est d'ailleurs simple, car la loi des équivalents s'applique aussi à des corps plus complexes que les corps binaires pour lesquels on l'a surtout énoncée. L'équivalent de l'anhydride contient donc O^n, *n* étant entier ; alors on choisit l'*équivalent du métalloïde* de manière que la formule de l'anhydride soit en général la plus simple, de la forme MO^n : ainsi 16^{gr} de soufre étant contenus avec $8^{gr} \times 3$ d'oxygène dans l'équivalent de l'anhydride sulfurique, on prendra le *poids équivalent du soufre* $S = 16$, afin que la formule de l'anhydride ait la forme simple SO^3; il faudra naturellement encore ici tenir compte de la loi de l'isomorphisme quand le cas se présentera.

On voit donc que dans le choix des poids équivalents, ce sont uniquement des considérations de simplicité de formules et de masses qui entrent en jeu. Les nombres donnés pour les poids équivalents, 8 pour l'oxygène, 35,5 pour le chlore, ne sont que des *nombres approchés :* en particulier la valeur que l'on prendrait maintenant pour l'oxygène est 7,94.... *Les rapports des masses des différents corps qui s'unissent ne sont donc pas des rapports simples,* $\frac{7,94...}{1}$ pour la composition de l'eau n'est pas simple, $\frac{Cl}{H}$ n'est pas un rapport simple. Il n'en est pas de même du rapport des volumes considérés à l'état gazeux.

VI. — Loi de Gay-Lussac, relative aux volumes des composants gazeux et au volume du composé gazeux.

Le rapport des volumes des corps gazeux qui s'unissent est simple, et *le volume du composé gazeux* est *aussi en rapport simple avec les volumes des gaz composants.* — Ainsi si l'on choisit comme *unité de volume,* le volume occupé par le poids équivalent de l'oxygène $O = 8^{gr}$ d'oxygène, les expériences d'analyse ou de synthèse montrent les faits suivants :

1 volume d'oxygène pesant $O = 8^{gr}$ s'unit à 2 volumes d'hydrogène pesant $H = 1^{gr}$ pour donner 2 volumes de vapeur d'eau pesant $HO = 9^{gr}$: l'équivalent de l'hydrogène H occupe alors 2 volumes; l'équivalent de l'eau HO occupe aussi 2 volumes à l'état gazeux;

2 volumes de gaz hydrogène pesant $H = 1^{gr}$ s'unissent à 2 volumes de chlore pesant $Cl = 35^{gr},5$ pour donner 4 volumes de gaz chlorhydrique pesant $HCl = 36^{gr},5$; donc l'équivalent Cl occupe 2 volumes comme celui de l'hydrogène, mais l'équivalent HCl occupe 4 volumes contrairement à l'équivalent de la vapeur d'eau;

6 volumes d'hydrogène pesant H^3 sont unis à 2 volumes d'azote pesant $Az = 14^{gr}$ dans 4 volumes de gaz ammoniac pesant $AzH^3 = 17^{gr}$; donc l'équivalent de l'azote occupe 2 volumes, et l'équivalent du gaz ammoniac occupe 4 volumes.

On voit sur ces exemples la vérification de la loi de Gay-Lussac qui est *absolument générale;* et on appelle *équivalent en volume* d'un corps, le volume occupé à l'état gazeux par le poids équivalent du corps, avec l'unité de volume choisie. — L'équivalent en volume du fluor F, du chlore Cl, du brome Br, de l'iode I, qui à l'état gazeux s'unissent à un égal volume d'hydrogène, est alors 2; tandis que pour l'oxygène O, le soufre S, le sélénium Se, qui à l'état gazeux s'unissent à un volume double d'hydrogène, l'équivalent en volume sera 1. — *Les corps gazeux simples ont pour équivalent en volume 1 ou bien 2.* L'équivalent en volume de la vapeur d'eau est 2, tandis que l'équivalent en volumes du gaz chlorhydrique ou du gaz ammoniac est 4 : *les corps composés gazeux ont pour équivalent en volume 2 ou bien 4.* — Or s'il était facile de retenir l'équivalent en volume des gaz simples qui sont peu nombreux, il devenait pénible de retrouver l'équivalent en volume des composés gazeux qui sont en nombre indéfini : c'était un grave défaut du système des poids équivalents.

Sur la loi en volume des combinaisons, on peut faire *deux remarques générales,* et une troisième remarque qui ne l'est pas : 1° *Le volume du composé gazeux n'est jamais supérieur à la somme des volumes des gaz composants;*

2° *Quand le volume des composants gazeux n'est pas le même, le volume du composé gazeux est alors toujours moindre que la somme des volumes des gaz composants;* et on appelle *contraction* le rapport de la diminution de volume par la combinaison au volume du mélange des gaz composants : ainsi la contraction est $\frac{(2+1)-2}{2+1}=\frac{1}{3}$ dans la formation de la vapeur d'eau, $\frac{(2+2)-4}{4}=0$ dans la formation du gaz chlorhydrique, $\frac{(6+2)-4}{6+2}=\frac{1}{2}$ dans la formation du gaz ammoniac;

enfin 3° le volume du composé gazeux est *quelquefois* égal à la somme des volumes des gaz composants, ou bien la contraction est *quelquefois* nulle, *quand les volumes des gaz composants sont égaux :* ce que montre l'exemple du gaz chlorhydrique.

On peut faire voir que *la loi de Gay-Lussac considérée comme exacte contient la loi de Dalton sur les proportions multiples;* en effet soit v le volume de l'un des gaz composants de densité d, par rapport à l'air de masse spécifique a; soit v' le volume du 2e gaz de densité d'; la loi de Gay-Lussac nous dit que le rapport $\frac{v}{v'}=\frac{m}{n}$, m et n étant des nombres entiers simples; or les masses des 2 gaz qui s'unissent sont vad pour le premier et $v'ad'$ pour le second; le rapport des masses des deux corps est donc $\frac{vad}{v'ad'}=\frac{m}{n}\frac{A}{B}$, en remplaçant $\frac{v}{v'}$, par $\frac{m}{n}$ et en posant $ad=A$, $ad'=B$, A et B étant les masses spécifiques des 2 gaz dans les conditions où la masse spécifique de l'air est a; ainsi le rapport des masses qui s'unissent est mA^{gr} à nB^{gr}, ou A^{gr} à $\frac{n}{m}B^{gr}$, ce qui est la loi des proportions multiples. Ainsi la loi de Gay-Lussac étant considérée comme exacte dans des conditions données où la masse spécifique de l'air est a, cette loi contient la loi de Dalton. Mais dans d'autres conditions de pression ou de température, le rapport $\frac{d}{d'}$ des densités dans ces nouvelles conditions ne restera plus le même forcément puisque les densités gazeuses sont fonction de la température et de la pression; il en résultera une variation dans le rapport des volumes $\frac{v}{v'}$, qui ne restera plus le rapport défini $\frac{m}{n}$, car la loi de Dalton doit être regardée comme exacte. Il en résulte que la *loi de Gay-Lussac ne peut être qu'une loi approchée;* elle ne pourrait devenir rigoureuse que dans le cas d'une pression suffisamment faible, pour que la densité gazeuse devienne une constante.

Toutes les considérations qui précèdent et relatives aux lois des combinaisons sont purement expérimentales. Mais on a été amené ainsi à faire des *hypothèses sur la constitution de la matière*, de manière à rendre nécessaires les lois des combinaisons, qui alors pourront être remplacées par ces hypothèses d'où elles découlent.

TROISIÈME LEÇON

Notions théoriques sur le système des poids atomiques. — Masses moléculaires et masses atomiques définies uniquement par l'expérience.

L'expérience montre que *la matière peut subir une divisibilité extrême :* un grain de musc peut parfumer pendant plusieurs années l'air d'une pièce, que l'on renouvelle tous les jours, sans que la masse du grain de musc ait diminué d'une grandeur notable; il faut des balances extrêmement sensibles pour pouvoir constater cette diminution de masse. Une gouttelette de dissolution de fuchsine colore d'une façon appréciable plusieurs litres d'eau. On admet cependant que la divisibilité de la matière n'est pas indéfinie, et *on considère les corps comme formés de particules* séparées par des intervalles vides de matière, et qui peuvent être très grands par rapport aux dimensions des particules; on s'explique alors aisément les phénomènes de compressibilité et de dilatation : le volume d'une certaine masse d'un corps augmente ou diminue, suivant que la distance des particules augmente ou diminue. — *Pour un corps chimique déterminé,* simple ou composé, on admet en outre que *toutes les particules* où s'arrête la divisibilité *sont identiques,* parce que c'est ce qu'il y a de plus simple. Et on appelle alors *molécule* d'un corps chimique, simple ou composé, la *plus petite partie,* toujours la même pour le même corps, *qui puisse exister libre,* dans le corps; le poids de cette molécule est le *poids moléculaire du corps.* — Or la molécule d'un corps composé renferme plusieurs sortes de matières simples différentes, puisque, toutes les molécules du composé étant identiques, chaque molécule a la même composition que le corps composé; on est donc conduit à admettre qu'une molécule est formée de parties plus petites encore de chacune des matières simples qui y entrent, ces parties plus petites étant encore identiques pour la même matière simple. Et on appelle alors *atome d'une substance simple*, la *plus petite partie*, toujours la même pour la même substance simple, *qui puisse exister dans une molécule;* le poids de l'atome est le *poids atomique du corps simple.*

L'ensemble de ces hypothèses, que l'on appelle l'*hypothèse atomique*, entraîne naturellement l'hypothèse de *forces de cohésion* s'exerçant entre les molécules, très grandes dans les corps solides, faibles dans les corps liquides, et diminuant chez tous les corps par l'application de la chaleur; puis l'hypothèse des *forces d'affinité* s'exerçant entre les atomes d'une même molécule.

On peut remarquer que l'*hypothèse d'atomes*, tous identiques pour la même substance simple, *rend nécessaires* la loi des proportions définies, la *loi des proportions multiples*, et même *la loi des équivalents*. En effet dans la combinaison d'un corps simple dont A est le poids atomique, avec un autre corps simple dont B est le poids atomique, m atomes du 1er corps, pesant mA, se combineront avec n atomes du 2e corps, pesant nB, m et n étant des nombres entiers; la composition de la molécule ainsi formée sera mA du 1er corps et nB du 2e corps; c'est aussi la composition du corps composé formé : le rapport des poids des deux corps qui s'unissent est donc mA à nB, ou A à $\frac{n}{m}$ B, ce qui est la loi des proportions multiples.

La détermination du poids moléculaire d'un corps simple ou composé, ou du poids atomique d'une substance simple, définis comme on vient de le voir, échappe à toute mesure directe. Mais on va pouvoir déterminer le *poids moléculaire relatif*, ou le *poids atomique relatif*, c'est-à-dire les rapports des poids moléculaires ou des poids atomiques avec un poids moléculaire ou atomique arbitrairement choisi, pour un corps simple arbitrairement choisi aussi : ce corps simple est l'hydrogène auquel on donne le poids atomique 1. On va pour cela utiliser une 2e *hypothèse :*

Dans l'hypothèse des molécules, les physiciens attribuent la pression exercée par un gaz sur une paroi ou sur la surface libre du liquide manométrique aux chocs des molécules contre cette surface. Or tous les corps gazeux ont à peu près la même loi de compressibilité et la même loi de dilatation. C'est pour expliquer cette presque identité de propriétés de tous les corps gazeux, au point de vue des pressions exercées, qu'*Avogadro* puis *Ampère* ont été conduits à la 2e hypothèse : un *volume donné d'un corps gazeux quelconque,* dans des conditions déterminées de température et de pression, *renferme le même nombre de molécules,* indépendant de la nature du corps gazeux.

Soit alors n le nombre des molécules contenu dans le volume v donné, M le poids moléculaire, a le poids spécifique de l'air dans les conditions où v a été mesuré, d la densité du corps gazeux : le poids du corps gazeux est, d'une part le poids $n \times M$ des molécules; c'est d'autre part $v \times a \times d$; on a donc la *relation* $n \times M = v \times a \times d$ *entre le poids moléculaire M et la densité gazeuse d.* Et si on considère toujours le même volume v dans les mêmes conditions, a sera constant, comme n est constant d'après l'hypothèse, on pourra donc dire que le *poids moléculaire d'un corps gazeux est proportionnel à la densité de ce corps gazeux.*

En appliquant l'hypothèse d'Avogadro à la synthèse du gaz chlorhydrique, on a été amené à choisir le *poids moléculaire de l'hydrogène égal à 2.* En effet la constitution la plus simple que l'on puisse attribuer à la molécule de gaz chlorhydrique, c'est H Cl, savoir un atome d'hydrogène représenté par H = 1, et un atome de chlore représenté par Cl. Or dans la synthèse le volume v d'hydrogène contenant n molécules, s'unit au volume v de chlore contenant n molécules de chlore pour donner le volume 2 v de gaz chlorhydrique contenant 2 n molécules de gaz chlorhydrique. Il a donc fallu que 1 molécule d'hydrogène réagît sur une molécule de chlore pour donner 2 molécules de gaz chlorhydrique, ou H. Cl + H. Cl; la molécule d'hydrogène est donc H. H, et la molécule de chlore Cl. Cl. Et comme le *point de départ du système des poids atomiques* est le poids atomique de l'hydrogène H pris égal à 1, il en résulte bien que le poids moléculaire de l'hydrogène H. H doit être pris égal à 2.

Soit alors le même volume v d'un gaz de densité d et d'hydrogène de densité d_h, n le nombre des molécules dans le volume v, M le poids moléculaire du gaz :

$$\begin{cases} n \times M = vad \\ n \times 2 = vad_h \end{cases}$$

d'où en divisant membre à membre, et chassant le dénominateur 2 :

$$M = 2 \frac{vad}{vad_h};$$

or si δ est la densité du corps gazeux par rapport à l'hydrogène, $\delta = \frac{vad}{vad_h}$; donc $M = 2\delta$: *le poids moléculaire d'un corps gazeux est égal au double de sa densité par rapport à l'hydrogène.* Mais on a encore en divisant par va haut et bas : $M = 2 \times \frac{1}{d_h} \times d$; or $d_h = \frac{1}{14{,}4}$, donc $M = 2 \times 14{,}4 \times d$ ou $M = 28{,}8\,d$: *le poids moléculaire d'un corps gazeux est égal au produit par 28,8 de sa densité par rapport à l'air.*

Il suffira donc de déterminer la densité d'un corps gazeux et de multiplier par 28,8, pour *avoir le poids moléculaire du corps gazeux* relatif à $H = 1$.

Alors pour *obtenir le poids atomique d'un corps simple* capable de prendre l'état gazeux ou de fournir des composés gazeux, on déterminera la densité gazeuse du corps et de ses composés ; en multipliant par 28,8 on obtiendra les poids moléculaires du corps simple et de ses composés gazeux; l'analyse ou la synthèse de ces composés permettront de déterminer les poids du corps simple qui se trouvent dans ces divers poids moléculaires : et le poids atomique cherché sera *le plus grand commun diviseur* de tous ces poids du corps simple contenus dans les poids moléculaires. — Ainsi 16 sera *le poids atomique de l'oxygène*, parce que 16 est le plus grand des poids d'oxygène contenus un nombre entier de fois dans les poids moléculaires de l'oxygène et des composés oxygénés, et alors le poids moléculaire de l'oxygène est $O^2 = 32$; 35,5 sera le poids atomique du chlore, parce que 35,5 de chlore est le plus grand poids de chlore qui soit contenu un nombre entier de fois dans les poids moléculaire du chlore et des composés chlorés, et le poids moléculaire du chlore est $Cl^2 = 71$.

En résumé, dans le système des poids atomiques, le point de départ est *le poids atomique de l'hydrogène pris égal à 1* comme son poids équivalent avait été pris égal à 1 ; seulement *l'unité de volume* sera alors le volume occupé par le poids atomique $H = 1$; le poids moléculaire de l'hydrogène $H^2 = 2$, et par suite *le poids moléculaire de tous les corps gazeux*, *occupera* alors *2 volumes*. Et comme la formule du corps représente précisément ce poids moléculaire, il en résultera que *la formule d'un composé représente toujours un poids de ce corps qui occupe 2 volumes à l'état gazeux.* — La formule moléculaire du gaz chlorhydrique HCl occupant 2 volumes, l'atome de chlore Cl occupe 1 volume comme l'atome d'hydrogène ; la formule moléculaire de l'eau $H^2O = 2 + 16$ occupant 2 volumes, l'atome d'oxygène O occupe 1 volume ; et ceci est général, sauf de rares exceptions que l'on signalera plus loin : *en général, le poids atomique d'un corps simple occupe 1 volume à l'état gazeux* ; il n'y a guère d'exceptions pratiques, faciles à retenir, que pour le phosphore et l'arsenic, dont l'atome occupe seulement $\frac{1}{2}$ volume à l'état gazeux.

On comprend alors *l'avantage du système des poids atomiques sur le système des poids équivalents* : les formules en poids atomiques donneront comme les formules en poids équivalents les rapports des poids des corps qui s'unissent, mais de plus elles donneront sans aucun effort de mémoire les rapports des volumes à l'état gazeux qui se sont unis. — Ainsi quand on représentait l'eau par la formule HO en équivalents, où $H = 1^{gr}$ et $O = 8^{gr}$, le rapport des masses d'hydrogène et d'oxygène était $\frac{1}{8}$, mais il fallait savoir l'équivalent en volume de l'hydrogène 2, l'équivalent en volume de l'oxygène 1, l'équivalent en volume de la vapeur d'eau 2, pour lire sur la formule la composition en volumes de la vapeur d'eau. — Actuellement la formule moléculaire de l'eau est H^2O, où $H = 1$ et $O = 16$, ce qui donne le rapport des masses d'hydrogène et d'oxygène $\frac{2}{16}$ comme tout à l'heure ; mais de plus la formule moléculaire occupant 2 volumes toujours, les atomes H et O occupant 1 volume, on voit immédiatement sans rien retenir que 2 volumes de vapeur d'eau sont formées par l'union de 2 volumes d'hydrogène avec un volume d'oxygène.

Seulement, il fallait pouvoir établir le système des poids atomiques en se basant uniquement sur l'expérience, comme avait été établi le système des poids équivalents. On supposera que l'exposé des lois des combinaisons étant fait, on laisse de côté l'hypothèse atomique de Dalton et l'hypothèse d'Avogadro.

I. — Système des masses atomiques basé uniquement sur l'expérience.

Tout d'abord un système de nombres proportionnels renferme une grande part d'arbitraire, puisqu'on prend comme terme de comparaison un élément arbitrairement choisi l'hydrogène, que l'on donne à ce terme de comparaison une valeur arbitraire 1, et qu'enfin parmi les divers nombres relatifs à un même élément on a choisi l'un d'eux d'après certaines considérations que l'on peut changer. C'est pourquoi après les considérations de masses, qui avaient conduit au système des poids équivalents, *on a préféré les considérations de volume à l'état gazeux pour choisir le nombre proportionnel* d'un élément.

Si v et v' sont les volumes à l'état gazeux qui s'unissent, d et d' les densités des deux corps gazeux, a la masse spécifique de l'air, le rapport des masses qui s'unissent est $\frac{vad}{v'ad'}$ ou, $\frac{d}{\frac{v'}{v}d'}$; or d'après la loi de Gay-Lussac $\frac{v'}{v}=\frac{m}{n}$, m et n étant des entiers simples; donc le rapport des masses qui s'unissent est d à $\frac{m}{n}d'$; d'où la proposition suivante : *les densités des corps gazeux forment un système de nombres proportionnels*. Ainsi si d_h, d, d_1..., sont les densités du gaz hydrogène et des autres corps gazeux, ces nombres forment un système de nombres proportionnels. — Il en est de même des masses vad_h, vad, vad_1..., d'un même volume v quelconque de gaz hydrogène et des autres corps gazeux : donc *les masses de volumes égaux des différents corps gazeux forment un système de nombres proportionnels*.

Le terme de comparaison pour l'établissement du nouveau système est resté le gaz hydrogène ; la valeur que l'on a attribuée à ce terme est restée la masse 1^{gr} d'hydrogène, qui par définition est le nombre proportionnel relatif à l'hydrogène ou *masse atomique de l'hydrogène* : $H = 1^{gr}$. — Mais *l'unité de volume* est le volume occupé par la masse atomique $H = 1^{gr}$ dans les conditions normales

$$\frac{1^{g}}{1^{gr},293\times\frac{1}{14,4}}=\frac{14,4}{1,293}=11^{l},2 \textit{ environ}.$$

La masse moléculaire de l'hydrogène est par définition le double de sa masse atomique, ce qui rappelle les idées théoriques qui ont servi de base au système atomique : c'est donc $H^2 = 2^{gr}$, *occupant par suite 2 volumes*, soit $22^l,4$ environ dans les conditions normales. — Et alors les *masses moléculaires de tous les corps gazeux sont* les masses qui occupent le même volume que la masse moléculaire 2^{gr} de l'hydrogène, soit $22^l,4$ environ. Si v est ce volume, pour le corps de densité d à l'état gazeux : $M^{gr} = vad$; pour l'hydrogène de densité d_h : $2^{gr} = vad_h$ d'où $M = 2^{gr} \times \frac{vad}{vad_h}$: *la masse moléculaire d'un corps gazeux est égale au double de la densité du corps gazeux par rapport à l'hydrogène.* $M = 2^{gr} \times \frac{1}{d_h} \times d = 2^{gr} \times 14,4 . d$ ou $M = 28^{gr},8\, d$: *la masse moléculaire d'un corps gazeux est égale au produit par 28^{gr},8 de la densité par rapport à l'air.* Ainsi ces masses moléculaires qui constituent un système de nombres proportionnels sont reliées aux densités à l'état gazeux par les mêmes relations que les poids moléculaires déduits de considérations théoriques. — On voit donc que *pour déterminer les masses moléculaires,* il suffira de prendre la densité à l'état gazeux et de multiplier par $28^{gr},8$: ainsi les masses moléculaires seront

pour la vapeur d'eau.	$28,8 \times 0,62$	$= 18^{gr}$ environ.
— le gaz sulfureux.	$28,8 \times 2,2$	$= 64$
— l'oxyde azoteux	$28,8 \times 1,5$	$= 44$
— l'oxyde azotique.	$28,8 \times 1,03$	$= 30$
— le gaz carbonique. . . .	$28,8 \times 1,15$	$= 44$, etc.

Soient alors M, M', M''..., les masses moléculaires ainsi déterminées pour un gaz simple et toutes les combinaisons gazeuses qu'il forme; M, m', m''..., les masses de ce corps simple qui sont contenues dans les masses précédentes et que l'analyse ou la synthèse permettent de déterminer; *la masse atomique* A^{gr} *du corps simple* sera le plus grand commun diviseur des masses M, m', m''..... Ainsi *la masse moléculaire de l'oxygène étant* $M = 28^{gr},8 \times 1,1 = 32^{gr}$ et les masses moléculaires des composés oxygénés étant pour les composés oxygénés précédemment cités

18^{gr}	contenant	16^{gr}	d'oxygène,	
64^{gr}	—	32^{gr}	—	
44^{gr}	—	16^{gr}	—	
30^{gr}	—	16^{gr}	—	
44^{gr}	—	32^{gr}	—	etc.,

si l'on formait un tel tableau pour tous les composés oxygénés capables de prendre l'état gazeux, on verrait que 16^{gr} est la plus grande des masses d'oxygène qui soit contenue un nombre entier de fois dans les masses moléculaires de l'oxygène et des composés oxygénés : donc $16^{gr} = O$ sera la *masse atomique de l'oxygène.* — De même $35^{gr},5 = Cl$ est la *masse atomique du chlore* parce que c'est la plus grande masse du chlore qui soit contenue un nombre entier de fois dans les masses moléculaires du chlore et de toutes les combinaisons chlorées gazeuses. — La *masse atomique du carbone* est $C = 12^{gr}$, car c'est la plus grande des masses de carbone qui soit contenue un nombre entier de fois dans les masses moléculaires des combinaisons gazeuses carbonées.

On sait donc déterminer la masse moléculaire Mgr pour un gaz simple par la densité de ce gaz, et sa masse atomique A^{gr} comme on vient de le voir. A la masse moléculaire on donne quelquefois le nom de *molécule,* et au volume qu'elle occupe le nom de *volume moléculaire* : le volume moléculaire est donc toujours voisin de $22^{l}4$, dans les conditions normales. A la masse atomique on donne aussi quelquefois le nom *d'atome,* et au volume qu'occupe la masse atomique on donne le nom *de volume atomique du corps simple.* — Le rapport de la masse moléculaire Mgr d'un gaz simple à sa masse atomique A^{gr} définit la propriété que l'on appelle *l'atomicité de la molécule* du gaz simple : suivant que ce rapport est 1, 2, 3..., la molécule renferme 1, 2, 3... atomes, elle est *monatomique,* ou *biatomique,* ou *triatomique.* — Il arrive rarement que la molécule d'un gaz simple soit monatomique; c'est le cas de la vapeur de mercure Hg, des vapeurs de zinc ou de cadmium Zn ou Cd, du gaz argon A et des nouveaux gaz de l'air : alors pour ces corps le volume atomique est voisin de $22^{l},4$ dans les conditions normales. — Presque toujours, la molécule d'un gaz simple est biatomique : telles sont les molécules d'hydrogène H^2, de chlore Cl^2, d'oxygène O^2, d'azote Az^2, etc. ; alors le volume atomique est presque toujours voisin de $11^l,2$. — Par exception, la molécule de phosphore ou d'arsenic est tétratomique, P^4 ou As^4, et alors le volume atomique pour le phosphore ou l'arsenic est voisin de $5^l,6$. On peut signaler encore la modification allotropique de l'oxygène connue sous le nom d'ozone, où la molécule est triatomique O^3; et les modifications de la vapeur de soufre, qui biatomique à température très élevée S^2, tend à devenir S^6 à température relativement basse vers 300° sous faible pression.

II. — Densités de vapeur employées dans le calcul des masses moléculaires, et densités théoriques.

La masse moléculaire et la masse atomique qui s'en déduit sont des masses fixes puisqu'elles font partie du tableau des nombres proportionnels. Or l'expérience montre que la densité d'un corps gazeux est une fonction de la température et de la pression. Mais l'expérience montre aussi que, si en opérant à pression constante on augmente indéfiniment la température, ou que en opérant à température constante on diminue indéfiniment la pression, dans les deux cas, la densité d'un corps gazeux, indécomposable dans ces conditions, tend vers une même valeur limite à partir de laquelle elle demeure constante, soit que l'on continue à élever la température, soit que l'on continue à diminuer la pression ; c'est ce nombre constant pour un corps gazeux que l'on appelle sa *densité limite*, et c'est cette *densité limite qui multipliée par* $28^{gr},8$ *donne la masse moléculaire* du corps gazeux en général. — Ainsi quand on prend la densité de la vapeur de soufre à la pression atmosphérique et à température croissante, on constate que la densité, après être restée constante entre 500 et 600°, diminue rapidement entre 600 et 800°, pour redevenir constante à partir de 800° jusqu'aux plus hautes températures où la mesure ait été faite : la densité n'est plus alors que 2,2 environ le $\frac{1}{3}$ de la densité à 500°. La masse moléculaire du soufre à très haute température sera $2,2 \times 28^{gr},8 = 64^{gr}$. Or la masse atomique du soufre déduite des densités gazeuses des combinaisons sulfurées a été trouvée égale à $32^{gr} = S$: le volume atomique du soufre à très haute température, où la molécule est S^2 sera donc 1 volume. Mais le volume atomique du soufre à 500°, où la molécule est S^6, ne serait plus que $\frac{1}{3}$ de volume. Et à température plus basse sous pression réduite, où la masse moléculaire du soufre tend vers S^2, le volume atomique du soufre serait encore plus petit.

Mais pour qu'une densité limite expérimentale puisse servir au calcul de la masse moléculaire, il faut que le corps dont on a pris la densité ne se soit pas décomposé par la chaleur : ainsi la densité du corps gazeux qui provient de la vaporisation du perchlorure de phosphore est environ 5 vers 200°, cette densité diminue rapidement quand la température s'élève pour atteindre la valeur 3,65 vers 300°, température à partir de laquelle la densité reste constante. Il semblerait donc que 3,65 fût la densité limite de la vapeur de perchlorure de phosphore, et que par suite la masse moléculaire de ce corps fût $28^{gr},8 \times 3,65 = 105^{gr}$ environ. Mais d'autre part le perchlorure de phosphore se prépare par action directe du gaz chlore sur le trichlorure de phosphore dont la formule moléculaire est PCl^3, et la masse de chlore fixée par la molécule de trichlorure est précisément Cl^2, de sorte que la formule moléculaire du perchlorure de phosphore ne peut pas être plus simple que PCl^5; comme $P = 31^{gr}$, la masse moléculaire du pentachlorure de phosphore est alors $31^{gr} + 35^{gr},5 \times 5 = 210^{gr}$ environ, nombre à peu près double de celui qu'aurait donné l'emploi de la densité limite. C'est que la vapeur de pentachlorure de phosphore a été décomposée par la chaleur en vapeur de trichlorure PCl^3 et gaz chlore Cl^2, mélange dont on a pris la densité; et la décomposition est devenue complète vers 300° : à partir de cette température, la masse moléculaire PCl^5 occupant 2 volumes s'est dédoublée complètement en $PCl^3 + Cl^2$ occupant $2 + 2 = 4$ volumes, comme le montre d'ailleurs la coloration de chlore que présente alors la vapeur d'abord à peu près incolore. — La densité du corps gazeux provenant de la vaporisation du chlorure d'ammonium AzH^4Cl donne lieu aux mêmes remarques, car ce corps est décomposé en un mélange de gaz ammoniac AzH^3 et de gaz chlorhydrique HCl. — Il y a donc *de grandes précautions à prendre dans l'emploi des densités de vapeur à la détermination des masses moléculaires.*

Inversement, si *on connaît la masse moléculaire exacte d'un corps gazeux,* par exemple par sa formule et les masses atomiques exactes qui y entrent et dont il suffit de faire la somme, il sera facile de *trouver la densité de vapeur du corps gazeux,* qu'il sera alors tout à fait inutile de retenir : la densité gazeuse *d* s'obtiendra en effet en divisant la masse moléculaire exacte par 28,8 : $d = \frac{M^{gr}}{28^{gr},8}$ puisque la masse moléculaire était déterminée par $M = 28^{gr},8 \times d$. — Si l'on se reporte à l'origine du facteur $28^{gr},8 = 2^{gr} \times \frac{1}{d_h}$, on voit que l'on pourra écrire $d = \frac{M}{2} \times d_h$; or une valeur approchée très simple de la densité de l'hydrogène d_h est 0,07; de sorte que pour *retrouver la densité approchée d'un corps gazeux*, il suffira de multiplier la moitié de la masse moléculaire approchée par 0,07. Si on remarque que pour la plupart des gaz simples, la molécule est biatomique, la moitié de la masse moléculaire est alors la masse atomique, d'où *le calcul de la densité approchée par* $d = A \times 0,07$ pour les gaz simples à molécule biatomique. — Dans le cas où l'on fait le calcul exact par la masse moléculaire exacte d'après $d = \frac{M}{28,8}$, le nombre fixe que l'on trouve pour le corps gazeux s'appelle sa *densité théorique;* cette densité théorique peut naturellement différer un peu de la densité expérimentale du corps gazeux, puisque cette dernière varie avec la température et la pression, tandis que *la densité théorique est un nombre invariable* pour un gaz.

III. — Détermination des masses moléculaires de substances décomposables par la chaleur, mais solubles.

Cette détermination est possible par deux méthodes, appelées *méthodes cryoscopiques,* et dont on donnera seulement le principe :

1re méthode, fondée sur *la diminution de la force élastique de la vapeur du dissolvant par la présence du corps solide fixe soluble* (tonométrie). Dans 100^{gr} d'un dissolvant n'exerçant aucune action chimique sur la substance soluble, on dissout la masse m^{gr} de la substance; le dissolvant avait à la température t une force élastique maximum de vapeur f; à cette même température t la force élastique de la vapeur pour la solution est devenue $f' < f$; la diminution de force élastique est $f - f'$; et la *diminution relative de force élastique de la vapeur* est $\frac{f - f'}{f}$; l'expérience montre que cette grandeur est proportionnelle à la masse m^{gr} dissoute, pourvu cependant que la solution soit très étendue, ce qui est *la loi de Wüllner;* on en déduit que *la diminution relative de force élastique pour 1gr de substance* est $\frac{f-f'}{f} \times \frac{1}{m}$. — On appelle diminution relative *moléculaire* de force élastique le produit de la diminution relative pour 1gr par la masse moléculaire Mgr, soit $\frac{f-f'}{f} \times \frac{M}{m}$: en opérant sur des substances volatiles sans décomposition, et par suite dont la masse moléculaire était connue, et solubles dans un dissolvant, on reconnut que *la diminution relative moléculaire de force élastique est constante pour un dissolvant donné,* ce qui est la 1re *loi de Raoult* $\frac{f-f'}{f} \times \frac{M}{m} = K$. — Soit alors une substance solide fixe de masse moléculaire inconnue M_1, soluble dans le dissolvant; on en dissoudra la masse m_1 dans 100gr du dissolvant, on déterminera la force élastique f'_1 de la vapeur de la dissolution; alors l'application de la loi de Raoult donnera $\frac{f-f'_1}{f} \times \frac{M_1}{m_1} = K$, où tout est connu sauf M_1 qui sera ainsi déterminé. — Dans l'application de cette méthode, on se sert du procédé de l'*ébullioscopie* dans lequel on détermine la température d'ébullition du dissolvant pur et de la solution.

2e *méthode,* fondée *sur l'abaissement du point de congélation d'un dissolvant par la présence d'un corps solide soluble* (cryoscopie). Dans 100gr d'un dissolvant n'exerçant aucune action chimique on dissout $m$gr de la substance solide soluble; le dissolvant pur avait un point de congélation $t°$; actuellement le point de congélation du dissolvant dans la solution est devenu $(t-\theta)°$; l'*abaissement du point de congélation* est $\theta°$; l'expérience montre que l'abaissement du point de congélation est proportionnel à la masse $m$gr de substance dissoute, pourvu que la solution reste très étendue, ce qui est la *loi de Blagden;* on en déduit l'*abaissement du point de congélation pour 1gr* de substance dissoute, $\frac{\theta°}{m}$. — On appelle *abaissement moléculaire du point de congélation* le produit de l'abaissement pour 1gr par la masse moléculaire Mgr, soit $\theta \times \frac{M}{m}$: en opérant avec des substances à masse moléculaire connue, on a reconnu que l'*abaissement moléculaire du point de congélation est constant pour un dissolvant donné*, ce qui est la 2e *loi de Raoult* : $\theta \times \frac{M}{m} = K'$. — D'où la détermination de la masse moléculaire M_1 d'un solide soluble au moyen de la relation $\theta_1 \times \frac{M_1}{m_1} = K'$, par la mesure de l'abaissement θ_1, du point de congélation du dissolvant quand on y dissout la masse m_1, dans 100gr du dissolvant.

Les méthodes cryoscopiques sont surtout appliquées pour la détermination des masses moléculaires des corps organiques, en général facilement décomposables par la chaleur.

IV. — Détermination des masses atomiques des corps simples non volatils, et ne donnant pas de composés volatils.

Il n'y a plus lieu de parler ici de masses moléculaires définies à partir des densités gazeuses. On a alors recours aux chaleurs spécifiques moyennes sous l'état solide, pour déterminer la masse atomique. En mesurant la chaleur spécifique moyenne c d'un élément solide dont la masse atomique A est connue, comme celle du brome solidifié, de l'iode, du soufre, du sélénium, du phosphore, de l'arsenic, etc., on reconnut que le produit de la masse atomique par la chaleur spécifique moyenne sous l'état solide était toujours voisin d'une valeur moyenne 6,4 ce qui est la *loi de Dulong et Petit* : $A \times c = 6{,}4$. On admet alors que cette loi est générale, et la masse atomique A_1 d'un corps simple solide non volatil ne donnant pas de composés volatils, ce qui est le *cas de la plupart des métaux*, est définie par $A_1 = \frac{6{,}4}{c_1}$, où c_1 désigne la chaleur spécifique moyenne entre 0 et 100° ; il suffira donc de mesurer c_1 pour en déduire A_1. — Ainsi la *masse atomique du potassium* sera K = 39gr, parce que le quotient de 6,4 par la chaleur spécifique moyenne 0,1659 du potassium est 39 ; la *masse atomique de l'argent* sera Ag = 108gr, parce que le quotient de 6,4 par la chaleur spécifique moyenne 0,057 de l'argent est 108. — La chaleur spécifique moyenne varie un peu avec l'état du métal.

Il en résulte que les masses atomiques, ainsi déduites des densités de vapeur ou des chaleurs spécifiques moyennes sous l'état solide, ne peuvent être que des *valeurs approchées des masses atomiques exactes*, de même que les masses moléculaires déterminées par les densités gazeuses ne sont qu'approchées. Mais la connaissance de ces masses approchées sera toujours suffisante pour établir la *formule à attribuer à un composé*, par une analyse ou une synthèse qui n'ont pas besoin d'être très précises.

Alors la formule d'un composé étant établie ainsi sans ambiguïté, l'analyse exacte ou la synthèse rigoureuse de cette combinaison conduiront à la détermination des masses atomiques exactes et des masses moléculaires exactes, comme quelques exemples vont le montrer.

V. — Principe de la détermination des masses atomiques exactes.

1° *Masse atomique exacte de l'oxygène.* — On connaît sa valeur approchée 16^gr^; on connaît la formule de l'eau par sa masse moléculaire $28^{gr},8 \times 0,62 = 18^{gr}$, en sachant de plus qu'elle est formée par 2 volumes d'hydrogène et 1 volume d'oxygène, l'oxygène étant environ 16 fois plus dense que l'hydrogène : les proportions d'hydrogène et d'oxygène sont donc 2^{gr} et 16^{gr}; d'où la formule H^2O. — Or la synthèse exacte de l'eau par la méthode en masses a montré qu'à 2^{gr} d'hydrogène sont unis en réalité $15^{gr},88...$ d'oxygène. La *masse atomique exacte de l'oxygène sera donc* $O = 15^{gr},88...$, et la *masse moléculaire exacte de l'eau* sera $H^2O = 17^{gr},88.....$

2° *Masses atomiques exactes de l'argent, du chlore et du potassium.* — On connaît les valeurs approchées 35,5 pour le chlore par les densités de vapeur, 108 pour l'argent et 39 pour le potassium par les chaleurs spécifiques. On en déduit les formules à attribuer au chlorure d'argent, au chlorure de potassium, au chlorate de potassium : en chauffant une masse connue d'argent pur dans un courant de gaz chlore jusqu'à ce que la masse n'augmente plus, on reconnaît que pour 108^{gr} d'argent l'augmentation de masse est $35^{gr},5$; la *formule du chlorure d'argent* est donc AgCl. De même en brûlant une masse connue de potassium légèrement chauffé dans un courant de chlore sec jusqu'à ce que la masse n'augmente plus, on reconnaît que pour 39^{gr} de potassium l'augmentation de masse est $35^{gr},5$; la *formule du chlorure de potassium* est donc KCl. Enfin la calcination complète d'une masse connue de chlorate de potassium laisse comme résidu du chlorure de potassium dont on peut déterminer la masse quand elle a cessé de diminuer; et il se dégage uniquement un gaz qui a les caractères de l'oxygène pur; on trouve ainsi que pour un résidu de $39 + 35,5 = 74^{gr},5$ de chlorure de potassium, la diminution de masse du sel primitif a été $48^{gr} = 16^{gr} \times 3$: la *formule du chlorate de potassium* est donc $KCl + 3O$ ou ClO^3K. — Ces formules ainsi établies sont les plus simples; ce sont d'ailleurs les *formules moléculaires* de ces 3 sels, car l'acide chlorhydrique et l'acide chlorique d'où ils dérivent ne réagissent qu'en une proportion avec les alcalis fixes; ce sont des acides que l'on appelle monobasiques. On va alors par des opérations aussi précises que possible déterminer les masses moléculaires exactes des chlorures de potassium et d'argent, et on en déduira les masses atomiques exactes de l'argent, du chlore et du potassium.

On prend une masse M de chlorate de potassium pur préalablement fondu pour assurer une parfaite dessiccation; on la décompose complètement par la chaleur en évitant toute perte de matière; on détermine la masse m de chlorure de potassium pur et sec qui reste; on en déduit que la masse $M - m$ d'oxygène dégagé était unie à la masse m de chlorure de potassium dans la masse M de chlorate; or ces masses doivent être entre elles comme la masse O^3, la masse moléculaire a du chlorure de potassium, et la masse moléculaire a' du chlorate de potassium : $\frac{M - m}{O^3} = \frac{m}{a} = \frac{M}{a'}$, d'où la *masse moléculaire exacte a du chlorure de potassium* par : $a = \frac{m}{M - m} O^3$; et *la masse moléculaire exacte du chlorate de potassium* par : $a' = \frac{M}{M - m} O^3$; puisque la masse atomique O de l'oxygène est connue exactement.

On prend alors la masse m de chlorure de potassium qui est restée, on la dissout dans de l'eau pure, et on y ajoute un excès de dissolution d'azotate d'argent de manière à précipiter tout le chlore à l'état de chlorure d'argent insoluble; on recueille le précipité, on le lave, on le sèche, toutes ces opérations devant être faites à l'abri de la lumière qui décomposerait le chlorure d'argent; on détermine la masse m' du chlorure d'argent sec. Or les masses m et m' doivent être entre elles comme les masses moléculaires a pour le chlorure de potassium et b pour le chlorure d'argent : donc $\frac{m}{m'} = \frac{a}{b}$; d'où *la masse moléculaire exacte b du chlorure d'argent* par $b = \frac{m'}{m} a$, puisque a est connu exactement par l'opération précédente.

On prend enfin une masse μ d'argent pur et on la transforme en chlorure d'argent pur dont on détermine la masse μ', ce que l'on peut faire par deux procédés qui se contrôlent : soit en dissolvant l'argent pur dans un excès d'acide azotique pur ce qui donne une dissolution d'azotate d'argent, ajoutant alors un excès de dissolution de chlorure de potassium pour précipiter tout l'argent à l'état de chlorure d'argent, qu'on traitera comme tout à l'heure ; soit en chauffant l'argent pur dans un tube de verre traversé par un courant de chlore sec, de manière à amener la chloruration totale de l'argent sans qu'il reste d'excès de chlore. Les masses μ d'argent et μ' de chlorure d'argent ainsi obtenu doivent être entre elles comme la masse atomique x de l'argent et la masse moléculaire b du chlorure d'argent : $\frac{\mu}{\mu'} = \frac{x}{b}$, d'où *la masse atomique exacte x de l'argent* par $x = \frac{\mu}{\mu'} b$, puisque b est exactement connu.

Soit y *la masse atomique exacte du chlore* ; on doit avoir $x + y = b$ masse moléculaire du chlorure d'argent : d'où $y = b - x$. — Soit enfin z la *masse atomique exacte du potassium* ; on doit avoir $z + y = a$, masse moléculaire du chlorure de potassium ; d'où $z = a - y$.

3° Les masses atomiques exactes du chlore et de l'argent étant maintenant connues, comme le chlore se combine directement et facilement avec tous les métaux et beaucoup de métalloïdes, et comme l'on sait préparer facilement les sels d'argent des acides, pour *déterminer la masse atomique exacte d'un élément quelconque*, il suffira en général de l'engager dans des combinaisons avec le chlore ou avec l'argent, dont on établira la formule, et dont alors on fera l'analyse ou la synthèse exactes pour arriver au résultat cherché. — Ainsi, la masse atomique du soufre étant voisine de 32^gr^, comme on l'a trouvé au moyen des densités de vapeur, si on fait passer sur une masse connue d'argent pur chauffé un courant de vapeur de soufre jusqu'à ce que la masse n'augmente plus, on reconnaît que pour 2×108^{gr} d'argent l'augmentation de masse a été 32^{gr}, d'où la *formule du sulfure d'argent* formé Ag^2S, et c'est *la formule moléculaire* de ce sulfure qui dérive de l'acide sulfhydrique H^2S capable de réagir en deux proportions avec les alcalis fixes. Soit alors m_1 la masse d'argent pur employée dans une expérience aussi précise que possible, m_2 la masse du sulfure d'argent obtenue; les masses m_1 d'argent et $m_2 - m_1$ de soufre fixé doivent être entre elles comme les masses atomiques exactes 2Ag et S : $\frac{m_1}{m_2 - m_1} = \frac{2Ag}{S}$, d'où *la masse atomique exacte S du soufre* par $\frac{m_2 - m_1}{m_1}$ 2Ag, puisque Ag est connu exactement. — Pour déterminer *la masse atomique du silicium et du bore*, par la densité de vapeur des chlorures de ces métalloïdes et l'analyse de ces chlorures par l'eau, on a reconnu que les formules moléculaires devaient renfermer Cl^4 pour le chlorure de silicium et Cl^3 pour le chlorure de bore; d'où les formules les plus simples choisies pour ces chlorures, $SiCl^4$ et BCl^3 définissant les masses atomiques Si et B. Alors l'analyse exacte des chlorures de silicium ou de bore conduira aux *masses atomiques exactes du silicium et du bore*.

4° Il convient aussi de signaler une *méthode physique de détermination des masses atomiques* conduisant à une approximation aussi grande que les meilleures méthodes chimiques : quand on connaît la loi de compressibilité d'un gaz, on peut trouver *par le calcul la densité limite du gaz sous une pression infiniment faible* à laquelle le gaz suit la loi de Mariotte rigoureusement; cette densité limite donne la masse atomique du gaz, car elle se confond alors avec la densité théorique, par la relation $A = 14{,}4\,d$ si le gaz est biatomique.

1re Remarque. — Quand on connaîtra par les méthodes que l'on a signalées les masses moléculaires exactes et les masses atomiques exactes, on pourra calculer *le volume moléculaire exact* qui différera toujours peu de 22^{l}4, pour les conditions normales, et *le volume atomique exact* qui différera peu de 22^l,4, ou de 11^l,2, ou de 5^l,6 suivant que la molécule est monatomique, biatomique ou tétratomique; il suffira de connaître exactement la densité gazeuse dans les conditions où on évalue le volume moléculaire ou le volume atomique.

2e Remarque. — Dans la détermination des formules à attribuer aux corps, opération qui précède la mesure des masses atomiques et moléculaires exactes, il a fallu naturellement tenir compte de la loi de l'isomorphisme *qui reste une loi fondamentale*.

QUATRIÈME LEÇON

Valence des atomes et des radicaux. — Constitution des acides, des bases et des sels. — Nomenclature.

On dit que l'*atome* d'un corps est *monovalent* quand il *s'unit à l'atome d'hydrogène* pour donner un composé stable : tels sont les atomes de *fluor* F, de *chlore* Cl, de *brome* Br, d'*iode* I, qui en s'unissant à l'atome d'hydrogène H donnent les composés HF, HCl, HBr, HI. — Dans la synthèse de ces composés à partir des molécules H^2, F^2, Cl^2, Br^2, I^2, l'*atome monovalent a pris* dans la molécule H^2 *la place d'un atome d'hydrogène*, et réciproquement dans la molécule Cl^2 par exemple un *atome monovalent* Cl *a été remplacé par un atome d'hydrogène*. De même dans la formation du chlorure d'iode ICl par action de la molécule de chlore Cl^2 sur la molécule d'iode I^2, un atome de chlore a été remplacé par un atome d'iode dans la molécule de chlore Cl^2, et réciproquement un atome de chlore a pris la place d'un atome d'iode dans la molécule d'iode I^2 : Ainsi un *atome monovalent* peut *tenir la place d'un atome d'hydrogène* ou *d'un autre atome monovalent* dans la formation de composés stables. — Alors les sels, chlorure de potassium KCl, chlorure de sodium NaCl, chlorure d'argent AgCl, peuvent être formés, soit à partir de l'acide chlorhydrique HCl agissant sur le métal, soit à partir de la molécule de chlore Cl^2 agissant aussi sur le métal : les atomes de *potassium* K, de *sodium* Na, d'*argent* Ag, sont donc aussi des atomes monovalents puisqu'ils tiennent la place d'un atome d'hydrogène dans HCl, ou d'un atome de chlore dans Cl^2.

Un *atome* est *bivalent* quand il *s'unit à 2 atomes d'hydrogène* pour former un composé stable : tels sont les atomes d'*oxygène* O, de *soufre* S, de *sélénium* Se, qui donnent en s'unissant à l'hydrogène les composés les plus hydrogénés H^2O, H^2S, H^2Se. — Dans la synthèse de ces composés à partir des molécules O^2, ou S^2, l'*atome bivalent* a été *remplacé par 2 atomes d'hydrogène*.

Dans la formation du composé Cl^2O, si elle était possible à partir de la molécule O^2, l'*atome* d'oxygène *bivalent* aurait de même été *remplacé par 2 atomes de chlore monovalents*. Enfin dans la formation des oxydes par action de l'oxygène sur les métaux, un atome d'oxygène de la molécule O^2 est remplacé, soit par deux atomes du métal si le métal est monovalent ce qui arrive dans la formation de K^2O, Na^2O ou Ag^2O, soit par un atome du métal qui est alors bivalent ce qui arrive dans la formation des oxydes de baryum BaO, de calcium CaO, de strontium SrO, de magnésium MgO, de zinc ZnO, de cuivre CuO, de plomb PbO, de mercure HgO, puis de fer au minimum d'oxydation FeO, et d'étain au minimum d'oxydation SnO. On peut aussi regarder ces oxydes comme dérivant de l'eau H^2O, et alors les atomes de *baryum* Ba, de *calcium* Ca, de *strontium* Sr, de *magnésium* Mg, de *zinc* Zn, de *cuivre* Cu, de *plomb* Pb, de *mercure* Hg, de *fer et d'étain* Fe et Sn, sont *bivalents*, car ils *prennent la place de 2 atomes d'hydrogène*, ou d'*un atome bivalent* comme O, ou encore de *2 atomes monovalents* : et dans la formation des chlorures de ces métaux $BaCl^2$, $CaCl^2$, $MgCl^2$, $ZnCl^2$, $PbCl^2$, etc., à partir de 2HCl, l'*atome bivalent*, qui a pris la place de 2 atomes d'hydrogène, est *uni à 2 atomes de chlore* monovalents.

Un *atome* est *trivalent* quand il *peut s'unir à 3 atomes d'hydrogène* pour former le composé le plus hydrogéné : tels sont les atomes d'*azote* Az, de *phosphore* P, d'*arsenic* As, qui donnent les composés AzH^3, PH^3, AsH^3. Si l'on fait dériver les composés AzH^3, ou $AzCl^3$, ou AzOCl, de la molécule d'azote Az^2, on voit que dans cette molécule un *atome* d'azote *trivalent* a été *remplacé par 3 atomes d'hydrogène*, ou par *3 atomes monovalents* comme ceux du chlore, ou par *1 atome bivalent et 1 atome monovalent*. — Le *bore*, le *bismuth*, l'*antimoine*, l'*or*, ont aussi des atomes trivalents, à cause de l'existence de leurs chlorures BCl^3, $BiCl^3$, $SbCl^3$, $AuCl^3$, que l'on peut regarder comme dérivant de 3HCl par *le remplacement de 3 atomes d'hydrogène par l'atome trivalent* B, Bi, Sb, Au.

Un atome est *tétravalent* quand il *s'unit à 4 atomes d'hydrogène*, ou à *4 atomes monovalents* ou à *2 atomes bivalents*, ou à *1 atome bivalent et 2 atomes monovalents* : tels sont les atomes de *carbone* C et *de silicium* Si, qui donnent les composés CH^4 et SiH^4; $SiCl^4$; CO^2 et SiO^2; $COCl^2$, etc. Tels sont aussi les atomes de *platine* Pt ou *d'étain* Sn, dans les composés au maximum de chloruration ou d'oxydation : $PtCl^4$; $SnCl^4$, SnO^2; etc.

On *indique l'ordre de la valence* pour un *atome considéré isolément*, soit par des *accents* en nombre égal à l'ordre de la valence :

$$H', \quad Cl', \quad O'', \quad Az''', \quad C^{iv};$$

soit par des *traits* ou *liaisons* en nombre encore égal à l'ordre de la valence :

$$H—, \quad Cl—, \quad —O—, \quad Az\lessgtr, \quad —\overset{|}{\underset{|}{C}}—;$$

ces liaisons étant d'ailleurs placées comme on le veut. — Et on obtient les *formules moléculaires développées* des corps en réunissant 2 à 2 les traits ou liaisons des atomes de la molécule :

$$H—H, \quad H—Cl, \quad H—O—H, \quad Az\begin{matrix}/H\\—H,\\ \backslash H\end{matrix} \quad H—\overset{\overset{H}{|}}{\underset{\underset{H}{|}}{C}}—H,$$

seront les formules développées ou *formules de constitution* de l'hydrogène H^2, de l'acide chlorhydrique HCl, de l'eau H^2O, du gaz ammoniac AzH^3, du gaz des marais CH^4; ces formules indiquent les relations qui existent entre les divers atomes dans la molécule, quand on admet l'hypothèse des molécules.

La valence des atomes, d'après sa définition à partir de quelques caractères particuliers, *ne peut être qu'une propriété relative*. Aussi la valence d'un atome n'est *pas fixe* : ainsi *l'atome d'iode*, monovalent dans l'acide iodhydrique HI et le protochlorure d'iode ICl, doit être regardé comme *trivalent* dans le trichlorure d'iode ICl^3, et dans le chlorhydrate de chlorure d'iode ICl, HCl ou $I\begin{matrix}/Cl\\—H\\ \backslash Cl\end{matrix}$. *L'atome d'azote*, trivalent dans le gaz ammoniac AzH^3 ou le chlorure d'azote $AzCl^3$, devient *pentavalent* dans le chlorure d'ammonium AzH^4Cl ou $Az\begin{matrix}/H\\/H\\—H\\ \backslash H\\ \backslash Cl\end{matrix}$; de même l'*atome de phosphore* est pentavalent dans le perchlorure de phosphore PCl^5; et l'*atome d'antimoine* est encore pentavalent dans le perchlorure d'antimoine $SbCl^5$. — Mais *en général*, dans la variation de la valence d'un atome, *l'ordre de la valence ne change pas de parité.*

Ainsi les atomes de *fer*, de *manganèse*, d'*étain* sont *bivalents* dans les combinaisons au minimum de chloruration ou d'oxydation : $FeCl^2$ et FeO, $MnCl^2$ et MnO, $SnCl^2$ et SnO. On les regarde comme *tétravalents dans les combinaisons au maximum*, ce qui est évident pour l'étain d'après l'existence des combinaisons $SnCl^4$ et SnO^2, mais ce que *l'on admet* pour le *fer*, ou le *manganèse*, et encore pour l'*aluminium* et *le chrome* : en particulier on admet que dans les *combinaisons au maximum pour le fer*, Fe^2Cl^6 ou Fe^2O^3, les 2 atomes de fer tétravalents échangeant une liaison, le *système des 2 atomes de fer ainsi liés est hexavalent*, comme l'indique la formule $\gt$Fe—Fe$\lt$ — Ces notions sur la valence sont capitales pour l'écriture des formules des corps.

I. — Valence des radicaux.

Il arrive fréquemment que dans une suite de réactions un groupement d'atomes reste inaltéré : exemple simple, dans l'action du métal potassium d'atome K sur l'eau de molécule H—OH, il y a formation de potasse K—OH et libération d'un atome d'hydrogène H; si alors on neutralise la potasse formée K—OH par l'acide chlorhydrique HCl, il y a formation de chlorure de potassium KCl et reconstitution de l'eau H—OH; le groupement d'atomes OH est donc resté inaltéré dans le cycle des deux réactions citées. — Il peut alors être très utile de considérer ce groupement d'atomes comme ayant une existence propre, et alors on donne le nom de *radical* à *tout groupement d'atomes qui reste inaltéré dans une suite de réactions.* — La *valence d'un radical* se déduit immédiatement de la valence des atomes qui y entrent, et on désigne en général les radicaux par la lettre R affectée d'autant d'accents qu'il y a d'unités dans l'ordre de la valence : R', R'', R''', etc., désigneront des radicaux monovalent, bivalent ou trivalent, etc.

Il n'existe qu'un *petit nombre de radicaux existant réellement à l'état de liberté* : on peut citer le bioxyde d'azote Az<O ou *nitrosyle*, et le peroxyde d'azote Az(O)(O) ou Az<O—O, appelé *azotyle*, et qui sont des *radicaux libres monovalents*, capables de se comporter comme des atomes monovalents; puis l'anhydride sulfureux —S—O—O—, ou —O—S—O—, appelé *sulfuryle*, et l'oxyde de carbone C<O ou *carbonyle*, qui sont des *radicaux libres bivalents*. Ces corps pourront donner des produits d'addition avec les atomes des autres éléments, comme AzOCl, AzO^2Cl, SO^2Cl^2, $COCl^2$; on les appelle encore *corps incomplets* ou *corps non saturés*.

Le plus *souvent les radicaux ne peuvent être isolés*, et quand on essaye de les libérer ils se soudent à eux-mêmes pour donner des composés libres plus complexes : parmi les plus fréquents, on citera l'*oxhydryle* ou *hydroxyle* —OH, l'*amide* Az(H)(H), l'*ammonium* Az(H)(H)(H)(H), le *méthyle* C(H)(H)(H), le *radical cyanogène* C≡Az, qui sont des *radicaux monovalents*; puis le *thionyle* —S—O—, le *méthylène* C(H)(H), qui sont des *radicaux bivalents*; enfin le *phosphoryle* P(O), qui est un *radical trivalent*.

La notion de valence va conduire à la précision dans les définitions des fonctions acide, base ou sel, même après l'extension donnée à ces fonctions en dehors de l'action des réactifs colorés.

II. — Précisions dans les définitions des fonctions acide, base et sel.

1° Les *acides* sont toujours des composés contenant de l'*hydrogène remplaçable par un métal*; cela ne veut pas dire que tous les composés contenant de l'hydrogène remplaçable par un métal soient des acides : ainsi le gaz ammoniac AzH^3 qui donne l'amidure de sodium AzH^2Na, le gaz acétylène C^2H^2 qui donne les acétylures de sodium C^2HNa et C^2Na^2 ou carbure de sodium; ces corps ne sont pas des acides. Il faut qu'il y ait réaction acide sur le tournesol si le composé est soluble, ou réaction sur une base alcaline la potasse ou la soude.

On distingue les *hydracides*, dans lesquels l'hydrogène remplaçable est uni, soit à un atome d'un autre élément, soit à un radical non oxygéné : tels sont les acides *fluorhydrique* HF, *chlorhydrique* HCl, *bromhydrique* HBr, *iodhydrique* HI, *sulfhydrique* H^2S, *sélénhydrique* H^2Se, *azothydrique* Az^3H, *cyanhydrique* $H(CAz)$.

Puis les *oxacides*, dans lesquels l'hydrogène remplaçable est uni à un radical oxygéné, ce qui fait que les oxacides sont forcément des *composés au moins ternaires* : tels l'acide *azotique* AzO^3H, l'acide *sulfurique* SO^4H^2, l'acide *phosphorique* PO^4H^3. — Alors l'oxacide peut toujours être regardé comme formé par la combinaison d'un composé oxygéné, appelé maintenant *anhydride*, désigné autrefois sous le nom d'*acide anhydre*, avec l'eau H^2O : ainsi on peut obtenir l'acide azotique en dissolvant l'*anhydride* Az^2O^5 dans de l'eau, $Az^2O^5 + H^2O$ donne 2 molécules AzO^3H; on peut obtenir l'acide sulfurique en dissolvant l'*anhydride* SO^3 dans de l'eau : $SO^3 + H^2O$ donne la molécule SO^4H^2; enfin on peut obtenir l'acide phosphorique ordinaire ou orthophosphorique en dissolvant l'*anhydride* P^2O^5 dans de l'eau bouillante : $P^2O^5 + 3H^2O$ donne 2 molécules PO^4H^3.

2° Les *bases* sont aussi des *composés ternaires*, que l'on peut regarder comme formés par l'union d'*un oxyde métallique avec l'eau*; la base *potasse* KOH peut être obtenue en dissolvant l'oxyde basique K^2O dans de l'eau : $K^2O + H^2O$ donne 2 molécules KOH; la base *chaux*, que l'on appelle ordinairement *chaux éteinte*, se prépare en versant de l'eau goutte à goutte sur l'oxyde de calcium ou *chaux vive* : on observe alors un grand dégagement de chaleur pouvant élever la température vers 300° et un accroissement considérable du volume de l'oxyde de calcium qui se fendille et tombe en poussière, en même temps qu'une partie de l'eau versée se dégage sous forme de buée; $CaO + H^2O$ a donné CaO^2H^2 ou $Ca(OH)^2$.

3° Enfin les *sels* peuvent être regardés comme *dérivant de l'acide correspondant, par substitution du métal* du sel *à l'hydrogène de l'acide*; et dans la *formation des sels* par *action de l'acide sur la base*, il y a toujours élimination d'eau; c'est ce que l'on va montrer en partant des acides usuels HCl, AzO^3H, SO^4H^2, que l'on neutralise par des bases usuelles la potasse KOH ou la chaux CaO^2H^2.

On a souligné les atomes d'hydrogène et de métaux qui se sont remplacés; l'atome K pouvant remplacer un atome H, l'atome Ca pouvant remplacer 2H.

$$\begin{array}{llcll}
\underline{H}Cl & + \underline{K}OH & \text{donnent} & \underline{K}Cl & + HOH \\
2\underline{H}Cl & + \underline{Ca}(OH)^2 & & \underline{Ca}Cl^2 & + 2HOH \\
AzO^3\underline{H} & + \underline{K}OH & & AzO^3\underline{K} & + HOH \\
2AzO^3\underline{H} & + \underline{Ca}(OH)^2 & & (AzO^3)^2\underline{Ca} & + 2HOH \\
SO^4\underline{H}^2 & + \underline{K}OH & & SO^4H\underline{K} & + HOH \\
SO^4\underline{H}^2 & + 2\underline{K}OH & & SO^4\underline{K}^2 & + 2HOH \\
SO^4\underline{H}^2 & + \underline{Ca}(OH)^2 & & SO^4\underline{Ca} & + 2HOH.
\end{array}$$

Alors le sel formé est *neutre* quand la totalité de l'hydrogène remplaçable dans l'acide a été remplacé par le métal : KCl, $CaCl^2$, AzO^3K, $(AzO^3)^2Ca$, SO^4K^2, SO^4Ca, sont des sels neutres, indépendamment de l'action qu'ils pourraient exercer sur les réactifs colorés. — Tandis que le sel est *acide*, s'il reste de l'hydrogène remplaçable par un métal : tel SO^4HK, car SO^4HK et KOH, donnent SO^4K^2 et HOH.

4° L'acide est *monobasique*, quand il *réagit en une seule proportion* sur un alcali, pour donner *une seule sorte de sel* avec le même métal, et qui est alors *toujours un sel neutre*; alors un acide monobasique n'a *dans sa formule moléculaire* qu'un *seul atome d'hydrogène remplaçable*, condition qui détermine précisément la formule moléculaire de l'acide : c'est le cas des acides chlorhydrique HCl ou azotique AzO^3H.

Tandis que l'acide est *bibasique*, quand il *réagit en deux proportions*, qui sont du simple au double, sur un même alcali, pour donner *2 sortes de sels*, dont l'un est acide et l'autre neutre; alors l'acide bibasique doit avoir *dans sa formule moléculaire 2 atomes d'hydrogène remplaçables :* c'est le cas de l'acide sulfurique SO^4H^2 ou de l'acide sulfhydrique H^2S, qui peut donner avec la potasse les 2 sels, KHS acide, et K^2S neutre.

L'acide est *tribasique* quand il *peut réagir* en *3 proportions*, entre elles comme 1, 2, 3, sur le même alcali, pour donner *3 sortes de sels* dont 2 acides et un neutre, ce qui exige que la formule moléculaire contienne *3 atomes d'hydrogène remplaçables :* c'est le cas de l'acide orthophosphorique qui en agissant sur la soude NaOH peut donner les 3 sels, PO^4H^2Na et PO^4HNa^2 acides, puis PO^4Na^3 neutre.

5° Enfin on a remarqué que *dans les oxacides* l'*hydrogène remplaçable appartient toujours à un oxhydryle*, ce que montrent les formules développées de l'acide azotique $AzO^2{-}OH$, de l'acide sulfurique $SO^2{<}^{OH}_{OH}$, de l'acide orthophosphorique

$$PO{\begin{matrix}\diagup OH\\ -OH\\ \diagdown OH\end{matrix}}$$

renfermant respectivement le radical azotyle monovalent, le radical sulfuryle bivalent, le radical phosphoryle trivalent. — Mais il faudrait se garder de croire que tout l'hydrogène d'un oxacide est remplaçable par un métal : ainsi l'acide phosphoreux PO^3H^3 n'est que bibasique, et l'acide hypophosphoreux PO^2H^3 n'est que monobasique, ce que montrent les formules développées renfermant le radical phosphoryle;

$$P{\begin{matrix}\diagup O\\ \diagup\\ -H\\ \diagdown OH\\ \diagdown OH\end{matrix}},\qquad P{\begin{matrix}\diagup O\\ \diagup\\ -H\\ \diagdown H\\ \diagdown OH\end{matrix}}$$

; cet exemple montre l'*utilité des formules développées* pour connaître la fonction chimique. — Dans les *oxacides organiques*, l'oxhydryle fait lui-même partie du radical monovalent *carboxyle* $-C{<}^{OH}_{O}$, ou $-COOH$, ou $-CO^2H$, lequel est saturé, soit par un atome H comme dans l'*acide formique* $H{-}CO^2H$, soit par un radical monovalent comme le méthyle dans l'*acide acétique* $CH^3{-}CO^2H$, lesquels sont des acides *monobasiques;* soit enfin par un 2ᵉ radical carboxyle comme dans l'*acide oxalique* $\begin{matrix} CO^2H \\ | \\ CO^2H \end{matrix}$, qui est *bibasique*.

III. — Nomenclature.

La nomenclature a pour but de *nommer* les *éléments*; puis les *combinaisons* qu'ils forment *en rappelant les corps constituants et leur proportion;* enfin de *représenter les masses atomiques* et les masses moléculaires par des *notations simples* permettant d'écrire facilement des relations de masses entre les corps qui réagissent.

1° Les *noms des éléments* sont arbitraires : leur *masse atomique,* ou *atome,* est représentée par une lettre majuscule, quelquefois suivie d'une petite lettre formant indice. La *masse atomique* d'un élément gazeux *occupe* le plus *souvent 1 volume*; il faut retenir que les masses atomiques du *phosphore,* $P = 31^{gr}$, et de l'*arsenic,* $As = 75^{gr}$, n'occupent que $\frac{1}{2}$ volume à l'état gazeux; il est moins nécessaire de se rappeler que les masses atomiques Hg, Zn, Cd, A, du mercure, du zinc, du cadmium, de l'argon, occupent 2 volumes à l'état gazeux.

2° Les noms des *composés binaires non oxygénés qui ne sont pas des hydracides* se forment d'après l'exemple suivant : la combinaison unique du gaz chlore avec le métal plomb, $PbCl^2$, s'appelle *chlorure de plomb.* Il suffit donc pour former le nom de savoir l'élément qui doit être placé le 1ᵉʳ, ou qui doit prendre la désinence *ure* : le *nom qui prend la désinence* est celui qui est *placé le 1ᵉʳ* dans le *tableau des métalloïdes par valence croissante et par masse atomique croissante,* le *bore* étant pourtant placé le dernier, et étant lui-même *suivi de l'hydrogène* puis *des métaux;* ce tableau est le suivant : F, Cl, Br, I; O, S, Se; Az, P, As; C, Si; B, H, métaux. Il est facile à retenir, car le tableau de la classification des métalloïdes en fait partie. Il n'y a pas lieu de ranger séparément les métaux, car la combinaison de métaux entre eux s'appelle un *alliage* des métaux constituants, à moins que l'un des métaux ne soit le mercure auquel cas la combinaison s'appelle un *amalgame* des métaux combinés au mercure.

Si 2 éléments forment en s'unissant plusieurs combinaisons binaires, que l'on nomme d'après la règle précédente, on distingue ces combinaisons par des *préfixes* indiquant la proportion : ainsi le fer et le soufre forment 2 combinaisons principales, FeS et FeS^2; la moins sulfurée ou *la 1re* s'appellera *protosulfure de fer*, et la 2e qui renferme une proportion *double* de soufre s'appellera *bisulfure de fer*. — On peut aussi distinguer les combinaisons formées par 2 éléments par des *désinences*, qui n'indiquent plus nettement la proportion, mais qui sont très commodes : les chlorures de mercure Hg^2Cl^2 ou de cuivre Cu^2Cl^2, s'appelleront *chlorure mercureux*, *chlorure cuivreux*, tandis que les chlorures $HgCl^2$, $CuCl^2$, dans lesquels l'état de chloruration du métal est plus avancé, s'appelleront *chlorure mercurique*, *chlorure cuivrique*.

Pourtant, par *exception* à la règle, l'azoture d'hydrogène AzH^3 s'appelle toujours *gaz ammoniac;* et l'azoture de carbone C^2Az^2 s'appelle toujours *cyanogène*.

Les *sulfures*, *séléniure*, *phosphures*, *arséniures*, *siliciure d'hydrogène*, peuvent s'appeler encore *hydrogènes sulfurés*, *sélénié*, *phosphorés*, *arséniés*, *ou silicié*.

3° Les *hydracides* : HF, HCl, HBr, HI, H^2S, H^2Se, Az^3H, HCAz, s'appellent *acides* avec un qualificatif rappelant le nom de l'élément ou du radical uni à l'hydrogène remplaçable : on les nommera *acide fluorhydrique*, *chlorhydrique*, *bromhydrique*, *iodhydrique*, *sulfhydrique*, *sélénhydrique*, *azothydrique*, *cyanhydrique*.

4° Les *composés binaires oxygénés*, s'ils ont une *fonction basique* en présence des acides, ou s'ils sont *neutres*, s'appellent des *oxydes* de l'élément uni à l'oxygène; des *préfixes*, indiquant la proportion d'oxygène, ou des *désinences* donnant l'ordre de l'oxydation, permettront encore de distinguer les divers oxydes formés par un même élément. Ainsi le carbone en s'unissant à l'oxygène forme un seul gaz *neutre*, CO, que l'on appelle l'*oxyde de carbone*. L'azote en s'unissant indirectement à l'oxygène forme deux gaz *neutres*, Az^2O et AzO; le moins oxygéné ou *le 1er* s'appelle *protoxyde d'azote*, l'autre qui renferme pour la même masse d'azote une proportion *double* d'oxygène s'appellera *bioxyde d'azote;* mais on peut aussi les appeler plus simplement *oxyde azoteux* pour le moins oxygéné, *oxyde azotique* pour le plus oxygéné. — Le fer en s'unissant à l'oxygène forme 2 oxydes *basiques*, FeO et Fe^2O^3; le moins oxygéné ou le 1er s'appellera *protoxyde de fer* ou mieux *oxyde ferreux;* l'autre qui, pour la même masse de fer, renferme une *proportion* $\frac{3}{2}$ fois plus grande d'oxygène, se nommera *sesquioxyde de fer* ou mieux *oxyde ferrique,* ou encore *peroxyde de fer,* le préfixe *per* indiquant le degré maximum de l'oxydation; le 3° oxyde du fer Fe^3O^4 ou FeO,Fe^2O^3, renferme en effet une proportion moindre d'oxygène que le précédent, on l'appelle *oxyde salin de fer* pour rappeler qu'on peut le regarder comme formé par la combinaison de l'oxyde ferreux à fonction basique avec l'oxyde ferrique ayant le rôle d'anhydride.

On appelle en effet *anhydrides* les composés binaires oxygénés qui ont une fonction acide en présence de l'eau ou des alcalis; et on distingue les anhydrides formés par un même élément par des *désinences* indiquant l'ordre de l'oxydation, en s'aidant au besoin de *préfixes.* Le carbone en brûlant dans un excès d'oxygène donne un seul gaz à fonction acide en présence de l'eau, CO^2, que l'on appelle l'*anhydride carbonique.* — L'azote donne les 2 anhydrides Az^2O^3 et Az^2O^5 : le moins oxygéné s'appellera l'*anhydride azoteux,* le plus oxygéné s'appellera l'*anhydride azotique.* — Le soufre donne les 3 anhydrides SO^2, SO^3 et S^2O^7, que l'on appelle *anhydrides sulfureux,* ou *sulfurique,* ou *persulfurique.* — Enfin le phosphore donne les anhydrides P^2O^3 et P^2O^5, qui anciennement connus se sont appelés *anhydride phosphoreux* et *anhydride phosphorique;* et quand on a découvert un anhydride intermédiaire P^2O^4, on l'a nommé *anhydride hypophosphorique,* le préfixe *hypo* indiquant un degré d'oxydation moindre.

5° Parmi les *composés ternaires,* autres que l'acide cyanhydrique ou les alliages ou amalgames complexes, on ne nommera que les *oxacides,* les *bases,* et les sels des oxacides ou *oxysels.*

Les *oxacides* s'appellent *acides* avec le qualificatif de l'anhydride d'où ils dérivent : l'acide $AzO^2H = \frac{1}{2}(Az^2O^3 + H^2O)$ s'appellera l'*acide azoteux,* tandis que l'acide $AzO^3H = \frac{1}{2}(Az^2O^5 + H^2O)$ s'appellera l'*acide azotique.* L'acide $SO^4H^2 = SO^3 + H^2O$ sera l'*acide sulfurique.* L'acide $PO^4H^3 = \frac{1}{2}(P^2O^5 + 3H^2O)$ sera *un acide phosphorique.*

Les *bases* peuvent être regardées comme dérivant de l'eau HOH par substitution d'un métal à de l'hydrogène : ainsi la *potasse,*

$KOH = \frac{1}{2}(K^2O + H^2O)$, dérive de HOH par la substitution de l'atome K à l'un des hydrogènes; la *chaux éteinte* CaO^2H^2 ou $Ca(OH)^2 = CaO + H^2O$, dérive de 2 molécules d'eau 2HOH par substitution de l'atome bivalent Ca à 2 des atomes d'hydrogène. C'est pourquoi une base s'appelle l'*hydrate du métal correspondant* : la base potasse s'appelle *hydrate de potassium* ou *hydrate potassique,* la base soude NaOH est l'*hydrate de sodium* ou *hydrate sodique,* la base chaux est l'*hydrate de calcium* ou *hydrate calcique,* la base baryte BaO^2H^2 ou $Ba(OH)^2$ est l'*hydrate de baryum* ou *hydrate barytique.*

Enfin les *sels des oxacides* se nomment d'après les exemples suivants : le sel AzO^2K dérivant de l'acide *azoteux* AzO^2H s'appellera l'*azotite de potassium;* tandis que le sel AzO^3K dérivant de l'acide *azotique* AzO^3H s'appellera l'*azotate de potassium.*

Des sels dérivant de l'acide sulfurique SO^4H^2, le sel SO^4HK s'appellera *sulfate acide de potassium,* ou *bisulfate de potassium,* ou mieux *sulfate monopotassique;* tandis que le sel SO^4K^2 se nommera *sulfate neutre de potassium* ou *sulfate bipotassique.* — Enfin l'acide sulfurique neutralisé par l'hydrate ferreux $Fe(OH)^2$ donnera le sel appelé autrefois *sulfate de protoxyde de fer,* et que l'on appelle maintenant *sulfate ferreux,* où le fer est bivalent, et qui a pour composition SO^4Fe; tandis que neutralisé par l'hydrate ferrique $Fe^2(OH)^6$, où le radical Fe^2 est hexavalent, il donnera le sel $(SO^4)^3Fe^2$, que l'on appelait autrefois *sulfate neutre de sesquioxyde de fer,* et que l'on nomme plus simplement *sulfate ferrique neutre*; on connaît un 3e sulfate de fer $(SO^4)^2OFe^2$, qui est aussi un sulfate ferrique, mais renfermant une plus grande proportion d'oxyde ferrique Fe^2O^3 que le précédent pour la même masse d'anhydride sulfurique SO^3, on l'appellera *sulfate ferrique basique.* Les *anciennes formules* des oxysels dites *dualistiques,* où l'on séparait l'anhydride de l'oxyde basique, peuvent encore rendre des services : ces formules pour les 3 sulfates de fer étaient SO^3,FeO; $3SO^3,Fe^2O^3$; $2SO^3,Fe^2O^3$.

Les exemples donnés suffiront toujours pour comprendre le langage employé en chimie. On rappellera que la *formule d'un composé gazeux,* représentant toujours sa masse moléculaire, *occupe 2 volumes toujours* à l'état gazeux.

IV. — Équations chimiques ou formules chimiques, et leurs usages.

Comme les notations employées en chimie signifient des masses déterminées de substances déterminées, elles permettront d'écrire, d'après la conservation de la masse dans les réactions, une *relation d'égalité* entre la *somme des masses des corps que l'on a fait réagir* et *la somme des masses des produits obtenus*. Cette relation sera une *équation chimique* ou une *formule chimique de réaction*. — La *relation d'égalité de masse doit avoir lieu pour chacune des matières simples* qui sont présentes : aussi *les 2 membres* de l'équation chimique *doivent contenir les mêmes atomes*, et *en même nombre* pour chacune des matières simples. On écrira les corps composés le plus souvent par leurs formules moléculaires qui occupent 2 volumes à l'état gazeux, mais on ne s'astreindra pas à cette condition pour les substances simples, ce qui aurait l'inconvénient de doubler souvent les coefficients de l'équation chimique : le volume atomique étant presque toujours 1, sauf pratiquement pour le phosphore et l'arsenic qui ont pour volume atomique $\frac{1}{2}$, on ne sera pas plus embarrassé pour lire les relations en volumes sur les volumes atomiques que sur les volumes moléculaires qui sont toujours égaux à 2.

On arrivera en général rapidement à *trouver les coefficients de l'équation chimique*, si l'on se reporte à la fonction chimique que l'on utilise; et pour *simplifier la recherche des coefficients*, on peut toujours faire abstraction d'abord par la pensée de l'eau qui entre dans la constitution des oxacides ou des bases, quand cette eau combinée à l'anhydride ou à l'oxyde basique étant éliminée dans la réaction n'a joué aucun rôle chimique. Exemple : soit à écrire la réduction de l'acide azotique AzO^3H par le cuivre Cu pour la production du bioxyde d'azote AzO, avec formation d'azotate cuivrique $(AzO^3)^2Cu$ et libération d'eau H^2O; la fonction chimique en jeu est la propriété oxydante de l'acide azotique, due à l'anhydride Az^2O^5 qu'il contient, et elle s'exerce sur le cuivre que l'on peut regarder comme passant à l'état d'oxyde cuivrique CuO dans l'azotate cuivrique; d'où le raisonnement suivant : quand Az^2O^5 de $2AzO^3H$ est réduit à l'état de 2AzO, il cède 3O à 3Cu pour former $3(AzO^3)^2Cu$ où $6AzO^3H$ sont à l'état d'azotate; donc immédiatement :

$$8AzO^3H + 3Cu = 3(AzO^3)^2Cu + 2AzO + 4H^2O;$$

on a donc fait abstraction dans le raisonnement de l'eau unie à l'anhydride dans l'acide azotique, laquelle finalement a été libérée.

La formule d'une réaction chimique étant établie peut servir à résoudre 2 *sortes de problèmes* : 1° *Étant données les masses des corps que l'on fait réagir, trouver la masse*, et s'il y a lieu *le volume, des produits obtenus* dans la réaction : Exemple, calcul de la masse x d'oxygène et du volume y de ce gaz que l'on peut obtenir par calcination complète de la masse 100^{gr} de chlorate de potassium. La formule de la réaction est $ClO^3K = KCl + 3O$; elle montre que la masse moléculaire $35,5 + 16 \times 3 + 39 = 122^{gr},5$ de chlorate peut donner la masse $16 \times 3 = 48^{gr}$ d'oxygène ; d'où $\frac{x}{100} = \frac{48}{122,5}$, $x = 48^{gr} \times \frac{100}{122,5}$ sera la masse d'oxygène dégagée, soit $39^{gr},2$ par excès.

Si a_0^{gr} est la masse spécifique de l'air normal, d la densité de l'oxygène facile à retrouver théoriquement, H^{cm} et $t°$ les conditions dans lesquelles on mesure le volume d'oxygène y^{cmc}, en égalant les 2 expressions de la masse d'oxygène

$$y \times a_0 \times \frac{H}{76} \times \frac{1}{1 \times \alpha t} \times d = x^{gr},$$

on déterminera le volume y de l'oxygène recueilli; en particulier si le volume y répond aux conditions normales où $H = 76^{cmc}$, $t = 0°$; $d = \frac{16}{14,4}$, $a_0 = 0^{gr},001293$, on trouvera pour y

$$y^{cmc} = 48 \times \frac{100}{122,5} \times \frac{14,4}{16} \times \frac{1}{0,001293} = 27^l,2, \text{ par défaut.}$$

On peut avoir immédiatement une valeur approchée de y en remarquant que la masse moléculaire $ClO^3K = 122^{gr},5$ dégage 3 fois la masse atomique O occupant 3 volumes ou $11,2 \times 3$, environ : d'où $\frac{y}{100} = \frac{11,2 \times 3}{122,5}$;

2° *Inversement, étant donnés les masses* qu s'il y a lieu *les volumes, des produits que l'on veut obtenir, trouver les masses des corps qu'il faudra faire réagir* : Exemple, calcul de la masse de chlorate de potassium qu'il faut calciner complètement pour obtenir un volume V^{litres} d'oxygène. On calculera la masse x_1^{gr} du volume V^1 d'oxygène par

$$x_1 = 1000\, V^{cmc} \times a_0 \times \frac{H}{76} \times \frac{1}{1+\alpha t} \times d,$$

et alors la masse z^{gr} cherchée sera d'après la formule de la réaction $\frac{z}{x_1} = \frac{122^{gr},5}{48}$, ou $z^{gr} = 122^{gr},5 \times \frac{x_1}{48}$.

Ces *problèmes se présentent constamment dans la préparation des corps*. Il sera bon, pour pouvoir les résoudre sans secours, de *retenir les masses atomiques approchées des éléments usuels*.

Un *autre problème* moins pratique, mais que l'on a aussi à résoudre fréquemment, consiste dans le *calcul de la quantité de chaleur dégagée dans une réaction*.

CINQUIÈME LEÇON

Notions très élémentaires de thermochimie, et conditions des réactions.

Une *réaction chimique* est non seulement *caractérisée* par les masses des corps qui entrent en jeu, mais encore *par une quantité déterminée de chaleur* dégagée ou absorbée. La quantité de chaleur observée est *toujours ramenée* à ce qu'elle aurait été si *la réaction s'était produite entre les masses moléculaires*, ou les masses atomiques des éléments : on la désignera alors par Q. Or ces quantités représentent le plus souvent *plusieurs milliers de calories*, et à cause de la difficulté des expériences calorimétriques *le chiffre des dizaines de calories est en général incertain*, aussi *on exprime le résultat en grandes calories* ou milliers de calories, et on *se borne à 1 seul chiffre décimal* : ainsi Q^c exprimera la quantité de chaleur dégagée dans la réaction entre les masses moléculaires ou les masses atomiques.

I. — Détermination de la quantité moléculaire de chaleur Q^c dégagée dans les réactions.

Pour cette détermination, les appareils diffèrent suivant que les réactions se font par voie humide ou par voie sèche.

1° Les *réactions par voie humide*, pour l'étude des quantités de chaleur, se font *dans le calorimètre ordinaire* sous la forme que lui a donnée M. Berthelot. On considérera seulement le *cas d'un mélange de deux dissolutions* : soit par exemple la détermination de *la chaleur dégagée* dans la *neutralisation d'un acide dissous par une base dissoute*, ou *chaleur de formation d'un sel dissous*. — On supposera que les dissolutions employées sont *normales* : *on dit qu'une dissolution est normale*, quand la masse moléculaire est dissoute pour former 1^{litre} ou $1\,000^{cmc}$ de dissolution. Dans le cas de dissolutions normales, il *suffit de mélanger* en général *des volumes égaux des dissolutions* de l'acide et de la base pour obtenir la neutralisation; c'est ce cas que l'on supposera. — On supposera enfin que le vase calorimétrique ayant une contenance de 600^{cmc}, on y mélange 250^{cmc} de la solution de l'acide avec 250^{cmc} de la solution de la base, c'est-à-dire que dans l'expérience *on fait réagir* $\frac{1}{4}$ *de molécule* par exemple.

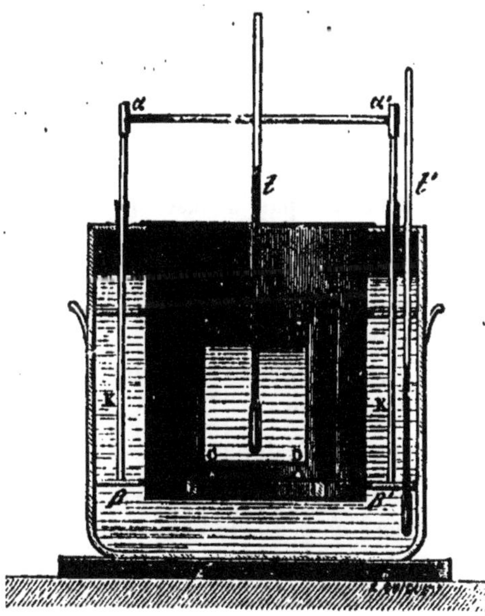

Fig. 10. — Calorimètre de M. Berthelot.

Alors l'*acide* de *masse m*, de *chaleur spécifique c*, étant placé dans le vase calorimétrique, au moment où l'on va faire l'expérience, on l'agite, et on lit sa *température t* au thermomètre du vase calorimétrique. La *base* était placée d'autre part dans une fiole en verre mince au centre d'une enceinte métallique, sa *masse* étant *m'*, sa *chaleur spécifique* étant *c'*; au moment de l'expérience, on l'agite avec le thermomètre qui y plonge, et on lit sa *température t'*, que l'on supposera par exemple un peu supérieure à *t*.

On saisit alors la fiole par une pince en bois, et on verse rapidement le contenu dans le vase calorimétrique en agitant et en observant la température au thermomètre du vase calorimétrique : on constate que, en général, en moins d'une minute, ce thermomètre indique une *température maximum* T° qui va décroître avec une lenteur extrême; dans ces conditions, il n'y aura pas de correction à faire pour tenir compte des pertes par conductibilité, rayonnement ou évaporation.

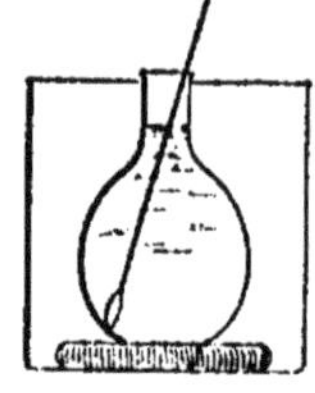

Fig. 17. — Fiole sur un valet de paille dans une enceinte.

S'il n'y avait pas eu de réaction chimique, on aurait observé une certaine *température* θ *intermédiaire* entre t et t', et déterminée par la condition que la quantité de chaleur cédée par la base de masse m', de chaleur spécifique c', en se refroidissant de $t' - \theta$, soit égale à la quantité de chaleur gagnée par l'acide de masse m, de chaleur spécifique c et par les accessoires de masses μ_1, $\mu_2, \ldots$, de chaleurs spécifiques $\gamma_1, \gamma_2, \ldots$, pour s'échauffer de $\theta - t$; donc on pourra calculer θ par l'équation :

$$m'c' (t' - \theta) = [mc + \Sigma\mu\gamma] (\theta - t), \ \Sigma\mu\gamma \text{ désignant } \mu_1\gamma_1 + \mu_2\gamma_2 + \cdots$$

La *quantité* q^c, exprimée en calories, *dégagée dans la réaction*, a porté la solution saline de masse $m + m'$, de chaleur spécifique C, et les accessoires, de la température θ qu'aurait prise le simple mélange physique à la température observée T; donc on pourra calculer q^c par la relation :

$$q = [(m + m') C + \Sigma\mu\gamma] (T - \theta)$$

puisque θ est maintenant connu.

Alors en divisant par 1 000 pour *exprimer le résultat en grandes calories*, puis en multipliant par 4 pour *rapporter le résultat à la réaction entre les masses moléculaires*, on aura finalement pour la quantité Q^c cherchée :

$$Q^c = \frac{q}{1000} \times 4.$$

2° Les *réactions par voie sèche*, pour l'étude des quantités de chaleur, se faisaient autrefois dans des *chambres de combustion* complexes immergées dans l'eau du vase calorimétrique. On considérera seulement le cas de la *combustion d'un mélange de gaz*, ou de la *combustion d'un solide ou d'un liquide* par un gaz et en particulier *par l'oxygène*. Ces opérations s'effectuent alors dans un appareil très parfait, la *bombe calorimétrique*, immergée dans l'eau du vase calorimétrique.

L'appareil est un réservoir résistant en acier doublé intérieurement de platine, ou d'émail, si l'on veut y produire des réactions par des gaz comme le chlore qui attaquent le platine; le couvercle en acier, doublé de même intérieurement, peut être fixé solidement par le moyen d'un écrou à vis; il porte en son centre un ajutage, muni d'un robinet à vis, pour qu'on puisse faire le vide dans la bombe et y laisser rentrer les gaz; du couvercle part intérieurement un gros fil de platine portant une capsule de platine pour recevoir les substances solides ou liquides dont on veut étudier la combustion; enfin le couvercle est traversé par un autre fil de platine soigneusement isolé au point de vue électrique, et se terminant près du bord de la capsule.

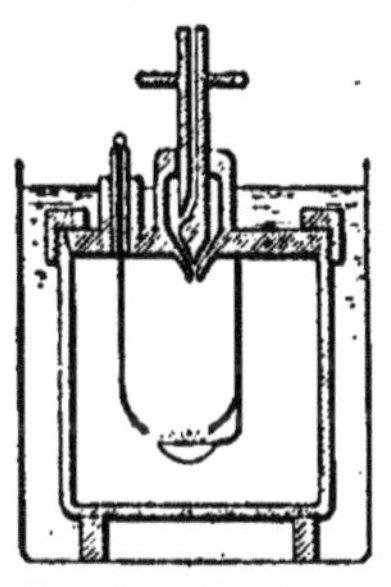

Fig. 18. — Bombe calorimétrique dans le vase calorimétrique.

Soit à déterminer la chaleur dégagée dans la *combustion d'un mélange de gaz* : on a préparé à l'avance le mélange dans les proportions exactes de la réaction; on fait le vide dans la bombe et on y laisse rentrer le mélange à une pression connue, de sorte que l'on connaît la masse du mélange qui réagira, d'après cette pression et la connaissance de la capacité de la bombe. On ferme le robinet de l'ajutage, et on le relie à l'un des pôles d'une machine à étincelles, une bobine d'induction en général; puis on relie l'autre pôle à l'extrémité extérieure du fil isolé; quand on mettra en action un instant la machine à étincelles, l'étincelle qui se produira entre l'extrémité inférieure du fil isolé et la capsule, enflammera le mélange : il suffira de lire l'élévation de température de l'eau du calorimètre pour pouvoir calculer la quantité de chaleur dégagée dans l'expérience q^c, d'où l'on déduira la quantité de chaleur moléculaire Q^c.

Soit à déterminer la chaleur dégagée dans la *combustion d'un solide* ou *d'un liquide par l'oxygène* : avant de fermer la bombe, on a placé dans la capsule une masse connue assez petite de la substance, puis on a relié l'extrémité inférieure du fil isolé au support de la capsule par une très fine spirale de fer qui touche la substance combustible; alors après avoir ajusté le couvercle, on a fait le vide dans la bombe et on a relié l'ajutage à un tube à oxygène comprimé de manière à remplir l'appareil d'oxygène à la pression 25 atmosphères : la masse de substance a été choisie assez petite pour que, après la combustion complète, il reste un excès notable d'oxygène; on ferme alors le robinet, et il suffit de relier l'ajutage et le fil isolé aux 2 pôles d'une pile pour que le passage du courant à travers le fil de fer très fin amène sa combustion, qui provoque l'inflammation de la substance combustible; en faisant une expérience à blanc, c'est-à-dire sans substance combustible dans la capsule, on a pu constater que la chaleur dégagée dans la combustion de la fine spirale de fer est négligeable. L'élévation de température de l'eau du calorimètre par la combustion de la substance permettra donc encore de calculer la quantité q^c dégagée dans la combustion, et d'en déduire la quantité de chaleur moléculaire Q^c.

La grande supériorité de la bombe calorimétrique sur les autres chambres à combustion consiste en ce que les opérations s'y font *à volume constant* et sans qu'il y ait *jamais de travail extérieur* difficile à évaluer. On l'emploie constamment dans l'industrie pour l'*essai calorifique des combustibles*. On l'emploie aussi dans les laboratoires pour l'*analyse des matières organiques* si complexes qu'elles soient, lesquelles sont complètement désagrégées par combustion dans la bombe et amenées à l'état de produits simples faciles à doser par les méthodes de la chimie générale.

On peut ainsi déterminer la *chaleur de formation de l'acide chlorhydrique* par la combustion du mélange à volumes égaux des gaz chlore et hydrogène. Si le mélange est *sec*, l'acide chlorhydrique formé garde *l'état gazeux*, et l'on traduit le résultat trouvé par l'*équation calorimétrique* plus complète que l'équation chimique usuelle :

$$H + Cl = HCl_{gaz} \qquad + 22^c.$$

Si l'on avait mis *un peu d'eau* dans l'appareil, le gaz chlorhydrique formé se serait dissout, car il est très soluble; on aurait observé un dégagement de chaleur beaucoup plus grand; on traduit alors la chaleur de formation de l'acide chlorhydrique à l'*état dissous* par la deuxième équation :

$$H + Cl + aq = HCl_{dissous} + 39^c,3 ;$$

la *chaleur de dissolution* du gaz chlorhydrique dans l'eau est $39^c,3 - 22 = 17^c,3$ si la solution est très étendue.

De même on peut déterminer la *chaleur de formation de l'eau* par la combustion du mélange de 2 volumes d'hydrogène et de 1 volume d'oxygène ; l'eau formée prend alors l'*état liquide*, et l'équation calorimétrique sera :

$$H^2 + O = H^2O_{liq.} \qquad + 69^c.$$

Mais si l'on pouvait imaginer un dispositif tel que l'eau conservât l'*état gazeux*, par exemple si l'on pouvait opérer sous une pression suffisamment faible, on aurait un moindre dégagement de chaleur :

$$H^2 + O = H^2O^{gaz} \qquad + 58^c,2\,;$$

en effet on aurait observé en moins la quantité dégagée dans la condensation de la molécule $H^2O = 18^{gr}$ de vapeur d'eau, soit $0^c,6 \times 18 = 10^c,8$ si l'on prend 600^c pour la chaleur de condensation de la vapeur d'eau.

Ces exemples montrent que *le dégagement de chaleur moléculaire* Q^c *dépend de l'état physique* des corps. Aussi pour que le nombre Q^c ait une signification, *il est absolument nécessaire de préciser l'état physique* sous lequel on considère les corps qui réagissent et les produits de la réaction.

II. — Principes de la thermochimie.

On donne le nom de *thermochimie* ou de *mécanique chimique* à la partie de la chimie qui s'occupe des quantités de chaleur mises en jeu dans les réactions.

La physique nous apprend qu'il y a équivalence entre une quantité de chaleur créée et le travail mécanique dépensé, ou la force vive détruite, pour produire cette quantité de chaleur, ce qui est le *principe de l'équivalence* du travail mécanique et de la quantité de chaleur. En appliquant ce principe aux quantités de chaleur créées dans les réactions chimiques, on peut énoncer le *1er principe* ou *principe des travaux moléculaires*, qui est la base de la thermochimie :

La quantité de chaleur dégagée dans une réaction *mesure la somme des travaux* tant physiques que chimiques *accomplis dans la réaction.*

2ᵉ *Principe* ou *principe de l'état initial et de l'état final* : la physique ou la mécanique nous apprennent aussi que lorsqu'un système mécanique passe d'un état initial déterminé à un état final déterminé, la *demi-variation de la force vive* $\frac{1}{2}(\Sigma mv^2 - \Sigma mv_0^2)$, où m est la masse d'un point matériel, v_0 sa vitesse initiale et v sa vitesse finale qui ne dépendent que de l'état initial et de l'état final du système, cette demi-variation de la force vive, indépendante donc des états intermédiaires par lesquels le système a pu passer, est *égale au travail mécanique des forces appliquées* au système, lequel par suite ne dépend que de l'état initial et de l'état final du système, ce qui est le *principe des forces vives*. En appliquant ce principe aux réactions chimiques, on peut énoncer le 2ᵉ *principe* : *si un système de corps* dans un état initial déterminé *éprouve des changements physiques et chimiques* qui l'amènent à un état final déterminé, *et qu'il n'y ait pas de travail extérieur dépensé, la quantité de chaleur dégagée ne dépend que de l'état initial et de l'état final du système*, elle ne dépend pas du tout de la nature ni de la suite des états intermédiaires par lesquels le système a dû passer.

On peut remarquer que ce principe est *constamment appliqué* dans les mesures calorimétriques même purement physiques. Et on peut le regarder comme *vérifié par une multitude d'expériences*, telles que les expériences de neutralisation des acides dissous par les bases dissoutes. Voici un exemple entre mille de cette sorte de vérification : on peut partir de l'état initial, 1 molécule d'acide sulfurique dissous, 2 molécules d'acide azotique dissous, 2 molécules de potasse dissoute, pour arriver au même état final, le mélange des 3 corps dissous, par plusieurs cycles de réactions, en particulier par les 2 cycles suivants où l'on mesure la chaleur de formation des sels neutres pour l'état dissous :

1ᵉʳ cycle : on neutralise la molécule d'acide sulfurique par l'addition des 2 molécules de potasse, ce qui dégage $a^c = 31{,}5$, *chaleur de formation du sulfate neutre de potassium dissous :*

$$SO^4H^2_{\text{dissous}} + 2KOH_{\text{dissous}} = SO^4K^2_{\text{dissous}}\ a\ ; \quad + 2H^2O +$$

on ajoute alors les 2 molécules d'acide azotique, ce qui dégage $b^c = -3{,}4$.

2e *cycle* : on neutralise les 2 molécules d'acide azotique par l'addition des 2 molécules de potasse, ce qui dégage $2a' = 28^c$, deux fois la *chaleur de formation de l'azotate de potassium dissous*

$$2\,[AzO^3H + KOH] = 2\,[AzO^3K_{dissous} + H^2O] + 2a' ;$$

et l'on ajoute alors la molécule d'acide sulfurique, ce qui dégage $b' = 0^c,2$.

L'expérience montre que $a + b = 2a' + b'$, $31,5 - 3,4 = 28,1$; tandis que $28 + 0,2 = 28,2$, nombre égal au précédent *aux erreurs d'expérience près*, puisque l'on ne peut pas compter sur l'exactitude absolue du chiffre des centaines de petites calories dans les expériences de calorimétrie chimique.

On admet donc que *le principe de l'état initial et de l'état final est général.*

On applique alors le principe à la *détermination de la quantité de chaleur dégagée* dans une *réaction impraticable* au calorimètre, soit que cette réaction ne puisse en effet s'effectuer, soit que se produisant en réalité elle s'opère dans des conditions où les mesures calorimétriques ne puissent se faire. — Pour cela on emploie la *méthode générale* suivante : on cherche, à partir du même état initial pour aboutir au même état final, 2 cycles de réactions, l'un comprenant la réaction impraticable que l'on suppose effectuée avec le dégagement de chaleur inconnu x^c et des réactions toutes praticables au calorimètre ou déjà connues au point de vue calorimétrique, l'autre cycle ne comprenant que des réactions praticables au calorimètre ou déjà étudiées. Il suffira alors d'écrire l'égalité des quantités de chaleur dégagées dans les 2 cycles, pour avoir une équation du 1er degré déterminant la quantité cherchée x^c. Exemples :

Soit à déterminer la *chaleur de formation du gaz oxyde de carbone* CO, dont on ne sait pas faire la synthèse par combustion du charbon dans l'oxygène sans produire en même temps des quantités variables de gaz carbonique CO^2.

Mais on sait brûler le mélange $CO + O$ pour obtenir CO^2 avec dégagement de chaleur $a = 68^c,2$; et on sait aussi brûler complètement du charbon dans un excès d'oxygène pour avoir uniquement CO^2 avec un dégagement de chaleur $b = 94^c,3$. D'où alors, à partir de l'état initial $C + O^2$ pour aboutir à l'état final CO^2, les 2 cycles suivants :

$$1^{er}\text{ cycle : }\begin{cases} C + O = CO + x^c, \\ CO + O = CO^2 + a^c; \end{cases}$$

$$2^e\text{ cycle : }\quad C + O^2 = CO^2 + b^c;$$

d'où par application du principe, $x + a = b$ et $x = b - a = 94,3 - 68,2 = 26^c,1$: La chaleur de formation de l'oxyde de carbone *à partir des éléments* sera donc $26^c,1$.

Soit encore à déterminer la *chaleur de formation d'un carbure d'hydrogène quelconque* de formule générale C^mH^{2n}.

On ne sait pas effectuer la synthèse directe d'un carbure d'hydrogène, sauf pour le gaz acétylène C^2H^2 et seulement par l'emploi de l'arc électrique qui rend la réaction impraticable au calorimètre. Mais on sait brûler complètement le carbure solide, liquide ou gazeux dans le calorimètre pour obtenir $mCO^2 + nH^2O$ ce qui dégage $c^{Cal.}$, et on connaît comme on l'a vu les chaleurs de formation du gaz carbonique b, et de l'eau liquide soit d.

D'où, à partir de l'état initial $mC + nH^2 + (2m + n)O$ pour aboutir à l'état final $mCO^2 + nH^2O$, les 2 cycles suivants :

$$1^{er}\text{ cycle : }\begin{cases} mC + nH^2 = C^mH^{2n} + y^c, \\ C^mH^{2n} + (2m + n)O = mCO^2 + nH^2O + c; \end{cases}$$

$$2^e\text{ cycle : }\begin{cases} m[C + O^2] = mCO^2 + mb, \\ n[H^2 + O] = nH^2O + nd, \\ \text{mélange inerte des produits;} \end{cases}$$

d'où par l'application du principe, $y + c = mb + nd$ et $y = mb + nd - c$, donnant la chaleur de formation du carbure *à partir des éléments*. — En particulier pour le *gaz des marais* CH^4, $m = 1$, $n = 2$, comme l'expérience de combustion donne $c = 213,2$, que $b = 94,3$ et $d = 69$, on aura pour la *chaleur de formation du gaz des marais* à partir des éléments :

$$y = 94,3 + 138 - 213,2 = 19^c,1.$$

On déduit immédiatement du 2ᵉ principe une *conséquence* importante *relative aux réactions inverses* : soit Q la quantité de chaleur dégagée dans la combinaison des masses A et B de deux corps pour former le composé de masse (AB) : $A + B = AB + Q^{Cal.}$. Soit Q' la quantité de chaleur dégagée dans la décomposition complète du composé AB redonnant les corps A et B sous leur état initial : $AB = A + B + Q'^c$. Si en partant de l'état $A + B$ on revient au même état, d'après le principe la quantité totale dégagée doit être nulle : donc $Q + Q' = o$ ou $Q' = -Q$.

Si Q est une quantité de chaleur dégagée, Q' sera une quantité de chaleur absorbée ou quantité négative de chaleur dégagée. Alors *la quantité de chaleur absorbée dans la décomposition* d'un composé en ses éléments est *égale à la quantité dégagée dans la formation du composé* à partir des éléments : ainsi la chaleur de formation de l'eau liquide à partir des éléments étant 69^c, répondant à la molécule $H^2O = 18^{gr}$, d'après la conséquence du principe, *dans la décomposition de la molécule d'eau liquide* pesant 18^{gr} il y aura une *absorption de chaleur de* 69^c :

3° *Principe*, ou *principe du travail maximum*, que l'on énonce ainsi : *tout changement chimique*, accompli *sans l'intervention d'une énergie étrangère, tend* vers la *production du système* de corps qui s'effectuerait *avec le plus grand dégagement de chaleur*. — La forme dubitative donnée à l'énoncé montre que l'*on ne peut pas déduire* du 3° principe que *la réaction* qui dégagerait le plus de chaleur *se produira nécessairement*. — Aussi on ne parlera guère des applications du principe à la *prévision des réactions*, d'autant plus que le principe du travail maximum ne paraît *pas absolument général*. S'il a permis d'expliquer certaines réactions en contradiction avec les lois de Berthollet si pratiques, il est lui-même insuffisant malgré sa plus grande généralité pour rendre compte des états d'équilibre toujours si complexes surtout en présence des dissolvants. Le principe est cependant utile dans l'examen des conditions où se produisent en général les réactions.

III. — Conditions générales des réactions.

1° Une réaction est *exothermique* quand elle se produit avec dégagement de chaleur. Les réactions exothermiques sont le plus *souvent* des *combinaisons chimiques*.

Les combinaisons chimiques se produisent rarement aussitôt qu'on met les corps en présence : on peut citer comme exemples de *combinaisons spontanées* la combustion du phosphore, de l'arsenic fraîchement pulvérisé, de l'antimoine en poudre, dès qu'on les introduit dans un flacon de gaz chlore. — Le plus *souvent* il est *nécessaire de déterminer la réaction* exothermique.

par le contact d'une flamme, ou par la production d'une étincelle, ou encore par la présence de la mousse de platine préalablement calcinée, pour produire la réaction dans le *mélange tonnant* $H^2 + O$; par les mêmes causes, et en plus par l'action de la lumière, pour produire la réaction dans le *mélange* $H + Cl$. On peut remarquer alors que la dépense d'énergie étrangère pour déterminer la réaction peut être infiniment petite par rapport à la quantité de chaleur dégagée dans la réaction : ainsi *une seule étincelle,* à la production de laquelle suffit une dépense d'énergie insignifiante, suffirait à déterminer l'explosion d'un volume aussi grand qu'on le voudrait de mélange tonnant. — Mais il ne suffit pas toujours de déterminer la réaction exothermique pour qu'elle se produise en quantité appréciable : ainsi une étincelle produite dans le *mélange* $Az + 3H$ donne naissance à du gaz ammoniac dont la formation est exothermique, mais il faut une longue série d'étincelles pour obtenir seulement un peu de gaz ammoniac. — Les *conditions de la combinaison* chimique, même exothermique, seront donc *très variées*.

Quelques réactions exothermiques sont aussi des *décompositions chimiques*, et il suffit *en général* de les déterminer soit par élévation de température, soit par l'étincelle, soit par une action mécanique, pour qu'elles se produisent; c'est ce qui arrive dans la décomposition des *composés oxygénés de l'azote ou du chlore* qui est exothermique; en particulier l'*anhydride hypochloreux* Cl^2O se décompose brusquement par l'action de la température du rouge en un de ses points ou par un choc :

$$Cl^2O = Cl^2 + O + 15^c,2.$$

On pourra dire que *en général, une réaction exothermique se produit quand on l'a déterminée;* on remarque en effet que la quantité de chaleur dégagée par le début de la réaction au point où on la détermine suffit souvent à déterminer la réaction dans les parties voisines de ce point, qui détermineront à leur tour la réaction dans les régions contiguës, et ainsi de suite de proche en proche et très rapidement. Mais il y a des *exceptions* comme celle que présente le gaz ammoniac.

2° Une réaction est *endothermique* quand elle s'effectue avec absorption de chaleur, ou disparition d'énergie. Les réactions inverses des réactions exothermiques sont endothermiques, d'après la conséquence du principe de l'état initial et de l'état final.

Les réactions endothermiques sont donc le plus *souvent* des *décompositions chimiques :* ainsi la décomposition de l'*eau*, soit par la chaleur au rouge vif, soit surtout par le courant électrique passant dans l'eau acidulée, exigera la consommation de la quantité d'énergie 69^c par molécule d'eau décomposée ou pour 18^{gr} d'eau.

Les réactions endothermiques sont *quelquefois* des *combinaisons chimiques*; telles sont les synthèses des composés oxygénés de l'azote à partir des éléments, ou la synthèse de l'*anhydride hypochloreux* Cl^2O qui exigera $15^c,2$ par molécule.

Une réaction endothermique *ne pourra se poursuivre que si on fournit* au fur et à mesure l'*énergie étrangère nécessaire* à la réaction : la décomposition de l'eau par le courant s'arrête immédiatement si l'on fait cesser le courant. Et une réaction endothermique est *souvent limitée* par la réaction exothermique inverse : ainsi on n'observe que des traces du mélange $H^2 + O$ dans la décomposition de la vapeur d'eau au rouge vif et encore par certains dispositifs particuliers, parce que inversement le mélange $H^2 + O$ donne naissance à de l'eau à cette température. Et on traduira ces réactions limitées par l'équation chimique telle que :

$$H^2O \rightleftarrows H^2 + O$$

pouvant être lue dans les 2 sens, et traduisant les deux réactions inverses possibles.

D'ailleurs l'*énergie étrangère* nécessaire à la production d'une réaction endothermique *pourra être fournie* par une *réaction exothermique simultanée*, l'ensemble des deux réactions étant en général exothermique : c'est ainsi que dans la production de l'anhydride hypochloreux dans l'action du chlore sec sur l'oxyde mercurique, il y a formation en même temps de chlorure mercurique par une réaction exothermique, et l'ensemble de la réaction est exothermique.

Remarque. — Il faut se garder de dire qu'un corps est exothermique ou endothermique, ce qui n'a pas de signification. C'est la réaction qui donne naissance à ce corps qui présente l'une ou l'autre de ces qualités; et suivant le point de départ, *la formation des corps* est tantôt *exothermique*, tantôt *endothermique*. Ainsi la décomposition de l'*eau oxygénée* H^2O^2 en $H^2O + O$ dégage $21^c,5$, de sorte que inversement la formation de l'eau oxygénée *à partir de l'eau et de l'oxygène* est endothermique.

$$H^2O + O = H^2O^2 - 21^c,5.$$

Mais la formation de l'eau oxygénée *à partir des éléments libres* est exothermique; en effet à partir de l'état initial $H^2 + O^2$ pour aboutir à l'état final H^2O^2, dans le cycle $H^2 + O = H^2O + 69^c$ et $H^2O + O = H^2O^2 - 21^c,5$, le dégagement de chaleur est $69 - 21,5 = 47^c,5$. Donc dans la réaction $H^2 + O^2 = H^2O^2$, il y aura aussi dégagement de $47^c,5$.

Enfin on dit qu'une réaction est *directe*, quand elle s'effectue directement à partir des corps libres, quelles que soient d'ailleurs les conditions qui déterminent la réaction.

SIXIÈME LEÇON

Notions sur la dissociation.

Quand on chauffe en *vase clos dans le vide* un corps composé décomposable par la chaleur, il arrive que la décomposition ne paraisse pas limitée; telles sont les décompositions dans le vide des *carbonates de magnésium* ou de *plomb* en l'oxyde du métal $M''O$ et en gaz carbonique dont la pression paraît pouvoir croître au-dessus de toute limite :

$$CO^3M'' = M''O + CO^2;$$

on reconnaît alors que les produits de la décomposition, le gaz carbonique et l'oxyde métallique dans le cas particulier, ne peuvent se recombiner dans les conditions de température où l'on opère.

Mais il arrive aussi qu'à une température donnée, si l'un des produits de la décomposition du composé est gazeux, on puisse reconnaître que la décomposition est limitée par la recombinaison inverse. Et on donne le nom de *dissociation* d'un composé à sa décomposition *limitée* par la chaleur dans le vide, quand le composé est maintenu en vase clos en présence des produits de sa décomposition.

Si à la température où l'on opère, le composé est gazeux ainsi que les produits de sa décomposition, le système des corps est *homogène*; telles sont les dissociations de la *vapeur d'eau*, premier exemple de dissociation découvert par *Deville*, et du *gaz iodhydrique*, que l'on traduira par les équations :

$$H^2O_{gaz} \rightleftarrows H^2 + O;$$
$$HI \rightleftarrows H + I_{gaz}.$$

Si le composé est solide ou liquide, et si l'un des produits au moins de la décomposition est gazeux, le système des corps sera *hétérogène;* telles sont les dissociations du *carbonate de calcium* ou du *bioxyde de baryum*, d'après les équations :

$$CO^3Ba \rightleftarrows CaO + CO^2;$$
$$BaO^2 \rightleftarrows BaO + O.$$

La *loi du phénomène* est plus nette *pour les systèmes hétérogènes.* On étudiera seulement le cas le plus simple d'un composé solide ou liquide dont un *seul des produits de décomposition est gazeux.*

I. — Dissociation du carbonate de calcium (Debray).

Le carbonate de calcium est pris sous forme de *cristaux de spath* d'Islande transparents. Il est placé dans une nacelle en platine au milieu d'un tube en porcelaine vernissée horizontal, relié d'un côté avec une *pompe pneumatique* à mercure, de l'autre avec un *manomètre* à siphon. Le tube de porcelaine est chauffé à *température constante* par la vapeur de corps en ébullition sous la pression de l'atmosphère : on a employé les températures d'ébullition du mercure (vers 350°), du soufre (vers 450°), du *cadmium* $t_1 = 850°$ environ, du *zinc* $t_2 = 950°$ environ. Ces matières sont placées au fond d'une bouteille en fer, ou en terre pour le cas du zinc, munie de 2 ouvertures latérales laissant passer le tube de porcelaine, fermée par un couvercle fixé par des pinces à vis, enfin portant un large tube oblique s'ouvrant dans l'atmosphère et chauffé pour que la condensation des vapeurs s'y fasse à l'état liquide : on évitera ainsi l'obstruction du tube, la pression dans l'étuve sera bien la pression atmosphérique, et par suite la température de l'étuve sera constante; de plus on pourra maintenir cette température aussi longtemps qu'on le voudra, le liquide condensé retombant dans la chaudière.

On fait le vide dans le tube de porcelaine, et on chauffe à température constante. La décomposition est *nulle à 350°*, car la surface des cristaux de spath reste brillante et le manomètre n'indique aucune dénivellation du mercure. La décomposition est *sensible à 450°*, car les cristaux transparents et brillants deviennent opaques et ternes par suite de la formation d'oxyde de calcium à leur surface; mais il faut chauffer à une température plus élevée pour que l'on puisse observer une dénivellation appréciable dans les branches du manomètre, indiquant une décomposition notable avec dégagement de gaz carbonique.

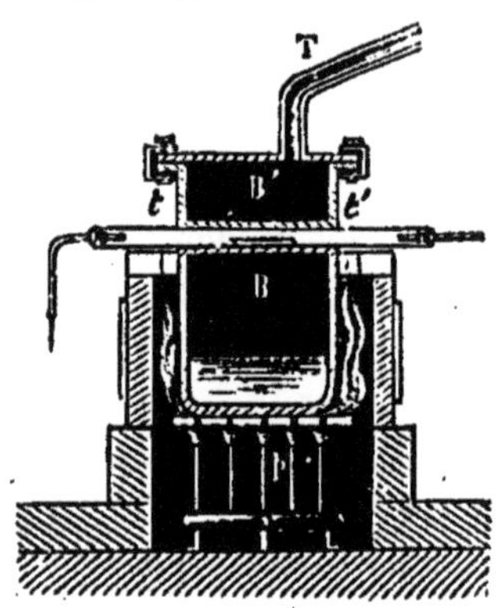

Fig. 19. — Appareil de Debray pour la dissociation du carbonate de calcium.

Si après avoir fait le vide, on chauffe à $t_1=850°$, on *observe* au manomètre une pression du gaz carbonique dégagé, croissant jusqu'à une *limite* $p_1=8^{cm},5$ qui se maintient si longtemps que l'on continue à maintenir la température t_1. Si on fait alors le vide, ce qui fait retomber la pression à la valeur *o*, et qu'on maintienne la température t_1, la pression du gaz carbonique croît lentement de *o* à p_1, où elle se fixe. Et ainsi de suite chaque fois qu'on fait le vide, tant qu'il reste assez de carbonate non décomposé pour que sa décomposition complète puisse remplir l'appareil à dissociation de gaz carbonique à la pression p_1. Ainsi, *à la température constante* t_1, *la décomposition* du carbonate de calcium est *arrêtée* quand la *pression* du gaz carbonique *devient* p_1; et la pression limite p_1 est *indépendante de la masse primitive* de carbonate employé ou *du volume de l'enceinte* close, indépendante aussi de la *proportion de carbonate décomposé* pourvu qu'il reste assez de carbonate non décomposé : la pression limite p_1 à la température t_1 s'appelle la *tension de dissociation* du carbonate de calcium *à la température* t_1.

Si après avoir fait le vide, on chauffe à la température $t_2=950°$, on observe une pression croissante du gaz carbonique dégagé jusqu'à la *limite* $p_2=52^{cm}$, *ne dépendant que de la température* t_2, laquelle limite se rétablit chaque fois qu'on fait le vide tant qu'il reste assez de carbonate non décomposé : la pression limite p_2 est la *tension de dissociation* du carbonate de calcium *à la température t_2*. Et on peut admettre, d'après les nombres donnés, que la *tension de dissociation p croît avec la température t* pour le carbonate de calcium.

En renouvelant un nombre suffisant de fois l'opération du vide, on arriverait à la *décomposition complète* du carbonate de calcium maintenu à une température t pour laquelle il y a une tension p. Mais si la pression du gaz carbonique étant p_2 dans l'appareil, on laisse refroidir *lentement*, le manomètre indique une pression nulle quand l'appareil est revenu à la température ordinaire, montrant que le *gaz carbonique* de l'appareil s'est entièrement *recombiné à l'oxyde de calcium* formé. Et il y a lieu d'étudier la loi de cette recombinaison.

Si on chauffe dans l'appareil de l'*oxyde de calcium* à la température $t_2 = 950°$ avec du *gaz carbonique* à *la pression* atmosphérique H^{cm} par exemple, *au plus suffisante pour la transformation complète* de la masse d'oxyde de calcium en carbonate, on observe que la pression du gaz carbonique diminue *lentement* de H à la limite p_2 où elle se fixe, tant qu'on maintient la température t_2. Et si on laisse tomber la température à la valeur t_1 que l'on maintient, la pression du gaz carbonique tombe *lentement* à la limite p_1 fixe tant qu'on maintient la température t_1 : donc *la tension de dissociation p*, qui limitait la décomposition du carbonate de calcium en vase clos *à la température t, limite* également *à cette température* la *recombinaison* du gaz carbonique avec l'oxyde de calcium.

Le phénomène de la dissociation d'un tel système hétérogène est *comparable à la vaporisation* d'un liquide *en vase clos dans le vide*, limité par une force élastique maximum de la vapeur, indépendante de la masse assez grande du liquide ou du volume de l'enceinte, ne dépendant que de la température.

Remarque. — Dans l'*industrie de la chaux* vive, on obtient facilement la décomposition complète du carbonate de calcium, sous forme de pierre calcaire, dès la température du rouge : c'est que les gaz du foyer du four à chaux, qui traversent les blocs de calcaire, et le dégagement de vapeur d'eau provenant du calcaire humide, entraînent le gaz carbonique formé au fur et à mesure de la production et l'empêchent d'atteindre la tension de dissociation au rouge qui limiterait la décomposition. Et en effet, le même spath, qui était resté *inaltéré à 350°* dans un courant de gaz carbonique à la pression atmosphérique H supérieure à p_1, est *décomposé complètement à 450°* dans un courant de gaz autre que le gaz carbonique : c'est donc uniquement la pression du gaz carbonique dans un mélange de gaz qui limite la *décomposition du carbonate de calcium au contact d'un mélange de gaz*.

La loi de la dissociation par la chaleur a surtout été établie par l'étude de composés se dissociant à *températures plus basses* et *plus variées*, en particulier par l'étude des chlorures ammoniacaux (M. Isambert), et des hydrures métalliques (MM. Troost et Hautefeuille).

II. — Dissociation des chlorures d'argent ammoniacaux, et décomposition du charbon ammoniacal.

1° Par un courant prolongé de gaz ammoniac sec sur du chlorure d'argent sec à la *température* 0°, jusqu'à ce que la masse devienne invariable, on reconnaît que la masse AgCl = 143gr,5 de chlorure d'argent a pris l'augmentation de masse 17gr × 3 = 3AzH³, d'où la *formule* (AgCl, 3AzH³) qu'il faut attribuer à ce *1er chlorure d'argent ammoniacal* ainsi formé.

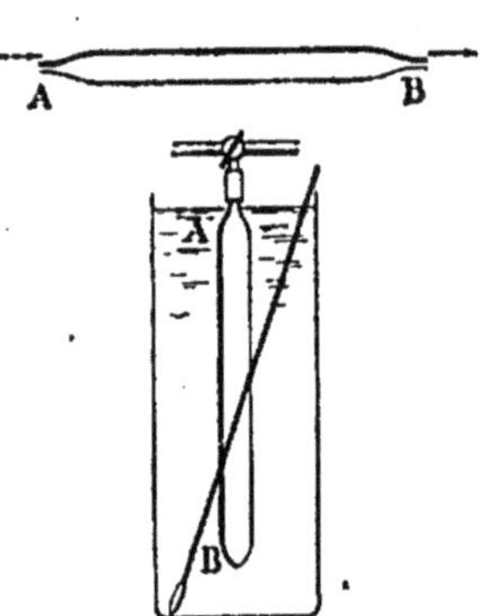

Fig. 20. — Préparation et dissociation du chlorure d'argent ammoniacal.

La préparation s'est faite dans un tube de verre à pointes effilées; on ferme l'une d'elles B à la lampe, on dispose le tube verticalement et on relie l'extrémité ouverte A, par le moyen d'un petit raccord en caoutchouc et d'un robinet à 3 voies, d'une part avec une pompe pneumatique à mercure, et d'autre part avec un manomètre à air libre, pour constituer l'*appareil à dissociation*. Le tube de l'appareil est maintenu à une *température constante* comprise entre 0° et 60° par un bain d'eau agitée dont la température est donnée par un thermomètre.

On constate alors, comme pour le carbonate de calcium, que *par le vide*, à *la température constante t*, la *décomposition* en vase clos est *limitée* par une *tension de dissociation p* due au gaz ammoniac dégagé, et que cette tension *p* se reproduit *tout d'abord* à chaque opération de vide : la pression limite *p* est indépendante encore de la masse initiale du chlorure ammoniacal ou du volume de l'enceinte, et *tout d'abord* de la masse du chlorure ammoniacal déjà décomposée; elle *ne dépend que de la température t.* — Mais de plus, en opérant à des températures constantes de plus en plus élevées, on constate que *la tension de dissociation p croît régulièrement avec la température t,* comme le montre le tableau suivant :

Températures.	Tensions de dissociation.
0°	29^cm,3
17°,5	65 ,5
21°	80 ,1
31°	153 ,7
57°	488 .

On peut *représenter la variation de la tension de dissociation p* avec la température *par une courbe* rapportée à 2 axes rectangulaires Ot, et Op : sur l'axe des abscisses Ot, on porte les valeurs t_1, t_2, t_3....., des températures constantes représentées par les segments OA_1, OA_2, OA_3..... ; par les points A_1, A_2, A_3....., ainsi déterminés, on mène des parallèles à l'axe des ordonnées Op et que l'on prend égales aux valeurs p_1, p_2, p_3, de la tension de dissociation, représentées par les segments, A_1M_1, A_2M_2, A_3M_3, ce qui donne les points M_1, M_2, M_3, de la courbe cherchée. On construit ainsi autant de points de la courbe que l'on a fait d'expériences; il suffit de joindre ces points par un trait continu.

Si on prend la longueur $OH = 76^{cm}$ sur l'axe Op, et que par le point H on mène une parallèle HM à l'axe Ot, cette parallèle rencontre la courbe au point M dont on peut mesurer l'abscisse sur le graphique : cette abscisse HM ou OA représente la *température à laquelle la tension de dissociation devient égale à la pression atmosphérique*; on trouve HM = 19°. Aussi il y aura *formation de ce 1er chlorure d'argent ammoniacal* chaque fois que l'on fera passer jusqu'à saturation un courant de gaz ammoniac sec à la pression atmosphérique sur du chlorure d'argent sec maintenu *à une température inférieure à 19°.*

Remarque. — La pression limite dans la dissociation du 1er chlorure d'argent ammoniacal ne reprend la valeur p à température constante t que pour un certain nombre n d'opérations de vide; après quoi la pression limite tombe tout d'un coup à une valeur beaucoup plus faible p', qui se reproduit elle-même à chaque nouvelle opération de vide jusqu'à décomposition complète du chlorure ammoniacal. C'est que la dissociation du

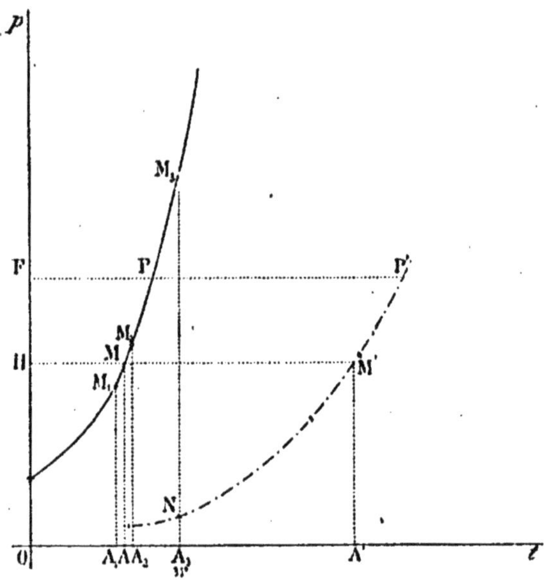

Fig. 21. — Courbes de la tension de dissociation du 1er chlorure d'argent ammoniacal (en trait continu), et du 2e chlorure d'argent ammoniacal (en trait interrompu).

1er chlorure ammoniacal s'est faite en gaz ammoniac dégagé, et en *un 2e chlorure d'argent ammoniacal* (2AgCl, $3AzH^3$) caractérisé à la température t par la tension de dissociation p', et dont l'expérience précédente a fait découvrir l'existence. La dissociation du 1er chlorure d'argent ammoniacal s'écrira donc :

[1] $$2(AgCl, 3AzH^3) \rightleftarrows (2AgCl, 3AzH^3) + 3AzH^3.$$

2° On *prépare le 2e chlorure d'argent ammoniacal* en faisant passer un courant de gaz ammoniac sec à la pression atmosphérique, sur du chlorure d'argent sec, maintenu à une *tempéra-*

ture 25° environ, jusqu'à ce que la masse devienne invariable. On reconnaît alors que la masse AgCl = 143^gr^,5 de chlorure d'argent a fixé la masse $17^{gr} \times \frac{3}{2} = \frac{3}{2}$ AzH^3 de gaz ammoniac, d'où la *formule* ($AgCl, \frac{3}{2} AzH^3$) ou ($2AgCl, 3AzH^3$) qu'il faut attribuer au 2e chlorure d'argent ammoniacal.

On constate, en transformant comme tout à l'heure le tube à réaction en appareil de dissociation, que *au-dessus de 20° à température constante t* la *décomposition* dans le vide est *limitée* par une *tension de dissociation p'*, se reproduisant à chaque opération de vide mais *jusqu'à décomposition complète*, de sorte que la dissociation du 2e chlorure ammoniacal pourra se traduire par l'équation :

$$[2] \qquad (2AgCl, 3AzH^3) \rightleftarrows 2AgCl + 3AzH^3,$$

Et la *tension de dissociation p' croît* encore *régulièrement avec la température constante t*, comme le montre le tableau suivant :

Températures.	Tensions de dissociation.
20°	$9^{cm},3$
31°	12 ,5
58°,5	52 ,8
69°	78 ,6
103°	488.

On peut encore représenter la variation de la tension de dissociation p' avec la température t par une *courbe* construite par points comme on l'a vu, chaque expérience de mesure de tension de dissociation donnant un point de la courbe. La parallèle HM' menée par le point H à la distance OH = 76^{cm} sur l'axe des ordonnées, rencontre la courbe en M' dont l'abscisse HM' ou OA' donne *la température à laquelle la tension de dissociation p' devient égale à la pression atmosphérique* : on trouve HM' = 65°. Il y aura donc *formation du 2e chlorure d'argent ammoniacal* chaque fois qu'un courant de gaz ammoniac à la pression atmosphérique passera jusqu'à saturation sur du chlorure d'argent maintenu *à une température comprise entre 20° et 65°*.

Il convient de figurer les 2 courbes sur le *même graphique* pour s'expliquer clairement ce qui s'est passé dans la *dissociation* du 1er chlorure ammoniacal à température constante supérieure à 20°, *31° par exemple* commune aux 2 tableaux : *d'abord*, à chaque fois qu'on fait le vide, la pression du gaz ammoniac reprend la valeur limite $p = 153^{cm},5$ représentée par l'ordonnée A_3M_3 de la première courbe, car il reste une fraction du 1er chlorure ammoniacal non décomposée d'après l'équation [1], et le 2e chlorure ammoniacal déjà formé ne peut pas se décomposer d'après l'équation [2], puisque la pression du gaz ammoniac est supérieure à $p' = 12^{cm},5$ représentée par l'ordonnée A_3N de la 2e courbe. Mais quand par les opérations de vide on a enlevé la moitié du gaz ammoniac primitivement combiné, *alors* la pression limite prend tout d'un coup la valeur p' répondant à l'ordonnée A_3N, et cette *nouvelle pression limite* se reproduit alors à chaque opération de vide jusqu'à la décomposition complète.

Les courbes de dissociation des chlorures ammoniacaux permettent de trouver les *conditions de la liquéfaction du gaz ammoniac* par la méthode de Faraday, quand on chauffe un de ces produits dans la branche C d'un tube en V renversé dont l'autre branche D est refroidie à une *température déterminée* θ, pourvu que l'on connaisse à cette température la force élastique maximum F_θ de l'ammoniaque liquéfiée. Il suffira de chauffer la branche C à une température telle que la tension de dissociation du produit employé soit au moins égale à F_θ. — Portons $OF = F_\theta$ sur l'axe des ordonnées; par F menons la parallèle FPP' à l'axe des abscisses, qui rencontre les courbes en P et P'; les abscisses $FP = t_1$ et $FP' = t'_1$ représenteront les températures auxquelles les tensions de dissociation sont égales à F_θ. Il suffira donc de *chauffer la branche* C, soit *à* $T > t_1$, soit *à* $T' > t'_1$, pour observer la liquéfaction dans la branche D. Ainsi dans les expériences de dissociation, la liquéfaction s'est produite dans le manomètre, à la température ordinaire, quand la pression a atteint la valeur 488^{cm}, qui est la tension de dissociation du 1er chlorure ammoniacal à 57° et du 2e à 103°; aussi il suffira de chauffer C soit *vers 60°* avec le 1er chlorure, soit *vers 100°* avec le 2e chlorure, si la branche D est refroidie avec de la *glace*.

3° Le gaz ammoniac est encore absorbé par d'autres chlorures pour donner des chlorures ammoniacaux à tension fixe de dissociation pour une température déterminée; tels le *chlorure de calcium*, qui donne les combinaisons :

$$CaCl^2, 8AzH^3; \quad CaCl^2, 4AzH^3; \quad CaCl^2, 2AzH^3;$$

ou le *chlorure de zinc*, qui donne :

$$ZnCl^2, 6AzH^3; \quad ZnCl^2, 4AzH^3; \quad ZnCl^2, 2AzH^3.$$

Mais le gaz ammoniac est absorbé par le *charbon*, d'abord chauffé au rouge dans le vide puis refroidi dans le vide, pour donner le *charbon ammoniacal* qui dans l'appareil à dissociation donne des phénomènes bien différents. A *température constante t*, par le vide, il donne une pression limite p_1 de gaz ammoniac; mais par une 2e opération de vide, autre pression limite $p_2 < p_1$; par une 3e opération de vide, autre pression limite $p_3 < p_2$; et ainsi de suite, la pression limite tendant vers zéro; donc la *pression limite* est *d'autant plus petite que la masse du gaz restant* dans l'espace *est plus petite*, comme le montrent les nombres suivants relatifs à une expérience faite à la température 100° :

35cm,8
27 ,2
21 ,4
17 ,1
14 ,1
11 ,8
8 ,9
7 ,1
6 ,1

De plus si à la même température t, on opérait avec la même masse de charbon saturé de gaz ammoniac dans les mêmes conditions, mais dans des *enceintes de capacités différentes*, on trouverait des *pressions limites* p'_1, p'_2, p'_3....., encore décroissantes, mais différentes des précédentes et *d'autant plus petites que le volume du* vase clos *serait plus grand*. — Ainsi la *pression limite*, dans la décomposition du charbon ammoniacal à température constante dans le vide, *dépend de la masse totale du gaz restant* dans l'enceinte et *du volume de l'enceinte* : la décomposition du charbon ammoniacal *n'est pas une dissociation*.

La *dissolution du gaz ammoniac* dans l'eau conduit aux mêmes résultats expérimentaux, ce qui s'explique si l'on admet que la loi de solubilité s'applique au moins approximativement au gaz ammoniac : En effet, soit une enceinte vide de gaz contenant un volume u de dissolvant et au-dessus un espace de volume V; on y laisse pénétrer une masse m du gaz soluble, et quand l'équilibre s'est établi, il reste du gaz non dissous formant atmosphère, au-dessus de la dissolution à la pression x; si β est le coefficient de solubilité, la masse de gaz dissous occuperait le volume u de la dissolution à la pression βx; d'où en écrivant que la somme des masses dissoute et non dissoute est égale à la masse totale m :

$$u\times a_0\times\frac{\beta x}{76}\times\frac{1}{1+\alpha t}\times d+V\times a_0\times\frac{x}{76}\times\frac{1}{1\times\alpha t}\times d=m,$$

relation qui exprime la pression limite x du gaz en fonction de la masse m du gaz existant dans l'enceinte et du volume libre V dans l'enceinte. Si V constant, x est proportionnel à m; et si par le vide, on diminue m, x diminue : la *pression limite* du gaz *dépend* donc *de la masse initiale du gaz* introduit dans l'enceinte, et *diminue à chaque opération de vide*. De plus si m est donné ainsi que u, mais si V est variable, x sera d'autant plus petit que V sera plus grand : la pression limite est donc *d'autant plus petite que le volume de l'enceinte est plus grand.* — Comme ces caractères de la pression limite sont précisément ceux que présente la décomposition du charbon ammoniacal, on peut dire qu'*il y a eu dissolution du gaz ammoniac dans le charbon,* et non combinaison définie du gaz avec le charbon.

III. — Dissociation des hydrures de potassium, de sodium, et de palladium.

1° Si on chauffe du *potassium* dans un courant de gaz hydrogène sec, le métal fond vers 60° sans absorber de gaz; il faut chauffer *vers 200°* pour que l'absorption du gaz, marquée par un accroissement de masse, commence; et l'absorption du gaz devient assez rapide à 350°.— Pour le *sodium* dans les mêmes conditions, la fusion a lieu vers 100°, et l'absorption du gaz ne commence que *vers 300°*.

On obtient les *hydrures alcalins* en chauffant à 350°, par l'étuve à vapeur de mercure, un tube de verre, contenant le métal dans une nacelle en fer, et traversé par un courant d'hydrogène sec, jusqu'à ce que la masse devienne invariable. L'augmentation de masse conduit aux *formules* K^2H et Na^2H pour représenter les produits formés [1]. — *L'hydrure de potassium* est une masse métallique, spontanément inflammable à l'air, *fusible* dans le vide *sans décomposition*, commençant à se décomposer à *partir de 200°*. — *L'hydrure de sodium* est aussi une masse métallique, moins altérable à l'air, commençant à se décomposer dans le vide *à partir de 300°*.

L'étude de ces corps dans l'appareil à dissociation montre encore que, à *température constante t*, leur *décomposition* dans le vide est *limitée* par une *tension de dissociation p*, qui *croît* encore rapidement quand la température t s'élève.

Températures.	Tensions de dissociation pour K^2H.	pour Na^2H.
330°	4cm,5	2cm,8
350°	7 ,2	5 ,7
360°	9 ,8	»
370°	12 ,2	10 ,
390°	36 ,3	28 ,4
410°	73 ,6	59 ,8
420°	91 ,6	75 ,2
430°	110 .	91 .

2° Le *palladium* absorbe aussi de grandes quantités de gaz hydrogène; son augmentation de masse permet de reconnaître que le palladium absorbe une masse d'hydrogène occupant *plus de 900 fois le volume du métal* pour donner le palladium saturé d'hydrogène ou *palladium hydrogéné* de *Graham*. — L'étude de ce produit, maintenu à température constante t, dans l'appareil à dissociation montre que *d'abord*, à chaque opération de vide, les *pressions limites* ont des *valeurs décroissantes* p_1, $p_2, \ldots, p_n$, comme dans le cas du charbon ammoniacal. Mais à partir d'une certaine opération de vide pour laquelle la pression limite était $p < p_n$, à chaque fois qu'on fait le vide la pression limite reprend la *valeur fixe* p jusqu'à décomposition complète du

1. Pourtant M. Moissan a obtenu récemment les hydrures KH et NaH solubles dans les métaux correspondants en excès.

palladium hydrogéné : il y a donc à partir du moment indiqué une *tension de dissociation p* à la température constante *t*.

Si on détermine la masse du palladium hydrogéné au moment où la pression limite a pris pour la première fois la valeur *p*, on trouve que la composition du produit restant est représentée par la *formule* Pa^2H^2, répondant à l'absorption par le palladium de *600 fois* son volume d'hydrogène. — Le palladium saturé d'hydrogène doit alors être regardée comme contenant l'*hydrure de palladium* Pa^2H^2, caractérisé par une tension de dissociation *p* à température constante *t*, mais *ayant dissous* un excès de gaz hydrogène comme le charbon dissout le gaz ammoniac.

IV. — Dissociation dans l'efflorescence des sels hydratés.

Certains hydrates salins cristallisés, comme ceux de sodium, par exposition à l'air perdent leur transparence, et tombent en poussière : c'est le phénomène d'*efflorescence*, se produisant avec diminution de masse, due à la disparition d'une partie de l'eau de cristallisation qui s'est dégagée dans l'atmosphère.

L'étude du *phosphate de sodium du commerce* $PO^4HNa^2 + 12H^2O$ dans l'appareil à dissociation, a montré qu'à température constante *t* la *décomposition* du sel hydraté dans le vide, en sel moins hydraté et vapeur d'eau, est *limitée* par une tension fixe *p* de la vapeur d'eau qui est la *tension de dissociation* du sel hydraté. La chute brusque de la tension de la vapeur d'eau à partir d'une certaine opération de vide a conduit à découvrir l'existence d'un 2e *hydrate* de phosphate de sodium : $PO^4HNa^2 + 7H^2O$, que l'on a su depuis obtenir directement par cristallisation du phosphate de sodium au-dessus de la température 31°. La dissociation du phosphate du commerce dans le vide s'est donc effectuée d'après l'équation :

$$(PO^4HNa^2 + 12H^2O) \rightleftarrows (PO^4HNa^2 + 7H^2O) + 5H^2O.$$

D'où en généralisant on peut déduire qu'*à une température donnée*, la *tension de la vapeur d'eau émise* en vase clos *par un hydrate salin est constante*. Alors *un hydrate salin s'effleurit* par exposition à l'air, quand la tension de la vapeur d'eau qu'il peut émettre à la température de l'air est supérieure à la tension *actuelle* de la vapeur d'eau dans l'atmosphère. Mais le même sel *à l'état effleuri absorbe la vapeur d'eau* de l'air, en augmentant de masse, si la force élastique de la vapeur d'eau dans l'atmosphère devient plus grande que la tension de dissociation de l'hydrate salin à la température de l'air.

Si on observe qu'un hydrate salin ne s'effleurit jamais par exposition à l'air, c'est que la force élastique de la vapeur d'eau qu'il peut émettre à la température de l'air reste toujours inférieure à la force élastique de la vapeur d'eau dans l'atmosphère. Mais le même hydrate salin s'effleurit dans de l'*air confiné* en présence de l'*acide sulfurique concentré* qui absorbe la vapeur d'eau, et cela si faible que soit la tension de dissociation de cet hydrate salin à la température de l'air.

V. — Derniers exemples de dissociation dans des systèmes hétérogènes, en particulier dissociation des oxydes métalliques.

1° On *prépare* industriellement le *bioxyde de baryum* BaO^2 en faisant passer l'oxygène de l'air sur de l'oxyde de baryum BaO, ou baryte anhydre, chauffé. Mais *inversement*, le bioxyde de baryum chauffé *dans le vide à la température de sa formation* se décompose en $BaO + O\uparrow$; de sorte que les 2 réactions inverses, représentées par l'équation $BaO^2 \rightleftarrows BaO + O\uparrow$, sont possibles à la même température, et se limitent réciproquement en vase clos.

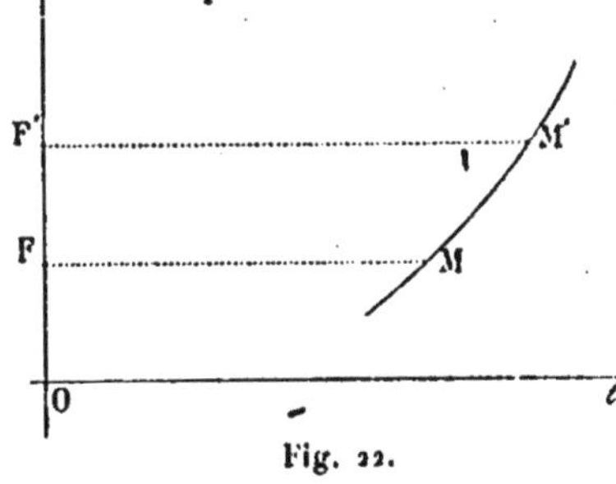

Fig. 22.

Si on étudie la *dissociation du bioxyde de baryum*, on peut encore reconnaître que sa tension de dissociation croît quand la température s'élève, et représenter les résultats par une *courbe à ordonnées croissantes* donnant la tension de dissociation p pour une température quelconque t.

Cette courbe étant supposée construite, on peut facilement déterminer la *température qu'il ne faut pas dépasser* pour qu'il y ait *formation de bioxyde de baryum* par le passage d'un courant d'air à la pression atmosphérique sur l'oxyde de baryum chauffé : il faut chauffer à une température suffisante pour que la réaction ait lieu, mais inférieure à celle pour laquelle la tension de dissociation devient égale à la pression particulière de l'oxygène dans l'air qui passe. Soit H la pression atmosphérique, la pression particulière de l'oxygène est environ $\frac{H}{5}$; portons $OF = \frac{H}{5}$ sur l'axe des ordonnées, menons la parallèle FM à l'axe des abscisses; mesurons $FM = t_1°$; il faudra chauffer à la température $t < t_1$, soit *vers 600°*, pour qu'il y ait formation de bioxyde de baryum. — Inversement, si on chauffait alors le bioxyde formé à une température $t' > t_1$ soit *vers 800°*, il y aurait décomposition du bioxyde dans le courant d'air qui passe et *production d'un gaz plus riche en oxygène* que l'air atmosphérique.

On a utilisé la formation du bioxyde de baryum et sa dissociation pour l'*extraction industrielle de l'oxygène de l'air* : on fait passer sur l'oxyde de baryum un courant d'air comprimé à la pression $2^{atm.}$; il est alors nécessaire de ne pas atteindre la température $F'M' = t'_1$ pour laquelle la tension de dissociation du bioxyde prend la valeur $OF' = \frac{2H}{5}$ pression particulière de l'oxygène dans l'air qui passe; il y a alors *formation de bioxyde de baryum*, la température étant $700° < t'_1$.

On arrête le courant d'air comprimé, et en maintenant la température constante, ce qui est plus facile à réaliser industriellement qu'une série de températures variables périodiquement, on *fait le vide* dans les appareils pour *extraire l'oxygèn* du bioxyde de baryum, lequel se décomposera *complètement* si on renouvelle l'opération du vide, par *régénération de l'oxyde de baryum*.

2° On prépare industriellement le *minium* ou oxyde salin de plomb $Pb^3O^4 = 2PbO, PbO^2$ en chauffant pendant longtemps au contact d'air renouvelé le *massicot*, ou protoxyde de plomb PbO sous forme d'une *poudre jaunâtre* qui prendra peu à peu une couleur *rouge vif*. Mais inversement l'oxyde salin de plomb se dissocie dans le vide à la température de sa formation d'après la réaction inverse :

$$Pb^3O^4 \rightleftarrows 3PbO + O\uparrow.$$

Aussi dans la préparation du minium, il faut avoir soin de ne pas atteindre la température pour laquelle la tension de dissociation devient égale à $\frac{H}{5}$, sans quoi le minium déjà formé se décomposerait.

3° L'oxyde *noir* de cuivre ou *oxyde cuivrique* CuO est décomposable au rouge en oxyde *rouge* de cuivre ou *oxyde cuivreux* Cu^2O et oxygène ; mais inversement il y a oxydation de l'oxyde cuivreux chauffé au rouge au contact de l'air. La décomposition de l'oxyde cuivrique en vase clos est encore une dissociation :

$$2CuO \rightleftarrows Cu^2O + O\uparrow.$$

4° Enfin il y a encore dissociation dans d'autres cas, comme celui de l'*hydrate de chlore* $Cl^2 + 7H^2O$ qui dégage du gaz chlore, ou de la *solution de sulfate ferreux saturée de gaz bioxyde d'azote*. Ces phénomènes seront étudiés dans le cours à propos des corps qu'ils intéressent.

VI. — Dissociation dans la décomposition de certains sels par l'eau (M. Ditte).

1° Décomposition par l'eau du *trichlorure d'antimoine* $SbCl^3$, sel incolore *vitreux*.

Si à une masse M d'eau on ajoute *peu à peu* de ce sel, on observe *d'abord* la formation d'un *précipité blanc*, qui est de l'oxychlorure d'antimoine SbOCl, et une *acidité* croissante du liquide ; il y a décomposition d'après l'équation :

$$SbCl^3 + H^2O \rightleftarrows SbOCl\downarrow + 2HCl.$$

Mais si on continue à ajouter du sel, il arrive un moment à partir duquel le chlorure d'antimoine *se dissout sans altération* dans le liquide acide : à ce moment il s'est formé dans la masse M d'eau une *masse* m_1 d'*acide chlorhydrique* ; la décomposition est donc *limitée par le rapport* $\frac{m_1}{M}$ des masses d'acide chlorhydrique et d'eau, lequel *ne dépend que de la température*. — *Inversement* un acide chlorhydrique plus concentré que celui qui est défini par le rapport $\frac{m_1}{M}$ dissoudrait le précipité d'oxychlorure d'après la réaction inverse, jusqu'à ce que le rapport $\frac{m_1}{M}$ soit rétabli. Le rapport $\frac{m_1}{M}$ joue donc un rôle analogue à celui de la tension de la dissociation dans la limitation de deux réactions inverses.

2° Décomposition de l'*azotate neutre de bismuth* $(AzO^3)^3Bi$, sel *cristallisé* incolore, ajouté *peu à peu* à une masse M d'eau, en *azotate basique de bismuth* $(AzO^3)(OH)^2Bi$, sous forme d'un précipité *blanc amorphe* très connu sous le nom de sous-nitrate de bismuth, et en acide azotique libre d'après l'équation :

$$(AzO^3)^3Bi + 2.H^2O \rightleftarrows (AzO^3)(OH)^2Bi\downarrow + 2.AzO^3H$$

mais seulement jusqu'à ce qu'une masse m_1 d'acide azotique libre se soit formée; après quoi le nitrate neutre que l'on continue à ajouter se dissout sans altération. Et un acide azotique plus concentré que celui qui répond au rapport $\frac{m_2}{M}$ dissoudrait l'azotate basique d'après la réaction inverse jusqu'à ce que l'acide libre ne réponde plus qu'à la composition $\frac{m_2}{M}$.

3° Il y a encore décomposition limitée du *sulfate mercurique neutre* SO^4Hg sel *blanc*, en *sulfate basique jaune* $(SO^4Hg,2HgO)$ et acide sulfurique libre, jusqu'à ce que la masse d'acide sulfurique formé dans la masse M d'eau ait atteint une valeur limite m_3; le rapport $\frac{m_3}{M}$ de l'acide libre à l'eau limite encore la décomposition et le même rapport limite aussi la dissolution du sulfate basique par un acide sulfurique plus concentré d'après la réaction inverse :

$$3SO^4Hg + 2H^2O \rightleftarrows SO^4Hg,2HgO\downarrow + 2SO^4H^2.$$

Dans tous ces phénomènes, la *décomposition du sel par l'eau* est donc *limitée par le rapport* $\frac{m}{M}$ de la masse m d'acide libre à la masse M de l'eau, ne *dépendant que de la température, variable avec la température*, jouant donc le rôle de la tension de dissociation dans les systèmes sous l'action de la chaleur.

VII. — Indication de quelques questions relatives à la dissociation, ou à la transformation isomérique.

Il resterait à étudier la dissociation par la chaleur *dans les systèmes homogènes,* comme la dissociation de la *vapeur d'eau* : H^2O gaz $\rightleftarrows H^2 + O$; du *gaz carbonique* : $CO^2 \rightleftarrows CO + O$; et surtout du *gaz iodhydrique* : HI gaz $\rightleftarrows$ H + I gaz.

Puis certains phénomènes de décomposition produits dans le *tube chaud et froid* de Deville, et relatifs à la dissociation du *gaz oxyde de carbone* : $2CO \rightleftarrows CO^2 + C$, du *gaz sulfureux* : $3SO^2 \rightleftarrows 2SO^3 + S$, et du *gaz chlorhydrique* $HCl \rightleftarrows H + Cl$.

Enfin les cas où la tension de dissociation passe par un *maximum* quand la température croît, comme il arrive dans la dissociation du *sous-chlorure de silicium* : $2Si^2Cl^6 \rightleftarrows 3SiCl^4 + Si$, dans la formation des *gaz sélénhydrique* H^2Se et *tellurhydrique* H^2Te par la chaleur à partir des éléments, et si l'on veut dans la formation de l'*ozone* : $2O^3 \rightleftarrows 3O^2$ à partir de l'oxygène.

D'autre part aux phénomènes de dissociation se rattachent les *phénomènes de transformation isomérique* ou *allotropique,* comme la transformation du *phosphore blanc liquide en phosphore rouge solide,* de la *vapeur de phosphore* en phosphore rouge solide et inversement, du *paracyanogène solide* en *gaz cyanogène* et inversement, etc.

Les plus importantes de ces questions trouveront leur place dans l'étude des corps correspondants.

On peut donner un exemple des phénomènes de transformation et de dissociation par l'action de la chaleur sur l'*iodure mercurique* HgI^2 dont la variété stable à froid est un solide cristallisé *rouge vif.* Si on le chauffe dans un ballon, il se transforme en une variété *jaune d'or,* qui fond en liquide brun, puis donne une *vapeur incolore.* Si on chauffe très fortement, la vapeur prend une coloration *violette* indiquant la dissociation en vapeur de mercure et vapeur violette d'iode. Par le refroidissement, on observe la décoloration de la vapeur par la recombinaison, le dépôt de cristaux jaunes, et enfin la transformation lente du dépôt jaune en la variété rouge.

SEPTIÈME LEÇON

HYDROGÈNE

Masse moléculaire H^2, avec masse atomique $H = 1$.

C'est un gaz incolore, sans odeur quand il est pur, le *moins dense de tous les gaz* : sa *densité*, qui est la seule à retenir, est en effet $0,06947 = \frac{1}{14,4}$, *approximativement* 0,07, nombre très commode pour des calculs approchés; de sorte que si x est la *masse spécifique de l'hydrogène dans les conditions normales*, a_0 la la masse spécifique de l'air dans ces conditions, $\frac{x}{a_0} = d$ par définition de la densité d, d'où $x = a_0 d = 0^{gr},001293 \times 0,06947$, approximativement $0^{gr},0013 \times 0,07 = 0^{gr},000091$; la *masse d'un litre du gaz* serait approximativement $0^{gr},091$. — Aussi le gaz hydrogène reste dans une éprouvette dont l'orifice est tourné vers le bas, il s'échappe rapidement d'une éprouvette dont l'orifice est tourné vers le haut, il peut être tranvasé d'une éprouvette dans une éprouvette pleine d'air dont l'orifice est vers le bas en se mélangeant toutefois avec l'air; on pourra donc *recueillir l'hydrogène par déplacement* dans un vase dont l'orifice est en bas et où l'hydrogène arrive par un tube allant jusqu'en haut du vase; et on *utilisera sa faible densité dans les ballons*; mais il s'échappera de l'enveloppe plus rapidement que les autres gaz moins denses.

Fig. 23. — Transvasement de l'hydrogène.

En effet, quand un gaz s'échappe par un *orifice très étroit percé en très mince paroi*, ou à travers une *paroi à pores très étroits* comme ceux que présente une lame de graphite comprimé, son écoulement est régi par la *loi de Graham : la durée du passage* d'un volume déterminé du gaz dans des conditions données est *proportionnelle à la racine carrée de la densité*; un volume donné d'hydrogène s'échapperait 4 fois plus vite que le même volume d'oxygène environ 16 fois plus dense. — Il est vrai que si la paroi est à pores plus larges, la loi de Graham n'est plus vérifiée, mais les différences des durées de passage sont encore dans le même sens, leur ordre de grandeur est seulement un peu différent.

Aussi, soit un vase en terre poreuse et à orifice tourné vers le bas et fermé par un bouchon laissant passer un tube vertical recourbé, et contenant un liquide quelconque dans la courbure : le vase est plein d'air à la pression atmosphérique, car les 2 niveaux du liquide t et t' sont sur le même plan horizontal dans le tube manométrique. Si on entoure le vase avec une cloche C pleine d'hydrogène on voit le niveau intérieur t baisser rapidement, indiquant un accroissement rapide de la force élastique du gaz intérieur malgré l'accroissement de volume produit par la dénivellation du liquide : c'est que de l'hydrogène de la cloche a passé à travers la paroi poreuse du vase pour y pénétrer. Si alors on ôte la cloche, on voit immédiatement le niveau intérieur du liquide remonter indiquant une diminution de pression à l'intérieur du vase malgré la diminution de volume : c'est que l'hydrogène du vase poreux s'est échappé à travers la paroi dans l'atmosphère extérieure. — On comprend alors pourquoi on *a employé de préférence pendant longtemps le gaz de l'éclairage* pour le gonflement des ballons : la densité est beaucoup plus grande, 0,4 environ, car le gaz de l'éclairage renferme seulement 0,5 de gaz hydrogène; il faudra une enveloppe plus grande pour obtenir la même force ascensionnelle, mais le gaz s'échappera moins vite. — On comprend aussi pourquoi il est *nécessaire d'employer des appareils vernissés ou émaillés pour produire les réactions chimiques* afin d'éviter l'action des gaz des foyers.

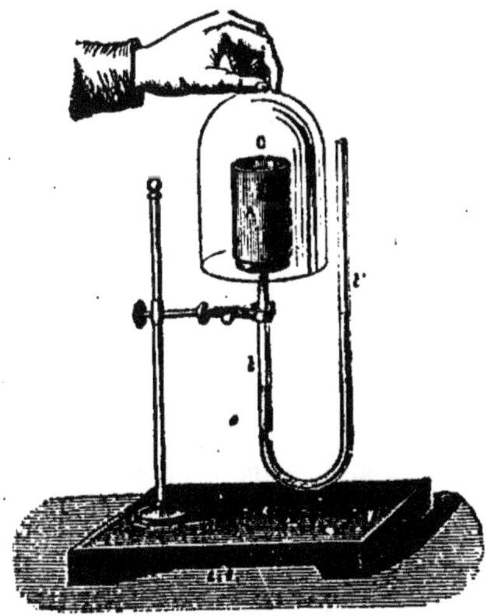

Fig. 24. — Passage de l'hydrogène à travers une paroi poreuse.

2° Le gaz hydrogène s'illumine en rouge violacé par le passage de l'étincelle dans un tube étroit qui le contient sous faible pression, et il donne alors un *spectre de 4 raies brillantes* : une rouge et une bleue qui sont intenses, une indigo et une violette moins intenses, qui ont permis de reconnaître la *présence de l'hydrogène dans le soleil et les étoiles.*

3° Le gaz hydrogène a pour la chaleur une *conductibilité apparente* plus grande que celle des autres gaz, car un fil de platine porté au rouge sombre dans l'air par le passage d'un courant cesse d'être incandescent quand on le recouvre d'une cloche pleine d'hydrogène, pour redevenir lumineux quand on remplace l'hydrogène par un autre gaz quelconque.

4° L'hydrogène est *le plus difficile à liquéfier de tous les gaz, sauf le gaz hélium*; son point critique est vers — 241°. L'hydrogène comprimé à 180^{atm}, refroidi à — 205° par l'air liquide évaporé dans le vide, se liquéfie quand il s'écoule rapidement par un orifice étroit dans un vase à double enveloppe de verre comprenant le vide de Crookes, et refroidi extérieurement par de l'air liquide contenu dans un vase du même genre : c'est alors un *liquide* incolore *bouillant vers* — 252°. — On a solidifié le gaz hydrogène dans un tube très étroit en relation par sa partie supérieure avec un ballon rempli du gaz et plongeant à sa partie inférieure fermée dans de l'hydrogène liquide évaporé dans le vide : c'est alors un *solide* incolore *fondant vers* — 257°, et donnant *la plus basse température atteinte jusqu'ici.*

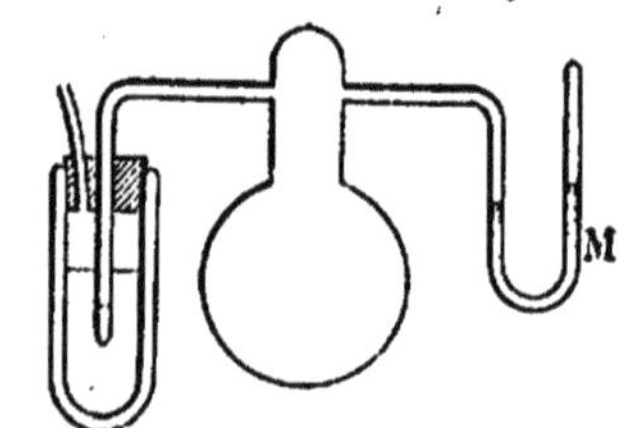

Fig. 25. — Appareil pour la solidification de l'hydrogène muni du manomètre M.

5° Le gaz hydrogène est *peu soluble* dans l'eau : coefficient 0,02. Il est *soluble dans le platine* qui retient environ $\frac{3}{2}$ fois son volume du gaz, et *aussi dans le fer* qui en retient environ $\frac{2}{3}$ de son volume.

On observe un grand dégagement de chaleur dans l'*occlusion* du gaz hydrogène par le platine en éponge ou *mousse de platine* : calcinée pour la débarrasser des gaz occlus et refroidie, elle devient spontanément incandescente dans le mélange de

2 volumes d'hydrogène avec 1 volume d'oxygène qu'elle fait détoner.

Le gaz hydrogène passera facilement *à travers le platine métallique ou le fer chauffés au rouge* : Dans l'axe d'un tube en porcelaine vernissée chauffé au rouge se trouve un tube de platine relié à un tube vertical en verre d'environ 80^{cm} de haut et plongeant dans le mercure d'une cuve; un courant d'azote passe dans l'espace annulaire, et un courant d'hydrogène passe dans le tube de platine pour s'échapper à travers le mercure; si on arrête le courant d'hydrogène, on voit le mercure s'élever rapidement dans le tube de verre de plus de 70^{cm} au-dessus du niveau dans la cuve, indiquant une très faible pression du gaz hydrogène qui s'est échappé à travers le platine au rouge pour se diffuser dans l'azote extérieur. On *ne pourra donc pas se servir de réservoir en platine dans le thermomètre normal à hydrogène pour des températures supérieures à 150°*. — Un tube de fer, aplati par le laminoir, soudé aux deux bouts, et placé dans un foyer de houille, se gonfle par le passage du gaz du foyer : d'où l'explication des *soufflures* que présentent souvent les métaux ferreux comme l'acier, et l'usage actuel de la presse hydraulique dans la fabrication de l'acier.

I. — Propriétés chimiques de l'hydrogène.

Il se combine directement avec les *métalloïdes*, sauf le phosphore et l'arsenic, le silicium et le bore; il se combine aussi directement avec *quelques métaux* : potassium, sodium, calcium, palladium, avec lesquels il forme des sortes d'alliages; il a surtout le *rôle chimique d'un métal.*

1° Il se combine directement avec le gaz *fluor* à froid et avec explosion, même à l'obscurité, ce qui arrive quand dans la préparation du fluor par électrolyse de l'acide fluorhydrique HF on renverse par mégarde le sens du courant; et une éprouvette d'hydrogène s'enflamme spontanément au contact d'un dégagement de fluor.

2° L'hydrogène se combine directement au gaz *chlore* : avec explosion par exposition du mélange à la lumière solaire, ou par une étincelle, ou par le contact d'une flamme; lentement et sans explosion à la lumière diffuse, car la teinte verdâtre du chlore disparaît peu à peu, le gaz chlorhydrique formé HCl étant incolore. Il n'y aurait pas de réaction dans l'obscurité, le mélange garderait indéfiniment la teinte du chlore libre.

3° L'hydrogène se combine directement à la vapeur de *brome*, quand du gaz hydrogène chargé de vapeur de brome est enflammé à l'extrémité d'un tube, ou quand le mélange passe dans un tube au rouge surtout en présence de pierre ponce ou de mousse de platine : on constate alors des fumées blanches dues à la formation de gaz bromhydrique HBr;

4° Avec la vapeur d'*iode*, quand on chauffe l'iode dans le gaz hydrogène en tube scellé au point d'ébullition du soufre vers 450°, surtout en présence de la mousse de platine : il y a alors formation de gaz iodhydrique HI, mais limitée par la dissociation inverse du gaz iodhydrique par la chaleur;

5° Encore avec le gaz *cyanogène* C^2Az^2 par mélange à volumes égaux chauffé à 500° en tube scellé, avec formation presque intégrale de vapeur d'acide cyanhydrique :

$$H^2 + C^2Az^2 = 2.HCAz.$$

Ces actions de l'hydrogène sur les halogènes expliquent la *réduction des sels halogénés d'argent* chauffés, par le contact avec le gaz hydrogène; il suffira de chauffer légèrement pour le fluorure :

$$2AgF + H^2 = 2Ag + 2HF\uparrow.$$

La réduction se produira à partir de 200° pour le chlorure :

$$2.AgCl + H^2 \rightleftarrows 2Ag + 2.HCl\uparrow;$$

mais inversement un courant de gaz HCl pourra attaquer l'argent chauffé, de sorte que la réaction de réduction serait limitée en vase clos. — De même avec le bromure AgBr, ou l'iodure AgI, chauffés.

6° L'hydrogène s'unit directement à l'*oxygène* et avec explosion quand le mélange des 2 gaz est mis au contact d'une flamme, ou d'une étincelle, ou de la mousse de platine préalablement calcinée, ou encore quand le mélange est soumis à la température 550°; si la température est comprise entre 200 et 500°, il y a combinaison lente sans explosion : il y a eu formation de vapeur d'eau H^2O. — Si l'explosion du mélange de 2 volumes d'hydrogène pour 1 volume d'oxygène, ou *mélange tonnant*, a lieu dans un flacon à orifice étroit, il faut avoir la précaution au préalable d'entourer le flacon avec un linge mouillé pour éviter la projection de morceaux de verre par l'explosion si le flacon vient à se briser. Le bruit de l'explosion est dû aux deux effets suivants : choc de la vapeur d'eau formée à une température très élevée contre l'atmosphère extérieure, et immédiatement après choc de l'air extérieur contre la paroi du flacon quand par le refroidissement brusque la faible quantité de vapeur d'eau formée restée dans le flacon se condense.

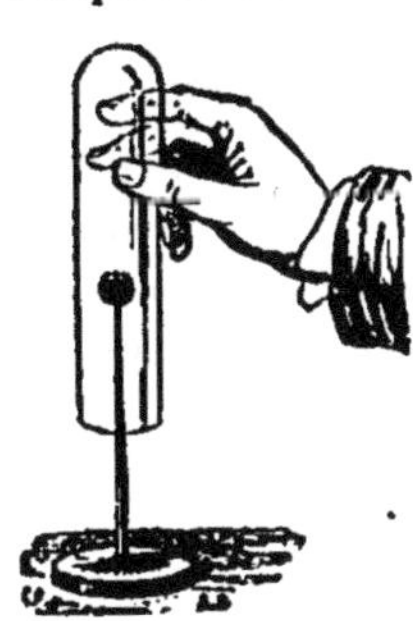

Fig. 26. — Action de la mousse de platine sur le mélange tonnant.

L'hydrogène brûle au contact de l'*air* par inflammation; aussi si une allumette enflammée s'éteint quand on la plonge dans une cloche d'hydrogène, elle se rallumera quand on la sortira lentement en traversant la couche d'hydrogène en combustion. Le mélange de 2 volumes d'hydrogène avec 5 volumes d'air détone encore par inflammation mais avec moins de violence que le mélange avec l'oxygène : c'est que la quantité de chaleur dégagée est employée à échauffer aussi l'azote de l'air, d'où la production d'une température beaucoup moins élevée dans l'explosion. — Il est alors *nécessaire de faire l'essai du gaz hydrogène qui se dégage* d'un tube, soit avant de l'enflammer, soit avant de chauffer le tube où doit s'effectuer une réduction : le gaz recueilli dans un tube à essai qui recouvre le tube à dégagement doit brûler avec une très faible détonation seulement quand on l'enflamme.

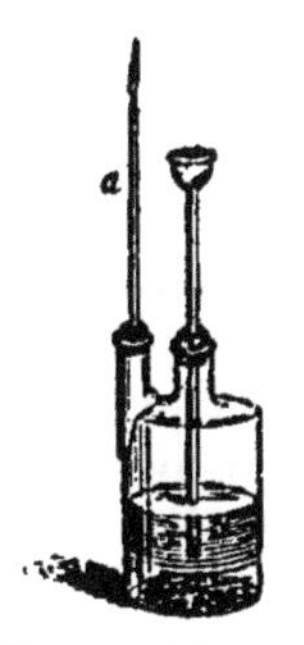

Fig. 27. — Flamme de l'hydrogène.

La flamme de l'hydrogène n'a *pas d'éclat* quand l'hydrogène se dégage par un ajutage en platine, car il n'y a pas de corps solide incandescent dans cette flamme, ce qui est une condition nécessaire de l'éclat; mais la température de cette flamme est très élevée, voisine de 2000°, car un fil fin de platine, dont le point de fusion dépasse 1700°, y fond immédiatement; l'hydrogène est le *combustible qui à égalité de masse dégage en brûlant la plus grande quantité de chaleur* : 59^c pour la combustion de la masse moléculaire $H^2 = 2^{gr}$ occupant environ 22^l; 2^{gr} de charbon ne dégagent en brûlant que $16^{Cal.}$ environ.

La vapeur d'eau formée dans la combustion de l'hydrogène se condense en *buée* dans l'air froid ou sur un corps froid dont elle ternit la surface, par exemple la paroi de l'éprouvette, ou encore la paroi interne d'une cloche recouvrant la flamme de l'hydrogène comme dans la *synthèse de l'eau de Cavendish,* qui a fait donner à l'hydrogène son nom.

Alors l'hydrogène *réduira un grand nombre de composés oxygénés sous l'action de la chaleur,* c'est-à-dire leur enlèvera

Fig. 28. — Synthèse de l'eau de Cavendish.

l'oxygène; il y aura réduction du *gaz carbonique* quand le mélange des 2 gaz passera dans un tube au rouge :

$$H^2 + CO^2 \rightleftarrows H^2O + CO,$$

mais limitée par la réaction inverse. — Il y aura réduction de l'*oxyde d'argent* Ag^2O par l'hydrogène qui est absorbé lentement à froid avec formation d'argent libre, assez rapidement quand on chauffe vers 100° pour que l'oxyde d'argent puisse servir à *doser l'hydrogène* dans des mélanges de ce gaz avec le formène ou même avec l'oxygène; cette absorption complète de l'hydrogène par l'oxyde d'argent chauffé pourra servir de *caractère à l'hydrogène pur.* — Il y a encore réduction facile de l'*oxyde cuivrique* CuO au rouge sombre et avec incandescence : $CuO + H^2 = Cu + H^2O$, réaction employée pour la synthèse de l'eau dans la méthode en masses. — La réduction complète de l'*oxyde ferrique* Fe^2O^3 est beaucoup plus difficile; il y a formation successivement de l'oxyde salin de fer Fe^3O^4, puis d'oxyde ferreux FeO qui est alors dit pyrophorique car il brûle spontanément quand on le projette dans l'air; l'oxyde ferreux étant dissociable à température élevée, il finira lui-même par être réduit à l'état de fer métallique; mais inversement il y aura décomposition de la vapeur d'eau par le fer au rouge :

$$Fe^3O^4 + 4H^2 \rightleftarrows 3Fe + 4H^2O,$$

de sorte que les réactions en vase clos seraient limitées. — La réduction de l'*oxyde de zinc* ZnO serait plus difficile encore, car elle n'est possible qu'à une température très élevée où cet oxyde commence à avoir une tension de dissociation appréciable. — L'hydrogène *n'aura pas d'action* sur l'oxyde manganeux MnO, l'alumine Al^2O^3, le sesquioxyde de chrome Cr^2O^3, les oxydes de magnésium MgO, de calcium CaO, de baryum BaO, de sodium Na^2O, de potassium K^2O, qui ne sont pas dissociables à température élevée; et il *réduira incomplètement les bioxydes de manganèse* MnO^2 *ou de baryum* BaO^2, en les ramenant à l'état de protoxydes MnO ou BaO.

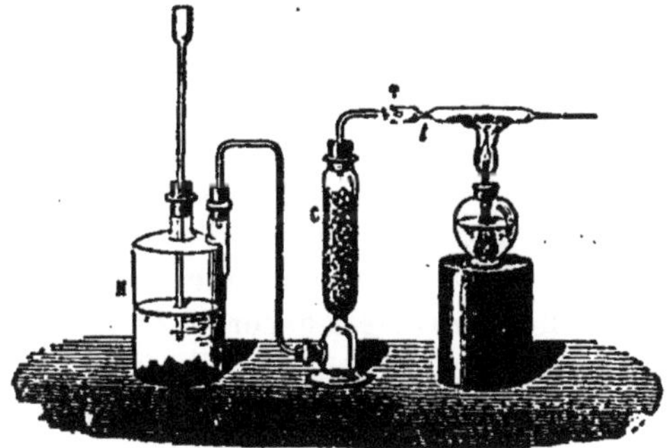

Fig. 29. — Réduction des oxydes chauffés par l'hydrogène.

7° L'hydrogène se combine directement avec la vapeur de *soufre*, soit par passage du gaz dans du soufre bouillant, soit quand on chauffe du soufre dans du gaz hydrogène en tube scellé à la température d'ébullition du soufre 440° : il y a formation de gaz sulfhydrique H^2S, mais limitée, car la décomposition inverse est possible.

8° Il y a encore combinaison directe avec le *sélénium* ou le *tellure* en tube scellé chauffé, avec formation limitée des gaz sélénhydrique ou tellurhydrique, H^2Se ou H^2Te, qui ont donné l'exemple net d'un *maximum de dissociation* à température déterminée; d'où l'explication du phénomène de la *volatilisation apparente* de ces métalloïdes chauffés dans du gaz hydrogène : par exemple, si un tube scellé vertical contenant du sélénium et du gaz hydrogène est chauffé au bain de sable par sa partie inférieure seulement, on verra des cristaux de sélénium se former en une région déterminée A du tube où la température est précisément celle du maximum de dissociation du gaz sélénhydrique formé; tandis qu'un tube analogue mais contenant un gaz inerte comme l'azote donnera seulement le phénomène de la sublimation du sélénium à la partie supérieure B du tube qui est la région la plus froide.

9° L'hydrogène se combine directement *à l'azote* par une série d'étincelles; mais il y a formation de traces de gaz ammoniac AzH^3 seulement, car la réaction est limitée par la décomposition inverse et presque complète du gaz ammoniac; la production de gaz ammoniac est manifestée par les fumées blanches solides de chlorure d'ammonium AzH^4Cl lors de l'introduction d'une bulle de gaz chlorhydrique HCl; mais la réaction pourrait devenir complète en présence de quelques gouttes d'acide sulfurique qui absorberait le gaz ammoniac au fur et à mesure de sa formation, ce qui pourra servir *de caractère* encore *à l'hydrogène pur.*

10° L'hydrogène se combine directement au *carbone* quand l'arc électrique est produit entre 2 charbons dans un courant du gaz : il y a formation de gaz acétylène C^2H^2 car l'hydrogène dégagé donne dans la solution ammoniacale de chlorure cuivreux un précipité rouge d'acétylure cuivreux C^2H^2,Cu^2O caractéristique que l'on pourra recueillir, et qui chauffé avec de l'acide chlorhydrique concentré dégagera le gaz acétylène. — Il y aura aussi combinaison directe de l'hydrogène avec le gaz *acétylène* par mélange des 2 gaz introduit dans une cloche courbe : si on chauffe au rouge sombre il y aura formation d'*éthylène* C^2H^4 puis d'éthane C^2H^6, tandis que si on chauffe au rouge vif il y aura formation de *formène* :

$$C^2H^2 + 3.H^2 = 2.CH^4.$$

11° L'hydrogène se combine au *potassium*, fondu au-dessus de 200° dans un tube de verre où passe le courant du gaz sec, pour former l'hydrure K^2H fusible dans le vide sans décomposition, dissociable au-dessus de 200°, s'enflammant à l'air. — De même avec le *sodium*, fondu au-dessus de 300°, pour former l'hydrure Na^2H, dissociable au-dessus de 300°, moins altérable à l'air. M. Moissan a obtenu aussi les hydrures KH et NaH, cristallisés, blancs, solubles dans un excès du métal. — Avec le *calcium* au rouge sombre, incandescence et production de l'hydrure CaH^2 cristallisé, transparent, violemment décomposé par l'eau :

$$CaH^2 + 2H^2O = CaO^2H^2 + 2H^2\uparrow.$$

L'hydrogène est surtout absorbé par le *palladium* même à froid, pour former le palladium hydrogéné constitué par de l'hydrure de palladium Pa^2H^2 répondant à l'absorption par le métal de 600 fois son volume du gaz et caractérisé par une tension de dissociation comme les hydrures précédents, mais capable d'absorber encore plus de 300 fois son volume d'hydrogène. L'absorption de l'hydrogène par le palladium se fait avec un accroissement de volume du métal, car si l'on fait l'électrolyse de l'eau aciduléе avec une catode mince de palladium vernissée sur une des faces et une anode de platine, on voit la lame de palladium se courber de manière que sa face nue devienne convexe.

12° L'hydrogène paraît avoir *le rôle chimique d'un métal* dans les sels acides ou dans les acides libres; ce rôle est évident dans les actions de l'azotate d'argent sur les 3 orthophosphates sodiques qui donnent le même précipité d'orthophosphate triargentique PO^4Ag^3 :

$$PO^4Na^3 + 3AzO^3Ag = PO^4Ag^3\downarrow + 3.AzO^3Na;$$
$$PO^4HNa^2 + 3AzO^3Ag = PO^4Ag^3\downarrow + 2.AzO^3Na + AzO^3H;$$
$$PO^4H^2Na + 3AzO^3Ag = PO^4Ag^3\downarrow + AzO^3Na + 2AzO^3H;$$

les 3 atomes Na^3, H et Na^2, H^2 et Na ont été remplacés par 3 atomes d'argent; les atomes H et Na ont donc la même fonction chimique dans ces réactions. — On a étendu cette notion de la fonction métal de l'hydrogène aux sels acides en général, et finalement aux acides eux-mêmes que l'on a pu regarder comme les sels du métal hydrogène; ainsi les sulfates de potassium et l'acide sulfurique donnent le même précipité de sulfate de baryum par le chlorure de baryum par exemple :

$$SO^4K^2 + BaCl^2 = SO^4Ba\downarrow + 2.KCl;$$
$$SO^4HK + BaCl^2 = SO^4Ba\downarrow + KCl + HCl;$$
$$SO^4H^2 + BaCl^2 = SO^4Ba\downarrow + 2HCl;$$

de même le chlorure de sodium et l'acide chlorhydrique donnent le même précipité de chlorure d'argent par l'azotate d'argent :

$$NaCl + AzO^3Ag = AgCl\downarrow + AzO^3Na;$$
$$HCl + AzO^3Ag = AgCl\downarrow + AzO^3H.$$

L'analogie chimique de l'hydrogène avec les métaux se poursuit dans les *déplacements réciproques de l'hydrogène et des métaux*; les réactions du zinc sur l'acide sulfurique ou sur le sulfate cuivrique dissous :

$$SO^4H^2 + Zn = SO^4Zn + H^2\uparrow,$$
$$SO^4Cu + Zn = SO^4Zn + Cu\downarrow,$$

sont analogues et ne diffèrent que par l'état physique du corps mis en liberté. De même le déplacement de l'argent du sulfate d'argent, soit par l'hydrogène chauffé ou simplement comprimé, soit par le cuivre, sont tout à fait comparables :

$$SO^4Ag^2 + H^2 = 2Ag\downarrow + SO^4H^2,$$
$$SO^4Ag^2 + Cu = 2Ag\downarrow + SO^4Cu.$$

II. — Caractères de l'hydrogène.

1° Il n'est *pas absorbé par la potasse;*

2° Il est *combustible,* avec une *flamme sans éclat,* en donnant un liquide neutre;

3° Il disparaît complètement par son mélange avec la moitié de son volume de gaz *oxygène pur* et une étincelle;

4° Il est absorbé complètement par l'*oxyde d'argent* sec chauffé vers 100°;

5° Enfin il disparaît encore complètement par son mélange avec un tiers de son volume de gaz *azote pur,* en présence de l'acide sulfurique, sous l'action d'une longue série d'étincelles.

III. — État naturel et extraction de l'hydrogène.

Il existe dans l'*eau,* dont il forme $\frac{1}{9}$ en masse; dans les *acides,* comme les acides sulfurique SO^4H^2, chlorhydrique HCl, acétique CH^3CO^2H; dans les *hydrates métalliques,* comme les hydrates potassique KOH, ou sodique $NaOH$; dans les *matières d'origine organique,* comme l'acide formique $H\text{-}CO^2H$ ou le formiate de potassium HCO^2K, comme encore le gaz de l'éclairage; enfin à l'état de traces dans l'*atmosphère* qui en contient 0,00015 environ en volume.

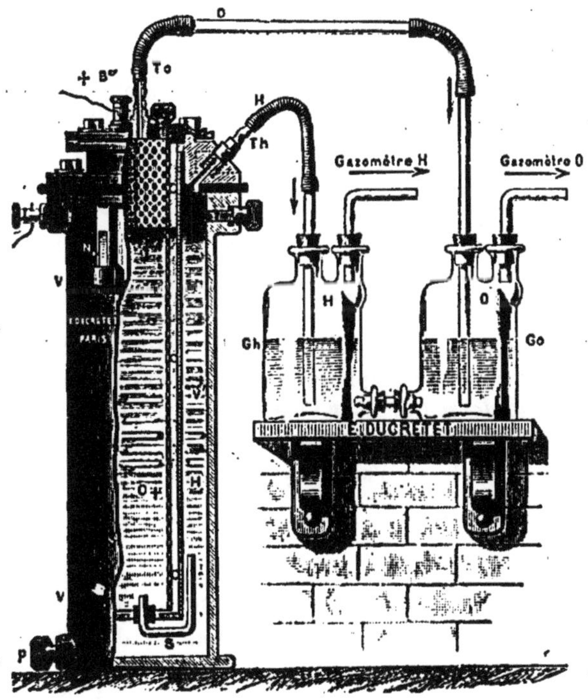

Fig. 30. — Voltamètre Renard pour l'électrolyse industrielle de l'eau : le vase VV en tôle constitue l'une des électrodes, les électrodes sont séparées par une toile d'amiante percée de trous.

1° On peut l'*extraire de l'eau* H^2O, soit par l'électrolyse, soit par l'action de certains métaux qui s'emparent de l'oxygène :

L'*électrolyse* de l'eau se produit à froid; l'eau n'est pas un électrolyte; il faut y ajouter une substance qui puisse s'électrolyser en se reformant au fur et à mesure, de manière que l'eau seule disparaisse en *hydrogène dégagé à la catode* et en oxygène dégagé à l'anode. Dans les laboratoires on montre l'électrolyse de l'eau en y ajoutant un peu d'acide sulfurique SO^4H^2 et en employant des électrodes en platine : il y a alors non seulement dégagement d'oxygène à l'anode, mais cet oxygène O^2 renferme un peu d'ozone O^3, et autour de l'anode le liquide peut encore contenir un peu d'eau oxygénée H^2O^2 ou d'acide persulfurique SO^4H. — Dans l'*application industrielle de l'électrolyse*, on ajoute à l'eau un alcali fixe comme la soude ce qui permet d'employer des électrodes en fer ou en nickel, et alors l'oxygène dégagé est pur; il ne peut pas y avoir formation d'ozone ni d'eau oxygénée en présence de la soude; l'hydrogène pur dégagé pourra être comprimé à une centaine d'atmosphères dans des tubes en acier, et ainsi emporté par les armées en campagne pour le gonflement des ballons militaires.

L'extraction de l'eau est possible encore à froid pour le gaz hydrogène par l'emploi *des métaux alcalins*, potassium ou sodium :

$$H^2O + Na = NaOH + H\uparrow;$$

mais la réaction est très violente, et le métal alcalin est d'un prix trop élevé. — On emploiera fréquemment l'action modérée de l'*amalgame de sodium* sur l'eau pour produire des réactions hydrogénantes en milieu alcalin; exemples, la synthèse de la méthylamine à partir de l'acide cyanhydrique :

$$HCAz + 2.H^2 = AzH^2CH^3;$$

ou la réduction des azotates alcalins en azotites, puis en hypoazotites. L'amalgame de sodium est obtenu en dissolvant le sodium dans du mercure légèrement chauffé; dans la réaction sur l'eau, le mercure devient libre et tombe au fond.

On emploie de préférence pour la préparation de l'hydrogène à partir de l'eau la décomposition de la vapeur d'eau par le zinc et surtout par le *fer* au rouge :

$$4H^2O + 3Fe \rightleftarrows Fe^3O^4 + 4H^2\uparrow;$$

la réaction serait limitée en vase clos par la réduction inverse de l'oxyde salin de fer, mais ici la réaction sera complète parce que le courant de vapeur d'eau entraînera l'hydrogène au fur et à mesure de sa libération et l'empêchera d'atteindre la pression qui limiterait la décomposition. — L'eau est portée à l'ébullition dans un ballon, la vapeur passe dans un tube en porcelaine vernissée ou en fer rempli de fils de fer ou de pointes et préalablement chauffé au rouge par un fourneau à réverbère; l'oxyde salin formera une couche noirâtre friable à la surface du fer, et le gaz hydrogène est recueilli par le tube à dégagement dans des éprouvettes pleines d'eau retournées sur la cuve à eau. Il contient alors un peu d'oxyde de carbone CO, car le fer métallique

Fig. 31. — Hydrogène par action de la vapeur d'eau sur le fer au rouge.

contient toujours du carbone capable de décomposer la vapeur d'eau au rouge :

$$H^2O + C = CO\uparrow + H^2\uparrow.$$

Ce mode d'extraction de l'hydrogène de l'eau par le fer au rouge peut être employé industriellement, car il met en œuvre des matières de peu de valeur.

2° On extrait l'hydrogène *plus facilement des acides étendus* et *à froid* par le fer, ou mieux par le *zinc*, en employant les acides sulfurique ou chlorhydrique, à l'exclusion de l'acide azotique qui donnerait de l'azote, du protoxyde d'azote ou du bioxyde d'azote, mais jamais d'hydrogène.

Les réactions qui libèrent l'hydrogène sont :

$$Zn + SO^4H^2 = SO^4Zn + H^2\uparrow,$$
$$Fe + SO^4H^2 = SO^4Fe + H^2\uparrow,$$
$$Zn + 2HCl = ZnCl^2 + H^2\uparrow.$$
$$Fe + 2HCl = FeCl^2 + H^2\uparrow,$$

L'action du fer sur l'acide sulfurique étendu peut être employée pour obtenir l'hydrogène libre industriel. — On a employé pour produire des *réactions hydrogénantes en milieu* acide, comme la réduction de la nitrobenzine $C^6H^5AzO^2$ en aniline ou phénylamine $C^6H^5AzH^2$, d'abord le *mélange étain-acide acétique,* puis le *mélange étain-acide chlorhydrique* libérant l'hydrogène d'après :

$$Sn + 2HCl = SnCl^2 + H^2 \uparrow;$$

on emploie maintenant le *mélange fer-acide chlorhydrique* à cause du prix plus élevé de l'étain : les chlorures stanneux $SnCl^2$ ou ferreux $FeCl^2$ formés sont eux-mêmes des réducteurs.

Dans la *préparation usuelle* de l'hydrogène, on emploie un flacon à 2 tubulures contenant du zinc en grenaille ou en lames et à moitié rempli d'eau; le tube à dégagement s'ouvre sous l'eau d'une cuve; par le tube à entonnoir qui plonge jusque dans l'eau on verse *quelques gouttes* d'acide sulfurique : on recueille d'abord un mélange d'hydrogène avec l'air du flacon, on ne commence à recueillir l'hydrogène que quand le contenu d'une éprouvette brûle avec une faible détonation seulement. Si l'on versait trop d'acide, le dégagement du gaz serait tumultueux et la matière du flacon pourrait passer dans le tube à dégagement; de plus le gaz serait moins pur : il pourrait contenir du gaz sulfhydrique, formé dans la réaction de l'acide sulfurique moyennement concentré sur le zinc à la température élevée que prendrait alors le flacon par la chaleur dégagée dans la réaction :

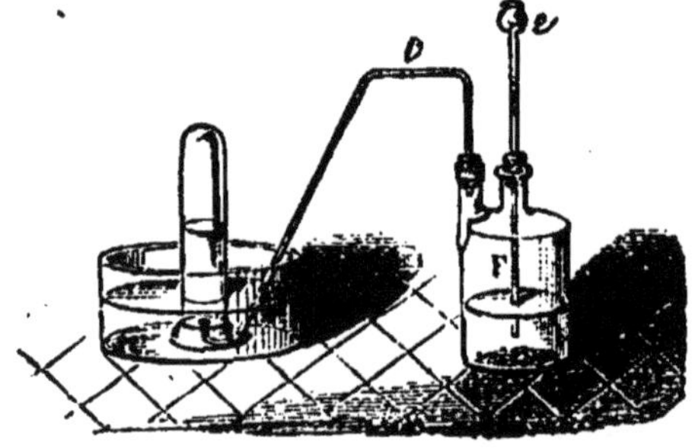

Fig. 32. — Préparation de l'hydrogène par action de l'acide sulfurique étendu sur le zinc.

$$5SO^4H^2 + 4Zn = 4SO^4Zn + 4H^2O + H^2S \uparrow;$$

il faut donc faire réagir de l'*acide sulfurique très étendu.*

Dans les laboratoires d'analyse, où l'on a besoin fréquemment d'hydrogène, on fait usage d'un *appareil continu* : 2 grands flacons sont réunis par de larges tubulures à la partie inférieure et un gros tube de caoutchouc; A est fermé par un bouchon portant le tube à dégagement muni d'un robinet R, et il contient au fond des matières inertes (comme des morceaux de coke, ou des débris de verre ou de porcelaine) et au-dessus le zinc; tandis que B contient de l'*acide chlorhydrique étendu de son volume d'eau*. Il suffit d'ouvrir R pour que l'acide arrive au contact du métal et dégage le gaz hydrogène qu'il faut laver dans une dissolution d'alcali fixe pour arrêter le gaz chlorhydrique entraîné :

$$HCl + NaOH = NaCl + H^2O.$$

Si l'on veut obtenir un courant plus rapide du gaz, il suffit d'augmenter sa pression dans A en soulevant B. Si l'on veut arrêter le courant gazeux, il suffit de fermer R et de replacer B au niveau de A : la réaction continuant d'abord dans A maintenant fermé, le gaz y atteint bientôt une pression suffisante pour que le liquide acide soit refoulé au-dessous du zinc, et que l'action cesse; l'appareil est donc toujours prêt à fournir un courant de gaz hydrogène par l'ouverture de R. — On emploie l'acide chlorhydrique dans l'appareil continu parce qu'il suffit de l'étendre de son volume d'eau pour que la réaction se produise; de plus, il n'attaque pas le tube de caoutchouc, et le chlorure de Zn formé très soluble reste dissous; on ne pourrait pas employer l'acide sulfurique aussi concentré, et il faudrait renouveler plus tôt le liquide acide; de plus l'acide sulfurique attaquerait le caoutchouc, et le sulfate de Zn cristallisant facilement sous la forme $SO^4Zn + 7H^2O$ obstruerait le tube.

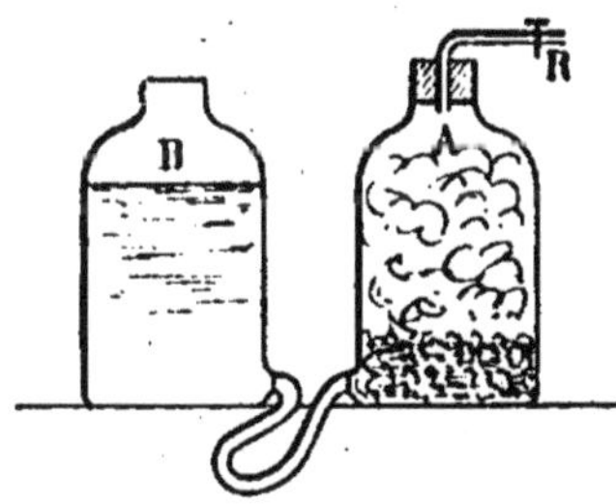

Fig. 33. — Appareil continu pour la préparation de l'hydrogène.

Mais l'hydrogène ainsi préparé contient des *impuretés* qui lui donnent une odeur désagréable; ce sont le gaz sulfhydrique H^2S; les arséniure, phosphure et siliciure d'hydrogène, gazeux : AsH^3, PH^3, SiH^4; et aussi des carbures saturés d'hydrogène, C^nH^{2n+2} en général, si on a employé du fer qui contient toujours des carbures de fer donnant des carbures d'hydrogène sous l'action des acides étendus. Or on ne sait pas séparer les carbures saturés d'avec le gaz hydrogène. Il *faudra donc employer du zinc* pour la préparation de l'hydrogène que l'on voudra purifier, *avec de l'acide sulfurique* plus fixe que l'acide chlorhydrique.

Comme l'acide sulfurique est en général arsenical, c'est-à-dire contient un peu d'anhydride arsénieux As^2O^3, qui dans l'appareil producteur d'hydrogène est réduit à l'état d'arséniure d'hydrogène, ce gaz proviendra en partie de l'acide sulfurique impur :

$$As^2O^3 + 6.H^2 = 2AsH^3\uparrow + 3H^2O;$$

d'où les phénomènes d'intoxication quelquefois mortels sur les personnes employées au gonflement des ballons, quand elles respirent l'hydrogène impur. — D'autre part, le zinc du commerce, outre du *plomb* non attaquable par l'acide étendu et qui restera à l'état de dépôt noir, le zinc ordinaire renferme des sulfure, arséniure et même phosphure ou siliciure de zinc, qui sous l'action de l'acide étendu donneront naissance aux impuretés :

$$ZnS + SO^4H^2 = SO^4Zn + H^2S\uparrow;$$
$$As^2Zn^3 + 3.SO^4H^2 = 3.SO^4Zn + 2AsH^3\uparrow;$$
$$SiFe^2 + 2SO^4H^2 = 2SO^4Fe + SiH^4\uparrow;$$

l'arséniure d'hydrogène pourra donc encore provenir du zinc impur; il est vrai que si l'on attaquait le zinc par l'acide chlorhydrique, une partie de l'arsenic resterait avec le dépôt de plomb sous forme d'arséniure solide d'hydrogène As^2H, mais il y aurait toujours production d'arséniure gazeux AsH^3.

Alors pour *purifier l'hydrogène*, le procédé le plus simple consiste à faire passer le gaz dans un tube de verre rempli de tournure de *cuivre* et chauffé au rouge : le cuivre au rouge retiendra le soufre, l'arsenic, le phosphore, le silicium des impuretés, et laissera dégager leur hydrogène. — On peut encore purifier l'hydrogène mais *à froid*, en oxydant à la fois les deux éléments des impuretés par passage du gaz, soit sur de l'*hydrate cuivrique* séché à froid; soit encore dans la *solution sulfurique de dichromate de potassium* agissant par l'acide chromique libre; soit enfin dans la *solution alcaline de permanganate de potassium* qui tend à donner le manganate moins oxygéné. — Dans tous les cas, on pourra *dessécher le gaz hydrogène* par un agent desséchant quelconque : l'acide sulfurique concentré SO^4H^2, les fragments de potasse ou de soude caustiques KOH ou NaOH, les fragments de chlorure de calcium desséché $CaCl^2$.

Autrefois on purifiait le gaz hydrogène en faisant passer le gaz dans une série de tubes en U contenant des substances qui détruisaient *successivement* les diverses impuretés, savoir une dissolution d'*azotate de plomb* :

$$H^2S + (AzO^3)^2Pb = PbS\downarrow + 2.AzO^3H ;$$

une dissolution concentrée de *sulfate d'argent* détruisant à la fois les arséniure et phosphure d'hydrogène :

$$2AsH^3 + 6SO^4Ag^2 + 3H^2O = As^2O^3 + 12Ag\downarrow + 6SO^4H^2,$$
$$PH^3 + 4SO^4Ag^2 + 4H^2O = PO^4H^3 + 8Ag\downarrow + 4SO^4H^2 ;$$

puis à la suite une dissolution concentrée *de potasse* :

$$SiH^4 + 2KOH + H^2O = SiO^3K^2 + 4H^2\uparrow.$$

Ce procédé de purification a été employé par Dumas dans la synthèse de l'eau en masses; l'humidité de l'hydrogène était alors une nouvelle impureté que l'on absorbait dans des tubes à *anhydride phosphorique* P^2O^5 dont une partie étaient refroidis par de la glace :

$$P^2O^5 + H^2O = 2.PO^3H ;$$

l'acide métaphosphorique PO^3H formé étant lui-même un agent desséchant. — On peut remarquer que chaque fois que l'on ajoute un peu d'acide sulfurique par le tube à entonnoir, on fait passer dans l'appareil une partie de l'air du tube à entonnoir, de sorte que l'hydrogène peut contenir ainsi des *traces d'oxygène*, ce qui serait un inconvénient grave pour la synthèse de l'eau : c'est pourquoi actuellement on intercale un petit tube à *mousse de platine* chauffé entre les tubes à anhydride phosphorique, afin que les traces d'oxygène s'y combinent à de l'hydrogène pour former un peu de vapeur d'eau arrêtée par les tubes desséchants suivants.

L'*hydrogène pur* ne doit pas donner de coloration noirâtre à l'acétate de plomb ce qui indiquerait la présence du gaz sulfhydrique; il ne doit pas donner d'anneau noirâtre d'arsenic ou de silicium en passant dans un tube étroit chauffé fortement à sa partie antérieure, ce qui indiquerait la présence d'arséniure ou de siliciure d'hydrogène décomposables par la chaleur.

On peut *préparer directement l'hydrogène pur* par action de l'acide sulfurique pur sur le zinc pur, obtenu par distillation du zinc ordinaire du commerce, ce qui est nécessaire dans l'appareil de Marsh pour la recherche de l'arsenic. Mais alors l'action est très lente et s'arrête bientôt à cause de l'adhérence du gaz produit à la surface polie du métal, adhérence qu'il faudrait vaincre par une action mécanique incommode à produire. Aussi pour la préparation, il est alors nécessaire d'*ajouter par* le tube à entonnoir *quelques gouttes d'un sel précipitable par le zinc*; soit du chlorure platinique $PtCl^4$ qui donnera sur le zinc un léger dépôt de platine métallique d'après :

$$PtCl^4 + 2.Zn = 2.ZnCl^2 + Pt\downarrow ;$$

soit du sulfate cuivrique donnant un dépôt de cuivre sur le zinc : on observera alors une attaque rapide, ou un vif dégagement de bulles d'hydrogène sur le métal non attaqué par l'acide étendu.

Et en effet un bâton de zinc pur, ou une lame de zinc amalgamé, inattaquable par l'acide sulfurique étendu, est attaqué immédiatement dès qu'on touche le zinc avec un fil de platine ou une lame de cuivre, sur lesquels le gaz se dégage aussitôt. On comprend pourquoi le zinc ordinaire est si facilement attaqué par l'acide sulfurique étendu : il contient en effet toujours des cristaux de plomb, sur lesquels a lieu le dégagement.

Enfin on peut *préparer le gaz hydrogène pur et sec*, comme Pictet l'a fait dans ses essais de liquéfaction, en calcinant un mélange de formiate de potassium bien sec avec de l'hydrate de potassium que l'on vient de maintenir en fusion pendant longtemps :

$$H.CO^2K + KOH = CO^3K^2 + H^2\uparrow.$$

3° Il faut encore signaler la production d'hydrogène quand on chauffe *un alcali en solution concentrée* avec un métal qui peut donner un composé oxygéné à fonction anhydride, comme le zinc, ou l'aluminium :

$$2KOH + Zn = ZnO^2K^2 + H^2\uparrow,$$

ou

$$6KOH + 2Al = Al^2O^6K^6 + 3H^2\uparrow ;$$

les oxydes ZnO, ou Al^2O^3, se dissolvant dans les acalis pour former des zincates ou aluminates alcalins.

IV. — Applications des propriétés de l'hydrogène.

1° De *la faible densité,* dans les ballons;

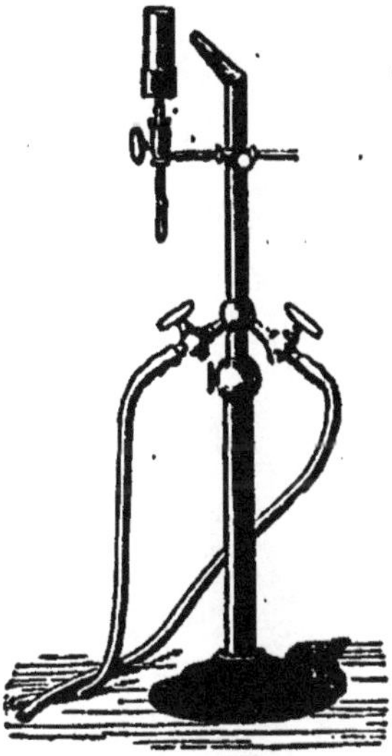

2° de la *haute température de la flamme,* dans le *chalumeau* formé de 2 tubes concentriques, et où le gaz combustible s'échappe par l'espace annulaire. — On obtient une température voisine de 2000° par un courant d'oxygène dans le tube central; on a alors le chalumeau *oxhydrique,* employé pour obtenir la *lumière oxhydrique* en recevant la partie la plus chaude de la flamme sur un cylindre de chaux vive ou de magnésie dont la partie chauffée prend alors un très grand éclat; employé aussi pour *la fusion et l'affinage de la mousse de platine,* opérés dans un creuset de chaux vive dont les pores absorbent les métaux étrangers oxydables, et qui

Fig. 34. — Chalumeau pour la lumière oxhydrique.

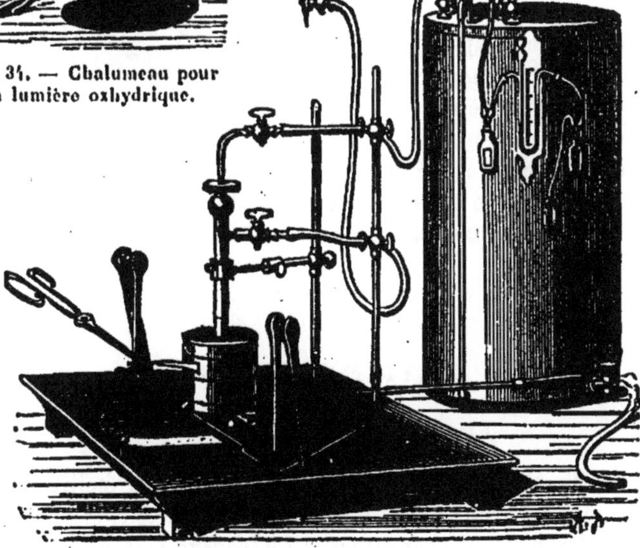

Fig. 35. — Appareil de Deville pour la fusion du platine.

donne le platine métallique; employé enfin pour la *soudure autogène du platine* métallique qui fond vers 1800°. — On obtient une température voisine de 1000° par insufflation d'air dans le tube central du chalumeau : on a alors le chalumeau *aerhydrique* constamment employé dans les laboratoires pour le *travail du verre*, et pour la *soudure autogène du plomb*, qui fond vers 360°. — Sauf pour ce dernier usage, le gaz hydrogène est toujours remplacé dans le chalumeau par le gaz de l'éclairage;

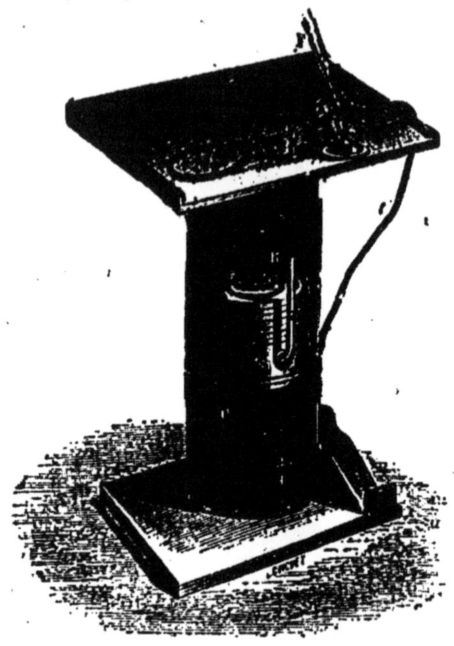

Fig. 36. — Chalumeau aerhydrique.

3° Enfin on applique *les propriétés réductrices* de l'hydrogène pur dans les laboratoires d'analyse pour réduire certains oxydes métalliques, et déterminer la masse du métal que l'on dose à l'état libre, c'est ce que l'on fait en particulier dans le *dosage du cuivre*.

HUITIÈME LEÇON

Classification des métalloïdes.

La classification des métalloïdes a pour but de faciliter leur étude par la recherche des *analogies de propriétés chimiques* que plusieurs d'entre eux présentent, l'*hydrogène restant en dehors de la classification* puisque ses propriétés chimiques le rapprochent des métaux.

La classification des métalloïdes repose sur la *composition en volumes des combinaisons gazeuses les plus hydrogénées* que les métalloïdes forment. Dans la classification de *Dumas*, donnée vers 1830, on a rangé dans une même famille les métalloïdes tels que *2 volumes de leur combinaison gazeuse la plus hydrogénée renferment le même volume d'hydrogène* : soient 1 volume pour la 1re famille, 2 volumes pour la 2e famille, 3 volumes pour la 3e famille, 4 volumes d'hydrogène pour la 4e famille qui comprend le carbone et le silicium; et comme le *bore* avait des propriétés physiques comparables à celles du carbone et du silicium, le bore avait été rangé dans la 4e famille, bien que ne donnant pas avec l'hydrogène de combinaison définie bien connue.

La *classification actuelle* n'est autre que celle de Dumas, modifiée par la mise à part du bore; mais on peut dire aussi qu'elle est *fondée sur la valence des atomes des métalloïdes* :

1° 2 volumes ou 1 molécule des gaz fluorhydrique, chlorhydrique, bromhydrique ou iodhydrique, renferment 1 volume ou 1 atome d'hydrogène et 1 volume ou 1 atome de fluor, de chlore, de vapeur de brome ou de vapeur d'iode; d'où la formule générale des composés hydrogénés cités : HM'. La *1re famille* comprendra les *métalloïdes monovalents autres que l'hydrogène.*

2° 2 volumes ou 1 molécule de vapeur d'eau, ou de gaz sulfhydrique, ou de gaz sélénhydrique, renferment 2 volumes ou 2 atomes d'hydrogène et 1 volume ou 1 atome d'oxygène, de vapeur de soufre ou de vapeur de sélénium; d'où la formule générale des composés les plus hydrogénés de ces corps : H^2M''. La *2e famille* comprendra les *métalloïdes bivalents.*

3° 2 volumes ou 1 molécule des gaz ammoniac, phosphure d'hydrogène ou arséniure d'hydrogène, renferment 3 volumes ou 3 atomes d'hydrogène, et *1 atome* d'azote, de phosphore ou d'arsenic; d'où la formule générale de ces composés qui sont les plus hydrogénés : $M'''H^3$. La *3e famille* comprendra les *métalloïdes trivalents autres que le bore,* que l'on ne peut pas rapprocher des autres métalloïdes trivalents.

4° 2 volumes ou 1 molécule de gaz des marais, qui est le composé le plus hydrogéné du carbone, ou de siliciure d'hydrogène, renferment 4 volumes ou 4 atomes d'hydrogène et *1 atome* de carbone ou de silicium ; d'où la formule générale de ces composés : $M^{iv}H^4$. La *4e famille* comprendra les *métalloïdes tétravalents.*

5° Enfin la 5ᵉ *famille* aura pour terme unique le *bore trivalent*, qui n'a pas d'analogie avec les autres métalloïdes trivalents.

Si alors on range les métalloïdes par ordre de famille croissant, et dans chaque famille par ordre de masses atomiques croissantes, on obtient le tableau suivant :

F = 19ᵍʳ,	O = 16ᵍʳ,	Az = 14ᵍʳ,	C = 12ᵍʳ,	B = 11ᵍʳ;
Cl = 35,5,	S = 32 ,	P = 31 ,	Si = 28 ;	
Br = 80,	Se = 79 ,	As = 75 ;		
I = 127;				

on remarquera alors qu'il y a *décroissance de la masse atomique suivant les lignes horizontales* du tableau, ce qui permettra de *retrouver l'ordre de grandeur de la masse atomique d'un métalloïde* quand on connaîtra la masse atomique des métalloïdes les plus connus.

La classification des métalloïdes est dite *naturelle*, car elle rapproche en réalité des métalloïdes dont la plupart des propriétés chimiques sont analogues. C'est ce que l'on va montrer par *l'étude des familles de métalloïdes* en général.

I. — Famille du fluor.

Elle comprend le fluor, le chlore, le brome et l'iode, que l'on appelle éléments *halogènes*, parce que en s'unissant à un métal alcalin ils donnent des corps analogues au sel ordinaire. — Ces éléments ont tous une *coloration à l'état gazeux*, une *odeur forte*, et ils *irritent vivement les organes respiratoires*.

Quand ils sont rangés dans l'ordre des masses atomiques croissantes, ou ce qui revient au même dans l'ordre des densités gazeuses croissantes, ils présentent une *variation graduelle dans leurs propriétés physiques*, comme l'intensité de la coloration à l'état gazeux, l'état physique à la température ordinaire, la masse spécifique sous l'état solide ou sous l'état liquide, le point de fusion, le point d'ébullition, comme le montre le tableau suivant :

Densité de vapeur.	État physique.	Masse spécifique.	Point de fusion.	Point d'ébullition.
1,265	gaz jaune pâle, difficilement liquéfiable en un liquide jaune clair.	1,108	»	— 18°
2,4865	gaz jaune vert, facilement liquéfiable en un liquide jaune foncé.	1,507	— 102°	— 33°,6
5,54	liquide rouge volatil en une vapeur rouge.	3,19	— 7°	+ 63°
8,7	solide gris noir volatil en vapeur violet foncé.	4,5	+ 113°	+ 184°,5

1° Les corps de cette famille sont caractérisés par l'union *directe* du corps gazeux avec un *égal volume d'hydrogène, sans contraction*, ou encore par leur *atome monovalent; leur molécule est biatomique*, avec tendance à un dédoublement à température très élevée. — On observe une *diminution graduelle dans l'énergie de la combinaison avec l'hydrogène* : explosive à froid et à l'obscurité pour le fluor, exigeant la lumière ou la chaleur pour le chlore, ne se produisant plus que par la chaleur pour le brome, enfin exigeant l'opération en vase clos pour l'iode et pour donner seulement une combinaison incomplète. Mais l'hydracide formé est toujours un *gaz incolore, fumant* à l'air humide, *très soluble*, formant des *hydrates définis* avec l'eau, et possédant *une seule fonction acide fort*.

La *chaleur de formation de l'hydracide décroît* jusqu'à devenir faiblement négative pour l'iode sec :

	Etat gazeux.	Etat dissous.
Acide fluorhydrique. . . .	38c	49c
Acide chlorhydrique . . .	22	39
Acide bromhydrique . . .	13,5	30
Acide iodhydrique	—0,8	18,5.

Aussi on observe une *stabilité décroissante de l'hydracide* sous l'*action de la chaleur* : le gaz chlorhydrique n'est encore que très faiblement dissocié au rouge blanc, tandis que le gaz iodhydrique est dissocié dès la température 200°. Il y a encore stabilité décroissante de l'hydracide *par la présence des métaux* qui sont *attaqués avec une facilité croissante par l'hydracide* : ainsi sur le *mercure* à froid, il n'y a pas d'action des acides fluorhydrique ou chlorhydrique, action lente du gaz bromhydrique et action rapide du gaz iodhydrique. — Enfin *dans les hydracides ou dans les sels halogénés*, le fluor libre déplace le chlore, le brome et l'iode; le chlore libre déplace le brome et l'iode; le brome libre déplace l'iode. Mais *inversement dans les sels halogénés*, l'acide iodhydrique déplace l'acide bromhydrique et l'acide chlorhydrique, l'acide bromhydrique déplace l'acide chlorhydrique.

Enfin, il y aura *décomposition* par les halogènes *des autres composés hydrogénés : de l'eau* avec *une énergie décroissante*, car décomposition de l'eau à froid par le fluor, de la vapeur d'eau au rouge par le chlore ou la vapeur de brome, tandis que l'iode agissant isolément ne décompose pas l'eau; mais il y a toujours décomposition de l'eau par les halogènes en présence d'un corps oxydable : aussi *les halogènes sont des oxydants en présence de l'eau*. — Ils décomposeront aussi l'*acide sulfhydrique, l'ammoniaque*, les *matières organiques* en général, pour s'emparer de l'hydrogène.

2° Les halogènes n'ont pas d'action sur l'*oxygène* en général : on ne connaît pas de composé oxygéné du fluor, et les *composés oxygénés des autres halogènes*, qui sont en général *peu stables*, ont de *grandes analogies* et les *mêmes modes indirects* de formation; ils prennent naissance en particulier dans l'action de ces halogènes sur les alcalis. — Les halogènes se combinent directement avec le *soufre*.

3° Les halogènes n'ont pas d'action sur l'*azote*. Mais le *phosphore et l'arsenic* brûlent spontanément dans les halogènes gazeux, en donnant des produits analogues.

4° Les halogènes n'ont pas d'action sur le *carbone* en général, sauf le fluor qui agit sur certaines variétés de carbone. Mais ils se combinent facilement avec le *silicium*, ou avec le *bore*, sauf pourtant l'iode qui ne se combine pas directement avec le bore pur.

5° Enfin il existe entre les halogènes de nombreuses *relations d'isomorphisme* : d'abord entre le fluor et le chlore dans les *apatites*, ou fluophosphates de calcium, dans lesquelles le fluor et le chlore se remplacent en toutes proportions, et dont la formule est : $3(PO^4)^2Ca^3 + Ca \left\{ \begin{matrix} F^2 \\ \text{ou } Cl^2. \end{matrix} \right.$ — Puis entre les chlorure, bromure et iodure d'un même métal, qui sont isomorphes.

Les fluorures ne sont pas en général isomorphes des autres sels halogénés pour le même métal, et ils présentent quelques différences avec ces sels halogénés : ainsi tandis que les *fluorures de calcium et de baryum* sont insolubles, les chlorure, bromure et iodure de ces métaux sont au contraire très solubles; et inversement tandis que le *fluorure d'argent* est très soluble, les chlorure, bromure et iodure d'argent sont insolubles. — Aussi le fluor, par ces différences, et par l'énergie particulièrement grande de ses réactions, formera un *sous-groupe dans la 1re famille* à laquelle il donne son nom; et ses propriétés particulières seront en relation avec le *rôle de minéralisateur* qu'on lui attribue dans la formation des roches cristallisées.

II. — Famille de l'oxygène.

Elle comprend l'oxygène, le soufre, et le sélénium, à la suite duquel on peut ajouter le *tellure* qui se rapproche des métaux par l'existence d'un sulfate de tellure $SO^3, 2TeO^3$.

Si l'on range ces métalloïdes par ordre de masses atomiques croissantes, ou ce qui revient au même par ordre de densités de vapeur croissantes, on constate encore une *variation graduelle dans les propriétés physiques* :

Densité de vapeur.	État physique.	Masse spécifique.	Point de fusion.	Point d'ébullition.
1,10523	gaz incolore difficilement liquéfiable.	1,1315	»	— 182°,7
2,2	solide jaune pâle, vapeur rougeâtre ou jaune.	2	114°	445°
5,6	solide brun.	4,8	250°	690°.

Les corps de cette famille sont caractérisés par l'union *directe* du corps gazeux avec un *volume double d'hydrogène*, et avec *contraction* de $\frac{1}{3}$, ou encore par leur *atome bivalent*; leur molécule *à température suffisamment élevée* est *biatomique*, mais ces corps ont une *tendance à la polymérisation* aux températures plus basses auxquelles existent l'ozone O^3, et la vapeur de soufre tendant vers la condensation S^8. — On observe une *diminution graduelle dans l'énergie de la combinaison avec l'hydrogène* : explosive par inflammation pour l'oxygène, incomplète à 445° pour le soufre, exigeant un vase clos et l'action de la chaleur pour le sélénium tout en restant très incomplète.

La *chaleur de formation du composé hydrogéné* est *rapidement décroissante*, jusqu'à devenir fortement négative pour le sélénium : ainsi *pour l'état gazeux* du composé, on trouve pour la vapeur d'eau 58^c,2 ; pour le gaz sulfhydrique 7,2 ou 4,6, suivant que l'on fait la détermination à partir du soufre gazeux ou du soufre solide; pour le gaz sélénhydrique — 24^c,6. — Aussi il y a *stabilité décroissante* du composé hydrogéné *par la chaleur* : car faible dissociation du gaz sulfhydrique à 445°, dissociation du gaz sélénhydrique à partir de 150°. Et alors il y aura *décomposition facile des gaz sulfhydrique ou sélénhydrique* par l'*oxygène*.

Mais tandis que l'eau est un corps *liquide*, à réaction *neutre*, à *fonction plutôt basique*, les sulfure et séléniure d'hydrogène sont des *gaz*, à *odeur désagréable, combustibles*, à *fonction acide faible répétée deux fois*.

Il existe des *analogies chimiques étroites entre l'oxygène et le soufre* : 1° dans leur *extraction* par calcination des produits naturels le bioxyde de manganèse ou le bisulfure de fer, dont la décomposition est analogue; 2° dans leur tendance à la *polymérisation sous l'état gazeux* ; 3° dans leur combinaison directe avec le *phosphore* pour donner l'anhydride phosphoreux P^2O^3 et l'anhydride phosphorique P^2O^5, ou le trisulfure de phosphore P^2S^3 et le pentasulfure de phosphore P^2S^5, qui ont des propriétés chimiques analogues aux corps précédents comme le montre l'*existence des sulfophosphites et des sulfophosphates*; 4° dans leur combinaison directe avec le *carbone* pour donner l'anhydride carbonique CO^2, et l'anhydride sulfocarbonique CS^2 ou sulfure de carbone, ayant des propriétés chimiques analogues; 5° enfin dans leur combinaison directe avec *la plupart des métaux* pour donner des oxydes métalliques et des sulfures métalliques qui ont des fonctions chimiques tout à fait comparables.

Et d'autre part il y a des *analogies non moins étroites entre le soufre et le sélénium* : 1° dans leur *polymorphisme* sous l'état solide; 2° dans *leurs composés hydrogénés*, comme on l'a vu, et dans l'*isomorphisme des sulfure et séléniure* d'un même métal;

3° dans leurs *produits de combustion* : l'anhydride sulfureux SO^2 gaz très soluble, et l'anhydride sélénieux SeO^2 solide blanc très soluble aussi, et dont les dissolutions ont une réaction acide; enfin 4° dans leurs *produits d'oxydation complète* par l'acide azotique, qui sont les acides sulfurique SO^4H^2 ou sélénique SeO^4H^2, dont les sels pour un même métal, *sulfate et séléniate*, sont *isomorphes*, comme le montre l'existence des *aluns au sélénium*.

L'oxygène, avec ses propriétés physiques fort différentes, et son composé hydrogéné à fonction plutôt basique, formera un *sous-groupe* dans la 2° *famille* qui porte son nom. Et il jouera un rôle très important dans les phénomènes de *respiration* des êtres vivants, et de *combustion* dans nos foyers.

III. — Famille de l'azote.

Elle comprend l'azote, le phosphore, l'arsenic, auxquels on peut joindre l'*antimoine* tout à fait analogue à l'arsenic, quoique rangé souvent parmi les métaux. — Il y a toujours une variation graduelle dans les propriétés physiques de ces corps rangés dans l'ordre précédent, mais cette variation présente peu d'intérêt.

Ces corps sont caractérisés par la composition de leur composé le plus hydrogéné dont 2 volumes contiennent 3 volumes d'hydrogène, ou encore par la *trivalence* de leur atome, qui peut cependant souvent être *pentavalent*. — La combinaison hydrogénée ne peut s'effectuer sous l'action de la chaleur, mais la combinaison avec l'hydrogène est *en général indirecte*. La *chaleur de formation* est encore *décroissante* et devient négative pour l'arséniure d'hydrogène ; aussi la *décomposition par la chaleur* se fait avec une *facilité croissante* : au rouge vif pour l'ammoniaque, au-dessous du rouge sombre pour l'arséniure d'hydrogène.

Ces composés hydrogénés se *combinent* en général avec les *gaz chlorhydrique, bromhydrique* et *iodhydrique* et à volumes égaux, mais avec *facilité décroissante* : la combinaison est immédiate pour le gaz ammoniac avec formation des chlorure, bromure ou iodure d'*ammonium* : AzH^4Cl, AzH^4Br ou AzH^4I, solides; elle est encore immédiate pour le phosphure d'hydrogène PH^3 dans le cas des gaz bromhydrique et iodhydrique avec formation bde romure ou iodure de *phosphonium*; mais dans le cas du gaz chlorhydrique, il faut opérer sous forte pression ou à basse température pour observer la formation de chlorure de phosphonium PH^4Cl solide ; enfin la combinaison de l'arséniure avec les hydracides ne se fait plus. — Les réactions précédentes indiquent une *certaine fonction basique* des composés hydrogénés, qui devient générale dans leurs produits de substitution par les radicaux organiques : les *amines* $AzH^{3-n}R'^n$, les *phosphines* $PH^{3-n}R'^n$, les *arsines* $AsH^{3-n}R'^n$.

Enfin ces composés hydrogénés sont *décomposés* par le *chlore* ou le *brome*, et par l'*oxygène*, avec des différences dues à ce que l'azote réagit difficilement sur ces corps tandis que le phosphore et l'arsenic s'y combinent très facilement.

Il existe des *analogies étroites entre le phosphore et l'arsenic* : 1° dans la *tétratomicité* de leur molécule, ou dans leur volume atomique égal à $\frac{1}{2}$; 2° dans les *états allotropiques* qu'ils présentent, phosphore blanc et phosphore rouge, arsenic amorphe et arsenic métallique ; 3° dans l'*isomorphisme des orthophosphates et des orthoarséniates* pour le même métal.

Tandis que l'azote présente des différences assez grandes : 1° dans sa *molécule biatomique* ; 2° dans ses *propriétés physiques* fort différentes ; 3° dans les *propriétés physiques du gaz ammoniac* très soluble à réaction alcaline, tandis que les gaz phosphure et arséniure d'hydrogène sont seulement un peu solubles et neutres ; enfin 4° dans le peu d'action de l'azote sur les *métaux* aux températures moyennes, sur les *halogènes*, sur l'*oxygène* ou sur le *soufre*, qui s'unissent si facilement au phosphore et à l'arsenic.

L'azote formera donc un *sous-groupe* dans la 3° *famille* qui porte son nom ; et il jouera le rôle de *diluant de l'oxygène* dans la respiration et la combustion usuelle et un rôle essentiel dans la *nutrition des êtres vivants*.

IV. — Famille du carbone.

Elle comprend le carbone et le silicium, à la suite duquel on pourrait placer l'*étain* que l'on étudie en général avec les métaux.

Le carbone et le silicium présentent des *analogies physiques* dans leur existence sous des *états allotropiques* différents :

diamant, graphite ou carbone amorphe; silicium cristallisé, graphitoïde ou amorphe. Puis dans leur *fixité*, et enfin dans leur *insolubilité* sauf dans certains métaux fondus.

Ces corps sont caractérisés par la composition de la combinaison la plus hydrogénée dont 2 volumes renferment 4 volumes d'hydrogène, laquelle ne se produit pas directement sous l'action de la chaleur et ne possède ni fonction acide ni fonction basique; l'atome de ces corps est donc *tétravalent*, et il n'y a pas lieu de parler de l'atomicité de la molécule puisque ces corps sont fixes.

Ils présentent des *analogies chimiques* dans les *produits de combustion*, le gaz carbonique CO^2 et la silice SiO^2, qui ont même composition chimique et même fonction anhydride; dans le *déplacement de l'anhydride carbonique* quand on fond la silice avec les carbonates alcalins; dans le *déplacement du carbone* quand on fond le silicium avec les mêmes carbonates alcalins; enfin dans l'existence de *composés analogues* comme composition, tels que le chloroforme $CHCl^3$ et le silicichloroforme $SiHCl^3$.

Mais il y a aussi des *différences présentées par le carbone*, qui est sans action sur les *halogènes* en général et qui possède éminemment la *propriété de s'unir à lui-même* pour entrer dans des combinaisons très complexes. — Aussi le carbone forme encore un *sous-groupe* dans la 4e *famille*; et il pourra servir de base à la structure de la multitude des *composés organiques* qui forment les tissus des êtres vivants.

En *résumé*, on trouve des *analogies de moins en moins étroites* quand on passe de la 1re famille à la 4e; et le *1er terme de chaque famille* se distingue par des *propriétés particulières* qui expliquent le rôle important que ces corps jouent dans la nature.

V. — Tableau des masses atomiques des éléments principaux, et indication de la découverte des éléments.

On se contentera de donner les masses atomiques des éléments que l'on rencontre au cours de ces leçons de chimie, en rangeant ces éléments par ordre alphabétique. La masse atomique exacte varie avec le progrès dans la précision des mesures; elle n'est guère employée que dans les recherches analytiques très précises. La masse atomique approchée est celle que l'on utilise dans les calculs usuels :

Aluminium	Al	27,0	27	Iridium	Ir		192
Antimoine	Sb	119,96	120	Lithium	Li	7,01	7
Argent	Ag	107,8	108	Magnésium	Mg		24
Argon	A		40	Manganèse	Mn		55
Arsenic	As	74,92	75	Mercure	Hg		200
Azote	Az	14,02	14	Molybdène	Mo	95,9	96
Baryum	Ba		137	Nickel	Ni	58,6	59
Bismuth	Bi		208	Or	Au	196,2	196
Bore	B	10,94	11	Oxygène	O	15,88	16
Brome	Br	79,8	80	Palladium	Pa		106
Cadmium	Cd		112	Phosphore	P	30,96	31
Calcium	Ca	39,91	40	Platine	Pt		194
Carbone	C	11,97	12	Plomb	Pb		207
Chlore	Cl	35,4	35,5	Potassium	K	39,03	39
Chrome	Cr	52,4	52,5	Sélénium	Se	78,87	79
Cobalt	Co		59	Silicium	Si		28
Cuivre	Cu	63,18	63	Sodium	Na	22,99	23
Étain	Sn		118	Soufre	S	31,98	32
Fer	Fe	55,9	56	Strontium	Sr		87,5
Fluor	F		19	Tellure	Te	127,8	128
Hélium	He		4	Thallium	Tl	203,7	204
Hydrogène	H		1	Titane	Ti		48
Iode	I	126,8	127	Zinc	Zn	64,9	65

On tend actuellement à prendre comme base des masses atomiques pratiques la masse atomique de l'oxygène choisie égale à 16^{gr} exactement.

Tableau des masses atomiques rapportées à 16^{gr} d'oygène avec l'indication de la découverte des corps (d'après M. G. Chesneau).

Aluminium	Al	27,1	Wœhler, 1827.
Antimoine	Sb	120,0	Connu des anciens.
Argent	Ag	107,93	—
Argon	A	40,0	*Rayleigh* et *Ramsay*, 1895.
Arsenic	As	75,0	Connu des alchimistes.
Azote	Az	14,04	*Priestley*, 1774.
Baryum	Ba	137,4	Davy, 1807.
Bismuth	Bi	208,5	Connu au xve siècle.
Bore	B	11,0	*Gay-Lussac* et *Thénard*, 1809.
Brome	Br	79,96	*Balard*, 1826.
Cadmium	Cd	112,0	Stromeyer, 1817.
Cœsium	Cs	133,0	Kirchoff et Bunsen, 1861.
Calcium	Ca	40,0	Davy, 1807.
Carbone	C	12,0	Connu de toute antiquité.
Chlore	Cl	35,45	*Scheele*, 1774.
Chrome	Cr	52,1	Vauquelin, 1797.
Cobalt	Co	59,0	Connu au moyen âge.
Cuivre	Cu	63,6	Connu des anciens.

Étain	Sn	118,5	Connu des anciens.
Fer	Fe	56,0	—
Fluor	F	19,0	*Moissan*, 1886. L'acide fluorhydrique : *Scheele*, 1736.
Hélium	He	4,0	*Ramsay*, 1895.
Hydrogène	H	1,01	Connu au XVIIe siècle.
Indium	In	114,0	Reich et Richter, 1863.
Iode	I	126,85	*Courtois*, 1811.
Iridium	Ir	193,0	Tennant et Collet-Descotil, 1803.
Lithium	Li	7.03	La lithine : Arfwedson, 1817.
Magnésium	Mg	[illegible]	Bussy, 1828.
Manganèse	Mn	[illegible]	Le bioxyde distingué par Scheele, 1774.
Mercure	Hg	200,3	Connu des anciens
Molybdène	Mo	96,0	Scheele, 1778.
Nickel	Ni	58,7	Cronstedt, 1751.
Or	Au	197,2	Connu des anciens.
Oxygène	O	16,0	*Priestley*, 1774.
Palladium	Pa	106,0	Wollaston, 1803.
Phosphore	P	31,0	*Brandt*, 1677.
Platine	Pt	194,8	Vers 1740.
Plomb	Pb	206,9	Connu des anciens.
Potassium	K	39,15	Davy, 1807.
Rubidium	Rb	85,4	Kirchoff et Bunsen, 1861.
Sélénium	Se	79,1	*Berzélius*, 1817.
Silicium	Si	28,4	— 1823.
Sodium	Na	23,05	Davy, 1807.
Soufre	S	32,06	Connu de toute antiquité.
Strontium	Sr	87,6	La strontiane : Crawford, 1790.
Tellure	Te	127,0	Müller, 1782.
Thallium	Tl	204,1	Crookes, 1862.
Titane	Ti	48,1	Gregor, 1791.
Zinc	Zn	65,4	Le laiton : connu des anciens.

LIVRE II

MÉTALLOÏDES MONOVALENTS AUTRES QUE L'HYDROGÈNE

NEUVIÈME LEÇON

Fluor et acide fluorhydrique.

FLUOR

Masse moléculaire F^2, avec masse atomique $F = 19^{gr}$.

C'est un *gaz* dangereux, *fumant* à l'air humide par suite de la décomposition de la vapeur d'eau de l'air, avec production d'hydrate fluorhydrique constituant les fumées que l'on aperçoit, et d'oxygène ozonisé, d'où une *odeur spéciale*; ayant une *couleur jaune* verdâtre *faible,* observable quand un courant du gaz passe dans un tube de platine de 1^m de long, fermé par des glaces en fluorine incolore et transparente, et derrière lequel on a placé un carton blanc; ayant pour *densité* 1,265 environ, déterminée à l'aide d'un flacon en platine; *difficile à liquéfier* : la liquéfaction a été produite dans une ampoule en verre refroidie par de l'oxygène liquéfié, où le gaz arrive par l'espace annulaire compris entre 2 tubes de platine concentriques, le tube central servant à l'échappement du gaz; il suffit de faire le *vide* au-dessus de l'*oxygène liquéfié* pour obtenir du fluor liquéfié au fond de l'ampoule. Il est à remarquer que *le gaz fluor,* bien débarrassé d'acide fluorhydrique par réfrigération préalable dans l'oxygène liquéfié, *n'attaque pas le verre* même à la température 100°.

Le fluor liquéfié est un *liquide jaune clair, bouillant* à — 187°, un peu au-dessous du point d'ébullition de l'oxygène, et qui n'a pas été solidifié à — 210°.

I. — Propriétés chimiques du fluor.

Il se combine directement aux *métalloïdes* sauf le chlore, l'oxygène, l'azote, et le carbone sous forme de diamant; et il se combine directement aussi avec *tous les métaux*.

1° Avec l'*hydrogène*, dont une éprouvette présentée à un dégagement de fluor brûle en donnant de l'acide fluorhydrique sous forme de fumées blanches; et le *mélange* détone spontanément à l'obscurité, car il y a explosion dans l'appareil en platine à préparation du gaz fluor par électrolyse de l'acide fluorhydrique, quand par mégarde on change le sens du courant électrique;

2° Avec le *brome*, qui à l'état liquide absorbe le gaz fluor; la *vapeur* de brome contenue dans une éprouvette et présentée à un dégagement de fluor brûle spontanément;

3° Avec l'*iode*, qui absorbe le gaz fluor en se liquéfiant;

4° Avec le *soufre*, qui absorbe aussi le gaz fluor en se liquéfiant, puis s'enflamme et brûle; il y a formation de deux *fluorures de soufre* gazeux, dont l'un absorbable par les alcalis, et l'autre le *gaz perfluorure de soufre* SF^6, très dense, très stable, n'est pas décomposé par l'eau; si la réaction du fluor sur le soufre se passe dans le *verre* il y a formation d'*un peu de fluorure de thionyle* SOF^2 gazeux. — Le fluor se combine aussi avec le *gaz sulfureux* SO^2 pour donner le *fluorure de sulfuryle* SO^2F^2, *gaz* très stable, sans action sur l'eau;

5° Avec le *phosphore*, qui brûle au contact du gaz en donnant les *gaz trifluorure de phosphore* PF^3, et *pentafluorure de phosphore* PF^5;

6° Avec l'*arsenic*, qui s'enflamme dans le gaz fluor pour donner la vapeur de *fluorure d'arsenic* AsF^3, *liquide* incolore.

7° Le fluor est sans action sur le carbone sous forme diamant, mais il se combine directement avec le *carbone-graphite* au rouge, et il produit à froid la combustion du *carbone amorphe* préalablement calciné : il y a alors formation des deux gaz *fluorures de carbone* CF^4 et C^2H^4 répondant au gaz des marais CH^4 et au gaz éthylène C^2F^4. Le gaz fluor, par ces différences d'action, pourrait donc servir à *distinguer les 3 variétés de carbone.*

8° Le fluor se combine directement au *silicium*, qui même sous l'état cristallisé brûle au contact du fluor avec formation de de gaz *fluorure de silicium* SiF^4. Cette combustion est *caractéristique des cristaux de silicium*, et inversement un cristal de silicium peut servir à *reconnaître un dégagement du gaz fluor* si c'était nécessaire ;

9° Avec le *bore*, qui brûle dans le fluor en donnant le gaz *fluorure de bore* BF^3 ;

10° Avec *tous les métaux*, mais au rouge sombre seulement avec le *platine* et l'*or*, d'où l'*emploi du platine* dans les appareils pour préparer ou recueillir le fluor ;

Avec l'*argent*, il suffit de chauffer légèrement ;

Avec les *autres métaux*, la combinaison a lieu à froid : pourtant l'attaque du *mercure* est assez lente pour que l'on puisse *mesurer rapidement du gaz fluor* dans un tube de verre gradué sur la cuve à mercure ; avec le *cuivre*, l'attaque est assez superficielle pour que l'on puisse *préparer le fluor* dans des appareils en cuivre. Tandis que le *fer réduit* devient incandescent au contact du gaz fluor à froid.

11° Le fluor décompose les *hydracides* et *leurs sels* (sauf naturellement l'acide fluorhydrique et les fluorures) en déplaçant le chlore, le brome et l'iode :

$$HCl + F = HF + Cl;$$
$$KCl + F = KF + Cl;$$
$$KI + F = KF + I, \text{ d'abord :}$$

l'iodure blanc brunit par la libération de l'iode.

12° Le fluor décompose à froid l'*eau*, et les *oxydes* métalliques en général, avec formation d'oxygène ozonisé dont on perçoit la couleur bleue :

$$3H^2O + 3F^2 = O^3\uparrow + 6HF.$$

Si l'eau est à basse température, l'oxygène qui se dégage renferme 0,15 d'*ozone sans traces de composés oxygénés de l'azote*, d'où une préparation possible de l'oxygène ozonisé pur pour la purification des eaux d'alimentation.

13° Enfin le fluor décompose violemment et avec incandescence les *carbures d'hydrogène* et les *matières organiques*, sans donner de produits de substitution.

REMARQUE. — L'*énergie* des réactions du fluor s'affaiblit beaucoup *aux très basses températures*, ce qui arrive en général pour toutes les réactions chimiques : ainsi, si on refroidit dans l'oxygène liquéfié le soufre, le phosphore, le carbone amorphe, le silicium, le bore ou le fer réduit, et qu'on les projette dans un flacon de gaz fluor, on n'observe plus d'incandescence de ces corps. L'iodure de potassium dans ces conditions n'est plus décomposé par le fluor. Seule l'action sur les composés hydrogénés reste intense : la benzine ou l'essence de térébenthine continuent à prendre feu dans le fluor.

II. — Caractères du fluor.

La plupart des réactions chimiques du fluor sont caractéristiques par leur énergie : telles sont la *combustion spontanée* du soufre, du carbone amorphe, du silicium cristallisé, du bore; et la *décomposition immédiate de l'eau* à froid.

III. — État naturel et extraction du fluor.

Le fluor existe dans le *spath fluor* ou *fluorine* CaF^2, minéral accompagnant un grand nombre de minerais métalliques et servant de fondant dans les opérations métallurgiques; c'est même de cette grande fusibilité du fluorure de calcium que vient le *nom de fluor*; certains échantillons de fluorine paraissent renfermer du *fluor libre*, car ils dégagent de l'oxygène ozonisé quand on les broie avec de l'eau, après une calcination qui aurait sûrement détruit l'ozone au cas où on supposerait l'ozone préexistant dans ces échantillons de fluorine.

Le fluor existe aussi dans la *cryolithe*, ou fluorure double d'aluminium et de sodium $Al^2F^6,6NaF$, très abondant au Groenland.

Et enfin en petites quantités dans les *apatites*, ou fluophosphates de calcium, dans lesquelles le fluor peut être remplacé isomorphiquement par le chlore, et qui ont pour formule.

$$3.(PO^4)^2Ca^3 + Ca\left\{\begin{array}{l}F^2\\ \text{ou } Cl^2.\end{array}\right.$$

Comme par l'acide sulfurique, la fluorine pulvérisée donne du sulfate de calcium et un gaz, fumant à l'air comme le gaz chlorhydrique, très soluble, et dont la solution très acide attaque les métaux avec dégagement d'hydrogène et formation de sels analogues aux chlorures, *Ampère* avait admis que la fluorine contient le calcium uni à un radical inconnu analogue au chlore et appelé alors fluor; et cette hypothèse d'Ampère avait été confirmée par la découverte des apatites chlorées. Mais à cause de l'énergie des actions chimiques du fluor, toutes les tentatives d'extraction du fluor poursuivies pendant près de trois quarts de siècle avaient échoué, quand *en 1888 M. Moissan* réussit à électrolyser l'*acide fluorhydrique pur et anhydre* additionné d'*un peu de fluorure de potassium sec*, en opérant à basse température pour éviter la vaporisation de l'acide fluorhydrique qui bout à 19°, et en utilisant le courant médiocrement intense fourni par une pile de 20 éléments Bunsen : l'acide fluorhydrique n'est pas un électrolyte; c'est le fluorure de potassium qui est décomposé par le courant en gaz fluor se dégageant à l'anode, et en potassium qui se formant à la catode réagit sur l'acide fluorhydrique pour reformer autant de fluorure qu'il s'en décompose et dégager de l'hydrogène; ainsi par ce mécanisme, l'acide fluorhydrique disparaît en hydrogène dégagé à la catode et en fluor dégagé à l'anode.

$$KF = F\uparrow + K, \quad K + HF = KF + H\uparrow.$$

L'acide fluorhydrique est contenu dans un tube en U en *platine*; les électrodes sont de gros fils en platine iridié, qui traversent des bouchons en *fluorine* serrés dans une garniture en platine à pas de vis extérieur; ces bouchons sont vissés sur les branches du tube en U portant aux extrémités des pas de vis intérieur et extérieur; la fermeture hermétique est assurée par une couronne de plomb écrasée contre le bouchon par un écrou se vissant sur le pas de vis extérieur; les gaz se dégagent pa des ajutages en platine situés latéralement au-dessous des bouchons. — On refroidit le tube en U par un *bain de chlorure de méthyle*, liquide qui bout à — 23°, et qui donne la température — 50° quand on l'évapore rapidement par le passage d'un courant d'air, ou plus simplement quand on le place dans un vase poreux : malgré le refroidissement, le fluor qui se dégage entraîne de la *vapeur d'acide fluorhydrique.*

Aussi pour *purifier le fluor*, on le fait passer dans un *serpentin en platine refroidi* à — 50° par un bain de chlorure de méthyle évaporé, où la majeure partie du gaz fluorhydrique se condense; puis dans des ampoules en platine contenant du *fluorure de sodium bien sec,* qui absorbe les dernières traces d'acide fluorhydrique, pour donner le sel acide NaF,HF. On recueille le gaz fluor *par déplacement* dans un *flacon en platine* qu'on ferme par un bouchon en platine. — L'opération est assez régulière pour que l'on puisse recueillir des *volumes égaux des gaz* hydrogène et fluor si on le veut, en recueillant alors les gaz bien débarrassés d'acide fluorhydrique dans des tubes de verre sur le mercure.

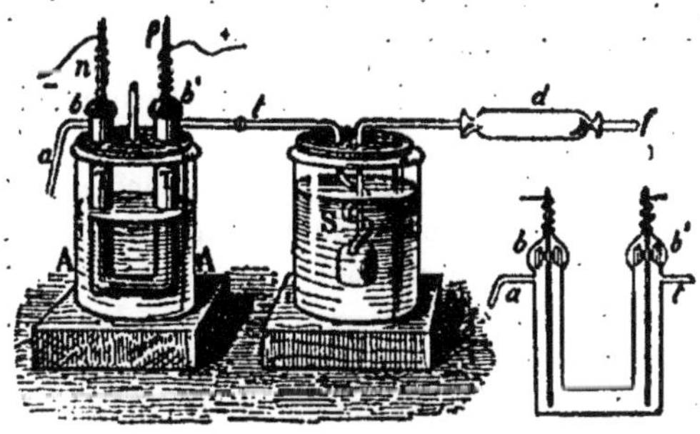

Fig. 37. — Préparation du fluor.

Toutes les parties de l'appareil sont réunies par la soudure autogène. On peut d'ailleurs aussi effectuer la préparation dans un *appareil en cuivre* beaucoup moins coûteux, et dont l'attaque n'est que superficielle.

ACIDE FLUORHYDRIQUE, HF

Connu à l'*état anhydre* : c'est alors un *liquide* incolore, *fumant* à l'air, à *odeur piquante, très corrosif,* ayant pour masse spécifique 0gr,99 et *bouillant* à 19°, d'où la nécessité de refroidir les vases où on le recueille comme le tube de l'appareil à préparation du fluor. Il est solidifiable en une *masse cristalline* fondant à — 92°. — Ou bien c'est un *gaz incolore, fumant* à l'air, *très soluble* dans l'eau, *très corrosif* également.

L'acide fluorhydrique anhydre est *très avide d'eau* : quand on mélange le liquide avec l'eau, on entend un sifflement et on observe un grand dégagement de chaleur capable d'élever la température du mélange vers 100°; ce grand dégagement de chaleur et les fumées à l'air humide indiquent la formation d'*hydrates fluorhydriques.*

On connaît un hydrate HF, H^2O *solide, fumant* à l'air, fondant à — 35°. — Puis l'hydrate fluorhydrique, $HF,2H^2O$ stable, obtenu *par concentration de la solution étendue* d'acide fluorhydrique, qui perd surtout de l'eau quand on la chauffe : c'est un *liquide* incolore, à *odeur* piquante, ayant pour *masse spécifique* 1gr,15, et *bouillant* seulement à 120°. — L'*acide fluorhydrique du commerce* n'est qu'une dissolution plus ou moins étendue contenant cet hydrate fluorhydrique, et pouvant aussi contenir de l'acide anhydre si elle est assez concentrée pour être fumante à l'air.

Tous ces corps sont *dangereux à manier*, et les vapeurs qu'ils émettent sont dangereuses à respirer : ainsi l'acide anhydre et la solution fumante produisent par contact avec l'épiderme des *brûlures graves*, et il faut avoir soin de ne pas laisser les mains en contact avec la vapeur d'acide fluorhydrique, et de les laver fréquemment avec de l'eau ammoniacale quand on est obligé dans une manipulation de subir ce contact pendant quelques instants. — La solution non fumante n'attaque pas l'épiderme, mais elle exerce encore une *action physiologique* importante : sa présence, même en très petites quantités, empêche le développement de certains ferments nuisibles sans entraver celui des levures de la fermentation alcoolique; d'où l'emploi de l'acide fluorhydrique dans l'*industrie de l'alcool*, pour améliorer le rendement et la qualité.

I. — Propriétés chimiques de l'acide fluorhydrique.

1° Il est sans action sur les *métalloïdes*, sauf sur le *silicium* et *le bore* qui le décomposent *au rouge sombre* seulement. D'où l'emploi de l'acide fluorhydrique dissous dans la purification de ces métalloïdes, avec la précaution toutefois d'opérer en l'absence de l'*acide azotique* : le mélange *acide fluorhydrique-acide azotique* attaque en effet le silicium à froid comme le fluor, ce que l'on peut expliquer par une production de fluor dans le mélange des deux acides :

$$HF + AzO^3H = H^2O + AzO^2 + F.$$

Le peu d'action de l'acide fluorhydrique sur les métalloïdes provient du grand dégagement de chaleur dans la formation de l'acide à partir des éléments libres.

2° Mais l'acide fluorhydrique attaque au contraire *tous les métaux*, sauf cependant le platine, l'or et l'argent; d'où l'emploi de *vases en platine* ou *en argent* pour la préparation ou la conservation de l'acide fluorhydrique.

Le *mercure* n'est pas attaqué *à froid*.

Le *cuivre* et le *plomb* ne sont attaqués que lentement, d'où l'emploi possible du cuivre dans l'appareil à préparation du fluor, et l'usage du plomb dans l'appareil à préparation de l'acide fluorhydrique impur; mais il ne faut pas conserver l'acide fluorhydrique dans des vases en plomb, comme on le fait quelquefois.

L'action a lieu à froid pour les *autres métaux*, avec dégagement d'hydrogène et production d'un fluorure du métal; elle serait très violente pour l'acide concentré agissant sur le *potassium*.

3° L'acide fluorhydrique exerce une action caractéristique sur la *silice* SiO^2 et les *silicates*, comme le verre qui est un silicate double d'un métal alcalin et de calcium; la silice est transformée en produits volatils ou gazeux :

$$SiO^2 + 4HF = SiF^4 \uparrow + 2H^2O ;$$

le silicate donne en plus le fluorure du métal qu'il contient et se trouve désagrégé : d'où l'emploi de l'acide fluorhydrique dans l'*analyse des silicates* quand ils ne sont pas attaqués par les autres acides, et dans la *gravure sur le verre* dont la surface sera protégée par un vernis à la cire et à l'essence de térébenthine sauf dans les régions qui devront être gravées.

Si on emploie l'acide fluorhydrique en solution étendue, les traits sont *transparents* et *peu déliés*, car l'acide dissous peut creuser le verre sur les bords du trait mis à nu en s'avançant progressivement sous le vernis; il faut donc *faire agir la vapeur* de l'acide pour obtenir les traits opaques et très déliés des *graduations sur verre des appareils* de physique ou de chimie. La solution de fluorure acide d'ammonium donnerait aussi des traits opaques. La solution de fluorure de sodium acidulée par l'acide acétique permet d'obtenir un dépoli uniforme du verre.

L'acide fluorhydrique, même anhydre, attaque *toujours* le verre; mais l'attaque du verre par le gaz sec est assez lente pour que l'on puisse *mesurer le gaz fluorhydrique* dans des *tubes de verre* sur le *mercure*, et même en *faire la synthèse* en chauffant légèrement de l'hydrogène *sec* au contact du fluorure d'argent *sec* dans un tube de verre; tandis que naturellement on ne pourra *pas employer de vases de verre* dans la préparation ou la conservation de l'acide fluorhydrique.

4° L'acide fluorhydrique concentré attaque aussi l'*anhydride* ou l'acide *boriques* par une réaction analogue à celle qu'il exerce sur la silice :

$$B^2O^3 + 6.HF = 2BF^3\uparrow + 3H^2O.$$

5° Il réagit naturellement sur les *oxydes* pour donner un fluorure métallique et de l'eau; pourtant par action sur le *bioxyde de baryum*, il donne de l'eau oxygénée H^2O^2 dont c'est une préparation :

$$BaO^2 + 2HF = BaF^2\downarrow + H^2O^2.$$

6° Le gaz fluorhydrique est absorbé par les *fluorures alcalins* avec lesquels il donne des fluorures acides importants KF, HF; NaF, HF.

Et l'acide fluorhydrique absorbe lui-même le gaz *fluorure de silicium* SiF^4 pour donner la solution d'*acide hydrofluosilicique* $SiF^4,2HF$ ou SiF^6H^2 dont c'est le mode de préparation industrielle.

II. — Modes de formation et préparations de l'acide fluorhydrique.

Il se forme :

1° Par union directe spontanée des deux gaz *fluor et hydrogène*.

2° Dans l'action de l'*hydrogène* sur le *fluorure d'argent* légèrement chauffé :

$$AgF + H = Ag + HF,$$

et la réaction est possible dans un tube de verre si les matières sont bien sèches, le gaz fluorhydrique sec n'attaquant le verre que très lentement.

3° Surtout dans l'action de l'*acide sulfurique* concentré sur les fluorures attaquables par cet acide, comme la *fluorine* CaF^2, ou la *cryolithe* $Al^2F^6,6NaF$, en chauffant légèrement, et en employant des appareils en plomb attaqués lentement ou mieux des appareils en platine inattaquables :

$$CaF^2 + SO^4H^2 = SO^4Ca + 2HF\uparrow,$$

$$Al^2F^6,6NaF + 9SO^4H^2 = (SO^4)^3Al^2 + 6.SO^4HNa + 12HF\uparrow.$$

Pour préparer la *solution industrielle*, dans une chaudière *en plomb*, on place le fluorure en poudre fine avec juste assez d'acide sulfurique concentré pour obtenir, par agitation avec une spatule en bois ou mieux en *argent*, une bouillie claire. On recouvre la chaudière d'un dôme en plomb qu'on lute sur la chaudière, avec une bouillie de plâtre par exemple, et portant un tube à dégagement en plomb. Autrefois ce tube pénétrait à frottement dans un tube en U en plomb contenant un peu d'eau et refroidi par de la glace; actuellement, pour de plus grandes quantités et pour obtenir une solution plus pure, on préfère adapter le tube à dégagement à une chambre en plomb dans laquelle on a mis un récipient *en platine* contenant de l'eau où le gaz fluorhydrique se dissout. — Il suffit de chauffer *légèrement* la chaudière pour faire dégager abondamment le gaz fluorhydrique qui se condense dans l'eau, et on conserve la solution dans des vases en *gutta* pouvant être attaquée lentement, ou mieux dans des vases en argent ou en platine.

Fig. 38. — Préparation de l'acide fluorhydrique.

Mais l'acide industriel renferme des *impuretés* : *l'eau* que l'on a mise et qui doit être regardée comme une impureté puisque l'acide pur préparé pour l'électrolyse doit être anhydre; un peu d'*acide sulfurique* entraîné; de l'*acide hydrofluosilicique*, car le fluorure naturel employé contient en général de la silice attaquable par l'acide fluorhydrique pour donner du gaz fluorure de silicium qui sera absorbé par l'acide fluorhydrique; un peu d'*acide sulfhydrique*, si le fluorure contenait un peu de sulfures métalliques; un peu d'*acide chlorhydrique*, car le fluorure peut renfermer des chlorures qui accompagnent fréquemment les fluorures; enfin si l'on a préparé la solution ou si on l'a conservée dans un récipient en plomb, il y aura encore au fond un dépôt de *fluorure de plomb* provenant de l'attaque du vase.

On prépare l'*acide fluorhydrique pur et anhydre* à partir de la solution industrielle, en la transformant en fluorhydrate de fluorure de potassium ou *fluorure acide de potassium* KF, HF pur et sec, qu'il suffira de calciner pour en dégager le gaz fluorhydrique pur et sec :

$$KF,HF = KF + HF\uparrow.$$

Pour cela, on fractionne la solution impure en deux parties égales dans 2 vases *en argent* ou en platine, et on sature l'une des parties par du *carbonate de potassium* en léger excès ; il y a précipitation de l'acide hydrofluosilicique à l'état de fluosilicate de potassium insoluble, les autres acides passent à l'état de sels neutres sauf l'acide sulfhydrique qui reste libre :

$$2HF + CO^3K^2 = 2KF + CO^2\uparrow + H^2O,$$
$$SO^4H^2 + CO^3K^2 = SO^4K^2 + CO^2\uparrow + H^2O,$$
$$SiF^6H^2 + CO^3K^2 = SiF^6K^2\downarrow + CO^2\uparrow + H^2O,$$
$$2HCl + CO^3K^2 = 2KCl + CO^2\uparrow + H^2O;$$

on ajoute alors la seconde partie de la solution, d'où nouvelle précipitation de fluosilicate de potassium, et formation de fluorure acide de potassium en dissolution :

$$2KF + 2HF = 2(KF,HF).$$

On filtre avec un entonnoir en argent pour séparer le fluosilicate en recueillant dans une capsule en platine, on concentre par la chaleur qui chasse le gaz sulfhydrique, et on laisse refroidir pour obtenir les cristaux de fluorure acide : ce corps est beaucoup *plus soluble à chaud qu'à froid*, et alors il est facile de l'obtenir pur par cristallisations successives dans l'eau pure. Ces cristaux sont *anhydres*, mais contiennent de l'eau d'interposition : pour obtenir la matière parfaitement sèche, on pulvérise les cristaux et on abandonne dans le *vide sec* jusqu'à invariabilité de la masse.

Il suffit alors de distiller le fluorure acide bien sec dans un appareil *en platine* dont le récipient en platine est refroidi par un mélange réfrigérant, et on conserve l'acide pur et anhydre dans des vases en platine ou *en argent*; en général le récipient refroidi n'est autre que le tube en U de l'appareil à préparation du fluor, et l'on électrolyse aussitôt que possible pour éviter la vaporisation de l'acide.

III. — Composition de l'acide fluorhydrique, et masse atomique du fluor.

1° La composition *en volumes* se détermine par la *synthèse* ou l'*analyse* de l'*acide fluorhydrique*. Autrefois, avant que le fluor eût été isolé, on la déduisait d'une expérience de *Gore* : on chauffait dans une éprouvette en platine reposant sur le mercure un volume connu de gaz hydrogène sec avec un excès de fluorure d'argent sec, et on transvasait le gaz fluorhydrique sec ainsi formé dans un tube de verre gradué plein de mercure sur la cuve; on constatait ainsi que *le volume de gaz fluorhydrique* était *double du volume d'hydrogène* employé; la molécule d'acide fluorhydrique renferme donc un atome d'hydrogène, comme les molécules des gaz chlorhydrique HCl, bromhydrique HBr, iodhydrique HI; d'où par analogie la *formule* HF attribuée à l'acide fluorhydrique et définissant la masse atomique du fluor.

Actuellement, l'électrolyse de l'acide fluorhydrique pur donne des *volumes égaux d'hydrogène et de fluor* : donc 2 volumes de gaz fluorhydrique contiennent 1 volume d'hydrogène et 1 volume de fluor unis sans contraction, et l'*atome de fluor occupe 1 volume* comme celui des autres halogènes gazeux. Cette composition en volumes est d'ailleurs *vérifiée* par les *densités* des 3 gaz fluorhydrique d, hydrogène d', fluor d'', actuellement déterminées; la relation donnée par la conservation de la masse appliquée à 2^{mc} :

$$2ad = ad' + ad'', \text{ ou } 2d = d' + d'',$$

est une identité numérique quand on y introduit les valeurs numériques des densités.

2° La composition *en masses*, d'où dérive la masse atomique exacte du fluor, s'obtient par une *analyse du fluorure de calcium pur*, lequel par l'acide sulfurique pur dégage uniquement du gaz fluorhydrique ne contenant que de l'hydrogène et du fluor, et laisse uniquement du sulfate de calcium; ceci montre que la fluorine pure *ne contient que du fluor et du métal calcium* dont l'atome Ca a pris la place des 2 atomes d'hydrogène H^2 de l'acide sulfurique pur SO^4H^2 pour donner le sulfate de calcium SO^4Ca.

On chauffe dans une capsule en platine la *masse m* connue de *fluorure de calcium pur* avec un excès d'acide sulfurique pur, on évapore à sec, on calcine pour chasser l'eau et l'excès d'acide, et on détermine alors la *masse* m_1 *de sulfate de calcium* pur ainsi formé par une première synthèse.

On va chercher la *masse* m_2 *d'oxyde de calcium* unie à l'anhydride sulfurique dans cette masse m_1 de sulfate de calcium pur ainsi formé, par une autre synthèse de ce sel.

Pour cela on chauffe la masse w_2 d'oxyde de calcium pur avec un excès d'acide sulfurique pur comme tout à l'heure, et on détermine la masse w_1 de sulfate de calcium restant; d'où la masse m_2 cherchée par la relation de proportionnalité : $\frac{m_2}{m_1} = \frac{w_2}{w_1}$.

Enfin on va chercher la *masse* m_3 *de calcium* contenue dans cette masse m_2 d'oxyde de calcium ou dans la masse m_1 de sulfate de calcium. Pour cela on prend la masse m_2 d'oxyde de calcium pur, on la dissout dans un excès d'acide chlorhydrique pur de manière à former du chlorure de calcium, on évapore à sec, on calcine, et on détermine la *masse* m_4 *de chlorure de calcium* ainsi formé. On dissout cette masse dans l'eau pure, on y ajoute un excès de dissolution d'azotate d'argent pour précipiter tout le chlore à l'état de chlorure d'argent, qu'on recueille, qu'on lave, qu'on sèche à l'abri de la lumière et que l'on pèse, et d'où l'on déduit la *masse* m_5 *de chlore* contenu dans m_4 de chlorure de calcium. Donc $m_3 = m_4 - m_5$ est la *masse de calcium* contenue dans m_2 d'oxyde de calcium avec par suite la masse $m_2 - m_3$ d'oxygène : comme $\frac{m_3}{m_2 - m_3} = \frac{40}{16}$ et que la formule de l'oxyde de calcium est CaO, la *masse atomique du calcium* est 40^{gr}.

Mais m_3 de calcium est aussi la masse contenue dans m_1 de sulfate de calcium ou dans m de fluorure de calcium; d'où la composition du fluorure de calcium, qui ne contient que du fluor et du calcium, m_3 de calcium et par suite $m - m_3$ de fluor : on trouve $\frac{m - m_3}{m_3} = \frac{38}{40}$; donc dans le fluorure de calcium l'atome de calcium 40^{gr} est *uni à* 38^{gr} *de fluor*. Et comme l'atome de calcium $Ca = 40^{gr}$ est remplaçable par 2 atomes d'hydrogène $H^2 = 2^{gr}$ comme on l'a vu, il en résulte que dans l'acide fluorhydrique 38^{gr} de fluor sont unis à 2^{gr} d'hydrogène, ou 19^{gr} de fluor à 1gr d'hydrogène : ce qui est la *composition en masses de l'acide fluorhydrique* HF, et alors la *masse atomique du fluor* est $F = 19^{gr}$.

IV. — Propriétés des fluorures métalliques.

1° Les *fluorures alcalins* sont solubles, à réaction alcaline, différence avec les chlorures, qui sont neutres; les fluorures *alcalinoterreux* sont insolubles, autre différence avec les chlorures correspondants; tandis que le *fluorure d'argent* est très soluble, 3e différence.

Les fluorures ont une tendance à s'unir, soit avec l'acide fluorhydrique pour donner des *sels acides* comme KHF^2 ou $NaHF^2$, soit avec d'autres fluorures pour former des *sels doubles* comme $Al^2F^6, 6NaF$.

2° *Caractères des dissolutions* d'acide fluorhydrique ou de fluorures alcalins :

Par l'*acide sulfhydrique*, rien.

Par les *sels solubles de baryum* : précipité blanc de fluorure de Ba, soluble dans l'acide chlorhydrique ou azotique. — Et par les *sels solubles de calcium* : précipité gélatineux transparent de fluorure de Ca.

Par l'*azotate d'argent* : rien.

3° *Caractères des fluorures solides*, s'ils sont *attaqués par l'acide sulfurique* :

Avec juste assez d'*acide sulfurique* pour former une bouillie claire, sur le fluorure *en poudre* placé dans un *creuset en platine* reposant sur une plaque chaude, et fermé par une lame de *verre* vernie en dessous, avec seulement quelques traits mis à nu : *gravure* sur le verre, visible par dissolution du vernis dans l'alcool par exemple.

Par mélange du fluorure *en poudre* avec de la *silice* et de l'*acide sulfurique* dans un tube à essai que l'on chauffe, il y a dégagement d'un gaz *fumant* qui est du *fluorure de silicium*; et si, en fermant le tube par un bouchon muni d'un petit tube à dégagement, on amène ce gaz fumant dans de l'eau, on observe qu'il y produit un *dépôt gélatineux* qui est de la silice :

$$3SiF^4 + 2H^2O = 2.SiF^6H^2 + SiO^2\downarrow.$$

Par mélange du fluorure *en poudre* avec de l'*anhydride* ou de l'acide *borique* pulvérisés et de l'*acide sulfurique* dans un tube à essai que l'on chauffe, il y a dégagement d'un gaz qui colore *en vert* une flamme et qui est du *fluorure de bore* BF^3.

Si le fluorure n'était *pas attaqué par l'acide sulfurique*, on le transformerait en fluorure alcalin soluble, facile à reconnaître, par une *méthode générale* qui consiste à chauffer le sel insoluble au rouge avec un *carbonate alcalin sec*, jusqu'à fusion.

DIXIÈME LEÇON

CHLORE

Masse moléculaire Cl^2, avec masse atomique Cl = 35,5.

C'est un *gaz jaune verdâtre*, d'où son nom; à *odeur* forte caractéristique, dangereux à respirer, attaquant l'épiderme qu'il colore en jaune; ayant une *grande densité* 2,4865, qui permettra de *le recueillir* par déplacement; cette densité *diminue à très haute température* et n'est plus que 2,02 à 1400°. Le gaz chlore est *facile à liquéfier*, soit par simple refroidissement à — 35°, soit par simple compression à $4^{atm.}$ comme on le fait industriellement en utilisant des pompes à piston d'acide sulfurique chauffé.

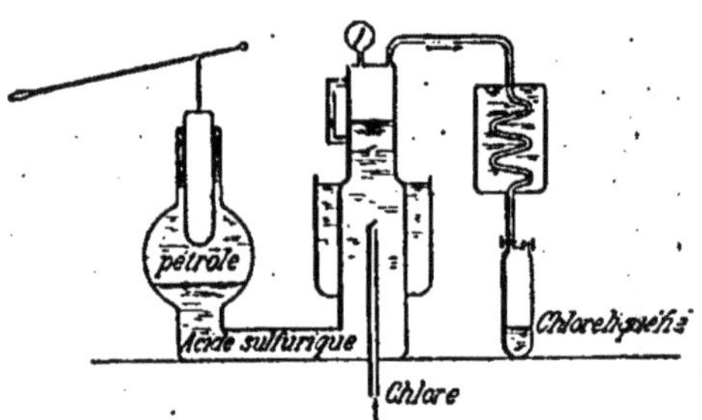

Fig. 39. — Pompe à piston d'acide sulfurique chauffé pour la liquéfaction industrielle du chlore

C'est alors un *liquide jaune foncé*, de masse spécifique $1^{gr},507$, *bouillant* à — 33°,6, *solidifiable* vers — 100°, et que l'industrie livre dans des *récipients en plomb* ou *en acier* non attaqués par le chlore sec à froid.

Le gaz chlore est *assez soluble* dans l'eau : coefficient 3 vers 10°. Le coefficient de solubilité présente un *maximum apparent* vers 8°, comme le montrent les nombres suivants :

0°	1,44
7°	2,19
8°	3,04
10°	3.
17°	2,42

On explique ce phénomène par l'existence au-dessous de 8° d'un *hydrate cristallisé jaunâtre,* auquel on attribue la formule $Cl^2,7H^2O$, et qui est *peu stable* : sa décomposition en gaz chlore et eau est limitée à température constante par une *tension de dissociation,* que l'on a mesurée en protégeant le mercure du manomètre par un peu d'acide sulfurique; cette tension croît avec la température, comme l'indiquent les quelques nombres ci-dessous, et elle devient *égale à la pression atmosphérique* un peu *au-dessous de 9°* :

0°	23^cm^
5°	48
9°	77,6

Alors l'*hydrate de chlore* se forme toutes les fois qu'à une température inférieure à 8° on sature de l'eau par un courant de chlore; il existe donc à l'état dissous dans l'eau de chlore au-dessous de 8°, quand cette solution est surmontée de gaz chlore à la pression atmosphérique; et sa solubilité comme celle des solides en général croît avec la température quand celle-ci s'élève de 0° à 8°. — Mais l'hydrate de chlore ne peut plus exister dans les mêmes conditions au-dessus de 9°; c'est alors le gaz chlore qui est dissous, et sa solubilité comme celle des gaz diminue quand la température s'élève à partir de 9°. On doit donc observer un maximum apparent dans la solubilité.

On peut utiliser l'hydrate de chlore pour *montrer la liquéfaction* du chlore dans le tube de Faraday, dont une des branches C est remplie des cristaux de l'hydrate que l'on a exprimé rapidement dans du papier buvard avant de l'introduire. Il suffit de chauffer la branche C en la maintenant dans de l'eau à 35°, pendant que l'on refroidit l'autre branche D dans un mélange réfrigérant à la température 0°, pour observer la formation d'un peu de chlore liquide à la partie inférieure de D : c'est qu'à la température 35° la tension de dissociation de l'hydrate de de chlore est devenue supérieure à la force élastique maximum

F_θ du chlore liquide à la température θ. — Mais il vaut mieux employer pour montrer la liquéfaction un tube à *charbon* calciné *saturé de gaz chlore*, car alors il n'y a pas de glace surmontant le chlore liquéfié.

I. — Propriétés chimiques du chlore.

Il se combine directement aux *métalloïdes* sauf le fluor, l'oxygène, l'azote et le carbone, qui sont les 1ers termes des 4 familles; il s'unit directement aussi avec *tous les métaux*; et il décompose les *composés hydrogénés* des métalloïdes, sauf pourtant l'acide fluorhydrique.

1° Il se combine directement à l'*hydrogène*, quand on mélange les deux gaz à volumes égaux et qu'on met le mélange au contact d'une *flamme* ou d'une *étincelle*; il se produit alors une *violente* détonation due au grand dégagement de chaleur dans la réaction :

$$H + Cl = HCl + 22^c;$$

pourtant la propagation de la réaction demande un temps fini. — Tandis que si on expose le mélange à la *lumière solaire directe, ou même réfléchie* par une glace, la réaction s'effectue à la fois en tous les points du mélange avec une *très violente* détonation et *rupture du vase* qui contient le mélange; d'où la précaution quand on fait le mélange de chlore et d'hydrogène de se mettre à l'abri de la lumière solaire même réfléchie. La lumière de l'*arc électrique*, ou de la *flamme du magnésium*, ou de la flamme du mélange *vapeur de sulfure de carbone-bioxyde d'azote*, peuvent produire aussi l'explosion du mélange de chlore et d'hydrogène. — Mais par exposition du mélange à la *lumière diffuse*, il y a combinaison *lente*, marquée par la disparition progressive de la teinte du chlore. C'est bien l'énergie lumineuse qui détermine la réaction du chlore sur l'hydrogène, car il n'y a *pas de combinaison* dans le mélange *à l'obscurité*; le mélange y garde la teinte du chlore.

2° Il y a combinaison directe avec le *brome*, qui, refroidi, absorbe le gaz chlore pour donner un *liquide rougeâtre* mal défini, le *chlorure de brome*, dissocié en les éléments dès qu'on le chauffe;

3° Avec l'*iode* qui absorbe le gaz chlore *sec* en se transformant d'*abord* en un *liquide brun foncé*; si on arrête alors le courant de chlore, et qu'on distille, on recueille à la distillation le *protochlorure d'iode*, ICl, *solide rouge foncé, décomposable par l'eau* en un liquide brun contenant de l'iode libre et dont on peut retirer par l'éther un *chlorhydrate de chlorure d'iode* (ICl,HCl) :

$$10.ICl + 3H^2O = 2I^2\downarrow + IO^3H + 5(ICl,HCl).$$

Mais par action prolongée du chlore sec en excès sur l'iode, il y a formation de *trichlorure d'iode* ICl³, *solide jaune, dissociable* par la chaleur suivant la réaction :

$$ICl^3 \rightleftarrows ICl + Cl^2,$$

ce qui en fait un *agent chlorurant* énergique; *décomposable aussi par l'eau* en un liquide bruni par l'iode libre :

$$5.ICl^3 + 9.H^2O = I^2\downarrow + 3IO^3H + 15.HCl.$$

4° Il y a combinaison directe avec le *soufre* qui absorbe le gaz chlore *sec* en se liquéfiant, avec formation d'un *liquide rougeâtre* d'où par distillation on peut retirer le *chlorure de soufre*, S^2Cl^2, *liquide jaune*, pouvant absorber du gaz chlore en excès, ou inversement dissoudre du soufre, et décomposable aussi par l'eau;

5° Avec le *sélénium* pour donner d'abord le *chlorure de sélénium* Se^2Cl^2 *liquide* brun, puis le *tétrachlorure* $SeCl^4$ *solide* blanc. Et aussi avec le *tellure* chauffé pour donner le *tétrachlorure* de tellure $TeCl^4$ *solide* blanc;

6° Avec le *phosphore* qui s'enflamme spontanément dans le gaz chlore pour donner *à sec* d'abord le *trichlorure de phosphore* PCl^3, *liquide incolore*, puis par excès de chlore le *pentachlorure* PCl^5 *solide jaunâtre* : les chlorures de phosphore sont décomposables par l'eau;

7° Avec l'*arsenic*, qui *récemment* pulvérisé brûle quand on le projette dans le chlore, avec formation de *chlorure d'arsenic* $AsCl^3$, *liquide incolore*, décomposable par l'eau. — Et de même il y a combustion de l'*antimoine* pulvérisé, projeté dans le chlore avec formation de *trichlorure* d'antimoine $SbCl^3$, *solide* incolore, puis par excès de chlore de *pentachlorure* $SbCl^5$, *liquide jaune*, tous deux décomposables par l'eau. — Les pentachlorures d'antimoine ou de phosphore, facilement dissociables en trichlorure et chlore, sont des *agents chlorurants* énergiques comme le trichlorure d'iode ;

8° Il y a combinaison *indirecte* seulement avec le *carbone* quand un mélange de gaz chlore et de vapeur de *sulfure de carbone* passe dans un tube *au rouge sombre*, avec formation de *chlorure de carbone* CCl^4 *liquide* incolore dont c'est la préparation :

$$CS^2 + 3Cl^2 = CCl^4 + S^2Cl^2 ;$$

mais par un courant de chlore passant dans du sulfure de carbone *à froid*, il y a formation de sulfochlorure de carbone :

$$2CS^2 + 3Cl^2 = 2.CSCl^2 + S^2Cl^2.$$

9° Il y a combinaison directe avec le *silicium* chauffé pour donner le *chlorure de silicium* $SiCl^4$, *liquide* incolore, décomposable par l'eau ;

10° Et de même avec le *bore* chauffé vers 400° qui brûle dans un courant de gaz chlore pour donner le *chlorure de bore* BCl^3, *liquide incolore*, décomposable par l'eau.

11° Enfin le chlore se combine directement avec *tous les métaux* : avec le *potassium*, qui brûle spontanément dans le gaz chlore pour donner du chlorure de potassium KCl ; avec le *cuivre* dont un fil chauffé brûle dans le chlore pour donner du *chlorure cuivreux* Cu^2Cl^2, *poudre blanche insoluble* ; avec le *fer*, l'*étain*, l'*argent*, l'*or*, chauffés, pour donner les produits au maximum de chloruration s'il y a lieu : le *perchlorure de fer* ou chlorure ferrique F^2Cl^6 *solide jaune brun* ; le *chlorure stannique* $SnCl^4$ *liquide* incolore *fumant* décomposable par l'eau pour donner un précipité d'acide stannique SnO^2,H^2O ou SnO^3H^2 ; les *chlorures d'argent* AgCl et d'or $AuCl^3$. Le *fer* et le cuivre ne sont *pas attaqués à froid* si le chlore est *sec*.

Le *mercure* absorbe le chlore à froid pour donner le chlorure mercureux Hg^2Cl^2 sel blanc.

Enfin la dissolution de chlore ou eau de chlore dissout l'*or* en feuilles ou le *platine* pour donner des *chlorures d'or* $AuCl^3$ ou de *platine* $PtCl^4$ dissous.

Le chlore décompose en général les *composés hydrogénés*, sauf pourtant l'acide fluorhydrique ; la décomposition est due à la grande affinité du chlore pour l'hydrogène; les actions du chlore sur les composés hydrogénés sont très importantes, surtout son *action oxydante en présence de l'eau*, son *action désinfectante* par destruction de l'acide sulfhydrique et de l'ammoniaque, son *action décolorante* sur les matières organiques colorées.

1° Il décompose immédiatement à froid les *acides bromhydrique* et *iodhydrique* avec d'*abord* mise en liberté de brome ou d'iode :

$$HBr + Cl = HCl + Br,$$
$$HI + Cl = HCl + I\downarrow,$$

mais avec réaction ultérieure sur le brome ou sur l'iode, s'il y a *excès* de chlore; et différente suivant que l'on opère en l'absence de l'eau ou non; comme on va le voir.

2° Il y a décomposition de l'*eau*, quand un courant de chlore

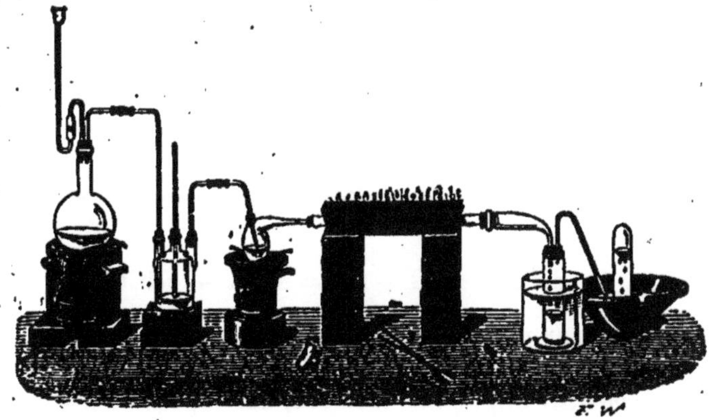

Fig. 40. — Action du chlore sur l'eau au rouge.

saturé de *vapeur d'eau* passe dans un tube de porcelaine *au rouge*, avec formation d'acide chlorhydrique condensable dans de l'eau et dégagement d'oxygène qu'on peut recueillir sur une cuve à dissolution de potasse; la réaction est *endothermique* et cependant facile à cause de la dissociation de la vapeur d'eau; mais elle est *incomplète* à cause de la réaction inverse exothermique se passant, dans les points du tube qui sont au rouge sombre seulement, c'est-à-dire la décomposition du gaz chlorhydrique formé par l'oxygène :

$$H^2O + Cl^2 \rightleftarrows 2HCl + O\uparrow.$$

Il y a encore décomposition de l'eau *à froid*, rapidement *à la lumière solaire*, comme quand on expose de l'eau de chlore au soleil ; on observe alors un dégagement de bulles d'oxygène :

$$H^2O + Cl^2 = 2HCl_{dissous} + O\uparrow.$$

La réaction a lieu lentement *à la lumière diffuse*, et avec formation *en outre* d'acide hypochloreux et d'acide chlorique :

$$H^2O + Cl^2 = ClOH + HCl,$$
$$3H^2O + 3Cl^2 = ClO^3H + 5HCl;$$

et c'est pourquoi il est nécessaire de *conserver l'eau de chlore* à l'abri de la lumière.

La décomposition de l'eau par le chlore est immédiate *en présence des corps oxydables* : du *brome* ou de l'*iode* qui passent à l'état d'acide bromique BrO^3H ou d'acide iodique IO^3H incolores :

$$I + 3H^2O + 5Cl = IO^3H + 5HCl;$$

d'où la *formation d'acide iodique* par un courant de chlore dans de l'eau tenant en suspension de l'iode jusqu'à disparition complète de l'iode.

En présence de l'*acide sulfureux* qui passe à l'état d'acide sulfurique SO^4H^2 :

$$SO^3H^2 + H^2O + Cl^2 = SO^4H^2 + 2HCl;$$

tandis que par mélange à volumes égaux des *gaz sulfureux* et chlore *secs*, et exposition *au soleil*, il y a formation de *chlorure de sulfuryle* SO^2Cl^2, *liquide* incolore, décomposable par l'eau. — Et de même avec le *gaz oxyde de carbone* dans les mêmes conditions, il y a formation par voie d'addition de *chlorure de carbonyle* $COCl^2$, gaz incolore.

Encore décomposition immédiate de l'eau par le chlore en présence d'*acide phosphoreux* ou d'*acide arsénieux* qui passent à l'état d'acide orthophosphorique ou d'acide arsénique :

$$AsO^3H^3 + H^2O + Cl^2 = AsO^4H^3 + 2HCl;$$

d'où le *dosage du chlore* en dissolution par le moyen d'une solution titrée d'anhydride arsénieux acidulée par l'acide chlorhydrique : dans un volume connu de la solution titrée, coloré en bleu par une goutte d'*indigo*, on verse goutte à goutte la liqueur de chlore à étudier jusqu'à ce que la décoloration se produise; tant que le chlore ajouté est employé à oxyder l'acide arsénieux, il n'agit pas sur l'indigo; aussitôt que l'oxydation de l'acide arsénieux est complète, l'indigo se décolore et marque la fin de l'oxydation; du volume de la liqueur de chlore qu'il a fallu ajouter, on déduit la richesse en chlore libre de cette liqueur. Actuellement, au lieu de colorer avec l'indigo la liqueur titrée, on préfère employer comme réatif indicateur la solution jaune pâle de *ferrocyanure de potassium*, ou *cyanure jaune*, dont on dispose des gouttes sur une assiette; des traces de chlore libre apportées dans une goutte par une baguette de verre y font apparaître la coloration rougeâtre du ferricyanure de potassium ou *cyanure rouge*.

Enfin la solution vert pâle d'un *sel ferreux* passe au jaune brun des solutions de sels ferriques par le chlore libre :

$$2.SO^4Fe + H^2O + Cl^2 = (SO^4)^2OFe^2 + 2HCl;$$

la solution qui par l'ammoniaque donnait un précipité verdâtre d'hydrate ferreux, donne maintenant par le même réactif un précipité rouge brun ou rouille d'hydrate ferrique.

Ces divers exemples montrent que le chlore est un *oxydant énergique en présence de l'eau*.

3° Il y a décomposition par le chlore des *acides sulfhydrique* H^2S, *sélénhydrique* H^2Se, *tellurhydrique* H^2Te. Avec l'acide sulfhydrique, il y a tout d'*abord* dépôt de soufre :

$$H^2S + Cl^2 = 2HCl + S\downarrow;$$

puis réaction ultérieure du soufre précipité sur l'*excès* de chlore, si toutefois les gaz sont secs. Alors le chlore sera un *désinfectant de l'air* par la destruction du gaz sulfhydrique et aussi du gaz ammoniac, se produisant dans la fermentation des matières organiques sulfurées ou azotées.

4° Il y a décomposition par le chlore de l'*ammoniaque* AzH^3 et du *phosphure* PH^3 ou de l'*arséniure* AsH^3 d'hydrogène, avec une réaction *violente* quand on mélange les gaz. Ainsi il y a inflammation spontanée d'un jet de *gaz ammoniac* quand on l'introduit dans un flacon de gaz chlore, avec dégagement de fumées blanches solides de chlorure d'ammonium :

$$4AzH^3 + 3Cl = Az + 3.AzH^4Cl.$$

Tandis que si on remplit presque complètement d'eau de chlore un long tube fermé à un bout, que l'on achève de remplir avec l'*ammoniaque du commerce* qui surnage, que l'on ferme avec le doigt et que l'on retourne le tube, la solution d'ammoniaque plus légère monte à travers l'eau de chlore et y produit un dégagement de fines bulles de gaz; en ouvrant le tube sur une cuve à eau, les bulles qui se dégagent pendant très longtemps se rassemblent en haut du tube, et le gaz ainsi dégagé est de l'azote. On admet que *d'abord* dans l'action du chlore sur l'ammoniaque contenant l'hydrate d'ammonium AzH^4OH il y a formation d'hypochlorite et de chlorure comme dans l'action du chlore sur les autres alcalis étendus :

$$2.AzH^4OH + Cl^2 = ClOAzH^4 + AzH^4Cl + H^2O;$$

puis il y a oxydation de l'excès d'ammoniaque par l'hypochlorite avec dégagement d'azote :

$$2.AzH^3 + 3.ClOAzH^4 = 3.AzH^4Cl + 3H^2O + Az^2\uparrow.$$

S'il y avait un excès de chlore, l'azote dégagé aurait une odeur piquante due à la formation d'un peu de *chlorure d'azote* $AzCl^3$ par action du chlore sur le chlorure d'ammonium :

$$AzH^4Cl + 3Cl^2 = AzCl^3\downarrow + 4HCl;$$

le chlorure d'azote est un *liquide* insoluble très explosif.

Par introduction de chlore bulle à bulle dans le gaz *phosphure* ou *arséniure d'hydrogène*, il y a production d'une flamme à chaque bulle introduite, avec précipitation *d'abord* de phosphore ou d'arsenic :

$$PH^3 + 3Cl = P\downarrow + 3HCl;$$

mais par *excès* de chlore il y aura finalement chloruration du phosphore à l'état de PCl^3 puis de PCl^5, ou de l'arsenic à l'état de trichlorure $AsCl^3$ seulement, si le chlore est *sec*. — Si le chlore agissait *en présence de l'eau*, il y aurait oxydation du phosphure ou de l'arséniure à l'état d'acide orthophosphorique PO^4H^3 ou d'acide arsénique AsO^4H^3 :

$$PH^3 + 4H^2O + 4Cl^2 = PO^4H^3 + 8HCl.$$

5° Il y a décomposition de l'*acide cyanhydrique* HCAz par le chlore, avec formation de *chlorure de cyanogène gazeux* CAzCl si la réaction a lieu en présence de l'eau, tandis qu'il y a formation de *chlorure de cyanogène solide* $(CAzCl)^3$ polymère du précédent si la réaction a lieu entre les corps anhydres :

$$HCy + Cl^2 = HCl + CyCl,$$
$$3HCy + 3Cl^2 = 3HCl + Cy^3Cl^3.$$

6° Il y a décomposition des *carbures d'hydrogène* dans certaines circonstances : ainsi il y a inflammation spontanée d'*essence de térébenthine* imprégnant du papier, quand on plonge ce papier dans un flacon de gaz chlore. Et il y a combustion par inflammation des mélanges de chlore avec le *gaz des marais* CH^4, l'*éthylène* C^2H^4, ou l'*acétylène* C^2H^2, avec production de charbon à l'état de noir de fumée :

$$CH^4 + 2Cl^2 = C\downarrow + 4HCl,$$
$$C^2H^4 + 2Cl^2 = 2C\downarrow + 4HCl,$$
$$C^2H^2 + Cl^2 = 2C\downarrow + 2HCl;$$

il arrive même que la combustion s'effectue spontanément quand on fait le mélange d'acétylène et de chlore.

Mais le chlore peut donner avec les carbures non saturés des *produits d'addition*, comme avec l'anhydride sulfureux ou l'oxyde de carbone; c'est ce qui arrive avec l'éthylène :

$$C^2H^4 + Cl^2 = C^2H^4Cl^2;$$

le mélange des 2 gaz à volumes égaux disparaît complètement pour donner le *bichlorure d'éthylène* corps liquide incolore; c'est ce qui se produit aussi avec l'acétylène, et en 2 proportions, si le mélange n'a pas brûlé spontanément :

$$C^2H^2 + Cl^2 = C^2H^2Cl^2,$$
$$C^2H^2 + 2Cl^2 = C^2H^2Cl^4.$$

Enfin le chlore en agissant sur les produits saturés donne des *réactions de substitution*, un atome de chlore prenant la place d'un atome d'hydrogène qui s'unit à un autre atome de chlore pour donner de l'acide chlorhydrique; c'est ce qui se produit pour le mélange de gaz des marais avec un excès de gaz chlore par exposition à la lumière solaire diffusée par un mur blanc ou à travers un verre dépoli :

$$CH^4 + Cl^2 = HCl + CH^3Cl,$$ chlorure de méthyle gazeux ;

puis

$$CH^3Cl + Cl^2 = HCl + CH^2Cl^2,$$ bichlorure de méthylène ;

$$CH^2Cl^2 + Cl^2 = HCl + CHCl^3,$$ chloroforme, liquide ;

enfin

$$CHCl^3 + Cl^2 = HCl + CCl^4,$$ chlorure de carbone liquide.

La substitution se produit de même dans le bichlorure d'éthylène en contact avec du chlore par exposition au soleil :

$$C^2H^4Cl^2 + Cl^2 = HCl + C^2H^3Cl^3,$$

etc., avec formation successive des composés $C^2H^3Cl^3$, $C^2H^2Cl^4$, C^2HCl^5, et finalement C^2Cl^6, 2e *chlorure de carbone* solide, d'après la réaction :

$$C^2HCl^5 + Cl^2 = HCl + C^2Cl^6;$$

donc *3 sortes d'action* du chlore sur les carbures.

7° Il y a destruction par le chlore des *matières organiques* auxquelles il enlève de l'hydrogène, soit directement, soit en les oxydant en présence de l'eau; ainsi le chlore détruit les *matières animales,* comme la laine, la soie, qu'il ne pourra servir à décolorer; il détruit les *matières colorantes organiques,* comme le tournesol, l'*indigo, l'encre ordinaire,* qu'il décolore. D'où l'usage de l'indigo comme réactif indicateur dans le *dosage du chlore,* et l'usage de l'eau de chlore pour enlever les *taches d'encre* : l'encre ordinaire est obtenue par le mélange d'une décoction de noix de galle renfermant de l'acide gallique avec une dissolution de sulfate ferreux, et exposition prolongée du mélange à l'air; l'acide organique de l'encre est détruit par le chlore, et le fer passe à l'état d'hydrate ferrique formant des taches de rouille à la place des taches d'encre; il suffit de laver ces taches avec de l'acide chlorhydrique qui dissout l'hydrate ferrique, puis de laver avec de l'eau.

Le chlore sera donc un *agent décolorant* énergique.

Enfin le chlore décompose encore les *oxydes* ou les *sulfures métalliques* avec formation de chlorures métalliques et mise en liberté d'oxygène ou de soufre, qui peuvent pourtant rester unis à l'excès de chlore : Sont seuls *indécomposables par le chlore* les *oxydes d'aluminium* Al^2O^3 ou de *chrome* Cr^2O^3, auxquels on peut joindre les *anhydrides silicique* SiO^2 ou *borique* B^2O^3; pour décomposer ces corps, il faut faire agir le gaz chlore sur leur mélange au rouge avec le charbon qui prendra l'oxygène pour donner du gaz oxyde de carbone :

$$Al^2O^3 + 3C + 3Cl^2 = 3CO\uparrow + Al^2Cl^6\curvearrowright,$$

chlorure d'aluminium solide qui distille et dont c'est la préparation;

$$SiO^2 + 2C + 2Cl^2 = 2CO\uparrow + SiCl^4\curvearrowright,$$

chlorure de silicium liquide dont c'est aussi la préparation usuelle;

$$B^2O^3 + 3C + 3Cl^2 = 3CO\uparrow + 2.BCl^3\curvearrowright,$$

chlorure de bore dont c'est un mode de formation.

1° Action sur *l'oxyde mercurique* : par action du gaz chlore sur l'oxyde *jaune*, obtenu par précipitation de la solution d'un sel mercurique au moyen de la potasse et dessiccation à froid, il y a dégagement d'oxygène :

$$HgO + Cl^2 = HgCl^2 + O\uparrow;$$

tandis que si l'oxyde jaune de mercure a été *calciné à 300°*, pour le rendre moins attaquable, par le courant de chlore sec passant sur l'oxyde maintenu à 0°, il y a formation d'*anhydride hypochloreux* dont c'est la préparation :

$$HgO + 2Cl^2 = HgCl^2 + Cl^2O\uparrow.$$

L'oxyde mercurique *rouge*, qui est une variété isomérique, et que l'on prépare par voie sèche en calcinant du mercure à l'air ou de l'azotate mercurique, serait peu attaqué dans les conditions précédentes; mais par agitation avec un peu d'eau dans un flacon de chlore, il y a formation d'oxychlorure mercurique insoluble et *d'acide hypochloreux* dont c'est une préparation :

$$2HgO + 2Cl^2 + H^2O = (HgCl^2,HgO)\downarrow + 2ClOH.$$

2° Action sur *les alcalis*, les hydrates alcalinoterreux et les oxydes alcalinoterreux : si l'on opère *à froid* et en présence de *beaucoup d'eau*, par l'action du chlore on obtient un hypochlorite et un chlorure; avec *la potasse* ou *la soude* étendues et froides :

$$2KOH + Cl^2 = ClOK + KCl + H^2O;$$

avec un *lait de baryte* ou *de chaux* :

$$2.BaO^2H^2 + 2Cl^2 = (ClO)^2Ba + BaCl^2 + 2H^2O.$$

Or les hypochlorites formés se transforment en chlorates et chlorures par l'action de la chaleur :

$$3ClOK = ClO^3K + 2KCl,$$
$$3.(ClO)^2Ba = (ClO^3)^2Ba + 2BaCl^2.$$

— Aussi si on opère *à chaud*, ou si l'alcali étant *concentré* le liquide s'échauffe beaucoup par la réaction qu'y produit le courant de chlore, il y a alors formation de chlorate et de chlorure :

$$6KOH + 3Cl^2 = ClO^3K + 5.KCl + 3H^2O.$$
$$6.BaO^2H^2 + 6Cl^2 = (ClO^3)^2Ba + 5.BaCl^2 + 6H^2O.$$

Mais le chlore est absorbé par *l'hydrate de calcium*, ou chaux éteinte, à froid pour donner le *chlorure de chaux*, produit industriel ayant la forme d'une farine blanche ou d'une pâte blanche. On admet que ce corps à *l'état solide* est un oxychlorure de calcium $CaOCl^2$ formé d'après la réaction :

$$CaO^2H^2 + Cl^2 = CaOCl^2 + H^2O;$$

et en effet par exposition à l'air sous l'action du gaz carbonique, le corps solide dégage peu à peu du gaz chlore produisant la désinfection de l'air :

$$CaOCl^2 + CO^2 = CO^3Ca + Cl^2\uparrow.$$

Mais la *dissolution* de chlorure de chaux, identique au produit de l'action du chlore sur un lait de chaux, se comporte comme un mélange d'hypochlorite et de chlorure de calcium :

$$2.CaOCl^2 = (ClO)^2Ca + CaCl^2;$$

et en effet cette dissolution par un courant d'acide carbonique donne maintenant un précipité de carbonate de calcium avec formation d'acide hypochloreux, et non de chlore, provenant de l'hypochlorite :

$$2.CaOCl^2 + CO^3H^2 = CO^3Ca\downarrow + CaCl^2 + 2ClOH.$$

Et il y aurait encore formation d'acide hypochloreux dans l'action du chlore sur du *carbonate de calcium* (craie) ou du *carbonate de baryum* en suspension dans l'eau.

Enfin par un courant de chlore sur *l'oxyde de calcium,* ou chaux vive, *au rouge,* il y aurait formation seulement de chlorure de calcium avec dégagement d'oxygène :

$$CaO + Cl^2 = CaCl^2 + O\uparrow.$$

3° Action sur *l'azotate d'argent* $Az\,O^3Ag$: par un courant du gaz sec sur ce sel sec maintenu à 60° il y a formation *d'anhydre azotique* solide qui distille et qui a été découvert par cette réaction :

$$2.AzO^3Ag + Cl^2 = 2.AgCl + O\uparrow + Az^2O^5 ;$$

tandis que par le mélange d'eau de chlore et de dissolution d'azotate d'argent, il y a formation d'acide azotique et d'acide hypochloreux :

$$AzO^3Ag + Cl^2 + H^2O = AgCl\downarrow + AzO^3H + ClOH.$$

II. — Caractères du chlore.

1° Il est absorbé par la *potasse.*

2° Il a une *odeur* caractéristique, différente de celle de la vapeur de brome.

3° Il décolore *l'indigo* à froid, et il colore en bleu *l'iodure de potassium* additionné *d'empois d'amidon* : la vapeur de brome présente aussi ces réactions.

4° Mais le chlore ne donne pas de coloration au *sulfure de carbone,* tandis que la vapeur de brome lui donne une coloration jaune brun.

III. — État naturel, modes de formation et préparation du chlore.

Il existe *à l'état de chlorures* de sodium, de potassium et de magnésium, soit en amas dans le *sol*, soit en dissolution dans les *eaux de la mer*; et *à l'état d'acide chlorhydrique* HCl dans *l'acide chlorhydrique du commerce*, que l'on prépare à partir du chlorure de sodium.

Il y a formation de chlore libre, soit par *électrolyse des chlorures*, soit par *oxydation* de l'acide chlorhydrique ou des chlorures de magnésium ou de sodium. — L'électrolyse des chlorures, en employant comme anode un charbon conducteur inaltérable par le chlore, est un *procédé direct d'extraction industrielle* qui tend à se repandre : il donne en même temps soit le métal libre si on opère sur les *chlorures anhydres fondus*, soit les *alcalis libres*, potasse ou soude caustiques, si on opère sur les *solutions des chlorures alcalins*; l'alcali libre est formé par l'action secondaire du métal alcalin sur l'eau de la solution :

$$Na + H^2O = NaOH\downarrow + H\uparrow;$$

comme il est plus dense que la solution du chlorure alcalin, il tombe au fond du vase à électrolyse et s'échappe par un tube, au fur et à mesure de sa production.

1° Dans l'action de *l'oxygène de l'air*, soit au rouge sombre sur le *gaz chlorhydrique* :

$$2HCl + O = H^2O\uparrow + Cl^2\uparrow;$$

soit au rouge vif sur le *chlorure de magnésium anhydre* :

$$MgCl^2 + O = MgO + Cl^2\uparrow;$$

2° Dans l'action de *l'acide chlorhydrique du commerce* sur les *peroxydes, non basiques*, comme le *bioxyde de plomb* PbO^2, le *bioxyde de manganèse* MnO^2 et les oxydes de manganèse comme Mn^2O^3, plus oxygénés que l'oxyde manganeux basique MnO; comme encore *l'anhydride chromique* CrO^3 :

$$PbO^2 + 4.HCl = PbCl^2\downarrow + 2.H^2O + Cl^2\uparrow,$$

$$2.CrO^3 + 12.HCl = Cr^2Cl^6 + 6H^2O + 3.Cl^2\uparrow;$$

pourtant par action de l'acide chlorhydrique à froid sur le bioxyde de baryum il y a formation d'eau oxygénée H^2O^2;

3° Encore dans l'action de *l'acide chlorhydrique* sur *l'acide azotique*, d'après les réactions suivantes; au rouge :

$$HCl + AzO^3H = AzO^2 + H^2O + Cl\uparrow;$$

à froid par mélange des 2 acides du commerce ou *eau régale* :

$$3HCl + AzO^3H = AzOCl\uparrow + Cl^2\uparrow + H^2O,$$
$$= AzOCl^2\uparrow + Cl\uparrow + H^2O;$$

4° Dans l'action de *l'acide chlorhydrique* sur les *sels oxygénés peu stables*, comme les *hypochlorites*, les *chlorates*, le *permanganate* de potassium MnO^4K, le *dichromate* de potassium $Cr^2O^7K^2$, quand on chauffe; avec le chlorure de chaux $CaOCl^2$, d'après :

$$2.HCl + CaOCl^2 = CaCl^2 + H^2O + Cl^2\uparrow,$$

d'où la *régénération du chlore du chlorure de chaux industriel*; avec le chlorate de potassium ClO^3K, d'après :

$$6HCl + ClO^3K = KCl + 3H^2O + 3Cl^2\uparrow,$$

d'où la *régénération du chlore du chlorate industriel*;

$$8HCl + MnO^4K = MnCl^2 + KCl + 4H^2O + 5Cl\uparrow,$$
$$14.HCl + Cr^2O^7K^2 = Cr^2Cl^6 + 2KCl + 7H^2O + 3Cl^2\uparrow;$$

5° Enfin directement à partir du *chlorure de sodium* NaCl, par l'action du mélange oxydant de *bioxyde de manganèse* en poudre fine et d'*acide sulfurique* étendu de la moitié de son volume d'eau : le mélange de sel marin et de bioxyde de manganèse est introduit dans un ballon d'assez grande capacité muni d'un tube en S pour l'introduction de l'acide sulfurique et d'un tube à dégagement s'ouvrant sur la cuve à eau; il suffit de chauffer légèrement le ballon quand le dégagement du gaz se ralentit; on recueille sur l'eau :

$$2NaCl + MnO^2 + 3SO^4H^2 = 2.SO^4HNa + SO^4Mn + 2H^2O + Cl^2\uparrow;$$

c'est la préparation par le *procédé de Berthollet* qui donne *la totalité du chlore* contenu dans le chlorure de sodium, et qui n'est cependant pas employé dans l'industrie car le résidu de sulfate alcalin et de sulfate manganeux n'est pas utilisable.

On *prépare* le chlore *dans les laboratoires* par le *procédé de Scheele,* qui a servi à découvrir ce gaz, et qui consiste à chauffer légèrement dans le ballon de la méthode précédente, du bioxyde de manganèse *en fragments* avec de l'acide chlorhydrique *concentré* : on recueille sur l'eau, qui dissout le gaz chlorhydrique entraîné. — Aussitôt que par le tube en S on verse l'acide chlorhydrique sur le bioxyde de manganèse, il y a formation d'un *liquide brun foncé* sans que le gaz chlore se dégage, et on admet la formation de *tétrachlorure de manganèse,* d'après la réaction :

$$4HCl + MnO^2 \rightleftarrows 2H^2O + MnCl^4;$$

et en effet si au liquide brun on ajoutait une grande quantité d'eau il y aurait précipitation de bioxyde de manganèse hydraté formé d'après la réaction inverse, le tétrachlorure de manganèse *ne pouvant exister qu'en présence d'un excès d'acide chlorhydrique.* — Mais il y a bientôt *dissociation* du tétrachlorure de manganèse avec dégagement de gaz chlore :

$$MnCl^4 \rightleftarrows MnCl^2 + Cl^2\uparrow;$$

ce phénomène serait lent à froid, mais il est rapide quand on chauffe, le liquide se décolore et on peut recueillir le chlore qui se dégage. L'ensemble des réactions peut donc s'écrire :

$$4HCl + MnO^2 \rightleftarrows MnCl^2 + 2H^2O + Cl^2\uparrow;$$

et l'on voit que l'on obtient ainsi *la moitié* seulement *du chlore de l'acide chlorhydrique décomposé.* Or *l'acide chlorhydrique* employé *ne peut pas être complètement décomposé,* car lorsqu'il arrive à la dilution $HCl + 8H^2O$ il n'a plus d'action sur le bioxyde de manganèse ; c'est au contraire le chlore qui en présence d'un acide chlorhydrique plus étendu oxyderait le chlorure manganeux pour précipiter du bioxyde de manganèse hydraté d'après la réaction inverse : *il faut* donc employer *de l'acide concentré,* agissant par le gaz chlorhydrique simplement dissous, lequel a seul de l'action sur le bioxyde de manganèse.

Pour avoir le gaz chlore *pur et sec,* on le fait passer dans un *laveur à eau* qui retient le gaz chlorhydrique entraîné, on le dessèche par passage dans un laveur à *acide sulfurique concentré* ou dans une éprouvette à *chlorure de calcium desséché*, et on le recueille *par déplacement* dans un flacon sec au fond duquel

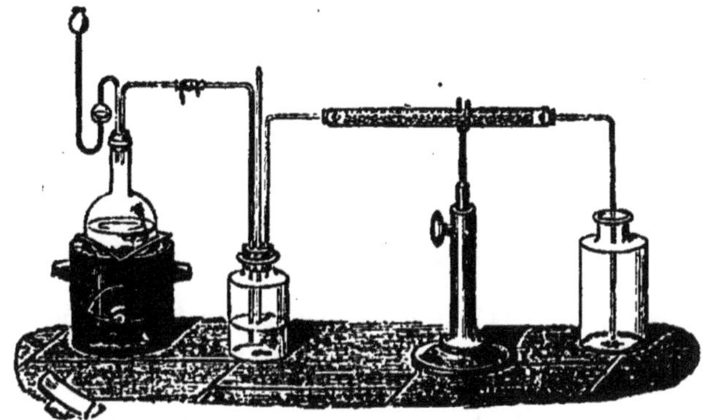

Fig. 41. — Préparation du chlore sec.

arrive le tube à dégagement : on utilise ainsi la grande densité du gaz, et sa coloration pour juger quand le flacon est rempli; on ferme *à l'émeri* quand le flacon a pris jusqu'au col la teinte du chlore; on évite la fermeture avec le *liège* et les raccords en

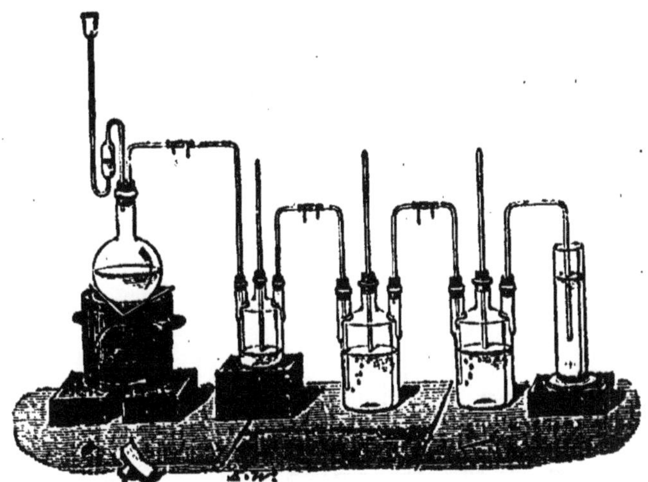

Fig. 42. — Préparation de l'eau de chlore.

caoutchouc dans l'appareil à préparation, ces matières organiques étant détruites peu à peu par le chlore.

Pour avoir *l'eau de chlore*, après avoir lavé le gaz dans le laveur à eau, on le dissout dans l'eau pure d'une série de flacons de Woolf suivie d'un vase à dissolution alcaline pour arrêter le chlore qui ne s'est pas dissous, et où se produisent des hypochlorites ou des chlorates suivant que la solution alcaline est étendue ou concentrée. On *conserve* l'eau de chlore dans des flacons en verre opaque pour la soustraire à l'action de la lumière.

IV. — Préparations industrielles du chlore.

On ne reviendra pas sur la *méthode électrolytique* qui fournit surtout le chlore pur destiné à la liquéfaction.

On emploie encore *quelquefois* la *réaction de Scheele* dans des appareils variés : soit des *bonbonnes en grès* chauffées au bain de sable, recevant l'acide chlorhydrique concentré, et dont le couvercle porte une éprouvette en grès percée de trous à la partie inférieure et contenant les fragments de manganèse naturel, de manière que le résidu de chlorure manganeux plus dense tombant au fond le manganèse reste au contact de l'acide libre. — Soit des chambres prismatiques en pierre siliceuse inattaquable par l'acide chlorhydrique ou par le chlore, et appelées *pierres à chlore*, chauffées par injection de vapeur d'eau bouillante, ce qui a l'inconvénient de diluer l'acide, et où le manganèse repose sur un

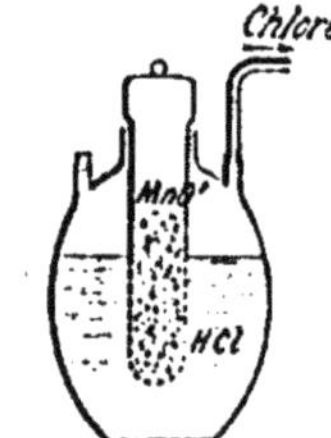

Fig. 43. — Bonbonne à chlore.

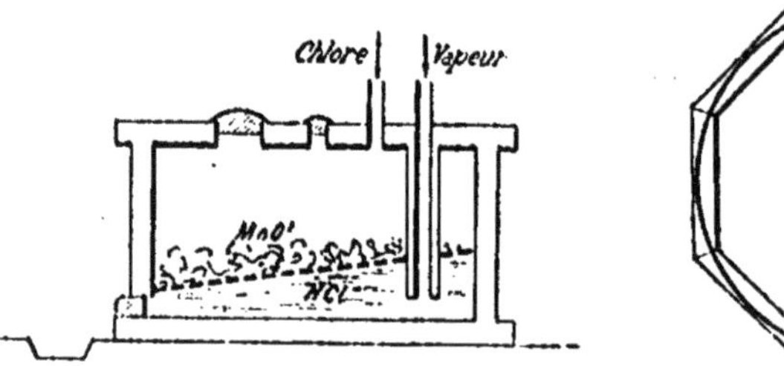

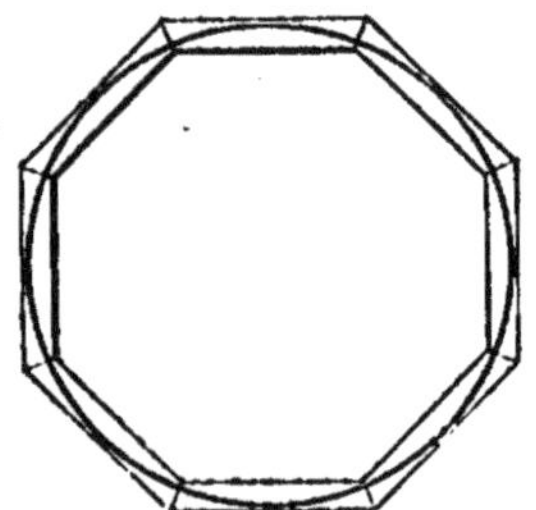

Fig. 44. — Coupe et plan d'une pierre à chlore, montrant une rainure circulaire où est logée une corde de caoutchouc assurant l'étanchéité des fonds.

double fond incliné percé de trous, pour la même raison que tout à l'heure. Le dégagement du gaz dans les 2 cas a lieu par un tube en plomb. — Mais alors le *rendement* en chlore ne dépasse pas les *0,40* du chlore de l'acide chlorhydrique employé, puisque la réaction est limitée; il y a une grande consommation de manganèse naturel MnO^2 devenu coûteux depuis son utilisation dans la fabrication des *ferro-manganèses* pour l'industrie de l'acier; enfin l'opération de Scheele laisse industriellement un *résidu acide très encombrant* que l'on ne peut déverser tel quel dans les cours d'eau. C'est pourquoi le procédé de Scheele ne sert-il plus guère que pour réparer les pertes en bioxyde de manganèse qui se produisent dans le *procédé Weldon*, utilisé dans la grande industrie.

1° *Procédé Weldon*, dans lequel on supprime théoriquement la consommation de manganèse naturel par la *régénération du bioxyde de manganèse* à partir du résidu de l'opération de Scheele. Ce résidu contient en dissolution du chlorure manganeux $MnCl^2$, de l'acide chlorhydrique libre, puis un peu de chlorure ferrique Fe^2Cl^6, de chlorure d'aluminium Al^2Cl^6, de silice dissoute SiO^2, provenant de l'oxyde ferrique Fe^2O^3, de l'alumine Al^2O^3 et de la silice qui accompagnent fréquemment le manganèse naturel et se sont dissous aisément dans l'acide

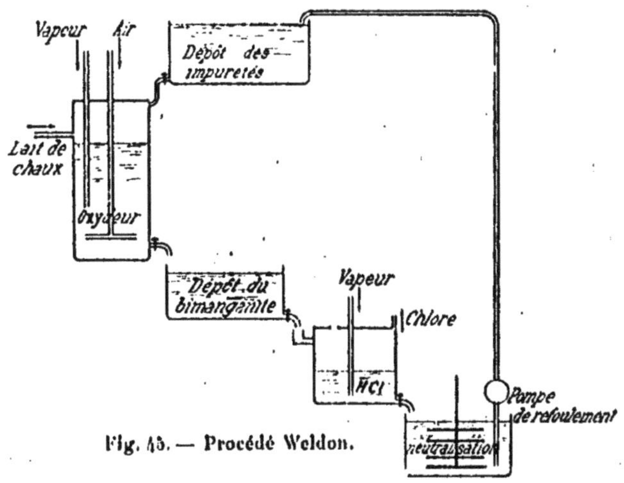

Fig. 45. — Procédé Weldon.

chlorhydrique. — On commence par neutraliser le résidu au moyen de *pierre calcaire*, ce qui dégage du gaz carbonique :

$$2HCl + CO^3Ca = CaCl^2 + H^2O + CO^2\uparrow;$$

en même temps qu'il y a précipitation des impuretés du résidu à l'état d'oxyde ferrique Fe^2O^3, d'alumine Al^2O^3, de silice SiO^2 :

$$Fe^2Cl^6 + 3CO^3Ca = Fe^2O^3\downarrow + 3CaCl^2 + 3CO^2\uparrow.$$

Après repos, on décante la dissolution claire de chlorures de manganèse et de calcium dans les cylindres appelés *oxydeurs*, où l'on élève la température jusqu'à *55°* par injection de vapeur, en même temps qu'on ajoute un *lait de chaux* en proportion calculée, et que par le fond du cylindre on injecte de *l'air*; l'hydrate de calcium ajouté qui est une base soluble précipite l'hydrate manganeux base insoluble :

$$MnCl^2 + CaO^2H^2 = CaCl^2 + MnO^2H^2\downarrow;$$

l'hydrate manganeux, très avide d'oxygène, s'empare de l'oxygène de l'air injecté pour donner du bioxyde de manganèse, régénéré à l'état d'hydrate, ou acide manganeux :

$$MnO^2H^2 + O = MnO^3H^2;$$

cette oxydation est surtout rapide à cause de la présence de l'excès calculé d'hydrate de calcium qui s'unit à l'acide manganeux pour former un manganite acide de calcium ou *bimanganite de calcium* :

$$2MnO^3H^2 + CaO^2H^2 = 2.H^2O + (MnO^3)^2H^2Ca\downarrow;$$

ce corps se dépose à l'état de *boue noirâtre* que l'on attaque dans l'appareil à production de chlore au lieu du manganèse naturel, par l'acide chlorhydrique :

$$(MnO^3)^2H^2Ca + 10.HCl = 2.MnCl^2 + CaCl^2 + 6H^2O + 2Cl^2\uparrow;$$

le résidu est régénéré de nouveau.

Le rendement n'est plus que *0,32* du chlore de l'acide employé, car une partie de l'acide est neutralisée par l'oxyde de calcium CaO du bimanganite sans dégagement de chlore; mais *la réaction est plus facile* qu'avec le manganèse naturel, elle exige une *température moins élevée*, et *elle ne consomme* au total *que très peu de manganèse* naturel, car la perte en bioxyde au cours de la régénération ne dépasse pas 0,05; et on la compense par l'attaque d'un peu de manganèse naturel dans les bonbonnes du procédé de Scheele. Ceci explique pourquoi, malgré la faiblesse du rendement, le procédé Weldon fournit encore près de la moitié du chlore industriel, bien qu'il tende à être remplacé par la méthode suivante :

2° *Procédé Deacon*, ne consommant pas de manganèse, donnant la *totalité du chlore de l'acide chlorhydrique* lequel est devenu plus coûteux depuis l'abandon progressif de la fabrication du sulfate neutre de sodium dans l'industrie de la soude artificielle. En principe on utilise la décomposition du *gaz chlorhydrique* sortant des appareils à fabrication, par l'oxygène de l'*air* au rouge sombre :

$$2HCl + O = H^2O\uparrow + Cl^2\uparrow.$$

— Pratiquement on rend la décomposition du gaz chlorhydrique plus complète et plus facile et dès la température *400°*, en faisant passer le mélange de gaz chlorhydrique et d'air dans des fours remplis de briques poreuses imprégnées de *chlorure cuivrique* $CuCl^2$; il y a alors décomposition du chlorure cuivrique par l'oxygène avec formation d'oxychlorure cuivrique et libération de chlore :

$$2.CuCl^2 + O = CuCl^2,CuO + Cl^2\uparrow;$$

mais immédiatement il y a régénération du chlorure cuivrique par l'action du gaz chlorhydrique :

$$CuCl^2,CuO + 2HCl = 2CuCl^2 + H^2O\uparrow;$$

ces deux réactions seraient d'ailleurs réversibles à température très élevée. La forme industrielle des sels cuivriques étant le sulfate cuivrique, les briques ont été imprégnées d'abord de *sulfate cuivrique* lequel a été rapidement transformé en chlorure :

$$SO^4Cu + 2HCl = SO^4H^2\uparrow + CuCl^2;$$

le chlorure cuivrique ainsi formé une première fois sera régénéré indéfiniment.

Il se dégage des fours Deacon un mélange de gaz chlore, de gaz chlorhydrique non décomposé, des gaz de l'air non employés et surtout de l'azote : on *lave* le mélange dans l'*eau* pour récupérer l'acide chlorhydrique non décomposé, on le *dessèche* dans des chambres contenant de l'acide sulfurique concentré, et l'on fait arriver le mélange dans de grandes chambres où de la *chaux éteinte* repose sur des claies : le chlore est absorbé pour former le chlorure de chaux industriel $CaOCl^2$, et les gaz de l'air se dégagent.

3° Enfin d'autres procédés ont été essayés pour utiliser le

Fig. 46. — Préparation industrielle du chlorure de chaux.

chlorure de magnésium des eaux-mères des marais salants, que l'on peut obtenir hydraté sous forme de cristaux $MgCl^2 + 6H^2O$, et qui se décompose quand on veut le dessécher par la chaleur :

$$MgCl^2 + H^2O = MgO + 2HCl\uparrow.$$

Dans le *procédé Schlœsing*, on desséchait le chlorure de magnésium dans une atmosphère de gaz chlorhydrique pour éviter sa décomposition, et on opérait la décomposition du chlorure de magnésium *anhydre* par l'oxygène de l'*air* dans un four au *rouge vif*.

Dans le *procédé Schlœsing-Péchiney*, à la solution concentrée de chlorure de magnésium des salines, on ajoutait assez d'oxyde de magnésium venant d'une opération précédente pour former un *oxychlorure* pâteux $MgCl^2,MgO$ qu'on pouvait dessécher sans décomposition par un courant d'air en chauffant à 300°. On décomposait alors l'oxychlorure sec par l'air dans un four au rouge vif comme tout à l'heure :

$$MgCl^2,MgO + O = 2MgO + Cl^2\uparrow;$$

mais à cause de l'imparfaite dessiccation industrielle on avait aussi la réaction :

$$MgCl^2,MgO + H^2O = 2MgO + 2HCl\uparrow;$$

de sorte qu'il se dégageait des fours un mélange gazeux analogue à celui de l'appareil Deacon et utilisé comme lui.

V. — Usages du chlore.

A l'*état gazeux* dans les laboratoires pour la *préparation des chlorures des métalloïdes* : iode, soufre, phosphore, arsenic, silicium, bore, et de *quelques chlorures métalliques* : chlorure stannique $SnCl^4$, chlorure ferrique anhydre Fe^2Cl^6, chlorure d'aluminium Al^2Cl^6.

Surtout *à l'état de chlorure de chaux* : ce corps, qui est une *farine blanche*, à *faible odeur* de chlore, est employé tel quel comme *désinfectant de l'air*; sous l'action du gaz carbonique de l'air, il dégage lentement du chlore, capable de détruire le gaz sulfhydrique et le gaz ammoniac de l'air, sans que ce dégagement soit gênant :

$$CaOCl^2 + CO^2 = CO^3Ca + Cl^2\uparrow.$$

A l'état dissous le chlorure de chaux est employé aussi à la désinfection, mais surtout pour le *blanchiment des fibres végétales*, comme on le verra à propos des hypochlorites.

La solution de chlorure de chaux traitée par la solution de carbonate neutre de sodium donne après décantation l'*eau de Javel industrielle*, employée dans le *blanchissage* du linge, et qui est un mélange d'hypochlorite de sodium et de chlorure de sodium inactif :

$$CaOCl^2 + CO^3Na^2 = CO^3Ca\downarrow + (ClONa + NaCl).$$

La solution de chlorure de chaux chauffée se transforme en solution de chlorate de calcium :

$$6.CaOCl^2 = (ClO^3)^2Ca + 5.CaCl^2;$$

et si on ajoute, soit du chlorure de potassium KCl, soit du chlorure de baryum $BaCl^2$, il y aura par refroidissement un dépôt de cristaux de *chlorates de potassium* ou *de baryum* :

$$(ClO^3)^2Ca + 2.KCl = 2.ClO^3K_{\downarrow} + CaCl^2;$$
$$(ClO^3)^2Ca + BaCl^2 = (ClO^3)^2Ba_{\downarrow} + CaCl^2.$$

ONZIÈME LEÇON

ACIDE CHLORHYDRIQUE, HCl.

C'est un *gaz incolore, fumant* à l'air humide, à *odeur* piquante, ayant pour *densité* 1,2696. Il est *assez facile à liquéfier* en un liquide qui *bout* à — 35° et pouvant donner un solide qui *fond* à — 112° (on peut remarquer que les points de fusion et d'ébullition sont voisins de ceux du chlore).

1° Le gaz chlorhydrique est *très soluble* dans l'eau : coefficient 500 à 0°; on montre cette grande solubilité en descendant la partie inférieure d'une éprouvette du gaz reposant sur une soucoupe pleine de mercure dans l'eau d'une cuve, et en soulevant légèrement l'éprouvette qui se remplit immédiatement d'eau, dès que le gaz est mis au contact de ce liquide. — La masse de gaz qui sature un volume donné d'eau n'est pas proportionnelle à la pression que le gaz exerce sur la dissolution, car il y a *combinaison* du gaz avec l'eau, et avec un *grand dégagement de chaleur*, 17^c par molécule dissoute dans une grande quantité d'eau. Aussi la solution saturée du gaz ne perd pas tout le gaz dissous, soit par l'opération du vide, soit sous l'action de la chaleur, différence avec une simple dissolution physique comme la solution du gaz ammoniac deux fois plus soluble. — La solution saturée à la température ordinaire est l'*acide chlorhydrique du commerce*, généralement *coloré* en jaune par des impuretés, de *masse spécifique* 1^{gr},18 répondant à 22° Baumé, *fumant* à l'air et ayant l'*odeur* piquante du gaz.

Par refroidissement à — 20° de la solution saturée à froid où l'on fait passer un courant du gaz, on obtient un *1er hydrate* $HCl,2H^2O$, sous forme d'une *masse cristalline, fondant* à — 18°, très instable, *dissociée* à la température ordinaire d'après l'équation :

$$3[HCl,2H^2O] = 2HCl\uparrow + HCl,6H^2O;$$

la composition de ce 1er hydrate est la même que celle de l'hydrate fluorhydrique liquide.

Si l'on fait passer un courant d'air ou de gaz carbonique dans la solution saturée à froid, de manière à entraîner tout le gaz simplement dissous; ou bien si l'on abandonne cette solution dans un espace clos contenant aussi des fragments de potasse caustique ou de chaux vive capables d'absorber à la fois le gaz chlorhydrique dégagé et la vapeur d'eau émise; dans les 2 cas on obtient un 2e *hydrate* $HCl,6H^2O$, qui est un *liquide* de *masse spécifique* plus faible 1[gr],12, *ne fumant pas* à froid, *se dissociant* encore quand on chauffe, et avec élévation progressive de la température jusqu'à 110° d'après l'équation :

$$4[HCl,6H^2O] = HCl\uparrow + 3[HCl,8H^2O].$$

Enfin si on fait bouillir, soit la solution saturée à froid qui perd surtout du gaz chlorhydrique, soit la solution très étendue qui perd surtout de la vapeur d'eau, il reste puis il distille un 3e *hydrate* $HCl,8H^2O$, *liquide*, de *masse spécifique* plus faible encore 1[gr],1, *bouillant* à 110° et *sans décomposition* pourvu que la pression demeure la pression atmosphérique. Mais quand la pression sous laquelle s'effectue la distillation varie beaucoup, de quelques centimètres de mercure à 3 atmosphères, la *composition* du 3[e] hydrate *varie un peu*, de 6,7 H^2O à 9,3 H^2O.

Alors l'acide *concentré* du commerce *contient* le 1er hydrate en état de dissociation d'où les fumées qu'il répand à l'air, ou *du gaz chlorhydrique* formé avec un dégagement de 22[c] seulement; tandis que l'acide *étendu* contient le 3[e] *hydrate stable* formé avec un dégagement de chaleur beaucoup plus grand 22 + 17 = 39[c]. Aussi il pourra y avoir des *différences d'action chimique* du gaz chlorhydrique ou de l'acide concentré d'une part lequel contient du gaz chlorhydrique plus facile à décomposer, et de la solution étendue d'autre part. — Ainsi sur le *bioxyde de manganèse*, il y a réaction de l'acide concentré avec production de chlore :

$$MnO^2 + 4HCl \rightleftarrows MnCl^2 + 2H^2O + Cl^2\uparrow,$$

tandis qu'il n'y a pas d'action de l'acide étendu; c'est au contraire le chlore qui en présence de cet acide étendu produirait une action oxydante sur le chlorure manganeux d'après la réaction inverse, avec formation d'acide chlorhydrique et précipitation de bioxyde de manganèse hydraté. — De même, sur le *sulfure d'antimoine* Sb^2S^3, en *poudre noirâtre*, il y a réaction à froid de l'acide chlorhydrique concentré avec dégagement de gaz sulfhydrique H^2S dont c'est un mode de production :

$$Sb^2S^3 + 6HCl \rightleftarrows 2.SbCl^3 + 3H^2S\uparrow,$$

tandis que l'acide étendu n'a pas d'action; c'est au contraire le gaz sulfhydrique qui en présence de cet acide trop étendu donnerait la réaction inverse sur le chlorure d'antimoine, avec formation d'acide chlorhydrique et précipitation de sulfure d'antimoine, *rouge orangé* quand il se forme par voie humide. On montre les 2 réactions dans un verre où l'on place un peu de sulfure d'antimoine en poudre avec de l'acide concentré, ce qui dégage des bulles de gaz sulfhydrique; on verse alors avec précaution, sur un bouchon plat qui surnage le liquide dense, de l'eau, de manière à éviter le mélange des liquides; on voit alors se former dans cette eau où se diffusent le chlorure d'antimoine et l'acide étendu le précipité orangé de sulfure d'antimoine hydraté. Le renversement des réactions se produit précisément pour la composition de l'hydrate stable à froid $HCl,6H^2O$.

2° Le gaz chlorhydrique est faiblement *dissocié* à très haute température 1300°; on le montre dans le *tube chaud et froid* : le tube froid est un tube en laiton traversé par un courant d'eau froide et qui pour le cas particulier est *argenté* extérieurement puis *amalgamé*; il se trouve dans l'axe d'un tube en porcelaine vernissée chauffé à très haute température; dans l'espace annulaire on fait passer un courant de gaz chlorhydrique, et un tube à dégagement relie cet espace à une cuve à dissolution de potasse sur laquelle est retournée une très longue éprouvette remplie du même liquide : on recueille dans cette éprouvette quelques cmc d'un gaz combustible qui est de l'*hydrogène*, le gaz chlorhydrique non décomposé étant absorbé par la potasse; d'autre part si on démonte l'appareil et qu'on mette le tube froid au contact de l'ammoniaque, on le voit noircir, ce qui indique la présence sur le tube de *chlorure mercureux*. Or le gaz chlorhydrique, à la température du tube froid, n'a aucune action sur l'amalgame d'argent, lequel est facilement attaqué par le chlore libre. Le gaz chlorhydrique au contact du tube chaud a donc été dissocié en chlore qui s'est fixé sur l'amalgame d'argent, et en gaz hydrogène recueilli. Mais le faible volume du gaz recueilli montre que la *dissociation* du gaz chlorhydrique est encore *très faible à 1300°*.

Le gaz chlorhydrique est encore dissocié par une longue *série d'étincelles* produites dans un eudiomètre à mercure qui contient le gaz, car la surface libre du mercure dans l'eudiomètre se ternit par la formation de chlorure mercureux, et on observe une légère diminution du volume du gaz, constante *après plusieurs jours* d'étincelles, et correspondant à une *faible proportion limite* 0,02 de gaz chlorhydrique décomposé.

I. — Propriétés chimiques de l'acide chlorhydrique.

Il est *en général sans action sur les métalloïdes,* sauf le fluor, l'oxygène et le silicium; mais il *attaque tous les métaux*, sauf cependant le platine et l'or, et avec formation de chlorures métalliques et dégagement d'hydrogène; il possède *une fonction acide fort*, faisant virer le *tournesol* au rouge clair, faisant aussi virer l'*hélianthine*; et alors il agit sur les oxydes ou les *hydrates métalliques* et sur beaucoup de *sulfures* métalliques.

1° Il est décomposé à froid par le gaz *fluor* qui en déplace le chlore :

$$HCl + F = HF + Cl.$$

2° Il est sans action à froid sur l'*oxygène* ou sur l'*air*, et même sans action au contact d'une flamme : le gaz chlorhydrique est *incombustible*; mais si l'on fait passer le mélange du gaz avec de l'oxygène ou de l'air dans un tube de porcelaine *au rouge sombre,* il y a mise en liberté de chlore par une réaction exothermique :

$$2HCl + O = H^2O + Cl^2\uparrow.$$

Il y a encore mise en liberté de chlore dans l'oxydation de l'acide du commerce par les *agents oxydants* agissant à froid ou à température peu élevée; c'est ce qui arrive quand on mélange l'acide du commerce avec de l'*acide azotique* :

$$3HCl + AzO^3H = AzOCl\uparrow + Cl^2\uparrow + 2H^2O,$$

ou encore :

$$3HCl + AzO^3H = AzOCl^2\uparrow + Cl\uparrow + 2H^2O,$$

le bichlorure de nitrosyle $AzOCl^2$ étant lui-même décomposé en protochlorure de nitrosyle AzOCl et en chlore libre Cl, si l'on chauffe; d'où alors l'action chlorurante du mélange des 2 acides ou *eau régale* sur les métaux, en particulier sur l'or ou le platine qu'elle dissout à l'état de chlorure d'or $AuCl^3$ ou de chlorure platinique $PtCl^4$; et son action oxydante sur les métalloïdes, comme l'arsenic, dont les chlorures sont décomposés par l'eau. — Et il y a encore production de chlore aux dépens de l'acide chlorhydrique dans son action sur les *hypochlorites*, sur les *chlorates*, sur les *permanganates*, sur l'*anhydride chromique* ou les *dichromates*, et enfin sur les *peroxydes* comme les bioxydes de plomb ou de manganèse, ainsi qu'il a été dit à propos des modes de formation du chlore.

3° Si l'on fait passer un courant de gaz chlorhydrique sur du *silicium* chauffé au rouge, il y a dégagement d'hydrogène et condensation d'un mélange de chlorure de silicium et de *silicichloroforme* $SiHCl^3$, qui sont des liquides séparables par distillation fractionnée, d'où la préparation du silicichloroforme :

$$Si + 4HCl = SiCl^4\curvearrowright + 2H^2\uparrow,$$
$$Si + 3HCl = SiHCl^3\curvearrowright + H^2\uparrow.$$

4° Dans l'*action sur les métaux* autres que le platine ou l'or, il convient de distinguer les réactions du gaz d'avec celles de l'acide du commerce :

Le *gaz chlorhydrique* n'attaque l'*argent* qu'à partir de *400°*, encore la réaction est-elle *limitée*, car la réduction du chlorure d'argent par le gaz hydrogène est possible dans les mêmes conditions :

$$Ag + HCl \rightleftarrows AgCl + H\uparrow.$$

Le *mercure* n'est attaqué que s'il est chauffé *à 500°* dans un courant de gaz chlorhydrique, tandis que le mercure absorbe le chlore libre à froid. — L'*étain*, le *fer*, le *zinc*, l'*aluminium*, légèrement chauffés sont attaqués par le gaz chlorhydrique, avec formation de *chlorures au minimum de chloruration* s'il y a lieu, tandis que l'action du chlore libre donnerait des produits au maximum de chloruration : avec le fer, il y a formation de *chlorure ferreux anhydre* $FeCl^2$ solide blanc, tandis que le chlore donnerait le chlorure ferrique anhydre Fe^2Cl^6 solide brun; avec l'étain, il y a formation de *chlorure stanneux* $SnCl^2$ solide blanc, tandis que par le chlore libre il y aurait production de chlorure stannique $SnCl^4$ liquide incolore :

$$Sn + 2HCl = SnCl^2 + H^2 \uparrow.$$

Enfin les *métaux alcalins* réagissent à froid sur le gaz chlorhydrique :

$$K + HCl = KCl + H \uparrow.$$

L'*acide du commerce* n'a pas d'action à froid sur l'argent, le mercure, le *plomb* ou le *cuivre*; et à l'ébullition il attaque très difficilement le cuivre avec formation de *chlorure cuivreux* Cu^2Cl^2 solide blanc, dissous en vert dans l'excès d'acide chlorhydrique dont une grande quantité d'eau le précipite. L'*étain* est attaqué lentement, à moins que l'on ne chauffe, et il y a formation de chlorure stanneux ou *sel d'étain* dont c'est la préparation. — Enfin *le fer* et le *zinc* sont attaqués rapidement à froid par l'acide, même très étendu, avec dégagement d'hydrogène, dont c'est une préparation et un mode de production.

5° L'acide chlorhydrique du commerce dissout en général les *oxydes* ou les *hydrates métalliques*, avec formation de chlorures métalliques et d'eau; et le gaz est absorbé par la *potasse* :

$$HCl + KOH = KCl + H^2O;$$

avec l'*oxyde de zinc* ou l'*oxyde ferrique*, il y aurait formation de chlorure de zinc ou de chlorure ferrique dissous :

$$ZnO + 2HCl = ZnCl^2 + H^2O,$$
$$Fe^2O^3 + 6HCl = Fe^2Cl^6 + 3H^2O.$$

On a vu que dans l'action sur les *peroxydes*, il y a formation de chlorure, d'eau, et de chlore libre, ce qui arrive pour les bioxydes de plomb ou de manganèse, ou encore l'anhydride chromique. Pourtant dans l'action de l'acide étendu sur le *bioxyde de baryum* à froid, il y a formation d'eau oxygénée H^2O^2 dont c'est un mode de production :

$$BaO^2 + 2HCl = BaCl^2 + H^2O^2.$$

6° L'acide chlorhydrique décompose de même beaucoup de *sulfures métalliques* avec formation de chlorures et dégagement de gaz sulfhydrique; ce qui arrive dans la préparation du chlorure de baryum à partir du sulfure :

$$BaS + 2HCl = BaCl^2 + H^2S\uparrow;$$

la préparation du gaz sulfhydrique à partir du sulfure ferreux :

$$FeS + 2HCl = FeCl^2 + H^2S\uparrow,$$

ou à partir du sulfure d'antimoine Sb^2S^3 si on chauffe, ce qui laisse du chlorure d'antimoine $SbCl^3$ dont c'est aussi la préparation.

7° Enfin il y a union directe du gaz chlorhydrique avec un volume égal des *gaz ammoniac*, *hydrogène phosphoré*, ou *éthylène*. Avec le gaz ammoniac, par mélange sur la cuve à mercure, il y a disparition complète des deux gaz par suite de la formation d'un sel blanc solide, le *chlorure d'ammonium* AzH^4Cl; c'est ce sel qui constitue les fumées blanches abondantes observées quand les solutions des 2 gaz sont en présence. — Avec le phosphure d'hydrogène PH^3, on n'observe la formation de *chlorure de phosphonium* solide blanc PH^4Cl, que si l'on refroidit à — 30°, ou si l'on comprime à 20^{atm}. — Avec l'éthylène, il y a formation de *chlorure d'éthyle* C^2H^5Cl, ou éther chlorhydrique de l'alcool éthylique ou alcool ordinaire, qui se forme quand on fait passer un courant de gaz chlorhydrique dans l'alcool anhydre ou absolu :

$$C^2H^5OH + HCl \rightleftarrows C^2H^5Cl + H^2O.$$

Un tel éther résulte de l'action d'un acide sur un alcool avec élimination d'eau, comme un sel résulte de l'action d'un acide sur un hydrate métallique avec élimination d'eau. La réaction est comparable à l'action de l'acide chlorhydrique sur l'hydrate de potassium, l'alcool pouvant être regardé comme l'hydrate d'éthyle. Elle est limitée par la réaction inverse de l'eau formée sur l'éther, ou *saponification* de l'éther. On la produit industriellement en chauffant l'alcool et l'acide du commerce dans des autoclaves; le chlorure d'éthyle est employé comme anesthésique, c'est un liquide qui bout à la température ordinaire et s'évapore très rapidement en produisant une vive réfrigération locale qui cause l'anesthésie.

II. — Composition du gaz chlorhydrique.

On peut la déterminer, soit *par la synthèse* que l'on effectue en volumes à partir des éléments, ou en masses par l'action de l'hydrogène sur le chlorure d'argent chauffé; soit par l'*analyse* au moyen d'un métal alcalin ou de l'étain chauffé :

1° Par analyse : dans la cloche courbe pleine de mercure sur la cuve à mercure, on transvase un *volume connu du gaz* mesuré *à la pression atmosphérique* dans un tube gradué reposant aussi sur la cuve à mercure; on introduit le métal dans la partie horizontale de la cloche et on la chauffe; après refroidissement on reconnaît que le volume du gaz a diminué, et en le transvasant dans le tube gradué on constate que le *volume restant* mesuré à la pression atmosphérique est la *moitié du volume initial*; le gaz restant est d'ailleurs de l'*hydrogène pur*, capable de disparaître complètement dans l'eudiomètre par mélange avec la moitié de son volume d'oxygène pur sous l'action d'une étincelle : donc 2eme du gaz contiennent 1eme d'hydrogène. Or le gaz chlorhydrique ne peut contenir que de l'hydrogène et du chlore puisqu'on l'obtient par synthèse à partir de ces éléments; de sorte que pour avoir le volume xeme du chlore, il suffit d'appliquer la conservation de la masse au résultat précédent et à 2eme du gaz :

$$2ad = ad' + xad''$$

d, d', d'' étant les densités des gaz chlorhydrique, hydrogène et chlore; d'où $x = \dfrac{2d - d'}{d''}$. On trouve ainsi $x = 1$. Donc *2 volumes de gaz chlorhydrique* contiennent *1 volume d'hydrogène* et *1 volume de chlore*. La *formule moléculaire* est HCl.

2° Par *synthèse en volumes* : on se sert pour cela d'un flacon et d'un ballon d'*égales capacités*, le col du ballon rodé extérieurement à l'émeri pouvant fermer hermétiquement le flacon à col rodé intérieurement. On remplit le flacon de chlore *sec* par *déplacement* et à *la pression atmosphérique*; on remplit également le ballon, à orifice tourné vers le bas, de gaz hydrogène *sec* par déplacement et à la pression atmosphérique; on ajuste le ballon sur le flacon, et on abandonne le système à la lumière diffuse jusqu'à ce que la teinte du chlore ait disparu; on expose alors un instant à la lumière du soleil pour achever la combinaison au cas où elle serait incomplète. On ouvre le système sur la cuve à mercure, et on reconnaît qu'il est *rempli de gaz à la pression atmosphérique*; le mercure n'est pas attaqué au contact du gaz, ce qui montre qu'*il n'y a plus de chlore libre* ; quelques gouttes d'eau introduites dans l'un des vases amènent la disparition complète du gaz dans ce vase qui se remplit de mercure, ce qui montre qu'il n'y a *plus d'hydrogène libre* très peu soluble dans l'eau. Donc le gaz chlorhydrique est bien formé par l'union *à volumes égaux sans contraction* des gaz hydrogène et chlore. La formule moléculaire est bien HCl.

3° Enfin par une *synthèse en masses* plus rigoureuse : On va réduire une *masse M* de chlorure d'argent *sec* chauffé dans un tube de verre, par un courant d'hydrogène *pur et sec*; et on absorbera complètement le gaz chlorhydrique formé par un tube à fragments de potasse caustique préalablement taré : le chlorure d'argent ne renferme que du chlore et de l'argent puisqu'on peut le préparer par synthèse à partir des éléments, ce qui a permis de déterminer sa composition; et sa réduction par l'hydrogène sera complète malgré la réaction inverse possible, car l'excès d'hydrogène entraîne le gaz chlorhydrique au fur et à mesure de sa formation. Soit *m la masse connue de chlore* que renfermait la masse M du chlorure d'argent employé, soit *m'* l'augmentation de masse du tube à potasse c'est-à-dire la *masse de l'acide chlorhydrique* formé. Puisqu'il ne contient que du chlore et de l'hydrogène, on en déduit qu'à *m* de chlore est uni *m' — m* d'hydrogène ; or ces 2 nombres sont comme 35gr,5 et 1gr, les masses atomiques du chlore et de l'hydrogène; la *formule la plus simple* de l'acide chlorhydrique sera donc HCl; et c'est bien la *formule moléculaire*, car $28^{gr},8 \times d = 1^{gr} + 35^{gr},5$. — L'opération demande quelques précautions : il faut laisser refroidir l'argent dans le courant d'hydrogène, puis *chasser l'hydrogène* par un courant d'air sec bien débarrassé de gaz carbonique, pour déterminer l'augmentation de masse du tube à potasse.

III. — Caractères du gaz chlorhydrique.

1° Il est absorbé par la *potasse*.

2° Il *fume* à l'air, et très abondamment en présence d'ammoniaque ; il possède une *odeur* vive, et il est *incombustible*.

3° Il est *très soluble*, et sa solution est fortement acide au *tournesol*. Il est sans action sur le *mercure*, ni sur le *phosphure* PH^3.

4° Enfin il donne avec l'*azotate d'argent*, *l'azotate mercureux*, ou l'*azotate de plomb*, des précipités *blancs* comme la solution de l'acide.

IV. — Modes de formation et préparations de l'acide chlorhydrique.

1° Il se forme par *union directe* de l'hydrogène avec le chlore, à la lumière, au contact d'une flamme ou d'une étincelle, ou encore par l'action d'une température élevée.

2° Il se forme aussi dans l'action du chlore sur les *composés hydrogénés* :

Sur *l'eau* H^2O, soit au rouge vif, soit à la lumière, soit surtout *en présence de corps oxydables*; ainsi par un courant de chlore sur du phosphore fondu sous une couche d'eau :

$$4H^2O + 5Cl + P = PO^4H^3 + 5HCl;$$

Sur l'*acide sulfhydrique* :

$$H^2S + Cl^2 = S\downarrow + 2HCl;$$

Sur les *carbures d'hydrogène*, comme le gaz des marais CH^4 à la lumière solaire diffusée :

$$CH^4 + Cl^2 = CH^3Cl + HCl;$$

3° Encore dans la décomposition par l'eau des *chlorures des métalloïdes*, et de quelques chlorures métalliques :

$$PCl^3 + 3H^2O = PO^3H^3 + 3.HCl,$$
$$PCl^5 + 4H^2O = PO^4H^3 + 5.HCl,$$
$$SbCl^3 + H^2O = SbOCl\downarrow + 2HCl;$$

ces divers modes de formation, qui n'ont aucune importance pour la préparation de l'acide chlorhydrique, deviendront les procédés de préparation des acides bromhydrique et iodhydrique.

4° Il y a *surtout* formation d'acide chlorhydrique dans l'*action de l'acide sulfurique* sur les chlorures métalliques, en particulier *sur le chlorure de sodium*.

On *prépare* le gaz chlorhydrique *dans les laboratoires* en introduisant du chlorure de sodium *en gros fragments* (obtenus par fusion dans un creuset en terre, coulée sur une dalle et fragmentation des tablettes obtenues) avec de l'acide sulfurique dans un ballon auquel on adapte un tube à dégagement s'ouvrant *sur la cuve à mercure* : il suffit de chauffer légèrement quand le dégagement spontané du gaz se ralentit. Si le chlorure de sodium était en petits cristaux comme le sel de cuisine, il faudrait après l'avoir placé dans un *grand* ballon verser l'acide *peu à peu* par un tube en S traversant le bouchon du ballon, afin d'éviter le boursouflement de la matière. — On peut *laver* le gaz qui se dégage dans de l'acide chlorhydrique du commerce pour arrêter un peu d'acide sulfurique entraîné, et le *dessécher* complètement dans un laveur à acide sulfurique concentré ou sur une colonne de chlorure de calcium desséché. Il reste dans le ballon du sulfate acide de sodium ou bisulfate SO^4HNa :

$$NaCl + SO^4H^2 = SO^4HNa + HCl\uparrow.$$

En employant une proportion double de chlorure de sodium, on aurait d'abord à température peu élevée :

$$[1] \qquad 2NaCl + SO^4H^2 = HCl\uparrow + NaCl + SO^4HNa;$$

puis si l'on pouvait chauffer au rouge dans le ballon :

$$[2] \qquad NaCl + SO^4HNa = HCl\uparrow + SO^4Na^2;$$

de sorte que au total on aurait la totalité de l'acide chlorhydrique avec formation de sulfate neutre de sodium :

$$[3] \qquad 2NaCl + SO^4H^2 = 2HCl\uparrow + SO^4Na^2;$$

c'est ce que l'on fait dans l'industrie.

5° La *production industrielle* de l'acide chlorhydrique est accessoire de la fabrication industrielle du sulfate de sodium neutre SO^4Na^2, qui desséché et chauffé avec du charbon et du carbonate de calcium en poudre donnera la *soude artificielle* Leblanc ou carbonate neutre de sodium, d'après les réactions :

$$SO^4Na^2 + 4C = 4CO\uparrow + Na^2S,$$
$$Na^2S + CO^3Ca = CaS + CO^3Na^2;$$

un lessivage méthodique du produit de la réaction laissera du sulfure de calcium, insoluble dans la lessive de carbonate de sodium soluble, et constituant les *marcs de soude* ou charrée de soude ; et la dissolution de *soude industrielle* par cristallisation donnera les *cristaux de soude* $CO^3Na^2 + 10H^2O$.

Fig. 47. — Fabrication de l'acide chlorhydrique dans les cylindres.

Les réactions s'effectuaient autrefois dans des *cylindres* en *fonte* peu attaquable par l'acide sulfurique *concentré* ou par le gaz chlorhydrique, offrant à la partie antérieure une porte de chargement pour l'introduction du chlorure de sodium sec et pour l'extraction du sulfate de sodium ; puis au-dessus un entonnoir pour l'introduction de l'acide, et remplacé par un bouchon pendant l'opération ; enfin en arrière un tube à dégagement pour le gaz chlorhydrique. On chauffait directement les cylindres par un foyer, et l'acide chlorhydrique était ainsi préparé par la réaction [3]. L'appareil exigeait un acide sulfurique concentré.

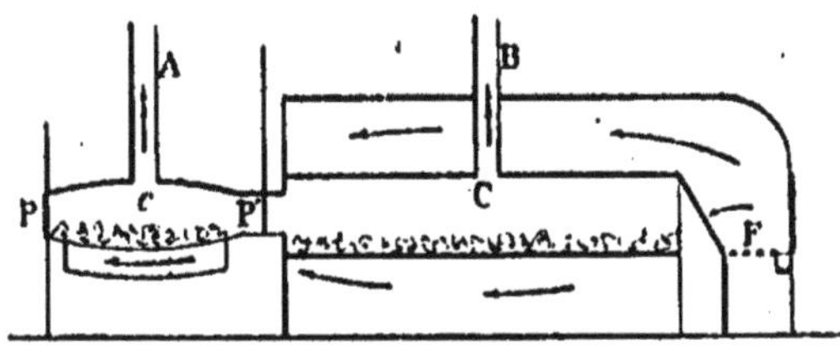

Fig. 48. — Four à 2 compartiments :
c, cuvette ; C, calcine ; F, foyer dont la flamme entoure la calcine et dont les gaz chauffent la cuvette ; P et P', portes pour le passage des matières ; A, conduite pour le dégagement du gaz de la cuvette ; B, pour le dégagement de la calcine.

Pour utiliser directement l'acide sulfurique moins concentré des chambres, on a employé ensuite un *four* à 2 compartiments : l'un présente une *cuvette* en fonte ou en *plomb* chauffé vers 70° par les gaz d'un foyer et où se produit la réaction [1], après laquelle on fait passer le résidu pâteux par une porte de communication dans le 2e compartiment ou *calcine* : c'est un four *en briques réfractaires*, chauffé extérieurement au rouge par la flamme du foyer, et où se produit la réaction [2]. Les deux fractions du gaz produit se dégagent *séparément* par des conduites et sont dissoutes séparément, car *la 1re est plus pure que la 2e* qui contient de l'acide sulfurique entraîné, et de l'acide sulfureux provenant de la réduction de l'acide sulfurique par la matière organique du sel employé.

La *dissolution du gaz* s'effectue dans un *bac* en pierre siliceuse, en relation par une *série de bonbonnes* étagées ou de bacs avec la base d'une *tour* en lave remplie de coke et communiquant avec la cheminée du foyer de l'appareil à préparation,

Fig. 49. — Condensation de l'acide chlorhydrique.

de manière à produire un appel du gaz dans l'appareil à condensation; l'eau qu'on laisse tomber en *pluie* à la partie supérieure de la tour condense complètement les dernières traces du gaz, s'enrichit dans les bonbonnes et arrive saturée dans le bac d'où l'on extrait l'acide chlorhydrique du commerce.

Pour éviter les opérations pénibles de l'extraction des résidus, on emploie aussi des *fours mécaniques* entièrement clos : les matières arrivent d'*une façon continue* par le moyen d'un entonnoir pour l'acide sulfurique et d'une trémie pour le chlorure de sodium dans une cuvette, d'où elles débordent dans une *cuve* en fonte *revêtue* intérieurement de *briques* et *mobile* autour d'un *axe vertical* par le moyen d'une couronne dentée; il y a alors progression lente des matières du centre de la cuve à la circonférence, et brassage continu par une série d'agitateurs à tige verticale mis en mouvement de rotation par l'arbre qui fait tourner la cuve; les dimensions de l'appareil sont calculées de manière que la réaction [3] devienne complète au bord de la cuve où le sulfate de sodium tombe par des ouvertures dans une rigole annulaire. On chauffe les matières par la *flamme directe* d'un foyer latéral; aussi le *sulfate de sodium* obtenu est *plus pur* qu'avec les appareils précédents, à cause de la combustion des matières organiques du sel au contact de la flamme; en revanche *le gaz chlorhydrique*, étant mêlé avec les produits gazeux de la combustion du foyer, est *difficile à condenser* et donne un acide chlorhydrique *très impur*.

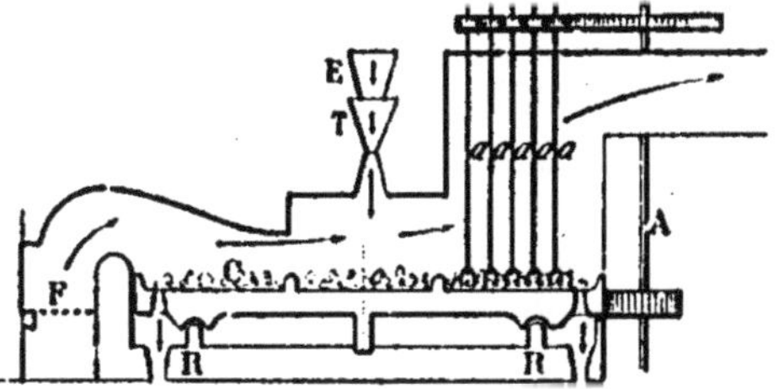

Fig. 50. — Four mécanique :
E, T, entonnoir et trémie; c, cuvette; C, cuve mobile autour de l'axe , actué par l'arbre A; a, agitateurs mus par le même arbre; F, foyer; R, rail circulaire sur lequel tourne la cuve.

Enfin on a pu éviter la fabrication préalable de l'acide sulfurique, assez coûteux, dans le *procédé Hargreaves* : le *grillage des pyrites* par un excès d'air donne un mélange de gaz sulfureux, d'oxygène et d'azote, dans lequel on fait arriver de la *vapeur d'eau*, et que l'on fait passer dans une série de cylindres verticaux en fonte contenant le chlorure de sodium *aggloméré*, et chauffés au rouge; la réaction :

$$2NaCl + SO^2 + O + H^2O = SO^4Na^2 + 2HCl\uparrow,$$

devient complète dans le dernier cylindre, et il se dégage du gaz chlorhydrique encore assez difficile à condenser complètement à cause de sa dilution dans les gaz de l'air.

V. — Impuretés de l'acide chlorhydrique du commerce et préparation de l'acide chlorhydrique pur.

L'acide chlorhydrique du commerce est *coloré* en jaune, et peut contenir de nombreuses *impuretés* :

De l'*acide sulfureux* SO^2 ou SO^3H^2 provenant de la réduction de l'acide sulfurique SO^4H^2 par la matière organique du sel impur, ou par la fonte ou le plomb des appareils sous l'action de la chaleur :

$$2.SO^4H^2 + Pb = SO^4Pb + 2H^2O + SO^2\uparrow;$$

De l'*acide sulfurique*, entraîné par le gaz chlorhydrique, ou provenant de l'oxydation de l'acide sulfureux par l'oxygène de l'air :

$$SO^3H^2 + O = SO^4H^2;$$

Du *chlorure ferreux* $FeCl^2$ et du *chlorure ferrique* Fe^2Cl^6, *volatils* à haute température, et provenant de l'action du gaz chlorhydrique sur la fonte des appareils et sur l'oxyde ferrique des briques :

$$Fe + 2HCl = FeCl^2\uparrow + H^2\uparrow,$$
$$Fe^2O^3 + 6HCl = Fe^2Cl^6\uparrow + 3H^2O;$$

De l'*anhydride arsénieux* As^2O^3, provenant de l'acide sulfurique arsenical ou des pyrites employées;

Quelquefois de l'*anhydride sélénieux* SeO^2 ayant la même origine;

Des *matières organiques* provenant des appareils à condensation lutés et goudronnés;

Enfin tous les *sels de l'eau* ordinaire employée à la condensation.

2° On peut *reconnaître* la présence de ces impuretés par les réactions suivantes :

En ajoutant à l'acide *très étendu* d'eau distillée quelques gouttes de dissolution de *chlorure de baryum* $BaCl^2$, s'il y a formation d'un précipité blanc, qui est du sulfate de baryum insoluble dans les acides étendus, c'est que l'acide étudié contient de l'*acide sulfurique* :

$$SO^4H^2 + BaCl^2 = SO^4Ba\downarrow + 2.HCl.$$

— Si alors au liquide filtré contenant encore un peu de chlorure de baryum en excès on ajoute une goutte d'*eau de chlore*, et qu'il y ait un nouveau précipité blanc qui est encore du sulfate de baryum, c'est que l'acide contient de l'acide sulfureux, transformé par l'eau de chlore en acide sulfurique qui a été précipité :

$$SO^3H^2 + H^2O + Cl^2 = SO^4H^2 + 2HCl.$$

On peut encore reconnaître l'acide sulfureux en faisant agir l'acide chlorhydrique étendu sur du zinc pur et dirigeant l'hydrogène dégagé dans une solution d'acétate de plomb : si ce réactif noircit, par la formation de sulfure de plomb, c'est que l'acide étudié contenait de l'acide sulfureux réduit dans l'*appareil à hydrogène* à l'état d'acide sulfhydrique qui a noirci le sel de plomb :

$$SO^3H^2 + 3H^2 = 3H^2O + H^2S\uparrow,$$
$$H^2S + (CH^3CO^2)^2Pb = PbS\downarrow + 2.CH^3CO^2H.$$

Pour reconnaître la présence des sels de fer, on neutralise l'acide étendu par l'*ammoniaque*, et on ajoute une goutte de *sulfure d'ammonium* : s'il y a un précipité noir ou au moins une coloration vert foncé, dus au sulfure ferreux FeS, c'est que l'acide contenait des sels de fer :

$$FeCl^2 + (AzH^4)^2S = 2.AzH^4Cl + FeS\downarrow,$$
$$Fe^2Cl^6 + 3.(AzH^4)^2S = 6.AzH^4Cl + 2FeS\downarrow + S\downarrow.$$

— La présence du chlorure ferrique est signalée aussi par la formation de bleu de Prusse dans l'acide quand on y ajoute une solution de *ferrocyanure de potassium*.

Pour reconnaître l'arsenic, on fait passer dans l'acide un courant de *gaz sulfhydrique*; s'il y a formation d'un précipité jaune, qui est du sulfure d'arsenic As^2S^3, c'est que l'acide contient de l'anhydride arsénieux :

$$As^2O^3 + 3H^2S = 3H^2O + As^2S^3\downarrow.$$

— Mais il vaut mieux rechercher l'arsenic dans l'*appareil de Marsh*, qui est un appareil à production d'hydrogène pur : s'il y a de l'anhydride arsénieux dans l'acide ajouté, il y a formation d'arséniure gazeux d'hydrogène AsH^3, qui passant dans un tube chauffé y donnera un anneau miroitant brun foncé d'arsenic libre, et qui brûlant à l'extrémité du tube donnera des taches brun foncé miroitantes sur une soucoupe écrasant la flamme :

$$AsO^3H^3 + 3H^2 = 3H^2O + AsH^3\uparrow,$$
$$AsH^3 = 3H\uparrow + As\downarrow,$$
$$2AsH^3 + 3O = 3H^2O + 2As\downarrow.$$

Enfin si on fait passer un courant de *gaz sulfureux* dans l'acide *chauffé*, et qu'il se produise des flocons rouges, qui sont du sélénium, c'est que l'acide contient de l'anhydride sélénieux

SeO^3 réductible par l'acide sulfureux SO^3H^2 :

$$SeO^3 + 2.SO^3H^2 = 2SO^4H^2 + Se\downarrow.$$

L'anhydride sélénieux ne peut pas exister comme impureté dans l'acide chaud en même temps que l'acide sulfureux.

3° Pour *préparer* la solution d'*acide chlorhydrique pur*, on peut tout d'abord *purifier* l'acide du commerce. Si l'on veut se débarrasser de l'anhydride sélénieux, on commence par faire passer dans l'acide chaud un courant de *gaz sulfureux* qui précipite le sélénium; on décante s'il y a lieu. — On ajoute alors au liquide un petit fragment de *bioxyde de manganèse* qui produit un dégagement de chlore :

$$MnO^2 + 4HCl = MnCl^2 + 2H^2O + Cl^2\uparrow;$$

ce chlore oxyde l'acide sulfureux en acide sulfurique, fait passer le chlorure ferreux à l'état de chlorure ferrique, l'acide arsénieux à l'état d'acide arsénique, et peut oxyder aussi la matière organique : on chauffe alors pour chasser l'excès de chlore. — On ajoute maintenant au liquide un peu de *sulfure de baryum* qui produit un dégagement d'acide sulfhydrique :

$$BaS + 2HCl = BaCl^2 + H^2S\uparrow;$$

alors le chlorure de baryum précipite l'acide sulfurique à l'état de sulfate de baryum, tandis que l'acide sulfhydrique précipite lentement l'arsenic à l'état de trisulfure As^2S^3; on abandonne le liquide pour que la réaction ait le temps de se produire, et les matières précipitéesde se déposer; on décante, et on chauffe pour chasser l'excès de gaz sulfhydrique. — Enfin on *distille* le liquide clair pour séparer l'acide chlorhydrique pur du chlorure manganeux formé, du chlorure ferrique, du chlorure de baryum et des sels de l'eau. Mais on ne peut recueillir ainsi que de l'acide chlorhydrique *étendu*.

Il est plus facile de *régénérer le gaz chlorhydrique* de sa solution industrielle en y ajoutant de l'acide sulfurique concentré pour retenir l'eau; le gaz pur se dégage, et il suffit de le dissoudre dans l'eau pure comme on va le voir.

En général on préfère préparer *directement* la dissolution pure *concentrée*, en plaçant dans un ballon *un peu* de chlorure de sodium fondu et une grande quantité d'acide sulfurique que l'on chauffe doucement; on laisse perdre le gaz chlorhydrique qui se dégage alors et qui entraîne tout l'arsenic à l'état de chlorure d'arsenic volatil :

$$As^2O^3 + 6NaCl + 6SO^4H^2 = 6.SO^4HNa + 3H^2O + 2.AsCl^3\uparrow;$$

il reste dans le ballon un peu de sulfate acide de sodium avec le grand excès d'*acide sulfurique débarrassé d'arsenic*. Il suffit d'ajouter dans le ballon du chlorure de sodium fondu, d'adapter le tube à dégagement se rendant dans un laveur à acide chlorhydrique du commerce, et d'amener le gaz pur par un tube plongeant *très peu* dans de l'*eau distillée* remplissant *à moitié* un flacon qu'on *refroidit* extérieurement : si l'on remarque que les impuretés de l'acide industriel venaient en général de l'attaque des appareils, la *seule impureté* maintenant possible quand on effectue la réaction dans un ballon en verre avec de l'acide sulfurique non arsenical est un peu d'*acide sulfurique entraîné*, qui est retenu dans le laveur à acide chlorhydrique.

VI. — Usages de l'acide chlorhydrique.

Ils sont *très nombreux* :

1° De la solution *pure*, comme le *réactif le plus employé* dans les laboratoires;

2° De l'acide industriel, surtout pour la *fabrication du chlorure de chaux* $CaOCl^2$, qui est la forme industrielle du chlore;

3° Dans la *préparation* de la plupart des *chlorures métalliques* :

Du chlorure *platinique* $PtCl^4$, du chlorure d'*or* $AuCl^3$, du chlorure *cuivrique* $CuCl^2$, par action de l'*eau régale* sur le métal; puis du chlorure *cuivreux* Cu^2Cl^2, par action ultérieure d'un excès de cuivre chauffé et précipitation du liquide obtenu par l'eau;

Du chlorure *stanneux* $SnCl^2$, par action de l'acide sur l'étain en chauffant;

Du chlorure d'*antimoine* $SbCl^3$, par action sur le sulfure d'antimoine naturel Sb^2S^3;

Du chlorure de *baryum* $BaCl^2$ ou de *calcium* $CaCl^2$, par action sur le sulfure de baryum BaS ou sur les carbonates naturels CO^3Ba et CO^3Ca;

Enfin du chlorure d'*ammonium* AzH^4Cl, par neutralisation au moyen des eaux ammoniacales industrielles.

4° On emploie encore l'acide chlorhydrique pour *décaper* l'étain, le fer, ou le zinc, par dissolution des oxydes, ou de l'hydrocarbonate de zinc, formés superficiellement sur le métal;

5° Pour produire l'*hydrogène naissant* par action sur l'étain ou sur le fer, et pour préparer l'*hydrogène libre* par action sur le zinc;

6° Pour préparer le *gaz chlore*, le *gaz sulfhydrique* ou le *gaz carbonique* par action sur le bioxyde de manganèse MnO^2, sur les sulfures de fer FeS ou d'antimoine Sb^2S^3, ou sur le carbonate de calcium CO^3Ca;

7° Enfin dans l'*industrie du phosphore* et de la *colle forte*, pour isoler la matière organique des os ou osséine insoluble dans l'acide très étendu, de la matière minérale qui y est soluble.

VII. — Propriétés des chlorures métalliques.

Ils sont en général facilement *fusibles*, le chlorure stannique $SnCl^4$ est même un liquide; et en général *volatils* : pourtant les chlorures de platine $PtCl^4$ et d'or $AuCl^3$ sont complètement décomposés par la chaleur; et le chlorure cuivrique est réduit par la chaleur à l'état de chlorure cuivreux :

$$2CuCl^2 \rightleftarrows Cu^2Cl^2 + Cl^2\uparrow.$$

Ils sont *en général solubles* dans l'eau, sauf les chlorures d'argent AgCl, mercureux Hg^2Cl^2, cuivreux Cu^2Cl^2 qui sont insolubles, et le chlorure de plomb $PbCl^2$ qui est très peu soluble dans l'eau *froide*; *quelques-uns* sont *décomposés* par l'eau, comme le chlorure d'antimoine :

$$SbCl^3 + H^2O \rightleftarrows SbOCl\downarrow + 2HCl;$$

comme le chlorure stanneux ou le chlorure stannique :

$$SnCl^4 + 3H^2O = SnO^3H^2\downarrow + 4HCl;$$

ou encore comme le chlorure de magnésium quand on essaye de l'obtenir anhydre en chauffant sa dissolution :

$$MgCl^2 + H^2O = MgO + 2HCl\uparrow.$$

Ils sont en général *irréductibles par l'hydrogène*, sauf le chlorure d'argent complètement réductible, et le chlorure ferrique Fe^2Cl^6 ramené à l'état de chlorure ferreux, quand on chauffe.

Ils ont une tendance à *s'unir* à l'acide chlorhydrique ou aux autres chlorures métalliques; ainsi on connaît un acide chloroplatinique $PtCl^4,2HCl$, et un acide chloro-aurique $AuCl^3,2HCl$, qui se forment quand on évapore doucement la dissolution des métaux dans l'eau régale; les chloroplatinates de potassium $PtCl^4,2KCl$, et d'ammonium $PtCl^4,2AzH^4Cl$, en cristaux octaédriques jaunes peu solubles.

2° Caractères des *chlorures à l'état solide* :

Par l'*acide sulfurique* en chauffant, dégagement de gaz chlorhydrique, donnant des *fumées blanches*, surtout en présence de l'ammoniaque;

Par l'*acide sulfurique* et le *bioxyde de manganèse* en poudre, en chauffant, dégagement de gaz chlore, décolorant le papier bleui par l'indigo, colorant en bleu le papier à l'iodure de potassium amidonné.

Enfin les chlorures insolubles par *fusion* avec le *carbonate de sodium* sec sont transformés en chlorure alcalin facile à reconnaître.

3° Caractères des *solutions* de l'*acide* ou des *chlorures alcalins* :

Par l'*acide sulfhydrique*, rien.

Par le *chlorure de baryum*, rien.

Par l'*azotate d'argent*, précipité *blanc* de chlorure d'argent, *caillebotté, noircissant* rapidement à la *lumière*, insoluble dans l'acide azotique; mais *très soluble* dans l'*ammoniaque*, et dans la solution d'hyposulfite de sodium ou de cyanure de potassium.

Par l'*azotate mercureux*, précipité *blanc* de chlorure mercureux, *noircissant* par l'*ammoniaque*.

Enfin par l'*azotate de plomb*, précipité *blanc* de chlorure de plomb, inaltéré par l'ammoniaque, soluble dans l'eau *distillée bouillie* qu'on chauffe, et cristallisant par refroidissement : des solutions trop étendues ne donneraient rien par l'azotate de plomb.

DOUZIÈME LEÇON

Composés oxygénés et oxacides du chlore

On connaît 3 *composés oxygénés* du chlore :

L'*anhydride hypochloreux* Cl^2O ;

L'*anhydride chloreux* (Cl^2O^3), mal défini ;

et le *peroxyde de chlore* ClO^2 ;

Puis 4 *acides* oxygénés, mais connus seulement à l'état de dissolution, sauf le dernier, et qui sont :

L'*acide hypochloreux* $(ClOH) = \frac{1}{2}(Cl^2O, H^2O)$;

L'*acide chloreux* $(ClO^2H) = \frac{1}{2}(Cl^2O^3, H^2O)$;

L'*acide chlorique* $(ClO^3H) = \frac{1}{2}(Cl^2O^5, H^2O)$;

Enfin l'*acide perchlorique* $ClO^4H = \frac{1}{2}(Cl^2O^7, H^2O)$

le seul qui soit connu avec la composition représentée par sa formule.

Tous ces corps sont *formés avec absorption de chaleur* à partir du chlore, de l'oxygène, et de l'eau s'il y a lieu. — Aussi tous ces composés se forment *par voie indirecte* seulement, et en particulier dans l'*action du chlore sur les alcalis et les alcalinoterreux* :

Il y a formation d'*hypochlorite* si l'alcali est *étendu* et *froid* :

$$Cl^2 + 2KOH = ClOK + KCl + H^2O ;$$

Tandis qu'il y a formation de *chlorate* si l'alcali est *concentré* ou *chaud* :

$$3Cl^2 + 6KOH = ClO^3K + 5KCl + 3H^2O ;$$

En effet il y a encore formation de chlorate quand on chauffe une dissolution d'hypochlorite :

$$3ClOK = ClO^3K + 2KCl ;$$

Et il y a formation de *perchlorate* quand on chauffe un chlorate alcalin :

$$2ClO^3K = ClO^4K + KCl + O^2 \uparrow .$$

— On *prépare* d'ailleurs tous les composés plus oxygénés que les 2 corps hypochloreux à partir des chlorates.

Alors tous les composés oxygénés du chlore sont des corps *peu stables*, sauf pourtant l'acide perchlorique et en solution étendue seulement lequel est alors stable. Aussi il y a *décomposition explosive* des composés *anhydres* par la chaleur avec formation de chlore libre et d'oxygène; et décomposition des *solutions* acides par la chaleur avec formation possible d'acide perchlorique. — Tous ces corps seront donc des *oxydants énergiques*, sauf cependant l'acide perchlorique étendu : c'est ainsi qu'ils oxydent immédiatement l'*acide chlorhydrique* avec dégagement de chlore libre.

Tous les oxacides du chlore sont *monobasiques*. Leurs *sels* sont d'autant plus stables qu'ils sont plus oxygénés, comme le montre la transformation des hypochlorites en chlorates, et de ceux-ci en perchlorates, par l'action de la chaleur.

ANHYDRIDE HYPOCHLOREUX. Cl^2O.

C'est un *liquide rouge*, bouillant *à 20°*, très *dangereux* à manier car il peut *détoner* quand on le transvase, ou qu'il est soumis à une vibration, ou par le contact d'un corps pulvérulent. — Ou bien, c'est un *gaz jaune verdâtre*, à *odeur* irritante, à *densité* 2,977, *très soluble* dans l'eau : coefficient 200.

Il est *très peu stable*, car il *se décompose* en ses éléments, *lentement* par exposition *à la lumière du soleil*, avec *détonation* quand on *chauffe* ou sous l'action de l'*étincelle* : aussi on a soin de ne pas chauffer un vase dans lequel se produit un dégagement de gaz jaune; la décomposition donne uniquement un mélange de gaz chlore, absorbable par la potasse, et de gaz oxygène, absorbable par le pyrogallol potassique; le gaz hypochloreux ne *renferme que du chlore et de l'oxygène*.

1° C'est alors un *agent chlorurant et oxydant* énergique, faisant explosion à la lumière solaire par mélange du gaz avec l'*hydrogène*; faisant explosion aussi par contact du gaz avec le *phosphore*, l'*arsenic*, et le *potassium*. — Il y a explosion aussi par contact du *liquide* hypochloreux avec le *soufre*; mais si l'on fait passer un courant du gaz dans une dissolution de soufre dans le chlorure de soufre, il y a *combinaison directe* du gaz avec le *soufre dissous* pour donner le *chlorure de thionyle* $SOCl^2$, *liquide* incolore, qui est le chlorure de l'acide sulfureux $SO<^{OH}_{OH}$ ou SO^2,H^2O. Le *chlorure d'un oxacide* est un corps qui résulte de la substitution de l'atome de chlore Cl monovalent à l'oxhydryle OH monovalent, à la présence duquel est due la fonction acide dans les oxacides.

Le *mercure* est attaqué *lentement* par le gaz hypochloreux. L'*argent* est attaqué aussi, mais avec mise en liberté d'oxygène :

$$Cl^2O + 2Ag = 2.AgCl + O\uparrow.$$

Enfin il y a décomposition immédiate du gaz hypochloreux par le *gaz chlorhydrique*, avec mise en liberté de chlore :

$$Cl^2O + 2HCl = H^2O + 2Cl^2\uparrow.$$

2° C'est cette dernière réaction qui permit à *Balard* d'établir la *composition* du gaz hypochloreux : il reconnut que le mélange de *2 volumes du gaz* avec 4 volumes de gaz chlorhydrique donne un résidu de 4 volumes de gaz chlore.

Or les 4 volumes de gaz chlorhydrique contenaient 2 volumes de chlore et 2 volumes d'hydrogène; on a obtenu 4 volumes de chlore, c'est donc que le gaz hypochloreux employé contenait *d'abord 2 volumes de chlore*; il ne contient *que du chlore et de l'oxygène*; l'oxygène a été employé à brûler les 2 volumes d'hydrogène du gaz chlorhydrique pour former de l'eau : il y avait donc *un volume d'oxygène* d'après la composition de l'eau. D'où la *formule moléculaire* du gaz hypochloreux : Cl^2O. — On peut *vérifier* ce résultat pour justifier le raisonnement employé, en remarquant que la masse moléculaire déduite de la densité du gaz $28^{gr},8 \times d$ est bien égale à la somme $35^{gr},5 \times 2 + 16^{gr}$ des masses du chlore et de l'oxygène.

La composition du gaz hypochloreux peut aussi être déterminée par la *méthode de Gay-Lussac*, applicable aux autres composés oxygénés gazeux du chlore, en particulier au peroxyde de chlore. Elle consiste à *analyser* le mélange de chlore et d'oxygène produit dans la *décomposition* complète du gaz *par la chaleur*. Pour effectuer cette décomposition sans explosion, on fait passer un courant très lent dans un tube capillaire à la suite duquel on a soudé une série d'ampoules cylindriques réunies par des parties étroites; et on chauffe le tube capillaire en avant de la série des ampoules, qui se remplissent alors d'un mélange de chlore et d'oxygène *à la pression atmosphérique*, et qu'on détache alors l'une de l'autre en fermant à la lampe les parties étroites. — On fait ensuite la tare de l'une des ampoules A; on ouvre une de ses extrémités sur une dissolution de potasse; on agite pour que la potasse absorbe la totalité du chlore; on met les niveaux du liquide sur le même plan pour que le gaz restant soit à la pression atmosphérique; on ferme avec le doigt l'ampoule que l'on retire et que l'on redresse; on l'essuie, et on la reporte sur la balance pour déterminer son augmentation de masse m : si v est *le volume du chlore* de l'ampoule mesuré *à la pression atmosphérique* et dont la solution de potasse de masse spécifique δ a pris la place, $m = v \times \delta$. — On achève de remplir l'ampoule avec la solution de potasse, et on détermine la nouvelle augmentation de masse m' : si v' est le *volume de l'oxygène* de l'ampoule mesuré *à la pression atmosphérique*, $m' = v' \times \delta$. D'où le *rapport* des volumes des deux gaz composants : $\frac{m}{m'} = \frac{v}{v'}$; l'expérience montre que $\frac{m}{m'} = 2$, donc $\frac{v}{v'} = 2$; et la *formule la plus simple* du gaz hypochloreux est Cl^2O; c'est d'ailleurs la *formule moléculaire*, car $28^{gr},8 \times d = 35^{gr},5 \times 2 + 16^{gr}$.

— On peut *reconnaître* sur une deuxième ampoule B, que *le résidu* de l'absorption par la potasse est de l'*oxygène pur*, capable de disparaître complètement par mélange avec le double de son volume d'hydrogène pur sous l'action d'une étincelle.

3° On *prépare* l'anhydride hypochloreux par action du chlore *sec* sur l'oxyde mercurique *sec* refroidi à 0° : on peut remarquer que l'oxyde mercurique, étant un produit de synthèse directe, ne peut renfermer que du mercure et de l'oxygène; et que dans l'action du chlore, le produit gazeux formé ne renfermera que du chlore et de l'oxygène, car les procédés de l'analyse ne peuvent y déceler la présence du mercure. — L'action serait trop lente avec de l'oxyde rouge préparé par voie sèche. L'action serait trop vive avec l'oxyde jaune préparé par voie humide et séché à froid; le dégagement de chaleur empêcherait la formation du gaz hypochloreux instable, et on ne recueillerait que de l'oxygène :

$$HgO + Cl^2 = HgCl^2 + O\uparrow.$$

On emploie l'oxyde mercurique *jaune chauffé vers 300°* vers le point où il se transforme en la variété rouge; l'action sur cet oxyde *refroidi à 0°* est alors régulière :

$$HgO + 2.Cl^2 = HgCl^2 + Cl^2O\uparrow.$$

— D'où la disposition de *Pelouze* pour la préparation de l'anhydride hypochloreux : l'oxyde jaune calciné est *dilué* dans de la pierre ponce pulvérisée ou du sable fin, et le mélange *bien sec* est placé dans un tube de verre que l'on entoure de *glace* et dans lequel on fait passer un courant *très lent* de chlore *sec* : on recueille par le tube à dégagement, soit à l'*état liquide* dans un matras fortement refroidi, soit à l'*état gazeux* par déplacement dans un flacon sec fermant à l'émeri, soit enfin à l'état de *dissolution concentrée* si l'on fait arriver le gaz dans de l'eau.

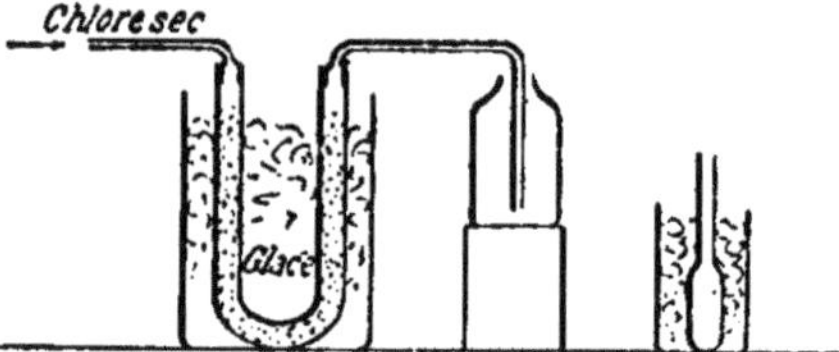

Fig. 51. — Préparation de l'anhydride hypochloreux.

ACIDE HYPOCHLOREUX, ClOH.

On *admet* son existence dans la *dissolution de l'anhydride*.

C'est un liquide *jaune* si la solution est *concentrée*, et alors elle est *peu stable*; elle se décompose *complètement* par exposition *au soleil* :

$$2.ClOH = H^2O + Cl^2\uparrow + O\uparrow;$$

Tandis que la solution *étendue* est *à peine colorée*, et elle est alors *assez stable* pour pouvoir être *distillée* à basse pression; elle se décompose encore à la lumière solaire mais avec formation d'*acide perchlorique étendu* :

$$4.ClOH = ClO^4H + 3.HCl.$$

I. — Propriétés chimiques de l'acide hypochloreux.

C'est un agent *oxydant* et *décolorant* énergique, quelquefois un agent chlorurant.

Il fait passer en général au maximum d'oxydation : le *brome* et l'*iode*; le *soufre*, le *sélénium* et le tellure; le *phosphore*, l'*arsenic* pulvérisé; le *silicium* amorphe; le *bore*; le *fer* réduit; comme les chlorures de ces corps sont en général décomposés par l'eau, il y a en même temps formation d'*acide chlorhydrique*; ainsi il y a *formation d'acide bromique* BrO^3H dans l'action de l'acide hypochloreux assez concentré sur le *brome* :

$$5.ClOH + Br^2 + H^2O = 2.BrO^3H + 5HCl.$$

Tandis qu'il y a à la fois oxydation et chloruration du *potassium*, du *cuivre*, ou du *mercure*. Et il y a seulement chloruration de l'argent avec dégagement d'oxygène, dans l'action sur l'*argent* divisé, ou sur l'*oxyde d'argent* :

$$2ClOH + 2Ag = 2AgCl\downarrow + H^2O + O\uparrow,$$
$$2ClOH + Ag^2O = 2AgCl\downarrow + H^2O + O^2\uparrow.$$

2° Il y a oxydation des *composés hydrogénés* des métalloïdes, tels que l'*acide chlorhydrique* HCl :

$$ClOH + HCl = H^2O + Cl^2\uparrow,$$

avec dégagement de gaz chlore; l'*acide sulfhydrique* H^2S, avec dépôt de soufre; l'*ammoniaque* AzH^3, avec dégagement d'azote;

Puis de l'*acide sulfureux* SO^3H^2 transformé en acide sulfurique SO^4H^2;

Des *sulfures* qui sont transformés en sulfates, comme le *sulfure de plomb* PbS *noir* qui passe à l'état de sulfate de plomb SO^4Pb blanc.

3° L'acide hypochloreux est surtout un décolorant énergique; il décolore le *tournesol*, l'*indigo*. Il a un *pouvoir décolorant double de celui du chlore qu'il contient*, ce que l'on peut expliquer, soit en admettant que la décoloration est due à une *deshydrogénation* de la matière organique colorée; alors la molécule d'anhydride Cl^2O pourra enlever 4 atomes d'hydrogène :

$$Cl^2O + 2H^2 = 2HCl + H^2O,$$

tandis que la molécule de chlore Cl^2 qu'elle contient ne pourra prendre que 2 atomes d'hydrogène :

$$Cl^2 + H^2 = 2HCl;$$

Soit en admettant que la décoloration est due à une *oxydation en présence de l'eau*; alors la molécule d'anhydride pourra fournir 2 atomes d'oxygène en présence de l'eau :

$$Cl^2O + H^2O = 2HCl + O^2\uparrow;$$

tandis que la molécule de chlore n'en fournit qu'un :

$$Cl^2 + H^2O = 2HCl + O\uparrow.$$

— Quoi qu'il en soit, il y a *conservation du pouvoir décolorant* du chlore dans sa transformation en acide hypochloreux ou en hypochlorites; car, comme on va le voir, la moitié seulement du chlore entré en réaction passe à l'état d'acide hypochloreux.

II. — Modes de formation, et préparation de l'acide hypochloreux en solution étendue.

On agite un *excès* d'oxyde *rouge* de mercure avec *un peu* d'eau dans un flacon de gaz chlore fermé à l'émeri jusqu'à disparition complète de la coloration du chlore qui est absorbé, en ayant soin d'*ouvrir de temps en temps* le flacon pour laisser rentrer l'air; il y a alors formation d'un oxychlorure mercurique blanc presque insoluble :

$$2.Cl^2 + H^2O + 2HgO = HgO,HgCl^2\downarrow + 2.ClOH;$$

il suffit donc de filtrer sur de l'*amiante* pour avoir la solution étendue à peine jaunâtre de l'acide hypochloreux. — *Balard*, qui découvrit cette préparation, dégageait le gaz hypochloreux en faisant passer *rapidement* la solution dans une éprouvette pleine de mercure sur la cuve à mercure, puis en introduisant une substance desséchante comme de l'azotate de calcium sec qui s'emparant de l'eau de la solution faisait dégager le gaz à la partie supérieure de l'éprouvette.

Il y a encore formation d'acide hypochloreux libre dans l'action de l'eau de chlore sur une dissolution d'*azotate d'argent*.

Puis à partir de la solution de *chlorure de chaux*, qui renferme de l'hypochlorite de calcium $(ClO)^2Ca$, soit par un courant de *chlore* qui y passe :

$$(ClO)^2Ca + 2Cl^2 + 2H^2O = CaCl^2 + 4ClOH;$$

Soit par un courant de *gaz carbonique*, l'acide carbonique déplaçant l'acide hypochloreux :

$$(ClO)^2Ca + CO^2 + H^2O = CO^3Ca\uparrow + 2ClOH.$$

— Encore, par un courant de chlore dans un *lait de chaux* ou *de baryte*, puisqu'il y a d'abord formation d'hypochlorite alcalino-terreux :

$$2.CaO^2H^2 + 2.Cl^2 = (ClO)^2Ca + CaCl^2 + 2H^2O.$$

— Enfin, encore quand un courant de gaz chlore passe dans de l'eau tenant en suspension de la *craie* pulvérisée, ou du *carbonate de baryum*, dont le gaz carbonique se dégage :

$$CO^3Ca + 2Cl^2 + H^2O = CO^2\uparrow + CaCl^2 + 2ClOH.$$

Dans tous ces modes de production, la solution étendue d'acide hypochloreux est mêlée avec des substances solubles : pour l'obtenir *pure*, il suffira de distiller le produit de la réaction dans le vide.

III. — Propriétés des hypochlorites.

Ce sont des sels *mal définis* car *non cristallisés*. Ils sont en général *solubles*. Ils se *forment* dans l'action du chlore sur les alcalis étendus et froids, ou sur les hydrates alcalino-terreux ; et ils sont *toujours mélangés* avec les chlorures correspondants.

Ce sont des corps *très importants* sous le nom de *chlorures décolorants*, dont les principaux sont le chlorure de chaux industriel et l'eau de Javel industrielle.

2° Leur dissolution par la *chaleur* se transforme en dissolution de chlorate, à moins cependant qu'on n'ajoute une *trace de sel cobalteux*, auquel cas il y a formation de chlorure avec dégagement d'oxygène capable de rallumer une allumette encore rouge. L'alcali libre que renferme toujours la solution d'hypochlorite a précipité l'hydrate cobalteux :

$$CoCl^2 + CaO^2H^2 = CaCl^2 + CoO,H^2O\downarrow;$$

mais on n'a pas le temps de voir la couleur bleue de cet hydrate, car il est transformé aussitôt en sesquioxyde de cobalt *noir* par l'action oxydante de l'hypochlorite :

$$(ClO)^2Ca + 4.CoO = 2.Co^2O^3\downarrow + CaCl^2;$$

le sesquioxyde de cobalt est facilement décomposé par la chaleur en oxygène qui se dégage et en oxyde cobalteux, de nouveau oxydable par l'hypochlorite :

$$Co^2O^3 = 2CoO + O\uparrow;$$

de sorte que par ce mécanisme l'hypochlorite sera bientôt complètement décomposé :

$$(ClO)^2Ca = CaCl^2 + O^2\uparrow.$$

3° Les hypochlorites sont décomposés par les acides faibles comme l'*acide carbonique* CO^3H^2, ou par les acides forts *très étendus* comme l'*acide azotique* étendu, et avec formation d'*acide hypochloreux libre* :

$$2.ClONa + CO^3H^2 = CO^3Na^2 + 2ClOH;$$

d'où la *présence de carbonates alcalins* dans les solutions d'hypochlorites au contact du gaz carbonique de l'air, et leur *odeur* particulière d'acide hypochloreux. — Mais ils sont décomposés par les *acides forts concentrés*, comme l'acide chlorhydrique ou l'acide sulfurique du commerce, avec mise en liberté de *chlore*, car l'acide hypochloreux très concentré n'a pas de stabilité :

$$ClONa + 2HCl = NaCl + H^2O + Cl^2\uparrow;$$

d'où la *régénération du gaz chlore* des hypochlorites industriels : la masse de chlore dégagée est double de la masse de chlore de l'hypochlorite, et par suite égale à la masse de chlore employée dans la fabrication de l'hypochlorite.

4° La solution des hypochlorites, outre son *odeur*, se reconnaît aux *caractères* suivants :

Dans la solution *acidulée* par l'acide chlorhydrique, un courant de *gaz sulfhydrique* donne un *dépôt laiteux* jaunâtre de soufre;

Par l'*azotate de baryum*, rien; mais par l'*azotate de plomb*, il y a un précipité *blanc* de chlorure de plomb $PbCl^2$, qui sous l'action d'une *douce* chaleur passe au *brun* par l'action oxydante de l'hypochlorite qui le transforme en bioxyde de plomb PbO^2 ou *oxyde puce*;

Par l'*azotate d'argent*, il y a formation d'un précipité *blanc* de chlorure d'argent AgCl;

Dans la dissolution bleue d'*indigo acidulée*, il y a décoloration immédiate; la décoloration ne se produit en présence de l'*acide arsénieux* que quand cet acide est totalement transformé en acide arsénique par l'hypochlorite ajouté :

$$(ClO)^2Ca + 2.AsO^3H^3 = 2.AsO^4H^3 + CaCl^2;$$

d'où le *dosage des hypochlorites* dont on verse la solution à étudier dans un volume connu d'une solution titrée d'anhydride arsénieux acidulée par l'acide sulfurique jusqu'à transformation complète en acide arsénique : on se servait autrefois d'une goutte d'indigo, colorant la solution titrée, comme réactif indicateur de la fin de la réaction; on préfère actuellement des gouttes de solution de *ferrocyanure de potassium* déposées sur une assiette blanche et à peine colorées en jaune, et que l'on touche de temps en temps avec une baguette plongée dans la solution titrée jusqu'à ce que ces gouttes prennent la coloration rougeâtre du ferricyanure de potassium, ce qui indique la présence du chlore libre;

Enfin la dissolution des hypochlorites ne décolore pas le *permanganate de potassium* MnO^4K.

ACIDES CHLORIQUE, ClO^3H, ET PERCHLORIQUE, ClO^4H.

L'acide chlorique n'est connu qu'à l'état de *dissolution*, et comme il est *monobasique* sa *formule* se déduit de celle du chlorate de potassium ClO^3K en y remplaçant l'atome de potassium K monovalent par l'atome d'hydrogène H.

Au maximum de concentration, il répond à peu près à la formule $ClO^3H + 7H^2O$, et c'est un *liquide incolore, huileux* et *sans odeur*, à moins qu'il n'ait subi un commencement de *décomposition spontanée* avec production de peroxyde de chlore qui lui donne alors une *coloration jaunâtre* et une *odeur*, comme le peroxyde d'azote pour l'acide azotique :

$$3.ClO^3H = ClO^4H + 2ClO^2\uparrow + H^2O.$$

Quand on *chauffe* la dissolution étendue d'acide chlorique, elle se concentre d'abord en perdant de l'eau, puis apparaissent des *fumées blanches* d'*acide perchlorique,* qui distille à l'état de *solution étendue* dont c'est la préparation usuelle; et les éléments du peroxyde de chlore se dégagent :

$$3ClO^3H = ClO^4H + Cl^2\uparrow + 2O^2\uparrow + H^2O.$$

Si on redistille l'acide perchlorique obtenu, avec de l'acide sulfurique qui retient l'eau, en recueillant ce qui passe à 110°, on obtient l'*acide perchlorique normal* ClO^4H.

C'est un *liquide incolore, mobile, fumant* à l'air, *cristallisable* par refroidissement énergique et alors *fondant* à 15°, commençant à bouillir *à 110°* mais avec *décomposition partielle* pouvant se faire avec explosion d'après :

$$2.ClO^4H = H^2O + Cl^2\uparrow + 7.O\uparrow;$$

se décomposant spontanément au bout de quelques jours, donc *très instable.* Mais il est très *avide d'eau*, et il forme avec l'eau *deux hydrates* :

L'acide perchlorique *monohydraté*, ClO^4H, H^2O qui est *cristallisé, fumant*, fondant à 50°, moins instable;

Et l'acide perchlorique *bihydraté*, $ClO^4H, 2H^2O$, qui est un *liquide huileux*, bouillant *à 203°, très stable, se formant* toutes les fois qu'on distille l'acide perchlorique étendu qui perd surtout de l'eau, ou l'acide perchlorique concentré qui perd surtout les éléments $Cl^2 + O^7$ d'un anhydride perchlorique.

2° Alors l'acide chlorique, l'acide perchlorique normal, et l'acide perchlorique monohydraté, sont des *oxydants énergiques,* tandis que l'acide perchlorique étendu restera inerte.

Ainsi il y a combustion : de l'*alcool* par le contact de l'acide chlorique *concentré*; du *papier* imprégné d'acide chlorique concentré, dès qu'on chauffe.

Il y a oxydation de l'*iode* qui se transforme en acide iodique :

$$ClO^3H + I = IO^3H + Cl\uparrow;$$

de l'*acide chlorhydrique* avec dégagement de chlore :

$$ClO^3H + 5HCl = 3H^2O + 3Cl^2\uparrow,$$

de l'*acide sulfhydrique* avec précipitation de soufre, et d'*abord* formation de chlore libre :

$$2.ClO^3H + 5H^2S = 6H^2O + 5.S\downarrow + Cl^2\uparrow;$$

mais s'il y a *excès* d'acide sulfhydrique, c'est de l'acide chlorhydrique qui se formera :

$$ClO^3H + 3H^2S = 3H^2O + 3S\downarrow + HCl;$$

et encore oxydation de l'*acide sulfureux* avec formation d'acide sulfurique et d'*abord* libération de chlore :

$$2ClO^3H + 5.SO^3H^2 = 5.SO^4H^2 + H^2O + Cl^2\uparrow;$$

mais s'il y a *excès* d'acide sulfureux, c'est encore de l'acide chlorhydrique qui se forme :

$$ClO^3H + 3SO^3H^2 = 3.SO^4H^2 + HCl.$$

Enfin il y a *décoloration énergique* des matières végétales colorées, comme le *tournesol* qui se décolore après avoir été rougi.

Et *de même,* il y aura oxydation avec explosion des matières organiques, comme le papier ou le bois, par l'*acide perchlorique normal,* ou par l'*acide perchlorique monohydraté* chauffé. — Tandis que l'*acide perchlorique étendu* ne décolore pas le tournesol ou l'indigo, n'a pas d'action oxydante sur les acides chlorhydrique, sulfhydrique ou sulfureux, et *ressemble* assez *à l'acide sulfurique étendu.*

I. — Propriétés des chlorates et des perchlorates.

Ce sont des sels bien *cristallisés*, en général *solubles*; pourtant le *chlorate de potassium* ClO^3K est beaucoup *moins soluble à froid* qu'à chaud, et le *perchlorate de potassium* ClO^4K est *très peu soluble à froid.*

1° Les chlorates et les perchlorates sont décomposés par la *chaleur* avec dégagement d'oxygène; par action *modérée* de la chaleur sur le chlorate de potassium fondu, *formation de perchlorate* :

$$2ClO^3K = ClO^4K + KCl + O^2\uparrow;$$

mais par élévation de température suffisante, il y a décomposition *complète* du chlorate :

$$ClO^3K = KCl + 3O\uparrow,$$

car le perchlorate est lui-même décomposable :

$$ClO^4K = KCl + 2O^2\uparrow.$$

Ce sont ces actions que l'on utilise dans la *préparation usuelle de l'oxygène*, et pour déterminer la *composition* à attribuer à l'*acide chlorique* et à l'*acide perchlorique* monobasiques.

Une *masse M de chlorate* de potassium pur et sec se décompose complètement en gaz oxygène pur qui se dégage et qu'on peut recueillir pour le reconnaître, et en une masse *m* de chlorure de potassium pur de formule KCl comme on l'a établi dans les généralités : la masse de l'oxygène dégagé est donc M — *m*. Or on trouve que les masses *m* et M — *m* sont entre elles comme $39 + 35,5 = KCl$ à $3 \times 16 = O^3$: la formule *la plus simple* du chlorate de potassium est donc ClO^3K, et c'est la *formule moléculaire* puisque l'acide chlorique est monobasique. La *formule* à attribuer à l'*acide chlorique* est donc ClO^3H.

De même la *masse M' de perchlorate* de potassium pur laisse une masse *m' de chlorure* de potassium pur, et dégage uniquement une masse M' — *m' d'oxygène* pur. Or ces nombres sont entre eux comme $39 + 35,5 = KCl$ à $4 \times 16 = O^4$, d'où la *formule moléculaire du perchlorate* ClO^4K, et la *formule de l'acide perchlorique* ClO^4H, puisque cet acide est monobasique.

2° Les chlorates sont des *oxydants énergiques* : ils *fusent* sur des *charbons ardents* plus vivement encore que les azotates; ils forment des *poudres brisantes* par leur mélange avec des corps combustibles comme le charbon, le soufre, le sulfure d'antimoine : le mélange de chlorate de potassium pulvérisé et de soufre en poudre fine est la *poudre verte*, détonant par le choc. On utilise le chlorate de potassium dans la fabrication des *amorces fulminantes*, et des *allumettes*. — Enfin les chlorates font explosion, comme les azotates, quand on les chauffe avec du *cyanure de potassium* très oxydable.

Par l'*acide chlorhydrique*, il y a dégagement de *gaz chlore*; d'où la *régénération du chlore du chlorate de potassium* en le chauffant très légèrement avec l'acide chlorhydrique. — Tandis que l'acide chlorhydrique n'a pas d'action à froid sur les perchlorates.

Par l'*acide sulfurique*, le chlorate de potassium se *colore* en jaune et il y a dégagement de *peroxyde de chlore, gaz jaune verdâtre foncé*, à *odeur* particulière, faisant *explosion* si on chauffe; il convient donc de faire l'essai sur une *très petite quantité* de chlorate; il y a *formation* aussi *de perchlorate* :

$$3ClO^3K + 2SO^4H^2 = ClO^4K + 2SO^4HK + H^2O + 2ClO^2\uparrow.$$

Tandis que l'acide sulfurique n'a pas d'action *à froid* sur les perchlorates, et si on chauffait il y aurait dégagement de *fumées blanches* d'acide perchlorique dont c'est un mode de formation :

$$ClO^4K + SO^4H^2 = SO^4HK + ClO^4H\curvearrowright;$$

la réaction est *dangereuse* à produire sur de grandes masses à cause de la décomposition explosive possible du perchlorate chauffé.

Par l'*acide azotique*, le chlorate de potassium fournit un *mélange très oxydant* capable de faire disparaître complètement le *carbone amorphe* à l'état de produits solubles, de transformer le *graphite* de couleur foncée en oxyde graphitique de couleur claire en général, en laissant le *diamant* inaltéré : d'où la *distinction des 3 états* allotropiques *du carbone*.

3° La *dissolution d'un chlorate* alcalin ou alcalino-terreux présente les *caractères* suivants :

Par un courant de *gaz sulfhydrique* passant dans la solution *acidulée* par l'acide chlorhydrique, formation d'un *précipité laiteux* de soufre;

Par l'*azotate de baryum*, rien;

Par l'*azotate d'argent*, rien; mais par addition d'*acide sulfureux*, il y aurait formation d'un précipité blanc de chlorure d'argent;

Dans la *solution sulfurique d'indigo*, il y a *décoloration*, soit en présence de l'*acide sulfureux*, soit en présence de l'*acide chlorhydrique*, soit en présence de l'*acide sulfhydrique*.

Tandis que la *solution d'acide perchlorique ou d'un perchlorate* ne donne rien par l'acide sulfhydrique, rien par l'azotate d'argent même en présence de l'acide sulfureux, rien dans la solution d'indigo en présence des réactifs indiqués plus haut; mais par la solution *concentrée* de *chlorure de potassium,* il y a formation d'un précipité *blanc* cristallin de perchlorate de potassium, difficilement soluble dans beaucoup d'eau, insoluble dans l'alcool.

II. — Préparations de l'acide chlorique.

A partir du chlorate de potassium ClO^3K ou du chlorate de baryum $(ClO^3)^2Ba$ que l'on obtient industriellement par addition des chlorures correspondants à la solution concentrée chaude de chlorure de chaux qui contient le chlorate de calcium.

Autrefois, dans la solution chaude et concentrée de *chlorate de potassium,* on versait un *excès d'acide hydrofluosilicique* SiF^6H^2 pour être sûr de précipiter la totalité du potassium à l'état de fluosilicate de potassium presque transparent, difficile à voir et à rassembler :

$$2ClO^3K + SiF^6H^2 = SiF^6K^2 \downarrow + 2ClO^3H;$$

par *filtration* on obtenait un mélange de solutions d'acide chlorique et d'acide hydrofluosilicique, que l'on neutralisait par addition d'*eau de baryte* pour précipiter la totalité de l'acide hydrofluosilicique :

$$SiF^6H^2 + BaO^2H^2 = SiF^6Ba \downarrow + 2H^2O,$$

et transformer l'acide chlorique en chlorate de baryum soluble :

$$2.ClO^3H + BaO^2H^2 = (ClO^3)^2Ba + 2H^2O;$$

on *filtrait* de nouveau, et dans la solution de chlorate de baryum on versait goutte à goutte de l'*acide sulfurique étendu* pour précipiter tout le baryum à l'état de sulfate de baryum, dense, se rassemblant facilement :

$$(ClO^3)^2Ba + SO^4H^2 = SO^4Ba \downarrow + 2.ClO^3H;$$

une *dernière filtration* donnait la solution *très étendue* d'acide chlorique.

Actuellement, on prend une *masse déterminée* de chlorate de baryum cristallisé que l'on dissout dans l'eau, et on y ajoute une *masse calculée* strictement équivalente d'acide sulfurique que l'on étend d'eau; une simple filtration donne la solution *étendue* d'acide chlorique.

On *concentre* la solution d'acide chlorique en l'abandonnant dans le *vide sec*, sans pouvoir dépasser la concentration :

$$ClO^3H + 7H^2O.$$

III. — Usage du chlorate de potassium pour la préparation du peroxyde de chlore, de l'anhydride chloreux, et la formation de l'acide iodique.

1° Si dans de l'acide sulfurique *fortement* refroidi, on introduit peu à peu du chlorate de potassium sec pulvérisé, et qu'avec le mélange on *remplisse* un tube à essai auquel on adapte un tube à dégagement, en chauffant *doucement au bain-marie* on pourra recueillir, soit par déplacement un *gaz jaune verdâtre foncé* qui est du peroxyde de chlore ClO^2, soit dans un matras *fortement* refroidi un *liquide rouge foncé* bouillant à *10°* très *dangereux* à manier et solidifiable en *cristaux rouge orangé* vers — 80°. — Comme cette préparation du peroxyde de chlore est dangereuse à cause de l'explosion possible, on n'opère que sur un *peu de matière* qui doit remplir *totalement* le tube en *verre très mince*.

Aussi quand on veut obtenir la *solution jaune* du gaz peroxyde de chlore qui est *assez soluble* (coefficient 20), on préfère chauffer *au bain-marie* vers 50° dans un flacon muni d'un tube à dégagement le mélange solide de chlorate de potassium et d'*acide oxalique cristallisé* $C^2O^4H^2 + 2\ H^2O$:

$$2ClO^3K + 3.C^2O^4H^2 = 2.C^2O^4HK + 2H^2O + 2ClO^2\uparrow + 2\ CO^2\uparrow;$$

le mélange de peroxyde de chlore et de gaz carbonique est amené dans de l'eau; le gaz carbonique beaucoup moins soluble ne gêne pas d'ailleurs pour produire les réactions du peroxyde de chlore dissous.

Le peroxyde de chlore se décompose, lentement à la *lumière*, avec *explosion* quand on *chauffe* ou par le contact de corps oxydables et chlorurables comme le *soufre*, le *phosphore*, l'*arsenic* en poudre; on montre sans danger son action violente sur le phosphore en plaçant dans un verre du chlorate de potassium cristallisé, de l'eau et un *petit* morceau de phosphore, sur lequel on verse par un tube à entonnoir *quelques gouttes* d'acide sulfurique : aussitôt le phosphore brûle sous la couche d'eau au contact du peroxyde de chlore qui teinte l'eau en jaune.

Le peroxyde de chlore est donc un *oxydant énergique*, que l'on a proposé pour la *purification des eaux* d'alimentation ; il décompose l'*acide chlorhydrique*, l'*iodure de potassium* ; il attaque le *mercure*.

Il est décomposé par la *potasse*, comme le peroxyde d'azote :

$$2ClO^2 + 2KOH = ClO^2K + ClO^3K + H^2O;$$

le *chlorate* de potassium peu soluble à froid se dépose par évaporation du produit de la réaction dans le vide sec ; le *chlorite de potassium pur* est facile à séparer du résidu par l'alcool qui le dissout, comme il dissout les azotites alcalins.

Les chlorites sont *cristallisés*, en général *solubles* ; pourtant le chlorite d'argent ClO^2Ag blanc jaunâtre est peu soluble comme l'azotite d'argent ; aussi les chlorites donnent par l'*azotate d'argent* un précipité blanc jaunâtre. — Leur dissolution est facilement décomposée par la *chaleur*, comme celle des hypochlorites, avec formation de chlorure et de chlorate. Mais ils produisent la décoloration de l'*indigo* même en présence de l'anhydride arsénieux ; et ils décolorent le *permanganate* par une action réductrice, comme les azotites.

Les chlorites se rattachent à l'*anhydride chloreux* (Cl^2O^3) qui n'est *pas connu à l'état pur* pas plus que l'anhydride azoteux ; et à l'*acide chloreux* (ClO^2H), dont on admet l'existence dans les solutions de l'anhydride.

2° En chauffant *légèrement* au bain-marie dans un ballon *presque rempli* muni d'un tube à dégagement, un mélange de chlorate de potassium, d'anhydride arsénieux, d'acide azotique et d'*un peu* d'eau, *Millon* recueillit par déplacement un *gaz jaune verdâtre foncé* à *odeur* de chlore qui serait le *gaz chloreux* formé d'après les réactions suivantes ; réaction de l'anhydride arsénieux sur l'acide azotique avec formation d'acide arsénique AsO^4H^3 et d'anhydride azoteux Az^2O^3 :

$$As^2O^3 + 2AzO^3H + 2H^2O = 2AsO^4H^3 + Az^2O^3;$$

déplacement de l'acide chlorique par l'acide arsénique :

$$2ClO^3K + AsO^4H^3 = AsO^4HK^2 + 2ClO^3H;$$

enfin réduction de l'acide chlorique par l'anhydride azoteux :

$$2ClO^3H + Az^2O^3 = 2AzO^2H + Cl^2O^3 \uparrow.$$

Comme le gaz azoteux, le gaz chloreux *n'existe qu'en présence des produits de sa décomposition* $ClO^2 + Cl + O$; il est décomposé avec *explosion* quand on le *chauffe*, ou par le contact du *soufre*, du *phosphore*, de l'*arsenic* en poudre; il attaque le *mercure*; il est *assez soluble* : coefficient 5, et sa solution est *jaune*.

Tandis que si on introduit du chlorate de potassium pulvérisé dans un mélange *froid* d'acide sulfurique et de benzine qui agit comme un corps réducteur, il y a dégagement *à froid* d'un mélange gazeux qui en passant dans un tube *fortement* refroidi laisse condenser un *liquide rouge brun*, qui serait l'*anhydride chloreux*, *bouillant au-dessous de 0°*, comme le liquide azoteux, et explosif par le choc.

Il y a donc des *analogies* singulières *entre les composés oxygénés du chlore et ceux de l'azote* : acides chlorique et azotique, chlorates et azotates, peroxydes de chlore et d'azote, chlorites et azotites, anhydrides chloreux et azoteux.

3° Enfin en chauffant du chlorate de potassium avec de l'*iode*, de l'eau et *un peu* d'acide azotique, il y a formation d'*iodate de potassium*, d'après la suite des réactions suivantes; déplacement d'un peu d'acide chlorique par la petite quantité d'acide azotique :

$$ClO^3K + AzO^3H = AzO^3K + ClO^3H;$$

oxydation d'un peu d'iode par l'acide chlorique :

$$[1] \qquad ClO^3H + I = IO^3H + Cl \uparrow;$$

déplacement d'un peu d'acide chlorique par l'acide iodique :

$$[2] \qquad ClO^3K + IO^3H = IO^3K + ClO^3H;$$

et succession des 2 réactions [1] et [2] jusqu'à déplacement complet du chlore par l'iode d'après la *réaction totale* :

$$ClO^3K + I = IO^3K + Cl \uparrow;$$

la petite quantité d'acide azotique ne servant qu'à déterminer la réaction par le mécanisme indiqué.

TREIZIÈME LEÇON

Brome. — Acide bromhydrique.

BROME

Masse moléculaire Br^2, avec masse atomique Br = 80.

C'est un *liquide rouge presque noir*, à *odeur* désagréable, d'où le nom qu'il a reçu ; il faut *éviter* de respirer sa vapeur ; le brome tache l'*épiderme* en jaune. C'est un liquide *très dense* : masse spécifique $3^{gr},18$. Il *bout* à 63° ; mais il est déjà *très volatil* à la température ordinaire, car il est surmonté, dans le flacon à l'émeri qui le contient, d'une *vapeur rouge* ; et il suffit de verser quelques gouttes de brome dans un ballon plein d'air pour le remplir de vapeur de brome, *assez dense* pour qu'on puisse *la verser* comme un liquide : la *densité de la vapeur* est 5,54 vers 400° ; elle diminue *à température très élevée* comme celle du gaz chlore : elle n'est plus que 4,48 vers 1 500°.

Le brome est *solidifiable* dans un mélange réfrigérant, en une *masse cristalline* de couleur *grise fondant* à — 7°.

Le brome est *assez soluble* dans l'*eau* : 30^{gr} de brome dans un litre d'eau, pour donner *l'eau de brome* de couleur *jaune* ou *rouge brun*, à *odeur* de brome, et donnant par refroidissement à 0° une *masse cristalline d'hydrate de brome* de composition Br, $5H^2O$, analogue à l'hydrate de chlore. — Le brome est *très soluble* dans l'*éther* qui surnage l'eau, dans le *chloroforme* ou le *sulfure de carbone* qui tombent au fond de l'eau ; et ces dissolvants par agitation avec l'eau de brome enlèvent le brome à l'eau pour se colorer en *jaune* ou en *rouge brun* ; d'où la *recherche de traces de brome libre* par la coloration qu'il donne au sulfure de carbone, différence avec le chlore qui ne colore pas ce réactif.

I. — Propriétés chimiques du brome.

Elles sont tout à fait *analogues à celles du chlore* : le brome se combine directement aux *métalloïdes*, sauf l'oxygène, l'azote, le carbone ; il s'unit aussi directement avec *tous les métaux* ; et il décompose les *composés hydrogénés* des métalloïdes, sauf pourtant les acides fluorhydrique HF, et chlorhydrique HCl.

1° Il y a combinaison directe avec l'*hydrogène*, mais plus difficilement que pour le chlore, soit quand on *enflamme* à l'extrémité d'un tube un courant d'hydrogène qui a traversé du brome, soit quand un courant d'hydrogène chargé de vapeur de brome traverse un tube de verre rempli de *pierre ponce* ou mieux contenant de la *mousse de platine* et chauffé *au rouge sombre* : on observe en effet à la sortie des tubes une production de *fumées blanches* dues à la formation de gaz bromhydrique HBr. — Il n'y aurait pas d'action du brome sur l'hydrogène par exposition à la lumière, différence avec le chlore.

2° Il y a combinaison directe avec le *fluor*, car une éprouvette de *vapeur* de brome *brûle* au contact d'un dégagement de gaz fluor, et il y a absorption du gaz fluor par le brome *liquide*;

3° Avec le *chlore*, car il y a absorption du gaz chlore par le brome liquide avec production d'un *chlorure de brome*, liquide *rougeâtre*, mal défini, toujours en état de dissociation;

4° Avec l'*iode*, pour donner d'abord le *protobromure d'iode* IBr, qui est *solide*; puis, par excès de brome, le *tribromure d'iode* IBr^3, qui est un *liquide brun foncé*.

5° Le brome ne se combine pas directement avec l'oxygène, pas plus que le chlore : la *formation des composés oxygénés* du brome à partir des éléments est *plus endothermique* encore que celle des composés oxygénés correspondants du chlore, et ils sont *moins stables* que ceux du chlore. — On ne connaît que l'*acide hypobromeux* (BrOH) et l'*acide bromique* (BrO^3H), et encore *à l'état de dissolution* seulement. — Ces corps se forment à l'état d'*hypobromites* ou de *bromates* quand on ajoute à du brome des *solutions alcalines* jusqu'à décoloration complète, et dans les mêmes conditions de température et de concentration que lors de la formation des hypochlorites et des chlorates. Mais dans l'action de la chaleur sur le *bromate de potassium* BrO^3K, il y a formation de bromure KBr seulement avec dégagement d'oxygène, tandis qu'avec le chlorate il y a formation de perchlorate.

En agitant de l'eau de brome avec de l'*oxyde rouge de mercure*, HgO, ou en versant dans l'eau de brome une dissolution d'*azotate d'argent* jusqu'à décoloration, il y a formation d'*acide hypobromeux* :

$$Br^2 + H^2O + AzO^3Ag = AgBr\downarrow + AzO^3H + BrOH;$$

on peut séparer l'acide hypobromeux en *distillant dans le vide* sans dépasser 40°, sans quoi il y aurait *décomposition* complète :

$$2.BrOH = H^2O + Br^2\uparrow + O\uparrow.$$

On obtient ainsi la *solution étendue* de couleur *jaunâtre*, qui a les mêmes *propriétés décolorantes* que la solution d'acide hypochloreux.

En partant du bromate de potassium BrO^3K, par un traitement absolument analogue à celui que l'on a fait subir au chlorate de potassium pour en retirer l'acide chlorique, on prépare l'*acide bromique*, qui est un *liquide incolore huileux*, décomposé par la *chaleur* et complètement :

$$2BrO^3H = H^2O + Br^2\uparrow + 5O\uparrow,$$

différence avec l'acide chlorique étendu qui donne de l'acide perchlorique ; mais l'acide bromique *oxyde* l'acide bromhydrique, l'acide sulfhydrique, l'acide sulfureux, et il *décolore* le tournesol, d'après des actions analogues à celles de l'acide chlorique.

6° Le brome se combine directement au *soufre*, au *sélénium*, au *tellure* ; mais le *bromure de soufre* est un produit *mal défini*.

7° Le brome se combine directement au *phosphore*, à l'*arsenic* en poudre, à l'*antimoine* pulvérisé, qui brûlent spontanément dans la *vapeur* de brome, pour donner les *bromures de phosphore* PBr^3, *liquide* incolore, ou PBr^5, *solide* jaunâtre, le *tribromure d'arsenic* $AsBr^3$, *solide* incolore, ou le *bromure d'antimoine* $SbBr^3$, corps *solide* ;

8° Aussi avec le *silicium*, ou avec le *bore*, quand on fait passer un courant de *vapeur* de brome sur ces corps chauffés dans un tube de verre : il y a alors formation de *bromure de silicium* $SiBr^4$, liquide incolore, ou de *bromure de bore* BBr^3, liquide incolore ;

9° Enfin avec les *métaux*, en général quand on *chauffe* légèrement :

Pourtant il y a combustion spontanée du *potassium* plongé dans la *vapeur* de brome, et action très vive du brome *liquide*.

Il y a aussi combustion de l'*aluminium* par le contact du brome liquide.

Le *cuivre réduit* à basse température s'enflamme par une goutte de brome.

Enfin l'eau de brome est décolorée par agitation avec un excès de *limaille de fer*, avec formation de bromure ferreux $FeBr^2$; et elle dissout l'*or*.

Dans les actions du brome sur l'hydrogène ou sur les métaux, on observe un *dégagement de chaleur moindre* que dans les actions correspondantes du chlore; aussi il y a *déplacement du brome* par le chlore *dans l'acide bromhydrique* ou *dans les bromures métalliques*, par des réactions exothermiques.

Enfin, il y a décomposition par le brome des *composés hydrogénés*, sauf les acides fluorhydrique et chlorhydrique; aussi le brome est un *agent oxydant en présence de l'eau*, et un *décolorant*, comme le chlore :

1° Il décompose l'*acide iodhydrique* HI, avec formation d'abord d'un dépôt d'iode libre :

$$HI + Br = I_{\downarrow} + HBr,$$

et un excès de brome réagirait sur l'iode libéré.

2° Le brome décompose l'*eau*, quand un mélange de *vapeur* de brome et de vapeur d'eau passe dans un tube de porcelaine *au rouge* :

$$H^2O + Br^2 \rightleftarrows 2HBr + O;$$

mais cette réaction endothermique est *limitée* par la réaction exothermique inverse qui se passera dans les régions du tube qui sont au rouge sombre seulement, température à laquelle la vapeur d'eau n'est pas encore dissociée.

Il y a *décomposition de l'eau de brome*, lentement à la *lumière*; immédiatement en présence de *corps oxydables* comme l'*acide sulfureux*, l'*acide phosphoreux* PO^3H^3 ou l'*acide arsénieux* AsO^3H^3, ou encore les *sels ferreux*; ainsi l'acide sulfureux produit la décoloration de l'eau de brome avec formation d'acide sulfurique précipitable par le chlorure de baryum :

$$SO^3H^2 + H^2O + Br^2 = 2HBr + SO^4H^2.$$

3° Il y a décomposition de l'*acide sulfhydrique* H^2S, avec précipitation de soufre, et formation d'*acide bromhydrique* dont c'est une préparation :

$$H^2S + Br^2 = S_{\downarrow} + 2HBr.$$

4° Il y a décomposition de l'*ammoniaque*, AzH^3, quand un tube rempli d'eau de brome et d'ammoniaque du commerce est retourné sur une cuve à eau, ou quand du brome tombe goutte à goutte dans une solution d'ammoniaque : il y a alors décoloration et dégagement d'*azote chimique* dont c'est une préparation. On admet que dans l'action du brome sur l'alcali il y a d'*abord* formation d'hypobromite et de bromure :

$$Br^2 + 2.AzH^4OH = BrOAzH^4 + AzH^4Br + H^2O;$$

puis qu'il y a action oxydante de l'hypobromite sur l'ammoniaque en excès :

$$2AzH^3 + 3.BrOAzH^4 = 3AzH^4Br + 3H^2O + Az^2\uparrow,$$

d'après des réactions analogues à celles du chlore.

Mais un excès de brome agissant sur le bromure d'ammonium ne donnerait pas de bromure d'azote.

5° Il y a décomposition du *phosphure d'hydrogène* PH^3 ou de l'*arséniure d'hydrogène* AsH^3, avec mise en liberté d'*abord* de phosphore ou d'arsenic; mais ces corps sont transformés ultérieurement en bromures par l'*excès* de brome, à moins qu'on n'opère en présence de l'eau, auquel cas il y a oxydation du phosphure et de l'arséniure d'hydrogène à l'état d'acides phosphorique ou arsénique.

6° Il y a décomposition de l'*acide cyanhydrique* HCAz, avec formation de *bromure de cyanogène* CAzBr *solide* incolore.

7° Il y a réactions diverses du brome sur les *carbures d'hydrogène* : le mélange du carbure gazeux avec la vapeur de brome brûle encore par *inflammation*, comme pour le chlore.

Mais il n'y a pas de substitution directe du brome dans le gaz des marais CH^4; tandis qu'il y a encore *substitution* de l'atome de brome à l'atome d'hydrogène, soit dans la *paraffine* fondue et chauffée à *180°*, soit *à froid* dans la *naphtaline*, carbure solide blanc, et avec dégagement de l'hydrogène déplacé à l'état de gaz bromhydrique dont c'est une préparation; la paraffine du commerce est un mélange solide blanc de carbures saturés de formule générale C^nH^{2n+2} :

$$C^nH^{2n+2} + Br^2 = C^nH^{2n+1}Br + HBr\uparrow;$$

la naphtaline a pour formule $C^{10}H^8$, que l'on peut retenir en remarquant que la formule développée a l'apparence de 2 hexagones soudés par un côté avec des atomes de carbone que l'on peut regarder comme trivalents dans ce cas à chacun des sommets du système, la valence libre des atomes du pourtour étant satisfaite par un atome d'hydrogène:

C-H C-H

H-C C C-H

H-C C C-H

C-H C-H

$$C^{10}H^8 + Br^2 = C^{10}H^7Br + HBr\uparrow;$$

enfin l'*éthylène* C^2H^4, est absorbé par le brome pour donner un *produit d'addition*, le *bibromure d'éthylène* $C^2H^4Br^2$, *liquide incolore*, dans lequel un *excès* de brome par exposition *au soleil* pourra se substituer pour donner successivement $C^2H^3Br^3$, $C^2H^2Br^4$, C^2HBr^5.

8° Le brome détruit les *matières organiques*, comme l'*épiderme*, le *liège*, le *caoutchouc*; et il décolore les *matières colorantes organiques* comme le *tournesol* ou l'*indigo*.

9° Enfin le brome exerce sur les *oxydes* comme l'oxyde mercurique HgO, ou sur les *hydrates métalliques* comme les alcalis, des actions analogues à celles du chlore.

II. — Caractères du brome.

1° La *vapeur rouge*, à *odeur* particulière, est absorbée par la *potasse* avec décoloration, comme la vapeur de peroxyde d'azote ou le gaz azoteux qui ont l'odeur nitreuse différente.

De plus, si l'on a employé pour la décoloration une quantité *strictement suffisante* de potasse, en évaporant à sec, calcinant, reprenant par l'eau et ajoutant une goutte d'*azotate d'argent*, dans le cas du brome il s'est formé un bromure, et si étendue que soit la dissolution on observera un précipité *blanc jaunâtre* de bromure d'argent insoluble; tandis que dans le cas des composés nitrés il y a eu formation d'azotites et d'azotates qui, en dissolution *très étendue*, ne précipitent pas par l'azotate d'argent.

2° Par les *sels ferreux* de couleur vert pâle, le brome ne peut donner que la teinte *rouille* des sels ferriques, tandis que par les composés nitrés il y a une coloration brun foncé due à la réduction à l'état de bioxyde d'azote AzO, combiné à l'excès de sel ferreux.

3° Dans la solution bleue d'*indigo*, il y a décoloration à froid. Et dans la solution d'*iodure de potassium amidonné*, il y a coloration bleue intense due à la mise en liberté d'iode.

Le chlore présente aussi ces réactions, mais le brome libre donne une coloration au *sulfure de carbone*, ce que ne fait pas le chlore. Et on reconnaît des *traces de brome libre* dans un liquide en le plaçant dans un tube à essai avec quelques gouttes de sulfure de carbone ou de *chloroforme*, et en retournant un grand nombre de fois le tube fermé avec le doigt : la *coloration jaune* du réactif indique la présence du brome. Des traces d'iode libre donneraient dans ces conditions une coloration allant du rose au rouge violacé.

III. — Usages du brome.

1° Du brome *libre*, pour blanchir les *éponges* fines; dans le *traitement des angines* par action sur les muqueuses; surtout pour produire des *substitutions* très importantes dans les composés organiques; et aussi dans l'*extraction de l'or*.

2° A l'état de *bromure de potassium* KBr, en médecine comme *calmant*; et surtout en photographie, avec d'autres bromures solubles, pour la préparation des *plaques sensibles* dites au gélatino-bromure, dans lesquelles la mince couche de gélatine renferme des grains de bromure d'argent AgBr, réductibles par l'action de la lumière : la solution de gélatine a été mêlée de bromures solubles, puis la plaque qui l'a reçue a été plongée dans une dissolution d'azotate d'argent, d'où, par double décomposition, formation de bromure d'argent insoluble.

IV. — État naturel, modes de formation, et extraction du brome.

Il existe à l'état de *bromure* de sodium NaBr, ou de bromure de magnésium $MgBr^2$, dans l'*eau de la mer*, mais en bien plus petite quantité que les chlorures; et ces bromures restent dissous dans les *eaux mères des marais salants* avec des traces d'iodures en plus petite quantité encore : les bromures et les iodures alcalins sont en effet plus solubles en général que les chlorures. — Les bromures et les iodures de l'eau de la mer sont absorbés en quantité notable par les végétaux marins et ils se retrouvent dans les *cendres de varechs*, puis dans les *eaux mères* de l'extraction d'autres sels moins solubles que l'on en retire, comme le carbonate de sodium CO^3Na^2, les chlorures de potassium KCl, et de magnésium $MgCl^2$. — Enfin le brome existe encore à l'état de *bromure de magnésium* $MgBr^2$, dans les *eaux mères des salines de Stasfurt*, qui ont laissé déposer un chlorure double de potassium et de magnésium, $KCl,MgCl^2,6H^2O$, appelé *carnallite* et qui est la principale source du potassium. L'origine du brome est donc toujours l'eau de la mer, car les dépôts salins de Stasfurt, offrant à partir du fond tous les sels de l'eau de la mer dans l'ordre de leur solubilité croissante, doivent être regardés comme provenant de la disparition de mers préhistoriques.

1° Extraction des *eaux mères des salines* :

Dans la *méthode de Balard*, qui servit à découvrir le brome en 1826, un courant de *chlore* passant dans l'eau mère des marais salants donnait à ce liquide une teinte jaune due à la libération du brome :

$$MgBr^2 + Cl^2 = MgCl^2 + Br^2.$$

On rassemblait le brome par agitation avec l'*éther* qui absorbe le brome du liquide en se colorant en jaune et en surnageant. On ajoutait alors à la solution éthérée de brome de la *potasse* jusqu'à décoloration complète, de manière à former un hypobromite et un bromure :

$$Br^2 + 2KOH = BrOK + KBr + H^2O.$$

On *distillait* pour récupérer l'éther, et on évaporait à *sec*; alors, par l'action de la chaleur, il y avait transformation de l'hypobromite en bromure et bromate :

$$3BrOK = 2KBr + BrO^3K.$$

Par la *calcination*, il y avait décomposition du bromate en oxygène dégagé et en bromure :

$$BrO^3K = KBr + 3.O\uparrow;$$

de sorte que la totalité du brome libéré se trouvait finalement à l'état de *bromure de potassium* KBr, que l'on pouvait obtenir *pur* par plusieurs cristallisations.

Alors, pour *préparer* le brome à partir d'un bromure, comme le bromure de potassium, il suffit de le chauffer avec du bioxyde de manganèse en poudre et de l'acide sulfurique étendu de la moitié de son volume d'eau : l'opération se fait dans une cornue en verre en relation avec un ballon *refroidi* par de la glace, où le brome se condense ; la vapeur de brome est mise en liberté par une réaction tout à fait analogue à la réaction de Berthollet pour la production du chlore à partir du sel marin :

$$2KBr + MnO^2 + 3.SO^4H^2 = 2.SO^4HK + SO^4Mn + 2H^2O + Br^2 \nearrow.$$

— Mais la méthode de Balard serait difficile à employer industriellement à cause de l'éther, qui est un produit coûteux, trop volatil et trop inflammable.

Aussi, dans l'*extraction industrielle* du brome à partir des eaux mères des salines, ces eaux *concentrées et chaudes* s'écoulent en pluie à la partie supérieure d'une tour en grès pleine de fragments de grès reposant sur une plaque de grès percée de trous ; tandis qu'un courant de gaz *chlore*, en *quantité calculée* d'après la teneur en brome des eaux et leur vitesse d'écoulement, arrive par un tube au bas de la tour et, en s'élevant, met en liberté la totalité du brome. Le chlorure de magnésium dissous, rassemblé au bas de la tour, s'écoule sur des tablettes percées de trous en chicane dans un espace clos où l'on injecte de la vapeur d'eau qui entraîne la totalité de la vapeur de brome jusqu'en haut de la tour.

La vapeur de brome s'en échappe par un tube descendant et vient se condenser dans un serpentin en poterie refroidi, d'où le brome liquide tombe dans une bonbonne en grès. La vapeur de brome non condensée est complètement absorbée dans un cylindre plein de tournure de fer, à la partie supérieure duquel tombe une pluie d'eau, et d'où s'écoule une dissolution de bromure ferreux $FeBr^2$, qui servira à préparer les composés industriels du brome, comme le bromure de potassium.

2° Extraction de l'iode *puis* du brome des *eaux mères des cendres de varech* : outre des iodures, bromures et chlorures, ces liquides contiennent des carbonates qui ne gênent pas, mais aussi des *sulfites, hyposulfites* et *sulfures* provenant de la réduction des sulfates de l'eau de mer par les matières organiques ; aussi on ajoute aux eaux mères *un peu d'acide sulfurique* pour libérer les acides carbonique, sulfureux et sulfhydrique, et on *concentre* pour chasser totalement les gaz sulfureux SO^2 et sulfhydrique H^2S qui réagiraient dans le cours ultérieur du traitement. On peut alors traiter les eaux mères ainsi *purifiées et concentrées* par 2 *méthodes* pour en extraire d'*abord* l'iode :

Si l'on fait passer un courant de chlore dans un mélange

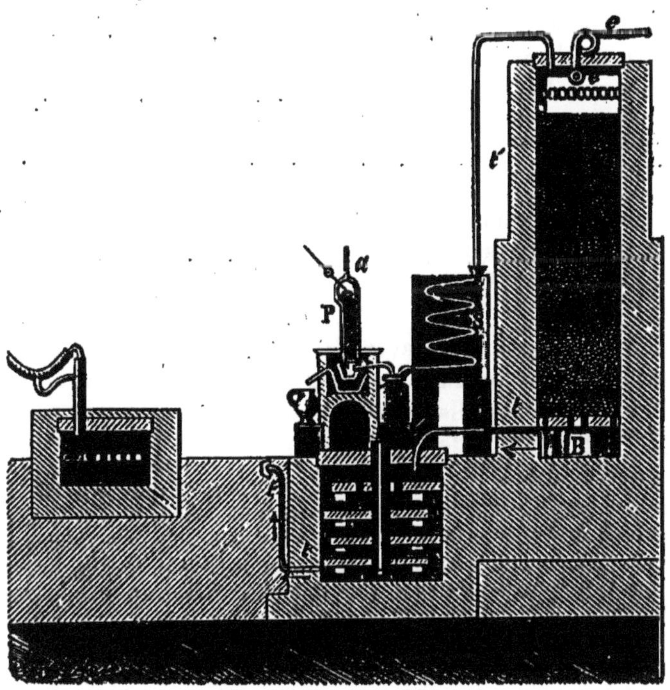

Fig. 52. — Extraction du brome.

B, arrivée du chlore; *e*, arrivée des eaux mères; *t*, trajet de la solution de chlorure de magnésium; *t'*, tube à dégagement de la vapeur de brome; *f*, flacon récipient,

dissous de bromures et d'iodures, l'iode *seul* est d'*abord* libéré et précipité, car si le brome était libéré par le chlore, ce brome libre déplacerait lui-même l'iode. — Alors on peut faire passer un courant de *chlore* dans l'eau mère concentrée jusqu'à ce que tout l'iode soit précipité; et on peut reconnaître que le liquide ne renferme plus d'iodures quand un essai du liquide ne donne plus de précipité d'iode par addition d'*acide azotique fumant rouge* qui agit par le peroxyde AzO^2 dissous :

$$KI + 2AzO^2 = AzO^3K + AzO + I\downarrow.$$

— Mais il vaut mieux ajouter aux eaux mères concentrées une dissolution de *chlorure ferrique* F^2Cl^6 en quantité *calculée*; le chlorure ferrique passera à l'état de chlorure ferreux $FeCl^2$ et précipitera la totalité de l'iode :

$$2KI + Fe^2Cl^6 = 2.FeCl^2 + 2KCl + I^2\downarrow ;$$

le chlorure ferrique ne peut pas d'ailleurs libérer le brome même s'il se trouvait en léger excès, puisque inversement c'est le brome libre qui fait passer les sels ferreux à l'état de sels ferriques.

En second lieu, si on *chauffe* un mélange de bromures et d'iodures avec une quantité de *bioxyde de manganèse* en poudre strictement *suffisante* pour libérer l'iode *en présence de l'acide sulfurique* d'après une réaction analogue à celle de Berthollet, l'iode *seul* est d'*abord* libéré et distille; car si le brome devenait libre, il déplacerait lui-même l'iode. — Il suffira donc de chauffer l'eau mère concentrée avec de l'acide sulfurique et la quantité de bioxyde en poudre calculée d'après la teneur en iode du liquide, pour faire distiller l'iode seul.

Quelle que soit la méthode d'extraction de l'iode des eaux mères des cendres de varechs, soit après le dépôt d'iode sous forme d'une *boue noirâtre* dans la première méthode, soit après distillation de l'iode dans la seconde, il y aura un résidu liquide contenant les bromures et des chlorures. Il suffira de chauffer le résidu avec de l'acide sulfurique et une quantité *calculée* de bioxyde de manganèse en poudre strictement suffisante pour libérer le brome seul : le brome *seul* se dégagera à l'état de vapeur, car si le chlore des chlorures était mis en liberté il déplacerait lui-même le brome des bromures.

3° Malgré les précautions prises dans l'extraction industrielle pour qu'il n'y ait pas de chlore libre, le brome industriel renferme toujours comme *impuretés* un peu de *chlorure de brome*, et aussi un peu d'*eau* : on le *dessèche* par contact avec du chlorure de calcium *sec*; et on le débarrasse du chlorure de brome par *distillation fractionnée* : le chlorure de brome plus volatil passe d'abord à la distillation; on adapte un nouveau récipient contenant de l'*acide sulfurique*, et le brome *purifié* vient se condenser et tombe au fond de l'acide sulfurique qui le préserve contre une évaporation ultérieure.

Pour obtenir du brome *complètement* débarrassé de chlore, on l'agite avec du bromure de potassium pur et sec qui retient le chlore à l'état de chlorure de potassium :

$$KBr + Cl = KCl + Br;$$

il suffit de distiller pour séparer le *brome pur*.

On pourrait encore utiliser la *solubilité du bromure de baryum dans l'alcool*, qui laisse insoluble le chlorure de baryum; la décoloration du brome impur ou du chlorure de brome par l'*eau de baryte* donne de l'hypobromite $(BrO)^2Ba$ et du bromure de baryum $BaBr^2$ en même temps que de l'hypochlorite $(ClO)^2Ba$ et du chlorure de baryum $BaCl^2$:

$$2Br^2 + 2.BaO^2H^2 = (BrO)^2Ba + BaBr^2 + 2H^2O;$$

l'*évaporation à sec* transforme les hypobromite et hypochlorite en bromate et chlorate de baryum :

$$3.(BrO)^2Ba = (BrO^3)^2Ba + 2.BaBr^2;$$

la *calcination* décompose le bromate et le chlorate :

$$(BrO^3)^2Ba = BaBr^2 + 3O^2 \uparrow;$$

le résidu est donc un mélange de bromure et de chlorure de baryum auquel l'*alcool* enlève seulement le bromure; la *distillation* de la solution alcoolique laisse le *bromure de baryum pur*, qu'il suffit de chauffer avec le bioxyde de manganèse en poudre et l'acide sulfurique étendu de la moitié de son volume d'eau pour préparer le *brome pur* :

$$BaBr^2 + MnO^2 + 2SO^4H^2 = SO^4Ba + SO^4Mn + 2H^2O + Br^2.$$

ACIDE BROMHYDRIQUE, HBr.

C'est un *gaz incolore, fumant* à l'air, à *odeur* vive, ayant pour *densité* 2,798, *liquéfié* et *solidifié* vers — 70°, analogue au gaz chlorhydrique.

Il est *plus soluble* encore que le gaz chlorhydrique dans l'*eau* : coefficient 600 (au lieu de 500); et la dissolution se fait avec un *plus grand dégagement de chaleur* : 20c (au lieu de 17c). — La solution *saturée* est un liquide incolore, *fumant* à l'air, et ayant l'*odeur* piquante du gaz; elle ne perd pas tout le gaz bromhydrique dissous, soit par l'opération du vide, soit quand on la chauffe, car il y a eu *combinaison* du gaz bromhydrique *avec l'eau*;

Si on refroidit la solution saturée à — 20° et qu'on y fasse passer un courant du gaz, il y a formation d'un *1er hydrate*, sous forme d'une *masse cristalline fondant* à — 11°, et dont la composition $HBr,2H^2O$ répond à celle de l'hydrate fluorhydrique liquide et à celle du 1er hydrate chlorhydrique; le 1er hydrate bromhydrique est *très instable*, il est déjà dissocié à la température ordinaire en gaz bromhydrique et en un 2e hydrate.

En effet, si on fait *bouillir* la solution *saturée* qui perd surtout du gaz bromhydrique ou la solution *très étendue* qui perd surtout de l'eau, la température s'élevant progressivement jusqu'à 126° où elle se fixe; ou bien si l'on *abandonne* la solution saturée ou la solution très étendue *dans un espace clos* en présence d'un *excès de chaux vive* capable d'absorber soit le gaz bromhydrique soit la vapeur d'eau; dans tous ces cas, il reste le *2e hydrate bromhydrique*, $HBr,5H^2O$, qui est un *liquide bouillant* à 126° sans décomposition pourvu que la pression demeure constante. — Et *la composition* de cet hydrate *pourra varier un peu* de $HBr,4H^2O$ à $HBr,5H^2O$ quand la pression supportée par le liquide variera beaucoup, ou ce qui revient au même quand la température d'ébullition variera beaucoup, de 16° à 126°.

Alors la solution *saturée* contient le 1er hydrate en état de dissociation, d'où les fumées blanches qu'elle dégage, dues au gaz bromhydrique formé avec un dégagement de chaleur $13^c,5$ seulement. Tandis que la solution *étendue* contient le 2e hydrate stable formé avec dégagement de chaleur beaucoup plus grand $13^c,5 + 20^c = 33^c,5$. D'où des différences d'action chimique du gaz ou de la solution concentrée d'une part, et de la solution étendue d'autre part.

Le gaz bromhydrique est *dissociable* au rouge vif comme le gaz chlorhydrique avec lequel il présente la grande plus analogie.

I. — Propriétés chimiques de l'acide bromhydrique.

Il est décomposé par *certains métalloïdes* plus facilement que l'acide chlorhydrique; et il attaque tous *les métaux*, sauf le *platine* et l'*or*, avec formation de bromures métalliques et dégagement d'hydrogène, plus facilement encore que l'acide chlorhydrique.

1° Il est décomposé *à froid* par le *fluor* ou par le *chlore*, dont *quelques bulles* dans un flacon de gaz bromhydrique font apparaître de la vapeur rouge de brome :

$$HBr + F = HF + Br,$$
$$HBr + Cl = HCl + Br.$$

2° Il est décomposé par l'*oxygène* quand un mélange du gaz avec l'oxygène passe dans un tube chauffé au *rouge sombre*, et par une réaction *complète exothermique* comme pour le gaz chlorhydrique :

$$2HBr + O = H^2O + Br^2.$$

Mais la *solution* subit à froid une décomposition *lente* par l'oxygène de l'*air*, en prenant peu à peu la teinte *jaune* du brome libre : aussi on *conserve* la solution dans de petits flacons à l'émeri complètement remplis.

3° La solution *concentrée* est décomposée par le *phosphore* en tube scellé *à 120°* : l'acide bromhydrique reste combiné au phosphure d'hydrogène PH^3 à l'état de bromure de phosphonium PH^4Br, et il y a formation d'acide phosphoreux PO^3H^3; de sorte que l'on peut dire que c'est le phosphore qui a décomposé l'eau en présence de l'acide bromhydrique :

$$HBr + 3H^2O + 2P = PH^4Br + PO^3H^3.$$

4° Le *gaz* bromhydrique est décomposé, comme le gaz chlorhydrique, par son passage dans un tube contenant du *silicium* au *rouge vif*, avec formation de bromure de silicium $SiBr^4$, et de *silicibromoforme* $SiHBr^3$:

$$4HBr + Si = SiBr^4 + 2H^2\uparrow,$$
$$3HBr + Si = SiHBr^3 + H^2\uparrow.$$

Et dans les mêmes conditions, le *bore* donne du bromure de bore BBr^3 :

$$3HBr + B = BBr^3 + 3H\uparrow.$$

5° L'acide bromhydrique attaque *lentement* l'*argent* ou le *mercure* à *froid*, ce que ne fait pas l'acide chlorhydrique. — Il attaque encore *rapidement* le *fer*, le *zinc*, le *sodium* ou le *potassium*, comme l'acide chlorhydrique.

Il *déplace l'acide chlorhydrique dans les chlorures métalliques* par une réaction exothermique; c'est ainsi qu'il transforme le *chlorure d'argent* blanc en bromure d'argent jaunâtre :

$$AgCl + HBr = AgBr + HCl.$$

On ne pourra pas dessécher le gaz bromhydrique par le chlorure de calcium sec, qui serait décomposé.

6° Enfin il y a union directe du *gaz* avec un égal volume de *gaz ammoniac* pour donner le bromure d'ammonium AzH^4Br solide blanc, ou de gaz *phosphure d'hydrogène* pour donner le bromure de phosphonium PH^4Br solide blanc, ou encore avec le gaz *éthylène* C^2H^4 pour donner le bromure d'éthyle C^2H^5Br, qui se forme aussi, mais par une réaction d'éthérification incomplète, quand on fait passer un courant du gaz dans l'*alcool anhydre* :

$$HBr + C^2H^5OH \rightleftarrows H^2O + C^2H^5Br.$$

II. — Composition du gaz bromhydrique.

Il ne peut renfermer *que du brome et de l'hydrogène*, puisque c'est un produit de synthèse directe. On détermine sa *composition en volumes* par l'*analyse* dans la cloche courbe sur le mercure au moyen d'un métal alcalin, comme pour le gaz chlorhydrique :

$$HBr + K = KBr + H.$$

— *2 volumes du gaz*, mesurés *rapidement* à la pression atmosphérique dans un tube gradué sur la cuve à mercure, sont transvasés rapidement dans la cloche courbe pleine de mercure; on fait passer le métal alcalin dans la partie horizontale de la cloche, et on le chauffe *légèrement* si l'on veut; quand le volume gazeux ne diminue plus, on le mesure à la pression atmosphérique en le transvasant dans le tube gradué; on reconnaît que le résidu occupe la *moitié du volume initial*, et qu'il est constitué par de l'*hydrogène pur* : donc 2^{vol} du gaz contiennent 1^{vol} d'hydrogène. — Alors en appliquant la conservation de la masse à 2^{vol} du gaz contenant 1^{vol} d'hydrogène et 1^{vol} de vapeur de brome, on a pour déterminer le *volume de vapeur de brome* :

$$2ad = ad' + xad'';$$

d'où $x = \frac{2d - d'}{d''}$; on trouve $x = 1$. Il y avait donc un volume de vapeur de brome uni sans contraction au volume d'hydrogène. D'où la *formule moléculaire* HBr, où Br est la *masse atomique du brome* unie à 1^{gr} d'hydrogène.

III. — Caractères du gaz bromhydrique.

1° Il est absorbé par la *potasse*.

2° Il *fume* à l'air, et très abondamment en présence de l'ammoniaque. Il a une *odeur* vive, et il est *incombustible*.

3° Il est *très soluble*, et sa solution est fortement acide au *tournesol*. Tous ces caractères conviennent aussi au gaz chlorhydrique.

Mais le gaz bromhydrique attaque lentement le *mercure*, et il donne par une bulle de *chlore* une coloration rouge de vapeur de brome, ce que ne fait le gaz chlorhydrique.

4° Enfin le gaz bromhydrique donne avec l'*azotate d'argent* le même précipité blanc jaunâtre que sa solution.

IV. — Modes de formation, et préparations de l'acide bromhydrique.

Il se forme :

1° Par *union directe* de l'hydrogène avec la vapeur de brome, soit par inflammation du mélange, soit par passage dans un tube chauffé contenant de la pierre ponce ou de la mousse de platine;

2° Dans l'action du brome sur les *composés hydrogénés* :

Sur l'*eau* en présence du phosphore;

Sur l'*acide sulfhydrique*;

Ou sur *certains carbures d'hydrogène*, comme la *naphtaline* à froid ou la *paraffine* fondue et chauffée au bain d'huile *à 180°* :

$$C^nH^{2n+2} + Br^2 = C^nH^{2n+1}Br + HBr\uparrow;$$

3° Dans la décomposition par l'eau des *bromures de métal-*

loïdes, comme le *tribromure de phosphore* PBr^3 :

$$PBr^3 + 3H^2O = PO^3H^3 + 3.HBr;$$

4° Dans l'action de l'acide sulfurique SO^4H^2 ou de l'acide phosphorique PO^4H^3 sur les *bromures métalliques*; ainsi, quand on chauffe un *bromure alcalin* avec de l'acide sulfurique, il y a dégagement d'une vapeur fumant à l'air :

$$KBr + SO^4H^2 = SO^4HK + HBr\uparrow;$$

mais cette vapeur a une coloration rougeâtre due à la présence de brome libre provenant de la *réduction de l'acide sulfurique* par l'acide bromhydrique :

$$2HBr + SO^4H^2 = 2H^2O + SO^2\uparrow + Br^2\uparrow;$$

on ne peut donc pas préparer le gaz bromhydrique directement comme le gaz chlorhydrique par action de l'acide sulfurique sur le sel alcalin correspondant. — Mais on pourrait le *préparer* par action sur le bromure alcalin de l'*acide phosphorique sirupeux*, irréductible par l'acide bromhydrique.

5° On *prépare* le gaz bromhydrique dans une cornue tubulée contenant du *phosphore rouge*, moins altérable que le phosphore blanc, et *un peu d'eau*, en laissant tomber le brome *goutte à goutte* d'un tube à brome ajusté à l'émeri sur la tubulure de la cornue; l'acide bromhydrique formé se dissout dans l'eau et la sature :

$$3Br + 3.H^2O + P = PO^3H^3 + 3.HBr;$$

il suffit de *chauffer* la cornue au *bain-marie* pour faire dégager le gaz bromhydrique. — Mais bien que le phosphore soit en excès, le gaz dégagé peut entraîner *un peu de vapeur de brome* si celle-ci n'a pas entièrement disparu : on l'en débarrasse en faisant passer le gaz dégagé dans un tube contenant un peu de phosphore rouge humide supporté par des fragments de verre. — Si l'on veut avoir le gaz *sec*, on le *dessèche* par passage dans un tube à bromure de calcium sec. On *recueille* par déplacement dans des flacons secs qu'on ferme à l'émeri. — Il convient d'*éviter* dans les appareils les *raccords en caoutchouc* ou les *bouchons de liège* qui seraient attaqués.

Pour préparer la *solution concentrée fumante*, il suffit, à la sortie du tube purificateur à phospore, de faire arriver le gaz, par un tube vertical muni d'une large *ampoule* et plongeant *très peu*, dans l'eau *pure* d'un flacon *refroidi* : on évite ainsi l'absorption du gaz très soluble dans l'appareil par l'eau qui tend à monter dans le tube.

6° On peut *encore* préparer le gaz bromhydrique en faisant passer un courant régulier de gaz sulfhydrique dans du brome surmonté d'*un peu* d'eau, et contenu dans un flacon à l'émeri haut et étroit d'où part le tube à dégagement :

$$H^2S + Br^2 = S\downarrow + 2HBr\uparrow;$$

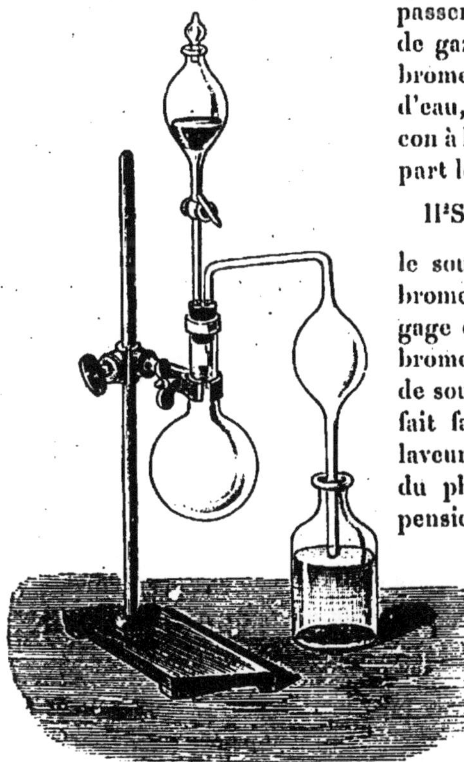

Fig. 53. — Préparation de la solution d'acide bromhydrique.

le soufre s'unit à l'excès de brome. — Le gaz qui se dégage entraine de la vapeur de brome et un peu de bromure de soufre; c'est pourquoi on le fait fasser dans un *très petit* laveur contenant de l'eau et du phosphore rouge en suspension, qui arrête le brome et décompose le bromure de soufre : il faudra renouveler la petite quantité d'eau du laveur à chaque préparation.

On pourrait préparer une *solution étendue* d'acide bromhydrique en faisant passer un courant de gaz sulfhydrique dans de l'eau de brome jusqu'à décoloration complète, puis en faisant *bouillir* pour agglomérer le dépôt de soufre et chasser l'excès de gaz sulfhydrique : on *reconnaît* que le gaz sulfhydrique dissous a complètement disparu à ce qu'un essai du liquide donne un précipité blanc, qui est du bromure de plomb, avec l'azotate de plomb; et qu'il ne se forme plus de précipité noir de sulfure de plomb PbS. Il suffit alors de *filtrer* pour séparer le soufre.

7° La préparation la plus facile du *gaz* bromhydrique consiste à introduire de la naphtaline, carbure solide blanc, dans la cornue tubulée munie du tube à brome et du tube purificateur à phosphore rouge; il suffit de laisser tomber le brome goutte à goutte pour avoir un dégagement régulier de gaz bromhydrique pur :

$$C^{10}H^8 + Br^2 = C^{10}H^7Br + HBr\uparrow.$$

V. — Propriétés des bromures métalliques.

Ils sont *isomorphes* des chlorures du même métal; et ils sont *en général solubles* comme les chlorures, excepté le bromure d'*argent* AgBr, le bromure *mercureux* Hg^2Br^2, le bromure *cuivreux* Cu^2Br^2, insolubles, et le bromure de *plomb* $PbBr^2$ peu soluble à froid, tout à fait comme les chlorures correspondants. — D'où les *caractères de la solution* de l'acide bromhydrique ou des bromures alcalins :

1° Par l'*acide sulfhydrique,* rien;

2° Par le *chlorure de baryum,* rien. — Mais par l'*azotate de plomb,* il y a formation d'un précipité *blanc* qui est du bromure de plomb, soluble dans beaucoup d'eau chaude;

3° Par l'*azotate d'argent,* il y a formation d'un précipité *blanc jaunâtre,* qui est du bromure d'argent, prenant une teinte grise à la *lumière,* insoluble dans l'*acide azotique,* assez soluble *seulement* dans l'*ammoniaque,* très soluble encore dans l'hyposulfite de sodium ou dans le cyanure de potassium;

4° Par *un peu de chlore,* il se produit une *coloration jaune* due au brome libre, et que l'on peut rassembler par le chloroforme ou le sulfure de carbone :

$$KBr + Cl = KCl + Br;$$

la coloration disparaîtrait par *excès* de chlore à cause de la formation d'acide bromique par action oxydante du chlore en présence de l'eau :

$$Br + 3H^2O + 5.Cl = BrO^3H + 5HCl;$$

mais la coloration pourrait reparaître par un peu d'*acide sulfu-*

reux réducteur de l'acide bromique :

$$2.BrO^3H + 5SO^3H^2 = 5SO^4H^2 + H^2O + Br^2;$$

et elle redisparaîtrait par *excès* d'acide sulfureux, par action oxydante du brome en présence de l'eau :

$$Br^2 + H^2O + SO^3H^2 = SO^4H^2 + 2HBr.$$

Les bromures *solides* se reconnaissent aux caractères suivants :

1° Par l'*acide sulfurique* en *chauffant*, il y a *coloration rougeâtre* du bromure puis dégagement de *vapeur rouge* de brome libre *fumant* à cause de la présence de gaz bromhydrique ;

2° Par un courant *lent* de *chlore* sur le sel *chauffé*, il y a dégagement de *vapeur rouge* de brome ;

3° Enfin un *bromure insoluble* par fusion avec du *carbonate de sodium sec* se transforme en bromure soluble facile à reconnaître.

QUATORZIÈME LEÇON

Iode. Acide iodhydrique

IODE

Masse moléculaire I^2, masse atomique $I = 127$.

C'est un *solide gris-noir*, *brillant* et *opaque*, cristallisé en *lamelles* quand on l'obtient par sublimation, mais se déposant en *octaèdres orthorhombiques* quand on abandonne à l'air une solution d'acide iodhydrique qui se décompose :

$$2HI + O = H^2O + I^2 \downarrow;$$

l'iode libéré colore d'abord le liquide en brun en s'y dissolvant, le sature bientôt, et finit par cristalliser.

L'iode a une *odeur* désagréable ; il tache l'*épiderme* en jaune brun ; il détruit le *liège*. Il a pour *masse spécifique* 4gr,498. Il *fond* à 113° en un liquide *brun foncé* qui *bout* à 184°,5.

L'iode a une *tension de vapeur* sensible *à froid*, car il *se sublime spontanément* dans les flacons à l'émeri où on le conserve. En chauffant quelques paillettes d'iode dans un ballon, il y a formation de *vapeur violette* occupant la partie inférieure du ballon ; c'est à la coloration violet foncé de sa vapeur que l'iode doit son nom; la vapeur est assez *dense* pour qu'on puisse la verser comme un liquide : la *densité* est en effet 8,716 vers 450°.

La densité de vapeur *diminue à température très élevée* : elle n'est plus que

5,65 vers 1250°,

et

5,06 vers 1460°;

elle diminue aussi quand à température constante 450° la *pression* diminue : elle n'est plus que

7,35 sous $3^{cm},5$.

La décroissance de la densité à l'état gazeux à température très élevée est un caractère commun au chlore, au brome et à l'iode.

L'iode est *un peu soluble* dans l'*eau* : $\frac{1}{5500}$ de la masse de l'eau, pour donner l'*eau d'iode* de couleur *jaune brun*, et que l'on obtient en broyant l'iode avec de l'eau. — Il est *soluble* dans l'*alcool* pour donner la *teinture d'iode brun foncé,* employée en médecine. — Il est *très soluble* dans l'*éther* qu'il colore encore en *brun foncé,* et dans le *chloroforme* ou le *sulfure de carbone* qui se colorent en *rouge violet* : ces 3 dissolvants enlèvent l'iode à l'eau en prenant ainsi 2 colorations différentes, et différant de la coloration unique que donne le brome libre. — Enfin l'iode est *très soluble* encore dans la dissolution d'*acide iodhydrique* ou d'*iodures alcalins* qui se colorent en brun foncé : on peut remarquer que l'eau et les dissolvants aqueux dissolvent l'iode en brun, tandis que les dissolvants dépourvus d'eau (chloroforme et sulfure de carbone) le dissolvent en rouge violet.

Par l'*empois d'amidon froid,* que l'on obtient sous forme d'un liquide opalin en projetant *quelques* grains d'amidon dans de l'eau *chaude* et laissant refroidir après *agitation,* des *traces d'iode libre* en solution aqueuse donnent une coloration *bleu intense* due à la formation d'iodure d'amidon : la formule la plus simple de l'amidon, qui est un hydrate de carbone, est $C^6H^{10}O^5$; la formule de l'iodure d'amidon est $[C^6H^{10}O^5]^5I$. — La coloration bleue *disparaît* par agitation avec un *excès d'empois.* Elle disparaît aussi quand on *chauffe* à 100°, mais pour reparaître par le refroidissement si l'on a chauffé juste assez pour produire la décoloration : donc dans la recherche de traces d'iode libre, il faut employer de l'empois *froid* dans lequel on verse un peu de liquide à étudier *sans agiter*.

I. — Propriétés chimiques de l'iode.

Elles sont *analogues à celles du chlore ou du brome,* mais en général *moins énergiques,* ou s'effectuant avec un *moindre dégagement de chaleur* que pour le chlore ou le brome ; pourtant l'iode se combine directement avec l'*oxygène,* ce que ne font pas le chlore ou le brome ; en revanche, il n'a *pas d'action sur le bore* qui s'unit facilement au chlore et au brome. Il sera en général utile de *chauffer* pour produire les actions de l'iode à cause de son état solide.

1° L'iode se combine directement avec l'*hydrogène* mais seulement sous l'action de la chaleur *à partir de la température 180°,* soit quand on chauffe l'iode dans l'hydrogène en *tube scellé* surtout en présence de la mousse de platine, soit quand un courant d'hydrogène chargé de vapeur d'iode passe sur de la *mousse de platine chauffée* : mais la *réaction* est toujours *limitée* par la dissociation du gaz iodhydrique formé.

2° L'iode se combine directement avec le *fluor,* le *chlore* ou le *brome,* à froid :

Il y a *liquéfaction* de l'iode par le gaz *fluor* qui est absorbé ;

Il y a aussi d'*abord* liquéfaction de l'iode sur lequel passe un courant de chlore *sec,* avec formation de *protochlorure d'iode* ICl, *solide rouge foncé, fondant* à 25°, en un liquide qui bout vers 100°, et qu'on retire par *distillation* du produit de la liquéfaction de l'iode par le chlore sec, en recueillant ce qui passe vers 100°. — Mais par action prolongée du chlore, il y a formation de *trichlorure d'iode* ICl^3, *solide jaune, dissocié* par la chaleur :

$$ICl^3 \rightleftarrows ICl + Cl^2\uparrow,$$

d'où son emploi comme *chlorurant énergique.* — Comme les chlorures d'iode sont décomposés par l'*eau* :

$$10.ICl + 3H^2O = 2I^2\downarrow + IO^3H + 5(ICl,HCl),$$
$$5.ICl^3 + 9H^2O = I^2\downarrow + 3IO^3H + 15.HCl,$$

l'action du chlore sur l'iode *en présence de l'eau* sera différente de celle du chlore sec : il y aura formation d'acide iodique IO^3H;

Enfin par le *brome* sec, il y a formation d'abord de *protobromure d'iode* IBr *cristallin,* et par excès de brome de *tribomure* IBr^3 *liquide*; par le brome *en présence de l'eau,* il y aurait formation d'acide iodique.

3° Il y a combinaison directe de l'iode avec l'*oxygène* mais seulement *à la température 100°* et *sous l'action de l'effluve,* ce qui revient à dire qu'il y a oxydation de l'iode à 100° par l'ozone O^3 : dans la région inférieure de l'espace annulaire de l'ozoniseur Berthelot où la vapeur d'iode est en excès, on observe un dépôt *solide jaune,* appelé improprement l'*anhydride iodeux* I^2O^3, car ce corps est décomposé par l'eau en iode libre et en acide iodique :

$$5.I^2O^3 + 3.H^2O = 2I^2_{\downarrow} + 6.IO^3H;$$

tandis que dans la région supérieure de l'ozoniseur il y a formation d'un dépôt *blanc* des *anhydrides iodique* I^2O^5 et *periodique* I^2O^7.

A l'anhydride iodique répond l'*acide iodique* IO^3H ou I^2O^5,H^2O, *cristallisé, monobasique,* se *déshydratant* à 170° pour donner l'anhydride iodique, qui est *décomposé* complètement à 300°, et qui est *très soluble* dans l'eau. — A l'anhydride periodique répond l'*acide periodique* $IO^4H,2H^2O$ ou plutôt IO^6H^5, *cristallisé, polybasique, fondant* à 130°, se *décomposant* vers 200°, et *très soluble* aussi.

Les composés oxygénés de l'iode sont *formés avec dégagement de chaleur,* et ils sont *plus stables* que les composés oxygénés du chlore en général et surtout que ceux du brome. — On ne connait pas bien l'acide hypoiodeux ni les hypoiodites, et on peut admettre que dans l'*action de l'iode sur les alcalis,* il y a formation seulement d'iodates et d'iodures [il y aurait équilibre entre l'hypoïodite, l'iodate, l'iodure, et l'iode libre].

Mais les composés oxygénés de l'iode sont encore des *oxydants énergiques* : ils sont décomposés par les *acides chlorhydrique, sulfhydrique, sulfureux,* comme l'acide chlorique. Ainsi l'acide iodique sec est décomposé par le *gaz chlorhydrique* :

$$IO^3H + 5HCl_{gaz} = ICl^3 + 3H^2O + Cl^2\uparrow;$$

la *solution* d'acide iodique est décomposée par l'*acide sulfhydrique* qu'on y fait passer; on observe d'abord une *coloration brune* d'iode libre :

$$2.IO^3H + 5H^2S = I^2_{\downarrow} + 6H^2O + 5S_{\downarrow},$$

puis une *décoloration* qui laisse apparaître le *précipité blanc* de soufre :

$$IO^3H + 3H^2S = HI + 3H^2O + 3S_{\downarrow};$$

la solution d'acide iodique est encore décomposée par l'*acide sulfureux* qu'on y ajoute peu à peu; on observe d'abord une *coloration brune* d'iode libre :

$$2IO^3H + 5SO^3H^2 = I^2_{\downarrow} + 5SO^4H^2 + H^2O,$$

puis il y a *décoloration* par excès d'acide sulfureux :

$$IO^3H + 3.SO^3H^2 = HI + 3.SO^4H^2.$$

— Ces réactions de l'acide sulfhydrique et de l'acide sulfureux sont données aussi par les *iodates alcalins, seuls solubles,* et décomposables encore par la *chaleur* avec dégagement d'oxygène quoique plus difficilement que les chlorates et les bromates :

$$IO^3K = KI + 3.O\uparrow.$$

Et c'est le *periodate bisodique* $IO^6H^3Na^2$ qui est *très peu soluble* dans l'eau, tandis que c'est le perchlorate de potassium qui présente cette propriété.

En chauffant l'*iode avec de l'acide azotique fumant* et en évaporant *à sec* on obtient l'acide iodique IO^3H. — Il se forme encore de l'acide iodique quand on fait passer un courant de *chlore* dans de l'*eau tenant en suspension de l'iode* jusqu'à ce que tout l'iode ait disparu :

$$I + 3H^2O + 5Cl = 5HCl + IO^3H;$$

et encore à l'état d'iodate de potassium quand on chauffe de l'*iode* avec de l'eau, du *chlorate de potassium* et un peu d'acide azotique :

$$I + ClO^3K = Cl\uparrow + IO^3K.$$

Dans les 2 cas il suffira d'ajouter au liquide obtenu une dissolution de chlorure de baryum pour précipiter l'*iodate de baryum* insoluble, $(IO^3)^2Ba$, lequel chauffé avec une quantité *équivalente* d'acide sulfurique donnera en reprenant par l'eau bouillante la *dissolution d'acide iodique* : en évaporant on obtiendra par refroidissement l'acide iodique *cristallisé*.

Si l'on fait passer un courant de *chlore* dans une dissolution d'*iodate de sodium* additionnée de *soude* NaOH, par action oxydante du chlore, on observe la précipitation de *periodate bisodique* $IO^6H^3Na^2$:

$$IO^3Na + 3NaOH + Cl^2 = 2NaCl + IO^6H^3Na^2 \downarrow ;$$

en dissolvant ce précipité dans l'*acide azotique étendu*, et en ajoutant une dissolution d'*azotate de plomb* $(AzO^3)^2Pb$, on obtient un précipité de *periodate triplombeux* $(IO^6)^2H^4Pb^3$, lequel traité par la quantité *calculée* d'*acide sulfurique* donnera encore en reprenant par l'eau la *dissolution d'acide periodique* qu'il suffira de *faire cristalliser*.

De sorte que, en résumé, l'iode se combinera encore *indirectement* avec l'*oxygène*, dans l'action de l'iode sur les alcalis, ou sur l'acide azotique, ou sur le chlore ou le brome en présence de l'eau, ou enfin sur l'acide chlorique.

4° L'iode se combine directement quand on *chauffe* avec le *soufre*, le *sélénium* ou le *tellure*; mais l'*iodure de soufre*, comme le bromure, est *mal défini*.

5° Il y a combustion spontanée du *phosphore*, de l'*arsenic* fraîchement pulvérisé, ou de l'*antimoine* en poudre, dans la *vapeur* d'iode. — Et on prépare les *iodures de phosphore* par mélange en proportions *calculées* des solutions *sulfocarboniques* d'iode et de phosphore, en *évaporant* au bain-marie dans un courant de gaz carbonique qui entraîne la vapeur de sulfure de carbone : il reste, suivant les proportions employées, le *biodure* PI^2 *solide rouge-orangé*, le *triiodure* PI^3 *solide rouge foncé*, ou le *pentaïodure* solide *noir* mal défini.

6° Il y a combinaison directe avec le *silicium chauffé* dans un tube de verre où passe un courant de *vapeur* d'iode, avec formation d'iodure de silicium SiI^4 solide blanc.

7° L'iode se combine directement avec les *métaux chauffés*, comme l'*argent* : d'où la préparation ancienne des plaques sensibles à l'iodure d'argent en daguerréotypie; le *mercure*; ou encore le *potassium* qui brûle dans la vapeur d'iode.

L'iode est en général *sans action* sur les *oxydes métalliques*, sauf sur l'oxyde d'argent ou de mercure, différence avec le chlore qui réagit facilement.

Mais l'iode décompose encore les *composés hydrogénés,* sauf pourtant les acides fluorhydrique, chlorhydrique et bromhydrique; la réaction est *plus difficile* à produire qu'avec les autres halogènes :

1° L'iode *seul* est *sans action* sur l'*eau* quelle que soit la température. — Mais il y a encore décomposition *immédiate* de l'eau par l'iode *en présence de corps oxydables*; comme l'*acide sulfureux* SO^3H^2 qui décolore l'eau d'iode ou l'iodure d'amidon :

$$SO^3H^2 + H^2O + I^2 = 2HI + SO^4H^2;$$

les *acides phosphoreux* PO^3H^3 ou *arsénieux* AsO^3H^3; l'iode produit alors en présence de l'eau une *action oxydante analogue* à celles que produiraient le chlore ou le brome. — Mais l'iode exerce sur les *hyposulfites* une action *différente* de celles du chlore ou du brome; les solutions des hyposulfites sont transformées en sulfates par le chlore ou le brome :

$$S^2O^3Na^2 + 5.H^2O + 4Cl^2 = SO^4Na^2 + SO^4H^2 + 8HCl,$$

et la molécule d'hyposulfite exige l'action de *8 atomes* de l'halogène; tandis que l'iode transforme les solutions des hyposulfites en *tétrathionates* :

$$2S^2O^3Na^2 + I^2 = S^4O^6Na^2 + 2NaI,$$

de sorte que la molécule d'hyposulfite ne demande qu'*un atome* d'iode pour cette transformation. Alors l'*hyposulfite de sodium* décolore l'eau d'iode ou l'iodure d'amidon; et on peut *doser l'iode libre* dans un liquide en l'ajoutant *goutte à goutte* à un volume *connu* d'une solution *titrée* d'hyposulfite additionnée d'empois d'amidon, jusqu'à ce que la coloration bleue de l'iodure d'amidon apparaisse; du volume de la liqueur contenant l'iode libre qu'il a fallu ajouter, on déduit la proportion d'iode que ce volume contient.

2° L'iode décompose l'*acide sulfhydrique* mais *en présence de l'eau* seulement, différence avec le chlore ou le brome pour lesquels la décomposition a toujours lieu :

$$I^2 + H^2S_{\text{dissous}} = S\downarrow + 2HI;$$

on utilise cette réaction pour la préparation de la *solution étendue d'acide iodhydrique*; et l'acide sulfhydrique décolore l'eau d'iode ou l'iodure d'amidon. — L'iode décompose de même les *sulfures dissous*; d'où le *dosage* de l'acide sulfhydrique dans les *eaux sulfureuses* par une liqueur *titrée* d'iode.

3° L'iode décompose la *solution d'ammoniaque,* mais par une réaction différente encore de celles que produisent le chlore ou le brome : si on broie des paillettes d'iode cristallisé avec de l'ammoniaque, on le transforme en une *poudre brune amorphe,* qui, *recueillie* sur un filtre, *lavée* et *séchée par petites portions* sur du papier buvard *à la température ordinaire, détone* par le moindre frottement ou même spontanément en donnant de la vapeur violette d'iode libre. Ce corps que l'on appelle l'*iodure d'azote* renfermerait de l'azote et de l'iode dans les proportions Az et I^2, mais il contient aussi *toujours de l'hydrogène* difficile à doser; on peut d'après la notion de valence attribuer à l'iodure d'azote la *formule* $AzHI^2$, ou la formule AzH^3I^2, suivant que l'on y regarde l'atome d'azote comme trivalent ou comme pentavalent. La formation de ces composés aurait lieu d'après l'équation :

$$2I^2 + 3.AzH^3 = 2AzH^4I + AzHI^2\downarrow,$$

ou par simple addition.

Mais par l'*ammoniaque liquéfiée* en excès vers — 40°, l'iode donne des *cristaux verts* de la combinaison $AzI^3, 3AzH^3$; laquelle *dans le vide* à — 30° perd du gaz ammoniac pour laisser des *cristaux jaunes* de la combinaison $AzI^3, 2AzH^3$; qui enfin dans le vide à 0° se transforme en *cristaux violets* d'une 3e combinaison AzI^3, AzH^3, qui détone quand on la chauffe au-dessus de 50°.

4° L'iode ne donne *pas de produits de substitution directe* dans les *carbures d'hydrogène*; mais il donne encore avec l'*éthylène* C^2H^4, soit par exposition *au soleil,* soit quand on chauffe *à 100°*, un produit d'addition directe le *biiodure d'éthylène* $C^2H^4I^2$ *solide blanc*.

5° L'iode détruit encore les *matières organiques,* comme l'épiderme, le liège, etc.

II. — Usages de l'iode :

1° A l'état de *teinture d'iode* comme caustique, et quelquefois dans les traitements internes mais alors en petites quantités;

A l'état d'*iodure de potassium* comme dépuratif;

A l'état d'*iodure mercurique*, ou iodure rouge de mercure, dissous dans la solution d'iodure de potassium, pour fournir un liquide très dense propre à séparer les minéraux, et comme antiseptique ;

A l'état d'*iodoforme* CHI^3, *solide jaune* à *odeur* forte, comme antiseptique également.

2° Puis à l'état d'*iodures de radicaux organiques*, comme les iodures de *méthyle* CH^3I ou d'*éthyle* C^2H^5I, pour produire des substitutions organiques, et dans la fabrication de certains colorants.

III. — État naturel et extraction de l'iode.

Il existe dans les *eaux mères des cendres de varechs*, d'où on l'extrait, avant le traitement pour retirer le brome, soit par précipitation dans les eaux mères *purifiées* et *concentrées*, au moyen du *chlorure ferrique* Fe^2Cl^6 :

$$2KI + Fe^2Cl^6 = 2.FeCl^2 + 2KCl + I^2\downarrow ;$$

soit par distillation avec une quantité *calculée* de *bioxyde de manganèse* en poudre et de l'*acide sulfurique* concentré, par une réaction que l'on montre dans les *laboratoires* en se servant d'une cornue à col court débouchant dans un ballon récipient :

$$2KI + MnO^2 + 3SO^4H^2 = 2.SO^4HK + SO^4Mn + 2H^2O + I^2\uparrow .$$

Mais l'iode existe surtout à l'état d'*iodure de sodium* NaI et d'*iodate de sodium* IO^3Na dans les *azotates de sodium naturels* du Pérou, et ces sels très solubles se trouvent dans les *eaux mères de la cristallisation* de ces nitrates ou salpêtres du Pérou. On pourrait précipiter l'iode de l'iodate par un courant réglé de gaz sulfureux :

$$2.IO^3Na + 5SO^3H^2 = SO^4Na^2 + 4SO^4H^2 + H^2O + I^2\downarrow ;$$

puis précipiter l'iode de l'iodure par un courant réglé de chlore :

$$NaI + Cl = NaCl + I \downarrow .$$

Mais on préfère *précipiter* à la fois l'*iode* de l'iodate et celui de l'iodure à l'état d'*iodure cuivreux* Cu^2I^2 *blanc insoluble,* par un *mélange* de dissolutions de *sulfate cuivrique* et d'*acide sulfureux,* lequel agira comme réducteur de l'iodate et du sel cuivrique :

$$2NaI + 2.SO^4Cu + SO^3H^2 + H^2O = Cu^2I^2 \downarrow + SO^4Na^2 + 2.SO^4H^2,$$
$$2IO^3Na + 2.SO^4Cu + 7SO^3H^2 + H^2O = Cu^2I^2 \downarrow + SO^4Na^2 + 8SO^4H^2;$$

dans cette seconde réaction l'acide sulfureux a à prendre 6 atomes d'oxygène à l'iodate en plus que dans la 1re réaction. — Il suffit alors de recueillir l'iodure cuivreux, de le *laver,* et de le *chauffer* avec du *bioxyde de manganèse* en poudre et de l'*acide sulfurique* pour que l'iode distille :

$$Cu^2I^2 + 2MnO^2 + 4.SO^4H^2 = 2.SO^4Cu + 2SO^4Mn + 4H^2O + I^2 \uparrow .$$

L'iode brut est une *boue noirâtre* qu'on lave, qu'on sèche, et qu'on *purifie* par distillation dans des cornues en grès plongées dans un bain de sable et en relation avec un récipient en grès où la vapeur d'iode cristallise en lamelles. Cet iode cristallisé peut contenir un peu de *chlorure et de bromure d'iode.*

Fig. 54. — Purification de l'iode par sublimation.

Pour obtenir l'*iode pur,* on dissout l'iode cristallisé dans une solution *saturée* d'iodure de potassium qui transforme le chlore et le brome en sels de potassium très solubles :

$$KI + Cl = KCl + I, \qquad KI + Br = KBr + I.$$

On précipite alors l'iode en ajoutant une *grande quantité d'eau*; il suffit de le recueillir, de le *laver,* de le *sécher dans le vide,* et de le sublimer pour l'avoir pur.

ACIDE IODHYDRIQUE, HI.

C'est un *gaz incolore, fumant* à l'air, ayant pour *densité* 4,443, *liquéfié* et *solidifié* vers —50°.

Il est *très soluble* dans l'eau, moins pourtant que le gaz chlorhydrique et surtout que le gaz bromhydrique : *coefficient* 425; la dissolution s'effectue encore avec un *grand dégagement de chaleur* 19c,5 intermédiaire entre les chaleurs de dissolution des gaz chlorhydrique et bromhydrique. — Mais le gaz iodhydrique ne donne *pas d'hydrate cristallisé* comme les gaz précédents : dans la solution saturée à basse température, on *admet* par analogie la présence d'un *1er hydrate* $HI,2H^2O$ corps *liquide* en état de dissociation.

Par *ébullition* de la solution concentrée, qui perd surtout du gaz iodhydrique, ou de la solution très étendue qui perd surtout de la vapeur d'eau, et dont la température s'élève *progressivement* à 128°, on obtient le *2e hydrate* seul *défini* : $HI,5H^2O$ *liquide, bouillant* à 128° [au lieu de 110° ou 126°, points d'ébullition des hydrates chlorhydrique et bromhydrique stables]. — La composition de l'hydrate iodhydrique peut varier un peu, de 4,7 à 5,5 molécules d'eau pour une molécule d'acide, quand la pression varie beaucoup ou que la température d'ébullition varie beaucoup, de 11° à 128°.

La solution concentrée contient du *gaz iodhydrique* formé avec une *faible absorption de chaleur*, —0c,8 à partir des éléments gazeux; tandis que la solution étendue contient l'*hydrate* formé avec *dégagement de chaleur* —0c,8 + 19c,5 = 18c,7; d'où les *différences d'action chimique* que présentent le gaz ou sa solution concentrée d'une part, et la solution étendue d'autre part, par exemple sur le soufre.

L'acide iodhydrique est beaucoup *moins stable* que les acides chlorhydrique ou bromhydrique : le gaz iodhydrique se décompose à la *lumière solaire*; il *se dissocie* par la chaleur dès la température 180°, au lieu de la température rouge vif qu'exigent les gaz chlorhydrique et bromhydrique; aussi il est employé comme *agent hydrogénant*; la solution concentrée en tube scellé à 280° transforme l'*éthylène* C^2H^4 en éthane C^2H^6 :

$$C^2H^4 + 2HI = C^2H^6 + I^2;$$

le gaz iodhydrique transforme dans les mêmes conditions l'*acide cyanhydrique* HCAz en gaz des marais CH^4 et ammoniac AzH^3 :

$$HCAz + 6HI = CH^4 + AzH^3 + 3I^2.$$

I. — Dissociation du gaz iodhydrique.

1° Elle s'effectue *sans changement de volume*, et le système est *homogène*. On l'étudie en tube scellé; il faut atteindre la température 180° pour que le tube prenne la teinte violette de la vapeur d'iode : ainsi *la dissociation du gaz iodhydrique commence à partir de la température 180°*. — La *masse totale M du gaz iodhydrique* est donnée par $M = V_\theta \times a_o \times \frac{H}{76} \times \frac{1}{1+\alpha\theta} \times d$, V_θ étant le volume du tube à la température θ du remplissage, H étant la pression du gaz lors du remplissage du tube. On chauffe le tube à une température *constante t* supérieure à 180° pendant un temps *très long*, puis on refroidit brusquement le tube, et on ouvre le tube refroidi sur la cuve à eau : le gaz iodhydrique non décomposé est absorbé immédiatement par l'eau, le gaz *hydrogène devenu libre* reste; on mesure son volume dans des conditions déterminées, et on en déduit la *masse* μ d'hydrogène devenu libre; d'où la *masse m du gaz iodhydrique qui a été décomposé*, par $m = \mu \times 128$. Le rapport connu $\frac{m}{M}$ mesure la *fraction* du gaz initial qui a été *décomposée*. — Comme à la température constante t, des tubes identiques chauffés pendant un temps variable mais toujours suffisamment long ont donné la même masse m de gaz iodhydrique décomposé, ou le même rapport $\frac{m}{M}$, *la décomposition du gaz iodhydrique à température constante est limitée*; il y a bien dissociation du gaz iodhydrique par la chaleur en tube scellé.

2° On a alors chauffé des tubes identiques pendant un temps suffisamment long à des températures constantes t, t', t''... qui allaient en croissant, et on a reconnu que la fraction décomposée $\frac{m}{M}$ allait en croissant avec t :

Si $t < t' < t''\ldots,\quad \frac{m}{M} < \frac{m'}{M} < \frac{m''}{M}\ldots.$

Ainsi on a trouvé pour $\frac{m}{M}$:

à 350°	0,19;
à 440°	0,26;

donc *la décomposition* du gaz iodhydrique à température constante *est d'autant plus avancée que la température est plus élevée.*

3° Enfin, des tubes de même capacité furent remplis à des pressions croissantes H_1, H_2, H_3....., de manière que les masses initiales M_1, M_2, M_3.... fussent croissantes, et ces tubes furent chauffés pendant un temps suffisant à la même température t. On trouva que la fraction décomposée $\frac{m}{M}$ allait en décroissant quand la pression totale devenait plus grande : Si $H_1 < H_2 < H_3$....., on trouve $\frac{m_1}{M_1} > \frac{m_2}{M_2} > \frac{m_3}{M_3}$.... Ainsi on a trouvé pour $\frac{m}{M}$ à la température 440° :

pour 0atm,2	0,29
0 ,9	0,26
2 ,3	0,25
4	0,24

Donc *la décomposition* du gaz iodhydrique à température constante *est d'autant plus avancée que la pression est plus faible.*

Mais la variation de la fraction décomposée reste faible pour de grandes variations de la pression; $\frac{m}{M}$ reste à peu près constant à la température t, quelle que soit la pression. Donc, *approximativement, la décomposition* du gaz iodhydrique à température constante est *à peu près constante*. La *masse m de gaz iodhydrique décomposé* est donc *à peu près proportionelle à la masse M du gaz initial* : la loi de la dissociation dans le système homogène est donc différente de la loi de la dissociation dans les systèmes hétérogènes ; c'est ainsi que la masse de carbonate de calcium dissociée dans une enceinte de volume déterminé à une température déterminée est indépendante de la masse totale suffisamment grande de carbonate de calcium employé.

4° *Inversement*, si on chauffe en tube scellé à une température supérieure à 180° de l'hydrogène et de l'iode en proportions équivalentes, il y a *production limitée de gaz iodhydrique.* — Et si dans un tube de même capacité V on a introduit la même masse $\frac{M}{128}$ d'hydrogène total que tout à l'heure, après un temps suffisamment long, il restera la même masse μ d'hydrogène libre que celle dont on avait constaté la production dans la dissociation du gaz iodhydrique. *L'état d'équilibre final est donc le même* dans la dissociation du gaz iodhydrique ou dans sa formation limitée par synthèse.

5° Dans les deux cas, l'état d'équilibre n'est atteint qu'*au bout d'un temps très long.* Le temps nécessaire est d'autant moins long que la *température* constante *t* est plus *élevée*, et aussi d'autant moins long que la *pression* est plus *grande* : ainsi il a fallu

407^{heures} la pression étant $0^{atm},9$
76 — — 4^{atm},

à la température 440°, pour atteindre l'équilibre.

Mais si on opère en *présence de la mousse de platine*, *l'état d'équilibre* reste bien *le même* mais il est *atteint rapidement*, de sorte que la présence de la mousse de platine produit le même effet qu'un accroissement considérable de la pression.

En *résumé*, l'état d'équilibre final dans le système homogène à température déterminée n'est pas *régi* par une valeur absolue de la pression comme dans les systèmes hétérogènes, mais *par un rapport de pressions* ou par un *rapport de masses* comme dans la dissociation des sels par l'eau.

II. — Propriétés chimiques de l'acide iodhydrique.

Il est décomposé par tous les *métalloïdes* sauf l'hydrogène, l'azote, le carbone et le bore pur; il est décomposé aussi par les *métaux* avec formation d'iodures métalliques et libération d'hydrogène, mais plus *facilement* que l'acide bromhydrique et surtout que l'acide chlorhydrique.

1° Il est décomposé à froid par le *fluor*, le *chlore* ou le *brome*, avec formation d'abord d'un dépôt d'iode qui pourra rentrer en réaction avec un excès de l'halogène :

Si l'on superpose 2 flacons contenant respectivement du gaz

iodhydrique sec et du *chlore sec*, on observe un dépôt brun d'iode :

$$HI + Cl = HCl + I\downarrow.$$

Si le chlore sec était en *excès*, il y aurait formation de trichlorure ICl^3, puis de pentachlorure ICl^5, corps solides;

Par une *goutte de brome* dans un flacon de gaz iodhydrique, il y a dépôt brun d'iode :

$$HI + Br = HBr + I\downarrow;$$

puis il y a formation de bromures d'iode si le brome *sec* est en excès;

Mais par le chlore ou le brome sur l'acide iodhydrique dissous, ou *en présence de l'eau*, il y a d'abord libération de l'iode comme tout à l'heure car on observe une coloration brune; mais l'excès de l'halogène fait disparaître l'iode libre à l'état d'acide iodique avec disparition de la coloration :

$$I + 3H^2O + 5Cl = IO^3H + 5.HCl.$$

2° L'acide iodhydrique est décomposé par l'*oxygène* : la réaction est *lente* par le mélange des 2 gaz exposé *au soleil*; elle est *immédiate* par le contact d'une *flamme* : le *mélange* de gaz iodhydrique et d'oxygène est *combustible*, ce qui n'arrive pas pour les gaz chlorhydrique ou bromhydrique; suivant les proportions on peut avoir les 2 réactions :

$$2HI + O = H^2O + I^2\downarrow;$$
$$HI + 3.O = IO^3H\downarrow.$$

— La *solution* est décomposée par l'oxygène de l'*air* comme la solution bromhydrique mais beaucoup plus *rapidement*, car elle prend bientôt la coloration brune de l'iode libre; l'iode finit par saturer l'acide iodhydrique non décomposé, puis il cristallise, et au bout d'un temps suffisant il ne reste plus que des cristaux d'iode et de l'eau d'iode.

Alors l'acide iodhydrique est un agent *réducteur des composés oxygénés*; il réduit l'*acide iodique* IO^3H par une réaction analogue à celle qu'exerce l'acide chlorhydrique sur l'acide chlorique :

$$IO^3H + 5.HI = 3H^2O + 3I^2\downarrow,$$

ce que l'on emploie pour *substituer l'iode* à l'hydrogène des matières organiques;

Il réduit l'*anhydride sulfureux* SO^2 par une réaction *limitée* :

$$SO^2 + 6HI \rightleftarrows 2H^2O + H^2S + 3I^2\downarrow ;$$

Il réduit l'*acide sulfurique* SO^4H^2 en donnant d'*abord* :

$$SO^4H^2 + 2HI = 2H^2O + SO^2 + I^2,$$

avec ultérieurement réaction possible du gaz sulfureux sur l'excès d'acide iodhydrique;

Enfin quelques gouttes d'*acide azotique* versées dans un flacon de gaz iodhydrique y donnent une *vapeur rouge* et un *dépôt brun* d'iode :

$$AzO^3H + HI = AzO^2 + H^2O + I\downarrow,$$

par une réaction analogue à l'une des réactions de l'eau régale.

3° Le *gaz* iodhydrique est décomposé par le *soufre*, lentement à froid, rapidement si on chauffe à 100° :

$$2HI + S = H^2S_{gaz} + I^2\downarrow.$$

Mais *inversement* c'est l'iode qui décompose l'acide sulfhydrique *dissous*. Aussi si l'on chauffe le gaz iodhydrique avec du soufre en tube scellé, on observe un dépôt brun d'iode; si on ouvre le tube sur l'eau, il se remplit à moitié immédiatement; puis il achève de se remplir lentement en même temps que le liquide clair se trouble par un dépôt blanc de soufre. — Alors la *solution concentrée* d'acide iodhydrique, qui contient du gaz iodhydrique libre, sera aussi décomposée par le soufre *à froid* en prenant une coloration brune due à l'iode libéré; mais la solution *étendue* d'acide iodhydrique n'a pas d'action sur le soufre, puisque c'est au contraire l'iode libre qui décompose l'acide sulfhydrique en présence de l'eau.

4° Le *gaz* iodhydrique est décomposé *à froid* par le *phosphore* :

$$8HI + 5.P = 2.PH^4I + 3PI^2;$$

la solution *concentrée* est aussi décomposée mais en tube scellé à 160°, comme la solution bromhydrique, avec formation d'acide phosphoreux; et l'on peut dire encore que le phosphore a décomposé l'eau en présence de l'acide iodhydrique :

$$HI + 3H^2O + 2P = PH^4I + PO^3H^3.$$

5° Le gaz iodhydrique est décomposé par le *silicium* au *rouge*, comme les gaz chlorhydrique ou bromhydrique :

$$4HI + Si = 2H^2\uparrow + SiI^4\curvearrowright,$$
$$3HI + Si = H^2\uparrow + SiHI^3\curvearrowright.$$

Mais le gaz iodhydrique n'a *pas d'action sur le bore pur.*

6° Il y a décomposition du *gaz* iodhydrique ou de sa solution *concentrée* à froid par l'*argent* ou le *mercure* : l'argent se recouvre de cristaux d'iodure d'argent; le mercure est attaqué rapidement.

Et il y a *déplacement* des acides chlorhydrique ou bromhydrique dans les *chlorures* ou *bromures métalliques*, par l'acide iodhydrique : le *chlorure d'argent* AgCl *blanc* se transforme en iodure d'argent *jaunâtre*; le *chlorure mercureux* Hg^2Cl^2 *blanc* se transforme en iodure mercureux Hg^2I^2 *vert*; le *chlorure mercurique* $HgCl^2$ *blanc* passe à l'état d'iodure mercurique HgI^2 *rouge*; enfin le *chlorure de plomb* $PbCl^2$ *blanc*, devient de l'iodure de plomb PbI^2 *jaune*.

7° Il y a encore union directe du gaz iodhydrique avec un égal volume des *gaz ammoniac* ou *phosphure d'hydrogène* pour donner les iodures d'ammonium AzH^4I ou de phosphonium PH^4I, solides blancs;

Puis avec l'*éthylène* C^2H^4 pour donner l'iodure d'éthyle C^2H^5I, qui se forme aussi par un courant de gaz iodhydrique passant dans de l'*alcool absolu*.

III. — Composition du gaz iodhydrique.

Il ne peut renfermer *que de l'iode et de l'hydrogène* puisqu'on peut l'obtenir par synthèse directe. On détermine sa composition en volumes par une *analyse à froid* au moyen du *mercure*; on transvase *rapidement* dans un tube gradué plein de mercure sur la cuve à mercure un certain volume du gaz qu'on lit *immédiatement* à la pression atmosphérique; on *agite* au contact du mercure; et quand le volume ne diminue plus, on lit à la pression atmosphérique le *volume du résidu* ; ce volume est égal à *la moitié du volume initial*, et on reconnaît qu'il est constitué par de l'hydrogène pur : donc *2^{vol} du gaz contiennent 1^{vol} d'hydrogène.* — Alors l'application de la conservation de la masse à 2^{vol} du gaz donne pour déterminer le volume x de la vapeur d'iode : $2ad = ad' + xad''$; d'où $x = \frac{2d - d'}{d''}$; on trouve $x = 1$. Il y avait donc aussi *1^{vol} de vapeur d'iode* unie à l'hydrogène sans contraction : d'où la *formule moléculaire* HI.

On pourrait aussi introduire une ampoule pleine de mercure de volume extérieur v connu dans un tube de verre qu'on remplirait du gaz à la pression atmosphérique et qu'on scellerait à la lampe. En agitant, on briserait l'ampoule, et on produirait la décomposition du gaz par le mercure. On mesurerait le volume V du résidu à la pression atmosphérique en le transvasant dans un tube gradué plein de mercure ; et on déterminerait le volume intérieur V' du tube par jaugeage au mercure : on trouverait comme tout à l'heure que le volume V est égal à la moitié du volume $V' - v$ du gaz iodhydrique.

IV. — Caractères du gaz iodhydrique.

1° Il est absorbé par la *potasse*.

2° Il *fume* à l'air, et n'est *pas combustible* au contact de l'air.

3° Il est *très soluble* et *fortement acide* au tournesol. Mais il attaque rapidement le *mercure*, et il donne par une bulle de *chlore* un dépôt brun d'iode, ce qui le distingue des gaz chlorhydrique et bromhydrique.

4° Enfin il donne avec l'*azotate d'argent* le même précipité *jaunâtre* que la solution d'acide iodhydrique ou d'iodure alcalin.

V. — Modes de formation et préparations de l'acide iodhydrique.

Tout à fait analogues à ceux de l'acide bromhydrique ; il se forme :

1° Par *union directe* de l'hydrogène avec la vapeur d'iode au-dessus de 180°, surtout en présence de la mousse de platine, mais par une réaction toujours *incomplète* ;

2° Dans l'action de l'*iode* sur certains *composés hydrogénés*, comme l'*eau* en présence du phosphore, ou l'*acide sulfhydrique* en présence de l'eau ;

3° Dans la décomposition des *iodures de métalloïdes* par l'eau, comme le triiodure de phosphore :

$$PI^3 + 3H^2O = PO^3H^3 + 3HI;$$

4° Quand on chauffe les *iodures métalliques* comme l'iodure de potassium avec l'acide *sulfurique* ou l'acide phosphorique : avec l'acide sulfurique SO^4H^2 il y a dégagement de fumées blanches de gaz iodhydrique entraînant de la vapeur violette d'iode

$$KI + SO^4H^2 = SO^4HK + HI\uparrow,$$

car il y a réduction partielle de l'acide sulfurique par l'acide iodhydrique, ce qui donne de l'iode libre. On ne peut donc pas préparer l'acide iodhydrique pas plus que l'acide bromhydrique, comme on prépare l'acide chlorhydrique. Mais il suffirait de remplacer l'acide sulfurique par l'acide phosphorique.

5° Pour *préparer le gaz* iodhydrique, dans une cornue tubulée fermant à l'émeri on introduit un *excès de phosphore rouge*, et *un peu* d'une dissolution d'iodure de potassium ou mieux le résidu d'une préparation antérieure contenant de l'acide iodhydrique étendu ; puis on ajoute l'iode qui alors se dissout et réagit à froid sur l'eau en présence du phosphore :

$$3.I + 3H^2O + P = 3.HI + PO^3H^3;$$

l'acide iodhydrique formé se dissout dans l'eau, et pour le faire dégager il suffit de chauffer légèrement la cornue. — Si l'on a ajouté un *excès d'iode*, c'est de l'acide phosphorique qui se forme au lieu d'acide phosphoreux :

$$5I + 4H^2O + P = 5.HI + PO^4H^3;$$

et alors quand on chauffe pour dégager le gaz iodhydrique, le gaz peut entraîner un peu de *vapeur d'iode* : c'est pourquoi on adapte quelquefois à la cornue un tube purificateur à phosphore rouge supporté par des fragments de verre humide. — Si l'on veut obtenir le gaz *sec*, on le fait passer dans un tube à iodure de calcium sec. On *recueille* par déplacement dans des flacons à l'émeri.

Pour préparer la *dissolution concentrée fumante*, on amène le gaz par un tube à boule plongeant très peu dans de l'eau refroidie extérieurement; on évite ainsi l'absorption de l'eau par le gaz très soluble, comme pour l'acide bromhydrique.

Dans cette préparation de l'acide iodhydrique on observe *souvent* une formation de *cristaux blancs sur le col* de la cornue : on peut dire que l'acide phosphoreux a été décomposé par la chaleur avec dégagement de phosphure d'hydrogène PH^3 qui s'est uni à une partie du gaz iodhydrique pour donner les cris-

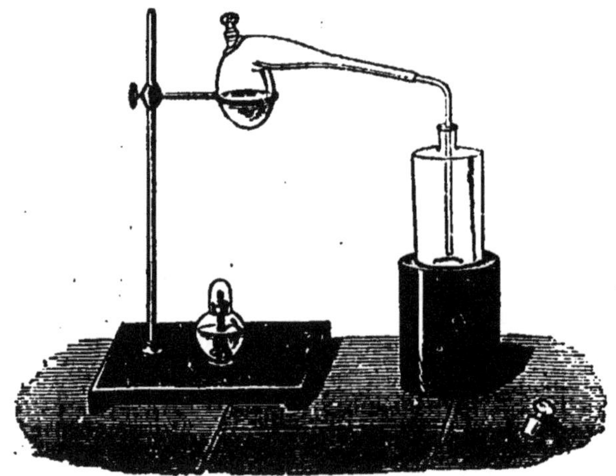

Fig. 55. — Préparation de l'acide iodhydrique.

taux d'*iodure de phosphonium* PH^4I ; la formation de ce corps par action de l'iode sur l'eau en présence du phosphore peut s'écrire :

$$5.I + 16.H^2O + 9.P = 4.PO^4H^3 + 5.PH^4I^{\curvearrowright}.$$

6° Pour préparer la *solution étendue* d'acide iodhydrique, on fait passer un courant de *gaz sulfhydrique* dans de l'eau tenant en suspension de l'iode *pulvérisé* jusqu'à ce que tout l'iode ait disparu :

$$H^2S + I^2 = 2HI + S_{\downarrow};$$

on *chauffe* alors, pour chasser le gaz sulfhydrique en excès, jusqu'à ce qu'un essai du liquide donne un précipité jaune d'iodure de plomb PbI^2 avec un sel soluble de plomb; il suffit de *filtrer* pour séparer le précipité de soufre que la chaleur a aggloméré.

On ne peut ainsi préparer qu'une solution étendue, de composition $HI + 10H^2O$ par exemple, car une solution plus concentrée dissoudrait l'iode sans que le courant de gaz sulfhydrique pût agir sur lui, et la solution plus concentrée attaquerait aussi le soufre précipité par la réaction inverse en dégageant du gaz sulfhydrique et en donnant de l'iode qui resterait combiné au soufre en excès.

VI. — Propriétés des iodures métalliques.

Ils sont *isomorphes* des chlorures et des bromures correspondants, et ils sont *en général solubles* comme les chlorures et les bromures, sauf les iodures d'*argent* AgI *jaunâtre, mercureux* Hg^2I^2 qui est *vert*, et *mercurique* HgI^2 qui est *rouge*, de *plomb* PbI^2 qui est *jaune*, enfin *cuivreux* Cu^2I^2 *blanc*.

Les *iodures solides* se reconnaissent aux *caractères* suivants :

1° Par l'*acide sulfurique* en chauffant, on observe une *coloration brune* due à l'iode libre, puis de la *vapeur violette* d'iode *fumante* à cause de la présence de gaz iodhydrique;

2° Par un courant de *chlore* sur le sel chauffé, il y a coloration brune d'iode libre puis dégagement de vapeur violette;

3° Par l'*acide azotique fumant nitreux* en chauffant, il y a encore coloration brune du sel puis dégagement de vapeur violette;

4° Enfin pour les *iodures insolubles*, par fusion avec du *carbonate de sodium sec*, il y a transformation en iodure de sodium soluble facile à reconnaître.

La *solution d'acide* iodhydrique ou des *iodures alcalins* présente les caractères suivants :

1° Par l'*acide sulfhydrique*, rien;

2° Par l'*azotate de baryum*, rien. — Mais par l'*azotate de plomb*, il y a formation d'un précipité *jaune*, qui est de l'iodure de plomb;

3° Par l'*azotate d'argent*, il y a formation d'un précipité *jaunâtre* d'iodure d'argent, noircissant à la lumière, insoluble dans l'acide azotique, *difficilement soluble dans l'ammoniaque*, mais très soluble encore dans l'hyposulfite de sodium ou dans le cyanure de potassium;

4° Par l'*azotate mercurique*, il y a formation d'un précipité *rouge* d'iodure mercurique, très soluble dans la dissolution d'iodure alcalin; il convient donc de verser l'iodure *dans le réactif* pour observer le précipité;

5° Par le *sulfate cuivrique et l'acide sulfureux*, formation au bout de quelque temps d'un précipité *blanc* d'iodure cuivreux;

6° Par *un peu* de *chlore* ou de *brome*, il y a une *coloration brune* d'iode dissous, disparaissant par un excès de réactif. Le liquide brun agité avec du *chloroforme* ou du *sulfure de carbone* leur donne une *coloration rouge violacé.*

Des *traces d'iodures solubles* contenues dans un liquide additionné d'*empois d'amidon*, par des *traces* de chlore donnent une *coloration bleu intense*, disparaissant par excès de chlore, pouvant reparaître par *un peu* d'acide sulfureux, pour redisparaître par excès d'acide sulfureux. Ces réactions s'expliquent exactement comme dans le cas des bromures solubles, mais sont beaucoup plus sensibles.

LIVRE III

MÉTALLOÏDES BIVALENTS

QUINZIÈME LEÇON

Oxygène. — Ozone.

OXYGÈNE

Masse moléculaire O^2 avec masse atomique $O = 16$.

C'est un *gaz incolore, sans odeur*, ayant pour *densité* 1,10523, *difficile à liquéfier* car son *point critique* est — 118°,8. — L'oxygène *liquide* a pour masse spécifique $1^{gr},1315$, et il *bout* à — 182°,7. On n'a pu le solidifier que par l'hydrogène liquide : c'est alors un *solide bleuâtre transparent*. A ces très basses températures l'oxygène émet une *phosphorescence blanche* attribuable à la formation d'ozone O^3.

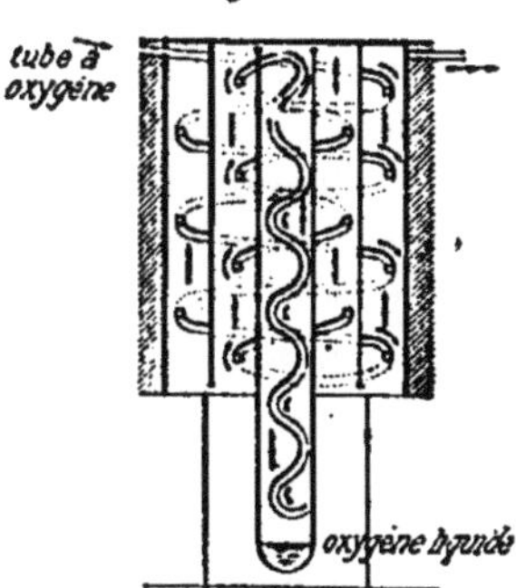

Fig. 5?. — Appareil de Hampson pour la liquéfaction automatique d'un gaz comprimé à 120 atmosphères : les flèches indiquent le trajet du gaz comprimé; les doubles flèches, le trajet du gaz détendu produisant l'autoréfrigération.

L'oxygène est *peu soluble* dans l'eau : *coefficient* 0,049, ou 0,05. — Il est soluble dans l'*argent fondu* qui l'absorbe dans l'air et le laisse dégager brusquement par le refroidissement, avec projection de métal encore liquide, à moins que le refroidissement ne soit très lent.

Il se transforme *partiellement* en *ozone* O^3, ayant une faible coloration *bleue* et une *odeur* particulière, avec diminution de volume de l'oxygène et absorption de chaleur, soit par passage dans le *tube chaud et froid* à tube froid *argenté* inaltérable par l'oxygène et qui alors *noircit* par suite de l'oxydation de l'argent à l'état de peroxyde Ag^4O^3, par l'ozone formé. — Soit par une *série d'étincelles*, mais alors la réaction est *limitée* à la faible proportion 0,01 à cause de la décompostion inverse de l'ozone par la haute température de l'étincelle : la transformation pourrait devenir complète en présence d'une lame d'argent humide ou d'une solution d'iodure de potassium, qui s'oxyderaient en détruisant l'ozone au fur et à mesure de sa formation. — Soit *surtout* par l'*effluve*, en proportion d'autant plus grande que la température est plus basse, pouvant atteindre 0,50 à —88°.

I. — Propriétés chimiques de l'oxygène.

C'est l'*agent essentiel de la combustion vive ordinaire*, qui est la combinaison des éléments du corps combustible avec l'oxygène, accompagnée d'un dégagement de chaleur et d'une production de lumière. — C'est aussi l'agent essentiel des *combustions lentes* ou *oxydations*, donnant des produits analogues à ceux que donne la combustion vive, mais dans lesquelles on n'observe pas toujours d'élévation de température, la chaleur se dissipant au fur et à mesure de sa production dans la réaction lente. — Enfin c'est encore l'agent essentiel de la *respiration* que *Lavoisier* assimila à une combustion lente, se produisant avec un dégagement de chaleur, origine de la chaleur animale.

L'oxygène se combine directement avec les *métalloïdes*, sauf le fluor, le chlore et le brome; et aussi avec *tous les métaux*, sauf le platine et l'or.

1° Il y aurait *combustion* d'un jet de *gaz hydrogène* enflammé et plongé dans un flacon d'oxygène, ou inversement par un jet d'oxygène plongé dans un flacon d'hydrogène et subissant immédiatement le contact d'une flamme :

$$H^2 + O = H^2O\downarrow.$$

Le *mélange* du gaz avec le double de son volume d'hydrogène détone violemment par une *flamme*, ou *une étincelle*, ou par la *température 600°*, ou encore par la présence de la *mousse de platine* récemment calcinée. — Et dans tous les cas il y a *production d'eau* qui se dépose en *buée* ou en *gouttelettes*.

2° L'oxygène décompose les *gaz chlorhydrique* ou *bromhydrique* HBr dans un tube *à 500°* :

$$2HCl + O = H^2O\curvearrowright + Cl^2\uparrow ;$$

il décompose aussi le *gaz iodhydrique* dont le mélange avec l'oxygène brûle au contact d'une flamme :

$$2HI + O = H^2O\downarrow + I^2\downarrow .$$

Mais il décompose aussi à froid l'*acide bromhydrique dissous*, qui se colore très lentement par le contact de l'oxygène de l'air, et l'*acide iodhydrique dissous* qui se colore rapidement en brun dans les mêmes conditions.

Tandis que l'oxygène est en général sans action sur les *sels halogénés*, sauf sur certains iodures chauffés.

3° Il y a combinaison directe du gaz avec la vapeur d'*iode* à 100° mais seulement sous l'action de l'effluve, avec production d'un solide *jaune* I^2O^3 à la partie inférieure de l'appareil où l'iode est en excès, et des *anhydrides iodique* I^2O^5 et *periodique* I^2O^7 solides *blancs* à la partie supérieure où l'oxygène est en excès. — Mais on peut dire aussi que c'est l'ozone, formé sous l'action de l'effluve, qui a oxydé la vapeur d'iode.

4° Il y a combustion du *soufre* enflammé dans une coupelle quand on le plonge dans un flacon d'oxygène, avec une flamme *bleuâtre sans éclat*, pour donner du *gaz sulfureux* SO^2 à odeur vive, suffocant, *très acide* au tournesol : ce gaz est rendu opaque par la production d'*un peu d'anhydride sulfurique* SO^3 solide blanc si l'oxygène est *sec*, ou d'*un peu d'acide sulfurique* SO^4H^2 si l'oxygène est humide.

5° Il y a de même combustion du *sélénium*, avec une flamme *bleu rougeâtre*, et production d'*anhydride sélénieux* SeO^2 solide *blanc très soluble*, et cette combustion est accompagnée d'une odeur très désagréable.

6° Il y a encore combustion du *tellure* avec une flamme *bleue* pour donner le composé TeO^2 *solide blanc, insoluble*, comme la plupart des oxydes métalliques dont il se rapproche.

7° Il y a combinaison directe de l'oxygène avec l'*azote*, soit par l'*étincelle*, soit par l'*effluve*, avec formation de *peroxyde d'azote* AzO^2 à l'état de vapeur *rouge* ou de *gaz perazotique* AzO^2 incolore, pourvu que le mélange soit *sec*, car les deux produits précédents sont décomposés par l'eau ou par l'humidité. — Aussi, si le mélange des 2 gaz est *humide*, c'est de l'*acide azotique* AzO^3H ou de l'*acide azoteux* AzO^2H qui se forment.

8° Il y a combustion vive du *phosphore* allumé dans une coupelle quand on le plonge dans un flacon d'oxygène, avec une flamme *blanche* et *éclatante*, pour donner l'*anhydride phosphorique* P^2O^5 *solide blanc, soluble*, à réaction très acide.

Mais il y a aussi oxydation lente du phosphore *à froid* par l'*oxygène à basse pression*, et non par l'oxygène à la pression atmosphérique : il y a production des *anhydrides phosphoreux* P^2O^3 et *hypophosphorique* P^2O^4 corps solides blancs, si les matières sont sèches; tandis qu'il y a formation des *acides phosphoreux* PO^3H^3, *hypophosphorique* $P^2O^6H^4$ et *phosphorique* PO^4H^3, avec phosphorescence dans l'obscurité et odeur d'ozone, si les matières sont humides.

9° Il y a combustion vive de l'*arsenic* quand on le chauffe dans un courant d'oxygène, avec une odeur alliacée et formation de fumées blanches d'*anhydride arsénieux* As^2O^3 solide blanc.

10° Et de même il y a combustion vive de l'*antimoine fondu*, mais avec production sans odeur de fumées blanches d'*anhydride antimonieux* ou *oxyde d'antimoine* Sb^2O^3 solide blanc.

11° Il y a combustion vive d'un *charbon*, tenu par un fil de fer et allumé, quand on le plonge dans un flacon d'oxygène; mais alors la combustion s'effectue *sans flamme* car le carbone est fixe, et il y a formation d'un peu de gaz *oxyde de carbone* CO neutre, et d'abord de *gaz carbonique* CO^2 à réaction acide faible et troublant l'eau de chaux.

12° Il y a combustion vive du *silicium* chauffé à 400° dans un courant d'oxygène, sans flamme et avec un grand éclat, pour donner l'*anhydride silicique* SiO^2 ou *silice, poudre blanche* insoluble.

13° Il y a combustion du *bore* chauffé au rouge dans un courant d'oxygène, avec production d'*anhydride borique* B^2O^3 poudre blanche.

14° L'*argent* fondu dissout l'oxygène sans s'oxyder, mais par *vaporisation* de l'argent au chalumeau oxhydrique il y a production de fumées d'*oxyde d'argent* Ag^2O brun condensable sur un corps froid.

15° Il y a oxydation du *mercure*, du *cuivre*, du *plomb* ou de l'*étain*, chauffés au-dessous du rouge sombre, par l'oxygène de l'air, avec formation d'*oxyde mercurique* HgO rouge, d'*oxyde cuivrique* CuO noir, de *protoxyde de plomb* PbO sous forme d'une poudre *jaunâtre* appelée massicot qui se transforme lentement en *oxyde salin de plomb* Pb^3O^4 ou $2PbO,PbO^2$ poudre rouge qui est le minium; soit enfin d'un mélange d'*oxyde stanneux* SnO brun et d'*oxyde stannique* SnO^2 blanc, qui est la potée d'étain.

16° Il y a combustion d'un ruban de *fer* garni à sa partie inférieure d'un peu d'amadou qu'on allume, quand on le plonge dans un flacon d'oxygène; la combustion s'effectue *sans flamme* car le fer est fixe mais avec de *vives étincelles*, pour donner des globules fondus d'*oxyde salin de fer* Fe^3O^4 tombant dans un *peu d'eau* qu'il a fallu laisser dans le flacon pour éviter sa rupture au contact des globes très chauds.

Mais il y a aussi oxydation assez rapide du fer à froid par l'oxygène de l'*air humide* avec formation d'*hydrate ferrique* $2Fe^2O^3,3H^2O$, qui est la *rouille*.

17° Il y a combustion du *zinc fondu* dans un petit creuset qu'on introduit dans du gaz oxygène; cette combustion se produit avec une *flamme blanche éclatante* en donnant des fumées blanches d'oxyde de zinc ZnO ou *blanc de zinc*.

18° Il y a combustion d'un ruban de *magnésium* tenu par un fil de fer et portant un petit morceau d'amadou qu'on allume, quand on le plonge dans l'oxygène; la combustion s'effectue avec une *flamme éblouissante* très photogénique en donnant la *magnésie* anhydre MgO, solide blanc.

19° Il y a combustion du *sodium* fondu dans un tube où passe un courant d'*air sec*, avec formation d'un mélange jaunâtre d'*oxyde de sodium* Na^2O et de *bioxyde de sodium* Na^2O^2. Ce bioxyde de sodium impur par de *l'eau* tombant sur lui goutte à goutte dégage de l'oxygène capable de remplacer celui qui est absorbé par la respiration, et donne de la soude qui absorbe le gaz carbonique expiré :

$$Na^2O^2 + H^2O = 2NaOH + O\uparrow;$$

d'où l'emploi du bioxyde de sodium dans les expériences où un être vivant doit être confiné pendant très longtemps dans une enceinte close, et pour la production de l'*oxygène industriel pur*.

20° Le *potassium, seul* parmi les métaux usuels, est oxydé à froid par l'oxygène sec.

21° Une application importante de l'oxygène de l'air est l'oxydation des *sulfures métalliques* chauffés.

REMARQUE. — Le phosphore, le sodium, le potassium, si facilement oxydables, restent inaltérés au contact de l'oxygène liquide.

II. — Caractères du gaz oxygène.

1° Il n'est pas absorbé par la *potasse*;

2° Il rallume une *allumette* présentant encore un point rouge, et il prend une coloration rouge par quelques bulles de *bioxyde d'azote* qu'il oxyde;

3° Il est absorbé par le *phosphore* pourvu que la pression du gaz oxygène soit assez faible; par le *pyrogallol potassique,* qui noircit; par une solution d'*hydrosulfite de sodium,* qui se transforme en bisulfite :

$$SO^2HNa + O = SO^3HNa\,;$$

d'où le *dosage de l'oxygène dissous* dans un certain volume d'eau, en le colorant en bleu par le bleu d'aniline, et en versant goutte à goutte une solution titrée d'hydrosulfite jusqu'à décoloration.

III. — État naturel et modes de formation de l'oxygène.

Il existe *mélangé,* surtout avec de l'azote, *dans l'air* dont il forme à peu près le $\frac{1}{5}$ en volume. — Il existe *combiné* avec l'hydrogène *dans l'eau* dont il forme les $\frac{8}{9}$ en masse. Et il se rencontre dans la plupart des substances minérales, végétales ou animales, ce qui en fait l'*élément le plus abondant* qui existe.

On peut l'*extraire de l'air,* soit par des procédés physiques, soit *indirectement* par des *procédés chimiques* qui le donnent moins impur et que l'industrie emploie. — On peut aussi le retirer *de l'eau* H^2O par l'*électrolyse,* qui donne en même temps comme produit principal le gaz hydrogène : c'est ce qu'on fait industriellement aussi en électrolysant une *solution alcaline* par des *électrodes en fer.* — Mais dans les *laboratoires,* on préfère l'obtenir à partir de *certains composés oxygénés,* soit *naturels* comme le bioxyde de manganèse MnO^2, soit *artificiels* comme le chlorate de potassium ClO^3K, en utilisant quelques-uns des *nombreux modes de formation* de l'oxygène.

1° Il y a dégagement d'oxygène dans l'*action de la chaleur* sur certains *oxydes*; la chaleur décompose complètement les *oxydes des métaux précieux* : l'oxyde *d'argent* Ag^2O dès la température 100°, l'oxyde *mercurique* HgO vers la température 400°; et incomplètement les autres *composés oxygénés métalliques suroxygénés,* comme les bioxydes de manganèse, de baryum ou de plomb, l'oxyde salin de plomb, ou l'anhydride chromique CrO^3 :

$$BaO^2 = BaO + O\uparrow; \quad PbO^2 = PbO + O\uparrow;$$
$$Pb^3O^4 = 3PbO + O\uparrow; \quad 2.CrO^3 = Cr^2O^3 + 3O\uparrow;$$

2° Dans l'action du *chlore* sur les *oxydes métalliques chauffés,* ou sur la *vapeur d'eau* au rouge vif; ainsi quand on fait passer un courant de chlore sur de la *chaux vive* au rouge :

$$CaO + Cl^2 = CaCl^2 + O\uparrow;$$

ou quand on fait passer un courant de chlore *humide* dans un tube de porcelaine au rouge vif :

$$H^2O + Cl^2 = 2HCl\uparrow + O\uparrow,$$

en recueillant sur une cuve à dissolution de potasse qui arrête l'excès de chlore et l'acide chlorhydrique formé;

3° Dans l'*action de la chaleur* sur l'*acide sulfurique* SO^4H^2, ou sur des *sels d'oxacides peu stables*; comme quand on laisse couler l'*acide sulfurique* en mince filet dans un appareil porté *au rouge*; ou quand on chauffe vers 70° la dissolution de chlorure de chaux, contenant de l'*hypochlorite* de calcium $(ClO)^2Ca$, additionnée de quelques gouttes de la solution rose d'un *sel de cobalt,* le chlorure $CoCl^2$ par exemple : il y a eu précipitation d'hydrate cobalteux CoO,H^2O insoluble, par la chaux libre que renferme toujours la solution de chlorure de chaux, mais avec transformation immédiate de l'hydrate cobalteux en le précipité *brun noir* de sesquioxyde de cobalt que l'on observe, par action oxydante de l'hypochlorite; la chaleur a décomposé facilement le peroxyde de cobalt Co^2O^3 en oxygène et oxyde cobalteux qui rentre en réaction; et *ainsi de suite* jusqu'à décomposition complète de l'hypochlorite. On a donc la série de réactions expliquant l'influence du sel cobalteux ajouté :

$$CoCl^2 + CaO^2H^2 = CaCl^2 + CoO,H^2O,$$
$$4CoO + (ClO)^2Ca = CaCl^2 + 2Co^2O^3,$$
$$Co^2O^3 = 2CoO + O\uparrow;$$

de sorte que la réaction totale est :

$$(ClO)^2Ca = CaCl^2 + O^2\uparrow;$$

tandis qu'en l'absence du sel cobalteux il y aurait formation de chlorate et de chlorure;

Encore quand on chauffe les *chlorate, bromate* ou *iodate* de potassium, de sodium, ou de baryum :

$$BrO^3K = KBr + 3.O\uparrow; \quad IO^3K = KI + 3.O\uparrow;$$

ou encore les *azotates* ou les *azotites* à température élevée :

$$AzO^3K = AzO^2K + O\uparrow,$$

puis

$$2AzO^2K = K^2O + Az^2 + 3.O\uparrow;$$

ou encore le *dichromate* de potassium $Cr^2O^7K^2$:

$$2.Cr^2O^7K^2 = 2.CrO^4K^2 + Cr^2O^3 + 3.O\uparrow;$$

4° Enfin dans l'action de l'*acide sulfurique* sur les *composés métalliques suroxygénés* qui alors sont réduits à l'état d'oxydes basiques moins oxygénés capables de saturer l'acide, comme les *bioxydes de plomb,* de *baryum,* ou de *manganèse*; ainsi on peut préparer le gaz oxygène en *chauffant* dans une cornue en verre du bioxyde de manganèse en poudre MnO^2 avec de l'acide sulfurique *étendu d'un peu d'eau,* en recueillant sur l'eau :

$$MnO^2 + SO^4H^2 = SO^4Mn + H^2O + O\uparrow;$$

mais la réaction est *difficile* à produir car le bioxyde *anhydre* est attaqué seulement vers le point d'ébullition de l'acide qu'il est difficile d'atteindre; les *oxydes hydratés* du manganèse sont seuls facilement attaqués, et le *rendement* en oxygène, qui devrait être la moitié de l'oxygène du bioxyde, n'est que théorique. — Mais on emploie constamment le mélange *bioxyde de manganèse en poudre-acide sulfurique concentré* pour produire des *réactions oxydantes*, comme on l'a vu dans l'action sur le chlorure de sodium NaCl, sur le bromure de magnésium $MgBr^2$, ou sur l'iode cuivreux Cu^2I^2, pour mettre en liberté le chlore, le brome, ou l'iode.

On pourrait aussi préparer l'oxygène en chauffant dans une cornue en verre de l'*anhydride chromique* CrO^3 ou du *dichromate de potassium* $Cr^2O^7K^2$ avec de l'acide sulfurique :

$$2CrO^3 + 3SO^4H^2 = (SO^4)^3Cr^2 + 3H^2O + 3.O\uparrow,$$
$$Cr^2O^7K^2 + 4SO^4H^2 = [(SO^4)^3Cr^2 + SO^4K^2] + 4H^2O + 3.O\uparrow;$$

et le résidu dans ce dernier cas serait de l'alun de chrome. — Mais on emploie surtout le mélange *dichromate de potassium-acide sulfurique* pour produire des *réactions oxydantes* : par exemple dans la pile au dichromate pour empêcher la polarisation de la pile; le liquide de la pile d'abord jaune-brun par le dichromate devient violet-noir par la formation d'alun de chrome.

Enfin il y a encore production d'oxygène dans l'action de l'acide sulfurique sur le *permanganate* de potassium MnO^4K :

$$2.MnO^4K + 3.SO^4H^2 = 2.SO^4Mn + SO^4K^2 + 3H^2O + 5.O\uparrow;$$

l'anhydride permanganique Mn^2O^7 en donnant 2 molécules d'oxyde manganeux MnO basique a perdu 5 atomes d'oxygène.

IV. — Préparations diverses du gaz oxygène.

1° On le prépare *pur et sec* en calcinant l'*oxyde mercurique pur* HgO dans une cornue en verre peu fusible dont le tube à dégagement s'ouvre sur le mercure d'une cuve :

$$HgO = Hg\curvearrowright + O\uparrow;$$

la vapeur de mercure se condense sur les parties froides de l'appareil. — Il faut employer l'oxyde mercurique obtenu par calcination du mercure à l'air; ou précipité de la solution de chlorure mercurique par la potasse, puis lavé et séché. Si on employait le résidu de la calcination de l'azotate mercurique, qui contient toujours un peu d'azotate non décomposé, l'oxygène renfermerait un peu d'azote. — Il faut chauffer *vers 500°* pour que l'oxyde mercurique ayant alors une *tension de dissociation* supérieure

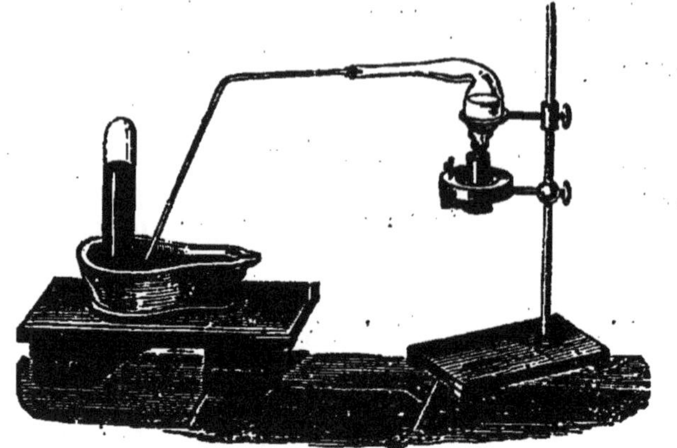

Fig. 57. — Préparation de l'oxygène par l'oxyde mercurique.

à la pression atmosphérique, le gaz oxygène puisse se dégager.

2° On prépare l'oxygène plus souvent en calcinant dans une

Fig. 58. — Préparation de l'oxygène par le bioxyde de manganèse.

cornue *en grès*, chauffée progressivement au *rouge vif* dans un fourneau à réverbère, du *bioxyde de manganèse naturel* en poudre *noire*, en recueillant par un *tube de sûreté* sur la cuve à eau : le bioxyde perd le $\frac{1}{3}$ de son oxygène seulement en laissant l'oxyde *brun* de manganèse ou oxyde salin considéré comme un manganite manganeux $Mn^3O^4 = 2MnO, MnO^2$; la réaction s'écrira :

$$3MnO^2 = Mn^3O^4 + O^2\uparrow.$$

— Le gaz recueilli est d'abord *blanc et opaque*, par suite d'une buée d'eau provenant de la calcination des hydrates de bioxyde ou de sesquioxyde de manganèse Mn^2O^3,aq que contient toujours le manganèse naturel :

$$3Mn^2O^3,aq = 2.Mn^3O^4 + O\uparrow + aq\uparrow.$$

— De plus cet oxygène renferme toujours un peu de *gaz carbonique* provenant de la présence d'un peu de carbonate de calcium :

$$CO^3Ca = CaO + CO^2\uparrow,$$

car le gaz recueilli trouble l'eau de chaux; et il contient encore un peu d'*azote* provenant de la calcination d'un peu d'azotate de calcium ou de magnésium :

$$(AzO^3)^2Ca = CaO + Az^2\uparrow + 5O\uparrow,$$

car le gaz recueilli n'est pas complètement absorbable par le pyrogallol potassique. — On pourrait *purifier* le gaz recueilli en le faisant passer dans un laveur à potasse qui retiendrait le gaz carbonique, mais il resterait toujours un peu d'azote que l'on ne sait pas séparer pratiquement de l'oxygène.

Si l'on voulait obtenir de l'oxygène pur, il faudrait laver le manganèse naturel avec de l'acide chlorhydrique étendu pour dissoudre les carbonates et azotates, puis avec de l'eau, et enfin sécher avant de procéder à la calcination.

3° On prépare surtout l'oxygène par l'action de la chaleur sur le *chlorate de potassium* en paillettes blanches que l'on chauffe *progressivement* dans une cornue en verre à *col descendant* muni d'un *tube de sûreté* pour recueillir sur l'eau : il y a dégagement d'un peu d'eau d'interposition qui se condense sur le col descendant de la cornue, puis le sel *fond*, et du liquide se dégagent des bulles de gaz oxygène qui entraîne un peu du sel qui se dépose sur le col de la cornue. On arrête en général l'opération quand la masse fluide devient *pâteuse* ; il s'est alors dégagé le $\frac{1}{3}$ seulement de l'oxygène du chlorate, et il reste du perchlorate ClO^4K plus difficilement fusible :

$$2.ClO^3K = ClO^4K + KCl + O^2\uparrow;$$

si on continuait à *chauffer avec précaution* pour éviter la décomposition brusque du perchlorate, on continuerait à recueillir de l'oxygène :

$$ClO^4K = KCl + 2O^2\uparrow;$$

de sorte que la réaction totale serait :

$$ClO^3K = KCl + 3O\uparrow.$$

Mais la décomposition complète du chlorate est beaucoup plus facile et s'effectue sans qu'il y ait formation intermédiaire de perchlorate, en *présence de certains oxydes métalliques* qui semblent rester inaltérés, comme les *oxydes cuivrique* CuO, et *ferrique* Fe^2O^3, le *bioxyde de manganèse naturel* MnO^2, le *sesquioxyde de chrome* Cr^2O^3, et surtout l'*oxyde salin de manganèse* Mn^3O^4 : quand

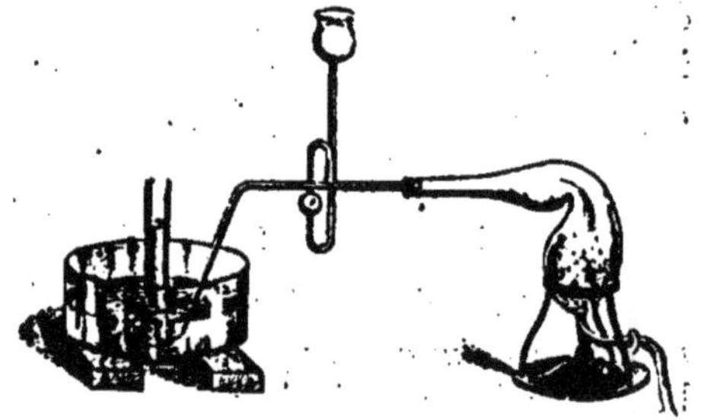

Fig. 59. — Préparation de l'oxygène par le chlorate de potassium.

on montre l'action de l'*oxyde ferrique* Fe^2O^3, il faut opérer sur très peu de chlorate, car la décomposition du sel peut alors se faire tout d'un coup. — Avec le *manganèse naturel* MnO^2, la décomposition est très rapide et se produit avant que le sel ait eu le temps de fondre. — Avec le *sesquioxyde de chrome* Cr^2O^3 qui est *vert*, on observe quand on l'introduit dans du chlorate fondu une *coloration brune* attribuable à la formation d'anhydride chromique $2CrO^3$, facilement décomposable en oxygène 3O et en sesquioxyde de chrome qui rentre en réaction : d'où l'*explication du rôle des oxydes* par leur peroxydation au contact du chlorate, suivie d'une décomposition du suroxyde formé, par une action analogue à celle du chlorure cobalteux dans la décomposition des hypochlorites. — Avec l'*oxyde brun* de *man-*

ganèse Mn^3O^4, la décomposition *complète* du chlorate s'effectue d'une façon *régulière*, sans apporter les impuretés du manganèse naturel, qui produit d'ailleurs une action trop vive.

D'où la *préparation usuelle* de l'oxygène en chauffant dans un ballon muni d'un tube à dégagement un mélange de chlorate de potassium et d'oxyde brun de manganèse; on peut laver le gaz qui se dégage dans une solution de *potasse* qui arrête les *traces de chlore* ou de composés oxygénés du chlore qui peuvent prendre naissance dans la décomposition du chlorate; et on peut *dessécher* l'oxygène par un agent desséchant quelconque, en le recueillant sur le mercure, si on veut l'avoir sec. — Le résidu de chlorure de potassium KCl et d'oxyde salin Mn^3O^4 inaltéré, lavé par l'eau chaude qui dissout le chlorure, et séché, peut servir pour une préparation ultérieure. — *Autrefois* on effectuait la *préparation en grand* dans une cornue en fonte formée de 2 pièces lutées se séparant sans danger d'explosion quand la décomposition devenait trop rapide; mais l'opération est devenue inutile depuis que l'on trouve dans le commerce des *tubes à oxygène industriel* comprimé.

V. — Extraction industrielle de l'oxygène de l'air.

Elle est possible, soit par des *méthodes physiques*; soit par des *méthodes chimiques*, par lesquelles on fait entrer l'oxygène de l'air dans des combinaisons d'où on le dégage ensuite pour régénérer le corps absorbant :

1° Dans la *méthode de Lavoisier* où le *mercure bouillant* est l'agent absorbant, l'absorption de l'oxygène de l'air par le mercure est *trop lente* pour que l'on puisse utiliser la *décomposition de l'oxyde mercurique* à température très élevée;

2° Dans la *méthode de Deville et Debray*, on absorbe l'oxygène de l'air par le gaz sulfureux et la vapeur d'eau en présence des composés oxygénés de l'azote, ce qui est la *fabrication de l'acide sulfurique industriel*; puis on *décompose l'acide sulfurique* par la réaction inverse :

$$SO^4H^2 = H^2O\curvearrowright + SO^2\uparrow + O\uparrow.$$

Pour cela on laissait tomber *goutte à goutte* l'acide sulfurique dans une cornue en grès pleine de rognures de platine et portée *au rouge*; on condensait l'acide non décomposé et la vapeur d'eau dans un serpentin en plomb; on dissolvait le gaz sulfureux dans de l'eau, et on recueillait le gaz oxygène après lavage dans un alcali qui retenait les dernières traces d'anhydride sulfureux. — La décomposition de l'acide sulfurique par la chaleur n'est employée que pour préparer le mélange $SO^2 + O$ destiné à la *fabrication de l'anhydride sulfurique* SO^3;

3° Dans la *méthode de Tessié du Mothay et Maréchal*, on absorbait l'oxygène de l'*air* soigneusement *débarrassé de gaz carbonique*, par le mélange de bioxyde de *manganèse* en poudre et de *soude caustique* chauffé à 350°, pour obtenir le manganate de sodium de couleur verte :

$$MnO^2 + 2.NaOH + O \rightleftarrows H^2O\uparrow + MnO^4Na^2;$$

ce corps est analogue au manganate de potassium, ou *caméléon minéral*, à dissolution *verte*, ainsi nommé parce qu'il vire facilement au *rouge violacé* par oxydation sous de faibles influences pour donner le permanganate MnO^4K.

Il suffisait alors de produire la *décomposition inverse* en chauffant le manganate formé à 450° dans un courant de vapeur d'eau;

4° Dans la *méthode de Mallet*, l'oxygène de l'air était absorbé par le *chlorure cuivreux* Cu^2Cl^2 chauffé à 100°, et l'*oxychlorure cuivrique* formé était décomposé au rouge sombre d'après la réaction inverse :

$$Cu^2Cl^2 + O \rightleftarrows CuO, CuCl^2.$$

Aucun des 3 procédés précédents n'a donné de bons résultats pratiques, à cause de l'attaque rapide de la terre, du grès, ou de la tôle des appareils par les matières ou par l'air; le *seul procédé* chimique *employé* a été le *procédé Brin*, modification de la méthode de Boussingault :

5° Dans la *méthode de Boussingault*, on absorbait l'oxygène de l'*air* soigneusement *débarrassé de gaz carbonique et de vapeur d'eau* par la *baryte anhydre pure* chauffée vers 600°, ce qui est encore actuellement le procédé de fabrication du *bioxyde de baryum industriel*; puis on produisait la décomposition inverse en chauffant vers 800°, température à laquelle la *tension de dissociation* du bioxyde de baryum dépasse la pression atmosphérique :

$$BaO + O \rightleftarrows BaO^2.$$

En prenant l'air purifié on évitait la formation du *carbonate de baryum* CO^3Ba et de l'*hydrate de baryum* BaO^2H^2 indécomposables par la chaleur. En prenant de la baryte pure, on évitait la combinaison de l'oxyde de baryum avec la *silice* SiO^2 ou l'*alumine* Al^2O^3 que l'on rencontre fréquemment dans la baryte comme impuretés. — Malgré ces précautions, la baryte perdait rapidement ses propriétés absorbantes : la masse d'abord *poreuse*, car elle provient de la calcination de l'azotate de baryum fondu, se désagrégeait pour donner une masse *compacte* absorbant difficilement l'oxygène. Il y avait de plus une difficulté industrielle pour opérer à 2 *températures successives* différentes.

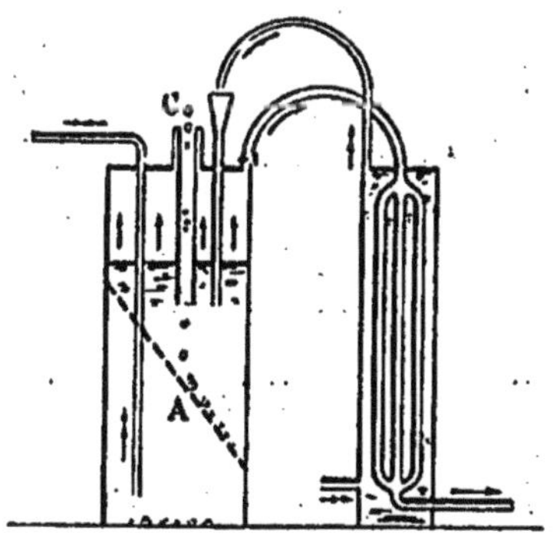

Fig. 60. — Appareil pour la production industrielle de l'oxygène à partir de l'oxylithe :

C, introduction de l'oxylithe ; A, faux fond incliné où elle glisse en se décomposant ; les flèches indiquent le trajet du gaz oxygène dégagé ; les doubles flèches la circulation de l'eau.

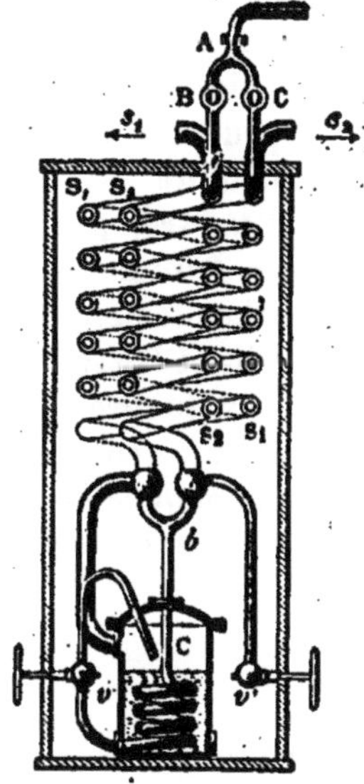

Fig. 61. — Appareil de Linde pour l'extraction de l'oxygène par liquéfaction de l'air.

A, b, C, v, trajet de l'air comprimé ; s_1, dégagement de l'azote ; s_2, dégagement de l'oxygène quand on relie v' au gaz liquéfié en C.

Dans le *procédé Brin*, on opère à la température constante 700° ; l'air, *comprimé* à 2 atmosphères, est débarrassé de gaz carbonique par passage dans un *lait de chaux*, et de vapeur d'eau par passage sur de la *chaux vive* ; il est amené dans des tubes de fer contenant la *baryte pure spongieuse* ; quand l'absorption de l'oxygène favorisée par la pression est aussi complète qu'elle peut l'être, on décompose *complètement* le bioxyde formé en faisant le *vide* dans les tubes, ce qui donne d'abord l'azote des tubes mélangé d'un peu d'oxygène restant qu'on laisse perdre, puis *tout l'oxygène* absorbé que l'on comprime à 120^{atm} dans des tubes de fer : cet oxygène industriel peut contenir jusqu'à o,1 d'azote.

On peut obtenir industriellement l'oxygène pur en décomposant par l'eau l'*oxylithe* ou peroxyde de sodium aggloméré ; ou par *électrolyse* de la solution de soude.

6° Enfin, parmi les *méthodes physiques*, on ne peut guère utiliser celle qui repose sur la *solubilité* de l'oxygène dans l'eau, à peu près 2 fois plus grande que celle de l'azote, car la faible solubilité des gaz de l'air exigerait la manipulation de masses d'eau trop grandes. — Mais on peut employer la *liquéfaction de l'air* dans l'appareil de *Linde*, disposé de manière que le réchauffement de l'air liquide laisse dégager à part l'azote plus volatil, et laisse l'oxygène liquide mêlé d'azote dont l'évaporation donne directement un oxygène à o,5.

L'oxygène à peu près pur n'a d'ailleurs actuellement que peu d'*usages* : l'*activité de la respiration* dans les asphyxies ou dans les ascensions en ballon ; surtout l'emploi dans le *chalumeau oxhydrique*.

OZONE

Masse moléculaire O^3, mais toujours mêlé avec une forte proportion d'oxygène O^2.

L'*oxygène ozonisé* est un gaz à faible *coloration bleue*, observable, soit dans un *tube de verre de* 2^m de long, recouvert de papier noir, fermé par des glaces et traversé par un courant du gaz ; soit plus nettement dans l'*appareil de Cailletet* pour montrer la liquéfaction des gaz, quand on comprime le gaz dans le tube capillaire, le mercure étant protégé par un peu d'acide sulfurique contre l'ozone qui serait détruit. — L'oxygène ozonisé a aussi sous cette épaisseur de 2^m un *spectre d'absorption* dont quelques-unes des bandes sombres coïncident avec les raies telluriques du spectre solaire, attribuables pour le surplus à la vapeur d'eau et à l'oxygène mais sous une très grande épaisseur.

L'ozone a une *odeur* désagréable particulière, appréciable pour la proportion $\frac{1}{1\,000\,000}$ seulement dans un gaz. C'est un corps *dangereux à respirer*. Il *détruit* rapidement les *ferments organisés*, d'où un *rôle purificateur* qu'on peut lui attribuer *dans l'atmosphère*, où il s'en forme de faibles quantités par l'effluve, les décharges électriques, etc. ; et son application dans la purification des *eaux d'alimentation*, car il y a destruction complète

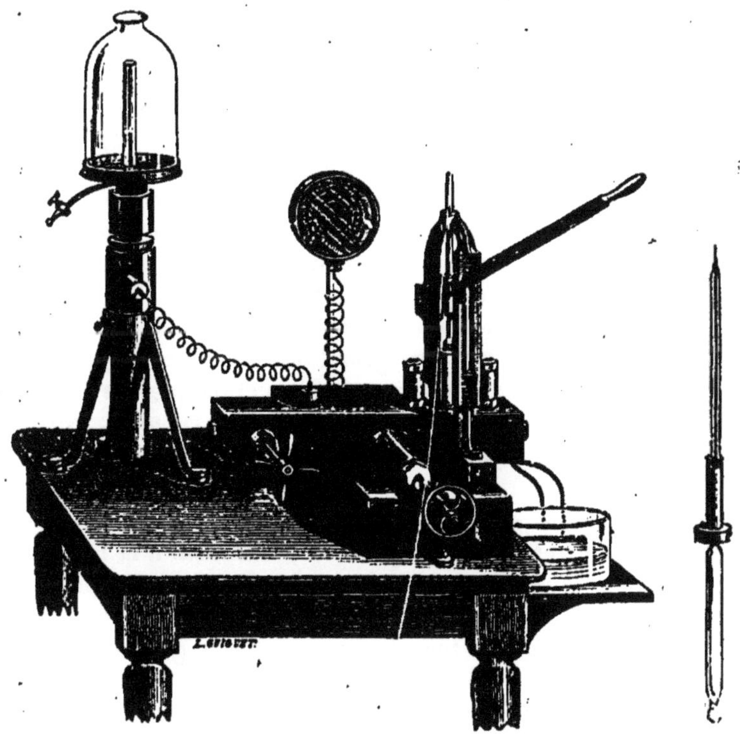

Fig. 62. — Appareil de Cailletet pour la liquéfaction des gaz.

des bactéries de l'eau par un contact de 10 minutes avec de l'air ozonisé.

L'ozone a pour *densité particulière* 1,656, $\frac{3}{2}$ fois plus grande que celle de l'oxygène, ce qui résulte de l'étude de sa composition comme on le verra, et ce qui a été *vérifié qualitativement* par application de la loi de diffusion de Graham : si 3 flacons identiques contiennent respectivement le mélange d'un même volume d'oxygène avec la même proportion d'ozone, de gaz carbonique, ou de gaz chlore, et qu'on laisse diffuser le mélange par le col étroit du flacon dans un flacon plein d'air et pendant le même temps, on reconnaît que la proportion d'ozone diffusée est intermédiaire entre la proportion plus forte de gaz carbonique qui est plus léger que l'ozone, et la proportion moindre de chlore plus dense. — On a vérifié *rigoureusement* que la densité de l'ozone est 1 fois $\frac{2}{1}$ celle de l'oxygène, par pesée d'un ballon plein d'oxygène, puis plein d'oxygène ozonisé dans lequel on dose ultérieurement l'ozone, en supposant la loi du mélange du gaz.

L'ozone est *plus facile à liquéfier que l'oxygène,* car par compression à 125$^{atm.}$ d'oxygène ozonisé à 0,1 dans l'*appareil de Cailletet* à tube étroit recourbé plongeant dans l'éthylène liquide, quand on produit la détente, on observe une *décoloration* du gaz du tube et la formation à l'extrémité refroidie d'une goutte d'*ozone liquéfié bleu-indigo, bouillant* à — 106°.

L'ozone est *plus soluble* dans l'eau que l'oxygène : coefficient à 0° 0,64, environ 13 fois plus grand que celui de l'oxygène; la *solution saturée* a l'odeur et les propriétés chimiques de l'ozone. — De plus l'ozone est soluble dans *certaines essences,* comme les essences de *térébenthine* ou de *cannelle,* qui ne dissolvent pas l'oxygène.

Enfin l'ozone *se décompose spontanément* en gaz oxygène, *très lentement* à très basse température, *lentement* à la température ordinaire, *rapidement* quand on chauffe : la décomposition reste *incomplète* au-dessous de 250° si le gaz est *sec,* mais elle devient *très rapide* dès la température 100° si le gaz est *humide,* en particulier si on y injecte de la vapeur d'eau bouillante. — Il y a décomposition *immédiate* avec dégagement de 30^{c} et production d'une lumière jaunâtre, par *compression brusque.*

I. — Propriétés chimiques de l'ozone.

C'est généralement un *oxydant énergique,* rarement c'est aussi un *réducteur*; et il présente *3 modes de destruction* par le contact des différents corps :

1° Il y a destruction *immédiate* de l'ozone par la présence de certains *corps qui ne paraissent subir aucune altération,* comme le *chlore* : d'où la précaution de laver dans un alcali l'oxygène que l'on veut ozoniser; les *alcalis concentrés*; et surtout un grand nombre de *corps pulvérulents secs* : charbon en poudre, bioxydes de manganèse ou de plomb, oxyde cuivrique, argent précipité bien sec, noir de platine.

2° Il y a aussi destruction de l'ozone par le contact de *certains composés oxygénés* qui sont *eux-mêmes réduits*; c'est ce qui arrive avec l'*eau oxygénée concentrée* H^2O^2 :

$$O^3 + H^2O^2 = H^2O + 2.O^2;$$

aussi chaque fois qu'il peut y avoir production simultanée d'ozone et d'eau oxygénée, comme dans l'électrolyse de l'eau acidulée, ou dans l'action de l'acide sulfurique sur le bioxyde de baryum au-dessous de 75°, on ne peut observer que de petites quantités de chacun des corps, qui ont pu échapper à la destruction réciproque.

3° Mais il y a surtout destruction de l'ozone par le contact de corps qui s'oxydent, et alors *en général* la *réaction d'oxydation* par l'oxygène ozonisé s'effectue *sans changement de volume* du gaz : la molécule O^3 se transforme en une molécule O^2 d'oxygène, et en l'atome d'oxygène O qui seul produit l'oxydation. L'oxydation exige d'ailleurs souvent la présence de l'*humidité*.

Il y a oxydation par l'ozone :

1° Du *gaz chlorhydrique* :

$$2HCl + O^3 = H^2O + O^2 + Cl^2;$$

— puis de l'*iode*, soit à 100° par l'ozone sec avec formation des anhydrides iodeux, iodique et periodique; soit à froid par l'ozone humide avec formation d'acide iodique IO^3H;

2° De l'*acide sulfhydrique* H^2S avec formation d'acide sulfurique :

$$H^2S + 4O^3 = SO^4H^2 + 4O^2;$$

et des *sulfures* avec formation de sulfates : en particulier le sulfure *de plomb noir* est transformé en sulfate de plomb *blanc*; — puis du *gaz sulfureux* SO^2 transformé en anhydride sulfurique SO^3, de l'*acide sulfureux* SO^3H^2 qui passe à l'état d'acide sulfurique SO^4H^2, des *hyposulfites* qui donnent un mélange de sulfate et d'acide sulfurique.

3° Il y a oxydation de l'*ammoniaque* AzH^3, quand on introduit une goutte de la solution dans un flacon d'oxygène ozonisé, avec production au bout de quelque temps de *fumées blanches d'azotite d'ammonium*, transformable lui-même en azotate d'ammonium par un excès d'ozone :

$$2AzH^3 + 3.O^3 = AzO^2AzH^4 + H^2O + 3.O^2$$

— Et il y a inflammation du *phosphure gazeux d'hydrogène* PH^3 par mélange avec l'oxygène ozonisé.

4° Il y a oxydation de l'*acide arsénieux* AsO^3H^3 en acide arsénique AsO^4H^3, par une réaction utilisée pour *déterminer la chaleur de formation* de l'ozone, et surtout pour *doser l'ozone* dans l'oxygène ozonisé et même dans l'air :

$$AsO^3H^3 + O^3 = AsO^4H^3 + O^2;$$

on agite le gaz avec un excès de solution titrée d'anhydride arsénieux, et on détermine la quantité d'anhydride arsénieux non oxydée, soit par une solution titrée d'iode, soit par une solution titrée de permanganate de potassium.

5° Il y a oxydation du *gaz des marais* CH^4, transformé en acide formique :

$$CH^4 + 3.O^3 = H.CO^2H + H^2O + 3.O^2.$$

6° Il y a oxydation à froid des *métaux* en général, lesquels passent au maximum d'oxydation : de l'*argent*, qui *noircit* par la formation de peroxyde d'argent Ag^2O^2 ; du *mercure*, qui alors laisse sur le verre du flacon où on l'agite avec l'oxygène ozonisé un *dépôt miroitant*; du *plomb*, de l'*étain*, du *fer*, du *zinc*, pourvu cependant que le gaz soit humide.

7° Il y a oxydation du *protoxyde de thallium* Tl^2O, analogue à l'oxyde de potassium K^2O par l'isomorphisme de ses sels; le *papier* à l'oxyde de thallium *noircit* par la formation de peroxyde de thallium Tl^2O^2 analogue au peroxyde d'argent.

8° Il y a oxydation de l'*iodure de potassium* dissous KI, qui d'abord se colore en *brun* :

$$2KI + O^3 + H^2O = I^2 + 2.KOH + O^2;$$

mais par excès d'ozone, il y aurait décoloration par suite de l'oxydation de l'iode libéré avec formation d'iodate de potassium.

9° Il y a oxydation des *sels ferreux* qui se transforment en sels ferriques.

10° Il y a oxydation de l'*alcool* en acide acétique, ou de l'*éther* : si l'éther ou oxyde d'éthyle $(C^2H^5)^2O$ était *anhydre* il y aurait formation de peroxyde d'éthyle $(C^2H^5)^2O^2$, décomposable par l'eau en alcool et eau oxygénée :

$$(C^2H^5)^2O^2 + 2.H^2O = 2.C^2H^5OH + H^2O^2;$$

aussi dans l'action de l'ozone sur l'éther qui contient en général de l'eau, on observe la *formation d'eau oxygénée* donnant une coloration bleu intense par la solution d'anhydride chromique.

11° Enfin l'ozone détruit les *matières organiques* comme le *caoutchouc*, le *liège*; et les *matières colorantes organiques* comme le *tournesol* ou l'*indigo* qui se décolorent. — Aussi pour *produire l'ozone* on doit utiliser des *appareils* où n'entrent ni raccords en caoutchouc, ni bouchons de liège, ni mercure; et l'on emploie l'ozone dans l'industrie du *blanchiment*, et dans l'*épuration des eaux* colorées par des matières organiques, que l'ozone décolore et dont il détruit les bactéries.

II. — Caractères de l'ozone.

1° Il est détruit par la *potasse*;

2° Il a une *odeur* spéciale;

3° Il décolore l'*indigo*;

4° Il donne une coloration *brune* à un *papier* imprégné de dissolution de *protoxyde de thallium*;

5° Il donne une coloration *bleue* à la solution d'*iodure de potassium* additionnée d'*empois d'amidon*, ou au papier ioduré et amidonné, par suite de la formation d'iodure d'amidon; mais la coloration peut disparaître par *excès* d'ozone; et elle se produit aussi par exposition prolongée du papier réactif *au soleil*, par la *vapeur nitreuse* qui peut exister dans l'air, ou par les traces d'essences dégagées par certaines plantes;

6° Aussi pour *reconnaître l'ozone dans l'air*, on emploie un *papier au tournesol* rouge vineux *trempé* sur une moitié dans une solution d'*iodure de potassium*, et qui se colorera en bleu dans cette partie par suite de la potasse formée. Ce *papier ozonoscopique* n'est pas altéré par la lumière solaire, ni par les vapeurs nitreuses.

III. — Composition de l'ozone.

Van Marum avait reconnu (1783) que par l'action de l'étincelle l'oxygène prenait l'*odeur* observée au voisinage des machines électriques en activité et acquérait la propriété d'oxyder rapidement le *mercure* à froid, quand *Schonbein* (1840) constata que l'oxygène, dégagé dans l'électrolyse de l'eau rendue conductrice par les oxacides ou par leurs sels, a un pouvoir oxydant particulier et une odeur particulière ; d'où le nom d'*ozone* qu'il donna au corps inconnu qui possédait ces propriétés.

Becquerel et Frémy (1853) montrèrent que l'*ozone est une modification allotropique de l'oxygène*, car l'oxygène pur en tube scellé s'ozonise par une série d'étincelles. — Et cette modification est due à une *condensation de l'oxygène*, comme le montrèrent *Andrews et Tait* ; car si le tube scellé est terminé à la partie supérieure par un tube capillaire recourbé en S et contenant un liquide manométrique, on constate une *diminution de pression* en même temps que de volume par la production de l'étincelle dans l'oxygène ; et cette diminution de pression disparaît quand l'ozone formé a été détruit, par la température 250° par exemple.

La *composition* de l'ozone, ou le *mode de condensation* de l'oxygène, a été établi par *Soret* : dans 2 ballons de même capacité on a recueilli sur l'eau le *même volume* du *même oxygène ozonisé*, arrivant jusque dans le col gradué du ballon ; dans l'un, on introduit de l'*essence de térébenthine*, on agite, et on lit la diminution de volume v, qui est le *volume de l'ozone* contenu dans chaque ballon ; on *chauffe* l'autre ballon pour y détruire l'ozone, et après refroidissement on lit l'augmentation de volume v' ; or on trouve que $v = 2v'$: donc *le volume v ou $2v'$ d'ozone a donné* en se détruisant *le volume $v + v'$ ou $3v'$ d'oxygène* ; d'où la *formule moléculaire* de l'ozone O^3, *vérifiée* par la densité expérimentale comme il a été dit, si l'on admet la loi du mélange des gaz.

Comme dans les oxydations produites par l'ozone sans changement de volume, d'après $O^3 = O^2 + O$, 1 seul atome d'oxygène entrant en réaction, on observe un dégagement de chaleur plus grand de 30^c que celui que produirait l'oxydation par l'atome d'oxygène libre, il faut en conclure que la *chaleur de formation de l'ozone* O^3, à partir de l'oxygène libre, est —30^c. — Aussi la production de l'ozone à partir de l'oxygène exigera une *énergie étrangère,* qui pourra être fournie par une réaction chimique.

IV. — Modes de formation de l'ozone.

Ils sont *nombreux* :

1° Quand *certaines oxydations lentes* se produisent *à l'air* : ainsi quand dans un flacon à l'émeri plein d'air, on agite un peu d'*essence de térébenthine* ou d'*amandes amères,* il y a oxydation lente de l'essence, et formation d'un peu d'ozone qui reste dissous dans l'essence. — Aussi, quand du *phosphore blanc* est exposé à l'air, d'où l'*odeur* observée. Et si on relie un aspirateur par un petit flacon à *iodure de potassium amidonné* à un grand flacon plein d'air et contenant des bâtons de phosphore humides, il suffit d'ouvrir l'aspirateur, pour que, au bout d'un certain temps, on observe la coloration *bleue* que produit l'ozone dans le réactif.

2° Il y a encore formation d'ozone toutes les fois que de l'*oxygène* est *mis en liberté* par une réaction chimique se produisant *à froid,* car on observe l'*odeur* d'ozone et quelquefois sa couleur : ainsi dans l'action du *fluor* sur l'*eau refroidie,* il y a production d'oxygène ozonisé à 0,15 ayant l'avantage d'être dépourvu de composés oxygénés de l'azote :

$$3H^2O + 3F^2 = 6HF + O^3\uparrow.$$

— Aussi, dans l'action de l'*acide sulfurique* sur le *permanganate* de potassium, ou dans l'action du même acide étendu de son volume d'eau sur le *bioxyde de baryum* à une température inférieure à 75° :

$$3BaO^2 + 3SO^4H^2 = 3SO^4Ba\downarrow + 3H^2O + O^3\uparrow;$$

mais comme il y a aussi formation d'eau oxygénée d'après :

$$BaO^2 + SO^4H^2 = SO^4Ba\downarrow + H^2O^2,$$

on n'observe que très peu d'ozone comme il a été dit.

3° Encore, toutes les fois que l'on *électrolyse l'eau* rendue conductrice par un *oxacide* ou un *sel d'oxacide,* pourvu que l'*anode* soit *inoxydable* : on emploie des électrodes en platine, on acidule par l'acide sulfurique ou mieux par l'anhydride chromique, et on refroidit. Malgré tout, la proportion d'ozone reste faible pour la raison déjà indiquée précédemment.

4° Quand on fait passer une *série d'étincelles dans l'oxygène*, et d'abord en proportion croissante pendant une dizaine d'heures. Mais la transformation est alors *limitée* à la faible proportion 0,01 à cause de la décomposition de l'ozone par la chaleur de l'étincelle. — La disparition de l'oxygène deviendrait complète en présence d'une lame d'argent humide qui noircirait, ou d'une dissolution d'iodure de potassium qui brunirait, en détruisant l'ozone au fur et à mesure de sa formation.

5° De même par le passage de l'oxygène *dans le tube chaud et froid* qui reproduit une disposition analogue à celle de l'étincelle, savoir une région à température très élevée, très voisine d'une région à basse température, qui assure la stabilité des corps formés dans la région très chaude : le tube froid *argenté* noircit par la formation de peroxyde d'argent Ag^4O^3; et le gaz extrait au voisinage de la paroi froide par un tube capillaire en platine logé dans le tube froid donne toutes les réactions de l'ozone.

6° Surtout par l'*action de l'effluve* sur l'oxygène, car alors l'ozone formé ne sera pas décomposé par la chaleur, comme dans l'action de l'étincelle sur l'oxygène.

V. Préparation de l'oxygène ozonisé.

On l'effectue dans des *appareils à effluve* de formes diverses, où passe le gaz oxygène. Les diverses parties des appareils, *inattaquables* par l'ozone, sont soudées, ou raccordées par des *fermetures hydrauliques*. On *recueille*, soit par déplacement dans des flacons secs fermant à l'émeri, soit si l'ozone doit être humide simplement sur la cuve à eau.

Dans l'*appareil de Berthelot*, l'oxygène arrive par une tubulure descendante à la base de l'espace annulaire étroit compris entre une éprouvette en verre mince et une 2e éprouvette mince un peu plus étroite qui ferme la 1re à l'émeri, pour s'échapper à la partie supérieure par un tube à dégagement; l'effluve se produit entre les deux surfaces de verre en regard, quand on relie respectivement aux pôles d'une machine à étincelles à potentiel suffisant, deux fils de platine plongeant dans de l'eau acidulée contenue dans l'éprouvette centrale et dans un vase qui enveloppe l'appareil. — Avec cette disposition on peut refroidir par l'extérieur, pour obtenir une proportion d'ozone plus forte.

Les *conditions de la transformation* de l'oxygène en ozone ont été étudiées par Hautefeuille et Chappuis, et cette étude a conduit à des lois analogues à celles de la synthèse du gaz iodhydrique en tube scellé au-dessus de 180° : la *proportion* d'ozone formé est d'*autant plus grande* que la *pression* est plus *forte* et la *température* plus *basse*. Soit m la masse d'ozone formé dans la masse totale M d'oxygène employé : la proportion formée est $\frac{m}{M}$.

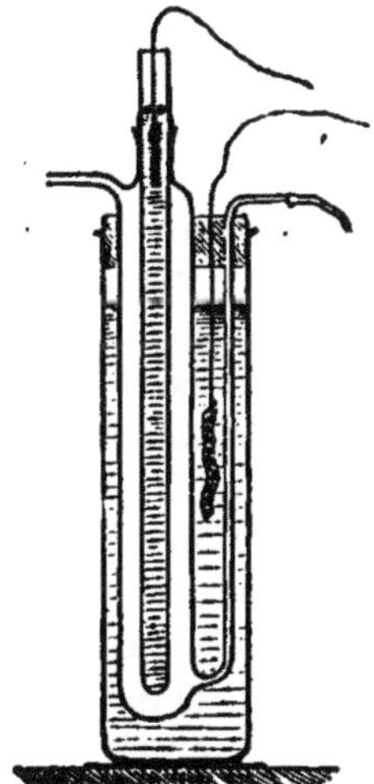

Fig. 63. — Ozoniseur Berthelot.

1° A *température constante*, on a constaté que la proportion croît quand la pression de l'oxygène qui passe croît, comme le montrent les nombres suivants relatifs à la température — 23° :

à 18cm	0,181
22 ,5	0,191
30	0,201
38	0,204
76	0,214

dans la préparation de l'ozone on *opère* donc *à la pression atmosphérique*, d'ailleurs plus facile à réaliser, plutôt qu'à une pression plus faible.

Mais ici encore la *variation* de la proportion d'ozone avec la pression est *faible*, et on peut dire que : *à température constante* la *proportion* d'ozone formé est *à peu près constante*.

2° A *pression constante*, la proportion d'ozone formé croît rapidement quand la température décroît, comme le montrent les nombres relatifs à la pression atmosphérique 76cm :

à 20°	0,106
0°	0,149
— 23°	0,214
— 88°	0,500

dans la préparation il y a donc un grand avantage à *refroidir fortement* l'appareil à effluves. Mais la *transformation* de l'oxygène en ozone est toujours *très incomplète*. — Et il convient de remarquer que l'ozone, dont la *stabilité* décroît à partir de la température ordinaire jusque vers 250° où elle devient nulle, redevient stable à très haute température où il se reforme comme dans le tube chaud et froid.

Dans l'*ozoniseur de Houzeau*, l'oxygène passe dans un système de 2 tubes concentriques en verre horizontaux, avec une spirale de platine dans l'axe du tube central, et une autre spirale dans l'espace annulaire, entre lesquelles se produit l'effluve.

L'*ozoniseur industriel* est constitué par une série de caisses à parois de glaces, où l'une des électrodes est une toile en fil de platine suspendue au milieu de la caisse, et l'autre électrode est une lame de cuivre dorée intérieurement et appliquée contre la paroi de glace. — L'*air* à ozoniser est aspiré par une pompe, *filtré* par de l'ouate qui le débarrasse des poussières, *desséché* par le chlorure de calcium sec et l'acide sulfurique; il passe ensuite dans les caisses successives de l'ozoniseur, entre lesquelles le gaz est refroidi dans des *chambres à réfrigération* par l'ammoniaque, pour être refoulé à la partie inférieure de colonnes en *grès* contenant l'*eau* à épurer. — Cet air ozonisé peut être chargé de *composés oxygénés de l'azote* se produisant par action de l'effluve sur le mélange d'azote et d'oxygène. Il serait préférable de pouvoir employer l'action du fluor sur l'eau si elle devenait pratique. Pourtant on ne retrouve pas dans l'eau épurée de traces pondérables d'azotites.

SEIZIÈME LEÇON

Eau. Eau oxygénée.

EAU

H^2O, ou protoxyde d'hydrogène.

C'est un *liquide incolore*, à *saveur fade* quand l'eau est pure, ayant pour *masse spécifique à 0°* 0gr,999864; cristallisant en *prismes hexagonaux* pour constituer la *glace* de *masse spécifique à 0°* beaucoup plus faible 0gr,92, et *fondant* à la température choisie pour le zéro. L'eau se vaporise à toute température, mais elle *bout* sous la pression normale à la température choisie pour le point 100°, et sa *densité de vapeur* est 0,621, voisine de $\frac{5}{8}$.

La vapeur d'eau *se dissocie* à partir de la température du rouge, comme l'a montré *Deville* :

1° Un tube en porcelaine vernissée dans l'axe duquel se trouve un tube en porcelaine poreuse, le tout étant rempli de fragments de porcelaine, est chauffé *vers 1300°*; on fait passer un courant

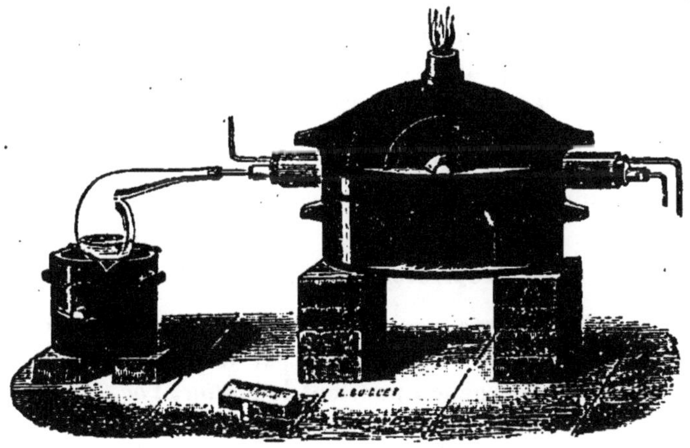

Fig. 64. — Dissociation de la vapeur d'eau.

de *gaz carbonique* dans l'espace annulaire et un courant de *vapeur d'eau bouillante* dans le tube central, en recueillant ces corps gazeux sur une *cuve à dissolution de potasse* dans des éprouvettes très longues remplies de dissolution de potasse : la potasse absorbe complètement le gaz carbonique et condense complètement la vapeur d'eau. Or on recueille un *faible* volume d'un *mélange d'hydrogène et d'oxygène*, avec un peu de gaz oxyde de carbone, 1[cme] environ par gramme d'eau vaporisée. C'est qu'il y a eu *dissociation* de la vapeur d'eau *dans le tube central* : l'hydrogène libéré a traversé plus vite que l'oxygène la paroi poreuse de ce tube et s'est dégagé de l'espace annulaire, tandis que l'oxygène soustrait à la recombinaison s'est dégagé du tube central. *Il a fallu la paroi poreuse* pour éviter la recombinaison, car en faisant passer un courant de vapeur d'eau dans un tube de porcelaine rempli de fragments de porcelaine et très fortement chauffé, on ne recueille jamais aucune trace de gaz libres.

2° Mais par un courant *rapide* de *gaz carbonique saturé de vapeur d'eau* dans ce tube, on recueille encore un *faible* volume de mélange combustible environ *4 fois moindre* que dans l'expérience précédente : c'est qu'il y a eu *dilution* des gaz libérés par la dissociation dans une grande masse de gaz inerte, et *refroidissement brusque* du mélange, circonstances qui ont empêché la recombinaison complète des gaz.

La dissociation de l'eau explique l'*expérience de Grove* dans laquelle on observe un dégagement de bulles de gaz inflammable quand on plonge dans l'*eau* une sphère de *platine* chauffée au *rouge blanc* : par caléfaction, il y a eu formation d'une gaine de vapeur d'eau autour de la boule de platine, puis dissociation de cette vapeur, et refroidissement brusque des gaz libérés qui se sont dégagés.

I. — Propriétés chimiques de l'eau.

Elle est décomposée par certains *métalloïdes*, qui prennent soit l'hydrogène, soit l'oxygène; et par *les métaux*, qui prennent seulement l'oxygène : pourtant le *platine*, l'*or*, l'*argent*, le *mercure*, dont les oxydes n'existent plus à la température à laquelle il faudrait chauffer, sont *sans action* sur l'eau, de même que l'*aluminium* dont l'oxyde est indécomposable.

1° L'eau est décomposée par le *fluor* à froid, avec formation d'acide fluorhydrique HF et dégagement d'oxygène ozonisé.

La vapeur d'eau est décomposée par le *chlore* ou la vapeur de *brome* au rouge vif, mais *non par l'iode*; la décomposition est due à l'état de dissociation de la vapeur d'eau; il y a formation limitée des acides chlorhydrique HCl ou bromhydrique HBr et libération d'oxygène.

Enfin l'eau est encore décomposée par le chlore à la lumière, avec formation d'acide chlorhydrique HCl et d'oxygène, qui devient libre ou reste combiné à l'état d'acide hypochloreux ClOH ou d'acide chlorique ClO^3H.

2° La vapeur d'eau est décomposée par le *phosphore* au-dessus de 250°, avec dégagement de phosphure d'hydrogène PH^3.

3° L'eau est décomposée par le *carbone amorphe* chauffé au rouge, avec formation d'un mélange combustible, le *gaz d'eau*, formé des 3 gaz : *hydrogène*, *gaz carbonique* produit au rouge sombre, *gaz oxyde de carbone* produit au rouge vif et pouvant réduire lui-même la vapeur d'eau :

$$C + 2H^2O = CO^2\uparrow + 2H^2\uparrow,$$
$$C + H^2O = CO\uparrow + H^2\uparrow,$$
$$CO + H^2O \rightleftarrows CO^2\uparrow + H^2\uparrow.$$

4° L'eau est décomposée par le *cuivre*, le *plomb*, l'*étain*, le *bismuth*, au rouge vif seulement; par le *fer*, ou le *zinc*, au rouge; la décomposition est due à l'état de dissociation de la vapeur d'eau, et il y a mise en liberté d'hydrogène, dont c'est une préparation quand on emploie le fer. — La décomposition a lieu à l'ébullition par le *manganèse* ou le *magnésium*. — Elle a lieu à froid par les *métaux alcalinoterreux* ou *alcalins* : il y a inflammation spontanée de l'hydrogène dégagé dans l'action du *potassium* sur l'eau au contact de l'air, et encore dans l'action du *sodium* si l'on immobilise le fragment du métal; la décomposition plus lente par l'*amalgame de sodium* sert à produire des réactions hydrogénantes en milieu alcalin.

5° L'eau produit la décomposition des *composés halogénés des métalloïdes* en général, tels que les chlorures, bromures et iodures de phosphore, d'arsenic, de silicium ou de bore, par des réactions *très importantes* : il y a formation de l'hydracide correspondant à l'halogène, et du composé oxygéné répondant au métalloïde qui lui est uni.

L'eau produit encore la dissociation de *certains sels métalliques*, comme le trichlorure d'antimoine $SbCl^3$, l'azotate neutre de bismuth $(AzO^3)^3Bi$, le sulfate mercurique SO^4Hg, auxquels il faut joindre les chlorures stanneux $SnCl^2$ et stannique $SnCl^4$.

6° L'eau se combine aux *anhydrides*, comme les anhydrides sulfurique SO^3, azotique Az^2O^5, phosphorique P^2O^5, borique B^2O^3, pour donner les oxacides correspondants;

Et aussi aux *oxydes basiques*, comme la chaux vive CaO, pour former les hydrates métalliques.

Enfin elle se combine avec la *plupart des acides* pour former des hydrates d'acides, comme ceux des hydracides, de l'acide sulfurique ou de l'acide azotique; — et encore avec *la plupart des sels* pour donner des hydrates salins, comme le carbonate de sodium $CO^3Na^2, 10H^2O$, le sulfate de sodium $SO^4Na^2, 10H^2O$, le chlorure de magnésium $MgCl^2,6H^2O$, le phosphate de sodium $PO^4HNa^2,12H^2O$, etc, : alors à cette eau combinée *en proportion définie* avec le sel anhydre on donne le nom d'*eau de cristallisation*; elle disparaît partiellement par l'exposition de l'hydrate salin à l'air en produisant l'efflorescence du sel hydraté cristallisé, et toujours complètement par la chaleur sans que la dissolution du sel ait changé de propriétés.

Il faut se garder de confondre cette eau combinée avec l'eau-mère toujours *interposée* entre les cristaux d'un sel même anhydre, tant que ce sel n'est pas desséché : ce liquide, qui est en *proportion variable*, par sa vaporisation fait décrépiter les cristaux que l'on chauffe, comme il arrive dans l'action de la chaleur sur le chlorure de sodium ou l'azotate de plomb cristallisés qui cristallisent anhydres.

II. — Substances étrangères contenues dans les eaux naturelles, et préparation de l'eau pure ou eau distillée.

L'*eau de pluie* a dû dissoudre les substances solubles de l'atmosphère : *azote*, *oxygène*, *gaz carbonique*, et même des traces d'ammoniaque ou d'acide azotique. — En s'infiltrant dans le sol, elle a dissous les substances du sol solubles, soit dans l'eau seule comme les *sulfates*, *chlorures*, *azotates* et *azotites*, soit dans l'eau chargée d'acide carbonique comme le *carbonate de calcium* : on devra donc retrouver dans l'*eau de source* non seulement les gaz de l'air mais encore des substances fixes solubles. Et en effet une eau de source laisse toujours un *résidu* par évaporation *sur une lame de platine*, ce que ne doit pas faire une substance volatile comme l'eau pure.

1° On *prépare l'eau pure* en distillant l'eau de source dans un alambic *en cuivre*; on laisse perdre les 1res parties, qui ont lavé le serpentin; et on arrête la distillation aux $\frac{3}{4}$ pour éviter l'entraînement des matières solubles par la vapeur d'eau, quand leur solution devient trop concentrée, et surtout la production d'un peu d'acide chlorhydrique par décomposition de la solution trop concentrée de chlorure de magnésium :

$$MgCl^2 + H^2O = MgO + 2HCl\uparrow.$$

— L'eau distillée doit être *neutre*, et ne pas laisser de résidu par évaporation sur la *lame de platine*. Comme elle redissout les gaz de l'air, il faut *quelquefois la faire bouillir* quand la présence de l'oxygène dissous ou de l'acide carbonique dissous doit être évitée.

2° Pour *dégager les gaz dissous* dans une eau et *en faire l'analyse*, on chauffe l'eau dans un ballon de *1 litre complètement* rempli ainsi que le tube à dégagement qui plonge dans

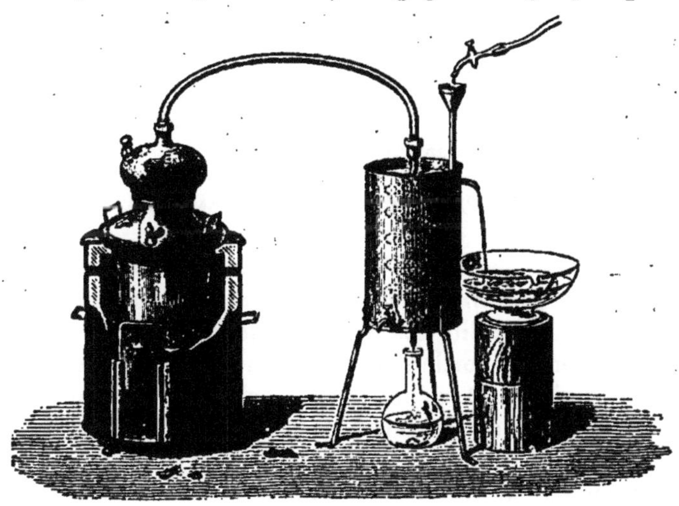

Fig. 65. — Préparation de l'eau distillée.

une cuve à mercure; et quand des bulles de gaz apparaissent à la courbure supérieure du tube, on dispose un tube gradué plein de mercure sur l'orifice du tube. On fait *bouillir* pendant *20 minutes* : l'eau qui s'est condensé au-dessus de la surface du mercure du tube est alors assez chaude pour ne pouvoir redissoudre les gaz dégagés qui remplissent le sommet de l'éprouvette. — On lit à la pression atmosphérique le *volume total* des gaz recueillis. On ajoute un petit morceau de potasse, on agite, et on lit la diminution de volume qui est le *volume du gaz carbonique*. On introduit une solution fraîche de pyrogallol, on lit la nouvelle diminution de volume qui est le *volume de l'oxygène*. Enfin on lit le volume du résidu qui est le *volume de l'azote atmosphérique* : la somme des volumes des 3 gaz doit être égale au volume total.

Le *résultat* de l'analyse des gaz dissous est *très variable*; on a trouvé pour une eau de pluie et une eau de rivière les nombres suivants :

	Volume total.	Proportion. Azote.	Oxygène.	Gaz carbonique.
	—	—	—	—
Eau de pluie.	23^{cmc}	0,66	0,32	0,02
Eau de rivière.	54	0,39	0,19	0,42

la proportion de gaz carbonique extrait de l'eau de rivière est très grande : c'est que le gaz carbonique d'une eau de source provient surtout du bicarbonate de calcium dissous $(CO^3)^2H^2Ca$, qui a été décomposé à l'ébullition avec formation de carbonate insoluble qui trouble l'eau bouillie :

$$(CO^3)^2H^2Ca = CO^3Ca\downarrow + H^2O + CO^2\uparrow.$$

— Mais le *rapport du volume de l'azote au volume de l'oxygène* est en général *constant* et *égal à 2* environ, ce qui est conforme aux lois de la solubilité des mélanges de gaz.

Pourtant la proportion de l'oxygène dissous peut devenir beaucoup moindre et même nulle, comme dans l'eau du puits artésien de Passy : c'est ce qui arrive quand l'oxygène dissous a été absorbé par des *matières organiques* oxydables, ou comme à Passy par du *sulfate ferreux* venant lui-même de l'oxydation de la pyrite FeS^2.

On *dose* plus exactement l'*oxygène dissous* par une solution titrée d'hydrosulfite de sodium versée juqu'à décoloration du bleu d'aniline.

3° Pour *recueillir les solides dissous* dans une eau de source et *les étudier*, on fait bouillir 1 litre de l'eau : l'eau se trouble par le dépôt de matières comme le carbonate de calcium, solubles dans l'eau acidulée par l'acide carbonique, mais insolubles dans l'eau; et si on *évapore à sec* le litre d'eau, on recueille un *résidu* constitué par la totalité des solides dissous et dont on peut déterminer la *masse totale*, avant d'en faire l'analyse d'après la méthode générale employée pour l'étude d'un mélange de sels.

Mais on peut aussi faire une analyse *qualitative* de l'eau par le moyen des *réactifs spéciaux* des substanses dissoutes. Ainsi on reconnaît la présence dans une eau de source :

1° Du *bicarbonate de calcium* $(CO^3)^2H^2Ca$, par le trouble de l'eau *bouillie*; par le précipité blanc de carbonate de calcium qu'y donne l'*eau de chaux* en excès :

$$(CO^3)^2H^2Ca + CaO^2H^2 = 2CO^3Ca\downarrow + 2H^2O;$$

et on peut même *juger de la proportion* de bicarbonate de calcium par quelques gouttes de *teinture de campêche* jaune brun, qui donnent une coloration rose, bleue ou violacée, suivant que la proportion est faible, plus forte ou forte. — Une eau très riche en bicarbonate de calcium est dite *incrustante* : elle produit de trop fortes incrustations dans les chaudières à vapeur; elle est impropre au savonnage; on pourrait l'améliorer pour ces 2 usages, soit par l'ébullition, soit par addition d'eau de chaux, en décantant;

2° Des *sulfates*, par le précipité blanc qui se forme quand on ajoute quelques gouttes d'*azotate* ou de *chlorure de baryum* : ce précipité, qui est du sulfate de baryum, est insoluble dans les acides azotique ou chlorhydrique, insoluble aussi dans l'ammoniaque. — Une eau très riche en sulfate de calcium SO^4Ca s'appelle *eau séléniteuse* : elle est impropre au savonnage, car elle donne des grumeaux de savon calcaire insoluble par double décomposition avec les savons usuels qui sont des savons alcalins solubles; et c'est ce que fait aussi une eau incrustante; on pourrait améliorer ces eaux pour le savonnage par addition de carbonate de sodium et décantation :

$$SO^4Ca + CO^3Na^2 = CO^3Ca\downarrow + SO^4Na^2;$$

3° Des *chlorures*, par le précipité blanc, qui se forme quand on ajoute quelques gouttes d'*azotate d'argent*; ce précipité qui est du chlorure d'argent, est insoluble dans les acides azotique ou chlorhydrique, mais très soluble dans l'ammoniaque;

4° Des *sels solubles de calcium* en général, par le précipité blanc qui se forme quand on ajoute quelques gouttes d'*oxalate d'ammonium*; ce précipité, qui est de l'oxalate de calcium, est soluble dans les acides azotique et chlorhydrique, mais insoluble dans l'ammoniaque;

5° Enfin des *matières organiques*, par la coloration jaune ou brune du résidu de l'évaporation à sec; par la coloration bleue d'or réduit en suspension, qui se produit, quand on fait bouillir avec quelques gouttes de *chlorure d'or* jaune pâle ; surtout par la décoloration de l'eau acidulée par l'*acide sulfurique* et colorée en rose par le *permanganate* de potassium MnO^4K, quand on chauffe sans faire bouillir.

III. — Eaux potables.

Ce sont les eaux qui peuvent servir de boisson. Une eau potable doit être *limpide*, *incolore*, *sans odeur*, *fraîche*, à *saveur agréable*; elle doit être *imputrescible*; elle ne doit *pas* contenir *de ferments pathogènes*; elle doit aussi pouvoir servir à faire *cuire les légumes*, et *dissoudre le savon*. — Pour cela, il faut :

1° Que l'eau soit *aérée*; et c'est pourquoi il faut aérer l'eau bouillie, ou l'eau provenant de la distillation de l'eau de mer sur les navires, avant de s'en servir comme boisson;

2° Que l'eau contienne une *proportion modérée de substances solides* dissoutes, de 0gr,1 à 0gr,5 par litre; pourtant l'eau n'est pas potable quand la proportion de sulfate de calcium dépasse 0gr,2 par litre, ou quand la proportion de matière organique dépasse 0gr,002 par litre. — Si l'eau contient plus de 0gr,6 de substances solides par litre, elle est dite *dure* ou *crue*, et doit être rejetée de l'alimentation.

D'où l'*essai chimique* d'une eau potable : elle doit prendre une coloration rose par la *teinture de campêche*; elle ne doit pas donner de grumeaux avec la *teinture de savon*; elle ne doit pas contenir plus de 0gr,30 de carbonate de calcium (ou de son équivalent en sulfate de calcium) par litre, ce qu'on exprime en disant que son *degré hydrotimétrique* ne doit pas dépasser 30.

On *détermine le degré hydrotimétrique* d'une eau en agitant un volume connu de l'eau dans un flacon gradué fermant à l'émeri, avec une solution *titrée* de savon que l'on ajoute goutte à goutte avec une burette *graduée*, et cela jusqu'à ce qu'il y ait par agitation production d'une mousse épaisse persistant au moins pendant 10 minutes : la production de cette mousse indique qu'il y a une goutte de la solution du savon alcalin qui n'a pas subi de double décomposition avec les sels calcaires de l'eau; d'où la richesse en sels calcaires, par le volume de la solution de savon qu'il a fallu ajouter pour arriver à ce résultat.

Enfin on *détermine la proportion de matière organique*, en ajoutant goutte à goutte à un volume déterminé de l'eau acidulée par l'acide sulfurique et chauffée, une solution *titrée* de permanganate jusqu'à ce qu'il se produise une faible coloration rose persistante; on lit alors le volume de la solution de permanganate qu'il a fallu ajouter. Comme on a titré cette solution par l'acide oxalique, la masse de matière organique ainsi déterminée est estimée comme si la matière organique était constituée par de l'acide oxalique. — Les *eaux stagnantes* ne sont *jamais potables*, car elles sont chargées de matières organiques et privées d'oxygène dissous.

Mais l'*essai chimique* d'une eau est *insuffisant* pour reconnaître si elle est potable, car l'eau peut renfermer des matières organiques dangereuses sans action sur le permanganate et par suite non dosables par lui comme les *matières albuminoïdes*; elle peut renfermer aussi des *ferments pathogènes*. — Aussi si l'eau est simplement suspecte, comme il arrive en temps d'épidémie de choléra ou de typhoïde, il faut faire subir à l'eau une *filtration efficace* qui ne laisse pas passer les ferments organisés (ce qui est difficile à réaliser), ou mieux *faire bouillir* l'eau pour détruire les ferments, en ayant soin d'aérer l'eau bouillie refroidie. Encore ces précautions toujours nécessaires restent parfois insuffisantes, car les légumes crus difficiles à laver complètement peuvent causer les mêmes maladies.

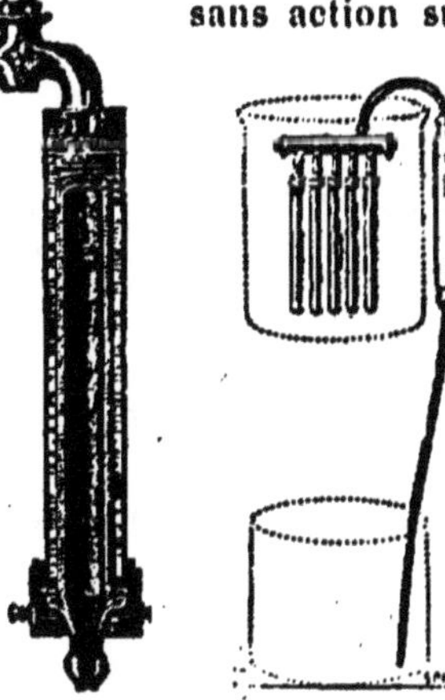

Fig. 66. — Filtre Chamberland avec pression.

Fig. 67. — Filtre Chamberland sans pression.

On ne parlera pas des *eaux minérales* : ce sont les eaux qui ont dissous dans le sol des substances autres que celles que les eaux de sources renferment ordinairement, ou en plus forte proportion, comme l'acide carbonique (eaux gazeuses), le bicarbonate de sodium (eaux alcalines), l'acide sulfhydrique ou les sulfures solubles (eaux sulfureuses), les sulfates de sodium ou de magnésium (eaux purgatives), les arséniates (eaux arsenicales), etc. — Si les eaux minérales sortent chaudes, elles sont dites *eaux thermales*.

IV. — Composition de l'eau pure.

1° L'eau fut regardée comme un corps simple jusqu'à la fin du XVIIIe siècle. Il s'en produit dans la combustion du gaz hydrogène au contact de l'air, comme le montra *Cavendish* en 1781. Elle ne renferme *que de l'hydrogène et de l'oxygène*, comme le montrent la synthèse par *Lavoisier et Laplace* en 1783 et l'analyse par *Lavoisier et Meusnier* en 1784 :

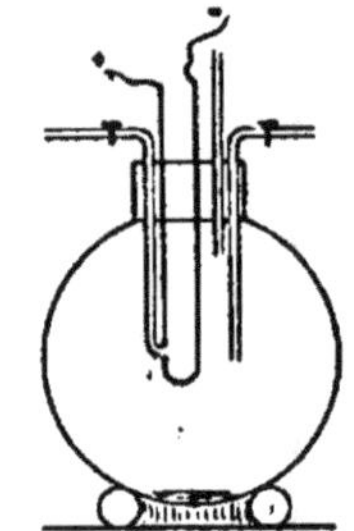

Fig. 68. — Synthèse de l'eau par Lavoisier et Laplace.

Dans la *synthèse*, les 2 gaz étaient contenus dans des gazomètres et arrivaient par 2 tubes à robinet au centre d'un ballon d'abord rempli d'oxygène; on enflammait par une production continue d'étincelles entre les 2 ajutages d'arrivée des gaz, et on réglait l'ouverture des robinets de manière à opérer la combustion sans résidu appréciable d'hydrogène ou d'oxygène : on recueillit ainsi la *masse* 160^{gr} d'*eau*, qui fut *reconnue égale à la somme des masses des gaz disparus* déduites des volumes consommés et des densités des gaz.

Dans l'*analyse*, on fit bouillir de l'eau, *tarée* dans une cornue, de manière à décomposer la vapeur formée dans un tube au rouge par le fer, à condenser la vapeur non décomposée dans un flacon *taré*, et à recueillir sur la cuve à eau le gaz hydrogène dégagé : la *masse m de l'hydrogène* fut déduite de son volume et

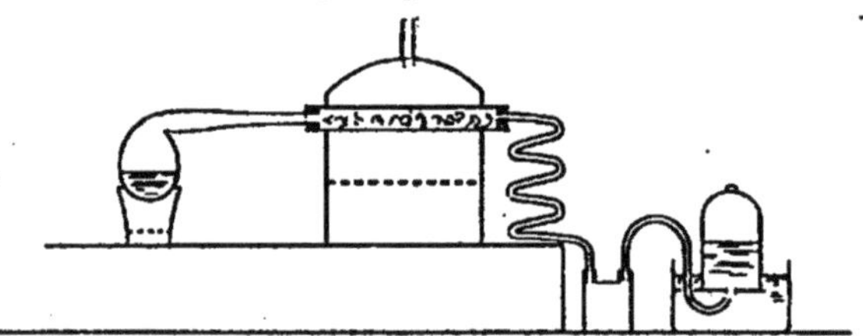

Fig. — 69. — Analyse de l'eau par Lavoisier et Meusnier.

de sa densité; la *masse M de l'eau décomposée* était la différence entre la diminution de masse de la corne et l'augmentation du flacon condenseur; et comme l'eau ne contient que de l'hydrogène et de l'oxygène d'après la synthèse, et que l'hydrogène est sans action sur le fer qui a fixé l'oxygène, la *masse m' de l'oxygène* est égale à l'accroissement de masse du tube contenant le fer. On trouva encore que la masse M d'eau décomposée était égale à la somme des masses *m* et *m'* de l'hydrogène et de l'oxygène.

Ces expériences ont donc surtout servi à montrer que l'eau ne renferme que de l'hydrogène et de l'oxygène, et à établir la *conservation de la masse de la matière dans la réaction chimique.* Mais elles devaient conduire à des *résultats peu exacts* pour la composition de l'eau, car à l'époque on ne savait pas dessécher les gaz et par suite on connaissait mal les densités des gaz : la densité du gaz hydrogène était estimée trop forte, celle du gaz oxygène trop faible.

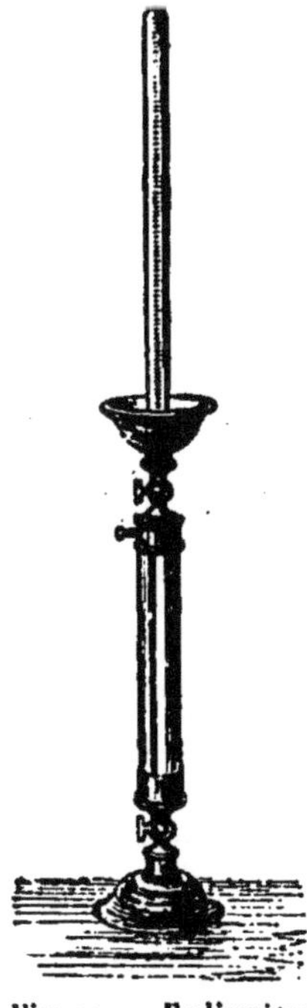

Fig. 70. — Eudiomètre à eau de Gay-Lussac.

2° *L'électrolyse* de l'eau *acidulée* par l'acide sulfurique, effectuée par *Carslisle et Nicholson* en 1800, avec l'anode au moins en platine, pouvait par la mesure des volumes de gaz recueillis aux électrodes dans le voltamètre donner la *composition en volumes* de l'eau. — Mais la méthode ne saurait non plus être précise, car une partie de l'oxygène libéré par l'électrolyse se dégage à l'état d'ozone O^3, ou reste autour de l'anode à l'état d'eau oxygénée H^2O^2 ou d'acide persulfurique SO^4H. — Et en fait, la possibilité d'un rapport simple 2 entre les 2 volumes des gaz dégagés n'apparut même pas aux observateurs, et on admit seulement que le volume de l'hydrogène était *à peu près* double du volume de l'oxygène.

Il fallut la *synthèse eudiométrique* de l'eau par *Gay Lussac et de Humboldt* en 1805 pour obtenir une composition plus exacte de l'eau : dans l'eudiomètre *à eau* où sur la cuve à eau on introduit par la jauge 2 volumes d'hydrogène et 1 volume d'oxygène, quand on fait passer une étincelle il y a disparition du mélange mais toujours avec un *faible résidu gazeux variable,* car il y a dégagement des gaz dissous dans l'eau de la cuve au moment où la vapeur d'eau formée se condense. — Mais en employant, comme on l'a fait depuis, l'eudiomètre *à mercure* de Mitscherlich, plein de mercure, sur la cuve à mercure, où l'on fait passer 20^{cmc} d'hydrogène mesurés à la pression atmosphérique dans un tube gradué et 20^{cmc} d'oxygène mesurés de même à la pression atmosphérique, après le passage d'une étincelle, on reconnaît que le résidu, mesuré à la pression atmosphérique par transvasement dans le tube gradué, occupe 10^{cmc} et qu'il est absorbable immédiatement et totalement par le pyrogallol potassique : il y a donc eu 10^{cmc} d'oxygène pur en excès. D'où la composition en volumes de l'eau : *2 volumes d'hydrogène* et *un volume d'oxygène*. — Pour trouver le volume de la vapeur d'eau formée, il suffit d'appliquer la conservation de la masse à la combinaison de 2^{cmc} d'hydrogène avec 1^{cmc} d'oxygène donnant x^{cmc} de vapeur d'eau : $2ad + ad' = xad''$ d'où $x = \frac{2d + d'}{d''}$. Comme on trouve $x = 2$, la *formule moléculaire* de l'eau est H^2O.

Fig. 71. — Eudiomètre à mercure de Mitscherlich.

Les expériences de Gay-Lussac sur l'eau sont surtout importantes pour l'établissement de la *loi sur les combinaisons en volumes*. Il suffit d'étendre les résultats obtenus pour l'eau, à la composition du chlorure d'ammonium AzH^4Cl, des oxydes de l'azote Az^2O et AzO, du gaz sulfureux SO^2, des gaz carbonique et oxyde de carbone CO^2 et CO, pour retrouver la simplicité dans le rapport des volumes gazeux.

3° La *composition exacte* de l'eau, d'où dérive la *masse atomique exacte de l'oxygène*, devait être déterminée en 1843 par *Dumas* au moyen d'une *méthode en masses* : on fait passer de l'hydrogène *pur et sec* sur de l'oxyde cuivrique CuO *sec, taré*, et chauffé, et on condense la vapeur d'eau formée dans un appareil *taré* : son augmentation de masse donne la *masse M de l'eau* formée ; la diminution de masse du vase à oxyde cuivrique est la *masse m de l'oxygène* entré en réaction : en effet l'oxyde cuivrique peut être obtenu en chauffant du cuivre dans un courant d'oxygène, et il ne renferme que de l'oxygène, et du cuivre qui est sans action sur l'hydrogène. L'eau formée ne peut donc contenir *que de l'hydrogène et de l'oxygène*, et dans la proportion $M - m$ à m.

A la suite de l'*appareil à hydrogène pur* par l'acide sulfurique étendu et le zinc du commerce, comprenant les tubes purificateurs à azotate de plomb, à sulfate d'argent, à potasse concentrée et à anhydride phosphorique, on trouve un *tube témoin* à anhydride phosphorique *a* pour constater que la dessiccation du gaz est parfaite; puis un *ballon* en verre peu fusible B *à 2 tubulures à robinet* et contenant l'oxyde cuivrique bien sec; un *ballon* pour condenser la majeure partie de l'eau formée, suivi de *tubes desséchants* à anhydride phosphorique, le tout constituant le système C où s'effectuera la condensation totale de l'eau formée; enfin un *tube témoin* à anhydride phosphorique

Fig. 72. — Synthèse de l'eau par Dumas.

a' pour s'assurer de cette condensation totale, et en relation avec le mercure d'une éprouvette pour empêcher l'humidité de l'air d'agir sur le tube témoin *a'*.

On a chauffé B en y faisant passer un courant d'air sec, on y a fait le vide, et on a fait la *taré de B* sec contenant l'oxyde cuivrique sec et *vide d'air*.

On a fait la *tare du système C* plein d'air, et de même la *tare des tubes témoins a* et *a' pleins d'air*. Puis on a assemblé les diverses parties de l'appareil.

On fait alors passer l'hydrogène sec pour *chasser l'air de l'appareil*, car s'il restait de l'air, quand on va chauffer, il y aurait production possible d'un peu d'eau par union de l'hydrogène avec l'oxygène de cet air au contact de l'oxyde cuivrique qui va devenir incandescent. C'est seulement quand l'hydrogène pur se dégage par le mercure, que l'*on chauffe le ballon* B avec une forte lampe à alcool jusqu'à ce que la totalité de l'oxyde noir ait pris la teinte rouge du cuivre. On cesse alors de chauffer, mais en *continuant le courant d'hydrogène jusqu'à refroidissement complet*, car il faut entraîner les dernières traces de vapeur d'eau formée, et il faut que le cuivre soit froid pour qu'il ne puisse se réoxyder par l'air. Enfin on fait passer un *courant d'air sec* dans la partie utile de l'appareil pour chasser l'hydrogène, et on démonte les diverses pièces.

On reporte alors les tubes témoins *a* et *a'* sur la balance, et s'ils n'ont pas varié de masse, c'est que l'expérience a réussi. On détermine alors l'augmentation de masse M du système condenseur C; on fait le vide dans le ballon B, et on détermine sa diminution de masse *m*. — De 50 expériences, une vingtaine seulement réussirent et donnèrent en tout plus de 1 kgr. d'eau de synthèse. Et l'on trouva pour la *composition en masses* :

$$\text{dans } 100^{gr} \begin{cases} 11{,}112 \text{ d'hydrogène} \\ 88{,}888 \text{ d'oxygène} \end{cases} \quad \text{ou} \quad \begin{cases} 2^{gr} \text{ d'hydrogène} \\ 15{,}9 \text{ d'oxygène;} \end{cases}$$

d'où la *masse atomique de l'oxygène* 15,9.. inférieure à 16, et la *composition en volumes* par la connaissance des densités des gaz hydrogène et oxygène.

Le tube à entonnoir de l'appareil à hydrogène doit être muni d'un robinet et toujours rempli d'acide étendu que l'on introduit par l'ouverture du robinet : on évite ainsi que l'introduction de l'acide apporte un peu d'air dans l'appareil. Pour plus de précautions, si l'on répétait actuellement la synthèse de l'eau de Dumas, on intercalerait entre les tubes desséchants de l'appareil à hydrogène un *petit tube à mousse de platine* chauffée pour amener la disparition des traces d'oxygène introduites, à l'état d'eau absorbable par les tubes desséchants suivants.

En déterminant la *densité du mélange tonnant* obtenu par l'électrolyse d'une solution alcaline, connaissant les densités exactes des gaz hydrogène et oxygène, on a pu déterminer récemment la composition de l'eau; et on admet *actuellement* les *résultats* suivants un peu différents de ceux de Dumas :

$$\text{Composition } \textit{en volumes} \begin{cases} 2^{v} \text{ d'hydrogène} \\ 0{,}998 \text{ d'oxygène,} \end{cases}$$

ce qui montre que la loi des combinaisons en volume n'est qu'approchée;

$$\text{Composition } \textit{en masses} \begin{cases} 2^{gr} \text{ d'hydrogène} \\ 15{,}887 \text{ d'oxygène} \end{cases}$$

d'où la *masse atomique de l'oxygène* 15gr,887 et la *masse moléculaire de l'eau* 17gr,887; ce nombre est précisément égal à 28gr,8×0,621 : la densité théorique de la vapeur d'eau 0,621 est donc égale à sa densité expérimentale.

On tend à prendre arbitrairement comme *base des masses atomiques* O = 16, et alors on aurait H = 1,007. On remarque en effet que les masses atomiques sont en général déduites de l'étude des combinaisons des éléments avec l'oxygène. Or dans le système actuel des masses atomiques où on prend comme base H = 1, la moindre incertitude sur la composition de l'eau entache d'une erreur la masse atomique de l'oxygène et par suite les masses atomiques de la plupart des éléments.

V. — Propriétés des oxydes métalliques.

Ce sont des corps *solides, en général insolubles* dans l'eau de même que les hydrates métalliques, sauf les oxydes et les hydrates *alcalins* qui sont *très solubles*, les *alcalino-terreux* qui sont *un peu solubles*, puis les *protoxydes de plomb ou d'argent* qui sont *très peu solubles*.

Les oxydes métalliques ne sont *pas en général décomposables complètement par la chaleur*, sauf les *oxydes des métaux précieux* (platine, or, argent, mercure) qui sont décomposés complètement et facilement; *un grand nombre* d'oxydes sont *ramenés* par dégagement d'oxygène quand on les chauffe *à un degré inférieur d'oxydation* : le bioxyde et l'oxyde salin de plomb, PbO^2 et Pb^3O^4, à l'état de protoxyde PbO; l'oxyde ferrique Fe^2O^3, à l'état d'oxyde salin de fer Fe^3O^4; le bioxyde et le sequioxyde de manganèse, MnO^2 et Mn^2O^3, à l'état d'oxyde salin Mn^3O^4; l'anhydride chromique CrO^3, à l'état de sesquioxyde de chrome Cr^2O^3; le bioxyde de baryum BaO^2, à l'état de baryte anhydre BaO. — Et les *hydrates* de baryum BaO^2H^2, de potassium KOH, et de sodium NaOH, gardent l'eau combinée à l'oxyde.

Les oxydes sont réduits par l'*hydrogène* quand on chauffe, *excepté* le protoxyde de manganèse MnO, l'alumine Al^2O^3, le sesquioxyde de chrome Cr^2O^3, la magnésie MgO, les oxydes alcalino-terreux BaO, SrO, CaO; enfin les oxydes alcalins K^2O, Na^2O.

Les oxydes sont surtout réductibles par le *charbon* quand on chauffé, *sauf* l'alumine, le sesquioxyde de chrome, la magnésie, et la chaux vive CaO, du moins tant qu'on ne dépasse pas le rouge vif : la réduction aurait lieu au four électrique avec formation des carbures métalliques correspondants.

Tous les oxydes sont réduits par l'*aluminium*, sauf la magnésie, et avec un grand dégagement de chaleur utilisé dans les applications de l'*aluminothermie*.

D'après leur fonction chimique, on partage les oxydes métalliques en 5 *classes* :

1° Les *oxydes basiques*, capables de réagir sur les acides forts avec élimination d'eau pour donner le sel correspondant, et dans lesquels le *métal* est en général *à un degré inférieur d'oxydation* : tels l'oxyde d'argent Ag^2O, les oxydes mercureux Hg^2O et mercurique HgO, l'oxyde cuivrique CuO, l'oxyde stanneux SnO, les oxydes ferreux FeO et ferrique Fe^2O^3, l'oxyde manganeux MnO, l'oxyde de magnésium MgO, les oxydes alcalino terreux BaO, SrO, CaO; enfin les oxydes alcalins K^2O et Na^2O.

2° Les *anhydrides métalliques*, capables de réagir sur les bases fortes avec élimination d'eau pour donner des sels, et dans lesquels le *métal* est en général à un *degré supérieur d'oxydation* : tels sont les anhydrides plombique PbO^2, chromique CrO^3, permanganique Mn^2O^7, stannique SnO^2, donnant les plombates, les chromates, permanganates et stannates.

3° Les *oxydes indifférents*, qui ont le rôle d'oxyde basique en présence des acides forts, et le rôle d'anhydride en présence des bases fortes : tels le protoxyde de plomb PbO, qui donne les sels plombeux et des plombites alcalins; l'oxyde de zinc ZnO, qui donne les sels de zinc et des zincates alcalins; l'alumine Al^2O^3, qui donne les sels d'aluminium et des aluminates.

4° Les *oxydes salins*, qui doivent être regardés comme formés par l'union d'un oxyde basique et d'un anhydride du même métal : tels le minium $Pb^3O^4 = 2PbO, PbO^2$ qui est un plombate plombeux; l'oxyde salin de fer $Fe^3O^4 = FeO, Fe^2O^3$; l'oxyde brun de manganèse $Mn^3O^4 = 2MnO, MnO^2$ qui est un manganite manganeux.

5° Enfin les *oxydes singuliers*, qui en présence des acides forts sont réduits à l'état d'oxyde basique réagissant sur l'acide, qui en présence des bases fortes absorbent au contraire de l'oxygène pour donner un anhydride réagissant sur la base, et qui enfin peuvent encore s'unir à certains oxydes basiques pour donner des sels : tel le bioxyde de manganèse MnO^2, qui par l'acide sulfurique donne du sulfate manganeux et de l'oxygène, par un alcali et l'oxygène donne un manganate alcalin comme le manganate de sodium MnO^4Na^2, et qui joue encore le rôle d'anhydride dans le manganite manganeux ou dans le bimanganite de calcium $(MnO^3)^2H^2Ca$ ou $2MnO^2, H^2O, CaO$.

On retrouvera des fonctions chimiques analogues dans la classification des sulfures métalliques.

EAU OXYGÉNÉE OU BIOXYDE D'HYDROGÈNE H^2O^2.

C'est un *liquide visqueux incolore*, ayant en solution étendue une *saveur* métallique, produisant par contact avec l'*épiderme* une sorte de brûlure accompagnée de décoloration, ayant une *grande masse spécifique* 1gr,452; il est beaucoup *moins volatil* que l'eau; il n'est *pas encore solidifié* à — 30°; il est *soluble* dans l'eau en toutes proportions.

Il est *instable* : il se décompose en eau et oxygène assez rapidement dès la température 20°, rapidement quand on chauffe, et avec dégagement de chaleur 21c,5; il est donc *formé avec absorption de chaleur à partir de l'eau et de l'oxygène*, mais il est formé avec dégagement de chaleur à partir des éléments libres. — En solution *étendue et pure* dans un vase bien propre, sa décomposition est très lente, à peine sensible au-dessous de 50°, incomplète encore à 100°. — La stabilité est augmentée par la *présence des acides libres*, tandis que la décomposition est rapide en présence des alcalis libres comme on le verra.

I. — Propriétés chimiques de l'eau oxygénée.

Elle n'a ni fonction acide car elle décolore le papier au *tournesol*; ni fonction basique car elle décolore aussi le papier au *curcuma*, jaune, que les alcalis libres colorent en brun foncé par dessiccation à 100°. — Ses propriétés chimiques se classent en *3 groupes* mal délimités *de réactions*, offrant quelque analogie avec les 3 modes de décomposition de l'ozone :

1° Il y a *décomposition rapide par* le contact d'un grand nombre de *corps qui restent inaltérés* : savoir les corps *poreux* ou *pulvérulents*, comme le charbon, la mousse de platine, l'argent réduit, auxquels il faut joindre les bioxydes de plomb ou de manganèse qui restent aussi inaltérés mais en liqueur *neutre* seulement; alors :

$$H^2O^2 = H^2O + O\uparrow + 21^c,5;$$

le dégagement de chaleur est suffisant pour porter à l'incandescence le *noir de platine* ou platine réduit sur lequel on verse de l'eau oxygénée concentrée.

On observe un dégagement rapide d'oxygène par la *mousse de platine*, ou un fragment de bioxyde de manganèse naturel. Pourtant la mousse de platine longtemps bouillie avec de l'eau, pour la priver des gaz occlus, reste inactive; et d'autre part, il y a décomposition lente de l'eau oxygénée par un *courant d'air* qui y passe, et qui entraîne l'oxygène dégagé. C'est pourquoi on admet que l'action des corps poreux ou pulvérulents *secs* est due à l'air occlus dans leurs pores. — Mais on verra que dans le cas de l'argent réduit le *mécanisme de la décomposition* peut être différent, car il y a alors formation d'un peu d'oxyde d'argent Ag^2O qui décompose l'eau oxygénée par une action chimique.

2° Il y a décomposition de l'eau oxygénée par le contact de *corps oxydables qui s'oxydent*, l'eau oxygénée étant naturellement un *oxydant énergique* : ainsi on observe la combustion de l'*arsenic* en poudre par le contact de l'eau oxygénée concentrée, et l'oxydation de la limaille de *magnésium* ou du *fer* réduit.

Il y a oxydation de l'*acide iodhydrique* HI, et de l'*iodure de potassium* KI :

$$2HI + H^2O^2 = 2H^2O + I^2,$$
$$2KI + H^2O^2 = 2KOH + I^2;$$

cette dernière réaction est immédiate en *présence des sels ferreux* dont des traces suffisent, en empêchant la transformation de l'iode libéré en acide iodique.

Il y a oxydation de l'*acide sulfhydrique* H^2S avec dépôt de soufre :

$$H^2S + H^2O^2 = 2H^2O + S\downarrow;$$

et aussi des *sulfures* qui sont transformés en sulfates; c'est ainsi que le sulfure *de plomb* PbS qui est noir, est transformé en sulfate de plomb qui est blanc :

$$PbS + 4H^2O^2 = 4H^2O + SO^4Pb\downarrow.$$

Il y a oxydation d'un grand nombre de *composés oxygénés métalliques* : l'*hydrate cuivrique*, qui est bleu, est tranformé en un composé suroxygéné brun verdâtre;

Les *oxydes* d'étain, de fer, de nickel, de cobalt, *au minimum d'oxydation*, passent à l'état d'oxydes au maximum d'oxydation;

L'*anhydride chromique* en solution *très étendue* jaune donne un liquide *bleu très foncé*, qui est une solution d'acide perchromique :

$$2CrO^3 + H^2O^2 = Cr^2O^7,H^2O,$$

ou une combinaison d'anhydride perchromique et d'eau oxygénée :

$$2CrO^3 + 2H^2O^2 = Cr^2O^7,H^2O^2 + H^2O;$$

Les *oxydes alcalino-terreux* ou *alcalins* sont aussi oxydés : ainsi si l'on verse de l'eau oxygénée *dans* les dissolutions des *hydrates alcalino-terreux* qui alors restent *en excès*, on observe au bout de quelque temps la formation de précipités en écailles nacrées de bioxydes alcalino-terreux hydratés dont c'est la préparation. *Dans l'eau de baryte* :

$$BaO^2H^2 + H^2O^2 + 8H^2O = BaO^2,10.H^2O\downarrow;$$

et le précipité par dessiccation *rapide* dans le vide sec donne le *bioxyde de baryum pur* BaO^2. Et il y aurait de même précipitation de CaO^2,aq ou SrO^2,aq dans l'*eau de chaux* ou de strontiane.

Mais par addition d'eau de baryte à de l'*eau oxygénée* qui reste *en excès*, il y a précipitation d'une combinaison de bioxyde de baryum et d'eau oxygénée :

$$BaO^2H^2 + 2H^2O^2 = 2.H^2O + BaO^2,H^2O^2\downarrow;$$

puis cette combinaison se décompose lentement :

$$BaO^2,H^2O^2 = BaO^2,H^2O + O\uparrow;\ BaO^2,H^2O = BaO^2H^2 + O\uparrow,$$

en régénérant par des réactions exothermiques l'hydrate de baryum, qui repassera par le même cycle de réactions jusqu'à décomposition complète de la totalité de l'eau oxygénée. — Des réactions analogues se passent avec l'eau de chaux ou les solutions de potasse ou de soude, d'où l'*explication de la décompo-*

sition rapide de l'eau oxygénée *en présence de traces d'alcalis libres.*

Enfin l'eau oxygénée produit encore l'oxydation d'un grand nombre de *matières organiques,* et la *décoloration* de celles qui sont colorées.

3° Il y a décomposition de l'eau oxygénée par le contact de *composés oxygénés* qui sont eux-mêmes *réduits* ou désoxydés, de sorte qu'il y a décomposition réciproque de deux corps riches en oxygène; ce qui arrive avec *l'ozone* :

$$H^2O^2 + O^3 = H^2O + 2O^2.$$

Avec l'*oxyde d'argent* Ag^2O, mais par un mécanisme différent suivant les conditions : si l'on met l'eau oxygénée *concentrée* au contact de l'oxyde d'argent *sec*, l'oxyde agit comme corps pulvérulent; mais alors le dégagement de chaleur dans la décomposition *rapide* de l'eau oxygénée concentrée suffit à porter l'oxyde d'argent à une température suffisante pour le décomposer lui-même; et alors l'*oxygène* dégagé *provient* à la fois *des 2 corps,* ce que l'on peut exprimer par :

$$H^2O^2 + Ag^2O = 2Ag + H^2O + O^2\uparrow,$$

sans que cependant il y ait proportion définie entre les corps réagissants, puisqu'il s'agit d'un phénomène physique. — Mais dans l'action de l'eau oxygénée *étendue* sur l'oxyde d'argent *humide* ou hydrate d'argent, l'oxygène va se dégager de l'eau oxygénée seulement; l'hydrate d'argent qui est brun a noirci par son dédoublement en argent précipité qui est noir et en peroxyde d'argent Ag^4O^3, qui est resté uni à 3 molécules d'eau oxygénée en excès :

$$3Ag^2O + 3H^2O^2 = 2Ag\downarrow + Ag^4O^3,3H^2O^2\downarrow;$$

la combinaison ainsi formée se décompose d'après :

$$Ag^4O^3,3H^2O^2 = 3.O\uparrow + Ag^4O^3,3H^2O,$$

en donnant le peroxyde d'argent, qui s'unira de nouveau à l'eau oxygénée qui reste pour donner une combinaison qui se décomposera; et ainsi de suite jusqu'à décomposition de la totalité de l'eau oxygénée seule, par une série de réactions exothermiques.

Avec le *permanganate de potassium* MnO^4K, il y a, si la liqueur est *neutre*, réduction avec précipitation de bioxyde de manganèse hydraté. — Mais si on verse la solution de permanganate *dans* l'eau oxygénée *acidulée* par l'acide sulfurique, on n'observe *pas de coloration* du liquide, et il y a dégagement d'oxygène provenant moitié du permanganate et moitié de l'eau oxygénée :

$$2.MnO^4K + 5H^2O^2 + 3SO^4H^2 = 2.SO^4Mn + SO^4K^2 + 8.H^2O + 5.O^2\uparrow,$$

ce qu'on utilisera pour le dosage de l'eau oxygénée.

Enfin avec les *bioxydes de manganèse* ou *de plomb* introduits dans l'eau oxygénée *acidulée*, il y aurait encore dégagement d'oxygène provenant à la fois du bioxyde et de l'eau oxygénée :

$$MnO^2 + SO^4H^2 + H^2O^2 = SO^4Mn + 2H^2O + O^2\uparrow;$$

tandis que, en liqueur neutre, l'oxygène proviendrait seulement de l'eau oxygénée.

II. — Composition de l'eau oxygénée neutre au maximum de concentration.

Pour la déterminer, on utilise la décomposition complète qui ne laisse que de l'*eau pure* et ne dégage que de l'*oxygène pur*. On prend une *masse connue M du liquide*, on l'étend d'eau distillée récemment bouillie, et on provoque la décomposition complète dans un appareil qui permette de recueillir le gaz oxygène dégagé ; du volume du gaz recueilli mesuré dans des conditions connues, on déduit la *masse m de l'oxygène dégagé* ; d'où la composition : m d'oxygène uni à $M - m$ d'eau contenant $(M - m)$ $\frac{8}{9}$ d'oxygène. — Or l'expérience montre que $m = (M - m)\frac{8}{9}$, ou bien que l'*atome d'oxygène dégagé O était uni* à la masse d'eau contenant un atome d'oxygène c'est-à-dire *à la molécule d'eau* H^2O : d'où la *formule la plus simple* H^2O^2, qui n'est pas une formule moléculaire.

Thénard opérait, par une *longue ébullition*, la décomposition de l'eau oxygénée étendue, dans un ballon à moitié rempli en relation par un tube à dégagement recourbé avec la partie supérieure d'une cloche retournée sur le mercure; mais la décomposition reste incomplète. — Actuellement, on remplit une ampoule tarée avec le liquide, on la ferme à la lampe et on détermine son augmentation de masse M; on fait passer l'ampoule dans une cloche pleine de mercure sur la cuve à mercure où elle se brise, et on introduit un fragment de *bioxyde de manganèse naturel* pour provoquer la décomposition rapide et complète; on mesure le volume de l'oxygène dégagé, d'où la composition.

III. — Titrage d'une solution acide d'eau oxygénée industrielle.

C'est la détermination du volume d'oxygène à la pression atmosphérique que peut dégager l'unité de volume de la solution; on pourrait opérer comme il vient d'être dit avec quelques légères modifications : au moyen d'une pipette courbe graduée on introduit 1^{cmc} de l'eau oxygénée dans un tube gradué plein de mercure sur la cuve à mercure; puis on y fait passer un peu de potasse pour *rendre la liqueur alcaline*, et enfin un fragment de bioxyde de manganèse pour produire la décomposition : Si n^{cmc} est le volume du gaz dégagé mesuré à la pression atmosphérique, comme l'oxygène provient uniquement de la décomposition complète de l'eau oxygénée, le titre est n.

Mais on peut opérer *plus simplement* sans mercure : dans un tube *gradué* d'environ 50^{cmc} de capacité, on introduit 30^{cmc} d'eau et 1^{cmc} d'acide sulfurique, puis *exactement* 1^{cmc} de l'eau oxygénée qu'on ajoute goutte à goutte jusqu'à ce que l'augmentation de volume du liquide soit bien 1^{cmc}; on ferme avec le doigt, on retourne le tube pour lire le volume m^{cmc} occupé à la pression atmosphérique par l'air du tube. — On redresse alors le tube, pour y laisser tomber rapidement du *permanganate de potassium* pulvérisé; on referme immédiatement avec le doigt, on agite pour provoquer la décomposition complète de l'eau oxygénée, et on ouvre sur la cuve à eau pour lire à la pression atmosphérique le volume N^{cmc} du mélange d'air avec l'oxygène dégagé. Le volume d'oxygène dégagé est $N-m$, et il provient pour la moitié de l'eau oxygénée; le titre est donc :

$$n = \frac{N-m}{2}.$$

IV. — Caractères de l'eau oxygénée :

1° Par la *mousse de platine,* elle dégage de l'oxygène rallumant une allumette;

2° Par addition d'*acide sulfurique* puis de solution de *permanganate,* il y a bientôt décoloration du permanganate;

3° Par quelques gouttes de solution très étendue d'*anhydride chromique,* il se produit une coloration bleue intense, que l'on peut rassembler par de l'éther pour la rendre plus sensible quand on veut *reconnaître des traces* d'eau oxygénée;

4° Enfin par quelques gouttes du liquide à étudier *dans* une solution d'*iodure de potassium amidonnée* et additionnée d'*un peu de sulfate ferreux,* il se produit la coloration bleu intense de l'iodure de l'amidon.

V. — Usages de l'eau oxygénée :

1° Étendue et *pure,* comme *antiseptique,* car elle empêche le développement des ferments organisés;

2° Pour la *restauration des tableaux anciens,* lesquels ont pris des teintes très sombres par suite de la transformation lente du blanc de plomb des couleurs en sulfure de plomb noir sous l'action des traces d'acide sulfhydrique contenues dans l'air : par un traitement à l'eau oxygénée, ces tableaux peuvent reprendre leurs teintes initiales à cause de la transformation du sulfure de plomb en sulfate de plomb blanc, ayant la même teinte que la céruse initiale;

3° Surtout comme *décolorant* : dans le *blanchiment* des estampes jaunies, des plumes, de l'ivoire, de la paille;

Dans les *teintures pour cheveux*;

Enfin dans la *fabrication du sucre,* pour décolorer les sirops de sucre, en même temps qu'elle transforme en sulfates les sulfites provenant des hydrosulfites qui sont employés également comme décolorants.

L'eau oxygénée tend à être remplacée par le bioxyde de sodium Na^2O^2, qui joue le même rôle, comme agent de blanchiment.

VI. — Modes de formation, et préparations de l'eau oxygénée.

1° Dans la *combustion vive de l'hydrogène* et des *composés hydrogénés* : ainsi l'eau de condensation de la flamme du gaz de l'éclairage au contact d'un serpentin de platine traversé par un courant d'eau froide, contient des traces d'eau oxygénée.

2° Dans les *oxydations lentes* à l'air humide ; comme celle du *phosphore* blanc qui donne aussi de l'ozone, l'oxydation lente du plomb ou de l'éther :

Ainsi quand on agite une lame de *plomb amalgamé* avec un peu d'eau faiblement acidulée par l'acide sulfurique dans un flacon plein d'air fermé à l'émeri ; il y a en même temps formation d'un peu de sulfate de plomb :

$$Pb + O + SO^4H^2 = SO^4Pb\downarrow + H^2O ;$$

ou quand on abandonne dans un flacon plein d'air de l'*éther*, qui renferme toujours de l'eau, et qui donne en même temps un peu d'acide acétique par oxydation :

$$(C^2H^5)^2O + 2O^2 = 2.CH^3\text{-}CO^2H + H^2O.$$

3° Dans l'*électrolyse* de l'eau *acidulée*, autour de l'anode où se dégage de l'oxygène ozonisé et où peut se former aussi de l'acide persulfurique SO^4H.

4° Surtout dans l'action des *acides* sur le *bioxyde de baryum*, qui peut être préparé par voie sèche par action de l'air sur l'oxyde de baryum chauffé et qui est alors impur, ou par voie humide à partir de l'eau de baryte et de l'eau oxygénée et alors pur et plus attaquable.

5° *Préparation* de l'eau oxygénée *concentrée et pure* par le procédé de *Thénard* (1818) : dans un verre mince entouré de glace et contenant de l'*acide chlorhydrique pur étendu* de 10 fois son volume d'eau, on verse peu à peu en agitant une bouillie claire de *bioxyde de baryum* du commerce pulvérisé et d'eau ; le bioxyde se dissout sans dégagement gazeux dans l'acide en excès :

$$2HCl + BaO^2 = BaCl^2 + H^2O^2.$$

On verse alors goutte à goutte de l'*acide sulfurique pur étendu* jusqu'à précipitation complète du baryum :

$$BaCl^2 + SO^4H^2 = SO^4Ba\downarrow + 2HCl ;$$

et l'acide chlorhydrique étant ainsi régénéré, après *filtration,* on peut ajouter une nouvelle quantité de bouillie de bioxyde, puis de l'acide sulfurique étendu ; et ainsi une *dizaine de fois* pour avoir une quantité suffisante d'eau oxygénée formée ; on *termine* par une addition de bioxyde de baryum.

Mais le bioxyde impur a apporté de la silice SiO^2, de l'alumine Al^2O^3, de l'oxyde ferrique Fe^2O^3, etc..., qui se sont dissous dans l'acide chlorhydrique étendu, et dont la présence amènerait la destruction de l'eau oxygénée dans les opérations de concentration ; d'où la nécessité d'une *purification* : au liquide clair de l'opération décrite on ajoute de l'*eau de baryte* jusqu'à réaction légèrement alcaline au papier de tournesol rougi, ce qui précipite les impuretés ; par exemple :

$$Fe^2Cl^6 + 3.BaO^2H^2 = 3.BaCl^2 + 3H^2O + Fe^2O^3\downarrow .$$

On *filtre rapidement,* et on se hâte de *neutraliser exactement* par l'acide sulfurique étendu pour éviter l'action décomposante de la baryte libre sur l'eau oxygénée. — Finalement il ne reste plus dans le liquide clair que l'eau oxygénée avec du chlorure de baryum qu'on précipite par une *dissolution concentrée de sulfate d'argent* ajoutée jusqu'à cessation de la précipitation :

$$BaCl^2 + SO^4Ag^2 = SO^4Ba\downarrow + 2.AgCl\downarrow .$$

Alors pour *concentrer* l'eau oxygénée pure très étendue, Thénard l'abandonnait dans le *vide sec* ; il arrivait ainsi au *maximum de concentration* H^2O^2, pour lequel le produit obtenu dégage 475 fois son volume d'oxygène ; mais l'opération est alors très longue, et elle est accompagnée d'une décomposition notable de l'eau oxygénée formée.

Actuellement on *évapore* l'eau oxygénée *dans le vide* en chauffant au bain-marie *vers 50°*, et on obtient rapidement comme résidu une eau oxygénée au *titre 300.* — Ou bien, on *refroidit* à — 23° par le chlorure de méthyle en enlevant les cristaux de glace qui se forment, et le résidu est au *titre 130.*

6° Préparation de l'*eau oxygénée industrielle* pouvant avoir pour *titre 20* : on traite le bioxyde de baryum du commerce en poudre par un *acide étendu* dont le *sel de baryum* soit *insoluble*, de sorte qu'il suffit de filtrer ou de décanter; on peut employer les acides *fluorhydrique*, *hydrofluosilicique*, ou *phosphorique* :

$$2.HF + BaO^2 = BaF^2\downarrow + H^2O^2,$$
$$SiF^6H^2 + BaO^2 = SiF^6Ba\downarrow + H^2O^2,$$
$$2.PO^4H^3 + 3BaO^2 = (PO^4)^2Ba^3\downarrow + 3H^2O^2;$$

on ne peut pas employer l'acide sulfurique seul, dont le sel de baryum est insoluble, car l'acide sulfurique étendu n'a pas d'action sur le bioxyde du commerce.

Mais on prépare *surtout* l'eau oxygénée industrielle, dans une cuve contenant de l'eau acidulée par *un peu d'acide chlorhydrique*, et où arrivent un écoulement constant d'eau agitée tenant en suspension le *bioxyde en poudre*, et un écoulement constant d'*acide sulfurique étendu*; les 2 écoulements sont réglés de manière que le liquide reste *acide et froid* : il y a alors production d'eau oxygénée comme dans le procédé de Thénard, par action de l'acide chlorhydrique, qui est constamment régénéré par l'acide sulfurique qui arrive. — Au bout de quelques jours, quand le titre voulu est atteint, on arrête l'opération, on ajoute un *lait de baryte* jusqu'à réaction alcaline pour précipiter les impuretés, puis de l'*acide sulfurique* pour précipiter le baryum, et enfin on acidule par *un peu d'acide phosphorique* pour assurer la stabilité; on *conserve* le liquide clair dans des touries.

7° Enfin préparation *directe* de l'*eau oxygénée pure*, au titre 20, dans les laboratoires; on traite le bioxyde de baryum *pur* et sec, obtenu par précipitation chimique et alors attaquable par l'acide sulfurique étendu, par une quantité *calculée* d'acide sulfurique pur étendu de 10 fois son volume d'eau :

$$SO^4H^2 + BaO^2 = SO^4Ba\downarrow + H^2O^2;$$

il suffit de *filtrer*.

Le bioxyde de baryum pur est obtenu, soit à partir de l'acide chlorhydrique saturé par le bioxyde du commerce, soit à partir de l'eau oxygénée industrielle, en ajoutant de l'*eau de baryte* jusqu'à réaction alcaline, *filtrant* pour éliminer les impuretés, et versant le liquide clair dans de l'*eau de baryte en excès* ce qui donne l'hydrate de bioxyde de baryum cristallisé $BaO^2, 10 H^2O$.

Cet hydrate se décomposerait peu à peu au contact de l'eau :

$$BaO^2, 10.H^2O = BaO^2H^2 + 9H^2O + O\uparrow;$$

mais si on le recueille et qu'on le *sèche immédiatement* dans le vide sec, il donne le bioxyde pur anhydre BaO^2 qui est inaltérable.

DIX-SEPTIÈME LEÇON

Soufre. Sulfures d'hydrogène.

SOUFRE

Masse moléculaire S^2 au-dessus de 800° seulement, masse atomique S = 32.

C'est un *solide, jaune* plus ou moins pâle, sans odeur à moins qu'il n'ait été frotté, très *friable,* ayant pour *masse spécifique* 2gr environ. Il est *mauvais conducteur* de la chaleur, d'où les craquements auxquels il donne lieu quand on le chauffe, même simplement par le contact de la main; et mauvais conducteur de l'électricité, d'où l'odeur d'ozone qu'il répand quand il a été frotté, et son emploi comme diélectrique.

Il *fond* vers 114° en un *liquide huileux* de couleur *jaune* plus foncé, qui devient *brun* et *visqueux* vers 150°, *noir* et *très épais* vers 200°, tellement qu'on peut alors retourner le vase qui le contient sans que le soufre s'écoule; il reste noir à température plus élevée, mais en recouvrant assez de fluidité pour qu'on puisse le verser. — Enfin il *bout* à 445°,2 en donnant d'abord, une *vapeur rougeâtre* ayant pour *densité* 6,6 à 500° et à la pression atmosphérique; mais par la surchauffe, la vapeur prend une *coloration de plus en plus claire,* en même temps qu'une *densité rapidement décroissante* jusque vers 800°, température à partir de laquelle la densité de vapeur devient constante et égale à 2,2 le tiers de ce qu'elle était.

Par refroidissement *lent* de la vapeur de soufre surchauffée, il y a succession des mêmes états physiques dans l'ordre inverse : donc *condensation* de la vapeur de soufre en un produit de polymérisation tendant vers la masse moléculaire S^6 à basse température et à pression plus faible que la pression atmosphérique, par un phénomène analogue à la polymérisation de l'oxygène en ozone [on a trouvé pour la densité de vapeur expérimentale le nombre maximum 7,80 à 192° sous la pression $0^{cm},45$]. Puis on observe les *divers états du soufre liquide,* avec arrêts dans la décroissance de la température à 230°, à 170°, à 140°, ce qui indique des changements dans l'état moléculaire, se produisant avec dégagement de chaleur. Le soufre liquide reste facilement en *surfusion,* mais finalement il revient à la forme solide friable analogue à celle d'où l'on était parti.

2° Le soufre est insoluble dans l'*eau*; soluble dans l'*alcool,* ou la *benzine,* ou le *chlorure de soufre* S^2Cl^2; très soluble dans le *sulfure de carbone,* surtout à chaud; 24^{gr} de soufre se dissolvent dans 100^{gr} du liquide à 0°; et 180^{gr} de soufre, dans 100^{gr} du liquide à l'ébullition. — L'ébullioscopie, utilisant la benzine et le sulfure de carbone, conduit à la masse moléculaire S^8.

3° Le soufre est un *corps polymorphe,* existant d'abord sous *deux formes cristallines* :

Les cristaux de soufre natif sont des *octaèdres orthorhombiques, transparents, inaltérables* à froid, ayant pour *masse spécifique* $2^{gr},07$. — On reproduit artificiellement le *soufre octaédrique,* soit en abandonnant à l'évaporation spontanée la solution sulfocarbonique limpide de soufre, soit par un procédé moins commode en laissant refroidir la solution sulfocarbonique saturée à chaud en vase clos.

Mais par fusion du soufre dans un creuset en terre, refroidissement lent, et décantation au milieu du phénomène de la solidification de la partie encore liquide, on obtient des *aiguilles,* dérivant de *prismes clinorhombiques, transparentes* d'abord, à *masse spécifique plus faible* $1^{gr},97$; mais ce *soufre prismatique* perd bientôt sa transparence, par suite de sa *transformation spontanée* en une multitude de petits octaèdres agglomérés, visibles au microscope. Cette transformation est possible au-dessous de la température 95°,6. — Mais *inversement* un cristal octaédrique transparent chauffé au-dessus de 95°,6 perd immédiatement sa transparence par le contact d'une aiguille prismatique, à cause de sa transformation en une agglomération de cristaux prismatiques.

Donc le soufre est un corps *dimorphe* : le soufre octaédrique est stable à froid et jusqu'à la température 95°,6; le soufre prismatique n'est stable qu'au-dessus de 95°,6; et pourtant le soufre prismatique refroidi brusquement à —30° se conserverait indéfiniment à cette température.

Si dans du soufre *en surfusion* au-dessous de 95°,6 ou si dans la *solution benzénique* saturée à l'ébullition et amenée *en sursaturation* à la température ordinaire, on projette une parcelle de soufre octaédrique, il y a production d'octaèdres; tandis que par contact d'une parcelle d'aiguille prismatique, il y a d'abord production de prismes, avec transformation ultérieure des prismes en agglomération d'octaèdres : le *germe cristallin* a donc une *influence* prépondérante sur la forme des cristaux.

Mais par refroidissement de la solution sulfocarbonique saturée en vase clos à 110°, ou de la solution benzénique saturée à l'ébullition 80°, il y a d'*abord* dépôt de prismes tant que la température reste assez élevée, *puis* plus tard il se dépose des octaèdres, ce qui montre l'*influence de la température* sur la forme des cristaux. — Et on obtient de beaux cristaux prismatiques en *longues baguettes nacrées* par refroidissement à — 10° en un point seulement de la solution benzénique saturée à chaud, comme quand cette solution est dans un tube à essai reposant dans un vase mince qu'on entoure d'un mélange réfrigérant.

Les cristaux octaédriques se dissolvent complètement ou sans résidu dans le sulfure de carbone; mais le soufre du commerce ne se dissout jamais que partiellement, et le résidu est une 3ᵉ *variété allotropique* du soufre, que l'on appelle *soufre insoluble* ou *soufre amorphe*; c'est une *poudre* amorphe, jaune beaucoup *plus pâle*, et de *masse spécifique* 2ᵍʳ,04 intermédiaire entre celles des 2 formes cristallisées. — Cette variété *se produit* toutes les fois que du soufre liquide chauffé au-dessus de 155° est refroidi *brusquement*; et sa proportion est maximum quand le soufre liquide a été porté à 170°, température qui est l'un des points d'arrêt de la température décroissante du soufre liquide qui se refroidit. — Le soufre insoluble existe aussi *dans le soufre précipité* chimiquement, comme celui qui est libéré dans l'action de l'acide chlorhydrique sur les hyposulfites :

$$S^2O^3Na^2 + 2HCl = 2NaCl + H^2O + SO^2\uparrow + S\downarrow.$$

— Mais si l'on soumet le soufre amorphe à l'*action prolongée de la température 100°*, on le transforme complètement en soufre soluble dans le sulfure de carbone.

Le soufre du commerce *simplement fondu* et refroidi par immersion dans l'eau donne un soufre solide, jaune et friable comme l'était le soufre du commerce. Mais quand on verse dans l'eau froide, en mince filet, le soufre liquide noir et visqueux chauffé *au-dessus de 200°*, on obtient une nouvelle variété de soufre, que l'on appelle le *soufre trempé* ou *soufre mou* : ce sont des filaments *brun clair, transparents*, et *élastiques* comme des fils de caoutchouc. — Le soufre trempé laisse par le sulfure de carbone un très abondant résidu de soufre amorphe, et il peut être regardé comme un *mélange de soufre ordinaire* et d'une forte proportion *de soufre amorphe* formé par l'action de la chaleur. — Il perd bientôt *spontanément* sa transparence et son élasticité pour redonner du soufre friable; cette transformation en soufre friable est rapide quand on maintient le soufre trempé à *la température 100°*; et elle s'effectue avec un *grand dégagement de chaleur* capable d'élever subitement la masse de soufre à une température supérieure de 10° à celle du bain environnant.

En *résumé*, le soufre existe, même *à l'état solide* seulement, sous *plusieurs modifications moléculaires*. Et ces modifications moléculaires du soufre solide *persistent*, au moins partiellement, *après la fusion* : c'est pourquoi les diverses variétés de soufre ont des *points de solidification variables*. Le point de solidification n'est bien défini que pour le *soufre amorphe* qui fond à 114°,3 et pour le *soufre octaédrique* qui fond à 117°,4; le point de solidification est variable avec les états antérieurs par lesquels le soufre a passé pour le soufre du commerce.

Quand dans les recherches précédentes on soumet le soufre à des *fusions répétées*, il prend une coloration vert brun de plus en plus foncée, dont la cause n'est pas bien connue.

I. — Propriétés chimiques du soufre.

Il se combine directement avec les *métalloïdes*, et aussi avec tous les *métaux*, sauf cependant le platine et l'or qui sont également inoxydables; les réactions du soufre exigent en général que l'*on chauffe*, à cause de l'état solide du soufre à la température ordinaire.

1° Avec l'*hydrogène*, soit en tube scellé *à 440°*, soit quand on fait passer un courant d'hydrogène dans du soufre bouillant, soit encore quand on fait passer de l'hydrogène entraînant de la vapeur de soufre dans un tube contenant de la mousse de platine chauffée : il y a alors formation *limitée* de gaz sulfhydrique H^2S, analogue à l'eau H^2O par ses propriétés chimiques, et qui se produirait encore par l'introduction de soufre amorphe dans l'appareil producteur d'hydrogène.

2° Avec les *corps halogènes* à froid, ce qui distingue le soufre de l'oxygène :

Ainsi il y a absorption du *fluor* par le soufre qui se liquéfie puis s'enflamme pour donner les gaz fluorures de soufre, et en particulier le *gaz perfluorure de soufre* SF^6 très stable;

Il y a absorption du *chlore sec*, soit par le soufre en fleurs qui se liquéfie, soit par du soufre fondu dans une cornue tubulée, avec production de *chlorure de soufre* S^2Cl^2, *liquide jaune*, à *odeur* suffocante, *fumant* à l'air, décomposé par l'*eau* en donnant finalement de l'acide chlorhydrique, du gaz sulfureux et un dépôt de soufre :

$$2.S^2Cl^2 + 2H^2O = 4HCl + SO^2\uparrow + 3S\downarrow;$$

le chlorure de soufre dissout du *soufre*, de sorte qu'il est nécessaire de le *purifier* par distillation : on peut utiliser cette propriété pour la vulcanisation des petits objets en *caoutchouc*, et pour faire la synthèse du chlorure de thionyle $SOCl^2$ à partir du *gaz hypochloreux* Cl^2O; le chlorure de soufre est capable d'absorber aussi du *chlore* pour donner un liquide rouge foncé où l'on peut admettre la présence de chlorures très instables SCl^2 et SCl^4 : d'où la précaution dans la préparation du chlorure de soufre d'arrêter le courant de chlore avant la disparition totale du soufre;

Enfin le soufre s'unit directement au *brome* et à l'*iode*, mais pour donner des produits bruns mal définis.

3° Avec l'*oxygène* : quand on chauffe du soufre fondu au contact de l'*air*, il y a phosphorescence du soufre à partir de 200°, puis inflammation et combustion à 250°, avec production d'une *flamme bleue* et de *gaz sulfureux* SO^2 à odeur vive et produisant la suffocation; il se forme aussi un peu d'anhydride sulfurique SO^3 si le gaz est sec, et un peu d'acide sulfurique SO^4H^2 si le gaz est humide; ces corps donnent une certaine opacité au gaz sulfureux ainsi formé, dont c'est une synthèse industrielle.

4° Le soufre se combine *indirectement* avec l'*azote* quand on fait passer un courant de gaz ammoniac dans du chlorure de soufre mélangé de sulfure de carbone; il se dépose du chlorure d'ammonium, et il se forme un liquide orangé qui par évaporation spontanée laisse cristalliser d'abord du soufre puis du *sulfure d'azote* AzS :

$$8AzH^3 + 3S^2Cl^2 = 6AzH^4Cl\downarrow + 4S + 2AzS;$$

ce sont des *cristaux jaunes,* insolubles, explosifs, répondant au bioxyde d'azote AzO.

Avec l'*ammoniaque liquéfié,* le soufre donne un *sulfammonium,* liquide *rouge,* solidifiable à —85°, ayant un spectre d'absorption, et qui est un agent sulfurant énergique : sa composition entre 0 et —20° est $(AzH^3)^2S,2AzH^3$.

5° Le soufre se combine directement au *phosphore,* et avec *explosion,* dès qu'on atteint la température 130°, si l'on produit la réaction avec du phosphore *blanc* : il y a formation de *sesquisulfure de phosphore,* P^4S^3, solide *jaune pâle, inflammable* à l'air *à la température 100°,* et que l'on prépare industriellement pour la fabrication des allumettes ordinaires en chauffant du soufre pulvérisé avec du phosphore *rouge* dans une cornue en fonte vers 120°. — Ce sulfure chauffé dans une atmosphère de gaz carbonique inerte avec une quantité *calculée* de phosphore donne, soit le *trisulfure* P^2S^3 solide, capable de donner des *sulfophosphites,* comme l'anhydride phosphoreux P^2O^3 donne des phosphites ; soit le *pentasulfure* P^2S^5 solide, capable de donner des *sulfophosphates,* comme l'anhydride phosphorique P^2O^5 donne des phosphates.

6° Le soufre se combine directement avec l'*arsenic* chauffé pour donner le bisulfure As^2S^2 solide rouge, que l'on obtient aussi en chauffant l'*anhydride arsénieux* As^2O^3 avec du soufre.

7° Le soufre se combine encore avec le *charbon* chauffé au rouge sur lequel on fait passer de la vapeur de soufre, pour donner le *sulfure de carbone* CS^2 liquide, analogue par ses propriétés chimiques à l'anhydride carbonique CO^2.

Et il se combine aussi avec l'*oxyde de carbone* CO au rouge pour donner un peu de *gaz oxysulfure de carbone* COS, intermédiaire entre le gaz carbonique et le sulfure de carbone.

8° Le soufre se combine encore avec le *silicium* au rouge pour donner le *sulfure de silicium* SiS^2 cristallisé et incolore.

Et de même avec le *bore* au rouge pour donner le *sulfure de bore* B^2S^3 cristallisé incolore.

9° Il se combine avec l'*argent* au rouge sombre pour donner le *sulfure d'argent* Ag^2S solide noir, dont cette synthèse a servi à déterminer le masse atomique du soufre.

Et il y a *combustion vive*, par le contact du soufre bouillant ou de la vapeur de soufre, de la tournure de *cuivre*, des fils de *plomb*, ou de la paille de *fer*, avec formation des sulfures Cu^2S,PbS ou FeS : on prépare ce *protosulfure de fer* en chauffant au rouge dans un creuset en terre un mélange en proportion calculée de limaille de fer et de soufre en poudre, et en coulant le produit noirâtre fondu sur une dalle. — Ce corps se produit aussi par *combustion lente* dans le mélange de limaille de fer avec du soufre en poudre fine et *un peu* d'eau tiède, dont une partie se dégage vivement à l'état de vapeur à cause de la chaleur dégagée (volcan de Lémery).

10° Ainsi dans toutes les réactions du soufre sur les éléments, sauf les actions sur les halogènes et sur l'oxygène, le soufre a un *rôle chimique de comburant* tout à fait analogue à celui de l'oxygène, et les produits formés ont des analogies chimiques étroites avec ceux que donne l'oxygène. — Mais le soufre est *combustible vis-à-vis des halogènes et de l'oxygène*, et alors il peut *réduire* sous l'action de la chaleur un certain nombre de chlorures métalliques et un grand nombre de *composés oxygénés* :

Le *chlorate de potassium* ClO^3K, avec lequel il forme un mélange détonant par le choc;

L'*anhydride sulfurique* SO^3, au contact duquel il donne le *sesquioxyde de soufre* S^2O^3 solide *bleu* instable, se décomposant rapidement :

$$S + SO^3 = S^2O^3; \quad 2.S^2O^3 = 3.SO^2\uparrow + S;$$

— puis l'*acide sulfurique* chauffé vers l'ébullition, avec dégagement de gaz sulfureux dont c'est un mode de production industrielle :

$$S + 2SO^4H^2 = 3SO^2\uparrow + 2H^2O;$$

— enfin la dissolution des sulfites alcalins chauffée, avec formation d'hyposulfites dont c'est une préparation :

$$S + SO^3Na^2 = S^2O^3Na^2;$$

Le *protoxyde d'azote* Az^2O, et le *bioxyde d'azote* AzO, dans lesquels le soufre fondu bien enflammé brûle; — l'*acide azotique* AzO^3H, concentré et bouillant, qui transforme le soufre en acide sulfurique, par une réaction possible à froid avec le soufre amorphe plus altérable; — enfin les *azotates* chauffés, avec formation de sulfates dans le cas des azotates alcalins, ou de sulfures avec les azotates métalliques :

$$2.AzO^3K + 2.S = SO^4K^2 + SO^2\uparrow + Az^2\uparrow$$

qui est l'une des réactions de la poudre noire;

$$(AzO^3)^2Pb + 4S = PbS + 3SO^2\uparrow + Az^2\uparrow;$$

L'*anhydride arsénieux* chauffé avec formation de réalgar artificiel :

$$2.As^2O^3 + 7.S = 2.As^2S^2 + 3.SO^2\uparrow;$$

Le *gaz carbonique* CO^2 quand il passe dans du soufre bouillant, avec formation d'oxysulfure de carbone :

$$2.CO^2 + 3S = SO^2\uparrow + 2COS\uparrow;$$

— aussi la *silice* SiO^2, ou l'*anhydride borique* B^2O^3, mais seulement *en présence du charbon* et au rouge;

Tous les *oxydes métalliques secs* chauffés, sauf l'alumine Al^2O^3, le sexquioxyde de chrome Cr^2O^3, et la magnésie MgO; il y a formation de sulfures métalliques, avec en même temps formation de sulfate si celui-ci est indécomposable par la chaleur, ce qui arrive avec les *oxydes de plomb* ou *de baryum* :

$$4BaO + 4S = 3BaS + SO^4Ba;$$

ou avec dégagement de gaz sulfureux si le sulfate n'est pas stable, ce qui se produit avec l'*oxyde cuivrique* :

$$2.CuO + 2.S = Cu^2S + SO^2\uparrow;$$

Enfin les *hydrates alcalins ou alcalinoterreux* par ébullition avec l'*eau*, avec formation de polysulfures et d'hyposulfites; ce qui arrive dans la préparation de la *solution* rougeâtre de *polysulfure de calcium* impur, à partir de la chaux éteinte et du soufre en fleur :

$$3.CaO^2H^2 + 12.S = 2.CaS^5 + S^2O^3Ca + 3.H^2O.$$

II. — Usages du soufre.

Ils sont très nombreux :

1° Pour le *soufrage de la vigne* contre l'oïdium, opération que l'on pratique à trois reprises par projection de soufre en poudre sur les feuilles humides ;

2° Pour prendre des *empreintes*, et pour *sceller le fer* dans la pierre, car le soufre fond facilement et augmente légèrement de volume en se solidifiant ;

3° Pour donner l'inflammabilité au bois des *allumettes ordinaires*, et au mélange de charbon et de salpêtre qui constitue essentiellement la *poudre noire* ;

4° Pour préparer directement le *gaz sulfureux* dans la plupart de ses applications : le *soufrage des tonneaux* par combustion de mèches soufrées, la *désinfection* et surtout le *blanchiment* par combustion de soufre en fleurs, la préparation de l'*acide sulfurique au soufre* et du *bisulfite de calcium* ;

5° Pour préparer le *sulfure de carbone* par action sur le coke au rouge ;

6° Pour *vulcaniser le caoutchouc*, c'est-à-dire pour le rendre souple à froid et l'empêcher de devenir adhérent vers 50°, ce que l'on fait en immergeant les objets *fabriqués* dans un bain de soufre fondu chauffé à une température déterminée : 115°-120°, ou 135°-145°, suivant les procédés ;

7° Comme *isolant* électrique ; c'est en fondant du soufre avec du caoutchouc que l'on obtient l'*ébonite*, isolant très employé pour les supports en électricité.

III. — État naturel, et extraction du soufre.

Le soufre existe *libre*, et quelquefois cristallisé, dans les *terrains volcaniques* comme à Pouzzoles près de Naples, mais plus abondamment dans des *terrains gypseux* comme en Sicile ;

A l'état de *gaz sulfhydrique*, dans les *fumerolles* des pays volcaniques, et dans certaines *eaux sulfureuses*, comme celles d'Uriage dans le Dauphiné, qui alors noircissent immédiatement l'argent ; mais la plupart des eaux sulfureuses le contiennent à l'état de *sulfures de sodium ou de calcium* ;

Encore à l'état de sulfure de calcium CaS dans les *marcs de soude*, résidu de l'extraction du carbonate de sodium par le procédé Leblanc, qui met en œuvre simultanément les deux réactions :

$$SO^4Na^2 + 4C = Na^2S + 4CO\uparrow,$$
$$Na^2S + CO^3Ca = CaS + CO^3Na^2;$$

Surtout à l'état de *sulfures métalliques* : les sulfures d'argent Ag^2S, de mercure HgS, de cuivre Cu^2S, de plomb PbS, de zinc ZnS, d'antimoine Sb^2S^3, qui sont les principaux minerais des métaux correspondants; et plus abondamment encore à l'état de bisulfure de fer FeS^2 ou *pyrite*, qui n'est pas un minerai de fer;

Enfin encore dans certaines *matières organiques*, comme les matières *albuminoïdes*.

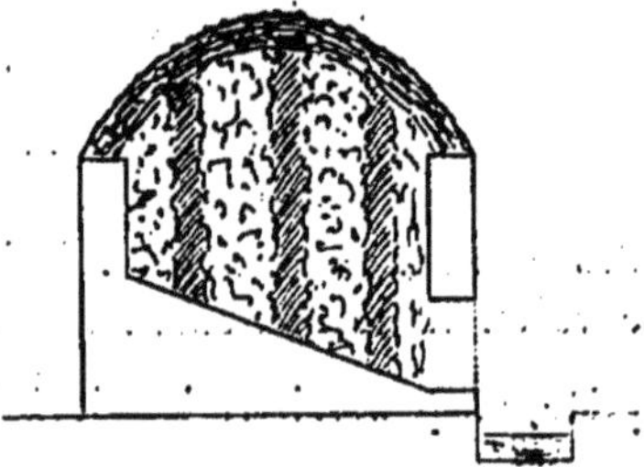
Fig. 73. — Calcarone, où l'on aperçoit 3 cheminées ménagées entre les blocs de terre soufrée.

1° On retire le soufre *des terres soufrées* par de nombreux procédés :

Soit *par fusion* du soufre, obtenue au moyen de la *combustion incomplète* de la terre soufrée; l'opération peut se faire à proximité de la mine dans les *calcaroni* ou meules, construites dans des cavités cylindriques en maçonnerie, à fond incliné pour permettre l'écoulement du soufre liquide dans une fosse extérieure; il y a alors perte du tiers du soufre. — Aussi, quand le transport du minerai dans une usine est possible, il vaut mieux employer la fusion *par la vapeur d'eau surchauffée*, ou encore *par le contact d'une solution concentrée chauffée de chlorure de calcium*;

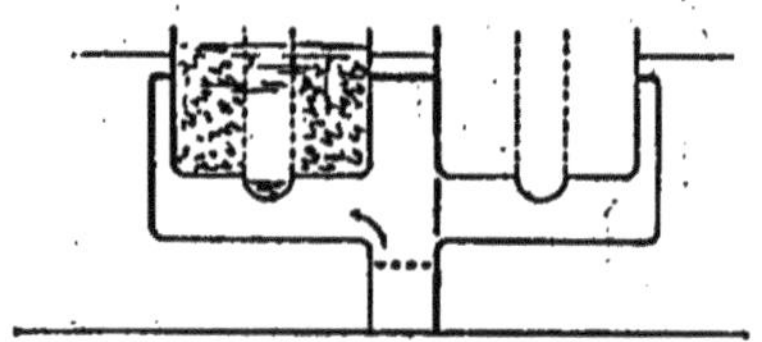
Fig. 74. — Fusion par la solution de $CaCl^2$: C, chaudière en fonctionnement; C', chaudière vide.

Soit *par distillation* de la terre soufrée dans des pots en terre ou en fer, chauffés en grand nombre par un foyer extérieur, et communiquant avec des récipients où la vapeur de soufre se condense à l'état liquide; le soufre liquide s'écoule dans des baquets pleins d'eau;

Soit enfin *par dissolution* au moyen du sulfure de carbone

en vase clos; il suffira de distiller la solution sulfocarbonique pour obtenir le soufre et régénérer le dissolvant.

2° On retire aussi le soufre *des pyrites* par distillation dans

Fig. 75. — Distillation de la terre soufrée.

des cornues en grès en relation par un tube de fonte avec une cuve en fonte contenant de l'eau; si la calcination était complète, on pourrait retirer le $\frac{1}{3}$ du soufre d'après la réaction :

$$3FeS^2 = Fe^3S^4 + S^2 \curvearrowright,$$

tout à fait analogue à celle de l'extraction de l'oxygène par calcination du bioxyde de manganèse naturel; mais alors le sulfure salin de fer fondrait et attaquerait le grès des cornues; c'est pourquoi dans la pratique on se contente d'un moindre rendement, en arrêtant la calcination avant que la réaction soit complète.

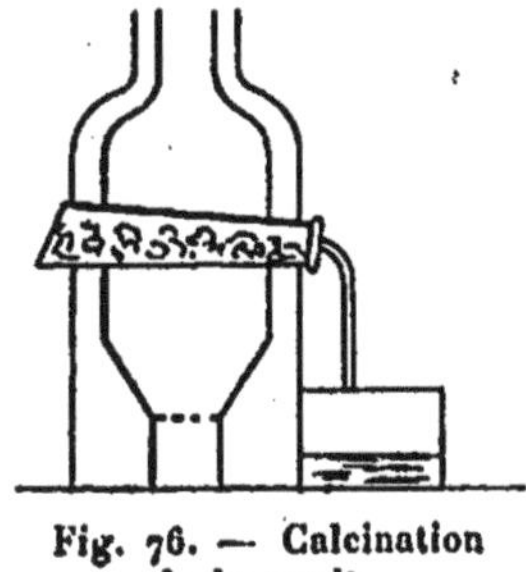

Fig. 76. — Calcination de la pyrite.

3° Enfin l'extraction du soufre *des marcs de soude* est possible par plusieurs méthodes qui utilisent la combustion incomplète du gaz sulfhydrique H^2S :

$$H^2S + O = H^2O + S\downarrow;$$

l'action de l'acide chlorhydrique sur les hyposulfites et les polysulfures :

$$S^2O^3Ca + 2HCl = CaCl^2 + H^2O + SO^2\uparrow + S\downarrow,$$
$$CaS^5 + 2HCl = CaCl^2 + H^2S\uparrow + 4S\downarrow;$$

et enfin l'action réciproque des gaz sulfhydrique et sulfureux :

$$SO^2 + 2H^2S = 2H^2O + 3S\downarrow.$$

Autrefois, par exposition des marcs de soude à l'air, on obtenait la formation d'hyposulfites et de polysulfures, que l'on décomposait par l'acide chlorhydrique. — Plus récemment, on a fait passer le gaz carbonique provenant d'un four à chaux, dans les marcs de soude délayés dans de l'eau, pour en dégager le gaz sulfhydrique :

$$CaS + CO^2 + H^2O = CO^3Ca\downarrow + H^2S\uparrow;$$

le gaz est recueilli dans un gazomètre, puis mélangé avec une quantité d'air strictement suffisante pour brûler seulement l'hydrogène; et l'on fait passer le mélange sur de l'oxyde ferrique au rouge sombre, lequel ne paraît pas entrer en réaction. — Si l'on brûlait complètement le gaz sulfhydrique par un excès d'air dans des sortes de bec Bunsen, on obtiendrait du gaz sulfureux industriel transformable en acide sulfurique qui pourrait servir à fabriquer de nouvelles quantités de sulfate de sodium d'où vient le marc de soude :

$$H^2S + 3O = H^2O + SO^2\uparrow,$$
$$SO^2 + O + H^2O = SO^4H^2,$$
$$SO^4H^2 + 2NaCl = SO^4Na^2 + 2HCl\uparrow;$$

c'est pourquoi les méthodes d'extraction du soufre des marcs de soude, plus ou moins employées, s'appellent *méthodes de régénération du soufre*, et dispenseraient de la consommation de soufre nouveau dans le cycle indiqué.

La production de soufre par l'action sur le gaz sulfhydrique des corps halogènes comme le chlore, d'après :

$$H^2S + Cl^2 = 2HCl + S\downarrow,$$

n'a jamais été employée.

4° Pour *purifier le soufre brut*, qui a une couleur verdâtre et qui peut contenir jusqu'à 0,1 d'impuretés terreuses, on le *raffine* par *distillation* et on obtient les deux formes commerciales du soufre, le soufre *en canons*, et la *fleur de soufre* qui est moins pure.

Le soufre brut est fondu dans une chaudière chauffée par les gaz du foyer qui sert à produire la distillation; les matières terreuses plus denses se déposent, et le soufre fondu s'écoule d'une façon continue par un tube latéral descendant qui l'amène dans un cylindre en fonte chauffé directement par le foyer, et en relation avec une grande chambre en maçonnerie : par ébullition le soufre liquide se transforme en vapeurs qui vont se condenser dans la chambre. — Si l'air de la chambre et les parois sont froids, la condensation s'effectue directement à l'état solide sous forme d'une *neige jaune citron* qui, recueillie avant que la chambre ne se soit échauffée, constitue de la fleur de soufre; la production de la fleur de soufre dans la même chambre est intermittente. — Mais si on laisse la chambre s'échauffer par la condensation de la vapeur, la condensation s'effectue bientôt à l'état de soufre liquide qui s'accumule sur le fond incliné de la chambre; on le fait écouler pour le verser dans des moules coniques en bois refroidis extérieurement par de l'eau.

Fig. 77. — Raffinage du soufre.

La fleur de soufre, refroidie plus brusquement, laisse par le sulfure de carbone plus de *soufre amorphe* que le soufre en canons. Elle s'est imprégnée en outre de *gaz sulfureux* transformable à l'air humide en *acide sulfurique*. On pourrait *purifier* la fleur de soufre en lavant à l'eau bouillante, et laissant sécher à l'air. — Mais pour obtenir du soufre chimiquement *pur*, il faudrait le distiller à plusieurs reprises, et le purifier par cristallisations successives dans le sulfure de carbone.

SULFURES D'HYDROGÈNE

On en connaît deux : le sulfure *gazeux* H^2S, seul bien défini, appelé *acide sulfhydrique* ou hydrogène sulfuré, et qui est le protosulfure d'hydrogène; puis un sulfure *liquide* H^2S^n, où *n* est supérieur à 2 sans être un nombre entier, et qui serait un mélange de polysulfures d'hydrogène : on l'appelle en général *bisulfure d'hydrogène* pour marquer ses analogies avec le bioxyde d'hydrogène H^2O^2, le sulfure gazeux étant tout à fait analogue à l'eau H^2O au point de vue chimique.

Le bisulfure d'hydrogène est un *liquide jaunâtre*, à *odeur* particulière désagréable, *dense*, formé avec absorption de chaleur à partir du sulfure gazeux et du soufre, et par suite *peu stable*.

Il se décompose *spontanément* et à la longue en gaz sulfhydrique qui se dégage et en soufre qui cristallise en octaèdres, ce que l'on utilise pour montrer la liquéfaction du gaz sulfhydrique. Il se décompose *rapidement* quand on *chauffe*, d'où sa composition en opérant la décomposition d'une masse M du liquide dans une éprouvette pleine de mercure et en mesurant le volume du gaz sulfhydrique dégagé. Il se décompose *immédiatement* par le contact des corps poreux ou pulvérulents, comme le *charbon*, la *mousse de platine*, l'*oxyde d'argent* qui est réduit avec incandescence; et très rapidement encore par le contact des *sulfures* alcalins ou des polysulfures, ou des *alcalis libres*; le bisulfure d'hydrogène est donc *tout à fait analogue à l'eau oxygénée* : il en diffère par sa *combustibilité* au contact d'une flamme.

On l'*obtient*, par un procédé analogue à celui qui sert à la fabrication de l'eau oxygénée, en versant goutte à goutte la dissolution de polysulfure de calcium dans de l'acide chlorhydrique étendu de son volume d'eau et contenu dans un entonnoir à robinet; l'acide se trouve alors toujours en excès et assure la stabilité; on observe un abondant *précipité de soufre* et la formation de *gouttes huileuses* qui se rassemblent au fond :

$$CaS^m + 2HCl = CaCl^2 + H^2S^n\downarrow + S^{m-n}\downarrow,$$

$$S^2O^3Ca + 2HCl = CaCl^2 + H^2O + S\downarrow + SO^2\uparrow;$$

on *recueille* le liquide huileux en ouvrant le robinet.

ACIDE SULFHYDRIQUE H^2S.

C'est un *gaz incolore*, à *odeur fétide*, très *toxique*, surtout quand il se dégage en même temps que l'ammoniaque dans la fermentation des matières organiques sulfurées et azotées, car il y a asphyxie rapide par le gaz sulfure d'ammonium; on peut essayer le traitement de cette asphyxie par la respiration de traces de chlore obtenues par un peu de chlorure de chaux et d'eau vinaigrée : il paraîtrait cependant que l'asphyxie est due surtout à l'absence d'oxygène absorbé par les matières organiques, et que le remède préventif nécessaire est une large aération des fosses avant d'y laisser descendre les ouvriers. — Le gaz sulfhydrique a pour *densité* 1,1912; il est *facile à liquéfier* : on montre sa liquéfaction dans le tube de Faraday, soit par décomposition spontanée du polysulfure d'hydrogène contenu dans l'une des branches, soit en chauffant du charbon saturé de gaz sulfhydrique. — C'est alors un *liquide bouillant* à — 61°,6, et solidifiable en une *masse cristalline* fondant à — 86°.

Le gaz sulfhydrique est *assez soluble* dans l'eau : coefficient 4,37 à 0°. Il est plus soluble dans l'*alcool* : coefficient 18 à 0°.

Il est *décomposé* en ses éléments, quand on le fait passer dans un tube *au rouge*, mais par une réaction *limitée*, car inversement il y a formation de gaz sulfhydrique; il est encore décomposé par l'*étincelle*.

I. — Propriétés chimiques de l'acide sulfhydrique.

Il est décomposé par les *corps halogènes* et par l'*oxygène*, aussi il réduit un grand nombre de *composés oxygénés*; il est décomposé aussi par les *métaux*, sauf le platine et l'or; et il a une *double fonction acide faible*.

1° Il est décomposé par les halogènes, qui prennent d'abord l'hydrogène, puis réagissent sur le soufre libre s'il y a lieu :

Par le *chlore*, d'abord d'après la réaction :

$$H^2S + Cl^2 = 2HCl + S\downarrow;$$

d'où l'emploi du chlorure de chaux pour la *désinfection de l'air*; puis, si la réaction a lieu entre les gaz *secs* avec un *excès de chlore*, il y a formation de chlorure de soufre S^2Cl^2;

Par le *brome*, d'abord d'après la réaction :

$$H^2S + Br^2 = 2HBr + S\downarrow;$$

d'où la *préparation du gaz bromhydrique* par un courant lent de gaz sulfhydrique passant dans du brome; le soufre libéré se combine alors avec l'excès de brome, si le brome est anhydre;

Par l'*iode*, mais seulement *en présence de l'eau* :

$$H^2S + I^2 = 2HI + S\downarrow;$$

d'où la *préparation de la solution étendue d'acide iodhydrique* par un courant de gaz sulfhydrique passant dans l'eau tenant de l'iode en suspension; et la *sulfhydrotimétrie*, ou dosage de l'acide sulfhydrique dans les eaux sulfureuses, en ajoutant de l'empois d'amidon à un volume connu de l'eau et en y versant goutte à goutte une liqueur titrée d'iode jusqu'à coloration bleue.

2° L'acide sulfhydrique est décomposé par l'*oxygène*, sauf pourtant à sec et à froid :

Ainsi il y a *combustion vive* du gaz à *l'air* par inflammation et avec production d'une *flamme bleue*; la combustion complète s'écrirait :

$$H^2S + 3O = H^2O + SO^2;$$

mais la combustion est incomplète dans une éprouvette, et on observe un dépôt de soufre sur les parois. Il y a combustion complète avec détonation par inflammation d'un *mélange* de 2 volumes de gaz sulfhydrique *avec* 3 volumes d'*oxygène*;

Il y a *combustion lente* par l'oxygène de l'air à froid en présence de l'eau, avec formation d'un dépôt de soufre presque blanc :

$$H^2S + O = H^2O + S\downarrow;$$

ce qui se produit à la longue dans la dissolution du gaz; et c'est pourquoi il faut faire cette dissolution avec l'eau distillée *récemment bouillie*, et la conserver dans des flacons *à l'émeri* complètement *remplis*. — Mais par réaction des deux gaz humides *en présence des corps poreux*, il y a formation d'acide sulfurique, surtout si la température s'élève un peu :

$$H^2S + 2O^2 = SO^4H^2;$$

c'est ce qui se passe dans les chambres de bains sulfureux au contact des tissus, ce qui explique leur destruction rapide, par carbonisation, au contact de l'acide sulfurique formé.

3° L'acide sulfhydrique est décomposé par un grand nombre de *composés oxygénés*, qui sont réduits :

Les composés oxygénés *du chlore*, comme l'*acide chlorique* ClO^3H, sauf pourtant l'acide perchlorique étendu :

$$ClO^3H + 3.H^2S = HCl + 3H^2O + 3S_{\downarrow};$$

et les composés oxygénés *de l'iode*, comme l'*acide iodique* :

$$2IO^3H + 5H^2S = I^2_{\downarrow} + 6H^2O + 5.S_{\downarrow},$$
$$IO^3H + 3H^2S = HI + 3H^2O + 3S_{\downarrow};$$

L'*ozone* et l'*eau oxygénée* :

$$H^2S + 4O^3 = SO^4H^2 + 4O^2,$$
$$H^2S + H^2O^2 = 2H^2O + S_{\downarrow};$$

Le *gaz sulfureux* SO^2 sauf pourtant à sec et à froid ; ainsi par le passage des deux gaz dans un tube *au rouge* se produit la réaction :

$$2H^2S + SO^2 = 2H^2O + 3S_{\downarrow};$$

aussi les deux gaz sulfhydrique et sulfureux ne peuvent pas coexister au rouge ; et alors la *combustion du gaz sulfhydrique* par de l'*oxygène en défaut* ou en quantité strictement suffisante pour brûler l'hydrogène, ne peut donner que de l'eau et du soufre libre ; d'où la production de soufre par combustion du gaz sulfhydrique dégagé des marcs de soude, et la destruction du gaz sulfhydrique dégagé dans les laboratoires d'analyse au moyen d'une flamme de gaz brûlant dans la cheminée d'appel. — La même réaction se produit *immédiatement*, quand l'acide sulfhydrique et l'*acide sulfureux* se trouvent *en présence de l'eau*; mais il se produit aussi une autre réaction simultanée donnant de l'*acide pentathionique* S^5O^5,H^2O ou $S^5O^6H^2$:

$$5H^2S + 5SO^3H^2 = S^5O^6H^2 + 5S\downarrow + 9.H^2O;$$

c'est la réaction utilisée pour la préparation de l'acide pentathionique, et pour la destruction industrielle du gaz sulfhydrique dégagé dans la fabrication du chlorure de plomb par l'acide chlorhydrique agissant sur le sulfure de plomb naturel;

L'*acide sulfurique concentré*, qui se trouble et répand l'odeur vive de gaz sulfureux, quand on y fait passer un courant de gaz sulfhydrique :

$$SO^4H^2 + H^2S = 2H^2O + S\downarrow + SO^2\uparrow;$$

la réaction, lente *à froid*, devient très rapide *à chaud* avec formation seulement de gaz sulfureux qui se dégage :

$$3.SO^4H^2 + H^2S = 4H^2O + 4SO^2\uparrow;$$

Le *bioxyde d'azote* AzO et les composés de l'azote plus oxygénés, comme l'*acide azotique* AzO^3H; la réaction est lente par le mélange avec le bioxyde d'azote :

$$2AzO + H^2S = Az^2O + H^2O + S\downarrow;$$

tandis que la réaction est violente quand on verse *quelques gouttes*, d'acide azotique fumant dans un *petit* flacon du gaz; on observe la production d'une vapeur rouge et d'un dépôt de soufre :

$$2.AzO^3H + H^2S = 2AzO^2 + 2H^2O + S\downarrow;$$

et il y aurait encore un dépôt de soufre par un courant de gaz sulfhydrique passant dans de l'acide azotique;

L'*acide arsénieux* AsO^3H^3, et l'*acide arsénique* AsO^4H^3, quand, dans leur solution acidulée par l'acide chlorhydrique, on fait passer un courant du gaz; la réaction :

$$2.AsO^3H^3 + 3H^2S = As^2S^3\downarrow + 6H^2O$$

exige pour la précipitation de l'orpiment artificiel As^2S^3 jaune, la présence d'une *grande quantité d'acide chlorhydrique libre*; la réaction :

$$2.AsO^4H^3 + 5H^2S = As^2S^3\downarrow + S^2\downarrow + 8.H^2O$$

exige pour la formation du précipité jaune pâle un temps très long, même si *on chauffe* à 70° pour accélérer la précipitation;

Enfin on peut rapprocher de toutes ces réactions de réduction l'action sur le *sulfure de carbone* CS^2 quand le mélange des deux corps gazeux passe dans un tube *au rouge*, surtout en présence du cuivre :

$$CS^2 + 2H^2S + 8Cu = 4Cu^2S + CH^4\uparrow,$$

ce qui est une synthèse du gaz des marais.

4° L'acide sulfhydrique est décomposé par tous les *métaux*, sauf le platine et l'or, avec formation de sulfures métalliques et mise en liberté d'hydrogène :

La décomposition n'a lieu qu'au *rouge sombre* par l'*argent*, ou par le *mercure*, si le gaz sulfhydrique est *sec*; mais elle se produit *à froid* par l'*argent humide* qui *noircit* à cause de la formation de sulfure Ag^2S;

La décomposition a lieu lentement à froid par les autres métaux : *cuivre, plomb, étain, fer, zinc*; rapidement si l'on chauffe : d'où la *purification de l'hydrogène* par le cuivre chauffé, et l'*analyse du gaz sulfhydrique* par l'étain fondu;

La décomposition a lieu aussi à froid par les *métaux alcalins*, mais alors la moitié de l'hydrogène seulement se dégage :

$$K + H^2S = KSH + H\uparrow,$$

par une réaction analogue à celle du métal alcalin sur l'eau :

$$K + H^2O = KOH + H\uparrow.$$

5° L'acide sulfhydrique a en effet une *double fonction acide faible*, car il colore le *tournesol* en rouge vineux, et il donne des *sels acides* comme KSH, et des *sels neutres* comme K^2S :

Ainsi par un courant de gaz sulfhydrique passant dans une *solution de potasse* KOH jusqu'à saturation, il y a formation de *sulfure acide de potassium* :

$$KOH + H^2S = H^2O + KSH;$$

mais si l'on vient à ajouter *autant* de la *même* solution de potasse, on obtient la *dissolution de sulfure neutre* :

$$KSH + KOH = H^2O + K^2S;$$

Par mélange du gaz avec le *gaz ammoniac* AzH^3, on obtient, suivant les proportions, 2 *sulfures d'ammonium* cristallisés et incolores : le sulfure acide

$$AzH^3 + H^2S = AzH^4HS,$$

Et le sulfure neutre

$$2AzH^3 + H^2S = (AzH^4)^2S;$$

tandis que encore, en faisant passer un courant de gaz sulfhydrique dans la *solution d'ammoniaque* jusqu'à saturation, il y a formation de la *dissolution de sulfure acide* d'ammonium ; et en ajoutant alors *autant* de la *même* solution d'ammoniaque, on prépare la *solution de sulfure neutre d'ammonium* :

$$AzH^3 + AzH^4.HS = (AzH^4)^2S.$$

Ces solutions sont d'abord *incolores*, mais elle jaunissent peu à peu au contact de l'air par suite de la formation de *soufre* libre qui reste *dissous* ou qui passe à l'état de *bisulfure d'ammonium* :

$$2.(AzH^4)^2S + O = (AzH^4)^2S^2 + 2AzH^3 + H^2O;$$

la présence de ce soufre libre dans le *sulfure jaune d'ammonium* est nécessaire dans certaines réactions où ce réactif est employé. Mais l'oxydation continuant, il y a formation d'*hyposulfite* d'ammonium :

$$(AzH^4)^2S^2 + 3.O = S^2O^3(AzH^4)^2;$$

et c'est pourquoi le sulfure jaune donne souvent un précipité de soufre par les acides. — Ces sulfures d'ammonium se forment dans la fermentation des matières organiques azotées et sulfurées, et on les *détruit* par des solutions de sels métalliques de peu de valeur, comme le *sulfate ferreux* SO^4Fe, le *sulfate de zinc* SO^4Zn ou le *chlorure de zinc* $ZnCl^2$:

$$(AzH^4)^2S + SO^4Fe = SO^4(AzH^4)^2 + FeS\downarrow \text{ noir};$$
$$(AzH^4)^2S + ZnCl^2 = 2.AzH^4Cl + ZnS\downarrow \text{ blanc}.$$

6° Enfin l'acide sulfhydrique précipite les *solutions des sels métalliques* dont les sulfures sont insolubles dans l'acide du sel qui devient libre : comme les sels solubles *de plomb* qui donnent du sulfure de plomb PbS *noir*, ou les sels solubles *d'argent* qui donnent du sulfure d'argent Ag^2S *noir*.

II. — Composition du gaz sulfhydrique.

Il ne peut renfermer *que de l'hydrogène et du soufre*, puisque c'est un produit de synthèse directe. On détermine sa composition en en faisant l'*analyse* dans la cloche courbe sur le mercure *par l'étain chauffé* pendant longtemps :

$$Sn + H^2S = SnS + H^2 \uparrow.$$

On reconnaît qu'un volume déterminé de gaz sulfhydrique laisse son propre volume d'un gaz que l'on peut constater être de l'hydrogène pur : donc 2^{vol} *du gaz contiennent* 2^{vol} *d'hydrogène*. — En appliquant alors la conservation de la masse au résultat précédent et à 2^{vol} du gaz, il vient pour calculer le *volume x de vapeur de soufre à haute température* :

$$2ad = 2ad' + xad'', \qquad \text{d'où} \qquad x = \frac{2(d - d')}{d''}$$

d, *d'* et *d''*, étant les densités du gaz, de l'hydrogène et de la vapeur de soufre. On trouve $x = 1$. Donc 2 volumes du gaz contiennent 2 volumes d'hydrogène et 1 volume de vapeur de soufre à haute température, unis avec contraction de $\frac{1}{3}$; d'où la *formule moléculaire* H^2S, analogue à celle de l'eau H^2O.

On n'emploie pas le potassium pour l'analyse du gaz, puisque ce métal retient la moitié de l'hydrogène.

III. — Caractères du gaz sulfhydrique.

1° Il est absorbé par la *potasse*; et aussi par les *bioxydes de manganèse* ou *de plomb*.

2° Il a une *odeur* fétide caractéristique.

3° Il est *combustible* avec une *flamme bleue*, en dégageant une odeur vive de gaz sulfureux qui produit la suffocation, et en donnant un *dépôt jaune pâle* de soufre sur la paroi de l'éprouvette à combustion.

4° Il donne un précipité *noir*, soit avec l'*azotate d'argent*, soit avec les *sels solubles de plomb* : d'où l'emploi du *papier à l'acétate de plomb* pour reconnaître la présence du gaz sulfhydrique dans un mélange de gaz ; de la *dissolution incolore d'acétate de plomb*, qui noircit, pour reconnaître la présence du gaz sulfhydrique dans un courant de gaz, par exemple dans l'hydrogène impur ; enfin de l'*azotate de plomb* pour purifier l'hydrogène.

IV. — État naturel, modes de formation, et préparations de l'acide sulfhydrique.

Il existe *libre* dans les *fumerolles* des régions volcaniques, à l'état *dissous* dans certaines *eaux sulfureuses*, à l'état de sulfures de sodium ou de calcium dans la plupart de ces eaux, enfin à l'état de traces *dans l'air*, car l'argent ou la peinture à la céruse y noircissent lentement.

Il *se forme* : 1° dans la *décomposition des matières organiques sulfurées*, comme dans la *distillation sèche de la houille* qui contient toujours un peu de pyrite, et la *fermentation de l'albumine* des œufs et des *déchets de la nutrition* : ce qui explique la présence du gaz sulfhydrique dans l'atmosphère, en même temps que celle du gaz ammoniac formé de même ;

2° Par *synthèse*, soit en chauffant l'hydrogène et le soufre en tube scellé *à 440°*, soit en faisant passer un courant d'hydrogène dans du soufre bouillant ; mais la réaction est *incomplète* puisque inversement le gaz sulfhydrique est décomposé par la chaleur ;

3° Surtout dans l'action des *acides* sur les *sulfures métalliques* ; ainsi on le produit *industriellement* pour la préparation du soufre ou du gaz sulfureux par l'action du *gaz carbonique* sur le *sulfure de calcium* des marcs de soude :

$$CaS + CO^2 + H^2O = CO^3Ca\downarrow + H^2S\uparrow.$$

— Et on le prépare dans les *laboratoires* par action de l'acide sulfurique *étendu* ou de l'acide chlorhydrique sur des sulfures attaquables par ces acides, soit artificiels comme le protosulfure de fer FeS, soit naturels comme le sulfure d'antimoine Sb^2S^3 ou stibine : on ne peut pas employer l'acide sulfurique concentré, ni l'acide azotique, puisqu'ils réagissent sur le gaz sulfhydrique.

4° Par le *protosulfure de fer* FeS, la préparation se fait *à froid* dans le flacon à 2 tubulures contenant aussi de l'eau, et où on verse *un peu* d'acide sulfurique; on *recueille* sur l'eau :

$$FeS + SO^4H^2 = SO^4Fe + H^2S\uparrow;$$

mais comme le sulfure artificiel contient toujours un peu de fer libre :

$$Fe + SO^4H^2 = SO^4Fe + H^2\uparrow;$$

aussi le gaz recueilli laisse toujours par la potasse un résidu d'hydrogène.

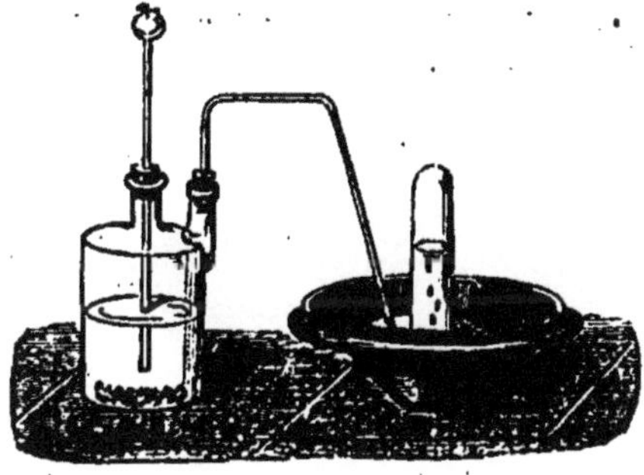

Fig. 78. — Préparation du gaz sulfhydrique.

Quand on fait la préparation dans l'*appareil continu* employé dans les laboratoires d'analyse, on attaque le sulfure de fer par l'*acide chlorhydrique étendu de son volume* d'eau :

$$FeS + 2HCl = FeCl^2 + H^2S\uparrow,$$
$$Fe + 2HCl = FeCl^2 + H^2\uparrow;$$

et alors il faut *laver* le gaz dans de l'eau, ou mieux dans une dissolution de sulfure de sodium, pour arrêter le gaz chlorhydrique entraîné :

$$Na^2S + 2HCl = 2NaCl + H^2S\uparrow.$$

— Et alors on remplace fréquemment le sulfure FeS par un *sulfure double de fer et de sodium*, obtenu en fondant la pyrite pulvérisée avec du carbonate de sodium sec, et plus régulièrement attaquable que le protosulfure de fer. — La présence de l'hydrogène libre ne gêne nullement pour la précipitation des solutions métalliques qui est l'usage principal du gaz sulfhydrique.

5° Mais pour obtenir le gaz sulfhydrique *pur*, on *chauffe* dans un ballon du *sulfure d'antimoine* noirâtre, cristallisé, et ne pouvant renfermer un excès de métal libre, avec de l'acide chlorhydrique *concentré*; on *lave* le gaz dégagé dans de l'eau ou dans une solution de sulfure alcalin pour arrêter le gaz chlorhydrique entraîné, et on *dessèche* sur du chlorure de calcium sec pour *recueillir* sur le mercure, si l'on veut avoir le gaz sec :

$$Sb^2S^3 + 6HCl \rightleftarrows 2SbCl^3 + 3H^2S\uparrow;$$

on ne peut pas employer l'acide sulfurique, qu'il faudrait prendre concentré et chaud, et qui serait réduit par le gaz sulf-

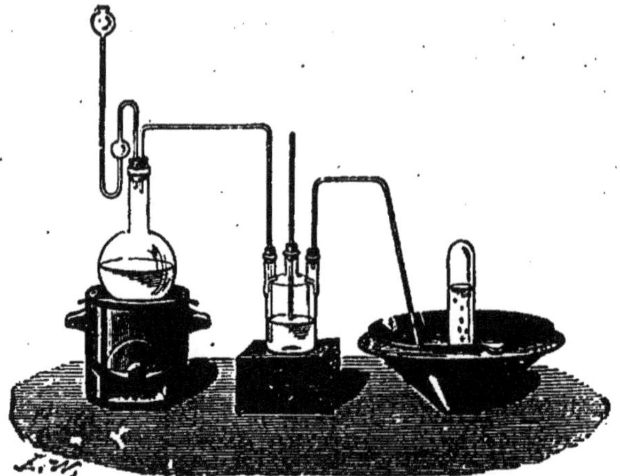

Fig. 79. — Préparation du gaz sulfhydrique pur.

hydrique; on ne peut pas dessécher par l'acide sulfurique concentré, qui est réductible à froid, ni par la potasse caustique qui absorberait le gaz. — Il faut prendre de l'acide chlorhydrique *concentré*, contenant du gaz chlorhydrique dissous capable d'attaquer le sulfure d'antimoine déjà à froid; l'acide étendu

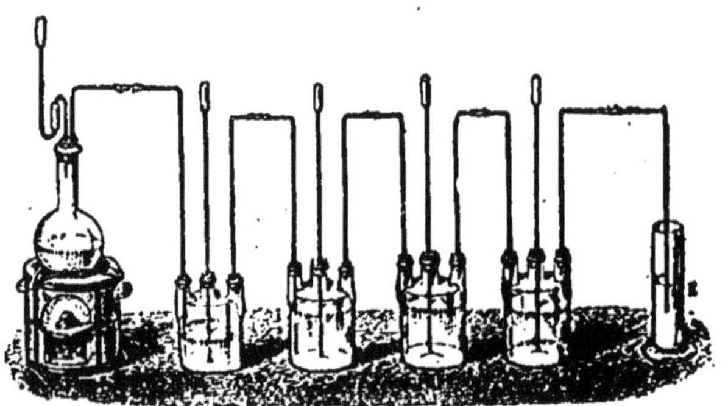

Fig. 80. — Préparation de la solution d'acide sulfhydrique.

contenant l'hydrate $HCl,8H^2O$ n'a pas d'action même à chaud, puisque c'est au contraire le gaz sulfhydrique qui en présence d'acide étendu précipite le chlorure d'antimoine d'après la réaction inverse ; et c'est précisément ce que l'on observe *vers la fin* de la préparation : le gaz sulfhydrique réagit sur les gouttelettes de chlorure d'antimoine, projetées par l'ébullition sur les parois du ballon, et y produit des *taches rouge orangé* d'un sulfure d'antimoine obtenu par voie humide. — C'est du résidu de cette opération que l'on retire le chlorure d'antimoine.

6° On prépare la *dissolution* en faisant passer le gaz lavé dans une série de flacons contenant de l'eau distillée *récemment bouillie*, et on le conserve dans des flacons *à l'émeri*, *pleins* et biens bouchés.

V. — Usages de l'acide sulfhydrique, et propriétés des sulfures métalliques.

L'acide sulfhydrique est employé en thérapeutique dans les *eaux sulfureuses*, mais surtout dans l'*analyse des solutions métalliques* qui repose sur les différences de solubilité et de coloration des sulfures métalliques, corps analogues aux composés oxygénés correspondants.

Les sulfures *alcalins et alcalinoterreux* sont *seuls solubles* dans l'eau, comme les oxydes correspondants ; ils sont capables de s'unir à l'acide sulfhydrique pour former des *sulfures acides*, tels que KSH ou CaS^2H^2, comparables aux hydrates métalliques. Et les dissolutions des sulfures alcalins dissolvent certains sulfures comme ceux d'*arsenic*, d'*antimoine*, d'*étain*, d'*or*, lesquels sont insolubles dans l'eau et dans l'acide chlorhydrique étendu : il y a alors formation de *sulfures doubles cristallisables*, que l'on peut regarder comme contenant un *sulfure alcalin* jouant un rôle *basique* et un sulfure jouant le rôle d'*anhydride*, par analogie avec la formation des sels des oxacides.

Les sulfures d'*argent*, de *mercure*, de *plomb*, de *cuivre*, de *bismuth* et de *cadmium*, sont insolubles aussi dans l'eau et l'acide chlorhydrique étendu, mais ne se dissolvent pas dans les sulfures alcalins.

Les sulfures de *fer*, de *nickel*, de *cobalt*, de *zinc*, et de *manganèse*, sont insolubles dans l'eau, mais se dissolvent dans l'acide chlorhydrique étendu.

Aucun de ces sulfures n'a ni fonction basique ni fonction anhydride.

D'où l'application des propriétés des sulfures métalliques à la *recherche du métal d'un sel dissous usuel* :

1° A un essai on ajoute *une goutte d'acide chlorhydrique*, et s'il y a un précipité, qui est toujours blanc, c'est que le *chlorure du métal* du sel est *insoluble* dans l'eau ou les acides étendus : c'est du chlorure d'*argent* AgCl, si le précipité est soluble dans l'ammoniaque ; c'est du chlorure *mercureux*, s'il noircit par l'ammoniaque ; c'est du chlorure de *plomb*, s'il reste inaltéré par l'ammoniaque. — Et s'il n'y a pas eu de précipité, c'est que l'on n'avait ni sel d'argent, ni sel mercureux.

2° Alors dans l'essai *acidulé* par l'acide chlorhydrique, on fait passer un *courant de gaz sulfhydrique*, et s'il y a un précipité c'est que le *sulfure du métal* est *insoluble dans l'acide chlorhydrique étendu* ; alors après avoir *lavé* le précipité, on le chauffe doucement avec du *sulfure jaune* d'ammonium ; et si le précipité se dissout, c'est que le *sulfure du métal* est *soluble dans les sulfures alcalins*.

Si le précipité était *noir*, c'était du sulfure de *platine* ou d'*or* ; si le précipité était *rouge orangé*, c'était du sulfure d'*antimoine* ; si le précipité était *brun*, c'était du sulfure *stanneux* ; si le précipité était *jaune*, c'était du sulfure *stannique* ou du sulfure d'*arsenic* ; enfin si le précipité était presque *blanc*, c'était du soufre provenant de la réduction du gaz sulfhydrique par le sel essayé : chromate jaune, permanganate violacé, iodate incolore, sel ferrique jaune, etc.

S'il y a eu précipitation par le gaz sulfhydrique mais non redissolution dans le sulfure jaune d'ammonium ; si le précipité est *noir*, c'est du sulfure *mercurique*, ou du sulfure de *plomb*, ou de *cuivre*, ou de *bismuth* ; si le précipité est *jaune*, c'est du sulfure de *cadmium*.

Enfin s'il n'y a pas eu de précipitation par le gaz sulfhydrique, c'est que le sulfure du métal est soluble dans l'acide chlorhydrique étendu.

3° Alors on ajoute du *chlorure d'ammonium* pour empêcher la précipitation de la magnésie au cas où l'on aurait un sel magnésien, puis un peu d'*ammoniaque* en s'assurant par le papier au tournesol que le liquide n'est plus acide, et enfin un peu de *sulfure d'ammonium* ; s'il se forme un précipité, c'est que le *sulfure du métal* est *insoluble dans l'eau*, ou bien si le sulfure du métal ne se forme pas par voie humide comme ceux d'aluminium ou de chrome c'est que l'*hydrate* précipité par l'ammoniaque est *insoluble dans l'eau* :

Si le précipité est *noir*, c'est du sulfure de *fer*, ou de *nickel*, ou de *cobalt*; si le précipité est *blanc*, c'est du sulfure de *zinc*, ou de l'hydrate d'*aluminium*; si le précipité est *rose* ou jaunâtre, c'est du sulfure de *manganèse*; si le précipité est *verdâtre ou bleuâtre*, c'est de l'hydrate de *chrome*.

S'il n'y a pas eu de précipité, c'est que le sulfure du métal est soluble dans l'eau.

4° Alors dans le liquide *initial neutre*, on ajoute du *chlorure d'ammonium* comme tout à l'heure, puis du *carbonate de sodium*; s'il y a un précipité, qui est toujours *blanc*, c'est que le *carbonate* du métal est *insoluble dans l'eau*, et c'est du carbonate de *baryum*, de *strontium*, ou de *calcium*.

S'il y a pas eu de précipité, c'est que l'on a un sel magnésien ou alcalin.

5° Alors, dans un essai du liquide *initial neutre* on ajoute du *chlorure d'ammonium*, puis de l'*ammoniac*, et un peu de *phosphate de sodium*; s'il y a un précipité, qui est *blanc*, c'est du phosphate ammoniaco-*magnésien*. S'il n'y a pas de précipité, c'est que l'on a un sel alcalin.

6° Alors dans le liquide *initial* on ajoute du *chlorure platinique* puis de l'*alcool*; s'il se forme un précipité *jaune*, c'est du chloroplatinate de *potassium* ou d'*ammonium*. S'il n'y a pas de précipité, c'est que l'on a un sel de *sodium*.

Dans cette recherche de la nature du métal d'un sel dissous, comme il y a beaucoup de sulfures noirs, la *coloration du liquide initial*, la même que la coloration du sel hydraté cristallisé, fournit des indications utiles : le *chlorure platinique* est *jaune brun*, le *chlorure d'or* est *jaune*, les *sels cuivriques* sont *bleus*, les *sels ferriques* sont *jaune brun* et donnent par le gaz sulfhydrique un précipité de soufre et un liquide vert pâle; les *sels ferreux* sont en effet *vert pâle*, les *sels de nickel* sont *vert* plus foncé, les *sels de cobalt* sont *rouges*, les *sels manganeux* sont *rose pâle*, les *sels de sesquioxyde de chrome* sont *violets ou verts*; et *tous les autres* sels métalliques sont *incolores*, à moins que l'acide du sel ne soit lui-même coloré :

C'est ce qui arrive pour les *chromates* qui sont *jaune ou jaune brun* et donnent par le gaz sulfhydrique un précipité de soufre et un liquide violet ou vert; et pour les *permanganates rouge violet* qui donnent par le gaz sulfhydrique un précipité de soufre et un liquide à peu près incolore.

On comprend l'*extrême importance des actions de l'acide sulfhydrique* pour trouver la nature du métal d'un sel, et même l'acide du sel.

Si l'on revient aux propriétés des sulfures métalliques, on peut ajouter que l'on connaît des *sulfures salins* comme celui de fer Fe^3S^4, provenant de la calcination du *bisulfure* FeS^2 analogue au bioxyde MnO^2, comme le sulfure salin Fe^3S^4 est l'analogue de l'oxyde salin Mn^3O^4. — Il y a donc des *analogies chimiques* étroites *entre les sulfures et les oxydes*. Pourtant le soufre a une tendance à former avec un même métal des composés plus nombreux que ceux que donne l'oxygène : c'est ainsi que les *polysulfures* n'ont pas en général d'analogues dans les composés oxygénés.

Une réaction importante des sulfures métalliques est leur oxydation quand on les *chauffe* au contact de l'*air* ; c'est l'opération du *grillage* des sulfures, fondamentale en *métallurgie* et dans l'industrie de l'acide sulfurique :

C'est ainsi qu'il y a libération du *mercure* par grillage du cinabre :

$$HgS + O^2 = SO^2\uparrow + Hg\curvearrowright ;$$

Mais le plus souvent le métal aussi est oxydé et le produit sera réductible par le charbon ; la réaction :

$$Cu^2S + 2O^2 = SO^2\uparrow + 2CuO$$

est employée dans la métallurgie du *cuivre* ; la réaction :

$$ZnS + 3.O = SO^2\uparrow + ZnO$$

est employée dans la métallurgie du *zinc* et la production industrielle de l'*anhydride sulfureux*.

Enfin les produits de la réaction peuvent aussi dépendre des conditions du grillage ; c'est ce qui se produit dans le *grillage de la pyrite* FeS^2 ; à *température élevée* où le sulfate ferreux n'existe pas :

$$2.FeS^2 + 11.O = Fe^2O^3 + 4.SO^2\uparrow ;$$

à température *plus basse* :

$$FeS^2 + 3.O^2 = SO^4Fe + SO^2\uparrow ;$$

enfin par grillage *spontané à l'air humide* :

$$FeS^2 + 7O + H^2O = SO^4Fe + SO^4H^2;$$

on verra l'importance de ces réactions pour la préparation des divers acides sulfuriques.

VI. — Caractères des sulfures métalliques.

Les *dissolutions des sulfures alcalins* se reconnaissent aux caractères suivants :

1° Par l'*acide chlorhydrique*, il y a dégagement de *bulles* d'un gaz, qui est du gaz sulfhydrique, reconnaissable à l'*odeur* et par le papier à l'acétate de plomb qui noircit;

2° Par l'*azotate de baryum*, rien; mais par l'*azotate de plomb*, il y a formation d'un précipité *noir*, qui est du sulfure de plomb, insoluble dans les acides étendus;

3° Par l'*azotate d'argent*, il y a formation d'un précipité *noir*, qui est du sulfure d'argent, insoluble dans les acides étendus;

4° Par le *sulfate cuivrique*, il y a formation d'un précipité *noir* de sulfure cuivrique CuS :

$$SO^4Cu + K^2S = SO^4K^2 + CuS\downarrow;$$

si le précipité noir est jauni par du soufre, c'est que l'on a affaire à un *polysulfure* :

$$SO^4Cu + K^2S^5 = SO^4K^2 + CuS\downarrow + 4S\downarrow;$$

tandis que si l'on observe en même temps un dégagement de gaz sulfhydrique, c'est qu'il s'agit d'un *sulfure acide* :

$$SO^4Cu + 2KSH = SO^4K^2 + CuS\downarrow + H^2S\uparrow.$$

On peut reconnaître les *sulfures insolubles* en les fondant avec du *carbonate de sodium* : il y a formation de sulfure de sodium, qui noircit une pièce d'*argent humide*;

Ou encore en les fondant avec un mélange d'*azotate de potassium* oxydant et de *carbonate de sodium*, qui les transforme en sulfate alcalin soluble, facile à reconnaître.

DIX-HUITIÈME LEÇON

Composés oxygénés du soufre. — Acides sulfureux, hydrosulfureux et hyposulfureux.

COMPOSÉS OXYGÉNÉS DU SOUFRE

On connaît 3 *anhydrides* du soufre : les anhydrides *sulfureux* SO^2, *sulfurique* SO^3, et *persulfurique* S^2O^7, sans compter un *sesquioxyde de soufre* S^2O^3.

Puis 5 *acides simples*, connus au moins à l'état de dissolution plus ou moins stable ou de sels :

L'acide *hydrosulfureux* $SO^2H^2 = SO,H^2O$, ou $SO{<}^{H}_{OH}$, qui est monobasique ;

L'acide *sulfureux* $SO^3H^2 = SO^2,H^2O$, ou $SO{<}^{OH}_{OH}$, qui est bibasique ;

L'acide *sulfurique* $SO^4H^2 = SO^3,H^2O$, ou $SO^2{<}^{OH}_{OH}$, qui est bibasique ;

L'acide *thiosulfurique* ou *hyposulfureux* $S^2O^3H^2 = S^2O^2,H^2O$, ou $SO^2{<}^{OH}_{SH}$, qui est bibasique ;

L'acide *persulfurique* $SO^4H = \frac{1}{2}(S^2O^7,H^2O)$, qui est monobasique.

Enfin 4 *acides thioniques*, de formule générale $S^nO^6H^2 = S^nO^5,H^2O$, où n peut varier de 2 à 5 :

L'acide *dithionique* $S^2O^6H^2 = S^2O^5,H^2O$, appelé aussi acide *hyposulfurique* ;

L'acide *trithionique* $S^3O^6H^2 = S^3O^5,H^2O$;

L'acide *tétrathionique* $S^4O^6H^2 = S^4O^5,H^2O$;

L'acide *pentathionique* $S^5O^6H^2 = S^5O^5,H^2O$;

Ces acides thioniques ne sont connus qu'*à l'état de dissolution*, mais leurs *sels* sont bien *cristallisés*, et leurs *sels de baryum* sont *solubles*. Les dissolutions des acides thioniques et de leurs sels sont décomposées à l'*ébullition* d'après les formules générales :

$$S^nO^6H^2 = SO^4H^2 + SO^2\uparrow + S^{n-2}\downarrow,$$
$$S^nO^6M'' = SO^4M'' + SO^2\uparrow + S^{n-2}\downarrow;$$

dans cette décomposition, il y a donc toujours formation d'acide sulfurique ou de sulfate, et dégagement de gaz sulfureux; et on observe la précipitation du soufre, sauf dans le cas de l'acide dithionique ou des dithionates.

Aux composés oxygénés du soufre se rattachent les *oxychlorures* du soufre, dont les principaux sont le *chlorure de thionyle* $SOCl^2$, le *chlorure de sulfuryle* SO^2Cl^2, et le *chlorure acide de sulfuryle* $SO^2\begin{cases}OH\\Cl\end{cases}$ ou *monochlorydrine* sulfurique, appelé aussi *acide chlorosulfurique*.

Par *combustion du soufre* dans l'oxygène, il se forme presque uniquement du gaz sulfureux SO^2, avec un peu d'anhydride sulfurique SO^3 ou d'acide sulfurique SO^4H^2 suivant que le gaz est sec ou humide. Aussi *tous les composés oxygénés* du soufre *se préparent* en général *à partir de l'anhydride sulfureux* : c'est en particulier le cas du plus *important*, l'*acide sulfurique*, le seul des acides du soufre qui soit connu autrement qu'en dissolution, et dont les *formes cristallisées* sont l'acide *pyrosulfurique* ou *disulfurique* $S^2O^7H^2 = 2SO^3,H^2O$, l'acide sulfurique *normal* $SO^4H^2 = SO^3,H^2O$, et l'acide sulfurique *glacial* $SO^4H^2,H^2O = SO^3,2H^2O$, qui donnent tous les trois par l'eau la même dissolution.

ANHYDRIDE ET ACIDE SULFUREUX

L'anhydride sulfureux SO^2 est un *gaz incolore*, à *odeur* vive, produisant la *suffocation*, ayant pour *densité* 2,2639, la même à peu près que la vapeur de soufre à haute température; très *facile à liquéfier* dans un tube en Y refroidi par un mélange réfrigérant et en relation avec un matras fortement refroidi. — C'est alors un *liquide incolore mobile*, *bouillant* à — 8° livré en *siphons* pour être employé comme *frigorifique* car il donne la température — 65° dans le vide; l'anhydride sulfureux liquéfié est *solidifiable* dans le mélange de Thilorier.

Le gaz sulfureux est *très soluble* dans l'eau : coefficient 80 à 0°; la dissolution se fait avec *dégagement de chaleur*, et par refroidissement il peut y avoir formation d'*hydrates cristallisables*, en particulier l'*hydrate* SO^3H^2 et l'hydrate $SO^2,6H^2O$; mais ces hydrates sont très *peu stables* et par suite sans importance : ils n'existent déjà plus à la température ordinaire. — On admet pourtant que la solution du gaz renferme l'*acide sulfureux*

(SO^3H^2), défini seulement par ses sels; car cette solution fait virer le *tournesol* et l'*hélianthine* comme un acide fort.

Il y a *dissociation* du gaz sulfureux dans le *tube chaud et froid* à tube froid argenté, car le tube argenté noircit par la formation de sulfure d'argent Ag^2S, et il se recouvre d'un peu d'anhydride sulfurique SO^3; l'eau de lavage du tube après l'expérience donne en effet un précipité blanc de sulfate de baryum quand on y

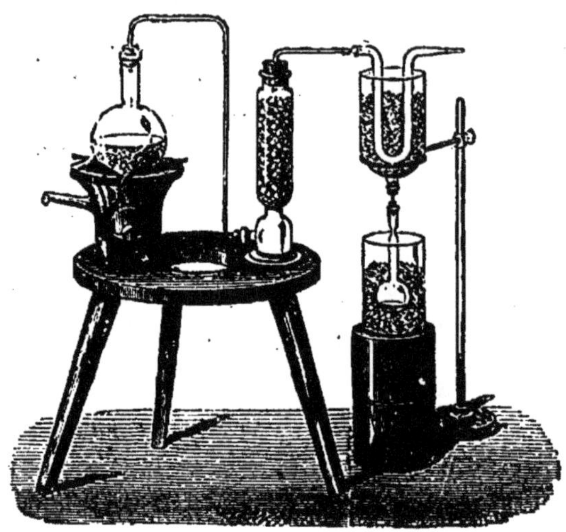

Fig. 81. — Liquéfaction de l'anhydride sulfureux dans les laboratoires.

ajoute un peu d'un sel soluble de baryum : or le gaz sulfureux est sans action à froid sur l'argent; il faut donc admettre qu'il y a eu dissociation au contact du tube chaud d'après :

$$3SO^2 \rightleftarrows 2SO^3 + S;$$

et la vapeur de soufre libérée a attaqué l'argent. La réaction inverse se produirait si l'on chauffait l'anhydride sulfurique avec du soufre.

Il y a décomposition *partielle* du gaz sulfureux par une *série d'étincelles* en les éléments $S + O^2$, mais on observe aussi la formation d'un peu d'anhydride sulfurique par l'action de l'étincelle sur le mélange du gaz sulfureux inaltéré avec l'oxygène devenu libre.

Enfin il y a décomposition de la *solution* d'acide sulfureux en tube scellé, très *lente* à la *lumière*, *rapide* si on *chauffe* à 250°, avec dépôt de soufre et formation d'acide sulfurique :

$$3.SO^3H^2 = S_{\downarrow} + 2SO^4H^2 + H^2O$$

I. — Propriétés chimiques de l'anhydride et de l'acide sulfureux.

Ils réagissent sur le fluor, le chlore, le brome ou l'oxygène, et agissent *en général* comme *réducteurs*; mais ils *peuvent* eux-mêmes *être réduits* par des corps très avides d'oxygène comme l'hydrogène, le carbone, l'oxyde de carbone, et quelques métaux; ils n'agissent guère sur les métaux en général.

1° Il y a oxydation *immédiate* de l'*acide* sulfureux SO^3H^2 par les *halogènes* en présence de l'eau.

$$SO^3H^2 + H^2O + Cl^2 = SO^4H^2 + 2HCl;$$

et de même avec Br^2, ou I^2. — Tandis qu'il y a combinaison directe du *gaz* sulfureux *sec* avec le *fluor* pour donner le gaz fluorure de sulfuryle SO^2F^2, avec le *chlore sec* ou la *vapeur de brome* pour donner les chlorure SO^2Cl^2 ou bromure SO^2Br^2 de sulfuryle :

Ainsi par mélange du gaz sulfureux sec avec un *égal* volume de chlore sec et exposition *au soleil*, surtout en présence du charbon, il y a combinaison directe des 2 gaz avec formation de *chlorure de sulfuryle* SO^2Cl^2, *liquide incolore*, que l'on peut débarrasser d'un peu de chlore en excès par distillation sur du mercure; il est *fumant* à l'air, et il est décomposé par l'*eau* d'après :

$$SO^2Cl^2 + 2H^2O = SO^4H^2 + 2HCl;$$

c'est donc le *chlorure de l'acide sulfurique* SO^4H^2 ou $SO^2{<}^{OH}_{OH}$; aussi il se forme encore quand on chauffe l'anhydride sulfurique SO^3 avec une quantité équivalente de pentachlorure de phosphore PCl^5 :

$$SO^3 + PCl^5 = POCl^3 + SO^2Cl^2.$$

Mais par action du gaz sulfureux *sec* sur du *pentachlorure de phosphore*, il y a formation de *chlorure de thionyle* $SOCl^2$, *liquide incolore*, décomposé par l'*eau* d'après :

$$SOCl^2 + 2H^2O = SO^3H^2 + 2HCl,$$

et qui est par suite le *chlorure de l'acide sulfureux* $SO\langle^{OH}_{OH}$; il se forme aussi par *synthèse* directe quand un courant de gaz hypochloreux Cl^2O passe dans du chlorure de soufre ayant dissous du soufre S :

$$Cl^2O + S = SOCl^2.$$

Ainsi l'anhydride sulfureux SO^2 se comporte comme un radical bivalent le *sulfuryle*, capable de s'unir à F^2, à Cl^2, à Br^2; à O'' pour former SO^3; à $(OH)^2$ dans l'acide sulfurique $SO^2(OH)^2$; enfin à (OH) et à (SH) dans l'acide hyposulfureux $SO^2\langle^{OH}_{SH}$. — Et on peut le regarder comme renfermant lui-même un radical bivalent non isolé le *thionyle* $SO\langle$ uni à Cl^2 dans $SOCl^2$, à O dans SO^2, à $(OH)^2$ dans l'acide sulfureux $SO(OH)^2$, enfin à H et à (OH) dans l'acide hydrosulfureux $SO\langle^{H}_{OH}$.

2° Le gaz sulfureux *sec* se combine directement avec l'*oxygène sec*, soit en présence de la mousse de platine chauffée, soit par l'action de l'effluve :

Par le mélange des gaz secs passant sur de la *mousse de platine chauffée*, il y a formation d'*anhydride sulfurique* SO^3, dont c'est la production industrielle;

Tandis que par *action de l'effluve* sur le mélange sec, il y a formation d'*anhydride persulfurique* S^2O^7 en *gouttes huileuses*, cristallisables à 0° en un *solide* blanc *fumant* à l'air, décomposé partiellement par l'*eau* :

$$S^2O^7 + 2H^2O = 2.SO^4H^2 + O\uparrow;$$

mais donnant aussi de l'*acide persulfurique* SO^4H par beaucoup d'eau froide :

$$S^2O^7 + H^2O = 2.SO^4H.$$

Si on a pris des volumes égaux des deux gaz, on constate qu'après l'action de l'effluve dans l'appareil scellé, il reste un excès d'oxygène pur formant le $\frac{1}{8}$ du volume total initial, d'où la *composition* de l'anhydride persulfurique d'après la réaction nécessaire :

$$2.SO^3 + 2.O^3 = O + S^2O^7\downarrow.$$

Mais il y a oxydation rapide du gaz ou de l'acide sulfureux *à froid* par l'oxygène de l'*air* en présence de l'*eau* ou de la *vapeur d'eau* :

$$SO^3H^2 + O = SO^4H^2.$$

— Aussi on constate la présence d'acide sulfurique dans la solution d'acide sulfureux conservée depuis un certain temps; dans l'air des villes industrielles; dans la fleur de soufre.

Il y aurait oxydation *immédiate* par l'*oxygène ozonisé*.

3° Alors il y a *réduction par l'acide sulfureux* d'un *grand nombre de composés* :

De l'*acide chlorique* ClO^3H, de l'*acide iodique* IO^3H ou des *iodates*; d'où la mise en liberté d'iode par l'acide sulfureux :

$$2.IO^3Na + 5SO^3H^2 = SO^4Na^2 + 4SO^4H^2 + H^2O + I^2\downarrow,$$

et la propriété réductrice de l'acide sulfureux est employée dans l'*extraction de l'iode* des iodates;

Des *composés oxygénés de l'azote* plus oxygénés que le bioxyde AzO; ainsi *immédiatement* et *à froid*, quelle que soit la dilution, par l'*anhydride* ou l'*acide azoteux* :

$$Az^2O^3 + SO^3H^2 = 2AzO\uparrow + SO^4H^2,$$

d'où la théorie de Weber pour la production industrielle de l'acide sulfurique. — Par mélange de l'anhydride sulfureux liquéfié avec le *peroxyde d'azote* AzO^2 refroidi, il y a formation du *sulfate neutre de nitrosyle* $SO^4(AzO)^2$, ou cristaux de de la Provostaye, solide *blanc*, décomposé par l'eau. — Par action du gaz sulfureux sur l'*acide azotique concentré*, soit quand un courant du gaz passe dans l'acide, soit quand on verse quelques gouttes de l'acide fumant dans un flacon du gaz, auquel cas on observe une *vapeur rouge* disparaissant par dépôt de *cristaux blancs*, il y a formation de *sulfate acide de nitrosyle* $SO^4H(AzO)$, solide *blanc*, décomposé par l'*eau* en redonnant des vapeurs rouges de gaz azoteux :

$$2SO^4H(AzO) + H^2O = 2SO^4H^2 + Az^2O^3\uparrow,$$

et réductible par le gaz sulfureux. — Enfin par action de l'acide sulfureux SO^3H^2 sur l'*acide azotique* AzO^3H *en présence de l'eau*, la réaction est rapide si les solutions sont concentrées et chaudes, elle est lente et incomplète si les solutions sont étendues :

$$2AzO^3H + 3.SO^3H^2 = 3.SO^4H^2 + H^2O + 2AzO\uparrow;$$

il n'y aurait pas d'action entre les solutions froides trop étendues;

De l'*acide arsénique* AsO^4H^3 en acide arsénieux AsO^3H^3 d'après :

$$AsO^4H^3 + SO^3H^2 = SO^4H^2 + AsO^3H^3;$$

Du *chlorure d'or* à l'ébullition :

$$2AuCl^3 + 3H^2O + 3.SO^3H^2 = 3SO^4H^2 + 6HCl + 2Au\downarrow;$$

Des *sels mercureux* qui donnent un dépôt gris de mercure libre;

Des *sels ferriques* à l'ébullition :

$$Fe^2Cl^6 + H^2O + SO^3H^2 = 2FeCl^2 + 2HCl + SO^4H^2,$$
$$(SO^4)^3Fe^2 + H^2O + SO^3H^2 = 2.SO^4Fe + 2.SO^4H^2;$$

Du *permanganate* de potassium qui est décoloré :

$$2MnO^4K + 5SO^3H^2 = 2.SO^4Mn + SO^4K^2 + 2SO^4H^2 + 3H^2O;$$

De l'*anhydride chromique* qui prend une teinte verte :

$$2CrO^3 + 3.SO^3H^2 = (SO^4)^3Cr^2 + 3H^2O;$$

Du *bioxyde de plomb*, qui absorbe le gaz sulfureux avec incandescence et formation de sulfate de plomb :

$$PbO^2 + SO^2 = SO^4Pb;$$

Enfin du *bioxyde de manganèse* qui absorbe aussi le gaz *sec* :

$$MnO^2 + SO^2 = SO^4Mn.$$

Mais par un courant du gaz dans de l'*eau refroidie* tenant en suspension du bioxyde de manganèse en poudre fine qui se dissout, il y a *en outre* formation de *dithionate de manganèse* :

$$MnO^2 + 2.SO^2 = S^2O^6Mn;$$

si alors on ajoute au liquide une dissolution de sulfure de

baryum jusqu'à précipitation complète du manganèse et de l'acide sulfurique :

$$SO^4Mn + BaS = SO^4Ba\downarrow + MnS\downarrow,$$
$$S^2O^6Mn + BaS = S^2O^6Ba + MnS\downarrow,$$

on obtient une *dissolution de dithionate de baryum* S^2O^6Ba; alors par addition d'acide sulfurique étendu jusqu'à précipitation complète du baryum :

$$S^2O^6Ba + SO^4H^2 = SO^4Ba\downarrow + S^2O^6H^2,$$

on a finalement la *solution étendue d'acide dithionique.* — Il y aurait aussi formation d'acide dithionique dans l'action de l'acide sulfureux sur l'*hydrate ferrique* ou l'*hydrate cobaltique*, mais non sur le bioxyde de baryum.

4° Mais il y aussi *réduction de l'anhydride ou de l'acide sulfureux* eux-mêmes dans un certain nombre de cas :

Par l'*hydrogène*, soit par mélange avec le gaz sulfureux dans un tube de porcelaine *au rouge* d'après la réaction :

$$SO^2 + 2H^2 = 2H^2O + S\downarrow,$$

avec naturellement formation possible d'un peu de gaz sulfhydrique puisqu'il y a de l'hydrogène et du soufre libres à température élevée. — Soit *à froid* dans l'*appareil producteur d'hydrogène*, avec dégagement de gaz sulfhydrique capable de noircir les sels de plomb :

$$SO^3H^2 + 3H^2 = 3H^2O + H^2S\uparrow;$$

d'où une *réaction* sensible *de l'acide sulfureux et des sulfites*;

Par le *gaz sulfhydrique* H^2S, soit *au rouge* d'après l'équation :

$$SO^2 + 2H^2S = 2H^2O + 3.S\downarrow.$$

— Soit *en présence de l'eau*, et alors outre la réaction précédente s'en passe une autre simultanée amenant la formation d'*acide pentathionique* $S^5O^6H^2$:

$$5SO^3H^2 + 5H^2S = S^5O^6H^2 + 5.S\downarrow + 9H^2O;$$

de sorte que par *filtration* et addition de carbonate de baryum qui se dissout :

$$S^5O^6H^2 + CO^3Ba = S^5O^6Ba + H^2O + CO^2\uparrow;$$

par une nouvelle filtration on obtient la *solution de pentathionate de baryum*, qui par addition d'acide sulfurique étendu jusqu'à précipitation complète du baryum donnera la *solution étendue d'acide pentathionique* par filtration :

$$S^5O^6Ba + SO^4H^2 = SO^4Ba\downarrow + S^5O^6H^2;$$

Par les *sulfures alcalins* dissous, avec formation d'hyposulfite alcalin :

$$2.Na^2S + 3SO^2 = 2S^2O^3Na^2 + S\downarrow;$$

Par les *acides hypophosphoreux* PO^2H^3 et *phosphoreux* PO^3H^3 *chauffés*, avec précipitation de soufre :

$$SO^3H^2 + 2PO^3H^3 = 2.PO^4H^3 + H^2O + S\downarrow;$$

d'où la recherche de la présence de l'acide phosphoreux dans l'acide phosphorique des laboratoires;

Par l'*arsenic chauffé* avec formation d'anhydride arsénieux et d'orpiment artificiel :

$$3.SO^2 + 6.As = 2.As^2O^3 + As^2S^3;$$

Par le *charbon* au rouge blanc, et aussi par le *gaz oxyde de carbone* au rouge :

$$SO^2 + 2CO = 2CO^2\uparrow + S\curvearrowright;$$

Par les *métaux alcalins* qui, *chauffés* dans le gaz sulfureux, y brûlent pour donner un sulfure et un sulfate. — Même réaction par le *fer* chauffé :

$$2SO^2 + 2Fe = FeS + SO^4Fe.$$

— Tandis que par l'*étain* chauffé il y a formation d'oxyde et de sulfure :

$$2SO^2 + 3.Sn = 2SnO^2 + SnS^2.$$

— *En général* l'anhydride sulfureux est *sans action* sur les métaux *à froid et à sec*, de sorte que l'on pourra employer le fer dans la construction des appareils frigorifiques à liquide sulfureux;

Enfin par le *zinc* en présence de l'*eau*, qui se dissout dans la solution d'acide sulfureux en donnant de l'*acide hydrosulfureux* dont c'est le mode de formation :

$$3.SO^3H^2 + Zn = SO^2H^2 + (SO^3)^2H^2Zn + H^2O.$$

II. — Composition du gaz sulfureux.

1° En *volumes*, par la *synthèse* : dans un ballon plein d'oxygène pur sur le mercure, on introduit par une coupelle et un fil de fer un fragment de soufre qu'on allume par la chaleur solaire et une lentille convergente; après refroidissement, on observe seulement une très faible diminution de volume, attribuable à la formation de traces d'anhydride sulfurique SO^3. — Si on admet que le changement de volume de l'oxygène est négligeable, on déduit de l'expérience précédente que 2eme *du gaz* contiennent 2eme *d'oxygène*; et comme le gaz ne peut renfermer *que du soufre et de l'oxygène*, on pourra calculer le volume de vapeur de soufre à haute température en appliquant la conservation de la masse au résultat obtenu et à 2eme du gaz : $2\,ad = 2\,ad' + x\,ad''$ d'où $x = 2\,\frac{d-d'}{d''}$. On trouve $x = 1$; donc il y avait en outre 1eme *de vapeur de soufre* à haute température. D'où la *formule moléculaire* SO^2.

2° Plus exactement, *en partant de la composition de l'anhydride sulfurique* supposée déterminée exactement et représentée par la formule moléculaire SO^3 ; la vapeur de ce corps passant dans un tube de platine au rouge se décompose complètement en un mélange gazeux dont les absorbants du gaz sulfureux enlèvent les $\frac{2}{3}$, le $\frac{1}{3}$ restant étant de l'oxygène pur; donc dans cette décomposition 2 volumes de gaz sulfureux ont pris naissance en même temps que 1 volume d'oxygène; ou bien la *molécule de gaz sulfureux* était unie à l'*atome d'oxygène* dans l'anhydride sulfurique dont la molécule renferme 1 atome de soufre et 3 atomes d'oxygène : donc la molécule de gaz sulfureux contient l'atome de soufre et 2 atomes d'oxygène. La formule moléculaire SO^2 est vérifiée par la densité expérimentale :

$$28^{gr},8 \times d = 32^{gr} + 16^{gr} \times 2.$$

III. — Caractères du gaz sulfureux.

1° Il est absorbé par la *potasse*; et aussi par les *bioxydes de manganèse* ou *de plomb*, et par le *borax*, qui n'absorbent pas le gaz carbonique;

2° Il a une *odeur* vive, et produit la suffocation ; il est *soluble*, sa solution est fortement *acide* et introduite dans un *appareil producteur d'hydrogène* pur y produit un dégagement de gaz sulfhydrique qui noircit l'acétate de plomb ;

3° Il donne une coloration bleue au papier à *iodate amidonné* ;

4° De même au *chlorure d'or* chauffé ;

5° Il donne un dépôt gris avec les *sels mercureux* ;

6° Il décolore les *sels ferriques* chauffés ;

7° Il décolore le *permanganate* de potassium ;

8° Il fait virer au vert la solution d'*anhydride chromique*.

IV. — Usages de l'anhydride sulfureux :

1° Liquéfié, comme *frigorifique* dans certaines machines à fabriquer la glace ;

2° Pour éteindre les *feux de cheminée* ou les *incendies*, car il éteint en général les corps en combustion et les rend plus difficiles à rallumer que lorsqu'ils ont été éteints par un autre gaz ;

3° Comme *antiseptique*, dans le *soufrage* des tonneaux ; la *désinfection* des objets d'ameublement, des cales des navires ; la *fabrication du sucre*, etc....

4° Surtout comme *décolorant des matières animales* qui seraient détruites par le chlore des hypochlorites comme la *laine*, la *soie*, qu'on expose *mouillées* au contact du gaz ; la décoloration paraît due souvent à la formation d'une combinaison incolore de l'acide sulfureux avec la *matière colorante* qui n'est *pas détruite* et pourra reparaître : c'est ainsi que des *violettes* décolorées par le gaz sulfureux se colorent en rouge par l'acide sulfurique étendu qui déplace l'acide sulfureux, et en vert par les alcalis étendus qui s'emparent de l'acide sulfureux ; les couleurs rouge et verte observées sont celles que l'acide sulfurique étendu ou les alcalis étendus donnent aux violettes non décolorées ;

5° Dans la fabrication des *sulfites*, et surtout de l'*acide sulfurique industriel*.

V. — Modes de formation, et préparations de l'anhydride sulfureux.

Il *se forme* dans la *combustion du soufre* par l'oxygène de l'air; ou quand on chauffe du *soufre* avec un grand nombre de composés oxygénés, comme l'*acide sulfurique*, ou l'anhydride arsénieux As^2O^3, le bioxyde de manganèse MnO^2, l'oxyde cuivrique CuO, le sulfate ferreux SO^4Fe, etc., qui se transforment en sulfures As^2S^3, MnS, Cu^2S, FeS, etc;

Encore quand on brûle le *gaz sulfhydrique* par un excès d'oxygène;

Mais surtout quand on grille les *sulfures métalliques*, comme la *blende* ZnS ou la *pyrite* FeS^2.

Aussi on le *produit industriellement* quand les gaz de l'air ne gênent pas ou sont utiles :

Par combustion de *fleur de soufre*, arrosée d'alcool, dans des vases en fer, pour la désinfection ou le blanchiment;

Par combustion du *soufre fondu* sur lequel on produit un appel d'air, comme dans la fabrication du bisulfite de calcium ou de l'acide sulfurique au soufre;

Encore pour ce dernier usage par la *combustion complète du gaz sulfhydrique* des marcs de soude dans des sortes de bec Bunsen;

Surtout pour la fabrication de l'acide sulfurique ordinaire, par grillage dans des fours spéciaux de la *blende* et le plus souvent de la *pyrite*; mais comme ces sulfures naturels sont en général accompagnés d'arséniures ou de sulfo-arséniures, le gaz sulfureux produit entraînera alors de l'anhydride arsénieux As^2O^3 que l'on retrouvera dans l'acide sulfurique ordinaire.

Pour préparer du *gaz sulfureux dépourvu des gaz de l'air*, soit pour la liquéfaction industrielle, soit dans les laboratoires, on préfère chauffer l'*acide sulfurique concentré* SO^4H^2, soit avec des *métalloïdes* réducteurs comme le soufre ou le charbon, soit avec des *métaux* n'ayant pas d'action à froid sur l'acide sulfurique étendu comme l'argent, le mercure, le cuivre, et même le plomb : on ne peut pas se servir du fer ou du zinc, qui, suivant les conditions, pourraient encore donner du gaz sulfhydrique ou de l'hydrogène.

1° On peut *préparer le gaz sulfureux* dans les *laboratoires* en chauffant dans un ballon muni d'un tube à dégagement sur la cuve à mercure, du *mercure* avec un *excès* d'acide sulfurique concentré qui retiendra l'eau formée :

$$2SO^4H^2 + Hg = SO^4Hg + 2H^2O + SO^2\uparrow;$$

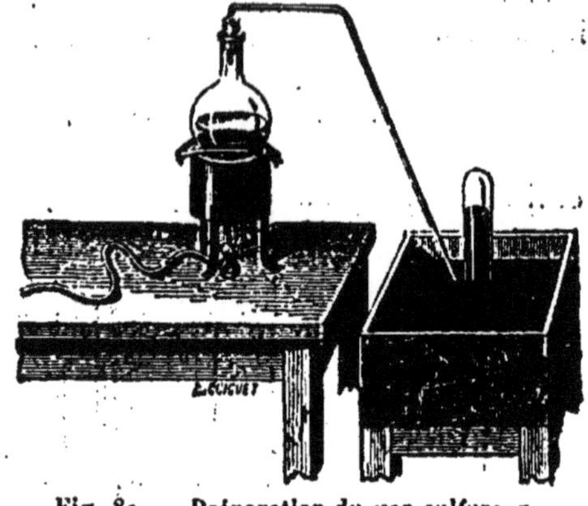

Fig. 82. — Préparation du gaz sulfureux.

Le dégagement du gaz est alors régulier;

Mais en général, on préfère chauffer du *cuivre* avec l'acide sulfurique en excès, et alors il faut avoir soin de diminuer le feu aussitôt que le dégagement commence, sans quoi il y aurait *boursouflement* de l'acide, qui passerait dans la cuve. C'est qu'il y a d'abord formation sans dégagement gazeux d'un *oxysulfure* de cuivre brun :

$$7.SO^4H^2 + 10.Cu = 2Cu^2S,CuO + 5.SO^4Cu + 7H^2O;$$

Puis à une température déterminée, il y a attaque brusque de l'oxysulfure avec dégagement de gaz hydrogène et formation de soufre qui disparaîtra ultérieurement :

$$2Cu^2S,CuO + 5SO^4H^2 = 5.SO^4Cu + H^2O + 4H^2\uparrow + 2.S\downarrow.$$

Quand le dégagement gazeux se ralentit, on peut de nouveau chauffer sans avoir à craindre le boursouflement, et il y a production de gaz sulfureux d'après :

$$2.SO^4H^2 + Cu = SO^4Cu + 2H^2O + SO^2\uparrow,$$

En même temps que le soufre libéré disparaît :

$$2SO^4H^2 + S = 2H^2O + 3SO^2\uparrow.$$

2° On *prépare industriellement* le gaz sulfureux pour la *liquéfaction* en chauffant l'acide sulfurique et le *soufre* au-dessus de 300° : l'opération se fait dans des cornues en fonte où le soufre fondu est chauffé *vers 400°* et où l'on fait arriver l'acide sulfurique en mince filet; on lave le gaz qui se dégage dans de l'acide sulfurique concentré.

Mais si on chauffe de l'acide sulfurique avec du *charbon calciné*, il y a encore réduction de l'acide d'après :

$$2SO^4H^2 + C = 2H^2O + CO^2\uparrow + 2SO^2\uparrow;$$

et il se dégage un mélange gazeux qui après lavage dans l'acide sulfurique concentré est aussi liquéfié industriellement pour servir de frigorifique, et qui est connu sous le nom de *mélange Pictet*.

Fig. 83. — Fabrication de SO^2 liquéfié :

A, cornue en fonte; B, dépotoir à chicanes; C, filtre à coke sulfurique; D, filtre à poussières; E, chambre de réfrigération à — 10° par circulation de SO^2 liquide; G, gazomètre, sur cuve à huile annulaire; H, conduite allant à la pompe à compression.

3° Enfin on prépare en général la *dissolution* dans les laboratoires, en effectuant la réaction précédente dans un ballon, *lavant* le mélange gazeux dans de l'eau qui retient un peu d'acide sulfurique, et le faisant arriver dans une série de flacons contenant de l'eau *distillée récemment bouillie* où les 2 gaz se dissolvent. — La proportion de gaz carbonique dissous est très faible : en effet le mélange à la pression atmosphérique H^{cm} contient 2 volumes de gaz carbonique pour 4 volumes de gaz sulfureux; les *pressions particulières* sont donc $\frac{2}{6}$ H pour le gaz carbonique et $\frac{4}{6}$ de H pour le gaz sulfureux; d'autre part les *coefficients de solubilité* sont à la température ordinaire 1 pour le gaz carbonique et 50 pour le gaz sulfureux : donc l'unité de volume de la dissolution contiendra son propre volume de gaz carbonique à la pression $\frac{H}{3}$, et 50 fois son propre volume de gaz sulfureux à la pression double $\frac{2H}{3}$, ou bien 100 fois son volume de gaz sul-

Fig. 84. — Bonbonne en cuivre rouge étamée intérieurement pour contenir le gaz SO^2 liquéfié :

1, position pour obtenir le gaz SO^2; 2, position pour obtenir le liquide.

fureux à la pression $\frac{H}{3}$; le rapport des volumes dissous est donc 1 à 100. — D'ailleurs en général la présence d'un peu d'acide carbonique ne gêne pas pour les réactions de l'acide sulfureux. — Il faudra *conserver* la solution dans des flacons *pleins* fermant *à l'émeri*.

VI. — Propriétés des sulfites.

Si on fait passer un courant de gaz sulfureux jusqu'à saturation dans une *solution alcaline*, il y a formation de *sulfite acide* ou *bisulfite* :

$$SO^2 + NaOH = SO^3HNa;$$

si alors on ajoute au liquide obtenu autant de la solution alcaline qu'on en avait pris tout d'abord, il y a formation de *sulfite neutre*

$$SO^3HNa + NaOH = SO^3Na^2 + H^2O;$$

le bisulfite de sodium est employé comme *réactif* en chimie organique, et le sulfite neutre comme *antiseptique* dans l'industrie de l'alcool.

De même si l'on fait passer un courant de gaz sulfureux dans un *lait de chaux*, ou sur des blocs de chaux où de l'eau tombe en pluie, il y a dissolution de la chaux à l'état de *bisulfite de calcium* soluble employé dans l'industrie de la pâte à *papier* et dans l'industrie du *sucre* :

$$2SO^2 + CaO^2H^2 = (SO^3)^2H^2Ca.$$

L'acide sulfureux est donc un *acide bibasique*. Les sulfites *alcalins* sont *solubles*; les sulfites neutres autres que ceux des métaux alcalins sont insolubles dans l'eau, mais en général solubles dans la dissolution d'acide sulfureux qui les fait passer à l'état de *bisulfites solubles*; l'ébullition de ces solutions de bisulfites reprécipite le sulfite neutre insoluble, et il se dégage du gaz sulfureux.

D'où les *caractères des sulfites alcalins* :

1° Par l'*acide chlorhydrique*, il y a dégagement de *bulles* d'un gaz, qui est du gaz sulfureux, à *odeur* vive;

2° Par l'*acide sulfhydrique*, rien; la solution d'acide sulfureux donnerait un précipité de soufre;

3° Par l'*azotate de baryum*, il y a formation d'un précipité *blanc* de sulfite neutre de baryum soluble dans l'acide chlorhydrique avec dégagement de gaz sulfureux; la solution d'acide sulfureux ne donnerait rien à cause de la solubilité du bisulfite de baryum;

4° Par l'*azotate d'argent*, il y a formation d'un précipité *blanc* de sulfite d'argent décomposable par l'acide chlorhydrique avec dégagement de gaz sulfureux;

5° Dans l'*appareil producteur d'hydrogène pur*, il y a dégagement de gaz sulfhydrique;

6° Avec le *chlorure ferrique*, le *permanganate* de potassium, etc., il y a réduction comme par l'acide sulfureux.

Les *sulfites alcalins* sont eux-mêmes *réduits* dans des circonstances importantes :

1° Par ébullition de leur dissolution avec du *soufre* qui se dissout :

$$SO^3Na^2 + S = S^2O^3Na^2;$$

2° Par le contact de la dissolution de *bisulfite de sodium* avec du *zinc* qui se dissout :

$$3.SO^3HNa + Zn = SO^2HNa + (SO^3)^2Na^2Zn + H^2O;$$

ce sont des modes de formation des hyposulfites et des hydrosulfites;

3° Enfin par le contact de la solution concentrée de *bisulfite de potassium* avec de la fleur de *soufre* qui paraît ne pas entrer en réaction, il y a dédoublement en sulfate de potassium et *trithionate de potassium* qui étant *peu soluble* se dépose :

$$4.SO^3HK = SO^4K^2 + S^3O^6K^2\downarrow + 2.H^2O.$$

La solution de trithionate de potassium précipitée par l'acide hydrofluosilicique ou l'acide perchlorique donne la *solution d'acide trithionique* $S^3O^6H^2$. — Il y aurait encore formation de trithionate de potassium, en même temps que précipitation de soufre, dans l'action d'un courant de gaz sulfureux dans une dissolution d'hyposulfite de potassium :

$$2.S^2O^3K^2 + 3.SO^2 = 2.S^3O^6K^2 + S\downarrow.$$

ACIDE HYDROSULFUREUX ET HYDROSULFITE DE SODIUM

Le *zinc* introduit dans un *vase clos refroidi* rempli d'une dissolution d'*acide sulfureux*, se dissout sans dégagement gazeux mais avec dégagement de chaleur, pour donner un *liquide jaunâtre* qui contient de l'acide hydrosulfureux et du bisulfite de zinc soluble :

$$3.SO^3H^2 + Zn = SO^2H^2 + (SO^3)^2H^2Zn + H^2O;$$

on ne sait pas séparer l'acide hydrosulfureux du bisulfite. — Le liquide obtenu est *peu stable*, il se *décolore* bientôt par transformation de l'acide hydrosulfureux en acide hyposulfureux, lequel se décompose lui-même en acide sulfureux et soufre précipité :

$$2.SO^2H^2 = H^2O + S^2O^3H^2 = H^2O + SO^3H^2 + S\downarrow.$$

Mais il y a encore dissolution du zinc remplissant un flacon à l'émeri, quand on achève de remplir avec une solution concentrée de *bisulfite de sodium* et qu'on *refroidit* par de l'eau :

$$3SO^3HNa + Zn = SO^2HNa + (SO^3)^2Na^2Zn + H^2O;$$

il suffit d'ajouter au liquide obtenu une grande quantité d'*alcool* pour précipiter le sulfite double qui y est insoluble, et obtenir une solution alcoolique d'hydrosulfite de sodium d'où on le retire par *cristallisation*. — Si on traite l'hydrosulfite de sodium par l'*acide sulfurique* pour mettre en liberté l'acide hydrosulfureux, on obtient un *liquide orangé* qui est décomposé très rapidement avec décoloration, dépôt de soufre et dégagement de gaz sulfureux : l'*acide hydrosulfureux est donc fort mal connu* à cause de son extrême instabilité. — L'hydrosulfite de sodium *sec* est *stable*, mais s'il est humide et qu'on essaie de le conserver en vase clos, il se décompose spontanément en donnant un hyposulfite :

$$2.SO^2HNa = H^2O + S^2O^3Na^2.$$

Les dissolutions d'acide hydrosulfureux ou d'hydrosulfite absorbent très rapidement l'*oxygène* pour redonner l'acide sulfureux ou le bisulfite d'où l'on était parti; aussi ce sont des *réducteurs extrêmement énergiques*, plus énergiques que l'acide hypophosphoreux PO^2H^3 lui-même; ils réduisent :

1° Les *sels d'argent* ou de *mercure*, dont le métal est précipité;

2° Le *sulfate cuivrique* à froid, avec formation d'un précipité brun d'hydrure cuivreux Cu^2H^2;

3° L'*indigo*, poudre bleue *insoluble*, qui est transformé par réduction en *indigo blanc soluble*, capable de se réoxyder rapidement à l'air.

Alors l'acide hydrosulfureux et l'hydrosulfite sont des *décolorants énergiques*, décolorant immédiatement le *tournesol*, ce que ne fait pas l'acide sulfureux, et le *bleu de méthylène*.

D'où les *usages de l'hydrosulfite* de sodium :

1° Pour la *décoloration des jus sucrés*, en même temps que l'eau oxygénée;

2° Pour le *dosage de l'oxygène dissous* dans l'eau : à un volume connu de l'eau que l'on colore faiblement par un peu de bleu de méthylène, on ajoute goutte à goutte une solution titrée d'hydrosulfite jusqu'à décoloration; du volume de solution nécessaire on déduit la quantité d'oxygène dissous dans l'eau;

3° Pour la *préparation d'une cuve d'indigo*, ou dissolution d'indigo blanc : on y plonge les tissus à teindre, on les expose à l'air, l'indigo blanc qui imprégnait la fibre s'oxyde pour redonner l'indigo bleu insoluble adhérent à la fibre et la teignant en bleu.

ACIDE HYPOSULFUREUX ET HYPOSULFITES

Les hyposulfites ou thiosulfates sont des sels bien définis, stables, ayant de nombreux *modes de formation* :

1° Dans la décomposition spontanée de l'*hydrosulfite* de sodium humide en vase clos :

$$2.SO^2HNa = H^2O + S^2O^3Na^2;$$

2° Dans l'ébullition de la fleur de *soufre* avec de l'*eau* et des *alcalis ou des alcalinoterreux* :

$$3CaO^2H^2 + 12.S = 2.CaS^5 + S^2O^3Ca + 3H^2O;$$

3° Dans l'oxydation spontanée des *sulfures alcalins* ou alcalinoterreux à l'*air* :

$$CaS^n + 3.O = S^{n-2}\downarrow + S^2O^3Ca;$$

$$2(AzH^4)^2S + O = (AzH^4)^2S^2 + 2AzH^3 + H^2O,$$

puis

$$(AzH^4)^2S^2 + 3.O = S^2O^3(AzH^4)^2;$$

d'où la présence d'hyposulfite dans le sulfure jaune d'ammonium ;

4° Dans l'ébullition du *soufre* en fleur avec la dissolution de *sulfite neutre* de sodium qui est réduit :

$$SO^3Na^2 + S = S^2O^3Na^2;$$

il suffit de *filtrer*, et de laisser refroidir pour obtenir les *cristaux d'hyposulfite de sodium*, dont c'est la préparation dans les *laboratoires* ;

5° Quand on fait passer dans une dissoluion de *sulfure* alcalin ou alcalinoterreux un courant de *gaz sulfureux* qui est réduit avec dépôt de soufre :

$$2.K^2S + 3.SO^2 = S\downarrow + 2.S^2O^3K^2;$$

il y a alors formation d'*hyposulfite de potassium* ; mais si l'on continuait à faire passer le courant de gaz sulfureux, il y aurait formation de *trithionate* de potassium avec un nouveau dépôt de soufre :

$$2S^2O^3K^2 + 3SO^2 = 2.S^3O^6K^2 + S\downarrow.$$

Si on fait passer un courant de gaz sulfureux sur les marcs de soude, il y a formation d'*hyposulfite de calcium* :

$$2CaS + 3SO^2 = S\downarrow + 2.S^2O^3Ca;$$

cet hyposulfite par double décomposition avec le sulfate de sodium donnera un dépôt de sulfate de calcium et la dissolution d'*hyposulfite de sodium* dont c'est la *préparation industrielle* :

$$S^2O^3Ca + SO^4Na^2 = SO^4Ca\downarrow + S^2O^3Na^2.$$

I. — Propriétés des hyposulfites.

Les hyposulfites *alcalins* sont *très solubles* ; les hyposulfites *alcalinoterreux* sont *solubles*, pourtant l'hyposulfite de baryum l'est peu ; les autres hyposulfites, comme celui de plomb, sont insolubles.

Si on traite les hyposulfites dissous par l'*acide sulfurique étendu* ou par l'*acide chlorhydrique* pour mettre en liberté l'*acide hyposulfureux ou thiosulfurique*, le liquide reste d'abord limpide :

$$S^2O^3Na^2 + SO^4H^2 = SO^4Na^2 + S^2O^3H^2;$$

mais il se trouble bientôt par un dépôt de soufre et dégage alors l'odeur du gaz sulfureux :

$$S^2O^3H^2 = S\downarrow + SO^3H^2;$$

l'acide hyposulfureux est donc *très instable*; pourtant la décomposition *complète* de l'acide libre est très *lente* à se terminer. — Et même, si on *prépare la dissolution* de l'acide en faisant passer un courant de *gaz sulfhydrique* dans de l'eau tenant en suspension de l'hyposulfite de plomb d'après :

$$S^2O^3Pb + H^2S = PbS\downarrow + S^2O^3H^2,$$

la dissolution peut se conserver limpide pendant plusieurs heures.

Par l'*acide azotique* concentré en chauffant, ou en général par les autres oxydants, comme le *chlore*, le *brome*, les hypochlorites ou hypobromites, en *présence de l'eau*, les hyposulfites passent au maximum d'oxydation en donnant des sulfates et de l'acide sulfurique :

$$S^2O^3Na^2 + 5H^2O + 4Cl^2 = SO^4Na^2 + SO^4H^2 + 8HCl;$$

d'où le *dosage de soufre total* des hyposulfites à l'état de sulfate de baryum précipité par la dissolution de chlorure de baryum ajoutée au produit de la réaction.

Mais par l'*iode en présence de l'eau*, il y a oxydation seulement à l'état de *tétrathionates* :

$$2.S^2O^3Na^2 + I^2 = S^4O^6Na^2 + 2NaI;$$

d'où le *dosage des hyposulfites* dissous par addition, à un volume connu, d'empois d'amidon, puis d'une liqueur titrée d'iode jusqu'à coloration bleue; ou inversement le *dosage de l'iode libre* dissous en le versant dans la solution titrée d'hyposulfite additionnée d'empois. — D'où aussi la préparation du *tétrathionate de baryum* peu soluble en ajoutant une quantité calculée d'iode à de l'hyposulfite de baryum en suspension dans un peu d'eau :

$$2.S^2O^3Ba + I^2 = S^4O^6Ba\downarrow + BaI^2;$$

par une quantité équivalente d'acide sulfurique étendu et une filtration, ce sel donnera la *dissolution d'acide tétrathionique* $S^4O^6H^2$.

II. — Caractères des dissolutions des hyposulfites.

1° Par l'*acide chlorhydrique*, il ne se produit *rien* d'abord, *puis* on observe un *trouble jaunâtre* de soufre précipité en même temps qu'il y a dégagement de gaz sulfureux;

2° Par l'*azotate de baryum*, il y a formation d'un précipité *blanc* d'hyposulfite de baryum soluble dans beaucoup d'eau, surtout si on chauffe. — Et par l'*azotate de plomb*, il y a aussi formation d'un précipité *blanc*;

3° *Dans l'azotate d'argent*, il y a formation d'un précipité *blanc* d'hyposulfite d'argent très soluble dans un excès d'hyposulfite alcalin, et *devenant* rapidement *noir*, surtout si on chauffe; il y a eu fixation d'eau par l'hyposulfite d'argent avec formation de sulfure d'argent Ag^2S noir et d'acide sulfurique :

$$S^2O^3Ag^2 + H^2O = Ag^2S\downarrow + SO^4H^2;$$

d'où la *composition de l'hyposulfite* par le dosage de l'acide sulfurique formé et la pesée du sulfure d'argent sec;

4° Par le *chlorure d'or*, il y a formation d'un précipité *noir* de sulfure d'or Au^2S^3;

5° Par le *chlorure ferrique*, il y a d'abord *coloration violette*, puis réduction à l'état de chlorure ferreux;

6° Par le *permanganate* de potassium, il y a décoloration du permanganate;

7° Enfin dans l'*appareil producteur d'hydrogène*, il y a dégagement de gaz sulfhydrique.

La solution d'hyposulfite de sodium est très employée en *photographie* pour dissoudre les *sels halogénés d'argent* qui y sont très solubles; en même temps les dépôts d'*argent réduit* produit par l'action de la lumière ou des révélateurs sur les sels halogénés d'argent, ou le dépôt d'*or réduit* produit par le virage dans la dissolution de chlorure d'or, sont transformés en sulfure d'argent ou d'or.

DIX-NEUVIÈME LEÇON

Composés oxygénés du soufre (*suite*) : Anhydride sulfurique. — Acide sulfurique fumant. — Acide sulfurique ordinaire.

ANHYDRIDE SULFURIQUE SO^3

Appelé autrefois *acide sulfurique anhydre*. C'est un corps cristallisé en *filaments blancs, opaques* et brillants, fondant vers 18° en un liquide volatil vers 35°, *se sublimant spontanément* dans les vases scellés où on le conserve, et contenant toujours des *traces d'eau*. — En effet, si on le distille, qu'on laisse solidifier le liquide recueilli; qu'on sépare les cristaux pour les débarrasser des traces d'eau, et que l'on recommence ce traitement à plusieurs reprises, on obtient finalement l'anhydride sulfurique *pur, cristallisé en prismes transparents, fondant* à 15° en un liquide qui *bout* à 46°, et qui donne une vapeur de *densité* 2,763 : des traces d'eau transforment immédiatement les cristaux transparents en les filaments opaques qui constituent le produit brut. — Si on chauffe un échantillon conservé depuis longtemps en tube scellé, il ne fond plus que vers 100° : l'anhydride subit donc avec le temps une *modification isomérique*; cette modification est détruite par la fusion. La variété filamenteuse serait un anhydride disulfurique S^2O^6, la variété prismatique serait l'anhydride sulfurique SO^3, d'après la cryoscopie.

C'est un corps *très avide d'eau*, avec laquelle il se combine pour donner l'acide sulfurique SO^4H^2; aussi il est *fumant* à l'air, car il est volatil et sa vapeur absorbe l'humidité de l'air pour former l'acide sulfurique dont la tension de vapeur est à peu près nulle. Il se produit une réaction *violente* quand on *dissout* l'anhydride dans l'eau, et un *grand dégagement de chaleur* 37°; aussi on observe une forte élévation de température du mélange, et si la réaction se passe entre les masses moléculaires SO^3 et H^2O il y a vaporisation de l'acide sulfurique formé.

Il y a décomposition de la vapeur d'anhydride sulfurique passant dans un tube de platine *au rouge*, en un mélange de 2 volumes de gaz sulfureux absorbable par la potasse et de 1 volume d'oxygène absorbable par le pyrogallol potassique; d'où la *formule la plus simple* :

$$SO^2 + O = SO^3.$$

Et c'est la *formule moléculaire*, car :

$$28^{gr},8 \times d = 32^{gr} + 16^{gr} \times 3.$$

La *composition en masses* de l'anhydride sulfurique sera établie à propos de l'acide sulfurique.

I. — Propriétés chimiques de l'anhydride sulfurique.

Il s'unit directement à l'oxygène, au soufre, à l'oxyde de baryum, au gaz ammoniac ; et il réagit sur le gaz chlorhydrique et sur le pentachlorure de phosphore pour donner divers chlorures d'acides :

1° Il se combine directement avec le *gaz chlorhydrique sec* pour donner l'*acide chlorosulfurique* SO^3HCl ou *monochlorhydrine sulfurique* $SO^2{<}^{OH}_{Cl}$, qui est un *liquide* violemment décomposé par l'*eau* :

$$SO^2{<}^{Cl}_{OH} + H\text{-}OH = SO^2{<}^{OH}_{OH} + HCl;$$

c'est donc un *1er chlorure de l'acide sulfurique*, mais qui possède encore une fonction acide ; et en effet il déplace l'acide chlorhydrique en agissant sur le chlorure de sodium :

$$SO^2{<}^{Cl}_{OH} + NaCl = SO^2{<}^{Cl}_{ONa} + HCl\uparrow.$$

Mais en chauffant l'anhydride sulfurique avec du *pentachlorure de phosphore*, il y a formation d'oxychlorure de phosphore et de *chlorure de sulfuryle* SO^2Cl^2 ou dichlorhydrine sulfurique $SO^2{<}^{Cl}_{Cl}$:

$$SO^3 + PCl^5 = POCl^3 + SO^2Cl^2;$$

c'est un *liquide* mobile, *fumant* à l'air, décomposé par l'*eau* :

$$SO^2{<}^{Cl}_{Cl} + 2H\text{-}OH = SO^2{<}^{OH}_{OH} + 2HCl,$$

et qui est donc un *2e chlorure de l'acide sulfurique* mais n'ayant plus de fonction acide. — Si on avait chauffé *2 molécules* d'anhydride sulfurique avec 1 molécule de perchlorure de phosphore, il se serait formé du *chlorure de pyrosulfuryle* $S^2O^5Cl^2$ dérivant de l'acide pyrosulfurique $S^2O^5(OH)^2$ ou $2SO^4H^2 - H^2O$, ou encore $2SO^3,H^2O$:

$$2SO^3 + PCl^5 = POCl^3 + S^2O^5Cl^2;$$

c'est un *liquide huileux*, décomposé par l'*eau* en donnant de l'acide sulfurique car l'acide pyrosulfurique n'existe pas en dissolution :

$$S^2O^5Cl^2 + 3H^2O = 2.SO^4H^2 + 2HCl.$$

2° L'anhydride sulfurique se combine directement avec l'*oxygène* sous l'action de l'*effluve* pour donner de l'*anhydride persulfurique* S^2O^7 cristallisable par refroidissement;

3° Avec la fleur de *soufre*, pour donner l'*oxyde de soufre* S^2O^3 corps *solide bleu* se décomposant rapidement en soufre et gaz sulfureux :

$$2.S^2O^3 = S + 3SO^2 \uparrow;$$

4° Avec l'*oxyde de baryum chauffé* sur lequel on fait passer un courant de vapeur d'anhydride sulfurique, la réaction se produit avec *incandescence* pour donner du sulfate de baryum :

$$SO^3 + BaO = SO^4Ba;$$

c'est un exemple de formation d'un sel par union de l'anhydride avec l'oxyde basique;

5° Enfin avec le *gaz ammoniac sec* pour former, non pas un sulfate, mais un *amidosulfate* ou *sulfamate d'ammonium*, ne précipitant pas les sels solubles de baryum comme les sulfates :

$$SO^3 + 2.AzH^3 = SO^2{<}{\genfrac{}{}{0pt}{}{AzH^2}{OAzH^4}};$$

ce sel dérive de l'acide amidosulfurique $SO^2{<}{\genfrac{}{}{0pt}{}{AzH^2}{OH}}$ ou acide sulfamique.

II. — Modes de formation, et préparations de l'anhydride sulfurique.

Il se forme :

1° En petites quantités dans la *combustion du soufre* par l'oxygène *sec*;

2° Quand on distille l'*acide sulfurique concentré* SO^4H^2 avec l'*anhydride phosphorique* qui retient l'eau combinée à l'anhydride;

3° Quand on fait passer le mélange bien *sec* de 2 volumes de *gaz sulfureux* et de 1 volume d'*oxygène* sur de la *mousse de platine* légèrement chauffée, en condensant la vapeur d'anhydride formée dans un matras fortement refroidi.

D'où une *préparation industrielle* à partir de l'acide sulfurique ordinaire SO^4H^2 par le *procédé Winckler* : l'acide sulfurique tombant goutte à goutte dans une cornue en *platine* remplie de rognures de platine et chauffée au *rouge vif* donne le mélange SO^2+O+H^2O, qui *se dessèche* en passant dans de l'acide sulfurique concentré et se dirige sur de l'*amiante platinée chauffée* [cette matière de contact a été obtenue en immergeant de l'amiante dans une solution bouillante de chlorure platinique $PtCl^4$ additionnée de bicarbonate de sodium CO^3HNa qui la neutralise, et d'un réducteur le formiate de sodium $H\text{-}CO^2Na$ qui provoque le dépôt de platine réduit sur l'amiante]; la vapeur d'anhydride formé se condense dans des *vases de plomb* refroidis qu'on scelle. — Il est bien évident que l'on peut aussi préparer l'anhydride à partir du *gaz sulfureux* provenant du grillage de la blende ou de la pyrite, mélangé avec un volume d'*air* suffisant, en faisant passer le mélange lavé et *sec* sur la matière de contact chauffée. — Et si au lieu de condenser l'anhydride formé dans des vases secs refroidis, on le condense dans de l'eau, on pourra obtenir de l'*acide sulfurique* aussi riche qu'on le voudra en anhydride : c'est le procédé le plus récent de *fabrication des acides sulfuriques industriels*, qui alors sont dépourvus de composés nitrés et d'arsenic.

L'anhydride industriel est *dissous* en proportion calculée dans l'*acide sulfurique concentré* pour donner de l'*acide sulfurique fumant* de composition déterminée; l'acide sulfurique fumant contient de l'*acide pyrosulfurique* $S^2O^7H^2$ ou disulfurique $2SO^3,H^2O$, avec en général un excès d'acide sulfurique SO^4H^2 :

$$SO^3 + SO^4H^2 \rightleftarrows S^2O^7H^2;$$

et dans les *laboratoires* on produit de l'anhydride sulfurique en chauffant *légèrement* de l'acide sulfurique fumant dans une cornue en verre dont le col recourbé pénètre dans un matras bien sec fortement refroidi : il y a décomposition de l'acide pyrosulfurique d'après la réaction inverse de la formation précédente, et la vapeur d'anhydride sulfurique se condense dans le matras qu'on scelle à la lampe.

4° On peut *encore* transformer l'acide sulfurique SO^4H^2 en anhydride SO^3 par une suite de réactions qui n'ont pas été employées industriellement; on chauffe l'acide avec du sulfate de sodium SO^4Na^2, ce qui donne du *sulfate acide de sodium* SO^4HNa :

$$SO^4H^2 + SO^4Na^2 = 2.SO^4HNa;$$

puis on chauffe ce bisulfate de sodium au-dessous du rouge sombre pour le transformer en *pyrosulfate de sodium* :

$$2SO^4HNa = H^2O\uparrow + S^2O^7Na^2;$$

enfin on calcine le pyrosulfate qui se décompose en vapeur d'anhydride sulfurique et en sulfate de sodium régénéré :

$$S^2O^7Na^2 = SO^4Na^2 + SO^3 \curvearrowright .$$

ACIDE SULFURIQUE FUMANT

C'est un *liquide*, incolore quand il est pur, mais presque toujours *coloré en brun* plus ou moins foncé par la carbonisation des poussières organiques qui y sont tombées lors de sa fabrication; il est très *dense*, *huileux*, très *corrosif*, *fumant* à l'air à cause de la vapeur d'anhydride sulfurique qu'il émet; et c'est un *mélange en proportion variable* d'acide pyrosulfurique $S^2O^7H^2$ et d'acide sulfurique SO^4H^2.

En effet, par *refroidissement à 0°*, il donne une *masse cristalline* d'acide pyrosulfurique, que l'on peut séparer de l'acide sulfurique resté liquide, fondre et faire cristalliser de nouveau pour l'obtenir pur. — L'*acide pyrosulfurique* ou *disulfurique* $S^2O^7H^2$, est un corps *cristallin blanc*, *fondant* à 35°, puis se *décomposant* en acide sulfurique SO^4H^2 qui reste et en vapeur d'anhydride SO^3 qui se dégage : donc l'acide sulfurique fumant se décomposera par la chaleur en dégageant de l'anhydride sulfurique.

Quand on verse l'acide fumant dans de l'*eau*, il s'y combine avec bruit et grand dégagement de chaleur pour donner une dissolution d'acide sulfurique : l'acide pyrosulfurique *n'existe pas en effet en dissolution*. — Les *pyrosulfates* ou *disulfates* se forment par déshydratation des sulfates acides ou bisulfates au-dessous du rouge sombre, d'où le nom qui leur a été donné; ils n'*existent pas* non plus *en dissolution*. — Leur formation permet d'attribuer à l'acide pyrosulfurique la *formule* d'un acide sulfurique condensé provenant de l'union de 2 molécules d'acide sulfurique $SO^2\begin{smallmatrix}\diagup OH\\ \diagdown OH\end{smallmatrix}$ par soustraction d'une molécule d'eau H^2O :

$$\begin{matrix} SO^2 \diagup OH \\ \quad \diagdown \\ \quad \diagup O \\ SO^2 \diagdown OH. \end{matrix}$$

I. — Préparations de l'acide sulfurique fumant.

1° *Industriellement*, en dissolvant l'anhydride sulfurique SO^3 dans l'acide sulfurique SO^4H^2;

2° Par calcination des *sulfates de fer anhydres* : la distillation sèche des sulfates de fer hydratés donnerait de l'acide sulfurique étendu;

Dans les *laboratoires* on peut produire de l'acide sulfurique fumant à partir du *sulfate ferreux cristallisé* $SO^4Fe,7H^2O$ ou vitriol *vert*. On le *déshydrate* en le chauffant dans une capsule, pulvérisant le résidu, chauffant de nouveau, et ainsi plusieurs fois; et on obtient une poudre *jaunâtre* qui est un mélange de sulfate ferreux anhydre blanc avec *un peu* de sulfate ferrique basique jaune brun qui s'est formé par oxydation à l'air :

$$2.SO^4Fe + O = (SO^4)^2OFe^2.$$

On calcine alors la matière dans une cornue en grès munie d'une allonge de verre en relation avec un ballon tubulé bien sec; il y a condensation d'acide fumant incolore dans le ballon, et dégagement de gaz sulfureux par le tube du ballon; les réactions sont :

$$2.SO^4Fe = Fe^2O^3 + SO^2\uparrow + SO^3\curvearrowright,$$
$$(SO^4)^2OFe^2 = Fe^2O^3 + 2SO^3\curvearrowright;$$

mais comme malgré les précautions prises la dessiccation de la matière est restée imparfaite, la vapeur d'anhydride SO^3 s'est unie à la vapeur d'eau dégagée pour donner l'acide fumant recueilli. Alors la moitié à peu près de l'anhydride SO^3 qui se trouvait dans le sulfate ferreux initial est perdue à l'état de gaz sulfureux dégagé.

C'est ce que l'on évite dans la préparation *industrielle* de l'*acide sulfurique de Nordhausen*, accessoire de la production du *sulfate ferreux industriel*; par abandon prolongé à l'air humide de grandes masses de *Schistes pyriteux* arrosés et remués de temps à autre, il y a *grillage spontané* de la pyrite d'après l'équation :

$$FeS^2 + 7.O + H^2O = SO^4Fe + SO^4H^2,$$

en même temps qu'il y a formation d'*un peu* de sulfate ferrique neutre :

$$2.SO^4Fe + O + SO^4H^2 = (SO^4)^3Fe^2 + H^2O.$$

Alors par *lessivage* de la matière et *concentration* du liquide par la chaleur, il y a cristallisation du sulfate ferreux, et les eaux mères de la cristallisation vont servir à la fabrication de l'acide fumant. Pour cela on les évapore à sec, et on dessèche le résidu en le chauffant dans un courant d'air, ce qui laisse la *pierre de vitriol calciné* qui est un sulfate ferrique neutre. — Il suffit alors de calciner ce sulfate ferrique neutre dans de petites cornues en terre chauffées en très grand nombre dans un foyer commun, et reliées à des récipients en terre contenant de l'acide sulfurique qui dissout l'anhydride sulfurique dégagé :

Fig. 85. — Fabrication de l'acide sulfurique de Nordhausen.

$$(SO^4)^3Fe^2 = Fe^2O^3 + 3SO^3 \nearrow;$$

le résidu est de l'oxyde ferrique connu sous le nom de *colcotar* ou de *rouge d'Angleterre* et employé pour le polissage des glaces. L'acide de Nordhausen est à un *état d'hydratation variable* avec la perfection de la dessiccation et les proportions employées, et il possède une *coloration brune* plus ou moins foncée.

II. — Usages de l'acide sulfurique fumant.

Il est très employé dans la *fabrication des colorants artificiels* pour transformer les composés organiques en dérivés que l'on appelle sulfoconjugués. — Ainsi il est employé pour transformer l'indigo bleu insoluble en un dérivé soluble, teignant directement les fibres animales, et qui est de l'*acide sulfindigotique* ou *carmin d'indigo*, très employé comme réactif en chimie; il faut pour cet usage que l'acide fumant ne renferme pas de composés nitrés qui détruiraient partiellement l'indigo, ce qui est le cas de l'acide de Nordhausen; il faudra donc employer de l'acide sulfurique débarrassé de composés nitrés pour dissoudre l'anhydride SO^3, si l'acide fumant obtenu doit servir à dissoudre l'indigo.

ACIDE SULFURIQUE ORDINAIRE.

Appelé aussi acide sulfurique *anglais*, ou *huile de vitriol* ou simplement *vitriol*; c'est le plus *important* des acides, et *au maximum de concentration* il renferme un peu plus d'eau que l'acide normal SO^4H^2; sa *composition* serait représentée par :

$$SO^4H^2 + \frac{1}{12} H^2O.$$

C'est un *liquide*, incolore quand il est pur, *huileux*, très *corrosif*, très *dense* : masse spécifique $1^{gr},85$ répondant à *66° Baumé*; *non volatil* à froid; *bouillant* à 338°, et donnant par *refroidissement* à — 34° des cristaux incolores de l'acide sulfurique normal SO^4H^2.

D'où 1° la préparation de l'*acide sulfurique normal* ou *monohydraté* SO^4H^2, soit en refroidissant fortement l'acide ordinaire, soit en refroidissant à 0° cet acide additionné d'un peu d'anhydride sulfurique ou d'un peu d'acide sulfurique fumant, en essorant dans les deux cas les cristaux formés : les *cristaux* d'acide normal *fondent* à 10°,5 en un liquide qui *commence à bouillir* à

290°, en dégageant de la vapeur d'anhydride sulfurique; la température s'élève peu à peu à 338°, point d'ébullition de l'acide ordinaire.

2°. On prépare l'*acide sulfurique glacial* ou *bihydraté* SO^4H^2,H^2O sous forme de *gros cristaux, fondant* à 8° en un liquide qui *commence à bouillir* à 220° et perd alors de la vapeur d'eau pour arriver à bouillir à 338°, en refroidissant à 0° l'acide ordinaire additionné d'une quantité *calculée* d'eau, en ayant soin de faire le mélange en versant l'eau peu à peu dans l'acide que l'on agite.

On connaît donc *3 acides sulfuriques cristallisés* : l'acide pyrosulfurique $2SO^3,H^2O$, l'acide monohydraté SO^3,H^2O et l'acide bihydraté $SO^3,2H^2O$; mais par *ébullition* ou par *mélange avec l'eau*, ces 3 acides cristallisés donnent le même acide sulfurique.

3° De plus quand on verse l'acide concentré dans de l'eau, après refroidissement on observe toujours une *contraction* du mélange, et la contraction est *maximum* pour une composition du mélange $SO^4H^2 + 2H^2O$ ou $SO^3 + 3H^2O$. Et on *admet* quelquefois l'existence d'un *acide sulfurique trihydraté, liquide, commençant à bouillir* vers 180° en perdant de la vapeur d'eau pour arriver à bouillir toujours à 338°. — C'est en réalité cet hydrate sulfurique qui s'électrolyserait dans l'*action du courant sur l'eau acidulée* par l'acide sulfurique. — C'est encore cet hydrate qui donnerait la limite inférieure de concentration pour la *production d'eau oxygénée* par électrolyse :

En effet, si le vase à électrolyse a ses deux électrodes séparées par un vase poreux central et contient d'abord un acide sulfurique étendu de concentration $SO^4H^2 + 10.H^2O$ par exemple, il y a concentration de l'acide autour de l'anode et dilution autour de la catode, et en même temps il y a production d'*acide persulfurique* SO^4H autour de l'anode : mais dès que la concentration autour de l'anode atteint la composition $SO^4H^2 + 2H^2O$, il y a formation d'eau oxygénée autour de cette électrode jusqu'à ce que l'anhydride persulfurique et le bioxyde d'hydrogène soient dans le rapport de leurs masses moléculaires. — L'acide persulfurique SO^4H est *analogue à l'eau oxygénée* H^2O^2, par sa *formation endothermique* à partir de $2SO^4H^2 + O$ par élimination d'une molécule d'eau; par sa *décomposition spontanée* d'après la réaction inverse, rapide si on *chauffe* ou par le contact des *corps poreux*; par l'oxydation de l'*iodure de potassium* KI. Il se distingue de l'eau oxygénée, en ce qu'il est sans action sur le permanganate ou l'anhydride chromique. Par l'*eau de baryte*, il donne du *persulfate de baryum soluble*, lequel se décompose peu à peu avec formation d'un précipité de sulfate de baryum et dégagement d'oxygène.

$$(SO^4)^2Ba + H^2O = SO^4Ba\downarrow + SO^4H^2 + O\uparrow.$$

4° Quand on verse l'acide sulfurique dans l'*eau* peu à peu et en agitant, il y a *combinaison* avec un *grand dégagement de chaleur* qui croît depuis 6° pour l'addition d'une seule molécule d'eau jusqu'à près de 18° pour un grand excès d'eau employé, de sorte que la température du mélange peut s'élever au-dessus de 100° : aussi il faut avoir soin de *ne pas verser l'eau dans l'acide* car il y aurait vaporisation d'une partie de l'eau avec projection d'acide; et il convient de *refroidir* extérieurement le vase où l'on fait le mélange. — Une *petite quantité d'eau* mélangée à l'acide ordinaire fait que le mélange doit être refroidi jusqu'à — 80° si l'on veut y observer la formation de cristaux.

La *glace* fond rapidement au contact de l'acide sulfurique, et donne la *température* + 90° pour le mélange de 1 de glace et de 4 d'acide, ou la *température* — 20° pour le mélange en proportion inverse : c'est que, dans ce dernier cas, le phénomène de la fusion de la grande quantité de glace a absorbé plus de chaleur que n'en a produit la combinaison de la faible quantité d'acide avec l'eau de fusion.

La *vapeur d'eau* est absorbée rapidement par l'acide sulfurique qui se dilue et dont le volume peut devenir 10 fois plus grand : d'où le *laveur* à acide sulfurique concentré ou les *tubes à ponce sulfurique* pour *dessécher les gaz*, ou *doser la vapeur d'eau*; et les *dessiccateurs* à acide sulfurique pour évaporer en vase clos et *à froid* les liquides aqueux ou pour dessécher les substances que l'on ne peut chauffer.

L'avidité de l'acide sulfurique pour l'eau explique ses *propriétés caustiques* violentes sur les *tissus animaux*, et la *carbonisation* rapide d'un grand nombre de *matières organiques* comme le bois ou le sucre : en enlevant les éléments de l'eau à un hydrate de carbone comme le sucre $C^{12}H^{22}O^{11}$ ou la cellulose $C^6H^{10}O^5$, l'acide sulfurique laisse le carbone. D'où la coloration brune des divers acides sulfuriques par exposition à l'air qui apporte des poussières organiques. D'où la déshydratation de l'*acide formique* $H\text{-}CO^2H$ ou de l'*acide oxalique* $C^2O^4H^2$ quand on les chauffe avec de l'acide sulfurique pour la production du gaz oxyde de carbone CO.

5° L'acide sulfurique est décomposé au *rouge vif* d'après :

$$SO^4H^2 = SO^2 + O + H^2O,$$

soit quand on fait passer sa vapeur dans un tube de porcelaine, soit quand on laisse tomber l'acide goutte à goutte dans une cornue en grès remplie de rognures de platine : cette décomposition a été utilisée pour la production du mélange $SO^2 + O$ dans la *fabrication de l'anhydride sulfurique* SO^3, et c'était une des réactions de la méthode de Deville et Debray pour l'*extraction de l'oxygène de l'air*.

I. — Propriétés chimiques de l'acide sulfurique.

Il est sans action sur les halogènes, l'oxygène, l'azote, l'arsenic, et le silicium, mais il est *réduit* par les autres *métalloïdes* sous l'action de la chaleur; il attaque tous les *métaux* : pourtant le *platine* n'est que fort peu altéré par l'acide sulfurique même à l'ébullition, et l'*or* encore moins, d'où l'emploi de ces métaux dans les appareils à concentration de l'acide.

1° L'acide sulfurique est réduit par l'*hydrogène* quand le mélange du gaz avec la vapeur de l'acide passe dans un tube de porcelaine *au rouge* :

$$SO^4H^2 + H^2 = 2H^2O + SO^2\uparrow;$$

s'il y a excès d'hydrogène on observe un dépôt de soufre, et même la formation d'un peu de gaz sulfhydrique :

$$SO^4H^2 + 3H^2 = 4H^2O + S\downarrow,$$
$$SO^4H^2 + 4H^2 = 4H^2O + H^2S\uparrow.$$

2° Il est *sans action sur les halogènes*, et sur les acides fluorhydrique et chlorhydrique qu'il sert à préparer.

Mais par le *pentachlorure de phosphore* PCl^5, il donne l'acide chlorosulfurique ou le chlorure de sulfuryle suivant que l'on fait réagir 1 molécule de l'acide *concentré* sur 1 ou 2 molécules PCl^5 :

$$SO^4H^2 + PCl^5 = POCl^3 + HCl\uparrow + SO^2.Cl.OH,$$
$$SO^4H^2 + 2PCl^5 = 2POCl^3 + 2HCl\uparrow + SO^2Cl^2.$$

Et il est réduit par les *acides bromhydrique* ou *iodhydrique* avec mise en liberté de brome ou d'iode :

$$SO^4H^2 + 2HBr = SO^2\uparrow + 2H^2O + Br^2\uparrow;$$

de sorte qu'il ne peut servir à préparer ces hydracides par action sur les bromures ou les iodures.

3° Il est *sans action sur l'oxygène*, mais il est réduit par le *soufre* quand on chauffe au-dessus de 300° :

$$2.SO^4H^2 + S = 2H^2O + 3SO^2\uparrow;$$

d'où une production de gaz sulfureux.

Et il est réduit aussi par le *gaz sulfhydrique* passant dans l'acide *concentré* qui se trouble et dégage l'odeur de gaz sulfureux :

$$SO^4H^2 + H^2S = SO^2\uparrow + 2H^2O + S\downarrow.$$

4° Il est réduit par le *phosphore* quand on chauffe :

$$5.SO^4H^2 + 2P = 2PO^4H^3 + 5SO^2\uparrow + 2H^2O;$$

et aussi par les *acides hypophosphoreux* PO^2H^3 ou *phosphoreux* PO^3H^3.

5° Il est réduit par le *charbon* ou le *bore* quand on chauffe; d'où une production de gaz sulfureux par la réaction :

$$2SO^4H^2 + C = 2SO^2\uparrow + CO^2\uparrow + 2H^2O.$$

Et il est réduit aussi par l'*éthylène* C^2H^4 à une température supérieure à 160°, en donnant d'abord la réaction :

$$2SO^4H^2 + C^2H^4 = 2SO^2\uparrow + 4H^2O + 2C\downarrow;$$

mais à froid par agitation prolongée il absorbe l'éthylène pour donner le *sulfate acide d'éthyle* ou acide sulfovinique $SO^4H(C^2H^5)$.

6° L'acide sulfurique concentré attaque l'*argent*, le *mercure*, le *cuivre* et le *plomb* quand on chauffe d'après les réactions :

$$2Ag + 2SO^4H^2 = SO^4Ag^2 + 2H^2O + SO^2\uparrow,$$

ou

$$M'' + 2SO^4H^2 = SO^4M'' + 2H^2O + SO^2\uparrow;$$

d'où l'*affinage de l'or* consistant à le séparer de l'argent et du cuivre par l'action de l'acide sulfurique concentré chaud; la *préparation des sulfates* et du gaz sulfureux. — L'acide sulfurique au maximum de concentration attaquerait même le mercure à froid. — L'acide sulfurique étendu n'aurait pas d'action sur ces métaux, d'où l'*emploi de vases de plomb* dans la fabrication de l'acide ou son usage industriel.

7° Les actions sur le *fer* ou le *zinc* sont différentes suivant la concentration : si l'acide est *très concentré* et *bouillant*, la réaction précédente se produit avec dégagement de gaz sulfureux. — Tandis que par l'acide *très étendu* (au $\frac{1}{10}$ par exemple) et à froid, il y a dégagement d'hydrogène dont c'est la préparation :

$$M'' + SO^4H^2 = SO^4M'' + H^2\uparrow.$$

— Pour une concentration intermédiaire, en chauffant au-dessous de 300°, on peut observer la précipitation de soufre, et aussi le dégagement de gaz sulfhydrique :

$$4.SO^4H^2 + 3Zn = 3.SO^4Zn + 4H^2O + S\downarrow,$$
$$5.SO^4H^2 + 4Zn = 4.SO^4Zn + 4H^2O + H^2S\uparrow.$$

— Enfin l'acide *excessivement étendu* n'agirait plus que sur les métaux altérables par l'eau de l'acide.

8° L'acide sulfurique est un *acide très énergique*, faisant encore virer le *tournesol* ou l'*hélianthine* à la dilution $\frac{1}{1000}$, et *décomposant les sels des autres acides en général* en libérant ces acides, qui peuvent être *volatils* comme les acides fluorhydrique, chlorhydrique, sulfhydrique, azotique, acétique; ou *fixes* comme les acides phosphorique, borique, silicique, tartrique, citrique, stéarique : les sels de calcium de ces acides fixes sont cependant en général plus insolubles que le sulfate de calcium.

L'acide sulfurique peut être *neutralisé* exactement aux réactifs colorés par les alcalis, l'hydrate d'argent ou l'hydrate de calcium pour donner des *sels neutres* :

$$SO^4K^2,\ SO^4Na^2,\ SO^4Ag^2,\ SO^4Ca.$$

— Mais en ajoutant au sulfate neutre alcalin autant d'acide que l'on en avait pris pour le former, on obtient les *sulfates acides* des métaux alcalins ou bisulfates SO^4HK, SO^4HNa; ces sels *se forment* toutes les fois que l'acide sulfurique concentré est en présence d'un sulfate alcalin ; ils sont *dissociables* par un excès d'eau en sulfate neutre et acide sulfurique libre surtout si on chauffe; et ils perdent de l'eau au-dessous du rouge sombre pour donner les pyrosulfates. — L'acide sulfurique est donc un acide *bibasique*.

II. — Composition de l'anhydride sulfurique et d'un acide sulfurique donné.

On la détermine par la *synthèse* en masses du *sulfate de plomb*, qui est un sel anhydre.

1° On prend une *masse m de plomb* pur, on la dissout dans de l'acide azotique pur en excès, on évapore à sec la dissolution avec un excès d'acide sulfurique pur, et on obtient ainsi la *masse* M *de sulfate de plomb* qu'on détermine.

Alors on dissout de nouveau une même masse m de plomb pur dans l'acide azotique pur en excès, mais on évapore à sec et on calcine; on obtient ainsi la *masse m_1 de protoxyde de plomb* que l'on détermine : on en déduit la *masse atomique du plomb*, m de plomb étant uni à la *masse $m_1 - m$ d'oxygène* dans l'oxyde de plomb.

2° Alors on effectue une 2ᵉ synthèse du sulfate de plomb à partir de la *masse m' de sulfure de plomb* PbS cristallisé et pur réduit en poudre, en chauffant avec un excès d'acide azotique pur, et en évaporant à sec pour obtenir *uniquement* la *masse* M' *de sulfate de plomb* qu'on détermine. Si alors on désigne par m'_1, la *masse de sulfure de plomb* qui est *contenue dans la masse* M *de sulfate* de plomb obtenue d'abord, cette masse m'_1, sera connue par la relation de proportionnalité : $\frac{m'_1}{M} = \frac{m'}{M'}$.

D'où la *composition* de la masse M de sulfate de plomb :

m de plomb,
$m_1 - m$ d'oxygène uni au plomb dans l'oxyde,
$m'_1 - m$ de soufre
$M - m'_1 - (m_1 - m)$ d'oxygène uni au soufre dans l'anhydride.

Donc la *composition en masses de l'anhydride sulfurique* est $m'_1 - m$ de soufre et $M - m'_1 - (m_1 - m)$ d'oxygène : ces deux nombres sont entre eux comme 32^{gr} à $16^{gr} \times 3$; la *formule la plus simple* de l'anhydride est donc SO^3; et c'est bien la *formule moléculaire* car :

$$28^{gr},8 \times d = 32^{gr} + 16^{gr} \times 3.$$

3° Enfin une 3e synthèse du sulfate de plomb à partir de la *masse* M_1, *d'un acide sulfurique donné*, va servir à déterminer la *masse d'eau* qui y est *unie à l'anhydride*, par la méthode générale suivante : on verse la masse M_1, de l'acide et les eaux de lavage du vase qui la contient dans une capsule en porcelaine contenant un grand excès d'oxyde de plomb bien sec et *taré avec la capsule*; on chauffe pour évaporer l'eau et obtenir le sel de plomb anhydre; on détermine l'augmentation de masse de la capsule qui est la masse M_2 de l'anhydride fixé par l'oxyde; d'où la *composition de l'acide* : M_2 d'anhydride pour $M_1 - M_2$ d'eau.

III. — Usages de l'acide sulfurique.

Ils sont très *importants* :

1° Dans la *préparation* de la plupart *des autres acides* par action sur les sels de ces acides, comme la préparation des acides fluorhydrique, chlorhydrique, sulfhydrique, azotique, phosphorique, acétique, etc.;

2° Dans la *préparation des sulfates* métalliques; soit par action sur le métal : argent, mercure, cuivre, fer; soit par action sur un sel du métal : silicate d'aluminium, chlorure de sodium; soit pour le sel ammoniacal, par absorption du gaz ammoniac industriel;

3° Dans l'*affinage de l'or*, auquel cas l'acide doit être dépourvu de sélénium qui rendrait l'or cassant; et dans le *décapage* de l'argent, du cuivre et même du fer;

4° Dans l'*extraction du phosphore*, et surtout dans la préparation industrielle des *superphosphates*;

5° Dans la préparation de l'*hydrogène*, et la *production du courant* dans un grand nombre de piles;

6° Dans la préparation d'un grand nombre de corps, comme le gaz sulfureux, l'oxyde de carbone, l'éthylène, l'acide cyanhydrique, etc.

IV. — Modes de formation et production industrielle de l'acide sulfurique.

Il *se forme* :

1° Par distillation du *sulfate ferreux cristallisé* ou vitriol vert, d'où le nom d'*huile de vitriol*;

2° A l'état de *traces* dans la *combustion du soufre* par l'oxygène ou l'air humides;

3° Par oxydation du *soufre* au moyen de l'acide azotique concentré bouillant;

4° Surtout dans l'oxydation du *gaz sulfureux* en *présence de l'eau* : l'oxydation est *lente* par l'oxygène de l'*air*, et elle explique la présence de l'acide sulfurique dans l'eau de pluie des villes industrielles et des régions volcaniques. — Elle est *immédiate* par le *chlore*, le *brome* ou l'*iode*, ce qui n'a pas été utilisé pour la production de l'acide sulfurique. — Elle est *immédiate* encore par les *anhydride* ou *acide azoteux*; enfin, elle est *rapide* par l'*acide azotique* AzO^3H, pourvu que l'acide soit assez concentré et chaud.

Aussi on produit *industriellement* l'acide sulfurique par oxydation du *gaz sulfureux* en présence de la vapeur d'*eau* au moyen de l'*oxygène de l'air*, la réaction étant rendue rapide par la présence des *mêmes* composés de l'azote plus oxygénés que le protoxyde Az^2O, constamment régénérés et pouvant servir indéfiniment.

Cette production s'expliquait autrefois par la *théorie de Weber*, très simple, ayant remplacé un grand nombre d'autres théories incomplètement justifiées par les faits. Quand le gaz sulfureux, l'oxygène, la vapeur d'eau et le gaz bioxyde d'azote AzO sont en présence, le bioxyde fixe immédiatement l'oxygène libre pour donner la vapeur rouge d'anhydride azoteux Az^2O^3 :

$$2AzO + O = Az^2O^3;$$

mais immédiatement aussi le gaz azoteux formé oxyde le gaz sulfureux en présence de l'eau :

$$SO^2 + Az^2O^3 + H^2O = SO^4H^2 + 2AzO;$$

le bioxyde d'azote étant ainsi régénéré rentrera indéfiniment en réaction; et il y aura production *continue* d'acide sulfurique pourvu que l'on renouvelle le gaz sulfureux, l'oxygène de l'air et la vapeur d'eau seuls consommés. — Mais cette théorie n'explique pas pourquoi l'*acide* formé dans les appareils industriels *a toujours la même concentration* 50 à 52° Baumé, qu'il est impossible de dépasser.

Actuellement on adopte la *théorie de Lunge et de Sorel* qui admet la production intermédiaire de *sulfate acide de nitrosyle* SO^4HAzO, décomposable par l'*eau* surtout en présence de gaz sulfureux avec formation d'acide sulfurique, décomposable aussi par une petite quantité d'eau pourvu que la température soit suffisamment élevée, mais soluble dans un acide sulfurique trop concentré :

Il y a *formation de sulfate acide de nitrosyle* toutes les fois que le gaz sulfureux, l'oxygène, et les composés de l'azote plus oxygénés que le protoxyde, se trouvent à *température peu élevée* en présence d'*un peu d'eau* ou d'un *acide sulfurique* plus *concentré* que *55° Baumé*, d'après les réactions [1] :

$$[1]\quad \left\{\begin{aligned} 2SO^2 + 3.O + H^2O + 2.AzO &= 2.SO^4HAzO,\\ 2SO^2 + O^2 + H^2O + Az^2O^3 &= 2.SO^4HAzO,\\ 2SO^2 + O + H^2O + 2.AzO^2 &= 2.SO^4HAzO,\\ SO^2 + AzO^3H &= SO^4HAzO; \end{aligned}\right.$$

pourtant la troisième de ces réactions est plus difficile à produire;

Tandis qu'il y aura formation d'acide sulfurique, avec régénération des composés oxygénés de l'azote, par *décomposition du sulfate de nitrosyle* en présence de l'eau, toutes les fois que ce corps arrivera au contact d'un *acide sulfurique étendu* par condensation de vapeur d'eau et marquant au plus *52° Baumé*, surtout en présence de gaz sulfureux; et même cette décomposition aura lieu en présence d'un acide à 55° B., si la température s'élève beaucoup, par exemple vers 200° en moyenne. La décomposition s'effectuera d'après les réactions [2] :

$$[2]\quad \left\{\begin{aligned} 2.SO^4HAzO + H^2O &= 2.SO^4H^2 + Az^2O^3\uparrow,\\ 2.SO^4HAzO + 2H^2O + SO^2 &= 3.SO^4H^2 + 2.AzO\uparrow; \end{aligned}\right.$$

Il y aura *production simultanée* des réactions [1] et [2] en des régions voisines des appareils,

[1] *à l'intérieur* des appareils où est en suspension un brouil-

lard d'acide sulfurique concentré à 57° B., car la vapeur d'eau ne s'y condense pas à cause d'une température assez élevée (80° par exemple) produite par les réactions exothermiques;

[2] *au contact des parois* plus froides (60° par exemple), ou de *l'acide* déjà condensé au fond des appareils, par suite de la dilution à 52° B. de l'acide, due à la condensation de la vapeur d'eau. — Et les réactions [2] succéderont indéfiniment aux réactions [1], à cause des *courants gazeux* produits par les jets de vapeur d'eau et les différences de température. — Alors l'acide déjà formé au fond des appareils *ne pourra pas marquer plus de 52° B.*, sans quoi la production s'arrêterait, à cause de l'immobilisation des composés nitrés à l'état de sulfate acide de nitrosyle dissous sans décomposition dans l'acide trop concentré, et par suite d'une insuffisance de vapeur d'eau. — La faible différence des concentrations, 52° et 57° B., pour lesquelles se produit le renversement des réactions, explique les difficultés rencontrées pour l'établissement de la théorie.

On montre dans les *laboratoires* les réactions [1] et [2] dans un *grand* ballon au fond duquel on a mis un peu d'eau *froide* qui n'émet que de la vapeur d'eau à faible tension; au milieu de l'*air* du ballon on fait arriver par un 1er tube un dégagement de gaz bioxyde d'azote AzO qui y produit la *coloration rouge* du gaz azoteux Az^2O^3, et par un 2e tube arrive un dégagement de gaz sulfureux SO^2 qui fait disparaître peu à peu la coloration en produisant un *dépôt blanc* de cristaux de sulfate acide de nitrosyle SO^4HAzO, formé d'après la réaction [1]. — Si alors en inclinant le ballon, on amène l'eau au contact des cristaux, ceux-ci disparaissent avec *formation d'acide sulfurique dissous* dont on reconnaîtra plus tard la présence par l'abondant précipité blanc qu'y donnera le chlorure de baryum; et il y a réapparition de la *coloration rouge* due au dégagement de gaz azoteux d'après la réaction [2]. — Par insufflation d'air au moyen d'un 3e tube, le gaz sulfureux continuant à arriver, on pourra faire réapparaître les cristaux [réaction 1], puis les faire disparaître par le contact de l'eau [réaction 2]; et ainsi plusieurs fois, ce qui montre la *succession des deux réactions*, tant que les composés oxygénés de l'azote n'ont pas été expulsés du ballon par un 4e tube de communication avec l'atmosphère, ce qui arrive forcément avec cette disposition expérimentale.

Si on a placé de l'eau *chaude* dans le ballon, ou si par un

5e tube on y fait arriver de la *vapeur d'eau bouillante*, il y à production successive des mêmes réactions, avec cette différence que le sulfate acide de nitrosyle ne peut plus se déposer en cristaux, ce qui est plus conforme à l'opération industrielle.

V. — Appareil industriel pour la fabrication de l'acide sulfurique.

Il comprend *4 parties* :

1° Le *four* à combustion du soufre, ou surtout à grillage des pyrites, ce qui est le cas que l'on supposera : c'est alors un four en briques où la pyrite *pulvérisée* est placée sur des tablettes en chicane, et à la partie inférieure duquel l'air pénètre par de petits orifices que l'on ouvre en nombre plus ou moins grand, pour que la *proportion* d'*oxygène* soit *plus que suffisante* pour transformer en outre le gaz sulfureux produit par le grillage en acide sulfurique. A intervalles réguliers, un ouvrier fait tomber la pyrite d'un étage en commençant par la tablette inférieure d'où tombe la pyrite épuisée, et il recharge la tablette supérieure de pyrite nouvelle, de sorte que l'air introduit rencontre d'abord la pyrite la plus épuisée. La chaleur dégagée dans l'oxydation de la pyrite suffit à entretenir l'oxydation de la pyrite nouvelle. — Les gaz dégagés sortent par la partie supérieure des fours, et arrivent dans une *chambre à condensation des poussières* entraînées : ils ont alors une température d'*environ 300°*;

2° La *tour de Glover*, ou simplement le Glover : c'est une tour revêtue intérieurement de *pierres siliceuses* comme la lave de Volvic et remplie de blocs de cette pierre; à la partie supérieure on déverse une pluie d'acide sulfurique *froid* marquant *55° B.*, très chargé de sulfate acide de nitrosyle, et additionné en outre d'un peu d'acide azotique; les gaz du four arrivent à la partie inférieure, se refroidissent dans le trajet et sortent en haut à la *température 70°* environ. L'acide déversé tombe dans la cuve en plomb sur laquelle repose la tour et marque alors *60° B.* : c'est que les gaz chauds lui ont enlevé de la vapeur d'eau, et qu'il y a eu décomposition du sulfate de nitrosyle avec formation d'acide sulfurique, malgré la concentration, à cause de la température élevée du Glover (200° par exemple). — Le Glover sert donc à refroidir les gaz du four, à produire de l'acide sulfurique en libérant les composés oxygénés de l'azote, et enfin à produire de la vapeur d'eau ;

3° Les *chambres de plomb*, successives, en général au nombre de 3, ainsi nommées parce qu'elles sont formées de lames de plomb réunies par la soudure autogène, et qu'elles reposent sur des cuves en plomb. Les premières sont de très grande capacité (des milliers de mètres cubes), et reçoivent à la partie supérieure des jets de vapeur provenant d'un *générateur de vapeur*, lequel actionne aussi un moteur pour obtenir de l'*air comprimé* destiné à faire passer par pression d'air l'acide d'un niveau à un autre

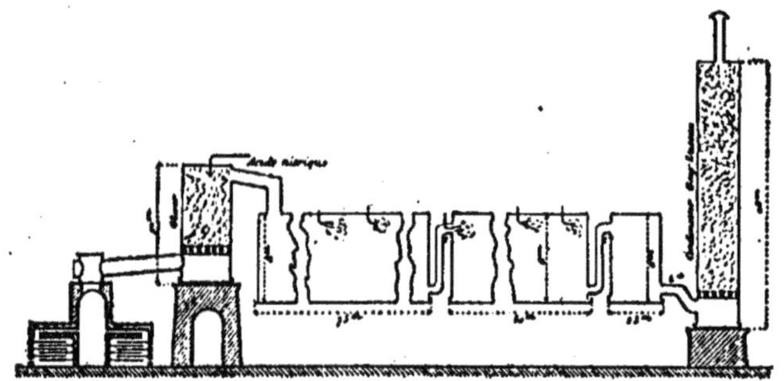

Fig. 86. — Fabrication industrielle de l'acide sulfurique.

plus élevé : il se forme dans ces 2 chambres de l'acide à 52° B. au plus qui se rassemble dans la cuve de la chambre. — La dernière chambre plus petite ne reçoit pas de vapeur d'eau ; elle donne lieu à la condensation d'un acide contenant déjà du sulfate acide de nitrosyle ;

4° La *tour de Gay-Lussac*, ou simplement le Gay-Lussac : c'est une tour revêtue intérieurement de *plomb* et remplie de pierres siliceuses ou de *coke*, à la base de laquelle arrivent les produits gazeux nitrés sortant de la dernière chambre, et en haut de laquelle on déverse une pluie d'acide sulfurique *froid à 60° B.* venant de la base du Glover ; les gaz de *couleur rouge* à la base du Gay-Lussac, comme on le voit par une large fenêtre, y perdent leurs composés nitrés et s'y décolorent ; la *décoloration* doit être *complète* en haut du Gay-Lussac et l'on s'en assure en observant par une 2e fenêtre : de plus le gaz dégagé du Gay-Lussac ne doit pas diminuer de volume par agitation avec la *potasse*, ce qui montre que la totalité du gaz sulfureux a été transformée ; mais après ce traitement, il doit donner une légère diminution de volume par agitation avec l'*ammoniure de cuivre*, ce qui montre qu'il reste un petit excès d'oxygène. — L'acide concentré et nitreux de la base du Gay-Lussac est dilué par mélange avec l'acide recueilli dans la 3e chambre pour être remonté à la partie supérieure du Glover; on y déverse aussi un peu d'acide azotique pour réparer les pertes inévitables dans la pratique en composés oxygénés de l'azote.

En *résumé*, il y a formation de sulfate acide de nitrosyle à l'intérieur des chambres et dans le Gay-Lussac; et il y a formation d'acide sulfurique par décomposition du sulfate acide de nitrosyle sur le pourtour des premières chambres et dans le Glover. — Une partie de l'acide concentré de la base du Glover peut être distraite de la fabrication, mais elle est souillée par les poussières du four à pyrite. On *retire l'acide* marquant au plus 52° B. des cuves des deux premières chambres par le moyen de siphons en plomb à branches égales et toujours amorcés.

L'acide des chambres est employé directement à la fabrication des *superphosphates*, du *sulfate d'aluminium*, du *sulfate d'ammonium*, de l'*acide azotique*; mais pour d'autres usages, il doit être concentré soit à 60° B., soit à 66° B., qui est sa concentration maximum.

VI. — Concentration de l'acide sulfurique des chambres.

On peut l'opérer, soit par ébullition, soit par évaporation :

1° *Par ébullition*, on peut concentrer jusqu'à *60° B.* dans des bassines en *plomb* dont le métal est peu attaqué par l'acide étendu et qui est encore assez loin de son point de fusion, la température ne dépassant guère 200°; le transvasement de l'acide bouillant a lieu par un siphon spécial où l'on produit l'amorcement d'abord en remplissant la grande branche avec de l'acide. On ne peut pas pousser jusqu'au bout la concentration dans le plomb, car le métal serait attaqué notablement et serait porté au voisinage de son point de fusion, par élévation du point d'ébullition de l'acide restant au fur et à mesure qu'il se concentre.

Aussi pour *atteindre* la concentration *66° B.*, on emploie soit des cornues en *verre* chauffées au bain de sable, soit des cuvettes en *porcelaine* ou en *fonte*, soit enfin des alambics en *platine* à chaudière très plate, quelquefois protégée intérieurement par une *couche d'or* moins attaquable que le platine mais rendant l'appareil, déjà d'un prix très élevé, extrêmement coûteux : dans tous les cas, l'acide concentré reste dans le récipient, et c'est la vapeur d'eau chargée d'acide étendu qui s'échappe ;

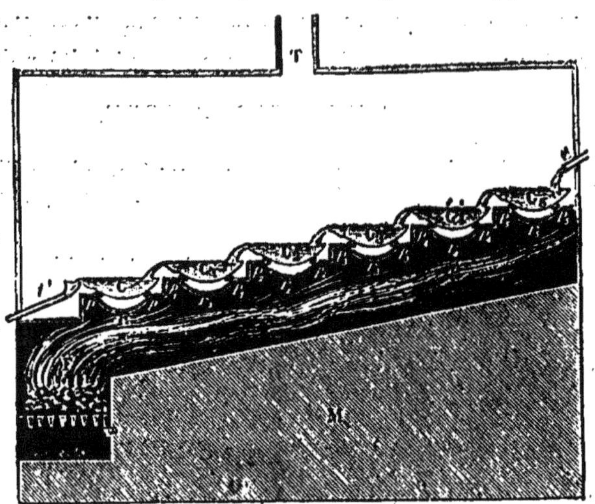

Fig. 87. — Concentration de l'acide sulfurique dans des capsules en porcelaine.

2° Actuellement, on tend à concentrer *par évaporation* de *grandes masses* d'acide contenues dans des auges en *pierre siliceuse*, en y faisant passer un courant de gaz chaud provenant d'un four à coke, après que ces gaz chauds ont été soigneusement débarrassés de poussières.

VII. — Impuretés de l'acide sulfurique industriel.

Elles peuvent atteindre la proportion 0,03.

D'abord, s'il s'agit d'*acide sulfurique au soufre*, on y trouve :

1° Des *composés nitrés* ou du *sulfate acide de nitrosyle* SO^4HAzO, car l'acide donne une teinte rose ou brune aux cristaux de *sulfate ferreux*, vert pâle, ce qui est un caractère des composés nitrés ;

2° Du *gaz sulfureux* SO^2, et alors l'acide en a l'*odeur* vive ; puis du *sulfate de plomb* SO^4Pb un peu plus soluble dans l'acide sulfurique que dans l'eau : d'où le *trouble blanc* que donnent quelquefois les mélanges d'acide sulfurique et d'eau. — Ces deux corps proviennent de l'attaque du plomb des appareils par l'acide sulfurique chaud :

$$2.SO^4H^2 + Pb = SO^4Pb + 2H^2O + SO^2.$$

— L'acide contenant du plomb, par addition d'*eau* distillée et un courant de *gaz sulfhydrique* donnera un précipité noir :

$$SO^4Pb + H^2S = PbS\downarrow + SO^4H^2.$$

De plus, si l'acide sulfurique a été préparé par le grillage des *pyrites*, qui sont souvent *sélénifères* et *arsenicales*, l'acide peut encore renfermer :

3° Soit du *sélénium libre*, qui donne alors à l'acide un *trouble rougeâtre* [le sélénium s'extrait des boues des chambres de plomb]; soit de l'*anhydride sélénieux* SO^2 dissous, auquel cas l'acide chauffé donne par un courant de gaz sulfureux un *précipité rouge* de sélénium :

$$SeO^2 + 2SO^2 + 2H^2O = 2.SO^4H^2 + Se\downarrow;$$

donc les anhydrides sulfureux et sélénieux ne peuvent pas coexister dans l'acide chauffé;

4° Et enfin de l'*anhydride arsénieux* As^2O^3 ou de l'*acide arsénique* AsO^4H^3 dissous, qui proviennent du grillage de l'arsenic de la pyrite suivi d'une oxydation partielle par l'acide azotique; on reconnaît la présence de l'arsenic, comme pour l'acide chlorhydrique, par les réactions de l'appareil de Marsh.

VIII. — Purification de l'acide sulfurique des chambres.

Si l'acide était plus concentré que 52° B., il faudrait commencer par l'étendre d'un peu d'eau pour qu'il ne dépassât pas cette concentration.

1° On chauffe l'acide et on y fait passer un courant de *gaz sulfureux*, ou mieux on y ajoute un peu de *sulfite d'ammonium* $SO^3(AzH^4)^2$, ce qui précipite le sélénium de l'anhydride sélénieux dissous, et réduit l'acide arsénique.

Cette opération, si l'on a employé le sulfite d'ammonium, a détruit aussi les composés nitrés ou le sulfate acide de nitrosyle, qui ont servi à la combustion de l'ammoniaque du sel; on peut aussi détruire les mêmes corps en chauffant l'acide avec un peu de *sulfate d'ammonium* $SO^4(AzH^4)^2$:

$$2SO^4HAzO + SO^4(AzH^4)^2 = 3SO^4H^2 + 2H^2O + 2Az^2\uparrow.$$

2° Après repos et décantation du liquide clair, on en précipite à la fois le plomb et l'arsenic en saturant l'acide froid par le *gaz sulfhydrique* H^2S, ou mieux en ajoutant un peu de *sulfure de baryum* BaS ; on peut alors admettre la suite des réactions :

$$BaS + SO^4H^2 = SO^4Ba\downarrow + H^2S,$$
$$SO^4Pb + H^2S = PbS\downarrow + SO^4H^2,$$
$$As^2O^3 + 3H^2S = As^2S^3\downarrow + 3H^2O.$$

On abandonne au *repos* pendant *un jour* pour que les matières précipitées se rassemblent au fond, on *décante* le liquide clair, et on le *chauffe* pour chasser l'excès des gaz qui ont servi à purifier le liquide.

3° Enfin dans les *laboratoires*, on achève la purification en séparant l'acide sulfurique volatil des traces d'impuretés fixes qu'il peut encore contenir, par *distillation* dans un appareil en verre, en mettant dans la cornue quelques *fils de platine* ou quelques fragments de *pierre ponce* pour favoriser la formation des bulles de vapeur; on a soin aussi de *chauffer latéralement* pour former les bulles de vapeur au voisinage de la surface libre; enfin on *recouvre le dôme* de la cornue d'une enveloppe de tôle qui le maintient chaud et empêche la vapeur de s'y condenser en liquide froid qui retomberait dans la cornue. — Toutes ces précautions sont prises pour éviter la rupture de la cornue, l'ébullition d'un liquide aussi visqueux que l'acide sulfurique étant difficile à produire, et la rupture de l'appareil pouvant produire des accidents extrêmement graves.

Fig. 88. — Distillation de l'acide sulfurique.

Actuellement on tend à *préparer directement* un *acide sulfu-*

rique pur, en *lavant* les gaz à la sortie des fours à pyrites, en les *séchant*, et en les faisant passer sur une *matière de contact* analogue à l'amiante platinée et chauffée à *température déterminée* : cette température ne doit pas être trop élevée, car la formation exothermique de l'anhydride sulfurique pourrait porter la matière de contact à une température assez élevée pour que la décomposition inverse se produisît :

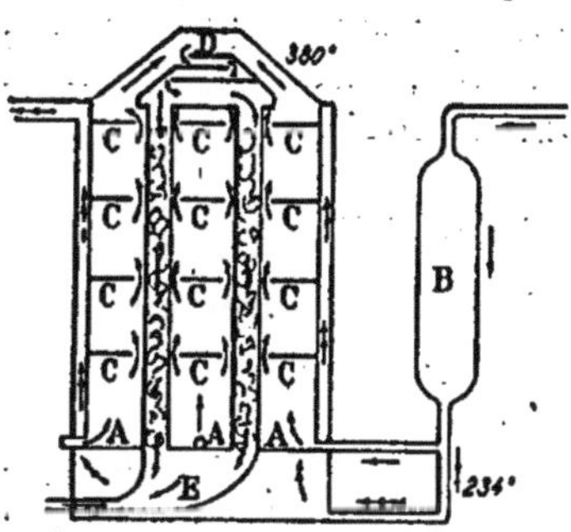

Fig. 89. — Fabrication de l'acide sulfurique par la méthode de contact.

A, arrivée des gaz à la sortie du réchauffeur B ; C, cloisons forçant les gaz à passer près des conduits à matières de contact pour refroidir ces conduits ; D, appareil mélangeur des gaz ; E, sortie de la vapeur de SO^3. Les doubles flèches indiquent le trajet d'une dérivation des gaz chauds destinés à chauffer l'appareil.

$$SO^2 + O \rightleftarrows SO^3 + 32C,2$$

Avec un mélange contenant 0,12 de gaz sulfureux et autant d'oxygène, la température moyenne la plus favorable est *300°*, on obtient la proportion 0,97 de la transformation théorique. Ce procédé nouveau convient surtout à la préparation des *acides sulfuriques concentrés purs*. Les chambres de plomb ne serviraient plus qu'à la fabrication de l'acide impur à 50° B. tel qu'on l'utilise directement pour les superphosphates.

IX. — Propriétés des sulfates.

Tous les sulfates *neutres* sont *solubles*, excepté le sulfate de baryum SO^4Ba et le sulfate de plomb SO^4Pb qui sont insolubles ; les sulfates de calcium ou de strontium, et le sulfate d'argent SO^4Ag^2, sont peu solubles ; le sulfate mercurique neutre est dissocié par l'eau.

D'où les *caractères de la solution étendue d'acide* sulfurique ou des *sulfates alcalins* :

1° Par l'*acide sulfhydrique*, rien ;

2° Par l'*azotate de baryum*, il y a formation d'un précipité *blanc*, qui est du sulfate de Ba, dense, insoluble dans les acides chlorhydrique ou azotique ; — et par l'*azotate de plomb*, il y a formation d'un précipité *blanc*, qui est du sulfate de Pb, soluble dans l'acide chlorhydrique concentré bouillant, et un peu soluble dans l'acide sulfurique concentré;

3° Par l'*azotate d'argent*, il y a formation d'un précipité *blanc* de sulfate d'argent si la solution n'est pas trop étendue, et ce précipité est soluble dans beaucoup d'eau ou dans l'ammoniaque.

Les sulfates *à l'état solide* se reconnaissent à ce que par *fusion* sur le *charbon* avec du *carbonate de sodium sec* à la *flamme réductrice*, ils sont réduits à l'état de sulfure de sodium, qui placé sur une pièce d'*argent humide* la noircit. — D'ailleurs, les sulfates *insolubles*, par une longue ébullition avec du carbonate de sodium en solution concentrée se transforment en sulfate de sodium, facile à reconnaître.

Les sulfates s'unissent entre eux pour former des *sulfates doubles* très *importants* :

1° Les *aluns*, sulfates doubles isomorphes, dont le type est l'*alun ordinaire*, ou alun de potasse :

$$(SO^4)^3Al^2 + SO^4K^2 + 24.H^2O,$$

dans lequel Al^2 peut être remplacé par Cr^2, Fe^2 ou Mn^2, pour former les *aluns de chrome*, de fer ou de manganèse; K^2 peut aussi être remplacé par $(AzH^4)^2$, $Cœ^2$, Ru^2, Tl^2, etc., pour donner les *aluns d'ammonium*, de cœsium, de rubidium, de thalium, etc...; enfin le soufre S peut encore y être remplacé par le sélénium pour donner les *aluns au sélénium*;

2° Les sulfates doubles de la *série magnésienne* qui sont aussi isomorphes, et qui ont pour type :

$$SO^4Mg + SO^4K^2 + 6H^2O;$$

K^2 y est remplaçable comme tout à l'heure, et Mg par Zn, Fe, Ni, Co, Mn, Cr, Cu.

Ces *relations d'isomorphisme* ont servi à établir les *formules* à attribuer à un grand nombre de *composés métalliques*.

LIVRE IV

MÉTALLOÏDES TRIVALENTS ET POUVANT ÊTRE PENTAVALENTS

VINGTIÈME LEÇON

Azote. — Air atmosphérique.

AZOTE

Masse moléculaire Az^2, avec masse atomique $Az = 14$.

C'est un gaz incolore, sans odeur : il forme en effet à peu près les $\frac{4}{5}$ de l'air où nous vivons; il n'entretient pas la respiration des animaux, d'où le nom qui lui a été donné par Lavoisier. — Il a pour densité 0,96717 quand c'est de l'azote pur ou comme on dit de *l'azote chimique*; mais il a une densité 0,9703 notablement plus grande quand on l'a retiré de l'atmosphère, ou que c'est de *l'azote atmosphérique* : c'est que l'azote atmosphérique est un mélange d'azote avec un peu de gaz *argon* de densité beaucoup plus grande, 1,376, et avec des traces d'autres gaz.

L'azote est très difficile à liquéfier : c'est alors un *liquide* incolore bouillant à — 194°,4 solidifiable par évaporation dans le vide en une *masse neigeuse* fondant à — 214°,0.

L'azote est peu soluble dans l'eau : coefficient 0,020 à 0°.

I. — Propriétés chimiques de l'azote pur.

Il se combine directement avec l'hydrogène, l'oxygène, le silicium ou le bore; le magnésium ou le calcium, le métal titane analogue à l'étain; et indirectement avec le carbone amorphe. Ces combinaisons sont en général assez difficiles à réaliser, ce qui faisait autrefois regarder l'azote comme un gaz inerte n'ayant aucune tendance à entrer en réaction. Cette inertie est maintenant reportée à l'argon et aux nouveaux gaz de l'air.

1° L'azote se combine directement à *l'hydrogène* mais seulement par l'action d'une *série d'étincelles* dans le mélange des 2 gaz; et il y a formation de traces seulement de gaz ammoniac, car la réaction est limitée par la réaction inverse, décomposition du gaz ammoniac par l'étincelle presque complète :

$$Az + 3H \rightleftarrows AzH^3;$$

et en effet on n'observe pas de diminution notable de volume dans l'action de l'étincelle sur le mélange d'azote et d'hydrogène; il y a cependant formation d'un peu de gaz ammoniac, car une bulle de gaz chlorhydrique sec introduite alors dans le mélange sec y donne des fumées blanches solides :

$$AzH^3 + HCl = AzH^4Cl.$$

Et il y aurait disparition totale de l'azote en présence d'un excès d'hydrogène par une longue série d'étincelles, pourvu que l'on introduise dans l'eudiomètre où l'on opère quelques gouttes d'acide sulfurique, lequel absorbe alors le gaz ammoniac au fur et à mesure de sa formation et l'empêche d'atteindre sa pression limite :

$$AzH^3 + SO^4H^2 = SO^4H(AzH^4)^2;$$

la réaction complète ainsi pratiquée pourra servir de *caractère à l'azote pur*.

2° L'azote se combine directement *à l'oxygène* quand le mélange humide des deux gaz passe au contact d'une *spirale de platine portée au rouge*; et toutes les fois qu'il se produit une *combustion vive par l'oxygène mêlé d'azote*; il y a alors formation d'un *peu d'acide azotique* : ainsi dans la synthèse de l'eau par Lavoisier au moyen de la combustion du gaz hydrogène par l'oxygène contenant un peu d'azote, pour 160^{gr} d'eau formée, par neutralisation avec la potasse et évaporation à sec on put obtenir environ 3^{gr} d'azotate de potassium.

Encore quand on produit une *série d'étincelles* dans le mélange d'azote et d'oxygène qui prend alors une teinte rougeâtre. Si le mélange des gaz est sec, il y a formation de *peroxyde d'azote* AzO^2 décomposable par l'eau. Aussi si le mélange est humide, ou si on opère en présence de l'eau ou d'une solution alcaline, il y a formation des *acides azoteux et azotique* ou d'azotite et azotate alcalins :

$$2AzO^2 + H^2O = AzO^2H + AzO^3H;$$

ou :

$$2AzO^2 + 2.NaOH = AzO^2Na + AzO^3Na + H^2O.$$

Et il y aura disparition complète du gaz azote par mélange avec un excès d'oxygène en présence d'une solution alcaline sous l'action d'une série d'étincelles; d'où un 2e *caractère de l'azote pur*. Et on pourra utiliser cette réaction pour *préparer le gaz argon* : l'air mélangé avec de l'oxygène arrive régulièrement dans un grand ballon à moitié rempli d'une solution de soude caustique pour y être soumis à l'action de fortes étincelles, et on extrait du ballon un mélange de l'argon restant avec l'excès d'oxygène qu'il est facile d'absorber.

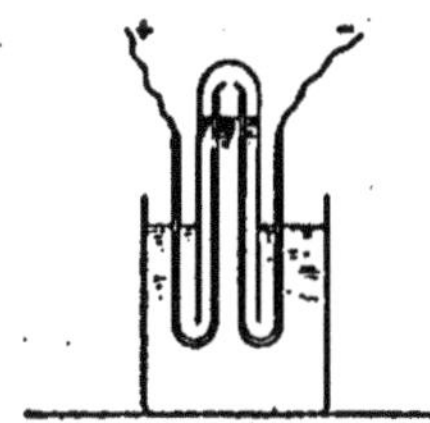

Fig. 90. — Disposition pour montrer l'absorption d'un mélange de gaz par un liquide sous l'action de l'étincelle.

Encore par l'*action de l'effluve* sur le mélange d'azote et d'oxygène. Soit d'abord le mélange sec; si l'effluve est *à forte tension*, le mélange prend une teinte rougeâtre due à la formation de *peroxyde d'azote* AzO^2; tandis que *si l'effluve est à tension plus faible*, on n'observe pas de coloration pendant la production de l'effluve : il y a eu cependant réaction et formation de *gaz perazotique* AzO^3. En effet l'interposition, sur le trajet de la lumière qui donne un spectre continu, d'un tube de 2[m] de long renfermant le mélange sortant de l'appareil à effluve, fait apparaître un spectre d'absorption différent du spectre d'absorption de l'ozone qui a pu se former aussi, et des spectres d'absorption du gaz azoteux Az^2O^3 ou de la vapeur de peroxyde d'azote AzO^2 les seuls, parmi les composés oygénés de l'azote alors connus, donnant de tels spectres : d'où la *découverte du gaz perazotique*, absorbable par l'acide sulfurique dans le mélange gazeux ce qui a permis d'établir la composition AzO^3 d'après l'analyse du résidu, condensable en petits cristaux par refroidissement à — 23°, décomposable spontanément en $AzO^2 + O$, d'où l'apparition d'une teinte rougeâtre quelques heures après que l'effluve a cessé, enfin décomposable immédiatement par l'eau :

$$2.AzO^3 + H^2O = 2.AzO^3H + O,$$

avec formation d'acide azotique. — Si donc le mélange d'azote et d'oxygène soumis à l'action de l'effluve est humide, on ne peut observer que la formation d'*acide azotique* AzO^3H.

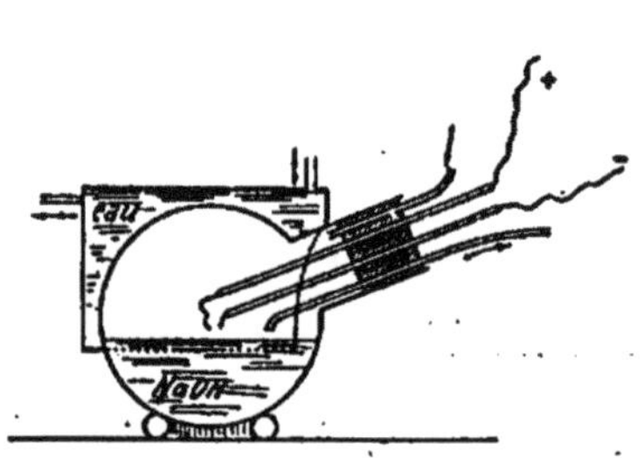

Fig. 91. — Disposition de lord Rayleigh et Ramsay pour préparer l'argon.

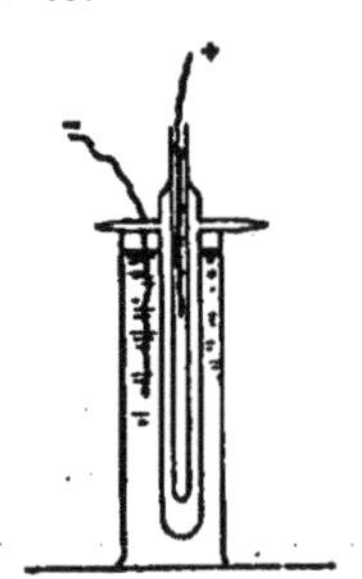

Fig. 92. — Production du gaz perazotique.

Toutes ces actions de l'azote sur l'oxygène expliquent la présence de traces d'acide azotique dans l'atmosphère.

3° L'azote se combine indirectement avec le *carbone amorphe*, toutes les fois que l'azote ou l'air se trouvent à haute température en présence du charbon, et d'un alcali, d'un carbonate alcalin ou d'un carbonate alcalino-terreux; ainsi il y a formation de *cyanure de potassium* quand un courant d'azote ou d'air passe sur du charbon imprégné de potasse et porté au rouge :

$$Az^2 + 3.C + 2.KOH = 2.KCAz + CO\uparrow + H^2O\uparrow;$$

et formation de *cyanure de baryum* quand le courant passe sur un mélange de charbon et de carbonate de baryum au rouge :

$$Az^2 + 4C + CO^3Ba = Ba(CAz)^2 + 3.CO\uparrow.$$

Et il y aurait formation *d'acide cyanhydrique* par l'action d'une série d'étincelles sur le mélange d'azote et *d'acétylène*, mais avec limitation de la réaction par la décomposition inverse de la vapeur d'acide cyanhydrique sous l'action de l'étincelle :

$$Az^2 + C^2H^2 \rightleftarrows 2.HCAz.$$

Comme on peut reconnaître des traces d'acide cyanhydrique, par exemple par la réaction du bleu de Prusse, on poura *reconnaître des traces d'azote libre dans un mélange* par addition d'acétylène, passage d'une série d'étincelles, et réactions de l'acide cyanhydrique.

4° L'azote se combine directement avec le *silicium* au rougé vif pour donner Si^2Az^3, poudre blanche amorphe.

5° Il se combine directement avec le *bore*, mais seulement au

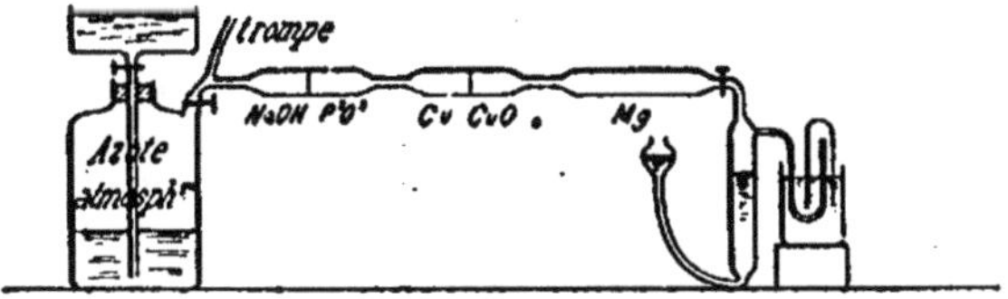

Fig. 93. — Disposition de lord Rayleigh et Ramsay pour la préparation de l'argon par le magnésium.

rouge blanc pour le bore pur, avec formation *d'azoture de bore* BAz, poudre blanche amorphe.

6° L'azote est absorbé par *le magnésium*, *le calcium* ou *le titane* chauffés au rouge pour former des *azotures* comme Az^2Mg^3, d'où un 2° *procédé de préparation de l'argon* par le contact prolongé de l'azote atmosphérique avec de la limaille de magnésium au rouge, et sa *purification* par le contact de l'argon avec le mélange intime de chaux vive récemment calcinée et de limaille fine de magnésium, se comportant comme du calcium libre pour l'absorption de l'azote restant :

$$CaO + Mg = MgO + Ca.$$

Pour produire des *réactions à l'abri de l'azote de l'air* comme dans la préparation du bore, on peut entourer le creuset où doit s'effectuer la réaction avec un mélange d'anhydride titanique TiO^2 et de charbon, se comportant comme le titane libre.

7° L'azote se combine directement avec la *vapeur d'eau* sous l'action de l'effluve à forte tension pour former de l'*azotite d'ammonium* :

$$Az^2 + 2.H^2O \rightleftarrows AzO^2AzH^4,$$

d'où on pourra retirer l'azote par décomposition inverse.

8° Enfin l'azote est encore absorbé par *beaucoup de matières organiques* sous l'action de l'effluve, en particulier par *le papier* qui est une matière hydrocarbonée, la cellulose; et, en effet après l'action, le papier chauffé avec de la chaux dégagera de l'ammoniaque, ce qui est le caractère des matières organiques azotées; de plus cette fixation d'azote par la matière organique est possible quand l'effluve est produite *au moyen de l'électricité atmosphérique*.

L'azote peut être absorbé par la *terre végétale* sous l'action d'*algues microscopiques*, et enfin par les *bactéries* qui se développent dans les nodosités des racines des légumineuses.

Ces diverses actions expliquent *la fixation directe de l'azote de l'atmosphère par les végétaux et le sol*, très importante, car l'azote joue un *rôle essentiel dans la nutrition des êtres vivants*, outre son rôle de *diluant de l'oxygène*, nécessaire pour l'acte de la respiration et pour la modération des combustions usuelles dans nos foyers.

II. — Caractères du gaz azote.

1° Il n'est pas absorbé par la *potasse*;

2° Il n'est *pas combustible*, et il éteint les corps enflammés qu'on y plonge, ce qui l'a fait confondre pendant longtemps avec le gaz carbonique; mais l'azote est *sans action sur la teinture de tournesol*, et *il ne trouble pas l'eau de chaux*, ce que fait le gaz carbonique;

3° L'azote n'est *pas absorbé par les réactifs usuels*, en particulier par la *dissolution de sulfate ferreux* qui absorbe tous ses composés oxygénés sauf le protoxyde;

4° L'azote pur disparaît complètement, soit par mélange avec un excès *de gaz hydrogène* en présence de l'acide sulfurique, soit par mélange avec un excès *d'oxygène* en présence de la potasse, quand le mélange est soumis à l'*action prolongée d'une série d'étincelles*.

III. — Préparations de l'azote atmosphérique.

On prend toujours un *volume limité d'air*, dont on *absorbe l'oxygène* soit par le phosphore, soit par le cuivre, et *les traces de gaz carbonique* par la potasse ou par la chaux sodée.

1° Il suffirait d'abandonner des bâtons de phosphore dans une cloche pleine d'air reposant sur l'eau ou le mercure jusqu'à ce que la phosphorescence cesse dans l'obscurité, pour absorber la totalité de l'oxygène de la masse d'air de la cloche; mais l'opération demanderait plusieurs jours, et on ne l'emploie que pour purifier l'azote ou pour faire l'analyse de l'air. Au lieu d'employer l'action du phosphore à froid pour la préparation de l'azote, on préfère absorber l'oxygène *par combustion vive du phosphore*. — On place un fragment de phosphore, desséché par du papier buvard, dans une coupelle en terre placée sur un bouchon de liège plat flottant sur l'eau d'une cuve; on allume le phosphore, et on le recouvre aussitôt avec une grande cloche pleine d'air dont on enfonce le bord dans l'eau et que l'on maintient : il y a formation dans la cloche de fumées blanches d'anhydride phosphorique P^2O^5 plus ou moins hydraté, avec un grand dégagement de chaleur qui dilate le gaz de la cloche d'abord; mais bientôt le phosphore s'éteint dans l'azote qui reste, et par refroidissement on observe une ascension de l'eau de la cuve dans la cloche à cause de la disparition de l'oxygène; les fumées solides phosphoriques se dissolvent peu à peu dans l'eau à l'état d'acides phosphoriques; et quand le gaz de la cloche est devenu transparent, il suffit de le transvaser dans des éprouvettes pleines d'eau disposées sur la cuve. — Mais le phosphore s'est éteint avant la disparition complète de l'oxygène; aussi l'azote ainsi préparé contient encore un peu d'oxygène que l'on absorbera en introduisant un bâton de phosphore dans chacune des éprouvettes du gaz; il contient aussi les traces de gaz carbonique que renfermait l'air; on l'en débarrasse en introduisant dans chaque éprouvette un petit morceau de potasse et en agitant, opération qui dissout aussi les traces

Fig. 94. — Préparation de l'azote par combustion du phosphore dans l'air.

d'anhydrique phosphorique pouvant rester en suspension dans l'azote. — Si on voulait utiliser le gaz azote aussitôt que la combustion du phosphore a cessé, il pourrait aussi y avoir en suspension des traces de phosphore solide provenant de la vaporisation d'une partie du phosphore; il convient alors d'introduire dans la cloche quelques bulles de chlore, qui font passer le phosphore en suspension à l'état de chlorures absorbables par l'eau; c'est alors seulement que l'on agite le gaz avec la potasse qui absorbe le chlore en excès, les fumées phosphoriques et les traces de gaz carbonique. — L'azote ainsi préparé reste humide. On pourrait le dessécher par un agent desséchant quelconque; mais cette préparation ne se prête guère à la préparation du gaz sec.

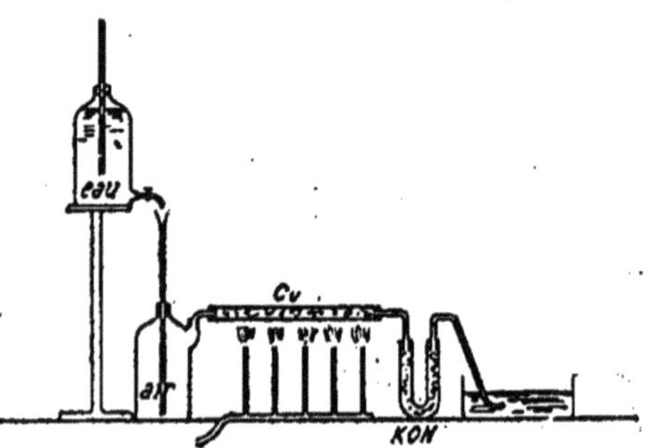

Fig. 95. — Préparation de l'azote par le cuivre chauffé.

2° Il est plus facile *de préparer l'azote atmosphérique sec* en faisant passer un courant d'air *très lent* sur du *cuivre chauffé au rouge*, puis sur des fragments de potasse caustique pour arrêter à la fois la vapeur d'eau et le gaz carbonique, en recueillant alors le gaz sur la cuve à mercure. — L'air en expérience est contenu dans un grand flacon à 2 tubulures d'où on le déplace par de l'eau tombant d'un vase de Mariotte dans le tube à entonnoir plongeant jusqu'au fond; l'air passe alors dans le tube de verre peu fusible rempli de tournure de cuivre et entouré de clinquant pour que l'on puisse au préalable le chauffer au rouge; l'azote qui s'en dégage passe dans le tube purificateur à fragments de potasse caustique : le cuivre a noirci par la formation d'oxyde cuivrique CuO, et le tube ne peut guère servir qu'à une préparation. — Poutant, si maintenant on fait passer dans le tube à cuivre un courant d'air s'étant chargé de gaz ammoniac par son passage à travers de l'ammoniaque du commerce, on peut continuer à recueillir de l'azote provenant cette fois surtout de l'oxydation du gaz ammoniac par l'oxyde cuivrique chauffé :

$$2.AzH^3 + 3.CuO = Az^2\uparrow + 3H^2O\uparrow + 3Cu;$$

alors le cuivre du tube est régénéré, et le tube peut servir à une nouvelle préparation d'azote atmosphérique.

3° Enfin on peut encore préparer l'azote atmosphérique *par le cuivre à froid*, mais *en présence de l'ammoniaque ou de l'acide chlorhydrique* du commerce, réactifs qui séparément n'absorbent pas l'oxygène; avec l'ammoniaque, le liquide se colore en bleu par suite de la formation d'oxyde cuproammonique et d'azotite cuproammonique, dissous dans l'excès d'ammoniaque : l'absorption de l'oxygène est alors rapide, et elle s'effectue à la fois par le cuivre et l'ammoniaque; tandis que, avec l'acide chlorhydrique, le liquide prend une teinte verdâtre due à la formation de chlorure cuivreux Cu^2Cl^2 dissous dans l'acide en excès :

$$2Cu + 2HCl + O = Cu^2Cl^2 + H^2O;$$

l'absorption de l'oxygène est alors plus lente. — La tournure de cuivre est placée dans un grand flacon à 2 tubulures qu'elle remplit en partie; par le tube à entonnoir plongeant jusqu'au fond, on verse le liquide de manière à baigner très incomplètement le cuivre, puis après un quart d'heure par exemple on déplace le gaz azote restant en versant de l'eau bouillie par le tube à entonnoir; le gaz dégagé entraîne, soit du gaz ammoniac, soit du gaz chlorhydrique; aussi il doit passer dans un laveur à acide sulfurique étendu ou à potasse caustique suivant le cas, puis dans un laveur à acide sulfurique concentré si le gaz doit être sec.

Les réactions à froid se prêtent à la production de l'azote au moyen d'un *appareil continu* : les 2 grands flacons, communiquant à la partie inférieure par de larges tubulures et un gros tube de caoutchouc, sont remplis de tournure de cuivre, à moitié remplis du liquide, puis fermés par des bouchons laissant passer des tubes à robinet; pour avoir de l'azote par le robinet R du flacon A, on ouvre R, on soulève l'autre flacon B et on ouvre son robinet R′ : B se remplit d'air; A, du liquide qui chasse l'azote par R; il suffit de fermer R et R′, puis d'abaisser B, pour que l'appareil soit bientôt prêt à fournir de l'azote par ouverture de R′ quand on soulèvera A.

On ne sait pas enlever l'argon et les traces des nouveaux gaz de l'air à l'azote atmosphérique ainsi préparé : *l'azote atmosphérique est donc toujours de l'azote impur.*

IV. — Préparations de l'azote chimique.

On part des combinaisons de l'azote, et en particulier de l'ammoniaque AzH^3; il suffira de brûler l'hydrogène de l'ammoniaque, par exemple par l'oxyde cuivrique CuO au rouge, pour libérer l'azote pur : on pourra alors obtenir en général un *volume quelconque* d'azote chimique.

1° Par l'*action sur la solution d'ammoniaque*, du *brome ou de l'eau de Javel* à froid, ou encore du *dichromate de potassium* en chauffant.

Le brome tombant goutte à goutte d'un tube à brome dans l'ammoniaque du commerce contenue dans un flacon à 2 tubulures donne lieu à un dégagement régulier d'azote :

$$2.AzH^4OH + 2Br = BrOAzH^4 + AzH^4Br + H^2O;$$

puis

$$2AzH^3 + 3.BrOAzH^4 = Az^2\uparrow + 3H^2O + 3.AzH^4Br.$$

— De même par l'eau de Javel agissant par l'hypochlorite qu'elle contient :

$$2AzH^3 + 3.ClONa = Az^2\uparrow + 3H^2O + 3NaCl.$$

Avec le dichromate, la préparation se ferait dans un ballon ou une cornue munie d'un tube à dégagement :

$$2AzH^3 + 2.Cr^2O^7K^2 = 2.CrO^4K^2 + Cr^2O^3 + 3H^2O + Az^2\uparrow;$$

l'oxydant de l'ammoniaque est alors l'anhydride chromique CrO^3, en plus que le chromate neutre CrO^4K^2, dans le dichromate.

2° Encore en *chauffant le dichromate d'ammonium* :

$$Cr^2O^7(AzH^4)^2 = Cr^2O^3 + 4H^2O + Az^2\uparrow;$$

ou la solution *concentrée d'azotite d'ammonium*, que l'on peut remplacer par *le mélange des dissolutions d'azotite de potassium et de chlorure d'ammonium* :

$$AzO^2AzH^4 = 2H^2O + Az^2\uparrow,$$

d'après la réaction inverse de la fixation de l'azote par la vapeur d'eau;

$$AzO^3K + AzH^4Cl = KCl + 2H^2O + Az^2 \uparrow.$$

L'azotate d'ammonium donnerait du protoxyde d'azote :

$$AzO^3AzH^4 = 2H^2O + Az^2O \uparrow.$$

Dans ces réactions, il y a eu combustion interne de l'ammoniaque AzH^3 du sel par l'anhydride auquel on peut le regarder comme uni dans le sel. Les opérations s'effectuent dans une cornue à col incliné vers le bas et muni d'un tube à dégagement : l'eau formée se condense dans le col sans pouvoir retomber dans la cornue chauffée qu'elle pourrait briser.

AIR ATMOSPHÉRIQUE

C'est un gaz de densité 1 par définition de la densité des gaz, ayant pour masse spécifique dans les conditions normales

$$a_0 = 0^{gr},001293 = \frac{1^{gr}}{773}.$$

L'air est difficile à liquéfier en un *liquide* incolore, bouillant vers — 192°, et obtenu en grande quantité par l'*appareil de Linde* dont voici le principe : l'air comprimé à 220$^{atm.}$ par une

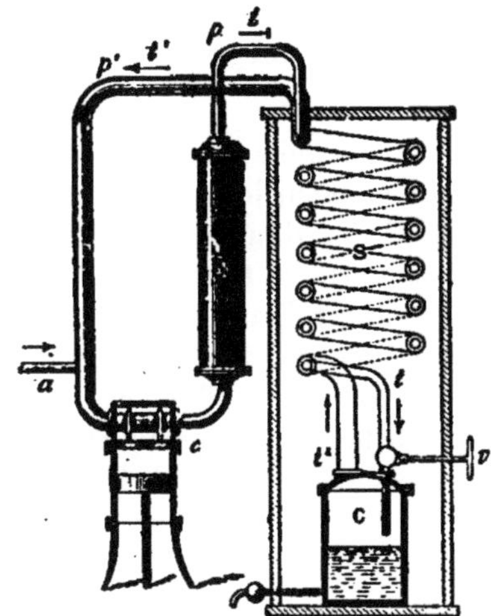

Fig. 96. — Principe de l'appareil de Linde pour la liquéfaction de l'air.

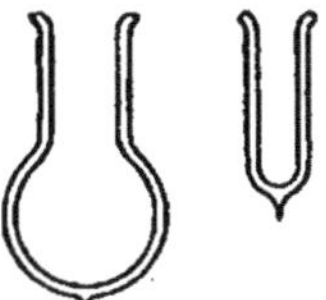

Fig. 97. — Récipient pour conserver l'air liquide.

pompe est ramené à la température ordinaire par un réfrigérant R, puis circule dans un serpentin étroit de grande longueur S pour s'écouler par un orifice étroit dans un récipient clos C où la pression n'est que 10^{atm}; par la chute de pression, la température de l'air s'abaisse d'environ 50°, et l'air refroidi s'échappe par un serpentin qui enveloppe le 1er; il refroidit ainsi l'air comprimé qui arrive en se réchauffant lui-même à la température ordinaire pour retourner au compresseur *c*; il y aura ainsi abaissement progressif de la température ordinaire de l'air dans le double serpentin, et au bout d'un certain temps de fonctionnement, une demi-heure par exemple, la température de l'air comprimé à l'orifice du serpentin central est assez basse

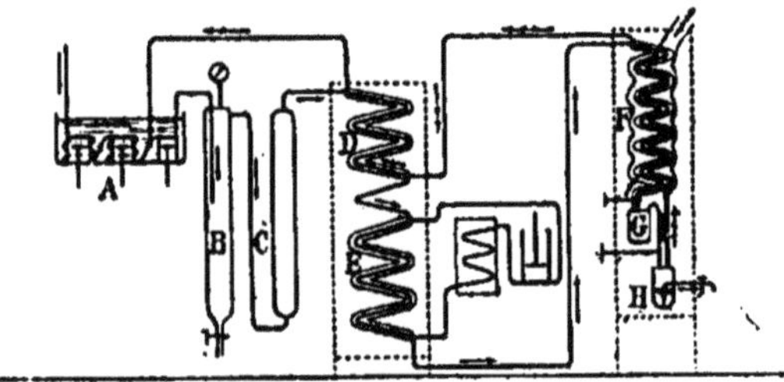

Fig. 98. — Appareil pour la liquéfaction de l'air :

A, compresseur à 3 cylindres; B, séparateur de l'eau entraînée; C, dessiccateur à $CaCl^2$; D, réfrigérant à air; E, réfrigérant à ammoniaque; F, échangeur de température à contre-courant; G, récipient où se produit une première détente à 50 atmosphères; H, récipient où se produit la détente totale et la liquéfaction.

pour que par la chute de pression l'air qui se détend se liquéfie dans le récipient C; à partir de ce moment le compresseur puise dans l'atmosphère autant d'air qu'il s'en liquéfie. On extrait l'air liquide en ouvrant le robinet que porte le tube recourbé plongeant dans l'air liquide, et on le reçoit dans un vase à double enveloppe comprenant le vide de Crookes. Les serpentins et le récipient C sont protégés contre tout réchauffement extérieur par des enveloppes pleines de substances peu conductrices. — L'air liquide se solidifie immédiatement au contact de l'hydrogène liquide.

I. — Constitution de l'air.

Il fut regardé comme un corps simple jusqu'à l'*expérience de Lavoisier* en 1773 : du mercure fut placé au fond d'un ballon à très long col 4 fois recourbé dont l'extrémité ouverte débouchait au sommet d'une éprouvette pleine d'air sur la cuve à mercure; on avait aspiré par un tube recourbé un peu de l'air de l'éprouvette de manière à faire monter le niveau du mercure e.. L un peu au-dessus du niveau dans la cuve. On chauffa alors le mercure du ballon au voisinage de l'ébullition pendant plusieurs jours : on observa la formation progressive d'une poudre rouge d'oxyde mercurique à la surface du mercure chaud, en même temps qu'il y avait une légère ascension du mercure de la cuve dans l'éprouvette ; on cessa de chauffer au bout de 12 jours : par le refroidissement, du niveau du mercure dans l'éprouvette on conclut à la diminution de volume $\frac{1}{5}$ pour la masse de gaz de l'appareil ; et le gaz résidu éteignant les corps enflammés, non respirable, était *de l'azote*. On recueillit la poudre rouge, on la distilla dans une très petite cornue présentant une ampoule sur le tube à dégagement recourbé s'ouvrant sur une cuve à mercure au-dessous d'une éprouvette pleine de mercure : et il y eut condensation de mercure métallique dans l'ampoule, et dégagement de gaz *oxygène* emprunté par ce mercure à l'air primitif. Et pour vérifier que l'air primitif contenait bien l'azote et l'oxygène ainsi séparés, on mélangea l'oxygène recueilli avec l'azote résidu dans la proportion où on les avait obtenus, et on *reconstitua ainsi l'air* avec les propriétés comburantes et respiratoires de l'air atmosphérique.

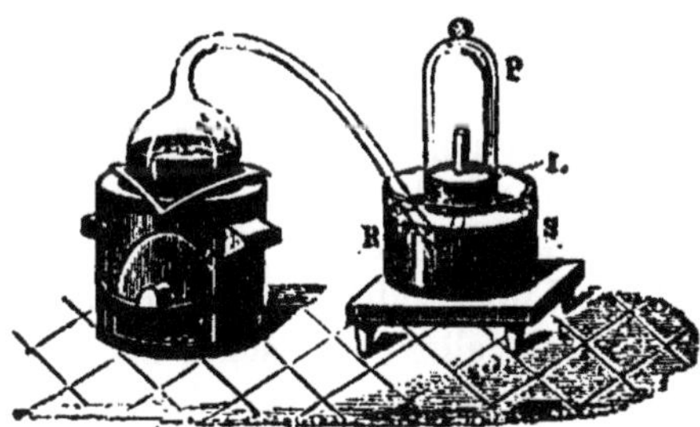

Fig. 99. — Expérience de Lavoisier.

Cette analyse de l'air donna à Lavoisier une proportion en volumes, $\frac{4}{5}$ d'azote atmosphérique, trop grande, car le mercure chaud est un très médiocre absorbant de l'oxygène trop dilué. — Au contraire la proportion d'azote fut trouvée trop petite par *Scheele*, qui vers la même époque put absorber l'oxygène d'un volume déterminé d'air par une dissolution de sulfure alcalin : cette dissolution absorbe l'oxygène pour donner un hyposulfite, mais elle ne peut plus le laisser se dégager, et de plus elle absorbe aussi un peu d'azote. — On savait que l'air renferme toujours *un peu de gaz carbonique*, car l'eau de chaux exposée à l'air se recouvre toujours d'une pellicule blanche solide de carbonate de calcium, attaquée par les acides étendus avec dégagement de gaz carbonique; mais la proportion de gaz carbonique est très faible, car l'absorption de ce gaz par la potasse caustique ne produit pas de diminution appréciable du volume d'une masse d'air; aussi il *est inutile de tenir compte de la présence du gaz carbonique dans les analyses volumétriques de l'air.* — On savait aussi que l'air renferme des proportions très variables de *vapeur d'eau* comme le montraient la déliquescence des alcalis caustiques exposés à l'air, et la dilution de l'acide sulfurique concentré. — Il fallut arriver jusqu'en 1841 pour connaître la proportion plus exacte de l'azote atmosphérique à l'oxygène, étudiée par *Dumas* et *Boussingault* au moyen d'une méthode en masses.

L'azote atmosphérique, ayant une densité plus grande que celle de l'azote chimique, laissant un résidu par un contact prolongé avec la limaille de magnésium au rouge qui absorbe complètement l'azote pur, laissant aussi un résidu par mélange avec un excès d'oxygène et une série d'étincelles en présence d'alcalis ce que ne fait pas l'azote pur, cet azote atmosphérique devait être regardé comme un mélange d'azote avec un gaz plus dense, l'*argon* A découvert par *lord Rayleigh* (1895), et existant dans la proportion 0,01 environ. — Puis de nouveaux gaz inertes comme le précédent furent découverts dans l'air, mais seulement à l'état de traces, par *Ramsay* (1898) : les derniers cmc. de gaz provenant de l'évaporation lente de 1 litre d'air liquide donnèrent d'abord le gaz *krypton* à densité voisine de celle du gaz carbonique, puis le gaz *xénon* à densité plus grande encore; tandis que les premiers cmc. provenant de l'évaporation lente du gaz argon liquéfié plus facilement que l'oxygène, donnèrent le gaz *néon* à densité plus faible que celle de l'azote et toujours mélangé au gaz *hélium* seulement 2 fois plus dense que l'*hydrogène*, qui paraît lui-même exister normalement dans l'atmosphère. — Tous ces nouveaux gaz ont été caractérisés par un spectre particulier de raies brillantes, et feraient partie de la constitution de l'atmosphère au même titre que l'azote, l'oxygène, le gaz carbonique ou la vapeur d'eau.

On regarde au contraire comme *impuretés de l'air* un grand nombre de substances qui peuvent s'y rencontrer à l'état de traces, mais qui peuvent aussi en être absentes : comme l'ozone, le gaz sulfhydrique, l'acide sulfurique, l'ammoniaque, l'acide azotique, les carbures d'hydrogène, les poussières, etc.

1° L'*ozone* est reconnu par la réaction lente de l'air sur le papier au tournesol rougi et ioduré qui bleuit alors dans la partie iodurée; il se forme en effet par l'effluve atmosphérique ou par les décharges orageuses se produisant dans l'oxygène de l'air;

2° Le *gaz sulfhydrique* est reconnu par le noircissement progressif des peintures au blanc de plomb par le contact de l'air; il est produit par la fermentation des matières organiques sulfurées abondantes à la surface de la Terre, ou les fumerolles des contrées volcaniques;

3° L'*acide sulfurique* est retrouvé dans l'eau de pluie des villes industrielles qui précipite après quelques jours par les sels solubles de baryum; il est produit par l'oxydation à l'air humide du gaz sulfureux dégagé dans la combustion des houilles pyriteuses dans les foyers industriels;

4° L'*ammoniaque* est reconnue par la neutralisation partielle de quelques gouttes d'acide sulfurique étendu par le passage d'un très grand volume d'air, avec formation d'un sel ammoniacal facile à reconnaître; l'ammoniaque est en effet l'un des produits de la fermentation des matières organiques azotées très abondantes à la surface du globe;

5° L'*acide azotique* est reconnu par la formation d'un peu d'azotate de potassium quand on fait passer un très grand volume d'air dans quelques gouttes de dissolution de carbonate de potassium; l'acide azotique se forme en effet par union directe de l'azote avec l'oxygène dans l'action de l'effluve atmosphérique ou des décharges orageuses sur l'air humide;

5° *Des carbures d'hydrogène* reconnus par la formation d'un peu de gaz carbonique et de vapeur d'eau quand de l'air, soigneusement filtré pour le débarrasser des poussières organiques, et complètement débarrassé de gaz carbonique et de vapeur d'eau, vient à passer sur de l'oxyde cuivrique chauffé au rouge; il y a en effet dans l'air des sources naturelles de carbures gazeux comme dans les pays à pétrole, et les carbures sont encore un produit de la fermentation des matières organiques comme la vase des marais. — Dans l'air des villes, le carbone et l'hydrogène sont à peu près comme dans le formène CH^4; dans l'air des campagnes, la proportion de l'hydrogène au carbone est plus forte comme si l'on avait un mélange de formène et d'hydrogène; enfin dans l'air de la mer au large, il n'y a plus que de l'*hydrogène* dont la proportion en volumes est à peu près moitié de la proportion de gaz carbonique.

7° Enfin les *poussières* sont recueillies d'un volume d'air connu par aspiration de cet air au moyen d'un ajutage étroit s'ouvrant devant une plaque enduite de glycérine; la glycérine est un liquide épais toujours humide car elle absorbe la vapeur d'eau de l'air comme l'acide sulfurique; c'est de plus un antiseptique: elle fixera donc toutes les poussières en empêchant le dévelop-

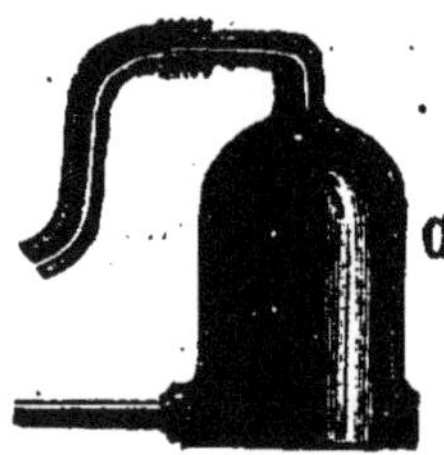

Fig. 100. — Appareil pour recueillir les poussières de l'air.

Fig. 101. — Pollens atmosphériques.

pement des ferments organisés, d'où l'étude des poussières recueillies au point de vue de leur nature et de leur nombre par examen au microscope de la plaque glycérinée.

Une analyse complète de l'air serait donc une opération extrêmement longue et complexe. On se bornera à étudier : 1° *le dosage exact de l'azote atmosphérique et de l'oxygène dans l'air sec débarrassé de gaz carbonique*, le dosage de l'argon n'étant autre que la préparation de ce gaz à partir de l'azote atmosphérique isolé et de la limaille de magnésium au rouge; et 2° *le dosage exact du gaz carbonique et de la vapeur d'eau* dans l'air.

II. — Dosage de l'azote atmosphérique et de l'oxygène.

On a d'abord employé les *méthodes en volumes* déjà utilisées par Lavoisier et par Scheele, mais en utilisant de meilleurs absorbants de l'oxygène que le mercure à chaud ou que les dissolutions de sulfures alcalins. On prend toujours un volume d'air connu dans des conditions déterminées, on absorbe l'oxygène par le phosphore, le pyrogallol potassique, l'hydrosulfite de sodium ou le gaz hydrogène, etc., et on lit le volume du résidu dans des conditions déterminées; il est alors inutile de tenir compte de la présence de traces de gaz carbonique, car leur absorption par la potasse ne donne pas lieu à une diminution appréciable de volume.

Fig. 102. — Absorption de l'oxygène de l'air par le phosphore.

1° *Par le phosphore* : un tube gradué retourné sur l'eau contient 100^{cmc} d'air à la pression atmosphérique; on y introduit un bâton de phosphore qu'on maintient dans l'air du tube par un fil de fer recourbé : il y a production de fumées blanches, ascension progressive de l'eau dans le tube, formation d'acides du phosphore avec phosphorescence dans l'obscurité; l'absorption du gaz oxygène est complète quand le bâton de phosphore ne luit plus dans l'obscurité. On retire alors le bâton de phosphore, on dispose le tube de manière que le niveau soit le même à l'intérieur et à l'extérieur, et on lit le volume du gaz résidu à la pression atmosphérique;

On peut opérer plus rapidement mais moins exactement en *utilisant la combustion vive du phosphore* :

Dans une cloche courbe pleine d'eau sur la cuve à eau, on transvase 20^{cmc} d'air que l'on a mesurés à la pression atmosphérique dans un tube gradué sur la cuve; on fait alors passer dans la partie horizontale de la cloche un petit fragment de phosphore, que l'on chauffe pour l'allumer : on voit une lueur bleuâtre se propager dans la cloche jusqu'au niveau de l'eau, le phosphore a brûlé pour donner de l'anhydride phosphorique plus ou moins hydraté; on laisse alors refroidir, puis on transvase le résidu dans le tube gradué, et on lit son volume à la pression atmosphérique qui n'a pas changé.

Fig. 103. — Analyse de l'air par combustion du phosphore.

2° *Par le pyrogallol et la potasse* : un tube gradué retourné sur le mercure contient encore 100^{cme} d'air à la pression atmosphérique; on y introduit un petit fragment de potasse, puis avec une pipette courbe une dissolution de pyrogallol ou acide pyrogallique, solide blanc très soluble, que l'on vient de dissoudre; on ferme le tube avec le doigt, on agite : le réactif se colore en brun très foncé; on ouvre le tube sous l'eau d'une cuve, on lave le gaz résidu à plusieurs reprises, on lit son volume à la pression atmosphérique qui n'a pas changé.

Mais il vaut mieux employer comme absorbant de l'oxygène la *dissolution d'hydrosulfite de sodium* préparée aussi au moment de l'usage et qui absorbe l'oxygène pour donner du bisulfite de sodium ou sulfite acide :

$$SO^2HNa + O = SO^3HNa;$$

la lecture finale se fait sur le mercure car le réactif incolore reste incolore.

Quel que soit l'absorbant, ces expériences montrent toujours que *100^{cme} d'air renferment 79^{cme} d'azote atmosphérique* mesurés à la pression initiale de l'air.

3° *Dosage du gaz oxygène* en volumes *par la méthode eudiométrique* permettant aussi de doser l'azote atmosphérique, et dans laquelle l'absorbant est le gaz hydrogène : dans un eudiomètre à mercure plein de mercure sur la cuve à mercure, on transvase 100^{cme} d'air mesurés à la pression atmosphérique dans un tube gradué, puis 100^{cme} de gaz hydrogène pur mesurés à la même pression; on ferme l'eudiomètre par la virole en fer qu'il porte actuellement et on produit une étincelle dans le mélange : il y a formation de vapeur d'eau qui se condense à l'état liquide sur la paroi froide du détonateur, et le résidu mesuré dans le tube gradué à la pression atmosphérique occupe 137^{cme}. Il est donc disparu 63^{cme} pour la formation de l'eau comprenant d'après la composition de l'eau 42^{cme} d'hydrogène et 21^{cme} d'oxygène : il ne reste plus d'oxygène libre puisqu'il y a 58^{cme} d'hydrogène en excès; et en effet si on replace le résidu de 137^{cme} dans l'eudiomètre en y ajoutant 29^{cme} de gaz oxygène pur, par une étincelle, il restera 79^{cme} d'azote atmosphérique mesurés à la pression atmosphérique. — D'où *la composition en volumes de l'air : 79^{cme} d'azote atmosphérique, 21^{cme} d'oxygène, formant 100^{cme} d'air sans contraction.*

Si on emploie un eudiomètre à mercure gradué au $\frac{1}{10}$ de cmc., on peut faire les lectures sur l'eudiomètre lui-même en opérant sur un volume d'air plus petit 20^{cmc} ou 10^{cmc}. — *Ces mesures volumétriques ne peuvent être très précises*, car la lecture des volumes au $\frac{1}{10}$ de cmc. près entraîne une erreur relative assez considérable sur la lecture d'un faible volume; de plus il faudrait tenir compte dans la lecture des volumes des variations de la pression atmosphérique ou de la température qui ont une grande influence sur le volume d'une masse donnée de gaz, laquelle peut encore être plus ou moins chargée de vapeur d'eau.

4° *Dosage exact de l'azote atmosphérique et de l'oxygène* par *la méthode en masses* employée par *Dumas* et *Boussingault*, dans laquelle l'absorbant de l'oxygène est *le cuivre au rouge sombre* : la tournure de cuivre a été chauffée dans le tube qui la contient traversé par un courant d'air pour amener la destruction de la matière organique qui souillait le cuivre; puis l'oxyde cuivrique formé a été réduit à chaud par un courant de gaz hydrogène, ce qui a donné au métal une surface poreuse favorable à l'absorption de l'oxygène dans l'expérience d'analyse.

L'appareil comprenait un tube à boules à dissolution de potasse suivi de tubes en U à fragments de potasse, puis de tubes en U à ponce sulfurique; à la suite, se trouvait le tube de verre rempli de cuivre terminé à ses extrémités par des garnitures métalliques à robinets R″ et R′; le robinet R′ était relié par un tube capillaire avec un grand ballon muni d'une garniture métallique à robinet R dont on pouvait apprécier l'ouverture plus ou moins grande par un cadran. — On avait fait la tare du tube à cuivre parfaitement vide d'air, puis sur une autre balance la tare du grand ballon vide d'air, et on avait ajusté les diverses parties de l'appareil.

On chauffa alors le cuivre au rouge sombre, et on ouvrit R″ : un peu d'air passe alors dans les tubes à potasse et y perd son gaz carbonique, puis dans les tubes sulfuriques et achève de s'y dessécher, et il arrive dans le tube à cuivre où il perd la totalité de son oxygène; on ouvrit alors R′, puis R mais assez peu pour que l'appel d'air se produise bulle à bulle dans le tube à boules, et que l'azote atmosphérique pénètre seul dans le ballon. Quand il ne passa plus de bulles d'air dans le tube à boules malgré l'ouverture totale de R, on ferma les robinets, on laissa refroidir, puis on sépara le tube à cuivre et le ballon.

On détermina l'augmentation de masse M du ballon, puis l'augmentation totale de masse m du tube à cuivre due à l'oxygène fixé et à l'azote restant dans le tube; on fit alors le vide parfaitement dans le tube à cuivre et on détermina l'augmentation de masse m' due à la fixation de l'oxygène : d'où alors la masse $M + (m - m')$ d'azote atmosphérique et la masse m' d'oxygène dans la masse $M + m$ d'air atmosphérique sec débarrassé

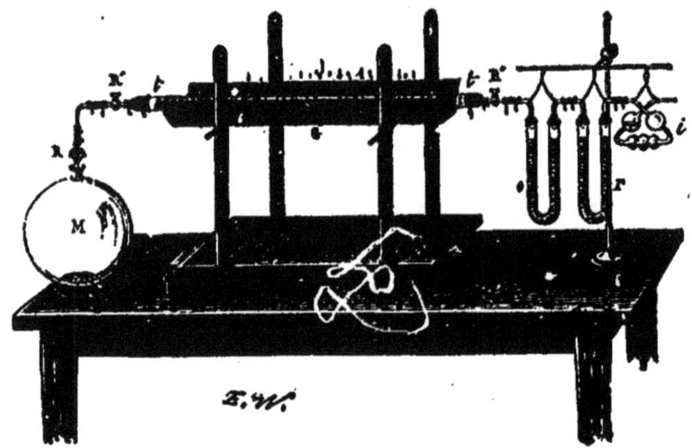

Fig. 104. — Analyse de l'air par le cuivre chauffé.

de gaz carbonique. — On trouva ainsi *la composition en masses du mélange sec d'azote atmosphérique et d'oxygène* : *77gr d'azote atmosphérique* et *23gr d'oxygène* dans 100gr du mélange sec.

On en déduisit alors *la composition plus exacte en volumes*, par la connaissance des densités d_a pour l'azote atmosphérique, d_o pour l'oxygène.

Soit x^{cme} d'azote et y^{cme} d'oxygène contenus dans 100^{cme} du mélange de masse $a \times 100$ si a est la masse spécifique de l'air dans les conditions que l'on considère; la masse de l'azote $a \times 100 \times \frac{77}{100} = xad_a$, d'où $x = \frac{77}{d_a}$; la masse de l'oxygène $a \times 100 \times \frac{23}{100} = yad_o$, d'où $y = \frac{23}{d_o}$; on trouva ainsi *79cme,19 d'azote atmosphérique* et *20cme,81 d'oxygène* formant 100^{cme} d'air sec privé de gaz carbonique, *sans contraction du mélange*.

Les résultats précédents ont été critiqués depuis : dans la

réduction du cuivre oxydé par le gaz hydrogène il y a toujours absorption d'hydrogène par le métal, et si dans l'expérience d'analyse *la température du tube à cuivre vient à dépasser le rouge sombre*, il y a dégagement par le cuivre de l'hydrogène absorbé, dont la masse viendra alors s'ajouter à la masse de l'azote, qui sera ainsi trouvée trop forte. — Aussi en absorbant l'oxygène de l'air sec d'un ballon par le phosphore sec, et en faisant le vide parfaitement dans le ballon taré pour que l'on pût déterminer par la diminution de masse la masse de l'azote atmosphérique restant, on trouva que la masse d'oxygène dans 100^{gr} du mélange était $23^{gr},23$, proportion différant de $\frac{1}{100}$ en plus de la proportion trouvée par Dumas et Boussingault. — On admet actuellement les nombres suivants :

En masses.		En volumes.	
$23^{gr},2$ d'oxygène		21^{cmc} d'oxygène	
76 ,8	75,5 d'azote	79	78,06 d'azote
	1,3 d'argon		0,94 d'argon,

d'après M. Leduc (1896).

III. — Dosage du gaz carbonique dans l'air.

1° On peut à la fois doser le gaz carbonique et la vapeur d'eau comme l'a fait *Boussingault* au moyen d'une sorte d'hygromètre chimique : l'appareil comprend un tube à boules contenant de l'acide sulfurique suivi de tubes à ponce sulfurique formant le système A destiné à absorber la vapeur d'eau, à la suite duquel se trouve le tube témoin *a* à ponce sulfurique dont l'invariabilité de la masse montrera que l'absorption de la vapeur a été complète dans A; puis de tubes à fragments de potasse caustique formant le système B destiné à absorber le gaz carbonique, et suivi d'un tube *a'* à ponce sulfurique relié enfin à un aspirateur de volume connu à toute température par des jaugeages préalables : le tube desséchant *a'* doit empêcher la vapeur d'eau émise par l'aspirateur de pénétrer jusqu'aux tubes à potasse B qui l'absorberaient.

On remplit d'eau l'aspirateur; on fait séparément la tare de A, de *a* et de B; puis on ajuste les diverses parties, et on fait écouler très lentement l'eau de l'aspirateur par un ajutage recourbé à robinet R, empêchant l'entrée de l'air dans l'aspirateur par une autre voie que celle des tubes absorbants; quand toute l'eau s'est écoulée, on lit la température θ de l'aspirateur sur un thermomètre qui traverse sa paroi par un bouchon, on lit la pression atmosphérique H au baromètre, puis on détache les tubes. On doit commencer par constater que la masse du tube *a* n'a pas varié, sans quoi l'expérience est à rejeter. Si cette condition est remplie, on détermine l'augmentation de masse *m* du système A, et l'augmentation de masse *m'* du système B; on a ainsi la masse *m* de vapeur d'eau et la masse *m'* du gaz carbonique qui se trouvaient avec la masse M du mélange sec d'azote atmosphérique et d'oxygène qui a pénétré dans l'aspirateur de volume V_θ connu; la masse de l'air atmosphérique en expérience était $M + m + m'$, avec :

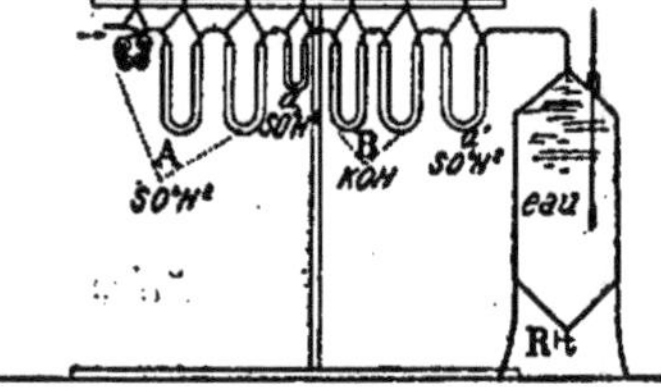

Fig. 105. — Appareil de Boussingault.

$$M = V_\theta . a_0 . \frac{H-F_\theta}{76} . \frac{1}{1+\alpha\theta},$$

si F_θ est la force élastique maximum de la vapeur d'eau à la température θ. D'où *les proportions en masses cherchées* $\frac{m}{M+m+m'}$, pour la vapeur d'eau, et $\frac{m'}{M+m+m'}$ pour le gaz carbonique; et les proportions en volumes connaissant les densités des corps gazeux.

2° On peut *doser le gaz carbonique en un point quelconque du globe*, en préparant au laboratoire des tubes scellés remplis de fragments de potasse caustique bien dépourvue de carbonate alcalin; on transporte un de ces tubes à l'endroit choisi pour l'étude de l'air, on l'ouvre, puis au moyen d'une pompe pneumatique jaugée on y fait passer très lentement un grand volume d'air, 200 litres; on scelle alors le tube. Le tube étant rapporté au laboratoire après un temps quelconque, on l'ouvre, on relie une des extrémités à un entonnoir, on adapte à l'autre extrémité un tube à dégagement se rendant sur une cuve à mercure au-dessous d'un tube gradué plein de mercure, et on verse de l'acide sulfurique dans l'entonnoir : cet acide déplace le gaz carbonique combiné à la potasse, et totalement à cause du grand dégagement de chaleur par la neutralisation de la potasse; on recueille un mélange de l'air du tube avec le gaz carbonique fixé. On lit le volume du mélange à la pression atmosphérique, puis on introduit dans le tube un petit fragment de potasse avec quelques gouttes d'eau, on agite pour absorber le gaz carbonique et on lit le volume du résidu à la pression atmosphérique : la diminution de volume observée est le volume du gaz carbonique qui existait dans les 200 litres d'air qui avaient passé dans le tube.

3° Enfin actuellement, on essaie d'étudier l'air à de grandes altitudes par l'*emploi des ballons-sondes* emportant un réservoir vide d'air qui s'ouvre par un mouvement d'horlogerie au bout d'un temps déterminé pour se refermer immédiatement : la difficulté est l'emploi jusqu'ici nécessaire de matières de graissage pour assurer la fermeture du robinet.

IV. — Résultats de l'étude de l'air.

1° *La composition de l'air en azote atmosphérique et oxygène n'est pas rigoureusement constante*, soit en un même lieu avec le temps, soit au même moment en des lieux différents; mais la proportion de l'azote atmosphérique à l'oxygène est *excessivement peu variable*, assez cependant pour que l'on ait pu admettre de très légères variations dans la masse spécifique de l'air, et que l'on ait proposé de rapporter les densités des gaz au gaz oxygène pur.

2° *La proportion de gaz carbonique dans l'air est peu variable*, voisine toujours de 0,0003 en volumes, et cela malgré les nombreuses causes de variation; c'est ce que l'on explique par l'existence d'une tension de dissociation du bicarbonate de calcium en dissolution dans les eaux du globe :

$$(CO^3)^2H^2Ca \rightleftarrows CO^3Ca\downarrow + CO^2\uparrow + H^2O.$$

La proportion de vapeur d'eau est au contraire extrêmement variable : on l'étudie surtout en physique dans l'hygrométrie.

3° L'*air pur* doit être regardé comme un mélange humide d'azote atmosphérique et d'oxygène, avec des traces de gaz carbonique et d'hydrogène, car *il présente bien les caractères des mélanges* :

Les propriétés chimiques de l'air sont celles de ses composants, généralement celles du gaz oxygène tempérées par la dilution comme il arrive pour les combustions, quelquefois celles de l'azote comme dans la formation des cyanures par le charbon au rouge en présence des alcalis;

On n'observe *pas d'effet thermique* dans le mélange des deux gaz pour reformer l'air;

Il n'y a *pas de proportion rigoureusement définie entre les masses* des deux gaz;

Il n'y a *pas de rapport simple entre les volumes* des deux gaz;

On n'observe *pas de contraction par le mélange* des deux gaz malgré l'inégalité des volumes;

Enfin il n'y a *pas de solubilité particulière* pour l'air dont les composants se dissolvent, d'après la loi de Dalton; c'est ce que montre l'analyse des gaz extraits de l'eau par ébullition, et contenant 2^{cmc} d'azote environ pour 1^{cmc} d'oxygène. Et en effet, la composition de l'air en volumes étant à peu près 4^{cmc} d'azote pour 1^{cmc} d'oxygène, les pressions particulières des deux gaz dans l'atmosphère sont $\frac{4}{5}$ H^{cm} pour l'azote et $\frac{1}{5}$ H^{cm} pour l'oxygène, à peu près; d'autre part les coefficients de solubilité étant 0,02 pour l'azote, et 0,04 environ pour l'oxygène, 100^{cmc} d'eau devront dissoudre 2^{cmc} d'azote mesurés sous la pression particulière $\frac{4}{5}$ H^{cm}, et 4^{cmc} d'oxygène mesurés sous la pression $\frac{1}{5}$ H^{cm}, ou ce qui revient au même 1^{cmc} d'oxygène mesuré sous la pression 4 fois plus grande qui est celle de l'azote; donc le rapport des volumes dissous mesurés à la même pression doit bien être 2^{cmc} à 1^{cmc}, ce que l'expérience montre.

VINGT ET UNIÈME LEÇON

Composés hydrogénés de l'azote.

Le plus important de beaucoup est le *gaz ammoniac* AzH^3, auquel se rattache un corps solide cristallisé l'*hydroxylamine* AzH^2OH, dérivant de l'ammoniaque par substitution d'un hydroxyle OH à un atome d'hydrogène H, d'où le nom donné à ce corps appelé aussi oxyammoniaque. — Puis on connaît l'*hydrazine* Az^2H^4 ou $AzH^2 - AzH^2$, que l'on peut rapprocher par sa composition du phosphure d'hydrogène liquide, mais dont le mode de préparation est organique. — Enfin on connaît encore l'*acide azothydrique* Az^3H ou $\begin{matrix} Az \\ | \\ Az \end{matrix}\!\!>AzH$, gazeux, qui par union directe avec le gaz ammoniac donne le sel *azoture d'ammonium* Az^3AzH^4.

AMMONIAQUE

1° Le gaz ammoniac AzH^3 est *incolore*, à *odeur vive*, à *faible densité* 0,5971 ; *facilement liquéfiable*, soit par simple refroidissement à — 40°, soit par simple compression vers 6$^{atm.}$. — L'ammoniaque liquéfiée est un *liquide incolore*, *bouillant* vers — 33°, *solidifiable* par évaporation dans le vide, ou par refroidissement dans le *mélange anhydride carbonique solide-éther*. — C'est alors une *masse cristalline*, incolore et transparente, à odeur faible car sa vaporisation est très lente, fondant à — 74°.

Fig. 106. — Grande solubilité du gaz ammoniac.

2° Le gaz ammoniac est *très soluble* dans l'eau : coefficient 1050 à 0°, d'où l'absorption violente du gaz ammoniac d'un récipient par le contact de l'eau, et son absorption rapide par la glace qui y fond très vite. La dissolution du gaz ammoniac se fait *avec un grand dégagement de chaleur* 8$^{Cal.}$,8 par molécule, aussi il faudra refroidir l'eau pour avoir une solution très concentrée du gaz; et l'eau prend une *augmentation de volume considérable* quand elle passe à l'état de solution saturée de gaz ammoniac qui est l'*ammoniaque du commerce*.

La solution d'ammoniaque est *incolore*, à *odeur vive*, à saveur brûlante, à propriétés caustiques, à *masse spécifique* 0^{gr},855 pour la solution saturée; aussi dans sa préparation on fera plonger le tube qui amène le gaz ammoniac jusqu'au fond de l'eau refroidie. — A —40° la solution saturée donne l'*hydrate cristallin* AzH^4OH ou AzH^3,H^2O, *très instable* ; aussi la solution d'ammoniaque se comporte dès la température ordinaire *comme une simple dissolution physique* : elle perd peu à peu tout son gaz ammoniac par simple exposition *à l'air libre*, rapidement quand on chauffe et totalement dès la température 70° sans que l'on observe d'arrêt dans l'élévation de température, d'*où l'emploi de la chaleur pour régénérer le gaz de sa solution industrielle* comme dans le petit appareil frigorifique de Carré; enfin elle donne en vase clos *dans le vide* du gaz à une pression déterminée, mais variable avec le volume du vase clos, et diminuant à chaque opération de vide jusqu'à disparition totale du gaz.

3° Le gaz ammoniac est absorbé par *le charbon de bois* préalablement calciné et refroidi à l'abri de l'air, par exemple sous le mercure : coefficient 90 à 0°; il y a eu formation de *charbon ammoniacal* donnant aussi en vase clos dans le vide une pression déterminée du gaz ammoniac, mais encore variable avec le volume du vase, et diminuant à chaque opération de vide jusqu'à devenir nulle. Le charbon ammoniacal perd aussi le gaz absorbé *par élévation de température*, d'où l'emploi du charbon ammoniacal pour montrer la liquéfaction du gaz ammoniac par le tube de Faraday.

Mais le gaz ammoniac est encore absorbé par *beaucoup de chlorures métalliques* pour former des combinaisons définies ayant en vase clos dans le vide une tension de dissociation; en particulier par le *chlorure de calcium desséché* $CaCl^2$ qui peut s'unir à 8, 4, ou 2 molécules du gaz AzH^3, de sorte que l'on ne pourra pas dessécher le gaz ammoniac par le chlorure de calcium. — Le gaz ammoniac est encore absorbé par *le chlorure d'argent* AgCl qui s'unit à $3AzH^3$ de 0° à 19°, et à $\frac{3}{2}$ AzH^3 de 20° à 65°, quand un courant du gaz sec passe à la pression atmosphérique sur le chlorure sec maintenu dans ces limites de température; d'où l'emploi des chlorures d'argent ammoniacaux pour montrer la liquéfaction du gaz dans le tube de Faraday, en refroidissant la branche vide par de la glace, et en chauffant l'autre branche à une température telle que la tension de dissociation à cette température dépasse la force élastique maximum pour l'ammoniaque liquéfiée à 0° : soit vers 60° quand le tube contient le 1er chlorure ammoniacal, soit vers 100° quand on se sert du 2e. — Il y aura encore combinaisons définies dans l'absorption du gaz ammoniac par *d'autres chlorures* : $ZnCl^2, AzH^4Cl$; ou par *d'autres sels* : bromures et iodures, azotate d'ammonium, sulfate cuivrique, etc. ; dans ce dernier cas il y a formation de sulfate cuproammonique $SO^4Cu, 4AzH^3$.

4° Le gaz ammoniac est *décomposé par la chaleur* : il faut atteindre la température du *rouge vif* pour que la décomposition soit complète par passage du gaz dans un tube de porcelaine à cette température; mais si le tube de porcelaine contient les *métaux* : platine, or, argent, cuivre, fer, nickel ou cobalt, la décomposition est plus facile et s'opère au rouge; les métaux après l'expérience sont plus ou moins désagrégés, ils se brisent plus facilement, et leur cassure est spongieuse; ce que l'on explique en admettant la formation à température élevée d'azotures ou d'hydrures métalliques peu stables décomposés ultérieurement par les variations de la température dans le tube. En particulier dans les cas du fer, il y a formation intermédiaire d'*azoture de fer* Fe^2Az *fusible* décomposé par l'hydrogène libéré.

Fig. 107. — Tube de Faraday pour la liquéfaction du gaz ammoniac.

5° Enfin le gaz ammoniac est décomposé dans l'eudiomètre à mercure par *une série d'étincelles*, avec augmentation du volume qui devient presque double après un quart d'heure de fortes étincelles ; la décomposition par l'étincelle est donc *presque complète*, elle est cependant *limitée*, à la proportion 0,94 du gaz décomposé, par la réaction inverse : synthèse du gaz ammoniac à partir des éléments libres par une série d'étincelles.

I. — Propriétés chimiques de l'ammoniaque.

Le gaz ammoniac est *décomposé par la plupart des métalloïdes*, mais seulement au point de vue chimique *par quelques métaux* comme les métaux alcalins :

1° Par le *chlore*, d'après la réaction totale :

$$4AzH^3 + 3Cl = Az + 3.AzH^4Cl,$$

dangereuse à produire par le mélange des deux gaz : il y a en effet *inflammation spontanée d'un jet de gaz ammoniac* par introduction dans un flacon de gaz chlore, avec production de fumées blanches de chlorure d'ammonium. — La production d'azote est montrée dans la réaction des deux dissolutions : un long tube presque complètement rempli d'eau de chlore seulement assez soluble, reçoit un peu d'ammoniaque du commerce qui surnage l'eau du chlore et achève de remplir le tube; on ferme le tube avec le doigt et on le retourne pour que l'ammoniaque plus légère monte à travers l'eau de chlore et s'y mélange; on ouvre alors le tube sur une cuve à eau, et on voit une multitude de très petites bulles de gaz se dégager et se rassembler en haut du tube, et cela pendant longtemps. On admet la formation d'hypochlorite, comme dans l'action du chlore sur un alcali fixe étendu et froid :

$$2.AzH^4OH + Cl^2 = ClOAzH^4 + AzH^4Cl + H^2O;$$

puis l'action oxydante de l'hypochlorite sur l'ammoniaque en excès, laquelle se produit progressivement :

$$2AzH^3 + 3.ClOAzH^4 = Az^2\uparrow + 3H^2O + 3.AzH^4Cl.$$

Mais si c'était le chlore qui fût en excès, il y aurait formation d'un peu de *chlorure d'azote* $AzCl^3$ donnant une odeur piquante à l'azote dégagé. C'est qu'en effet par *action du chlore*, ou *de l'acide hypochloreux, sur le chlorure d'ammonium*, il y a formation de chlorure d'azote; un flacon de gaz chlore retourné sur une dissolution de chlorure d'ammonium donne naissance par absorption lente du chlore à une goutte huileuse de chlorure d'azote au fond du liquide :

$$AzH^4Cl + 3.Cl^2 \rightleftarrows AzCl^3\downarrow + 4.HCl;$$

et *inversement* l'acide chlorhydrique décompose le chlorure d'azote. — Aussi *on prépare le chlorure d'azote* en faisant arriver un courant de chlore dans la solution de chlorure d'ammonium surmontant une solution saturée de chlorure de Na, au fond de laquelle tombera le chlorure de Az, qui sera ainsi protégé contre l'action de HCl formé. — On peut aussi verser une solution de chlorure d'ammonium dans un excès de dissolution d'acide hypochloreux :

$$AzH^4Cl + 4.ClOH = AzCl^3\downarrow + 4.H^2O + Cl^2\uparrow.$$

— Le chlorure d'azote est une *huile jaunâtre, à odeur piquante, dense*, très peu soluble; c'est un corps *très dangereux* à manier, car c'est un explosif dégageant 38$^{Cal.}$ dans sa décomposition, détonant par le *contact de certains corps* chlorurables comme le phosphore, l'arsenic, la potasse caustique, l'ammoniaque concentrée; ou encore quand on le chauffe *à 100°*, et en brisant toujours le vase qui le contient. — Il est *décomposé lentement par l'eau*, en donnant d'abord de l'acide azoteux et de l'acide chlorhydrique :

$$AzCl^3 + 2.H^2O = AzO^2H + 3HCl,$$

ce qui en fait un *chlorure de l'acide azoteux*. Sa décomposition par *HCl concentré* permet d'établir sa *composition* d'après le dosage de Cl^2 dégagé et le dosage de AzH^3 dans AzH^4Cl formé.

Enfin il est décomposé par *l'ammoniaque étendue* avec dégagement d'azote :

$$AzCl^3 + 4.AzH^3 = Az^2\uparrow + 3.AzH^4Cl;$$

il ne pourra donc se former qu'en traces si l'ammoniaque est en excès dans l'action du chlore sur l'ammoniaque.

2° L'ammoniaque est décomposée par le *brome*, comme par le chlore, d'où la *préparation de l'azote chimique* par la solution d'ammoniaque où le brome tombe goutte à goutte, d'après la réaction totale :

$$4AzH^3 + 3\,Br = Az\uparrow + 3.AzH^4Br.$$

Mais par action du brome sur le chlorure d'ammonium il n'y a pas formation de bromure d'azote; on connaît bien le *bromure d'azote* $AzBr^3$, *liquide noir*, explosif; mais on l'obtient par double décomposition entre le chlorure $AzCl^3$ et le bromure de potassium 3KBr.

3° L'ammoniaque est décomposée par l'*iode* cristallisé qu'on y broie avec formation d'*iodure d'azote, poudre brune* amorphe, qui lavée, puis séchée à froid sur du papier, détone par le moindre frottement ou même spontanément en donnant des vapeurs violettes d'iode; ce corps renferme de l'azote et de l'iode dans les proportions Az et I^2, mais aussi toujours de l'hydrogène, d'où la formule probable $AzHI^2$ ou AzH^3I^2 formés d'après les réactions :

$$3AzH^3 + 2.I^2 = AzHI^2\downarrow + 2AzH^4I, \quad \text{ou} \quad AzH^3 + I^2 = AzH^3I^2\downarrow.$$

Mais si l'on fait agir l'ammoniaque liquéfiée en excès sur l'iode vers $-40°$, il y a production de $AzI^3, 3AzH^3$ *cristaux verts*, qui à $-30°$ par le vide donnent $AzI^3, 2AzH^3$ *cristaux jaunes*, qui à $0°$ par le vide donnent AzI^3, AzH^3 *cristaux violets*, explosifs par la chaleur.

4° L'ammoniaque est sans action sur *l'oxygène* à froid, et le gaz ammoniac n'est *pas combustible* à l'air; mais il y a combustion *d'un jet du gaz introduit dans un flacon d'oxygène* quand on enflamme, et avec production d'une flamme jaune :

$$2AzH^3 + 3.O = Az^2 + 3H^2O;$$

et le mélange de 4 volumes de gaz ammoniac avec 3 volumes d'oxygène détone par inflammation ou par l'étincelle, mais avec *production aussi d'un peu d'azotate d'ammonium* :

$$2.AzH^3 + 2.O^2 = AzO^3AzH^4 + H^2O,$$

ce qui empêchera l'analyse eudiométrique directe du gaz ammoniac.

Il y a oxydation complète du gaz ammoniac à l'état d'acide azotique quand un courant *lent* de gaz oxygène ayant traversé la solution d'ammoniaque vient à passer sur de la *mousse de platine* chauffée :

$$AzH^3 + 2O^2 = AzO^3H + H^2O;$$

il se dégage du tube des fumées blanches rougissant un papier au tournesol; d'où l'*ancienne théorie de la nitrification* de Kuhlmann par action des corps poreux sur les matières ammoniacales en présence de l'oxygène de l'air.

Il y a encore oxydation, mais moins complète, à l'état d'azotite d'ammonium, quand un courant *lent* d'oxygène passe dans une solution *chaude* d'ammoniaque surmontée d'une *fine* spirale de platine portée au préalable à l'incandescence; la spirale de platine reste au rouge spontanément, et on observe une production de fumées blanches :

$$2.AzH^3 + 3.O = AzO^2AzH^4 + H^2O.$$

— C'est encore de l'azotite d'ammonium sous forme de fumées blanches qui se forme bientôt quand on introduit une goutte d'ammoniaque dans un flacon d'*oxygène ozonisé* :

$$2.AzH^3 + 3.O^3 = AzO^2AzH^4 + H^2O + 3.O^2.$$

5° Il y a décomposition du gaz ammoniac par le *soufre* à température élevée :

$$8.AzH^3 + 3S = Az^2 + 3.(AzH^4)^2S;$$

mais il y a combinaison directe de l'ammoniaque liquéfiée avec le soufre, pour donner un *liquide rouge*, solidifiable à — 85°, et contenant du *sulfammonium* combiné à l'excès de AzH^3 : suivant la température, le liquide répond à la composition $(AzH^3)^2S, 2AzH^3$, ou $(AzH^3)^2S, AzH^3$; et il possède des propriétés sulfurantes énergiques aux basses températures où il se produit.

Si on fait passer un courant du gaz dans un mélange de *chlorure de soufre* et de sulfure de carbone qui s'évaporera ultérieurement, on observe un dépôt de chlorure d'ammonium, puis à la longue une cristallisation de soufre, et enfin un dépôt de *sulfure d'azote* en *cristaux jaunes, insolubles, explosifs* que l'on peut rapprocher du bioxyde d'azote AzO :

$$8.AzH^3 + 3.S^2Cl^2 = 6.AzH^4Cl\downarrow + 4S + 2.AzS.$$

6° Il y a décomposition du gaz ammoniac au rouge par la vapeur de *phosphore*, avec formation de phosphure gazeux PH^3 et libération d'azote.

7° Le gaz ammoniac est décomposé par le *charbon* au rouge, avec formation de cyanure d'ammonium :

$$2.AzH^3 + C = AzH^4.CAz + H^2;$$

Aussi par la vapeur de *sulfure de carbone* sous l'action de la chaleur; si la réaction a lieu au rouge, il y a formation d'acide sulfocyanique :

$$AzH^3 + CS^2 = CAzSH + H^2S;$$

si l'on chauffe seulement à 100° on obtient du sulfocyanure d'ammonium :

$$2AzH^3 + CS^2 = CAzSAzH^4 + H^2S.$$

Alors si on chauffe à 100° dans un autoclave un mélange de sulfure de carbone et de solution d'ammoniaque, il y a formation de sulfocarbonate et de sulfocyanate d'ammonium :

$$4AzH^3 + 2.CS^2 = CS^2(AzH^4)^2 + CAzSAzH^4;$$

puis si on distille le produit, on obtient uniquement le sulfocyanate dont c'est le procédé industriel de préparation :

$$CS^2(AzH^4)^2 = CAzSAzH^4 + 2H^2S\uparrow.$$

Enfin on peut encore signaler la combinaison directe du gaz ammoniac avec le *gaz cyanogène* pour donner une matière solide brune complexe.

8° Le gaz ammoniac est encore décomposé par le *bore* au rouge vif : $AzH^3 + B = BAz + 3H\uparrow$.

9° Il est encore décomposé en passant sur les *métaux alcalins* chauffés dans un tube de verre, avec formation d'*amidures* de K ou de Na :

$$AzH^3 + Na = AzH^2Na + H\uparrow,$$

et il y a aussi formation d'*azotures alcalins*.

$$AzH^3 + Na = AzNa^3 + 3H\uparrow,$$

décomposables complètement par élévation de température.

Mais il y a combinaison directe de l'ammoniaque liquéfiée avec les métaux alcalins pour former des *ammoniums substitués, solides rouge cuivre d'aspect métallique*, comme le *potassammonium* AzH^3K, le *sodammonium* AzH^3Na, l'*ammonium lithique* AzH^3Li, etc., lesquels se décomposent lentement avec dégagement d'hydrogène et formation d'amidures, comme AzH^2Na, alors *purs* sous forme de *solides blancs* cristallisés. — C'est en partant de l'amidure de Na que l'on prépare l'*acide azothydrique* : on fait passer sur l'amidure chauffé à 250° un courant de gaz protoxyde d'azote; il y a formation d'un 2e azoture de Na, Az^3Na, plus important que le premier :

$$2.AzH^2Na + Az^2O = NaOH + AzH^3\uparrow + Az^3Na;$$

il suffira de traiter le produit obtenu par l'acide sulfurique étendu pour faire dégager l'acide azothydrique :

$$2.Az^3Na + SO^4H^2 = SO^4Na^2 + 2.Az^3H\uparrow;$$

c'est un *gaz explosif, très soluble*, donnant des *fumées blanches* d'azoture d'ammonium Az^3AzH^4 en présence de l'ammoniaque, et dont la dissolution attaque *le zinc*, *le fer*, et même *le cuivre* avec dégagement d'hydrogène; donc analogue aux hydracides formés par les corps halogènes.

10° L'ammoniaque est *sans action à froid* sur les métaux, en l'absence de l'oxygène de l'air; la solution en présence du *cuivre* absorbe l'oxygène de l'air comme on l'a vu dans la préparation de l'azote, par une action complexe que l'on étudiera un peu plus loin. On a vu également l'action des métaux pour provoquer la décomposition plus facile du gaz ammoniac par la chaleur; dans l'action produite par le *fer divisé* ou le *fer almalgamé* chauffés, il y a formation d'un *azoture de fer* Fe^2Az.

11° Le gaz ammoniac réduit les *oxydes métalliques* chauffés; on a signalé la réduction de l'*oxyde cuivrique* dans l'étude de l'azote :

$$3CuO + 2AzH^3 = Az^2\uparrow + 3H^2O + 3Cu;$$

le métal est alors mis en liberté. Mais dans le cas de l'*oxyde mercurique*, si on opère au-dessous de 100°, il y a formation d'un azoture Az^2Hg^3 explosif :

$$3HgO + 2AzH^3 = 3H^2O + Az^2Hg^3.$$

12° La propriété chimique la plus importante de l'ammoniaque est la *propriété alcaline de la dissolution*, ramenant au bleu le *tournesol rougi*, verdissant l'*extrait de violette*, d'où le nom d'*alcali volatil* donné à la solution par opposition aux alcalis fixes la potasse et la soude caustiques. — L'ammoniaque *précipite les hydrates métalliques insolubles* des dissolutions de leurs sels, comme l'alumine ou l'hydrate de plomb insolubles dans un excès du réactif tandis qu'ils sont solubles dans un excès des alcalis fixes; comme encore l'hydrate de zinc soluble dans un excès du réactif de même qu'il est soluble dans la potasse ou la soude. — L'ammoniaque *neutralise les solutions des acides*, pour donner par évaporation du liquide *des sels cristallisables*.

Il y a combinaison directe du gaz ammoniac avec les *gaz chlorhydrique, bromhydrique et iodhydrique* pous donner des sels isomorphes des chlorure, bromure, et iodure de potassium, et aussi mais en 2 proportions avec le *gaz sulfhydrique* pour donner le sulfure acide AzH^3,H^2S ou $(AzH^4)HS$, et le sulfure neutre $2AzH^3,H^2S$, ou $(AzH^4)^2S$. — Le gaz ammoniac est aussi absorbé par *les oxacides*, azotique, sulfurique, phosphorique, pour donner des sels analogues aux sels correspondants du potassium. Et en effet le sulfate forme avec le sulfate d'aluminium un *alun* isomorphe de l'alun potassique; et le chlorure donne avec le chlorure platinique $PtCl^4$ un sel double jaune, cristallisé en octaèdres, peu soluble dans l'eau, insoluble dans l'alcool, exactement comme le ferait le chlorure potassique : c'est ce chloroplatinate qui par calcination donne la mousse de platine.

Alors d'après la loi de l'isomorphisme, les sels ammoniacaux AzH^3,HCl; AzH^3,HBr; AzH^3,HI; $2\ AzH^3,SO^4H^2$; devront avoir la même constitution que les sels potassiques KCl, KBr, KI, SO^4K^2; ils devront donc s'écrire $AzH^4.Cl$ ou AmCl, $AzH^4.Br$ ou AmBr, $AzH^4.I$ ou AmI, $SO^4(AzH^4)^2$ ou SO^4Am^2, c'est-à-dire que l'on devra considérer les sels ammoniacaux comme les sels d'un *métal composé, l'ammonium*, $AzH^4 = Am$, *monovalent*. — Alors l'*hydrate d'ammonium* sera AzH^4OH analogue à KOH, et c'est lui qui donne la fonction basique à la solution, bien que l'on ne le connaisse que vers — 40°

Il est à remarquer que *la présence de l'eau unie à l'anhydride dans les oxacides est nécessaire* à la formation du sel ammoniacal correspondant à partir du gaz ammoniac sec; et en effet par action du gaz sec sur les *anhydrides*, il y a formation de sels différents des sels ammoniacaux correspondant à l'anhydride; avec l'*anhydride sulfurique* SO^3 il y a formation d'amidosulfate de Am appelé aussi sulfamate de Am, ne précipitant pas avec les sels solubles de baryum comme les sulfates :

$$SO^3 + 2AzH^3 = SO^2\begin{matrix}<AzH^2 \\ <OAzH^4\end{matrix};$$

l'acide amidosulfurique ou sulfamique $SO^2\begin{matrix}<AzH^2 \\ <OH\end{matrix}$ est monobasique : un des hydroxyles de l'acide sulfurique y est remplacé par le radical amide AzH^2. — Avec le *gaz sulfureux*, le gaz ammoniac donne l'amidosulfite de Am :

$$SO^2 + 2AzH^3 = SO\begin{matrix}<AzH^2 \\ <OAzH^4\end{matrix}.$$

Avec le *gaz carbonique*, il donne l'amidocarbonate ou carbamate de Am : $CO<^{AzH^2}_{OAzH^4}$, sel de l'acide amidocarbonique ou acide carbamique $CO<^{AzH^2}_{HO}$ monobasique.

Le *métal ammonium n'a pas été isolé* : l'électrolyse du chlorure de Am dissous dans l'ammoniaque liquéfiée donne aux électrodes les gaz hydrogène et chlore; l'action de l'acide sulfhydrique liquéfié sur l'ammonium lithique ou calcique donne un mélange des gaz ammoniac et hydrogène : on en a conclu que le métal ammonium n'existait pas en présence de l'ammoniaque liquéfiée, ou de l'acide sulfhydrique liquéfié. — Mais on connaît l'*amalgame d'ammonium*, que l'on a préparé d'abord par électrolyse d'une tablette de chlorure de Am un peu humide en prenant comme catode un globule de mercure dont le volume s'accroît beaucoup. Puis on montrait la formation de cet amalgame en versant une dissolution de chlorure de Am sur de l'amalgame de Na obtenu en dissolvant du sodium dans du mercure légèrement chauffé : on voyait alors se former une masse métallique très volumineuse, surnageant le liquide, très instable, se décomposant rapidement en mercure tombant au fond et en un *mélange non défini des gaz ammoniac et hydrogène*. Actuellement en traitant par l'amalgame de Na la dissolution du chlorure ou de l'iodure de Am dans l'ammoniaque liquéfiée, on obtient l'amalgame de Am sous forme d'une *masse métallique stable* jusqu'à la température 39°, pouvant dégager un *mélange défini de 2 volumes de gaz ammoniac pour un volume d'hydrogène*, augmentant d'environ 30 fois son volume par *le contact de l'eau* en dégageant le mélange défini précédent. — Rappelons d'ailleurs que l'on *connaît des ammoniums substitués* bien définis, d'aspect métallique, les ammoniums potassique, sodique, lithique, calcique.

On connaît aussi des *sels de mercurammonium*, le *chlorure de monomercurammonium* $AzH^2Hg.Cl$ qui est *blanc*, l'*iodure de dimercurammonium* $AzHg^2I$ qui est *rouge brun*, sans compter le corps noir plus complexe formé dans l'action de l'ammoniaque sur le chlorure mercureux, soit $Hg^2Cl^2,2AzH^2Hg$. Comme ces sels sont *insolubles*, on utilise leur formation pour *reconnaître des traces d'ammoniaque dans une dissolution*. — Si à de l'eau contenant des traces d'ammoniaque libre ou carbonatée, on ajoute quelques gouttes de dissolution de *chlorure mercurique*, on observe un précipité blanc :

$$2AzH^3 + HgCl^2 = AzH^2Hg.Cl\downarrow + AzH^4Cl.$$

Si dans le *réactif de Nessler*, incolore, obtenu en saturant une dissolution d'iodure de K avec l'iodure mercurique HgI^2 rouge, et en ajoutant de la potasse caustique concentrée, on introduit un peu d'un liquide contenant de l'ammoniaque ou des sels ammoniacaux, on observe la formation d'un précipité rouge brun ou au moins une coloration :

$$AzH^3 + 2HgI^2 + 3KOH = AzHg^2.I\downarrow + 3KI + 3H^2O;$$

l'iodure de K primitif ne sert que de dissolvant.

Enfin l'ammoniaque forme avec les oxydes métalliques des *bases ammoniacales complexes*, comme l'*hydrate cuproammonique* formé à partir de l'hydrate cuivrique et connu à l'état cristallisé :

$$CuO,4AzH^3 + 4H^2O.$$

Sa solution dans l'ammoniaque est *bleu vert* et constitue la *liqueur de Schweizer*, qui est un dissolvant de la cellulose et de la soie. On la prépare en précipitant la dissolution de sulfate cuivrique par une quantité équivalente de soude :

$$SO^4Cu + 2NaOH = SO^4Na^2 + CuO^2H^2\downarrow;$$

on ajoute alors peu à peu de l'ammoniaque en agitant jusqu'à dissolution du précipité : le sulfate de Na dissous ne gêne pas les réactions. — Mais si l'on précipite la solution du sulfate cuivrique par l'ammoniaque et que l'on redissolve le précipité dans un excès du réactif, on obtient l'*eau céleste*, *bleu violet*, ne dissolvant pas la cellulose et la soie, et qui est la dissolution ammoniacale de *sulfate cuproammonique*, que l'on connaît à l'état d'hydrate cristallisé :

$$SO^4Cu,4AzH^3 + H^2O.$$

— Alors l'*ammoniure de cuivre*, liquide *bleu* obtenu en versant à plusieurs reprises la même solution d'ammoniaque sur *de la tournure de cuivre exposée à l'air* dans un entonnoir, se formant dans la préparation de l'azote par le cuivre et l'ammoniaque, et qui contient de l'hydrate cuproammonique et de l'azotite cuproammonique analogue au sulfate correspondant, se comportera comme un mélange de liqueur de Schweizer et d'eau céleste.

II. — Composition du gaz ammoniac.

On l'établit par l'*analyse des produits de sa décomposition* par la chaleur ou par l'étincelle, analyse que l'on fait *par la méthode eudiométrique*. Par exemple, si l'on emploie la décomposition par l'étincelle plus facile, on introduit dans l'eudiomètre à mercure plein de mercure sur la cuve, 4 volumes de gaz ammoniac à la pression atmosphérique et on fait passer une série de fortes étincelles pendant $\frac{1}{4}$ d'heure pour que la décomposition soit presque complète; le volume est devenu presque double. On introduit alors 4 volumes de gaz oxygène à la pression atmosphérique, et on fait passer une étincelle : dans ces conditions la haute température produite dans l'explosion du mélange d'hydrogène libre et d'oxygène empêche la formation des composés oxygénés de l'azote qui devient libre; et on peut écrire la réaction de combustion :

$$2.AzH^3 + 2.O^2 = Az^2 + 3H^2O + O$$

On constate que le résidu mesuré à la pression atmosphérique occupe 3 volumes; par action d'un bâton de phosphore abandonné dans le résidu jusqu'à cessation de la phosphorescence, il reste 2 *volumes* mesurés à la pression atmosphérique d'un gaz que l'on peut reconnaître être de l'*azote pur*; on avait donc introduit 1 volume d'oxygène en trop pour brûler la totalité de l'hydrogène qui est disparu à l'état d'eau liquide; les 3 volumes d'oxygène qui ont réagi ont dû prendre *6 volumes d'hydrogène*. Donc 2 volumes de gaz ammoniac contiennent 1 volume d'azote et 3 volumes d'hydrogène; d'où la *formule moléculaire* AzH^3. — On sait d'ailleurs que le *gaz ammoniac ne renferme que de l'azote et de l'hydrogène* comme le montre sa synthèse partielle à partir de ces éléments par l'étincelle. Et *on le vérifie* par la connaissance des densités expérimentales des 3 gaz : d, d', d'', en appliquant la conservation de la masse à 2^{cme} du gaz : $2\,ad = ad' + 3\,ad''$ d'où $d = \frac{d' + 3d''}{2}$, ce qui est vérifié.

III. — Modes de formation de l'ammoniaque.

Ils sont très nombreux :

1° Par le *mélange de 1 volume d'azote avec 3 volumes d'hydrogène* dans lequel on fait passer *une longue série d'étincelles*; mais il y a formation d'*un peu* de gaz ammoniac seulement, à moins que l'on n'opère en présence de l'acide sulfurique.

2° Par action d'un courant d'air sur un mélange de charbon et de carbonate de Ba au rouge donnant du *cyanure de baryum*, sur lequel on fait alors passer un *courant de vapeur d'eau* :

$$Ba(CAz)^2 + 4H^2O = BaO^2H^2 + 2CO\uparrow + 2AzH^3\uparrow.$$

On pourrait ainsi *transformer l'azote de l'air en ammoniaque*, mais cette transformation n'est pas utilisée.

3° Dans l'action d'une *forte effluve* sur l'*azote humide*, et alors à l'état d'azotite de Am :

$$Az^2 + 2H^2O = AzO^2AzH^4.$$

Cette réaction est possible dans l'atmosphère, les traces d'azotite ainsi formées passeront à l'état d'azotate de Am en fixant l'oxygène de l'air, et on retrouvera de l'azotate de Am dans l'eau de pluie.

4° Dans les *actions hydrogénantes* sur les *composés oxygénés de l'azote*; ainsi quand on introduit de l'*acide azotique* dans l'appareil producteur d'hydrogène :

$$AzO^3H + 4.H^2 = AzH^3 + 3H^2O;$$

ou que l'on fait passer de *l'hydrogène* entraînant l'un quelconque des composés oxygénés de l'azote sur de la *mousse de platine* chauffée; par exemple avec le protoxyde d'azote :

$$Az^2O + 4H^2 = 2.AzH^3 + H^2O.$$

Encore formation d'ammoniaque et *en même temps d'hydroxylamine* quand on dissout l'*étain* dans l'*acide azotique étendu*, ou quand on fait passer un courant de *bioxyde d'azote* dans le mélange hydrogénant *étain-acide chlorhydrique*, ou encore quand on réduit l'*azotate de Am* par le même mélange refroidi :

$$AzO^3H + 3.H^2 = AzH^2OH + 2.H^2O,$$
$$AzO + 3.H = AzH^2OH;$$

l'ammoniaque et l'hydroxylamine sont alors à l'état de sels, difficiles à séparer. — L'hydroxylamine est *cristallisée* en aiguilles, *très soluble*, à *solution fortement alcaline* contenant l'hydrate d'hydroxylammonium $(AzH^3OH)OH$, donnant *des sels cristallisés* tels que le chlorure $(AzH^3OH)\,Cl$, ou le sulfate $SO^4\,(AzH^3OH)^2$ capable de former des *aluns* : donc *l'hydroxylamine est analogue à l'ammoniaque*. Elle s'en distingue par des *propriétés réductrices* énergiques ; sur les sels d'or, d'argent ou de mercure avec dégagement de protoxyde d'azote :

$$2.AzH^2OH + O^2 = Az^2O + 3.H^2O\,;$$

sur les sels cuivriques additionnés de soude qui donnent un précipité jaune d'hydrate cuivreux.

5° Il y a formation d'ammoniaque surtout dans la *distillation sèche des matières organiques azotées*, ce qui est un caractère de ces matières, et on obtient industriellement de grandes quantités d'*eaux ammoniacales* dans la *calcination de la houille* pour la production du coke métallurgique ou du gaz de l'éclairage.

6° Enfin il y a encore formation d'ammoniaque dans la *fermentation spontanée* des *matières organiques azotées*, d'où l'odeur désagréable dégagée par la putréfaction de ces matières et due au carbonate et au sulfure d'ammonium formés, la présence de l'ammoniaque dans l'atmosphère, et la production *d'eaux vannes* par l'action spontanée du *ferment ammoniacal* sur les déchets liquides de la nutrition ; en particulier il y a formation de carbonate de Am par fixation d'eau sur l'*urée* ou carbamide $CO\begin{smallmatrix}\diagup AzH^2\\ \diagdown AzH^2\end{smallmatrix}$, qui est l'amide de l'acide carbonique $CO\begin{smallmatrix}\diagup OH\\ \diagdown OH\end{smallmatrix}$:

$$CO(AzH^2)^2 + 2.H^2O = CO^3(AzH^4)^2.$$

IV. — Production industrielle de l'ammoniaque et des sels ammoniacaux.

1° Production de l'*ammoniaque du commerce* : on ajoute 0,06 de *chaux éteinte* aux eaux ammoniacales pour précipiter l'acide carbonique à l'état de carbonate de Ca ; on laisse reposer, et on *distille* le liquide clair ; le gaz ammoniac dégagé entraîne de l'acide sulfhydrique, et de la vapeur de carbures provenant des traces de goudron des eaux ammoniacales ; on le fait passer dans un *lait de chaux* pour arrêter H^2S, puis dans de l'*huile de paraffine* qui dissoudra les carbures; on le filtre à travers du *charbon de bois* qui achève de retenir les carbures, et on le dissout dans des *cylindres* à moitié pleins d'*eau fortement refroidie*.

2° Production du *chlorure d'ammonium* ou sel ammoniac : on neutralise les eaux ammoniacales par l'*acide chlorhydrique* du commerce dans des *bacs en plomb*; on évapore par des *serpentins en plomb* traversés par un courant de vapeur d'eau bouillante; on laisse cristalliser par le refroidissement; on recueille le sel, on le sèche et on le sublime.

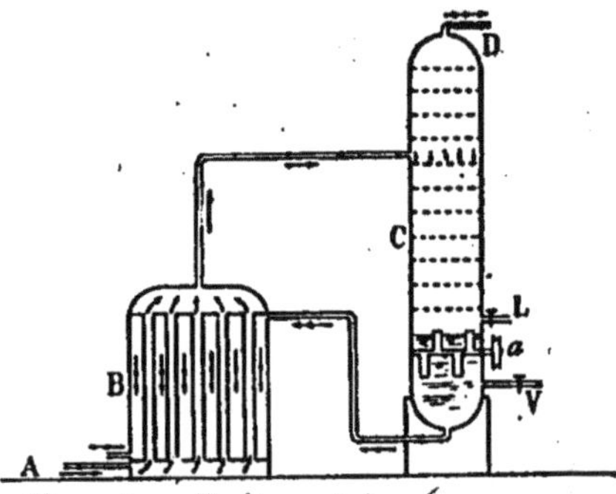

Fig. 108. — Traitement des eaux vannes :
A, entrée des eaux vannes qui s'échauffent dans le réchauffeur B et se déversent dans la colonne à plateaux C; L, arrivée du lait de chaux; *a*, agitateur; V, arrivée de la vapeur d'eau bouillante; D, dégagement du gaz ammoniac. Les doubles flèches indiquent la sortie des eaux épuisées qui réchauffent les eaux vannes.

3° Production du *sulfate d'ammonium* : on déverse les eaux ammoniacales ou les eaux vannes en pluie à la partie supérieure de *colonnes à distiller* chauffées par un *courant de vapeur*; les eaux tombent de plateau en plateau à travers les orifices des plateaux des colonnes, en perdant leur gaz ammoniac libre et les sels ammoniacaux volatils comme le carbonate et les sulfures; elles arrivent ainsi vers le bas des colonnes où elles se mélangent à un *lait de chaux* qui libère l'ammoniaque des sels ammoniacaux fixes. On fait arriver le gaz dégagé des colonnes dans de l'acide sulfurique, au fond duquel se dépose le sulfate formé.

4° Enfin production de l'*ammoniaque liquéfiée*; on chauffe le sulfate de Am avec de la chaux :

$$SO^4(AzH^4)^2 + CaO^2H^2 = SO^4Ca + 2AzH^3\uparrow + 2H^2O\uparrow;$$

on filtre le gaz qui se dégage dans une colonne à *charbon de bois*; on le dessèche dans des caisses pleines de *chaux vive*, et on le recueille dans des *gazomètres* reposant sur de l'*huile minérale*. On puise le gaz dans ces gazomètres pour le liquéfier par *compression à 30^{atm}* dans des *serpentins refroidis*.

V. — Préparation de l'ammoniaque dans les laboratoires.

1° Préparation du *gaz ammoniac* en chauffant dans un ballon un mélange intime de chlorure d'ammonium et de chaux vive en excès :

$$2.AzH^4Cl + 2CaO = 2AzH^3\uparrow + CaCl^2 + CaO^2H^2,$$

ou

$$2.AzH^4Cl + 3CaO = 2AzH^3\uparrow + CaCl^2,CaO + CaO^2H^2.$$

Pour cela on pulvérise séparément les 2 substances; on les mélange ensuite en les broyant ensemble ce qui dégage une forte

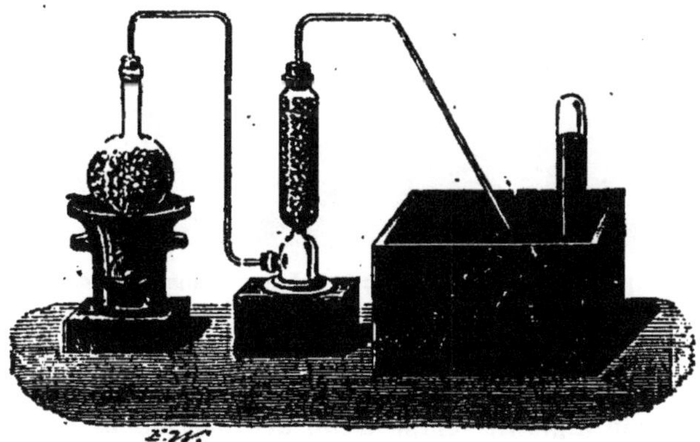

Fig. 109. — Préparation du gaz ammoniac.

odeur d'ammoniaque : il faudra pourtant chauffer, car le gaz ammoniac reste uni au chlorure de Ca formé pour donner un chlorure ammoniacal, qui possède une tension de dissociation à froid, d'où l'odeur observée; mais il faudra porter le produit à une température supérieure à celle pour laquelle la tension de dissociation atteint la pression atmosphérique, pour que le gaz puisse se dégager; le dégagement du gaz est plus facile s'il y a un excès de chaux, car alors il y a formation d'un oxychlorure de Ca qui retient moins bien le gaz que le chlorure. — On introduit le mélange dans le ballon que l'on achève de remplir avec des fragments de chaux vive pour commencer la dessiccation; si l'on veut obtenir le gaz bien sec, on le fait passer à la sortie du ballon dans une éprouvette ou un tube à fragments de potasse caustique ou à chaux sodée : on ne peut pas en effet dessécher le gaz par le chlorure de Ca desséché ou par l'acide sulfurique. On recueille le gaz sur le mercure.

2° Pour préparer la *dissolution pure*, on chauffe le mélange de chlorure de Am pulvérisé ou de sulfate de Am pulvérisé avec de la chaux qui peut être de la chaux éteinte; il est alors inutile de remplir le ballon avec des fragments de chaux; mais il faut *laver le gaz* dans *un peu* d'une solution *concentrée* de potasse, soit pour arrêter un peu de chlorure de Am entraîné,

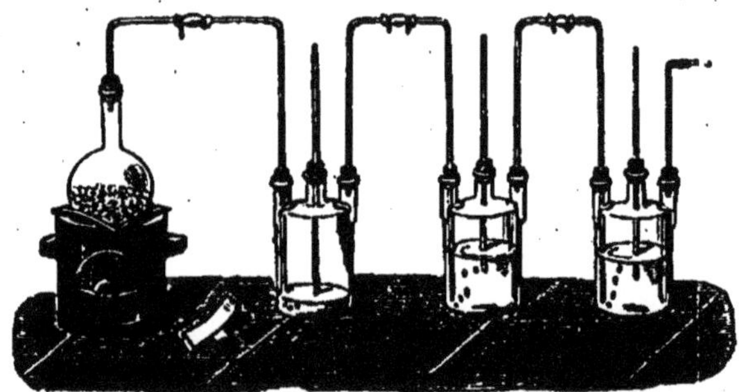

Fig. 110. — Préparation de la solution d'ammoniaque.

soit pour décomposer un peu de carbonate de Am volatil et retenir son gaz carbonique; on fait alors arriver le gaz purifié dans un flacon *à moitié* rempli d'*eau distillée* par un tube allant jusqu'au fond du flacon, en refroidissant extérieurement le flacon par de l'eau.

3° Enfin *on régénère facilement le gaz ammoniac de sa solution industrielle* en chauffant légèrement l'ammoniaque du commerce dans un ballon avec *un peu de soude* pour arrêter un peu de gaz carbonique, et *quelques morceaux de charbon de bois* pour régulariser le dégagement du gaz, qu'il suffit de dessécher à la sortie du ballon.

VI. — Usages de l'ammoniaque et des sels ammoniacaux.

1° Usage de l'*ammoniaque liquéfiée* dans les *machines frigorifiques*, dont le métal ne sera pas attaqué à froid par l'ammoniaque anhydre;

2° *De la solution d'ammoniaque*, employée aussi dans les petits appareils Carré à fabriquer la glace; — puis comme *réactif alcalin* ayant des *propriétés dissolvantes* différentes des solutions d'alcalis fixes, et offrant sur eux l'avantage de pouvoir être chassé par l'action de la chaleur; dans le *traitement des piqûres* d'insectes par neutralisation de l'acide caustique déposé dans la blessure; dans *le dégraissage*, ou l'*avivage des couleurs*; dans le traitement interne de la *météorisation des herbivores* qui disparaîtra quand la solution ammoniacale absorbée se sera combinée au gaz carbonique qui produit le phénomène.

Mais le *principal usage* de l'ammoniaque à l'*état d'eaux ammoniacales concentrées* est la fabrication de la *soude industrielle* ou carbonate neutre de sodium cristallisé : $CO^3Na^2 + 10H^2O$, à partir de la solution de sel gemme et du carbonate de calcium sous forme de pierre calcaire. La calcination du calcaire dans les fours à chaux donne de la chaux vive et du gaz carbonique; ce gaz carbonique vient réagir sur la dissolution de sel gemme additionnée d'eau ammoniacale concentrée, et y donne un précipité de bicarbonate de sodium peu soluble :

$$CO^2 + NaCl + AzH^4OH = CO^3HNa\downarrow + AzH^4Cl;$$

il suffira de recueillir le précipité, de le laver, et de le chauffer à 100° pour dégager du gaz carbonique qui rentrera dans la fabrication, et obtenir la soude industrielle qu'il suffira de faire cristalliser :

$$2.CO^3HNa = CO^2\uparrow + H^2O + CO^3Na^2.$$

La chaux obtenue servira à régénérer l'ammoniaque de la solution de chlorure de Am obtenue.

3° *Usage des sels ammoniacaux* : du *sulfate* employé comme *engrais chimique* azoté, et pour la fabrication de l'*alun d'ammonium* par sa précipitation au moyen du sulfate d'aluminium; du *nitrate*, obtenu par neutralisation de l'ammoniaque par l'acide azotique du commerce et évaporation, pour abaisser la température de la détonation des *explosifs* dans les mines; du *picrate*, comme explosif dans les poudres sans fumée.

VII. — Caractères de l'ammoniaque.

1° Du *gaz ammoniac*, qui est absorbé par l'eau d'une *dissolution étendue de potasse*, possède une *odeur vive*, n'est *pas combustible à l'air*, est *très soluble* dans l'eau, et dont la solution a une réaction *fortement alcaline*; enfin qui fume à l'air en présence de l'*acide chlorhydrique* ou de l'*acide azotique*, ou ce qui est plus convaincant en présence de l'*acide acétique*;

2° De *la solution très étendue*, qui donne un précipité blanc par quelques gouttes de *chlorure mercurique*, ou un précipité rouge brun quand on la verse dans le *réactif de Nessler*;

3° Des *sels ammonianaux*, qui produisent aussi un précipité rouge brun dans le *réactif de Nessler*, et qui par addition de *chlorure platinique* donnent un précipité jaune de chloroplatinate, surtout si on ajoute de l'alcool; comme les sels potassiques donnent aussi cette dernière réaction, on distinguera les sels ammoniacaux encore en ce qu'ils dégagent quand on les chauffe avec de la *chaux vive* ou *de la potasse très concentrée*, du gaz ammoniac, reconnaissable à l'odeur, et à la coloration bleue qu'il donne au papier de tournesol rougi humide.

VINGT-DEUXIÈME LEÇON

Composés oxygénés de l'azote. — Protoxyde d'azote. — Bioxyde d'azote. Anhydride azoteux et acide azoteux.

On connaît *6 composés oxygénés de l'azote*, auxquels se rattachent *3 acides* :

Le *protoxyde d'azote* Az^2O, gaz neutre, auquel se rattache l'*acide hypoazoteux* ($Az^2O^2H^2$);

Le *bioxyde d'azote* AzO, gaz *neutre à l'abri de l'air*;

L'*anhydride azoteux* (Az^2O^3) liquide à 0°, formant avec l'eau l'*acide azoteux* (AzO^2H);

Le *peroxyde d'azote* AzO^2, liquide ayant une réaction acide par décomposition au contact de l'eau de la teinture de tournesol;

L'*anhydride azotique* (Az^2O^5), solide, formant avec l'eau l'*acide azotique* AzO^3H;

Enfin le *gaz perazotique*, AzO^3, à réaction acide au contact de l'eau qui le décompose.

Ces composés présentent quelques *propriétés générales* :

1° Tous sont *facilement décomposés par la chaleur*, sauf cependant le peroxyde AzO^2 dont la vapeur n'est décomposée qu'au rouge vif; et ces décompositions par la chaleur se font *toujours avec dégagement de chaleur*; le dégagement de chaleur pour une molécule d'azote Az^2 mise en liberté est le plus grand pour le bioxyde d'azote comme le montrent les nombres du tableau ci-contre :

$$\left\{\begin{array}{lll} 20^{Cal},6 & \text{pour} & Az^2O \\ 43\ ,2 & — & 2.AzO \\ 22\ ,6 & — & Az^2O^3 \\ 5\ ,2 & — & 2.AzO^2 \\ 1\ ,2 & — & Az^2O^5 \end{array}\right.$$

La *formation des composés oxygénés de l'azote à partir des éléments libres* sera donc *toujours endothermique*; mais il y aura *formation exothermique de l'anhydride azoteux* et *du peroxyde d'azote* par *fixation spontanée de l'oxygène sur le bioxyde d'azote* : en effet, si à partir de l'état initial $2Az + 3O$ on arrive à l'état final Az^2O^3, d'abord par la formation de bioxyde d'après $2Az + 2O = 2AzO - 43^C,2$, puis par la fixation du reste de l'oxygène d'après $2AzO + O = Az^2O^3 + x^C$, la chaleur dégagée au total dans ce cycle sera $x - 43^C,2$ et devra être égale à $-22^C,6$ chaleur de formation de Az^2O^3 à partir de $2Az$ et $3O$; donc $x = 43,2 - 22,6 = 20^C,6$: ainsi il y aura dégagement de 20^C6 dans la fixation de l'atome d'oxygène sur 2 molécules de bioxyde d'azote pour former l'anhydride azoteux. — De même si $2(AzO + O) = 2.AzO^2 + y^{Cal}$, $y = 43,2 - 5,2 = 38^{Cal}$. — Enfin si $Az^2O^3 + O = 2AzO^2 + z^{Cal}$, $z = 22,6 - 5,2 = 17^{Cal},4$; il y aura donc dégagement de chaleur d'après les nombres donnés dans la fixation de l'oxygène soit sur le bioxyde soit sur l'anhydride azoteux pour former le peroxyde. Aussi il *y aura en général formation de peroxyde d'azote* stable dans *la décomposition par la chaleur des autres composés oxygénés de l'azote*.

2° Tous sont décomposés par *les corps combustibles* à température peu élevée :

Ainsi ils sont décomposés par l'*hydrogène*, soit *au rouge* et alors l'azote devient libre et l'oxygène passe à l'état d'eau, soit au *contact de la mousse de platine chauffée* et alors l'azote est transformé en ammoniaque;

Ils sont aussi décomposés par *le charbon* au rouge, qui brûle à leur contact en dégageant plus de chaleur que dans la combustion par l'oxygène libre; c'est ce fait, constaté par Dulong dans la combustion du charbon par le gaz protoxyde d'azote, qui a servi à découvrir la formation endothermique du protoxyde d'azote, 1er exemple connu de réactions endothermiques.

3° Enfin *tous les composés de l'azote sont préparés indirectement* en partant des azotates ou de l'acide azotique qui dérive lui-même des azotates naturels.

PROTOXYDE D'AZOTE, Az^2O,

Ou *oxyde azoteux*, appelé d'abord *gaz hilarant*.

C'est un gaz incolore, sans odeur, à saveur légèrement sucrée, produisant quand on le respire d'abord une excitation d'où le nom de gaz hilarant que lui avait donné Davy ; mais cette excitation est bientôt suivie de l'anesthésie générale : le protoxyde d'azote est maintenant abandonné comme *anesthésique*, car il exigeait une purification soigneuse pour pouvoir être respiré sans danger, il devait être mélangé avec son volume d'air pur pour qu'il pût être respiré sans produire l'asphyxie, mais alors le mélange devait être comprimé à 2^{atm} pour qu'il pût produire l'anesthésie; d'où une complication trop grande pour un emploi pratique. — Le gaz protoxyde d'azote a pour *densité* 1,5301 ; il est *facile à liquéfier* par compression à 40^{atm} dans un récipient en fer refroidi à 0° par de la glace.

C'est alors un *liquide bouillant à* — 88°, se solidifiant, soit *en neige* par évaporation dans le vide, soit *en cristaux transparents* quand un tube scellé à protoxyde liquéfié est refroidi par du protoxyde liquéfié qu'on évapore.

Le gaz est *assez soluble* dans l'eau : coefficient 1,3 à 0°; il est *plus soluble dans l'alcool* : coefficient 4 à 0°. Il forme avec l'eau refroidie l'*hydrate* $Az^2O,6H^2O$ *cristallisé* instable.

Il est *décomposé par la chaleur* en $2Az + O$, soit quand on fait passer un courant du gaz dans un tube *au rouge*, soit quand *on réduit brusquement le volume* d'une masse donnée du gaz *à* $\frac{1}{500}$ *de sa valeur* comme on peut le faire par la chute d'une masse de 500^{kgr} sur le piston d'une sorte de briquet à air : on observe alors une *production de lumière* indiquant le dégagement de chaleur dans la décomposition. — Il est encore décomposé *par une série d'étincelles*, mais comme l'azote et l'oxygène se combinent directement par la même action pour donner du peroxyde d'azote, on observe une *coloration rougeâtre*, et finalement, par suite de la réaction secondaire de l'azote sur l'oxygène, la décomposition s'est faite d'après l'équation :

$$2.Az^2O = AzO^2 + 3Az.$$

I. — Propriétés chimiques du protoxyde d'azote.

Il est sans action sur les halogènes, l'oxygène ou l'azote, mais *il entretient la combustion vive des corps combustibles incandescents* puisqu'il fournit avec dégagement de chaleur le mélange $2Az + O$ plus riche en oxygène que l'air atmosphérique : aussi la combustion par le protoxyde d'azote est-elle *plus vive que par l'air*, mais elle est *moins vive que par l'oxygène pur*, car une partie de la chaleur dégagée servira à échauffer l'azote qui en général devient libre dans ces combustions.

1° Il y a combustion de l'*hydrogène* quand le mélange des 2 gaz est soumis au contact d'une *flamme* ou d'une *étincelle*, et il y a alors détonation :

$$Az^2O + H^2 = Az^2 + H^2O;$$

mais si on fait passer le mélange sur de la *mousse de platine chauffée*, on observe la formation d'ammoniaque :

$$Az^2O + 4H^2 = 2AzH^3 + H^2O.$$

2° Il y a combustion vive du *soufre* fortement chauffé et bien enflammé, du *phosphore* enflammé, du *charbon* allumé, quand on les plonge dans un flacon de protoxyde d'azote, avec formation des anhydrides sulfureux, phosphorique ou carbonique, et mise en liberté de l'azote. — Mais par un courant du gaz sur le *bore* au rouge, il y a fixation par le bore des deux éléments du gaz :

$$3.Az^2O + 8.B = B^2O^3 + 6.BAz.$$

— Tandis qu'il y a encore libération de l'azote dans la combustion vive du *potassium* chauffé ou du *magnésium* enflammé, quand on les introduit dans un flacon du gaz.

Mais le gaz protoxyde d'azote se distingue de l'oxygène en ce qu'*il n'entretient pas les combustions lentes à froid* : il est sans action à froid sur le phosphore, les polysulfures alcalins, le pyrogallol potassique, le fer humide, le gaz sulfhydrique humide, le bioxyde d'azote, etc..., sur lesquels l'oxygène réagit à froid; et il faudra chauffer pour que le *sulfure de baryum* décompose le gaz protoxyde en azote qui deviendra libre, et en oxygène qui se fixera sur le sulfure pour le transformer en hyposulfite ou en sulfate.

3° Enfin par un courant de protoxyde d'azote sur de l'*amidure de sodium* chauffé à 250°, il y a formation d'azoture de sodium, qui par l'acide sulfurique étendu dégagera le gaz azothydrique :

$$Az^2O + 2.AzH^2Na = NaOH + AzH^3\uparrow + Az^3Na.$$

II. — Composition du protoxyde d'azote.

Il ne renferme *que de l'azote et de l'oxygène*, car du produit de sa décomposition par la chaleur après avoir absorbé l'oxygène par le phosphore, on n'obtient qu'un gaz offrant les caractères de l'azote pur.

1° Composition par l'*analyse eudiométrique* : on fait passer une étincelle dans le mélange de 2 volumes du gaz mesurés à la pression atmosphérique et de 2 volumes d'hydrogène mesurés à la même pression; et on constate que le résidu gazeux occupe 2 volumes à la pression atmosphérique et qu'il présente les caractères de l'azote pur. Les 2 volumes d'hydrogène ont dû prendre par la combustion 1 volume d'oxygène pour former de l'eau, donc *2 volumes du gaz* sont *formés par l'union* de *2 volumes d'azote* avec *1 volume d'oxygène*, et la *formule moléculaire* est Az^2O. — On peut d'ailleurs *vérifier que le gaz ne renferme que de l'azote et de l'oxygène*, en remarquant que la masse moléculaire expérimentale $28^{gr},8 \times d = 28^{gr} + 16^{gr}$, somme des masses atomiques trouvées.

2° Plus simplement, analyse en absorbant l'oxygène *par le sulfure de baryum chauffé* : on ne peut pas employer le potassium chauffé qui absorberait aussi un peu d'azote. Dans la cloche courbe pleine de mercure sur la cuve à mercure, on transvase un volume connu du gaz mesuré à la pression atmosphérique dans un tube gradué latéral; on fait passer dans la partie horizontale de la cloche un peu de sulfure de baryum que l'on chauffe. Après refroidissement on mesure le gaz résidu en le transvasant dans le tube gradué maintenant plein de mercure; les deux niveaux du mercure étant sur le même plan, on reconnaît que *le volume du résidu est égal au volume initial,* et le gaz qui reste a les caractères de l'azote pur. Si on applique alors la conservation de la masse au résultat précédent et à 2eme du gaz initial : $2ad = 2ad' + xad''$; d, d', d'', densité des gaz protoxydes d'azote, azote et oxygène, x volume de l'oxygène. D'où $x = \frac{2(d - d')}{d''}$. On trouve $x = 1$. Donc 2 volumes du gaz contiennent 2 volumes d'azote et 1 volume d'oxygène, et la formule moléculaire est Az^2O.

III. — Caractères du gaz protoxyde d'azote.

1° Il n'est *pas absorbé par la potasse.*

2° Il n'est *pas combustible,* mais comme l'oxygène il *rallume une allumette* présentant encore un point rouge;

3° Mais il ne donne pas de coloration rouge par mélange avec le *bioxyde d'azote;*

4° Et il ne donne pas de coloration brune au *pyrogallol potassique.*

IV. — Modes de formation et préparation du protoxyde d'azote.

1° Il s'en forme *dans la réduction du bioxyde d'azote* AzO, soit quand on le mélange avec le *gaz sulfhydrique,* soit par action prolongée de la *limaille de zinc ou de fer* humide, ce qui a conduit à sa découverte :

$$2.AzO + H^2S = Az^2O + H^2O + S\downarrow;$$
$$2.AzO + Zn = Az^2O + ZnO.$$

2° Il s'en forme aussi dans l'*action du zinc* sur un mélange à volumes égaux d'acide azotique et d'acide sulfurique, étendu de cinquante fois son volume d'eau, ou plus simplement *sur l'acide azotique étendu* de deux fois son volume d'eau :

$$10.AzO^3H + 4Zn = 4.(AzO^3)^2Zn + 5H^2O + Az^2O\uparrow;$$

mais il faudra abandonner, le gaz recueilli au contact de la limaille de fer ou de zinc humide pour réduire *un peu de bioxyde d'azote* formé.

3° *On le prépare* habituellement en chauffant *modérément* dans une cornue en verre *à col descendant* muni d'un tube à dégagement, de l'*azotate d'ammonium pur* et sec; les cristaux blancs fondent vers 150° en un liquide qui se décompose *au-dessus de 200°* par une combustion interne analogue à celle de l'azotite d'ammonium dans la préparation de l'azote chimique :

$$AzO^3AzH^4 = 2H^2O\uparrow + Az^2O\uparrow;$$

l'eau formée se condense dans le col descendant, et on recueille le gaz dégagé *sur la cuve à eau* en général; mais il faut avoir soin de *fermer les flacons aussitôt qu'ils sont remplis de gaz* afin d'éviter son absorption par l'eau de la cuve.

Si la température dépassait 250° en un point de la masse, il y aurait en outre formation *d'oxygène, d'azote*, et des *autres composés oxygénés de l'azote* :

$$AzO^3AzH^4 = 2H^2O + 2Az + O,$$
$$AzO^3AzH^4 = 2H^2O + Az + AzO,$$
$$3.AzO^3AzH^4 = 6H^2O + 4Az + Az^2O^3,$$
$$2.AzO^3AzH^4 = 4H^2O + 3Az + AzO^2,$$
$$5.AzO^3AzH^4 = 9H^2O + 8Az + 2.AzO^3H;$$

et *si la température dépassait 300°* toutes ces décompositions explosives se feraient tout d'un coup avec une *flamme jaunâtre* et formation de *vapeur rouge*, ce qui arrive quand dans un tube à essai fortement chauffé on laisse tomber un cristal d'azotate d'ammonium : c'est cette propriété qui avait fait donner à ce sel le nom de *nitrum flammans*. Il faudra donc *chauffer avec précaution*. — Enfin si le sel contenait des traces de chlorure d'ammonium, il y aurait encore formation d'un *peu de chlore* :

$$2.AzO^3AzH^4 + AzH^4Cl = 6H^2O + 5Az + Cl.$$

Aussi pour *obtenir le gaz pur*, il faut le laver par passage dans une *dissolution de potasse* qui arrête les traces de chlore et des composés de l'azote plus oxygénés que le bioxyde, puis dans une *dissolution de sulfate ferreux* qui arrête le bioxyde d'azote; on peut alors dessécher le gaz par un *agent desséchant quelconque*, et le recueillir sec sur le mercure. — On aurait pu enlever les traces d'oxygène par le contact du *phosphore* ou du pyrogallol potassique, mais *on ne peut pas séparer la petite quantité d'azote* : aussi, dans la préparation du gaz pur, il faut *avoir soin de chauffer à la plus basse température* compatible avec la décomposition du sel employé. — Pourtant on peut *obtenir du gaz protoxyde d'azote très pur* par un procédé général, qui consiste à recueillir le produit de l'évaporation spontanée du gaz liquéfié : les premières parties contiennent tout l'azote ou l'oxygène qui pouvaient être dissous, il suffit de laisser perdre ces premières parties.

BIOXYDE D'AZOTE, AzO,

ou *oxyde azotique*, appelé encore *nitrosyle* quand il entre en combinaison.

C'est un gaz *incolore*, mais se transformant immédiatement *à l'air* en une *vapeur rouge* à odeur spéciale, qu'il faut éviter de respirer ou de laisser en contact avec l'épiderme qu'elle jaunit. — Il a pour *densité* 1,039, et il est *difficile à liquéfier* car son point critique est vers $-93°,5$. — C'est alors un *liquide incolore* bouillant à $-153°,6$, et qui donne par évaporation dans le vide une *matière solide* fondant à $-167°$.

Le bioxyde d'azote est *peu soluble* dans l'eau : coefficient 0,03 environ, intermédiaire entre celui de l'azote et de l'oxygène.

Il est *décomposé complètement* en $Az + O$ par l'explosion d'une petite capsule de *fulminate de mercure*, avec dégagement de $21^{C},6$ par molécule. — Mais sa décomposition *par la chaleur* ou par *une série d'étincelles* est beaucoup plus complexe : en effet, s'il y a décomposition partielle du gaz *dès le rouge sombre* en protoxyde d'azote et oxygène d'après : $2AzO = Az^2O + O$, il y a immédiatement combinaison de l'oxygène libéré avec le bioxyde restant : $AzO + O = AzO^2$; d'où la *coloration rougeâtre* observée ; et comme le protoxyde d'azote est lui-même décomposable quoique un peu moins facilement, la réaction se traduira *au total* par $2AzO = AzO^2 + Az$. Et comme le peroxyde AzO^2 est décomposable au rouge vif seulement, il arrivera finalement que la décomposition complète du bioxyde en azote et en oxygène par la chaleur sera beaucoup plus difficile que celle du protoxyde.

I. — Propriétés chimiques du bioxyde d'azote.

Il se combine directement avec le chlore, le brome, l'oxygène pour donner des produits d'addition où il joue le *rôle de radical,* et alors il est capable de produire certaines *réactions de réduction* des composés oxygénés; mais d'autre part, il pourra entretenir la combustion de certains corps combustibles en produisant des *réactions d'oxydation* de ces corps : seulement il faudra en général une *température plus élevée pour produire la combustion vive* par le bioxyde que par le protoxyde, à cause de la formation de peroxyde d'azote beaucoup plus stable.

1° Avec l'*hydrogène* par mélange des 2 gaz, il n'y a pas de combustion par contact d'une flamme ou d'une étincelle; mais il y a combustion de l'hydrogène par le passage du mélange dans un tube de porcelaine *au rouge* :

$$AzO + H^2 = H^2O + Az;$$

tandis qu'il y aurait formation d'ammoniaque par passage du mélange sur de la *mousse de platine chauffée* :

$$AzO + 5H = AzH^3 + H^2O;$$

et il y aurait encore formation d'ammoniaque et en même temps d'hydroxylamine par un courant du gaz bioxyde d'azote dans le *mélange hydrogénant acide chlorhydrique-étain* :

$$AzO + 3H = AzH^2OH.$$

2° Le bioxyde d'azote entretient la *combustion vive* du *soufre* bouillant enflammé, du *phosphore* bien enflammé, du *charbon* fortement incandescent; du *potassium* chauffé, ou du *magnésium* enflammé, qu'on plonge dans un flacon du gaz;

Et il y a aussi combustion vive par mélange avec l'*acétylène,* avec le *cyanogène,* ou avec la *vapeur de sulfure de carbone,* quand on enflamme; en particulier le gaz bioxyde saturé de vapeur de sulfure de carbone brûle avec une flamme éblouissante très photogénique :

$$6.AzO + CS^2 = CO^2 + 2SO^2 + 3.Az^2.$$

3° Enfin le bioxyde d'azote produit aussi certaines *combustions lentes* qui le font passer à l'état de protoxyde; c'est ce qui arrive quand on le mélange avec le *gaz sulfhydrique*, ou qu'on le maintient au contact de la *limaille de fer ou de zinc* humide :

$$2.AzO + H^2S = Az^2O + H^2O + S\downarrow,$$
$$2.AzO + Zn = Az^2O + ZnO;$$

pourtant quand on chauffe du *sulfure de baryum* au contact du gaz bioxyde d'azote, il est réduit à l'état d'azote libre.

Telles sont les réactions de combustion vive ou lente que produit le bioxyde d'azote. Voici les *réactions d'addition* :

4° Il se combine directement au *chlore* quand on mélange les 2 gaz : il y a formation de *chlorure de nitrosyle*, AzOCl, *gaz orangé*, condensable en un *liquide rougeâtre* bouillant à —8°, décomposable par l'eau d'après : $AzOCl + H^2O = HCl + AzO^2H$, ce qui en fait le *chlorure de l'acide azoteux*; décomposable par les alcalis avec lesquels il donne naturellement un chlorure et un azotite. — Ce corps est un des produits qui se dégagent *de l'eau régale* d'après :

$$AzO^3H + 3HCl = AzOCl + 2H^2O + Cl^2\uparrow;$$

mais il n'a pas *d'action chlorurante* sur l'or ou le platine. — On connaît aussi un *bichlorure de nitrosyle* $AzOCl^2$ sous forme d'un *gaz jaune*, condensable en un *liquide rouge* bouillant à — 7°, et qui se dégage aussi de l'eau régale d'après :

$$AzO^3H + 3HCl = AzOCl^2\uparrow + 2H^2O + Cl\uparrow;$$

et comme il est *décomposable par la chaleur* en AzOCl + Cl, il concourt à l'action chlorurante sur l'or et le platine avec le chlore dégagé directement.

5° De même, il y a combinaison directe avec le *brome* refroidi qui absorbe le gaz bioxyde d'azote pour former le *bromure de nitrosyle* AzOBr, *liquide brun bouillant vers 0°* et décomposable par la chaleur en gaz bioxyde et en *bibromure de nitrosyle*, liquide aussi :

$$2.AzOBr = AzO + AzOBr^2.$$

6° Enfin il se combine directement avec l'*oxygène libre* pour former une *vapeur rouge*, d'où l'emploi de quelques bulles de bioxyde pour *reconnaître l'oxygène libre dans un mélange gazeux*, et pour *distinguer l'oxygène du protoxyde d'azote* par l'apparition d'une coloration rougeâtre : il y a *d'abord eu formation de gaz azoteux* Az^2O^3, car par agitation immédiate des 2 gaz avec un alcali concentré, il y a *formation uniquement d'azotite alcalin* quelles que soient les proportions de bioxyde d'azote et d'oxygène; et on utilisera la réaction précédente pour déterminer la composition en volumes de l'anhydride azoteux.

Si les gaz bioxyde et oxygène sont *secs*, et que l'oxygène soit *en excès*, le seul produit final sera bientôt le peroxyde d'azote AzO^2. — Mais *si l'oxygène est en défaut*, on obtient la *vapeur nitreuse*, mélange à proportion variable de bioxyde, de gaz azoteux et de vapeur de peroxyde, qui passant dans un tube à — 40° laisserait condenser le liquide azoteux Az^2O^3 mêlé seulement d'un peu de peroxyde d'azote AzO^2.

Tandis que *si les gaz sont humides* et que l'*oxygène soit en excès*, le seul produit final en présence de l'eau sera l'*acide azotique dissous*, car il y a décomposition du peroxyde par l'eau en acide azotique et en acide azoteux lequel sera bientôt oxydé à l'état d'acide azotique par l'oxygène en excès : cette réaction sera utilisée pour la détermination de la composition en volumes de l'anhydride azotique. — Si l'*oxygène était en défaut* il y aurait toujours formation de produits acides en présence de l'eau, d'où la réaction acide du bioxyde neutre au tournesol quand on y mélange un peu d'air.

Enfin si le mélange de bioxyde d'azote et d'oxygène de l'air se trouve en présence du *gaz sulfureux et d'un peu d'eau*, il y a formation de *cristaux blancs de sulfate acide de nitrosyle*, $SO^4H.AzO$, d'après :

$$2AzO + 3.O + 2.SO^2 + H^2O = 2.SO^4HAzO\downarrow,$$

lequel est *décomposable par l'eau* avec dégagement de vapeur rouge et formation d'acide sulfurique :

$$2.SO^4HAzO + H^2O = 2.SO^4H^2 + Az^2O^3\uparrow.$$

On voit donc que le bioxyde d'azote a la fonction chimique de *radical monovalent* dans le chlorure de nitrosyle AzOCl, le bromure de nitrosyle AzOBr, le sulfate acide de nitrosyle SO^4HAzO, et aussi dans l'acide azoteux AzO·OH ou hydrate de nitrosyle.

7° La tendance du bioxyde d'azote à s'unir à l'oxygène lui fait produire certaines réactions de *réduction de composés oxygénés*; ainsi un courant du gaz passant dans le *peroxyde d'azote* AzO^2 refroidi, qui est un liquide rougeâtre, le transforme en un liquide vert foncé, par suite de sa transformation partielle en anhydride azoteux bleu :

$$AzO + AzO^2 = Az^2O^3.$$

— Un courant du gaz passant dans de l'*acide azotique* incolore lui donne une coloration brune, ou jaune, ou verte, à mesure que la dilution de l'acide employé est plus grande; et cet acide azotique dégage alors quand on le chauffe de la vapeur de peroxyde d'azote en quantité proportionnelle à la quantité de gaz bioxyde absorbé; il y a eu réduction de l'acide azotique :

$$2.AzO^3H + AzO = 3AzO^2 + H^2O;$$

et le peroxyde d'azote est resté dissous dans l'acide assez concentré qu'il a coloré en brun ou en jaune; et il a été décomposé partiellement par l'eau de l'acide moyennement étendu, d'où la coloration verte observée; l'acide azotique trop étendu n'est pas réduit et ne se colore pas. — Enfin un courant du gaz passant sur du *bioxyde de baryum* chauffé le réduit avec incandescence et formation d'azotite :

$$BaO^2 + 2.AzO = (AzO^2)^2Ba.$$

8° Le bioxyde d'azote est absorbé par les *dissolutions vertes des sels ferreux*, qui se colorent en brun foncé; d'où un *caractère du bioxyde pur*, et *sa séparation d'avec le protoxyde et l'azote libre*. La quantité de bioxyde absorbé est proportionnelle à la masse du sel ferreux et non au volume de la dissolution; et le produit brun de l'absorption a dans le vide à température constante une *tension de dissociation* : il y a eu formation de *combinaisons définies*, soit $AzO,2SO^4Fe$, soit $2AzO,3SO^4Fe$, avec le sulfate ferreux, suivant la température; mais ces combinaisons sont *peu stables*, elles se décomposent quand on chauffe avec décoloration et dégagement de bioxyde pur; d'où le moyen d'*obtenir le bioxyde d'azote très pur*.

II. — Composition du bioxyde d'azote.

Il ne renferme que de l'azote et de l'oxygène car, par fixation d'oxygène, il donne du peroxyde d'azote, que l'on peut obtenir par synthèse directe à partir de l'azote et de l'oxygène et qui ne peut renfermer que ces 2 gaz. La composition ne peut plus être déterminée par l'analyse eudiométrique, mais on peut encore faire l'analyse *par le sulfure de baryum* chauffé : un volume connu du gaz mesuré à la pression atmosphérique dans un tube gradué sur la cuve à mercure et transvasé dans la cloche courbe pleine de mercure, laisse par le sulfure de baryum chauffé un résidu qui, mesuré à la pression atmosphérique par transvasement dans le tube gradué, occupe la moitié du volume primitif; on peut reconnaître que ce résidu est de l'azote pur : donc 2^{cme} *du gaz contiennent 1^{cme} d'azote.* — Alors l'application de la conservation de la masse à ces 2^{cme} du gaz donne pour déterminer le volume x^{cme} d'oxygène : $2ad = ad' + xad''$, d'où $x = \frac{2d - d'}{d''}$; on trouve ainsi $x = 1$. Donc *2 volumes du gaz sont formés par 1 volume d'azote et 1 volume d'oxygène*; d'où la *formule moléculaire* AzO.

III. — Caractères du bioxyde d'azote.

1° Il n'est *pas absorbé par la potasse*;

2° Il est *incolore*, mais il donne des *vapeurs rouges à l'air*;

3° Il est absorbé par les *dissolutions des sels ferreux* qui sont vertes et se colorent en brun foncé; aussi il y a coloration brune du *mélange sulfate ferreux-acide sulfurique* par le bioxyde, et par tous les composés de l'azote plus oxygénés que ce mélange réduit à l'état de bioxyde;

4° Il est absorbé par agitation avec le *brome*;

5° Il est absorbé par la *dissolution de permanganate de potassium*, qui est réduit par le bioxyde d'azote avec formation d'acide azotique.

IV. — Modes de formation et préparations du bioxyde d'azote.

Il se forme dans la *réduction de l'acide azotique*, ou des azotates en solution acide, par les métaux *argent, mercure ou cuivre*, ou par les oxydes au minimum d'oxydation comme l'*oxyde cuivreux*, ou par les sels au minimum comme les *sels ferreux*.

1° On le prépare habituellement dans le flacon à 2 tubulures contenant de la *tournure de cuivre*, sur laquelle on verse par le tube à entonnoir allant jusqu'au fond un *mélange à volumes égaux d'acide azotique et d'eau* :

$$8.AzO^3H + 3Cu = 3.(AzO^3)^2Cu + 4H^2O + 2AzO\uparrow;$$

on observera une coloration bleue du liquide due à la formation de l'azotate cuivrique, mais tout d'abord une coloration rougeâtre du gaz du flacon due à la fixation de l'oxygène de l'air du flacon sur les premières parties dégagées du bioxyde; le gaz azoteux ou la vapeur de peroxyde formés ainsi sont bientôt entraînés en même temps que l'azote de l'air, et le gaz du flacon se décolore peu à peu; on commence à *recueillir sur l'eau* quand le gaz du flacon est incolore. — Il ne faut *pas employer d'acide plus concentré*, car il y aurait une forte élévation de température et un *dégagement trop violent* d'un gaz qui renfermerait d'assez fortes proportions de protoxyde et même d'azote, dus à une réduction trop complète de l'acide azotique : il faudrait alors refroidir extérieurement le flacon par de l'eau et ajouter de l'eau par le tube à entonnoir. — Il ne faut pas non plus employer d'acide plus étendu, car la réaction serait trop lente, et il faudrait ajouter un peu d'acide par le tube à entonnoir pour l'accélérer.

En remplaçant le cuivre par le *mercure*, la réaction serait analogue avec dégagement d'un *gaz plus pur* et formation d'*azotate mercurique* $(AzO^3)^2Hg$ dont c'est la préparation.

Avec l'*argent* il conviendrait de chauffer légèrement en opérant alors *dans une cornue*, et il y aurait formation d'*azotate d'argent* dont c'est la préparation :

$$4AzO^3H + 3Ag = 3.AzO^3Ag + 2H^2O + AzO\uparrow.$$

— Et de même il faudrait chauffer légèrement si on employait l'*oxyde cuivreux* :

$$14AzO^3H + 3.Cu^2O = 6.(AzO^3)^2Cu + 7H^2O + 2AzO\uparrow.$$

On n'utilise guère que l'action sur le cuivre, et *pour avoir le gaz pur* on fait arriver les gaz dégagés dans un *ballon à dissolution de sulfate ferreux* qui absorbe uniquement le bioxyde; il suffira de chauffer le liquide noir du ballon pour en dégager le bioxyde pur, que l'on pourra dessécher par un *dessiccateur quelconque*.

2° On prépare *directement* le bioxyde d'azote pur, en faisant arriver *goutte à goutte* l'acide azotique, par un tube à entonnoir allant jusqu'au fond, dans un ballon chauffé contenant un *mélange de sulfate ferreux et d'acide sulfurique étendu*; chaque goutte d'acide produit une coloration brune qui disparaît rapidement, en même temps que le gaz pur se dégage par le tube à dégagement du ballon :

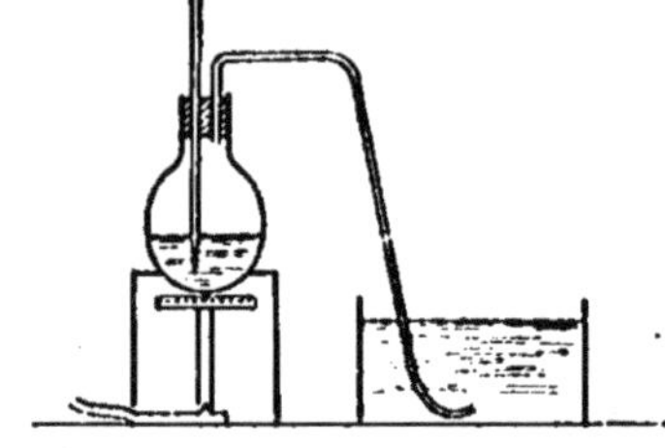

Fig. 111. — Préparation du bioxyde d'azote pur par le sulfate ferreux.

$$2AzO^3H + 6.SO^4Fe + 3.SO^4H^2 = 3.(SO^4)^3Fe^2 + 4H^2O + 2AzO\uparrow;$$

On peut naturellement remplacer l'acide azotique par une *dissolution d'azotate alcalin* qui au contact de l'acide sulfurique se comportera comme de l'acide azotique libre.

3° Enfin il y a encore dégagement de bioxyde pur, employé pour le *dosage des azotates*, en faisant arriver peu à peu la solution contenant l'azotate dans une *dissolution* chaude *de fer dans de l'acide chlorhydrique en excès* :

$$2.AzO^3K + 6.FeCl^2 + 8.HCl = 2KCl + 3.Fe^2Cl^6 + 4H^2O + 2AzO\uparrow;$$

du volume de bioxyde d'azote recueilli on déduira la masse d'acide azotique à l'état d'azotate dans la solution employée.

ANHYDRIDE AZOTEUX (Az^2O^3).

Il n'est pas connu à l'état pur et anhydre, et on ne connaît pas sa formule moléculaire : c'est un *liquide bleu foncé, bouillant vers 0°*, en donnant un *gaz rouge* toujours *partiellement* décomposé en $AzO + AzO^2$, la décomposition étant d'autant plus complète que la température est plus élevée; on comprend donc que la densité du gaz azoteux soit inconnue. — Le liquide bleu foncé est miscible avec *l'eau à 0°* par agitation, pour donner une *dissolution bleu clair*, où on admet la présence de l'*acide azoteux* (AzO^2H), défini seulement par ses sels les azotites. — La dissolution d'acide azoteux est *peu stable* quand elle est *concentrée*, car elle se décolore rapidement, surtout si on chauffe, en dégageant du bioxyde d'azote qui donne des vapeurs rouges à l'air :

$$3.AzO^2H = AzO^3H + H^2O + 2.AzO\uparrow;$$

tandis que la solution *très étendue*, ou à peine colorée, est *assez stable* à froid, et se décompose lentement quand on la chauffe.

I. — Propriétés chimiques de l'anhydride ou de l'acide azoteux.

Ce sont des *oxydants énergiques* par la facilité avec laquelle ils cèdent de l'oxygène pour donner du bioxyde de l'azote; mais ce sont aussi des *agents réducteurs* par la tendance qu'ils ont à s'oxyder pour donner de l'acide azotique; ce dernier caractère les distinguera de l'acide azotique qui ne possède que la fonction oxydante :

1° *Réactions d'oxydation*; sur l'*acide sulfhydrique* :

$$H^2S + Az^2O^3 = H^2O + S\downarrow + 2AzO\uparrow$$

d'abord, mais s'il y avait un excès d'acide sulfhydrique il y aurait une réaction ultérieure du bioxyde d'azote sur l'excès d'acide sulfhydrique;

Sur l'*acide sulfureux* qui est transformé immédiatement en acide sulfurique :

$$SO^3H^2 + Az^2O^3 = SO^4H^2 + 2AzO\uparrow;$$

tandis que par le *gaz sulfureux*, l'*oxygène* de l'air et *un peu* d'eau, il y aurait formation de sulfate acide de nitrosyle :

$$SO^2 + 2O + Az^2O^3 + H^2O = 2.SO^4HAzO\downarrow;$$

Sur le potassium de l'*iodure de potassium* qui brunit : $KI + Az^2O^3 = AzO^2K + I + AzO$, d'où la coloration bleu intense de l'iodure de potassium amidonné, par l'acide azoteux;

Enfin sur les *sels ferreux*, qui brunissent, par la dissolution du bioxyde formé dans l'excès du sel ferreux.

2° *Réactions de réduction* : sur les *sels d'or et de mercure* dont ils précipitent le métal;

Sur la dissolution rouge de *permanganate de potassium acidulée* qui se décolore, par suite de la formation d'un sel manganeux, réaction utilisée dans le *dosage des azotites*;

Enfin, mais plus difficilement, sur la dissolution jaune d'*anhydride chromique* CrO^3, qui vire au violet ou au vert par la formation d'un sel de sesquioxyde de chrome.

II. — Composition.

1° *En volumes* pour l'*anhydride azoteux*, par *synthèse* : le mélange de 4 volumes de *bioxyde d'azote* à la pression atmosphérique avec 1 volume d'*oxygène* à la même pression disparaît complètement par agitation immédiate avec de la *potasse concentrée*, et il y a formation uniquement d'azotite de potassium, où l'anhydride azoteux est uni à l'oxyde de potassium de la potasse; la réaction $2AzO + O = Az^2O^3$, nécessaire, détermine la composition de l'anhydride azoteux dont la *formule la plus simple* est Az^2O^3, mais cette formule n'est pas une formule moléculaire car on ne connaît pas le mode de condensation;

2° *En masses* pour l'*acide azoteux* qui est *monobasique*, par une *synthèse de l'azotate d'argent*, dont la composition exacte AzO^3Ag est supposée connue : une masse m d'azotite d'argent est transformée par les agents oxydants en une masse M d'azotate d'argent, donc par fixation de la masse $M - m$ d'oxygène; or si μ est la masse d'oxygène contenue dans la masse M d'azotate, on reconnaît ainsi que $\frac{M - m}{\mu} = \frac{1}{3}$. Comme la formule de l'azotate d'argent est AzO^3Ag, pour le former à partir de l'azotite il a fallu fixer sur lui $\frac{O^3}{3} = O$; donc la *formule de l'azotite d'argent* est AzO^2Ag; par suite la *formule à attribuer à l'acide azoteux* est AzO^2H. — Enfin si de 2 molécules d'azotite d'argent $2.AzO^2Ag$, on retranche une molécule d'oxyde d'argent Ag^2O, on trouve encore pour la *formule de l'anhydride azoteux* Az^2O^3.

III. — Modes de formation et production de l'anhydride azoteux.

1° Par le mélange de *bioxyde d'azote* avec de l'*oxygène en défaut*, que l'on fait passer dans un tube refroidi *à —40°*, on obtient dans le tube un *liquide bleu* qui est l'anhydride azoteux mêlé seulement d'un peu de peroxyde d'azote :

$$2AzO + O = Az^2O^3;$$

2° Par un courant de *bioxyde d'azote* dans du *peroxyde d'azote refroidi*, dont la couleur rougeâtre passe au vert foncé : $AzO + AzO^2 = Az^2O^3$; il suffira de *distiller* le produit obtenu, *à très basse température*, pour en séparer l'anhydride azoteux plus volatil, que l'on condensera dans un récipient fortement refroidi;

3° On montre *habituellement* l'anhydride azoteux dans les expériences de cours en versant goutte à goutte dans de *l'eau refroidie à 0°* par de la glace, du peroxyde d'azote refroidi qui se décompose en anhydride azoteux sous forme d'un liquide bleu qui tombe au fond, et en acide azotique qui reste dissous dans l'eau :

$$4AzO^2 + H^2O = Az^2O^3 \downarrow + 2.AzO^3H;$$

on pourrait purifier le liquide bleu par décantation et distillation à très basse température,

4° Il y a formation de *gaz azoteux* quand on mélange du *bioxyde d'azote* avec de l'*oxygène*, les gaz étant *secs*, mais le mélange contient bientôt du bioxyde d'azote, du gaz azoteux et du peroxyde d'azote si le bioxyde reste en excès, et uniquement du peroxyde d'azote avec un excès d'oxygène si c'est l'oxygène qui est en excès.

On *prépare la vapeur nitreuse* en chauffant l'*acide azotique* de *masse spécifique* $1^{gr}3$, soit avec de l'*anhydride arsénieux* ce qui est en même temps la *préparation de l'acide arsénique*, soit avec de l'*amidon* ce qui est la *préparation de l'acide oxalique* dans les laboratoires :

$$2.AzO^3H + As^2O^3 + 2H^2O = 2.AsO^4H^3 + Az^2O^3\uparrow;$$
$$18.AzO^3H + 2.C^6H^{10}O^5 = 6.C^2O^4H^2 + 13.H^2O + 9.Az^2O^3\uparrow;$$

on arrive facilement à trouver les coefficients de cette dernière formule en remarquant que l'amidon est un hydrate de carbone, et que l'acide oxalique peut être regardé comme un sesquioxyde de carbone hydraté. — Si l'acide azotique était plus faible, il y aurait surtout dégagement de bioxyde d'azote; tandis que si l'acide était plus concentré, on observerait surtout un dégagement de vapeur de peroxyde d'azote.

IV. — Propriétés et modes de formation des azotites.

Les azotites sont des sels *cristallisés, solubles*, sauf l'*azotite d'argent* qui l'est peu dans l'eau froide; décomposés par la *cha-*

leur; décomposés par l'*acide sulfurique* avec dégagement de vapeur rouge, ce qui est un *caractère des azotites solides*; ayant de nombreux modes de formation :

1° Formation des *azotites alcalin* en *neutralisant l'alcali*, soit au moyen de la solution bleue de l'acide, soit plutôt au moyen de la vapeur nitreuse, soit encore par agitation de l'alcali au contact de bioxyde d'azote dans lequel on fait arriver de l'air : il suffit de *faire cristalliser* le produit de la neutralisation.

Encore *par réduction des azotates alcalins* au moyen de l'action ménagée de la chaleur *au rouge* qui donne :

$$AzO^3Na = O\uparrow + AzO^2Na,$$

en évitant la décomposition de l'azotite lui-même :

$$2.AzO^2Na = Na^2O + Az^2\uparrow + 3O\uparrow.$$

La réduction est facilitée pratiquement par la présence de *sulfite neutre de sodium* qui s'empare de l'oxygène pour se transformer en sulfate neutre de sodium, soit surtout par agitation avec du *plomb* fondu qui se transforme en protoxyde de plomb. Dans tous les cas on extrait l'azotite alcalin en utilisant sa solubilité dans l'*alcool*, qui laisse insolubles les autres sels alcalins en général.

Il se produit encore un azotite alcalin par l'action réductrice ménagée de l'*amalgame de sodium* sur la *dissolution* de l'azotate alcalin :

$$AzO^3Na + 2Na + H^2O = 2.NaOH + AzO^2Na;$$

tandis que par action complète il y a formation d'*hypoazotite alcalin* $Az^2O^2Na^2$;

$$2.AzO^3Na + 4Na + 2H^2O = 4NaOH + Az^2O^2Na^2;$$

ce sel est précipitable du produit de la réaction par l'*alcool*, ou encore par l'*azotate d'argent* à l'état d'*hypoazotite d'argent* jaune $Az^2O^2Ag^2$. Cet hypoazotite d'argent traité par une quantité équivalente d'acide chlorhydrique étendu, qui s'empare de l'argent, donne par filtration la *dissolution d'acide hypoazoteux* ($Az^2O^2H^2$) *instable*, se décomposant en $Az^2O\uparrow + H^2O$, ayant des *propriétés réductrices* car elle décolore l'*eau d'iode* ou le *permanganate* de potassium;

2° Formation d'*azotite d'ammonium*, dans l'action d'une forte effluve sur l'azote humide; de l'oxygène sur l'ammoniaque en présence du platine incandescent; de l'ozone sur l'ammoniaque, etc.

3° Préparation de l'*azotite de baryum* par un courant rapide de *bioxyde d'azote* sur du *bioxyde de baryum* chauffé dans un tube de verre :

$$2AzO + BaO^2 = (AzO^2)^2Ba;$$

on dissout le produit dans l'eau; on précipite un peu de baryte libre, que renferme toujours le bioxyde industriel, par un courant de gaz carbonique; et on fait cristalliser le liquide clair.

4° Enfin *préparation générale des azotites* par double décomposition entre la *solution d'azotite de baryum* et la dissolution en quantité équivalente du *sulfate du métal* correspondant.

V. — Caractères de l'acide azoteux, ou des dissolutions acidulées des azotites alcalins :

1° Par l'*acide sulfhydrique*, dépôt blanc de soufre;

2° Par l'*azotate de baryum* : rien;

3° Par l'*azotate d'argent* : précipité blanc d'azotite de Ag, soluble dans beaucoup d'eau, surtout si on chauffe;

4° Par l'*iodure de potassium amidonné* : coloration bleue intense; ainsi si on a acidulé par l'acide chlorhydrique :

$$AzO^2Na + 2HCl + KI = AzO\uparrow + KCl + NaCl + H^2O + I\downarrow;$$

5° Par le *permanganate de potassium* : décoloration du permanganate.

VINGT-TROISIÈME LEÇON

Composés oxygénés de l'azote (*suite*). — Peroxyde d'azote. — Anhydride azotique et acide azotique.

PEROXYDE D'AZOTE, AzO^2.

Appelé autrefois *acide hypoazotique* ou encore *hypoazotide*, et qui porte le nom d'*azotyle* quand il joue le rôle de radical.

C'est un *liquide*, jaunâtre à basse température, rougeâtre vers 0°, *rouge brun* à la température ordinaire; *très caustique*, et tachant l'épiderme en jaune en le corrodant, comme tous les composés oxygénés de l'azote à partir du bioxyde; ayant une *odeur particulière*, et dont il faut éviter de respirer la vapeur. Il a pour masse spécifique $1^{gr},451$. Il *bout à 22°*, et par suite doit être conservé en tube scellé. Il peut en général rester en *surfusion* jusqu'à — 23°.

Mais quand il est bien débarrassé de traces d'eau, il peut être obtenu en *cristaux incolores fondant* à — 9°.

Sa vapeur est *rouge brun*, et produit un *spectre d'absorption* à raies nombreuses. Elle a pour densité 2,65 vers la température 30°; la *densité de vapeur* diminue rapidement quand la température s'élève pour atteindre la *valeur limite* 1,6 à partir de 130° seulement : d'où la masse moléculaire $28^{gr},8 \times 1,6 = 46^{gr}$ environ, répondant à la formule $AzO^2 = 14^{gr} + 32^{gr}$. — La vapeur est *décomposée par la chaleur* en Az + 2O, mais au *rouge vif seulement*, ce qui fait du peroxyde d'azote le composé oxygéné le plus stable de l'azote. La vapeur est aussi décomposée *par une série d'étincelles*, mais alors la réaction est *limitée* par la réaction inverse ou synthèse du peroxyde d'azote à partir des éléments libres.

I. — Propriétés chimiques du peroxyde d'azote.

Il a une *réaction acide* sur le tournesol, car il est *décomposé par l'eau*; ainsi quand on le verse dans de l'*eau à 0°*, on observe la formation du liquide azoteux bleu intense au fond de l'eau :

$$4.AzO^2 + H^2O = Az^2O^3{\downarrow} + 2.AzO^3H;$$

tandis que si on le verse dans de l'eau *au-dessus de la température 10°* pour laquelle le liquide azoteux n'existe plus, on observe un dégagement de vapeur rouge que l'on peut attribuer au bioxyde d'azote s'échappant dans l'atmosphère :

$$3AzO^2 + H^2O = AzO{\uparrow} + 2AzO^3H;$$

le peroxyde d'azote n'est donc *pas un anhydride*. — Il est *décomposé par les alcalis* en donnant un azotite et un azotate :

$$2AzO^2 + 2.KOH = AzO^2K + AzO^3K + H^2O,$$

comme le peroxyde de chlore donne un chlorite et un chlorate.

— Sa vapeur est encore décomposée par l'*oxyde de baryum* chauffé, qui devient incandescent :

$$4AzO^2 + 2.BaO = (AzO^2)^2Ba + (AzO^3)^2Ba.$$

Le peroxyde d'azote peut se *combiner directement* au chlore, au brome, à l'oxygène ; et il est capable aussi de produire des *réactions d'oxydation* sur les corps combustibles ; mais en général les combustions vives par le peroxyde d'azote exigeront le concours d'une température élevée ; ainsi :

1° Il peut produire à température élevée la combustion de l'*hydrogène*, du *phosphore*, du *charbon*, du *potassium*, du *magnésium*, et plus facilement l'oxydation de *divers produits carburés* : il agit rapidement et à froid sur l'*essence de térébenthine* ; il produit la combustion des *carbures saturés* par le contact d'une flamme, et avec explosion par la détonation d'une capsule de fulminate mercurique ; et de même avec le *sulfure de carbone*. D'où l'application à la *panclastite*, explosif liquide, préparé seulement au moment de l'usage, en mélangeant 10 parties de peroxyde d'azote avec 9 parties d'essence de pétrole (mélange de carbures saturés) et 1 partie de sulfure de carbone.

2° Il y a oxydation du *gaz chlorhydrique* passant dans le peroxyde d'azote refroidi à — 23°, avec formation de chlorure de nitrosyle, de chlorure d'azotyle et d'acide azotique :

$$3HCl + 4AzO^2 = AzO^2Cl + 2.AzOCl + AzO^3H + H^2O.$$

3° Il y a encore oxydation de l'*acide sulfhydrique* :

$$H^2S + AzO^2 = H^2O + S\downarrow + AzO,$$

avec réaction ultérieure du bioxyde formé sur l'excès d'acide sulfhydrique.

4° Il y a oxydation de l'*anhydride sulfureux* quand on mélange les 2 liquides refroidis vers — 10°, avec formation de *sulfate neutre de nitrosyle* en *cristaux blancs* décomposables par l'eau :

$$SO^2 + 2AzO^2 = SO^4(AzO)^2;$$

comme le peroxyde d'azote contient en général des traces d'eau, les cristaux blancs se trouvent en contact avec un liquide bleu qui est de l'anhydride azoteux.

5° Enfin la vapeur de peroxyde d'azote est décomposée par le *cuivre* au rouge :

$$2.Cu + AzO^2 = 2CuO + Az\uparrow,$$

réaction que l'on utilisera dans l'analyse du peroxyde d'azote Le *cuivre réduit* absorberait la vapeur de peroxyde à froid pour donner AzO^2Cu.

Mais le peroxyde d'azote peut donner des *réactions d'addition*.

1° Il se combine directement avec le *chlore* quand le mélange des deux corps gazeux passe dans un tube chauffé, et avec formation de *petites quantités seulement* de *chlorure d'azotyle* AzO^2Cl, *liquide incolore, bouillant à* 5°, décomposé par l'eau :

$$AzO^2Cl + H^2O = AzO^3H + HCl,$$

ce qui en fait le *chlorure de l'acide azotique*. Et alors on le prépare par un *procédé général de formation des chlorures d'acides* qui consiste à faire réagir l'oxychlorure de phosphore sur le sel de plomb ou d'argent de l'acide :

$$3.(AzO^3)^2Pb + 2.POCl^3 = (PO^4)^2Pb^3 + 6.AzO^2Cl\uparrow,$$

ce que l'on utilisera dans la préparation de l'anhydride azotique.

2° Le peroxyde d'azote s'unit encore directement au *brome* pour donner le *bromure d'azotyle* AzO^2Br. Il joue donc le rôle de *radical monovalent* dans le chlorure d'azotyle AzO^2Cl, le bromure d'azotyle AzO^2Br, et aussi dans l'acide azotique $AzO^2\text{-}OH$ ou hydrate d'azotyle.

3° Enfin il se combine directement à l'*oxygène* quand le mélange des deux corps gazeux est soumis à l'action de l'effluve; on observe la décoloration du mélange, par suite de la formation de *gaz perazotique* AzO^3 incolore mais instable, d'où la réapparition lente de la coloration après que l'on a cessé l'effluve :

$$AzO^2 + O \rightleftarrows AzO^3.$$

II. — Composition du peroxyde d'azote.

Il ne peut renfermer que de l'azote et de l'oxygène, car on peut obtenir sa vapeur par synthèse directe à partir des deux gaz secs sous l'action de l'étincelle.

On détermine sa composition par l'*analyse au moyen du*

cuivre chauffé, en mesurant le volume de l'azote dégagé. On remplit du liquide une petite ampoule tarée, que l'on ferme à la lampe, et dont on détermine l'augmentation de masse, pour avoir la *masse M de peroxyde d'azote* sur laquelle on va opérer. On introduit l'ampoule dans un long tube en verre peu fusible terminé par une pointe effilée ouverte A et contenant un peu de tournure ou de limaille de cuivre dans la région B; l'ampoule étant au point C du tube, on achève de le remplir de cuivre dans la région D, et on adapte par un bouchon un tube à dégagement s'ouvrant sur la cuve à mercure. On dispose le tube horizontalement au-dessus d'une grille à chauffage; par la pointe A on fait passer un courant de gaz carbonique sec pour chasser l'air et par suite l'azote du tube, et on ferme à la lampe la pointe A. On chauffe alors au rouge la région D, et on dispose au-dessus de l'orifice du tube à dégagement une éprouvette pleine de mercure où l'on a introduit un peu d'eau et un fragment de potasse pour absorber le gaz carbonique qui se dégagera. — On chauffe alors le point C du tube pour briser l'ampoule, et on cesse alors de chauffer ce point pour éviter une vaporisation trop rapide : la vapeur de peroxyde d'azote au contact du cuivre chauffé perd son oxygène retenu par le cuivre, et le gaz azote se rend dans l'éprouvette. Quand le dégagement cesse, on chauffe au rouge la totalité du tube à réduction pour décomposer les dernières traces de vapeur qui ont reflué dans la région B, puis on ouvre la pointe A et on fait passer de nouveau dans le tube un courant de gaz carbonique sec qui entraîne tout l'azote restant dans l'éprouvette. — Il suffit de lire le volume de l'azote recueilli dans des conditions de pression, de température et d'état hygrométrique connues pour avoir sa masse $m = Va_0 \frac{H-F}{76} \frac{1}{1+\alpha t} d$. Et puisque le corps ne renferme que de l'azote et de l'oxygène, la masse d'oxygène fixée par le cuivre est $M - m$.

Or on trouve $\frac{m}{M-m} = \frac{14}{32}$, d'où la formule AzO^2, *la plus simple*, à attribuer au peroxyde d'azote. Et comme $28^{gr},8 \times d = 14^{gr} + 32^{gr}$, quand d est la densité limite expérimentale, la *formule moléculaire* est bien AzO^2.

Cette méthode d'analyse par le cuivre pourra s'appliquer aussi à l'anhydride azotique, en en prenant une masse déterminée dans un petit flacon.

III. — Caractères de la vapeur de peroxyde d'azote.

1° Elle a une *coloration rouge* comparable à celle de la vapeur de brome et elle est *absorbée par la potasse* pour donner un produit incolore, comme la vapeur de brome;

2° Mais elle a une *odeur particulière* différente de celle du brome;

3° Et elle est absorbée par les *dissolutions de sels ferreux* qui prennent une coloration brun foncé, tandis que par le brome ce réactif prendrait tout au plus la coloration rouille des sels ferriques.

4° Enfin elle a les *propriétés réductrices de l'acide* azoteux, elle décolore le *permanganate de potassium*.

IV. — Modes de formation et préparation du peroxyde d'azote.

1° A l'état de vapeur rouge quand le mélange *sec* des *gaz azote et oxygène* est soumis à l'action d'une *série d'étincelles*, ou d'une *forte effluve*;

2° A l'état de liquide rougeâtre quand le mélange *sec* du gaz *bioxyde d'azote* avec l'*oxygène en excès* passe dans un tube fortement refroidi : le gaz bioxyde d'azote ne peut donc renfermer que de l'azote et de l'oxygène;

3° Surtout dans la *calcination des azotates métalliques secs*; il convient de signaler la calcination de l'azotate mercurique, de l'azotate cuivrique, de l'azotate de baryum, qui est un procédé de *préparation* de l'*oxyde mercurique* HgO, de l'*oxyde cuivrique* CuO, de l'*oxyde de baryum* ou baryte anhydre BaO d'après :

$$(AzO^3)^2M'' = M''O + O\uparrow + 2AzO^2\uparrow.$$

— Pour la *préparation de peroxyde d'azote*, dont il suffira de condenser la vapeur, on emploie habituellement la calcination de l'*azotate de plomb sec* :

$$(AzO^3)^2Pb = PbO + O\uparrow + 2AzO^2\curvearrowright.$$

On pulvérise les cristaux blancs d'azotate de plomb, qui sont anhydres, et on chauffe dans une capsule en porcelaine en agitant, pour chasser l'*eau d'interposition* des cristaux qui les fait décrépiter quand on les chauffe; on ne cesse de chauffer la capsule que quand on observe un abondant dégagement de vapeur rouge, indiquant le commencement de la décomposition.

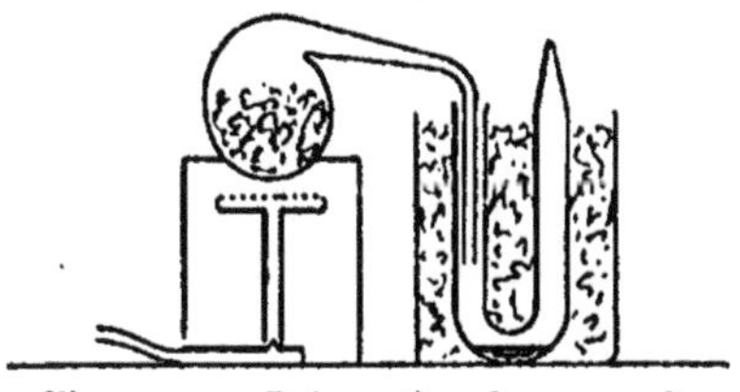

Fig. 112. — Préparation du peroxyde d'azote.

On introduit alors l'azotate bien sec dans une cornue en verre peu fusible dont on fait pénétrer le col recourbé dans un tube en U entouré d'un *mélange refrigérant*. On chauffe alors la cornue : on peut reconnaître le dégagement d'oxygène par la pointe effilée, ou l'intervalle entre le col et le tube; et la vapeur de peroxyde se condense dans la courbure du tube.

Si au milieu de l'opération, alors que les dernières traces d'eau du sel ont été sûrement entraînées par les gaz dégagés, on vient à changer le récipient, on peut obtenir dans le nouveau récipient bien refroidi des *cristaux incolores* de peroxyde d'azote.

ANHYDRIDE AZOTIQUE (Az^2O^5),

Appelé autrefois acide azotique anhydre.

C'est un corps *cristallisé incolore*, fondant vers 30° en un liquide *incolore* qui *bout à 47°*, mais avec un commencement de décomposition, d'après :

$$Az^2O^5 = 2AzO^2 + O;$$

et la *vapeur* est *décomposée* rapidement et *complètement* en peroxyde d'azote et oxygène dès la température 80° : on ne sait donc pas déterminer la densité de cette vapeur, et par suite on *ne connaît pas la formule moléculaire* de l'anhydride azotique; on lui attribue la formule la plus simple qu'il puisse avoir.

Il se dissout *dans l'eau* pour donner l'acide azotique étendu. On peut le conserver quelque temps à l'abri de l'humidité de l'air dans un vase scellé, mais il finit par se *décomposer spontanément*, toujours d'après le même mode en $2AzO^2 + O$.

Aussi c'est un *oxydant énergique* : du *charbon* allumé; du *potassium* ou du *sodium*, qui brûlent dans la vapeur d'anhydride azotique; du *zinc*, qui s'oxyde superficiellement; des *matières organiques*.

I. — Composition en volumes de l'anhydride azotique.

On la détermine par *synthèse* à partir du *bioxyde d'azote* et *de l'oxygène en excès* en *présence de l'eau*, qui dissoudra le produit formé à l'état d'acide azotique : un mélange de *4 volumes de bioxyde d'azote* avec *5 volumes d'oxygène* est effectué dans un tube étroit plein d'eau sur la cuve à eau sans que l'on agite; la vapeur rouge formée est absorbée rapidement par l'eau du tube, et on constate un *résidu gazeux de 2 volumes* que l'on reconnaît être de l'oxygène pur en excès; de plus on **constate** que l'eau du tube renferme *uniquement* de l'acide azotique, et pas d'acide azoteux car elle ne décolore pas le permanganate de potassium; donc la synthèse doit s'écrire :

$$2AzO + 5O + aq = O^2 + Az^2O^5{}_{\text{dissous}};$$

d'où la *formule la plus simple* à attribuer à l'anhydride azotique (Az^2O^5), mais qui n'est pas une formule moléculaire.

On pourrait vérifier le résultat par l'*analyse au moyen du cuivre chauffé*. On établira la composition en masses à propos de l'acide azotique.

II. — Préparations diverses de l'anhydride azotique.

1° Par la méthode de *Deville*, qui a servi à découvrir l'anhydride azotique, en faisant passer un courant très lent de *gaz chlore sec* sur de l'*azotate d'argent sec* chauffé *à 60°* au bain-marie dans un tube en U en relation avec un *récipient bien sec* refroidi, où cristallise l'anhydride :

$$2AzO^3Ag + Cl^2 = 2AgCl + O\uparrow + Az^2O^5\curvearrowright;$$

mais cette préparation est difficile, car il faut d'*abord chauffer à 90°* pour que la réaction commence à se produire, et à cette température on ne peut obtenir que du peroxyde d'azote :

$$2AzO^3Ag + Cl^2 = 2AgCl + O^2\uparrow + 2AzO^2\uparrow;$$

les diverses parties de l'appareil doivent être ajustées à l'émeri.

2° Encore par la *méthode générale de préparation des anhydrides de Gerhardt*, qui consiste à faire réagir le chlorure de l'acide correspondant sur le sel d'argent de l'acide ; dans le cas particulier, on fait passer *la vapeur de chlorure d'azotyle*, produite comme on l'a vu, sur de l'*azotate d'argent sec* chauffé *à 70°* :

$$AzO^3Ag + AzO^2Cl = AgCl + Az^2O^5 \curvearrowright ;$$

le rendement sera encore médiocre à cause de la température nécessaire à la réaction.

3° Actuellement on effectue plus facilement la préparation par la *méthode de Weber*, qui consiste à déshydrater l'*acide azotique* par l'*anhydride phosphorique* :

$$2AzO^3H + P^2O^5 = 2.PO^3H + Az^2O^5 \curvearrowright ,$$

en séparant l'anhydride azotique par *distillation*. Dans le *procédé de M. Berthelot*, à de l'acide azotique fumant refroidi par un *mélange réfrigérant*, on ajoute *peu à peu* en agitant un peu plus que la masse d'anhydride phosphorique, de manière à obtenir une masse gélatineuse ; on introduit rapidement cette matière dans une cornue tubulée que l'on ferme à l'émeri, et dont le col pénètre dans un flacon à l'émeri bien desséché et refroidi par de la *glace*. Il suffit de chauffer *doucement* la cornue, en évitant le boursouflement de la matière, pour obtenir des *cristaux* de l'anhydride dans le flacon, qu'on ferme alors immédiatement par le bouchon à l'émeri.

ACIDE AZOTIQUE, OU ACIDE NITRIQUE,

très connu aussi sous le nom *d'eau forte*, et ayant des propriétés différentes suivant la concentration.

1° Acide azotique *fumant*, AzO^3H, ou acide azotique *monohydraté*, $\frac{1}{2}(Az^2O^5,H^2O)$.

C'est un *liquide*, incolore quand il est débarrassé de peroxyde d'azote, mais en général *coloré en jaune* plus ou moins foncé suivant qu'il a dissous plus ou moins de peroxyde d'azote ; répandant à l'air humide des *fumées blanches* dangereuses à respirer ; ayant une *odeur nitreuse*, due surtout aux traces de peroxyde d'azote; *très corrosif*; ayant pour *masse spécifique* 1^{gr},52 répondant à *51° Baumé*; *solidifiable* vers — 50° par refroidissement dans le chlorure de méthyle évaporé par un courant d'air; *commençant à bouillir* à 86° mais avec *décomposition partielle* d'après :

$$2.AzO^3H = H^2O + O\uparrow + 2AzO^2\uparrow,$$

d'où les fumées rouges dégagées par le liquide bouillant.

Il est *décomposé partiellement par la lumière* d'après le même mode : le peroxyde d'azote formé reste dissous dans l'acide restant qui prend une coloration de plus en plus foncée; l'oxygène se dégage, et on peut constater sa présence au-dessus du liquide du flacon; l'acide qui reste est dilué par l'eau formée. Aussi il faut *conserver* l'acide azotique fumant *à l'abri de la lumière*.

Il y a aussi décomposition partielle par *distillation à la pression atmosphérique* avec dégagement d'oxygène et de vapeur de peroxyde d'azote, et dilution de l'acide restant par l'eau formée; aussi on peut observer avec un thermomètre une *élévation progressive du point d'ébullition* depuis 86° *jusqu'à 123°* où la température se fixe, ce qui indique qu'à ce moment l'acide restant est une espèce chimique; la réaction de la décomposition par la chaleur peut s'écrire :

$$8.AzO^3H = 2AzO^3H,3H^2O + 6.AzO^2\uparrow + 3.O\uparrow.$$

2° Acide azotique *quadrihydraté*, $2AzO^3H,3H^2O$ ou $Az^2O^5,4H^2O$:

C'est un liquide *incolore*, ou à peine coloré en jaune par des traces de peroxyde d'azote qui suffisent à lui donner l'*odeur nitreuse*, *non fumant*, encore *très corrosif*, et détruisant l'épiderme après l'avoir coloré en jaune par formation de trinitrophénol; ayant pour *masse spécifique 1^{gr},42* répondant à *40° B*; *bouillant à 123°* sans décomposition; *non décomposé par la lumière*.

Il se forme aussi par *distillation d'acide azotique très étendu* lequel perd alors surtout de l'eau, et dont le point d'ébullition s'élève progressivement de 100° environ à 123° où il se fixe : à partir de ce moment l'acide quadrihydraté qui reste distille sans altération. — Si on opérait la distillation de l'acide quadrihydraté *sous pression* de manière que la température fût supérieure à 123°, il y aurait encore un faible dégagement d'oxygène et de peroxyde d'azote, et une faible dilution de l'acide restant : la *composition* de cet hydrate d'acide azotique n'est donc *pas rigoureusement invariable*, pas plus que celle des hydrates chlorhydrique, bromhydrique ou iodhydrique.

C'est l'acide azotique quadrihydraté qui existe dans l'*acide azotique du commerce*, ou qui le constitue.

Si l'on fait passer la vapeur d'acide azotique dans un tube de porcelaine chauffé, il y a *décomposition par la chaleur*; *à 300°* :

$$2AzO^3H,3H^2O = 4H^2O + O\uparrow + 2AzO^2\uparrow;$$

il faudrait chauffer *au rouge vif* pour que la décomposition fût complète d'après :

$$2AzO^3H,3H^2O = 4H^2O + 5.O + Az^2.$$

I. — Propriétés chimiques de l'acide azotique.

C'est un *oxydant énergique* des *métalloïdes*, sauf le fluor, le chlore, le brome, l'oxygène et l'azote; de *tous les métaux*, sauf le platine et l'or; enfin d'un grand nombre de *composés hydrogénés* :

1° De l'*hydrogène*, quand un courant du gaz, entraînant de la vapeur d'acide azotique, passe soit dans un tube de porcelaine *au rouge* :

$$5H + AzO^3H = Az + 3.H^2O;$$

soit dans un tube de verre sur de la *mousse de platine* chauffée :

$$8H + AzO^3H = AzH^3 + 3H^2O;$$

et il y a aussi formation d'ammoniaque, en même temps que dégagement d'azote et de protoxyde d'azote, quand on introduit quelques gouttes d'acide azotique dans un *appareil producteur d'hydrogène*; mais alors l'ammoniaque est retenue par le liquide acide de l'appareil.

2° Il y a aussi oxydation de l'*acide fluorhydrique* par l'acide azotique, car le mélange des 2 acides attaque le silicium comme le ferait le fluor libre;

3° De l'*acide chlorhydrique*, dont le mélange avec la vapeur d'acide azotique, passant dans un tube chauffé au rouge, donne la réaction :

$$HCl + AzO^3H = AzO^2 + H^2O + Cl.$$

Tandis que le mélange des deux acides du commerce, employé pour dissoudre l'or et le platine qui sont transformés en chlorure d'or $AuCl^3$ ou en chlorure platinique $PtCl^4$, employé aussi comme oxydant des métalloïdes tel l'arsenic dont les chlorures sont décomposés par l'eau, ce mélange ou *eau régale* doit ses propriétés chlorurantes ou oxydantes surtout au chlore qui se

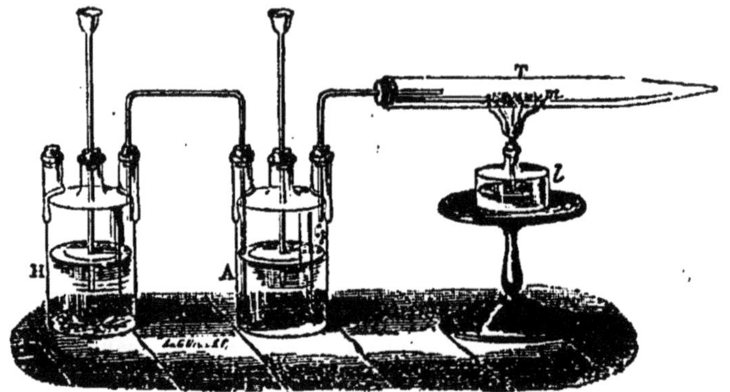

Fig. 113. — Formation d'ammoniaque par action de la mousse de platine sur l'hydrogène chargé d'acide azotique.

forme, et aussi au bichlorure de nitrosyle décomposable par la chaleur :

$$3HCl + AzO^3H = AzOCl + Cl^2 + 2H^2O;$$

et

$$3HCl + AzO^3H = AzOCl^2 + Cl + 2H^2O.$$

4° Il y a oxydation de l'*iode*, chauffé avec l'acide azotique concentré, et formation d'acide iodique IO^3H dont c'est une préparation;

5° De l'*acide iodhydrique* quand on verse quelques gouttes d'acide azotique concentré dans un flacon du gaz; on observe des vapeurs rouges de peroxyde d'azote et un dépôt noirâtre d'iode :

$$HI + AzO^3H = AzO^2 + H^2O + I\downarrow;$$

6° Du *soufre*, qui chauffé avec l'acide azotique concentré se transforme en acide sulfurique SO^4H^2;

7° De l'*acide sulfhydrique*, soit par un courant du gaz dans de l'acide azotique; soit par quelques gouttes d'acide azotique concentré introduites dans un flacon du gaz; on observe un dépôt blanc jaunâtre de soufre :

$$H^2S + 2AzO^3H = 2.AzO^2 + S\downarrow + 2H^2O;$$

il peut y avoir naturellement réduction du peroxyde d'azote par l'excès de gaz sulfhydrique, et le peroxyde d'azote ne pourra pas se former si l'on opère en présence de l'eau.

8° Il y a encore oxydation de l'*acide sulfureux* et des *acides du soufre moins oxygénés*, quand on chauffe leur dissolution avec de l'acide azotique :

$$3SO^3H^2 + 2.AzO^3H = 3.SO^4H^2 + 2AzO\uparrow + H^2O.$$

Tandis que par un courant de *gaz sulfureux* dans de l'acide azotique concentré, ou par quelques gouttes d'acide concentré dans un flacon du gaz sulfureux, il y a formation de sulfate acide de nitrosyle en cristaux blancs décomposables par l'eau :

$$SO^2 + AzO^3H = SO^4HAzO.$$

9° Il y a oxydation du *bioxyde d'azote* quand un courant de ce gaz passe dans de l'acide azotique suffisamment concentré, qui se colore par la formation de peroxyde d'azote :

$$AzO + 2AzO^3H = H^2O + 3.AzO^2;$$

10° Du *phosphore*, qui à l'état de phosphore *blanc* s'enflamme violemment par le contact de l'acide azotique concentré, et qui se dissout peu à peu quand on le chauffe avec de l'acide azotique étendu de son volume, pour passer à l'état d'acide orthophosphorique PO^4H^3 dont c'est une préparation. — Et il y a aussi formation d'acide orthophosphorique quand on chauffe avec de l'acide azotique les *acides hypophosphoreux* PO^2H^3 ou *phosphoreux* PO^3H^3, qui s'oxydent.

11° Il y a encore oxydation de l'*arsenic* quoique difficilement, ou de l'*anhydride arsénieux* As^2O^3, quand on les chauffe avec de l'acide azotique assez concentré ce qui est la préparation de l'acide arsénique AsO^4H^3 :

$$As^2O^3 + 2.AzO^3H + 2H^2O = 2.AsO^4H^3 + Az^2O^3\uparrow;$$

c'est aussi un mode de préparation de la vapeur nitreuse.

12° Il y a oxydation du *carbone amorphe* calciné et encore chaud, sur lequel on verse quelques gouttes d'acide azotique concentré, qui produit une vive combustion du charbon;

13° Enfin des *sels ferreux*; d'où la préparation du bioxyde d'azote pur, et la coloration brune que donnent l'acide azotique ou les azotates au *mélange sulfate ferreux-acide sulfurique.*

Il est à remarquer que toutes les *actions précédentes* sont en général d'*autant plus énergiques* que l'*acide* azotique est *plus concentré.*

Dans les *actions sur les métaux*, autres que le platine et l'or non attaqués, le métal passe à l'état d'azotate sauf pour l'étain si l'acide est assez concentré, et pour l'antimoine; et *la concentration de l'acide a une grande influence* sur la possibilité de la réaction, et sur la nature des produits de réduction de l'acide.

1° L'*acide fumant* n'a *en général* que *peu ou pas d'action à froid* sur les métaux, car les produits d'oxydation qui commenceraient à se former sont insolubles dans l'acide monohydraté. Pourtant l'acide fumant *attaque violemment les métaux très oxydables* : son action sur le *potassium* ou le *sodium* est dangereuse à produire; on montre son action sur le *zinc* en versant *quelques gouttes* de l'acide sur ce métal, et on observe un vif dégagement de vapeur rouge.

L'acide fumant n'a *pas d'action sur le fer* cependant assez oxydable, ni sur le *nickel* ou le *cobalt*; et de plus ces métaux, si facilement attaqués par l'acide étendu, *ne sont plus attaqués par l'acide étendu* quand ils ont été au contact de l'acide fumant par *toute leur surface* : c'est le phénomène de la *passivité*, que l'on explique par la production de traces d'oxyde insoluble dans l'acide azotique, ou la production d'une mince couche d'oxyde azotique adhérente au métal poli, protégeant le métal contre le contact de l'acide étendu; et en effet il y a attaque rapide du métal passif par l'acide étendu, quand on frotte sa surface avec un corps inerte qui désagrège la couche protectrice; on fait encore cesser l'état passif du métal en le touchant avec un métal moins oxydable, comme le cuivre.

2° L'*acide du commerce étendu de son volume d'eau*, ou *eau-forte*, attaque les métaux avec dégagement d'un *mélange de bioxyde d'azote*, de *protoxyde d'azote* et *d'azote libre*, en *proportions variables* avec la nature du métal et la température :

L'*argent*, attaqué rapidement si l'on chauffe, le *mercure* et le *cuivre*, attaqués rapidement à froid, dégagent surtout du *bioxyde d'azote* dont c'est la préparation, d'après l'équation générale :

$$3.M'' + 8.AzO^3H = 3.(AzO^3)^2M'' + 4H^2O + 2AzO\uparrow;$$

mais si la température s'élève, surtout dans le cas du cuivre, il se dégage aussi du protoxyde d'azote et de l'azote.

Le *fer* et le *zinc*, plus oxydables, sont attaqués rapidement à froid avec dégagement de *protoxyde d'azote* surtout, et presque uniquement si l'acide est étendu d'un nouveau volume d'eau, ce qui est un mode de production du protoxyde d'azote :

$$4Zn + 10.AzO^3H = 4(AzO^3)^2Zn + 5H^2O + Az^2O\uparrow.$$

Le *potassium* et le *sodium*, très oxydables, dégageraient surtout de l'*azote* :

$$10.K + 12.AzO^3H = 10.AzO^3K + 6H^2O + Az^2\uparrow.$$

Enfin l'*antimoine* et l'*étain* par l'eau-forte passent à l'état de poudres blanches : l'*anhydride antimonique* Sb^2O^5 et l'*acide métastannique* $(SnO^2)^5,H^2O$ ou $Sn^5O^{11}H^2$, avec dégagement de bioxyde d'azote, de protoxyde et d'azote.

3° L'acide du commerce *étendu d'au moins 10 fois son volume d'eau*, ou *acide azotique très étendu*, n'a pas d'action sur l'argent, le mercure ou le cuivre; mais il agit encore sur les *métaux attaquables par les autres acides étendus*, comme le fer ou le zinc, avec cette différence qu'il n'y a *jamais dégagement d'hydrogène*. Le *zinc* se dissout avec dégagement de protoxyde d'azote et d'azote et formation d'*ammoniaque* retenue par l'acide :

$$5.Zn + 12.AzO^3H = 5.(AzO^3)^2Zn + 6H^2O + Az^2\uparrow;$$
$$4.Zn + 10.AzO^3H = 4(AzO^3)^2Zn + 3H^2O + AzO^3AzH^4.$$

L'*étain* se *dissout* dans l'acide azotique très étendu à l'état d'azotate stanneux, mais *sans dégagement gazeux*, avec formation d'ammoniaque et d'*hydroxylamine* à l'état d'azotates.

Enfin l'acide azotique produit des actions *très diverses* sur les *matières organiques* :

1° La *corrosion* des *matières animales* comme l'épiderme, la *laine*, la *soie*; cette destruction de la matière animale est précédée d'une *coloration jaune* attribuée à la formation d'acide picrique aux dépens de la matière animale. D'où la *recherche de traces d'acide azotique libre* dans un liquide, par ébullition avec quelques brins de soie blanche qui prennent une coloration jaune. L'acide azotique concentré exerce une action violente sur l'*essence de térébenthine*.

2° Il y a *décoloration* rapide de la *teinture d'indigo* quand on chauffe, ce qui est un *caractère de l'acide azotique et des azotates*. Et il faudra employer de l'*acide sulfurique bien dépourvu de composés nitrés* pour dissoudre l'indigo.

3° Il y a *oxydation* de l'*amidon* ou du *sucre* par l'acide azotique étendu, quand on chauffe, avec formation d'acide oxalique et dégagement de vapeurs nitreuses, dont c'est une préparation.

L'acide fumant agissant à froid sur l'amidon le transformerait en un produit explosif.

4° Il y a *substitution* du radical azotyle à l'hydrogène de la matière organique par action de l'acide azotique concentré;

Sur la *benzine* C^6H^6 pour donner la *nitrobenzine* ou essence de mirbane, *huile jaunâtre, insoluble*, à *odeur* d'essence d'amandes amères :

$$C^6H^6 + AzO^3H = C^6H^5AzO^2 + H^2O;$$

le produit précipité par l'eau et soumis à l'action du *mélange acide chlorhydrique-fer* se transformera en *aniline* ou phénylamine $AzH^2C^6H^5$:

$$C^6H^5AzO^2 + 3H^2 = C^6H^5AzH^2 + 2.H^2O;$$

Sur le *phénol* ou oxybenzine C^6H^6O, ou acide phénique C^6H^5OH, en cristaux blancs, pour donner le trinitrophénol ou *acide picrique* en cristaux jaune pâle :

$$C^6H^5OH + 3.AzO^3H = C^6H^2(AzO^2)^3OH + 3H^2O;$$

Sur la *cellulose*, sous forme de coton, de papier, de pâte de bois, etc., pour donner *plusieurs nitrocelluloses* : le fulmicoton ou *coton-poudre*; le *coton-poudre soluble* dans le mélange alcool-éther, pour donner le *collodion*, qui filé et dénitrifié fournira la *soie artificielle*.

5° Enfin il y a *éthérification* de la *glycérine* ou alcool à fonction alcool trois fois répétée, dérivant du 3e carbure saturé C^3H^8 par substitution de 3 oxhydryles à 3 atomes d'hydrogène, avec formation de *trinitroglycérine* ou azotate de glycéryle, qui est une huile jaunâtre :

$$C^3H^5(OH)^3 + 3.AzO^3H = C^3H^5(AzO^3)^3 + 3H^2O,$$

réaction comparable à la formation de l'azotate neutre de bismuth à partir de l'hydrate de bismuth $Bi(OH)^3$, la glycérine pouvant être regardée comme l'hydrate du radical trivalent glycéryle C^3H^5.

6° Par action de l'alcool sur une dissolution de mercure dans l'acide azotique, chauffée au bain-marie, il y a dépôt par refroidissement de fulminate mercurique, $CHgAzO^2CAz$.

II. — Composition en masses de l'acide azotique, et masse atomique exacte de l'azote.

1° Par la *synthèse et l'analyse de l'azotate d'argent*, on va déterminer la masse atomique de l'azote, la formule à attribuer à l'acide azotique monobasique, et la composition de l'anhydride azotique : dans un ballon taré on chauffe vers 60° une masse connue *m d'argent pur* avec un excès d'acide azotique pur pour le dissoudre à l'état d'azotate d'argent; on évapore à sec, et on chauffe jusqu'à fusion de l'azotate d'argent, qui fond sans décomposition, en ayant soin de faire passer dans le ballon un courant d'air pur et sec pour entraîner les dernières traces d'acide azotique et d'eau : l'augmentation de masse du ballon donne la masse M *d'azotate d'argent* formé. — On va décomposer cette masse M d'azotate d'argent par la chaleur en présence du cuivre chauffé au rouge qui retiendra tout l'oxygène, dans un appareil analogue à celui qui a servi à faire l'analyse du peroxyde d'azote; on recueille tout l'azote dégagé, et par la mesure du volume de l'azote dans des conditions déterminées on pourra calculer la masse *m' de l'azote dégagé*; d'où la *masse atomique exacte de l'azote* x par $\frac{x}{Ag} = \frac{m'}{m}$, puisque Ag est connu exactement, d'après l'application de la méthode générale de détermination des masses atomiques données dans les généralités; on trouve $x = Az = 14,0$. — Alors la *masse d'oxygène* retenue par le cuivre est $M - m - m'$; on trouve que $\frac{M - m - m'}{m} = \frac{3.O}{Ag}$; donc la *formule moléculaire de l'azotate d'argent* est AzO^3Ag, et par suite la *formule à attribuer à l'acide azotique* est AzO^3H.

D'autre part la calcination d'une *masse connue d'oxyde d'argent pur et sec*, dégageant de l'oxygène pur et laissant une masse connue d'argent, conduit à attribuer à l'oxyde d'argent la *formule* Ag^2O. D'où la *composition de l'anhydride azotique*, obtenue en retranchant de 2 molécules d'azotate d'argent renfermant 2 atomes d'argent, la molécule d'oxyde d'argent renfermant aussi 2 atomes d'argent et unie à l'anhydride dans l'azotate :

$$2AzO^3Ag - Ag^2O = Az^2O^5.$$

2° Alors *dosage de la masse d'eau unie à l'anhydride dans un acide azotique donné*, par une *méthode générale* de dosage de l'eau unie à l'anhydride dans un oxacide qui consiste à *chauffer une masse donnée de l'acide* avec un *excès d'un oxyde basique sec capable de former* avec l'acide *un sel anhydre* : l'augmentation de masse de l'oxyde sera la masse d'anhydride retenue pour la formation du sel anhydre. Dans une capsule en porcelaine contenant un excès d'*oxyde de plomb sec* et *tarée*, on verse la *masse* M_1 *d'acide azotique* et les eaux de lavage du vase qui la contenait; puis on évapore *avec précaution* pour chasser l'eau et obtenir l'azotate de plomb sec sans décomposition, ce qui est assez difficile, car ce sel est facilement décomposable par la chaleur : l'invariabilité de la masse de la capsule à partir d'un certain moment montre que la dessiccation est parfaite. On détermine alors l'augmentation de masse m_1 de la capsule. D'où la *masse* m_1 *d'anhydride* azotique uni à la masse $M_1 - m_1$ d'eau dans la masse M_1 d'acide azotique.

III. — État naturel, modes de formation, et préparations de l'acide azotique.

Il existe à l'état de traces *dans l'air*, en partie sous forme d'azotate d'ammonium que l'on retrouve dans l'eau de pluie. — Plus abondamment à *l'état d'azotates* de potassium, de sodium, de magnésium et de calcium, *dans le sol arable*; et ces azotates forment des efflorescences blanches à la surface des terres fertiles pendant la saison sèche aux Indes ou en Égypte; puis *dans les murs humides*, qui se recouvrent aussi d'efflorescences des mêmes azotates : c'est de là que vient le nom de *salpêtre* donné à l'azotate de potassium, que l'on appelle encore *nitre*. — Enfin surtout à l'état d'*azotate de sodium*, formant d'abondants gisements au Pérou, et contenant un peu d'iodure et d'iodate de sodium.

Il y a formation d'acide azotique dans des circonstances très nombreuses.

1° A partir du *mélange humide d'azote et d'oxygène*, soit par contact avec une *spirale de platine au rouge*; soit par l'action d'une *série d'étincelles* comme dans la synthèse de *Cavendish*, où le mélange était placé dans un tube en V retourné sur 2 cuves à mercure et en contact avec un peu d'eau de chaux, le mercure de l'une des cuves étant relié au sol, et le mercure de l'autre cuve étant mis en relation avec une machine à étincelles : le passage des étincelles entre les surfaces libres dans les 2 branches amenait la disparition progressive du mélange gazeux avec formation d'azotate de calcium; soit par l'*action de l'effluve* sur le mélange, tantôt par formation de gaz perazotique décomposable par l'humidité, tantôt par fixation de la vapeur d'eau sur l'azote avec formation d'azotite d'ammonium oxydable par l'oxygène; soit enfin par *action d'une combustion vive* se produisant en présence du mélange gazeux, comme dans la synthèse de l'eau de Lavoisier où la formation de 160^{gr} d'eau, par la combustion de l'hydrogène au moyen de l'oxygène mêlé d'un peu d'azote, permit de recueillir 3^{gr} d'azotate de potassium par neutralisation; comme encore dans l'action d'une étincelle sur le mélange tonnant humide additionné du mélange d'azote et d'oxygène, qui peut disparaître complètement à l'état d'acide azotique;

2° Par le *mélange de bioxyde d'azote* et *d'oxygène en excès* abandonné dans un tube étroit sur l'eau, ce qui est la *synthèse de Gay-Lussac*, utilisée pour déterminer la composition en volumes de l'anhydride azotique;

3° Par *action sur l'ammoniaque*, soit de *l'ozone* de l'air qui donne de l'azotite d'ammonium oxydable par l'oxygène de l'air; soit de l'*oxygène en présence de la mousse de platine* chauffée, d'où l'*ancienne théorie de la nitrification* par le contact des corps poreux comme les matériaux du sol ou des murs; soit surtout par fixation de l'oxygène de l'air sur l'ammoniaque formée dans la fermentation spontanée des matières organiques azotées, cette action de l'oxygène sur l'ammoniaque se produisant sous l'action du *ferment nitreux* qui donnera des azotites avec le concours des bases existant dans le sol à l'état de sels, puis sous l'action du *ferment nitrique* qui transforme les azotites en azotates, ce qui est la *théorie actuelle de la nitrification* par les ferments organisés ;

4° Enfin il y a mise en liberté d'acide azotique quand on chauffe un *azotate alcalin* avec de l'*acide sulfurique.*

Pour *préparer l'acide azotique fumant* dans les laboratoires, on introduit l'*azotate de potassium sec* dans une cornue en verre; on verse par un long tube à entonnoir allant jusqu'au fond de l'*acide sulfurique à 66° B*, et on retire le tube en ayant

Fig. 114. — Préparation de l'acide azotique fumant.

soin de ne pas mouiller d'acide sulfurique les parois du col de la cornue; on fait pénétrer le col de la cornue dans un ballon récipient refroidi extérieurement par de l'eau, et on chauffe la cornue; l'acide azotique distille et se condense dans le récipient :

$$AzO^3K + SO^4H^2 = SO^4HK + AzO^3H \nearrow.$$

Mais l'opération se produit avec *quelques particularités* : après liquéfaction du sel blanc au contact de l'acide sulfurique chauffé, on observe une *faible coloration rougeâtre* du gaz de la cornue ; ceci est dû à la déshydratation des premières fractions d'acide azotique libéré, par l'acide sulfurique concentré encore libre en majeure partie, et la décomposition par la chaleur de la vapeur d'anhydride azotique ainsi formée avec production de peroxyde d'azote en vapeur rougeâtre. Puis on observe une *décoloration* du gaz de la cornue : c'est que la vapeur d'acide azotique qui maintenant distille est incolore, et entraîne la vapeur rouge que l'acide condensé dans le récipient va dissoudre en se colorant. Enfin il y a *réapparition de la coloration* rougeâtre avec épaississement de la matière de la cornue : c'est que la température de la cornue s'est suffisamment élevée pour que les dernières fractions de l'acide azotique qui se dégagent soient décomposées en $2AzO^2 + O + H^2O$, ce qui indique qu'il faut mettre fin à l'opération.

Si on avait employé de l'acide sulfurique *étendu*, n'ayant pas d'action déshydratante, la matière de la cornue restant fluide, on n'aurait pas observé ces particularités ; mais on n'aurait obtenu dans le récipient que de l'acide azotique étendu.

Si on avait employé *deux molécules d'azotate* pour une molécule d'acide sulfurique concentré, le résidu de l'opération faite à température modérée aurait été constitué par $AzO^3K + SO^4HK$, et alors en chauffant à une température élevée il se produirait une *2e réaction* :

$$AzO^3K + SO^4HK = SO^4K^2 + AzO^3H\uparrow;$$

mais à la température nécessaire, l'acide azotique libéré aurait été décomposé complètement en $2AzO^2\uparrow + O\uparrow + H^2O$, et par suite on n'aurait pas obtenu une quantité plus grande d'acide azotique fumant.

On a employé l'azotate de potassium, car ce sel, entrant dans la préparation de la poudre noire, existe très pur dans le commerce ; et si l'acide sulfurique employé est lui-même pur, la *seule impureté de l'acide fumant* est le *peroxyde d'azote dissous* qui d'ailleurs est utile en général pour les réactions de l'acide fumant, avec des traces peut-être d'acide sulfurique entraîné.

IV. — Préparation industrielle de l'acide azotique, impuretés et purification de l'acide du commerce.

On va chauffer l'*azotate de sodium* avec de l'*acide sulfurique à 60° B*. On emploie l'azotate de sodium, car il est *moins coûteux* que le salpêtre ; il fournit à masse égale une *quantité plus grande d'acide azotique* : en effet sa molécule $AzO^3Na = 14 + 48 + 23 = 85^{gr}$, fournit une molécule d'acide azotique AzO^3H, comme la molécule $AzO^3K = 14 + 48 + 39 = 101^{gr}$ de salpêtre ; enfin on emploiera pour décomposer 2 molécules d'azotate de sodium $\frac{3}{2}$ molécules seulement d'acide sulfurique, car la deuxième réaction se produit *à température moins élevée* qu'avec l'azotate de potassium, et elle fournit de l'acide azotique par son utilisation partielle, d'où une *économie dans l'acide sulfurique* nécessaire à la décomposition. On emploie l'acide sulfurique à 60° B seulement pour rendre possible cette deuxième réaction, et aussi parce qu'il est *moins coûteux* que l'acide à 66° B. — Mais alors l'acide azotique du commerce sera *moins pur*, à cause des impuretés de l'azotate de sodium naturel, et *moins concentré* : 40° B ou même 36° B au lieu de 51° B que marque l'acide fumant.

Les réactions sont effectuées dans des appareils en *fonte*, non

Fig. 115. — Préparation industrielle de l'acide azotique.

attaqués par l'acide sulfurique assez concentré, ni par la *vapeur* d'acide azotique; mais il faudra protéger la fonte des appareils contre le contact de l'acide azotique condensé. — On emploie, soit des *chaudières*, où on introduit les matières par un large orifice à la partie supérieure, qu'on chauffe en bas par un foyer et latéralement par les gaz de ce foyer, après avoir fermé l'orifice par un couvercle qu'on lute avec de l'argile : la vapeur d'acide azotique se dégage par une tubulure de fonte protégée intérieurement par un *tube de grès*. — Soit des *cylindres* horizontaux chauffés par un foyer, fermés en avant par un disque de grès portant en bas une porte de chargement, au milieu un entonnoir pour l'introduction de l'acide sulfurique et que l'on fermera pendant la distillation, enfin en haut le tube à dégagement en grès.

La condensation s'effectue par une allonge en verre dans une *série de bonbonnes en grès*, reliées par des tubes de grès : les premières sont vides et donneront de l'acide à 40° B; les suivantes contiennent de l'acide étendu provenant des opérations précédentes et qui s'enrichira jusqu'à marquer 36° B; les dernières contiennent de l'eau, et fourniront un acide très étendu qui servira ultérieurement.

2° L'acide azotique du commerce est *impur*, car il a souvent une *faible coloration* jaunâtre, et il laisse toujours un *résidu* quand on l'évapore *sur une lame de platine*. Les *impuretés* qu'on peut y trouver sont de la *vapeur nitreuse* qui donne la coloration et l'odeur; de l'*acide sulfurique* entraîné; de l'*acide chlorhydrique* provenant des chlorures de l'azotate naturel; et alors des

Fig. 116. — Préparation industrielle de l'acide azotique.

traces de chlorure ferrique Fe^2Cl^6 provenant de l'action du gaz chlorhydrique sur la fonte des appareils en présence de l'acide azotique oxydant. On pourrait aussi trouver des *traces d'iode* provenant des iodures et des iodates de l'azotate naturel; et aussi les *sels de l'eau* ordinaire, si on en a employé pour la condensation de l'acide.

On peut *reconnaître* les traces d'iode libre à la coloration bleue que donnerait l'acide dans l'*empoi d'amidon*; la *vapeur nitreuse* à la coloration bleue que l'acide donne à l'*iodure de potassium amidonné*; l'acide sulfurique au précipité blanc que donne l'acide *très étendu d'eau distillée* quand on y ajoute un peu d'*azotate de baryum*; l'acide chlorhydrique au précipité blanc que donne l'acide *très étendu*, avec l'azotate d'argent; enfin le fer à la coloration noirâtre que donne le *sulfure d'ammonium* à l'acide neutralisé par de l'*ammoniaque*.

On obtient industriellement un acide azotique *plus pur* en intercalant entre les appareils à production et les appareils à condensation, un *récipient maintenu à la température 80°* où se condense cet acide plus pur, car alors le peroxyde d'azote et le gaz chlorhydrique échappent en majeure partie à la condensation dans ce récipient chauffé. — Pour *purifier pratiquement* l'acide azotique, on y ajoute 0,02 d'*azotate de plomb* qui précipite à la fois l'acide sulfurique et l'acide chlorhydrique à l'état de sulfate de plomb et de chlorure de plomb insolubles; puis on *distille* pour séparer ces sels, les traces de chlorure ferrique, les sels de l'eau, l'azotate de plomb en excès. — Il ne reste pratiquement dans l'acide recueilli que de la vapeur nitreuse, dont on peut se débarrasser par l'opération du *blanchiment* de l'acide, qui consiste à chauffer l'acide *vers 80°* en y faisant passer si l'on veut un *courant de gaz* carbonique ou d'air qui puisse entraîner la vapeur de peroxyde d'azote.

Fig. 117. — Blanchiment de l'acide azotique.

V. — Usages de l'acide azotique, très importants :

1° Dans la *préparation des azotates* métalliques par action de l'acide soit sur le *métal* : argent, mercure ou cuivre; soit sur l'*oxyde* : oxyde de plomb PbO, oxyde de zinc ZnO; soit sur le *carbonate* : carbonate de calcium, carbonate de baryum; soit enfin sur le *sulfure* : sulfure de baryum, auquel cas l'acide doit être étendu;

2° Dans la *gravure sur cuivre* ou sur acier;

3° Dans la *fabrication de l'acide sulfurique*, de l'*acide arsénique* et de la *vapeur nitreuse*;

4° Surtout dans la *fabrication des explosifs* : l'acide picrique qui constitue la *mélinite* et qui donne les *picrates*; la nitroglycérine qui est la base des diverses variétés de *dynamite*; le *coton-poudre* employé seul ou associé à la nitroglycérine; le *nitrate d'ammonium* associé aux explosifs des mines; le *fulminate mercurique*;

5° Enfin dans la *fabrication des colorants artificiels* par la production de nitrobenzine, et de la vapeur nitreuse ou des azotites.

VI. — Propriétés des azotates.

1° Les deux acides azotiques ne donnent qu'une *catégorie de sels*, leur molécule en solution étendue renferme la même dissolution d'acide azotique, qui, par neutralisation au moyen d'une molécule de soude étendue dégage 13C,7 sans que l'addition d'une nouvelle molécule de soude dégage de la chaleur ; donc *un seul acide azotique en dissolution*, et cet acide est *monobasique* par une *seule fonction acide fort* caractérisée par un dégagement de chaleur de plus de 13C par neutralisation. Les azotates alcalins et l'azotate d'argent sont neutres aux réactifs colorés.

Les azotates sont en *général solubles*, pourtant l'azotate neutre de bismuth est décomposé par l'eau.

Tous les azotates sont *décomposés par la chaleur* : les *azotates alcalins* sont décomposés d'abord en azotites et oxygène, puis à température très élevée en azote, oxygène et oxyde alcalin M'^2O ; les *azotates de baryum*, de *plomb*, de *cuivre*, de *mercure*, sont facilement décomposés en peroxyde d'azote, oxygène et oxydes $M''O$; l'*azotate d'argent* en peroxyde d'azote, oxygène, et argent libre. Aussi les azotates produisent une *déflagration* quand on les projette sur du *charbon rouge*, qui brûle vivement à leur contact, ce qui est un *1er caractère des azotates solides* commun avec les chlorates ; avec l'azotate de potassium, il se produit les 2 réactions limites suivantes, selon que l'azotate est en excès ou non :

$$4AzO^3K + 5.C = 2.CO^3K^2 + 2Az^2\uparrow + 3CO^2\uparrow,$$
$$2AzO^3K + 4C = CO^3K^2 + Az^2\uparrow + 3CO\uparrow ;$$

le bruit de fusée que l'on perçoit dans la réaction est dû au dégagement subit des gaz formés, et cette action est utilisée dans la combustion de la poudre ordinaire ou *poudre noire*.

2° *Autres caractères des azotates solides :*

Par l'*acide sulfurique*, en chauffant, dégagement de *fumées blanches* d'acide azotique, différence avec les azotites qui donnent une vapeur rouge.

Par l'*acide sulfurique et le cuivre*, en chauffant, dégagement de *vapeur rouge*, due à la formation de bioxyde d'azote se dégageant dans l'air.

Par le *mélange acide sulfurique-sulfate ferreux*, *coloration brune* du mélange, due à la formation de bioxyde d'azote combiné à l'excès de sulfate ferreux.

Par l'*acide sulfurique et l'indigo*, en chauffant, décoloration de l'indigo.

3° *Caractères des dissolutions d'azotates alcalins :*

Par l'*acide sulfhydrique*, rien; mais la solution concentrée acidulée par l'acide chlorhydrique, ou bien l'acide assez concentré, réduirait le gaz sulfhydrique avec dépôt de soufre.

Par l'*azotate de baryum*, rien.

Par l'*azotate d'argent*, rien, différence avec les azotites qui précipitent en blanc.

Remarque. — Comme en général l'acide azotique renferme de la vapeur nitreuse, il décolore le *permanganate de K*, il oxyde le potassium de l'*iodure de K* en libérant l'iode; mais ces réactions sont dues à l'acide azoteux formé : l'*acide azotique pur* n'a pas d'action à froid sur le permanganate de potassium ni sur l'iodure de potassium, ce qui le distingue de l'acide azoteux.

VINGT-QUATRIÈME LEÇON

PHOSPHORE

Masse moléculaire P^4 avec masse atomique $P = 31^{gr}$.

Connu sous *deux états allotropiques :*

1° *Phosphore ordinaire* ou *phosphore blanc* : c'est un *solide*, *ambré* et *translucide* dans sa coupure fraîche, mais en général d'aspect blanc et opaque quand il a été conservé quelque temps dans l'eau bouillie, à cause d'une *cristallisation superficielle* très lente; il est assez *mou* pour que ses bâtons se courbent d'eux-mêmes quand ils sont disposés obliquement dans le flacon où on les conserve; il répand à l'air une *odeur* attribuable à l'ozone qui se forme dans l'oxydation lente du phosphore à l'air. Il a pour *masse spécifique* $1^{gr},84$. Il *fond* à 44°2 quand on le chauffe sous une couche d'eau, et il reste facilement en *surfusion*. Le liquide *bout* à 290° dans une atmosphère d'hydrogène. Sa *densité de vapeur* est constante 4,35, d'où la masse moléculaire P^4.

Le phosphore est *insoluble dans l'eau*, un peu soluble dans l'alcool ou l'éther, assez soluble dans la benzine, *très soluble* dans le *sulfure de carbone* : on utilisera cette propriété dans la préparation des composés bromés et iodés du phosphore; la solution sulfocarbonique par évaporation à l'abri de l'air donne des cristaux *incolores* de phosphore blanc ayant la forme de *dodécaèdres rhomboïdaux*, et que l'on obtient aussi par *sublimation dans le vide* du phosphore blanc.

Il *se transforme en phosphore rouge*, superficiellement sous l'*action de la lumière*; progressivement et presque complètement sous l'action de la chaleur *à 260°* sur le phosphore liquide dans le vide ou dans un gaz inerte comme l'azote; très rapidement par la chaleur *en présence de traces d'iode*, et avec *dégagement de chaleur* 19^c, capable d'élever la température de la masse d'environ 100°.

2° *Phosphore rouge*, à *propriétés physiques variables* avec la température de sa préparation, bien *définies* seulement *pour l'état cristallisé* :

C'est un *solide*, à *couleur variable* depuis le rouge orangé jusqu'au rouge violacé, *rouge rubis* pour l'état cristallisé; *sans odeur*; à *masse spécifique croissant avec la température de la préparation*, depuis 1^{gr},964 pour la variété industrielle préparée à 250° jusqu'à 2^{gr},340 pour la variété cristallisée préparée au-dessus de 500°; *passant directement à l'état de vapeur* quand on le chauffe dans le vide au-dessus de 340°.

Il est *insoluble* dans les dissolvants usuels, en particulier *dans le sulfure de carbone*, ce qui permet de le séparer facilement du phosphore blanc dans les laboratoires. Il est *soluble dans le plomb fondu* en tube scellé vide de gaz, et il y cristallise par le refroidissement, de sorte qu'en dissolvant le plomb par l'acide azotique *étendu*, on obtient le phosphore rouge en *cristaux rhomboédriques* analogues aux cristaux d'arsenic. On obtient aussi le phosphore rouge cristallisé dans les préparations de ce corps au-dessus de 500°, ou par l'action prolongée d'une *température supérieure à 500°* sur le phosphore rouge amorphe en tube scellé vide de gaz.

On peut donc dire que le phosphore est un corps *dimorphe* sous ses 2 états allotropiques. Il résulterait de l'étude de la transformation au sein d'un dissolvant que la molécule de phosphore rouge serait P^8.

I. — Propriétés chimiques du phosphore.

Elles sont *les mêmes* pour les deux variétés, quoique *beaucoup moins énergiques* pour le phosphore rouge. Le phosphore se combine directement *aux métalloïdes* sauf l'hydrogène et l'azote, et aussi *à la plupart des métaux* : en particulier, il se combine directement au *magnésium* chauffé pour donner le phosphure P^2Mg^3 décomposable par l'eau avec dégagement d'hydrogène phosphoré pur PH^3; aussi avec le *platine* chauffé pour donner un phosphure très fusible, d'où la précaution de ne jamais chauffer un phosphate avec du charbon dans un vase de platine qui serait détérioré; encore avec le *calcium* pour donner P^2Ca^3 en cristaux rouge foncé.

1° Il y a *combustion* du phosphore, par le gaz *fluor*, avec formation des gaz fluorures de phosphore PF^3 et PF^5;

Par le gaz *chlore*, avec formation de trichlorure PCl^3 liquide, ou de pentachlorure PCl^5 solide blanc, si les corps sont *secs*;

Par le contact du *brome* liquide ou en vapeur, avec formation des bromures PBr^3 liquide incolore, ou PBr^5 solide jaune clair;

Enfin par le contact de l'*iode* placé sur une brique chaude ou en vapeur, avec formation de biiodure P^2I^4 ou PI^2 solide orangé, de triiodure PI^3 solide rouge, ou de pentaiodure PI^5 solide presque noir mal défini, décomposables par l'eau.

2° Il y a *décomposition* par le phosphore du *gaz iodhydrique* à froid :

$$8.HI + 5.P = 2PH^4I + 3.PI^2;$$

il y aurait aussi décomposition de la *solution concentrée d'acide iodhydrique* en tube scellé à 160°, mais avec formation d'acide phosphoreux, produit de décomposition de l'iodure de phosphore par l'eau :

$$HI + 2P + 3H^2O = PH^4I + PO^3H^3;$$

c'est en réalité l'*eau* qui a été décomposée par le phosphore en présence de l'acide iodhydrique.

Et de même il y aurait réaction du phosphore sur la *solution concentrée d'acide bromhydrique* à 120° en tube scellé :

$$HBr + 2P + 3H^2O = PH^4Br + PO^3H^3.$$

3° Il y a *oxydation lente* du phosphore blanc par l'oxygène de l'*air*, avec production d'ozone, d'où l'odeur observée, et *phosphorescence* dans l'obscurité; cette oxydation *ne se produit pas* d'une façon sensible pour le *phosphore rouge*, qui sera *sans odeur* et *non phosphorescent* à l'air. — Elle ne se produit pas non plus en présence de *certains corps* : le chlore (et non la vapeur de brome), les gaz sulfhydrique ou sulfureux, la vapeur de sulfure de carbone, l'éthylène, la vapeur d'essence de térébenthine (et non la vapeur de camphre), les vapeurs d'alcool ou d'éther, qui empêchent l'oxydation à l'air et la phosphorescence. — Elle ne se produit pas non plus *au-dessous de 20°* par l'*oxygène à la pression atmosphérique* : il faut *diminuer la pression* de l'oxygène, ou ce qui revient au même il faut *diluer l'oxygène* dans un gaz inerte, comme l'hydrogène, l'azote ou le gaz carbonique, pour que l'oxydation du phosphore à froid se produise, et qu'il y ait phosphorescence. Dans l'oxydation du phosphore à froid par l'oxygène *sec* à basse pression, il y a formation d'anhydride phosphoreux P^4O^6 ou P^2O^3.

Il y a *combustion spontanée* du phosphore dans l'oxygène au-dessus de 30°, *dans l'air* dès la *température 60°* pour le phosphore blanc, mais *vers 250°* seulement pour le phosphore rouge : il y a alors production d'anhydride phosphorique P^2O^5 solide blanc, et par suite la flamme du phosphore qui brûle est très brillante. On peut même opérer la *combustion vive* du phosphore fondu *sous une couche d'eau*, à la surface de laquelle on fait arriver un courant de gaz oxygène : il y a alors production d'acides phosphoriques dissous, et on observe toujours dans les combustions vives du phosphore blanc un *faible résidu de phosphore rouge*, produit par la chaleur dégagée dans la combustion.

Enfin il y a *combustion lente d'abord* du phosphore blanc, soit par l'*air sec* avec formation des anhydrides phosphoreux P^2O^3, puis hypophosphorique P^2O^4 et phosphorique P^2O^5 en petites quantités; soit par l'*air humide* avec formation d'un mélange d'acides phosphoreux PO^3H^3, hypophosphorique $P^2O^6H^4$ et d'un peu d'acide orthophosphorique PO^4H^3, puis d'ozone O^3 et de fumées blanches d'azotite d'ammonium. Mais le dégagement de chaleur produit par ces oxydations peut amener *bientôt la combustion vive*, et très rapidement si le phosphore est très divisé : c'est ce qui se produit quand on verse un peu de solution sulfocarbonique de phosphore sur une feuille de papier; aussitôt que le sulfure de carbone s'est évaporé, le résidu de phosphore s'enflamme spontanément. — Aussi il faut *conserver* le phosphore blanc dans de l'eau et à l'abri de la lumière, le *manier* dans l'eau, le *fondre* sous une couche d'eau ou dans le gaz carbonique, et on ne peut *distiller* le phosphore que dans un gaz inerte, l'hydrogène ou l'azote, ou dans le vide. Et autrefois pour *recueillir les produits acides de l'oxydation* du phosphore blanc à l'air humide en empêchant l'inflammation spontanée, on introduisait chaque bâton de phosphore dans un tube de verre à peine plus large, et on plaçait un grand nombre de ces tubes dans un entonnoir sur un flacon récipient, lequel reposait sur une assiette pleine d'eau et recouverte d'une cloche à larges ouvertures latérales pour le renouvellement de l'air humide.

4° Il y aura *réduction* par le phosphore d'un grand nombre de *composés oxygénés* :

De la *vapeur d'eau* au-dessus de 250° avec formation d'hydrogène phosphoré PH^3 ; de l'*eau* chauffée en *vase clos* en présence des acides bromhydrique ou iodhydrique ; de l'*eau à l'ébullition* en présence des *alcalis*, des *alcalino-terreux*, ou du *sulfure de baryum*, avec formation d'hypophosphites et dégagement d'hydrogène phosphoré; par exemple avec la *lessive de soude bouillante* :

$$3H^2O + P^4 + 3NaOH = 3.PO^2H^2Na + PH^3\uparrow ;$$

cette réaction ne se produit pas avec le phosphore rouge si l'alcali est étendu, d'où la *purification industrielle du phosphore rouge* par ébullition avec des solutions alcalines étendues.

Il y a réduction de l'*acide sulfurique* chauffé :

$$5SO^4H^2 + 2P = 2PO^4H^3 + 5SO^2\uparrow + 2H^2O ;$$

Puis des *composés oxygénés de l'azote* : du *protoxyde* Az^2O dans lequel le phosphore enflammé brûle; du *bioxyde* qui produit encore la combustion vive si le phosphore est bien enflammé; de l'*acide azotique* AzO^3H, qui *concentré* produit une réaction violente et dangereuse sur le phosphore blanc avec dégagement d'azote ou de protoxyde d'azote, mais qui *étendu de son volume* d'eau dissout régulièrement le phosphore quand on chauffe avec dégagement de bioxyde d'azote et formation d'*acide phosphorique ortho* dont c'est une préparation :

$$5AzO^3H + 3P + 2H^2O = 3.PO^4H^3 + 5AzO\uparrow .$$

L'acide azotique concentré réagit régulièrement sur le phosphore rouge, l'acide très étendu n'a pas d'action.

Il y a encore réduction du *gaz carbonique* CO^2 au rouge à l'état d'oxyde de carbone CO;

Puis de l'*oxyde de calcium* au rouge et avec incandescence par la vapeur de phosphore, avec production de *phosphure de calcium* du commerce, *solide brun*, mélange de phosphure P^2Ca^3 ou PCa et d'orthophosphate :

$$8.CaO + 7P = (PO^4)^2Ca^3 + 5PCa;$$

on obtient ce produit à partir de bâtons de craie remplissant un creuset en terre au-dessus d'un faux fond percé de trous surmontant les bâtons de phosphore; on chauffe au rouge latéralement la partie du creuset qui contient le carbonate de calcium pour le transformer en chaux vive :

$$CO^3Ca = CaO + CO^2\uparrow;$$

puis on chauffe le fond pour fondre le phosphore, le vaporiser et faire passer la vapeur sur les bâtons de chaux au rouge; le phosphure de calcium est alors en bâtons durs.

Enfin le phosphore réduit encore les *solutions des sels d'or*, d'*argent*, de *mercure*, de *cuivre*, dont il précipite le métal; ainsi il produit la décoloration lente de la solution bleue de *sulfate cuivrique* avec dépôt de cuivre rouge sur le bâton de phosphore, et formation d'acide sulfurique et d'acide phosphoreux :

$$3SO^4Cu + 2P + 6H^2O = 3Cu\downarrow + 3SO^4H^2 + 2PO^3H^3;$$

le phosphore a donc bien des propriétés réductrices énergiques sur les composés oxygénés.

5° Il y a combinaison directe du phosphore avec le *soufre* : le phosphore fondu *dans du gaz carbonique* au bain-marie bouillant dissout le soufre sans qu'il y ait réaction; mais si l'on chauffe le mélange *à 130°* la combinaison se produit avec explosion et formation de *sesquisulfure de phosphore* P^4S^3, cristallisé, *jaune pâle*, à *odeur spéciale* faible d'acide sulfhydrique, *soluble dans le sulfure de carbone*, *peu altérable* à froid, *inflammable* à l'air *à la température 100°*. — On l'a préparé *d'abord* en diluant le mélange de phosphore et de soufre fondu à 100° dans du sable sec traversé par du gaz carbonique, en chauffant à feu nu pour produire la combinaison sans explosion, puis on distillant. Ensuite on l'a obtenu en chauffant *à 160°* dans un *grand* ballon contenant du gaz carbonique le mélange de phosphore *rouge* et de soufre pulvérisé bien secs, lequel est encore projeté lors de la réaction, et en extrayant le sulfure de phosphore par le sulfure de carbone. — Actuellement on prépare ce produit en grand en chauffant *à 120°* dans une chaudière en fonte le mélange de soufre avec un petit *excès de phosphore rouge*, pour éviter la formation de produits moins sulfurés dangereux à cause de leur altérabilité à l'air : le phosphore blanc donnerait des *sous-sulfures* liquides *très oxydables*.

Alors par addition au sesquisulfure P^4S^3 de proportions calculées de soufre, et action de la chaleur sur le mélange dans du gaz carbonique, on obtient *2 autres sulfures* analogues aux anhydrides phosphoreux et phosphorique : le *trisulfure de phosphore* P^2S^3, cristallin, *jaune citron, décomposé par l'eau*, se combinant aux sulfures alcalins pour donner des *sulfophosphites*. — Puis le *pentasulfure de phosphore* P^2S^5, *jaune*, décomposé par l'eau, se combinant aux sulfures alcalins pour donner des *sulfophosphates*. — La formation de ces sulfosels, analogues aux phosphites et aux phosphates où l'oxygène est simplement remplacé par du soufre, est une analogie étroite entre le soufre et l'oxygène.

6° Enfin le phosphore, sans action sur l'azote, décompose le *gaz ammoniac* au rouge : $AzH^3 + P = Az + PH^3$.

II. — État naturel du phosphore et son extraction :

Il existe à l'*état de phosphate*, et surtout de phosphate *tricalcique* $(PO^4)^2Ca^3$, cristallisé dans l'*apatite* ou fluophosphate $3.(PO^4)^2Ca^3 + Ca \begin{cases} F^2 \\ Cl^2 \end{cases}$, amorphe dans la *phosphorite*, qui sont des minéraux assez abondants; et le phosphate tricalcique forme la majeure partie de la matière minérale des *os des animaux*. Puis le phosphore existe aussi dans la *matière nerveuse* à l'état de combinaison organique, et à l'état de phosphate alcalin dissous dans l'*urine* d'où il avait été retiré tout d'abord.

On l'extrait des os qui contiennent environ $\frac{1}{3}$ de matière organique l'*osséine*, et $\frac{2}{3}$ de *matières minérales* constituées par *0,8 de phosphate tricalcique* et 0,2 de carbonate de calcium avec des traces de silice et d'alumine. On a employé longtemps le *procédé* d'extraction *de Scheele*, dans lequel l'osséine est sacrifiée et le rendement en phosphore $\frac{2}{3}$ ou $\frac{1}{2}$ seulement :

On calcinait *à l'air* les *os verts* pour brûler complètement la matière organique et obtenir un résidu d'*os blancs* ayant gardé la forme des os primitifs; par pulvérisation et tamisage, on avait la *cendre d'os*, dont le phosphate tricalcique est irréductible par le charbon. — On mélangeait alors la cendre d'os, dans un cuvier doublé intérieurement de plomb, avec de l'*eau chaude* et de l'*acide sulfurique en quantité calculée*; par agitation on observait un dégagement de gaz carbonique provenant de l'attaque du carbonate de calcium reformé après la calcination, et il y avait formation de *phosphate monocalcique soluble* et de sulfate de calcium à peu près insoluble :

$$(PO^4)^2Ca^3 + 2.SO^4H^2 = 2.SO^4Ca\downarrow + (PO^4)^2H^4Ca.$$

Après repos, on décantait, on évaporait le liquide clair dans des bassines en plomb, ce qui amenait le dépôt d'un peu de sulfate de calcium resté dissous; et on obtenait une solution *sirupeuse* du phosphate monocalcique. — On y mélangeait alors une proportion suffisante de *charbon de bois* en poudre fine, et on obtenait une pâte noire qu'on *desséchait* au rouge sombre dans une chaudière en fonte, ce qui dégageait de la vapeur d'eau et un peu de gaz sulfureux provenant de la réduction par le charbon de traces d'acide sulfurique restant libre. — Enfin on calcinait la matière sèche concassée *au rouge vif* pendant 3 jours, dans des *cornues en grès* en relation par une allonge en cuivre avec un *récipient en cuivre* plein d'eau, muni d'un trop-plein et d'un tube pour le dégagement des gaz non condensables : on observait un dégagement d'air, puis des produits de la décomposition de la vapeur d'eau par le

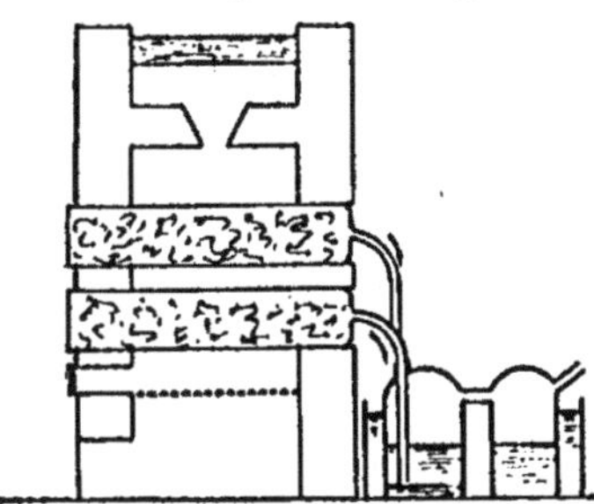

Fig. 118. — Extraction du phosphore.

charbon ; c'est qu'à ce moment il y avait transformation du phosphate monocalcique en *métaphosphate de calcium* réductible partiellement par le charbon :

$$(PO^4)^2H^4Ca = (PO^3)^2Ca + 2H^2O\uparrow ;$$

le commencement de la réduction du métaphosphate était annoncé par le dégagement d'un peu de gaz hydrogène phosphoré provenant de la décomposition de la vapeur d'eau par les premières fractions de vapeur de phosphore mises en liberté ; la réaction qui libère le phosphore peut s'écrire de deux façons suivant que l'on admet la formation de phosphate tricalcique ou de pyrophosphate de calcium $P^2O^7Ca^2$:

$$3(PO^3)^2Ca + 10.C = 10.CO\uparrow + (PO^4)^2Ca^3 + P^4\curvearrowright ;$$
$$2(PO^3)^2Ca + 5.C = 5.CO\uparrow + P^2O^7Ca^2 + 2P\curvearrowright ;$$

le gaz oxyde de carbone se dégageait, le phosphore se condensait en *filaments solides* dans l'eau froide, et on n'obtenait qu'une fraction du phosphore contenu dans la matière première.

Si l'on ajoutait du *sable* au mélange, il y aurait déplacement de l'anhydride phosphorique P^2O^5 par l'anhydride silicique fixe SiO^2, et libération théorique de la totalité du phosphore (Woehler). — C'est ce qui aurait lieu aussi *à partir du phosphate tricalcique* par mélange avec du charbon et sous l'action d'un courant de gaz chlorhydrique au rouge vif (Cari-Mantrand), d'après l'équation :

$$(PO^4)^2Ca^3 + 8C + 6HCl = 3.CaCl^2 + 8CO\uparrow + 6H\uparrow + 2P\curvearrowright .$$

Mais l'attaque du grès des appareils par la silice ou le chlorure de calcium rend ces opérations impraticables, et dans le deuxième cas la dilution de la vapeur de phosphore dans une trop grande quantité de gaz rend la condensation du phosphore difficile. — Si l'on employait *3 molécules d'acide sulfurique* au lieu de 2, on aurait la solution sirupeuse d'acide phosphorique PO^4H^3 totalement réductible par le charbon. — Mais dans toutes ces méthodes, l'osséine est détruite : or l'osséine traitée en autoclave par l'eau surchauffée donne la *gélatine*, que la dessiccation transforme en *colle forte*, matière industrielle assez importante.

C'est pourquoi pour l'extraction du phosphore on n'emploie plus que le *procédé Coignet* ; on traite les os verts par l'*acide chlorhydrique étendu* de 40 fois son volume d'eau qui laisse inaltérée l'osséine et dissout la matière minérale :

$$(PO^4)^2Ca^3 + 4HCl = 2CaCl^2 + (PO^4)^2H^4Ca.$$

On ajoute alors au liquide un *lait de chaux* en proportion calculée pour précipiter tout l'acide phosphorique à l'état de *phosphate bicalcique insoluble*, connu industriellement sous le nom de *phosphate précipité* :

$$(PO^4)^2H^4Ca + CaO^2H^2 = (PO^4)^2H^2Ca^2 \downarrow + 2H^2O;$$

on recueille le précipité, on le lave, et on le traite par une quantité calculée d'*acide sulfurique étendu*, en chauffant par des jets de vapeur et en agitant, de manière à libérer tout l'*acide phosphorique* :

$$(PO^4)^2H^2Ca^2 + 2SO^4H^2 = 2.SO^4Ca \downarrow + 2.PO^4H^3;$$

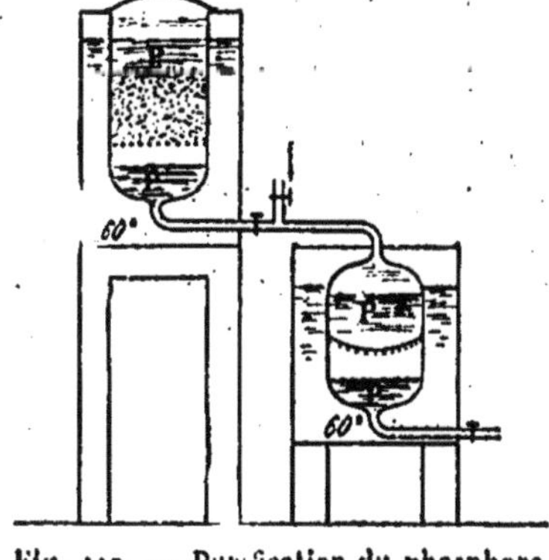

Fig. 119. — Purification du phosphore blanc.

après repos, on décante, on concentre *à 60° B*, on mélange le liquide sirupeux avec du *charbon* en poudre et un peu de chaux ou de silice qui empêcheront plus tard la vaporisation de l'acide métaphosphorique, on *dessèche* d'abord à l'air libre puis dans un four à réverbère, et enfin on opère la réaction en calcinant *au-dessous du rouge blanc* pendant 3 jours dans les appareils déjà décrits : les réactions qui se passent sont la transformation de l'acide phosphorique en acide méta; puis la réduction de l'acide méta par le charbon :

$$PO^4H^3 = PO^3H + H^2O \uparrow,$$

$$PO^3H + 3C = P \curvearrowright + 3CO \uparrow + H \uparrow;$$

on condense la vapeur de phosphore dans de *l'eau à 60°* de manière que le phosphore reste *liquide*. C'est qu'en effet il y a eu entraînement de *poussières solides* souillant le phosphore brut qu'il faut purifier.

Pour *purifier* le phosphore, on *filtre* le phosphore liquide, d'abord *à travers du charbon de bois* dans une caisse à faux fond pleine d'eau à 60°, puis par compression *à travers une peau chamoisée* dans un cylindre plein d'eau chauffée. Enfin on procède au *moulage* du phosphore, en faisant écouler le phosphore liquide par un tube de cuivre plongé dans l'eau froide, où le phosphore se solidifie ; un léger choc sur le tube de cuivre fait sortir le bâton cylindrique de phosphore. On *conserve* les bâtons de phosphore dans de l'*eau bouillie*, et à l'obscurité, ou dans un vase opaque.

III. — Transformations du phosphore par la chaleur et préparation du phosphore rouge.

Pour l'étude des transformations du phosphore, on introduit du phosphore dans un tube en verre peu fusible rempli d'un gaz inerte ; on *dessèche* à froid par la méthode de Rudberg en faisant le vide et laissant rentrer le gaz inerte sec un très grand nombre de fois ; on *fait le vide* complètement une dernière fois et on *scelle* le tube, qu'on chauffera à une température constante t par un bain d'huile, ou de vapeur, ou d'air chaud.

1° *Transformation du phoshore* blanc *liquide* : le tube scellé contient du phosphore blanc, lequel fond, puis se vaporise, de sorte que si la masse de phosphore est assez grande, ce que l'on supposera, *à la température t* où l'on chauffe le tube contient *rapidement* du *phosphore liquide* et au-dessus de la *vapeur saturante de phosphore* à la force élastique maximum F_t. Or si la température t est *inférieure à 200°*, on n'observe aucune coloration rouge dans le tube : donc *la transformation* du phosphore en phosphore rouge *ne se produit pas au-dessous de la température 200°*. Tandis que si la température t est *comprise entre 200° et 340°*, si on n'observe pas d'enduit rouge sur la partie du tube qui contient la vapeur, ce qui montre que *la vapeur de phosphore ne subit pas de transformation au-dessous de la température 340°*, le phosphore liquide se transforme en phosphore rouge solide, d'*autant plus rapidement* que la température t est plus élevée, et d'*autant plus complètement* que la température t est plus élevée : ainsi à 200°, faible proportion de phosphore rouge après un temps très long ; *entre 240° et 280°* transformation *presque complète* du phosphore liquide en phosphore rouge solide *au bout de 10 jours*; à une température supérieure à 280°, la transformation est plus rapide. Et on peut admettre que la *transformation du phosphore liquide en phosphore solide est pratiquement complète au-dessus de 240° après un temps suffisant.*

D'où la *préparation industrielle du phosphore rouge* ou *phosphore amorphe*, en chauffant du phosphore blanc à *240° pendant 10 jours* au bain de sable dans une cornue en fonte fermée par un couvercle portant un tube vertical qui s'ouvre dans l'atmosphère : par ce tube se dégageront la vapeur de l'eau qui imprègne les bâtons de phosphore blanc et une partie de l'azote de l'air qui surmonte le phosphore; la température du bain de sable est donnée par des thermomètres qui permettent de régler le foyer. — Il y a avantage à opérer à la *température la plus basse* où la transformation du phosphore liquide puisse devenir complète, car il faudra une masse de phosphore moindre pour saturer l'espace au dessus du phosphore liquide, et comme la vapeur de phosphore ne peut se transformer à la température où l'on opère, le rendement en phosphore rouge sera meilleur. *On ne peut* songer d'ailleurs à *opérer au-dessus du point d'ébullition du phosphore* liquide pour réaliser une transformation plus rapide, car alors il faudrait employer un vase entièrement clos pour éviter la distillation du phosphore, et on aurait à craindre la rupture très dangereuse du vase par l'excès de pression interne produit par la vapeur de phosphore. — Après refroidissement on introduit de l'eau dans l'appareil, on enlève le couvercle, on détache la matière très dure avec un ciseau, on la broie et on la tamise *dans l'eau* pour éviter l'inflammation spontanée par un peu de phosphore blanc très divisé non transformé, et on *purifie le phosphore rouge* par l'action d'une dissolution bouillante de soude qui dissout le phosphore blanc en dégageant du phosphure d'hydrogène; il suffira de laver le phosphore rouge avec de l'eau, et de le sécher. — Si le phosphore rouge pâteux n'est pas purifié, on le lave au laboratoire avec le *sulfure de carbone*, et on l'abandonne à l'air pour évaporer les traces de sulfure de carbone, avant de l'enfermer dans les flacons où on le conserve.

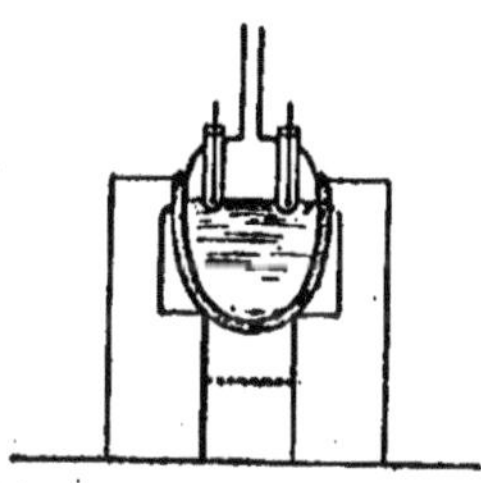

Fig. 120. — Transformation industrielle du phosphore blanc en phosphore rouge.

2° *Transformation de la vapeur de phosphore en phosphore rouge solide au-dessus de 340°* seulement : il y a d'abord transformation très rapide du phosphore resté liquide en phosphore rouge solide; et *complète*, avant que la vapeur saturante de phosphore ait commencé à se transformer, car ce n'est qu'en maintenant constante pendant *très longtemps* la température t supérieure à 340° qu'on observe la formation d'un *enduit* rouge sur la partie du tube qui contient la vapeur, montrant la *transformation très lente* de la vapeur. — Après un temps suffisant, quand l'épaisseur de l'enduit n'augmente plus depuis longtemps, on *refroidit* le tube, d'abord avec de l'eau bouillante pour éviter sa rupture au contact de l'air froid, puis en l'abandonnant à l'air : il y a alors condensation de la vapeur de phosphore qui restait, à l'état de phosphore blanc, et le vide est parfait dans le tube revenu rapidement à la température ordinaire. — On ouvre le tube sur le sulfure de carbone qui dissout le phosphore blanc condensé, ce qui permet de déterminer sa masse m, et on en déduit la *pression limite p de la vapeur de phosphore* qui restait dans le tube à la température t, par la connaissance du volume du tube V_t et de la densité de la vapeur de phosphore d :

$$m = V_t \times a_0 \times \frac{p}{76} \times \frac{1}{1+\alpha t} \times d.$$

On trouve alors en répétant l'expérience à la température t que la pression limite p est *indépendante de la masse* assez grande *de phosphore* employée ou *du volume* V du tube; elle *ne dépend que de la température t* : donc *la transformation de la vapeur de phosphore* à la température t est *limitée* par une pression déterminée de la vapeur ne dépendant que de cette température, et que l'on appelle la *tension de transformation* du phosphore *à la température t*. — Et alors en opérant aux températures croissantes t, t', t'', on détermine de même les pressions limites p, p', p'',... que l'expérience montre croissantes : donc *la tension de transformation p* du phospore *croît avec la température t* de la transformation.

3° *Transformation du phosphore rouge solide en vapeur de phosphore.* On opère sur du phosphore rouge contenu dans le tube scellé vide de gaz, et on constate qu'il faut chauffer *au-dessus de 340°* pendant longtemps pour que par le refroidissement brusque du tube on puisse constater une condensation de phosphore blanc : donc la transformation du phosphore rouge en vapeur de phosphore ne commence qu'à partir de 340°, température à partir de laquelle commence aussi la transformation inverse. — De plus, après un temps suffisant pendant lequel on a maintenu la température t constante, il y a condensation d'une masse m de phosphore blanc répondant à la *même pression limite* p atteinte par la vapeur de phosphore, pourvu naturellement que l'on ait employé une masse suffisante de phosphore rouge : donc *la tension de transformation* p du phosphore *à la température* t *limite aussi la transformation inverse* du phosphore rouge en vapeur de phosphore. — Alors si la masse initiale de phosphore rouge était inférieure à m, il y aurait *transformation complète* de cette masse assez petite de phosphore rouge en vapeur de phosphore condensable par refroidissement brusque *en phosphore blanc* : le phosphore rouge n'est donc qu'une modification allotropique du phosphore blanc.

4° *Déterminations simultanées* jusque vers 500° *de la force élastique maximum* F_t de la vapeur de phosphore *et de la tension de transformation* p. Le tube scellé vide de gaz contenant dans une ampoule un excès de phosphore blanc est disposé *verticalement*, et on le chauffe *progressivement* à la température t *en commençant par le haut* pour éviter la condensation de phosphore sur le tube; quand après un long temps la limite est atteinte, on *incline* le tube, l'*ampoule en haut* et on le refroidit brusquement de manière à condenser la vapeur de phosphore en phosphore blanc dans la partie du tube opposée à l'ampoule. On peut alors en ouvrant le tube doser la *masse* m *de phosphore blanc condensé*, ce qui donne la tension de transformation p comme on l'a vu; puis on détache l'*enduit de phosphore rouge*, et on détermine sa *masse* m'; la masse totale $m + m'$ est la masse de la vapeur avant la transformation, d'où la force élastique maximum F_t de cette vapeur par

$$m + m' = V_t \times a_0 \times \frac{F_t}{76} \times \frac{1}{1 + \alpha t} \times d.$$

On admet ainsi, comme on l'a déjà dit, qu'il y a eu *transformation complète du phosphore liquide* resté dans l'ampoule en phosphore rouge solide, *avant que la transformation de la vapeur saturante* de phosphore *ait commencé*. Et en effet, on trouve bien par la méthode précédente les mêmes valeurs de F_t pour les températures 350° et 440° qu'avait déjà données la *méthode ordinaire de l'ébullition* pour la détermination des forces élastiques maximums des vapeurs, laquelle est encore praticable à ces deux températures. Et même à la température 550°, la transformation du phosphore liquide est tellement rapide que la force élastique maximum F n'a pas le temps de s'établir, et on ne peut observer alors que la tension de transformation p. — Voici les nombres trouvés pour la force élastique maximum et pour la tension de transformation :

Températures t.	Force élastique maximum F_t.	Tension de transformation p.
350°	3^{atm},2	0^{atm},12
440°	7 ,5	1 ,75
487°	»	6 ,8
494°	18	»
503°	21	»
510°	»	10 ,8
511°	26 ,2	»
550°	(31)	31

Les résultats peuvent encore être représentés sur le même graphique par 2 courbes à ordonnées rapidement croissantes. Sur ce graphique on peut voir que quand on chauffe le tube à phosphore blanc à 440° par exemple, la pression de la vapeur prend la valeur $F_t = 7^{atm},5$, et cela très rapidement; puis

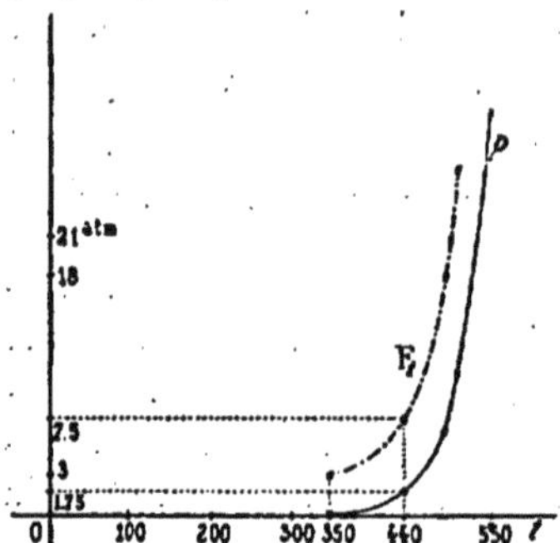

Fig. 121. — Courbes de la force élastique maximum F_t de la vapeur de phosphore, et de la tension de transformation p.

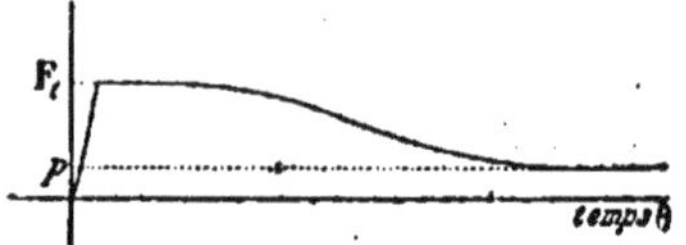

Fig. 122. — Courbe des pressions en fonction du temps θ dans le tube à température constante t.

quand on maintient la température constante pendant très longtemps, il y a chute de pression à la valeur $p = 1^{atm},75$ mais très lentement. La courbe des pressions dans le tube en fonction du temps θ aurait des ordonnées très rapidement croissantes jusqu'à la valeur $F_{,,}$, puis des ordonnées très lentement décroissantes depuis la valeur $F_{,}$ jusqu'à la valeur p, et enfin des ordonnées constantes et égales à p.

5° *Préparation du phosphore rouge pur* dans les laboratoires : on part du phosphore blanc pur obtenu à partir du phosphore blanc qu'on distille dans le gaz hydrogène; on chauffe ce phosphore pur en tube scellé, on ouvre ce tube en y laissant rentrer un gaz inerte sec, et on le place à une des extrémités A d'un large tube légèrement recourbé dans lequel on fait le vide par l'extrémité B que l'on a effilée, et que l'on ferme alors à la lampe; il suffit de chauffer A vers 200° pour faire distiller la petite quantité de phosphore blanc qui reste dans la partie froide B, et obtenir dans le tube primitif le phosphore rouge pur.

IV. — Usages du phosphore.

1° On utilise quelquefois les *grandes propriétés toxiques du phosphore blanc* pour la préparation de *graisses phosphorées* destinées à la destruction des petits rongeurs dans les champs.

2° Mais la seule application importante du phosphore est la *fabrication des allumettes*; on a dû renoncer à la fabrication des allumettes au phosphore blanc à cause des intoxications souvent mortelles que produisait la manipulation des pâtes au phosphore blanc chez les ouvriers allumettiers. On n'emploie plus que le *phosphore rouge* qui n'est *pas toxique*, et le *sesquisulfure de phosphore* P^4S^3 qui ne l'est que fort peu.

Les *deux types importants* d'allumettes chimiques sont l'*allumette ordinaire*, inflammable par friction sur un corps quelconque, par le moyen d'une pâte contenant : 0,06 de sulfure de phosphore; 0,24 de chlorate de potassium; 0,06 de chacun des corps suivants : oxyde de zinc, ocre, verre pilé; 0,18 de colle; et enfin 0,34 d'eau, qui s'évaporera dans la dessiccation des allumettes. Puis l'*allumette suédoise*, inflammable seulement par friction sur un frottoir spécial : l'allumette *sans soufre ni phosphore* supporte une pâte à chlorate de potassium, sulfure d'antimoine et colle; et le frottoir est enduit d'une pâte à phosphore amorphe, sulfure d'antimoine ou bioxyde de manganèse, et colle.

VINGT-CINQUIÈME LEÇON

Combinaisons du phosphore avec l'hydrogène et avec les halogènes.

COMBINAISONS DU PHOSPHORE AVEC L'HYDROGÈNE

On en connaît 3.

1° Le *phosphure* PH^3 qui est un *gaz incolore*, à *odeur* alliacée, ayant pour *densité* 1,185; *assez difficile* à liquéfier en un liquide bouillant à — 85° et solidifiable en une masse cristalline fondant à — 133°. — Il est *peu soluble* dans l'eau : coefficient $\frac{1}{8}$; il est plus soluble dans l'*alcool*. — Il est facilement *décomposé* en ses éléments *par la chaleur* au rouge; rapidement et complètement *par une série d'étincelles*, avec production de fumées solides de phosphore, et formation de gaz hydrogène libre occupant $\frac{3}{2}$ fois le volume du gaz primitif : donc 2 volumes du gaz contiennent 3 volumes d'hydrogène, comme 2 volumes de gaz ammoniac AzH^3; cet hydrogène est uni au phosphore libéré par l'étincelle : le gaz *ne renferme que du phosphore et de l'hydrogène*, et aura pour *formule moléculaire* PH^3 analogue à AzH^3, et définissant la *masse atomique du phosphore* unie à 3^{gr} d'hydrogène.

2° Le *phosphure* P^2H^4 ou PH^2, *liquide incolore*, *non solidifié* à — 20°, *volatil*, *insoluble* dans l'eau, soluble dans l'alcool ou l'éther; se *décomposant spontanément* en phosphure gazeux et phosphure solide P^2H d'après l'équation importante :

$$5PH^2 = P^2H\downarrow + 3.PH^3\uparrow;$$

la décomposition est *lente* à l'obscurité; elle est *rapide* au soleil, ou dès la température 30°; elle est *immédiate* par la *présence de certains corps* qui restent inaltérés comme l'*acide chlorhydrique*, le gaz sulfhydrique, le gaz éthylène, l'huile de naphte, l'essence de térébenthine, les corps pulvérulents. — Le phosphure liquide *s'enflamme spontanément* à l'air et brûle avec une flamme blanche très brillante, en donnant de l'anhydride phosphorique solide à un état plus ou moins hydraté; et *sa vapeur donne l'inflammabilité spontanée aux gaz combustibles*, comme le phosphure gazeux PH^3, l'hydrogène, le gaz oxyde de carbone, le gaz cyanogène;

et il y a *perte de l'inflammabilité spontanée pour ces mélanges* par toutes les causes qui décomposent le phosphure liquide. — On ne connaît pas sa formule moléculaire; on lui donnera la *formule la plus simple* PH^2; sa composition est analogue à celle de l'hydrazine Az^2H^4.

3° Enfin le *phosphure* P^2H qui est en *poudre jaune insoluble*; ce corps est *décomposé* en phosphore rouge et gaz hydrogène, lentement *à la lumière*, rapidement *par la chaleur* à 200° dans le vide; il s'enflamme à l'air quand on le chauffe à 150°. Il n'a pas d'analogue dans les composés hydrogénés de l'azote.

4° Alors le phosphure gazeux d'hydrogène aura des *propriétés spéciales* quand il contiendra de la vapeur de phosphure liquide : il *laissera condenser du phosphure liquide* en passant dans un tube fortement refroidi; il *s'enflammera spontanément* à l'air, en produisant des fumées blanches d'acide phosphorique plus ou moins hydraté, et en répandant encore une odeur alliacée; mais il *perdra cette inflammabilité spontanée*, et avec dépôt jaune de phosphure solide, lentement à l'obscurité, rapidement à la lumière, immédiatement par l'*acide chlorhydrique*, le gaz sulfhydrique, l'éthylène, des traces d'huile de naphte ou d'essence de térébenthine.

I. — Propriétés chimiques du gaz phosphure d'hydrogène pur.

Il est décomposable par le chlore ou le brome; il est très combustible par l'oxygène de l'air, et c'est un réducteur énergique des composés oxygénés; enfin il est capable comme le gaz ammoniac de former des combinaisons avec les hydracides et les sels halogénés.

1° Il y a décomposition par le *chlore*; la réaction est violente et *dangereuse* par le mélange des gaz, comme pour le gaz ammoniac; on la produit en introduisant le chlore bulle à bulle dans une éprouvette de gaz hydrogène phosphoré; chaque bulle introduite donne lieu à un dégagement de lumière; le phosphore est d'abord mis en liberté :

$$3Cl + PH^3 = 3HCl + P\downarrow;$$

mais si le chlore arrive à être en excès et que les gaz soient *secs*, le phosphore passe à l'état de trichlorure PCl^3, puis de pentachlorure PCl^5. — Tandis que si l'on fait passer le gaz hydrogène phosphoré dans de l'eau de chlore, chaque bulle de gaz donne encore lieu à une vive lumière, mais il y a formation d'acide phosphorique :

$$4Cl^2 + 4H^2O + PH^3 = PO^4H^3 + 8HCl.$$

2° Il y a décomposition par le *brome*; mais en l'absence d'eau, le gaz bromhydrique formé d'abord HBr s'unit à l'excès de phosphure PH^3 pour donner du bromure de phosphonium PH^4Br solide, en même temps qu'il y a dépôt de phosphore.

3° En effet, il y a combinaison directe avec les *gaz hydracides*; avec les *gaz bromhydrique* et *iodhydrique*, par mélange avec un volume égal de phosphure gazeux, il y a disparition complète du mélange avec formation des *bromure* PH^4Br *ou iodure de phosphonium* PH^4I, corps *solides cristallisés* en *cubes* incolores, et analogues aux bromure ou iodure d'ammonium, AzH^4Br ou AzH^4I, se formant dans des conditions analogues. — Mais avec le *gaz chlorhydrique*, il n'y a pas de réaction à la température ordinaire et à la pression atmosphérique, différence avec le gaz ammoniac qui donne alors du chlorure d'ammonium AzH^4Cl; pour former le *chlorure de phosphonium* PH^4Cl en cristaux cubiques incolores, il faut refroidir à — 30°, ou comprimer à 20^{atm}, et dans ce dernier cas les cristaux disparaissent dès qu'on laisse tomber la pression.

4° Il y a inflammation à *l'air* dès la température 100°, ou à froid par le contact d'un corps incandescent, et combustion avec une vive lumière et production de fumées blanches d'acide orthophosphorique :

$$PH^3 + 2O^2 = PO^4H^3.$$

5° Aussi le phosphure d'hydrogène gazeux est-il un *réducteur énergique* : de l'*anhydride sulfureux* SO^2 et de l'*acide sulfurique* SO^4H^2; du *bioxyde d'azote* AzO et de l'*acide azotique* AzO^3H; des *sels d'or* et *d'argent* dont il précipite le métal avec formation d'acide orthophosphorique :

$$4.SO^4Ag^2 + 4H^2O + PH^3 = 8Ag\downarrow + 4SO^4H^2 + PO^4H^3;$$

pourtant dans le cas des sels d'argent le métal peut rester combiné au phosphore à l'état de phosphures d'argent mal définis : on a employé l'action sur le sulfate d'argent dans la *purification de l'hydrogène*.

Il y a encore réduction des *sels cuivriques*, dont les dissolutions absorbent complètement le gaz phosphure d'hydrogène, avec formation de *phosphure de cuivre* P^2Cu^3,H^2O noirâtre : d'où l'*analyse des mélanges des gaz hydrogène et phosphure d'hydrogène* par la dissolution de *sulfate cuivrique* en excès qui n'a pas d'action sur l'hydrogène ; et un *caractère du gaz PH^3 pur* absorbable par le réactif.

6° Tandis que le gaz hydrogène phosphoré pur est encore absorbé complètement par la solution chlorhydrique de *chlorure cuivreux* Cu^2Cl^2, mais *sans altération* : d'où encore un *caractère du gaz pur* et la *préparation du gaz pur* qu'il suffira de dégager de sa dissolution par l'action de la chaleur ; il y a eu *combinaison* par addition du gaz PH^3 avec le chlorure Cu^2Cl^2. — Et le gaz se combine encore avec plusieurs chlorures anhydres, comme les *chlorures d'antimoine*, de la même façon que le gaz AzH^3 se combine avec les chlorures d'argent $AgCl$, ou de calcium $CaCl^2$, etc.

7° Le phosphure d'hydrogène gazeux est facilement *décomposé* par les *métaux chauffés* qui retiennent le phosphore et laissent libre l'hydrogène : d'où la *purification de l'hydrogène* et l'*analyse du gaz* PH^3 (et aussi du phosphure solide P^2H) par le *cuivre* au rouge ; avec le cuivre, il se formerait le phosphure PCu^3 grisâtre.

8° Enfin à l'hydrogène phosphoré gazeux se rattachent les *phosphines* $PH^{3-n}R'^n$, ayant des propriétés basiques fortes comparables à celles du gaz ammoniac AzH^3 ou de ses produits de substitution, les amines $AzH^{3-n}R'^n$.

II. — Composition des phosphures d'hydrogène.

1° Du *phosphure gazeux*, en *volumes*, par *analyse*, soit par une série d'étincelles comme on l'a vu, soit par le cuivre chauffé : dans la cloche courbe sur le mercure, 2 volumes du gaz mesurés à la pression atmosphérique dans un tube gradué et en contact avec le cuivre chauffé, laissent un résidu gazeux qui, mesuré à la pression atmosphérique par transvasement dans le tube gradué plein de mercure, y occupe 3 volumes ; et on peut reconnaître que ce résidu gazeux est de l'hydrogène pur ; l'action de l'étincelle conduit au même résultat et montre de plus que *le gaz ne contient que de l'hydrogène et du phosphore* : donc déjà 2eme du gaz pur contiennent 3^{cme} d'hydrogène. — Alors l'application de la conservation de la masse au résultat précédent et à 2^{cme} du gaz, donne, si x est le volume de la vapeur de phosphore, et si d, d', d'' sont les densités du gaz, de l'hydrogène et de la vapeur de phosphore : $2\,ad = 3\,ad' + xad''$, d'où $x = \frac{2d - 3d'}{d''}$; on trouve ainsi $x = \frac{1}{2}$. Comme la *formule moléculaire* du gaz doit contenir H^3 et s'écrit PH^3 par analogie avec le gaz ammoniac, il en résulte que la *masse atomique P occupe $\frac{1}{2}$ volume à l'état gazeux*, différence avec la masse atomique Az;

2° Du *phosphure gazeux*, en *masses* : on fait passer *lentement* le gaz dans un *tube à cuivre taré* et chauffé au rouge qui alors retiendra tout le phosphore, et à la suite le gaz hydrogène dégagé passe dans un *tube à oxyde cuivrique* chauffé où il se transforme en vapeur d'eau laquelle est absorbée complètement par un système de *tubes à ponce sulfurique taré*. Soit m l'augmentation de masse du tube à cuivre, m' celle des tubes à ponce sulfurique; e phosphure contient m de phosphore pour $\frac{m'}{9}$ d'hydrogène, d'après la composition de l'eau : or ces nombres sont entre eux comme 31^{gr} à 3^{gr}; la *masse atomique du phosphore* est $P = 31^{gr}$, d'après cette expérience; et la *formule moléculaire* du gaz est bien PH^3, car $28^{gr},8 \times d = 31^{gr} + 3^{gr}$.

3° Composition du *phosphure solide* : on calcine une *masse connue M_1 du phosphure sec* avec du cuivre, qui retient le phosphore dans un appareil permettant de recueillir le gaz hydrogène dégagé; la mesure du volume du gaz dégagé faite dans des conditions connues permet de calculer la *masse m_1 de l'hydrogène*, d'où la *masse $M_1 - m_1$ de phosphore* par différence. — On *vérifie* que $M_1 - m_1$ est bien la masse de phosphore en transformant la masse M_1 du phosphure en acide orthophosphorique PO^4H^3, soit par un courant de chlore en présence de l'eau, soit par l'acide azotique chauffé, et en dosant l'acide orthophosphorique à l'état de pyrophosphate de magnésium $P^2O^7Mg^2$ de composition bien connue, d'où la masse de phosphore. — Or les masses $M_1 - m_1$ et m_1 sont entre elles comme $31^{gr} \times 2$ et 1^{gr}; d'où la *formule la plus simple* P^2H pour le phosphure solide, et qui n'est pas une formule moléculaire.

4° Enfin composition du *phosphure liquide* : dans une éprouvette pleine de mercure sur la cuve à mercure, on introduit une petite ampoule de verre pleine du liquide et dont on a fait la tare ; on agite pour briser l'ampoule, et on expose au soleil pour amener la décomposition rapide et complète ; quand le volume du gaz hydrogène phosphoré qui s'est formé n'augmente plus, on le mesure dans des conditions déterminées, d'où la *masse M du phosphure gazeux*, contenant $M \times \frac{31}{34}$ de phosphore et $M \times \frac{3}{34}$ d'hydrogène. — On recueille les débris de l'ampoule qu'on lave et qu'on sèche, pour les reporter sur la balance où l'on avait taré l'ampoule pleine : la diminution de masse est la *masse* M_1 *du liquide* employé, d'où par différence la *masse* $M_1 - M$ *du phosphure solide* contenant $(M_1 - M)\frac{62}{63}$ de phosphore et $(M_1 - M)\frac{1}{63}$ d'hydrogène. — Donc finalement la *masse totale de phosphore* est $M \times \frac{31}{34} + (M_1 - M)\frac{62}{63}$, et la *masse totale d'hydrogène* est $M \times \frac{3}{34} + (M_1 - M)\frac{1}{63}$. Or ces nombres sont entre eux comme 31^{gr} à 2^{gr}, d'où la *formule la plus simple* PH^2 pour le phosphure liquide, et qui n'est pas une formule moléculaire.

III. — Caractères du phosphure gazeux d'hydrogène pur.

1° Il n'est *pas absorbable par la potasse.*

2° Il a une *odeur* alliacée, et il est *combustible* avec une flamme blanche en donnant un produit de combustion à réaction acide.

3° Il est *absorbé complètement*, soit par la *solution de sulfate cuivrique* qui noircit, soit par la *solution chlorhydrique de chlorure cuivreux*, soit par le *chlorure de chaux* agissant par le chlore qu'il peut libérer.

IV. — Modes de formation et préparations du phosphure d'hydrogène.

1° *Phosphure spontanément inflammable à froid*, se formant dans la fermentation des *matières organiques phosphorées*, et quand on chauffe du *phosphore blanc à 70°* avec le *mélange hydrogénant acide sulfurique-zinc*, ou quand on le chauffe avec un *alcali étendu* ou un *alcalino-terreux*.

Préparé par le *procédé de Gengembre* en chauffant doucement du *phosphore blanc* dans un ballon ouvert avec de la *potasse* ou de la *soude* étendue jusqu'à inflammation spontanée à l'orifice du ballon, et en adaptant alors par un bouchon le tube à dégagement pour recueillir le gaz dégagé sur la cuve à eau; on obtient ainsi un *gaz très impur*, pouvant contenir jusqu'à 0,65 d'hydrogène; il y a eu formation d'hypophosphite alcalin et dégagement d'un mélange de phosphure gazeux, de vapeur de phosphure liquide, et d'hydrogène, d'après les réactions :

$$P^4 + 3H^2O + 3KOH = 3.PO^2H^2K + PH^3\uparrow,$$
$$3P + 2H^2O + 2KOH = 2.PO^2H^2K + PH^3\uparrow,$$
$$2P + 2H^2O + 2KOH = 2.PO^2H^2K + H^2\uparrow,$$

où le phosphore a décomposé l'eau en présence de l'alcali; mais la majeure partie de l'hydrogène vient de la réaction de l'hypophosphite alcalin formé sur l'excès d'alcali.

$$PO^2H^2K + 2KOH = PO^4K^3 + 2H^2\uparrow.$$

Dans la *préparation usuelle*, on fait une pâte épaisse avec de la *chaux éteinte* et de l'eau, et on en façonne de petites boules dans chacune desquelles on introduit un *très petit* fragment de phosphore blanc; on place alors ces boules au fond d'un petit ballon que l'on achève de remplir avec de la chaux éteinte sans tasser, et auquel on adapte le tube à dégagement s'ouvrant d'abord *dans l'air*; on chauffe lentement le ballon pour dégager le gaz, dont les premières fractions brûlent au contact des traces d'air restant dans l'appareil; et quand le

Fig. 123. — Préparation du gaz phosphure d'hydrogène spontanément inflammable.

gaz brûle à l'orifice du tube, on plonge l'extrémité du tube dans l'eau d'une cuve pour pouvoir recueillir le gaz. Il y a encore eu décomposition de l'eau par le phosphore en présence de l'alcalino-terreux, qui pourrait être de la baryte :

$$2P^4 + 6H^2O + 3CaO^2H^2 = 3.(PO^2H^2)^2Ca + 2PH^3\uparrow,$$
$$3P + 2H^2O + CaO^2H^2 = (PO^2H^2)^2Ca + PH^3\uparrow,$$
$$2P + 2H^2O + CaO^2H^2 = (PO^2H^2)^2Ca + H^2\uparrow;$$

mais vers la fin de l'opération il ne se dégage plus que de l'hydrogène presque pur, par l'action sur l'eau de l'hypophosphite alcalino-terreux formé, pour donner du phosphate monocalcique :

$$(PO^2H^2)^2Ca + 4H^2O = (PO^4)^2H^4Ca + 4H^2\uparrow.$$

Enfin on prépare plus facilement le gaz de Gengembre, à froid, en faisant réagir le *phosphure de calcium* du commerce sur *l'eau* dans un flacon bitubulé *presque plein d'eau* et à large tube central par où on laisse tomber dans l'eau les fragments du phosphure de calcium; il y a d'*abord* décomposition du phosphure par l'eau, avec formation d'hydrate de calcium et de phosphure liquide d'hydrogène : $PCa + 2.H^2O = CaO^2H^2 + PH^2$; puis immédiatement décomposition notable du phosphure liquide par la chaux et l'eau, avec formation d'hypophosphite de calcium et dégagement des gaz hydrogène et hydrogène phosphoré :

$$8.PH^2 + 2.H^2O + CaO^2H^2 = (PO^2H^2)^2Ca + 6.PH^3\uparrow,$$
$$2.PH^2 + 2H^2O + CaO^2H^2 = (PO^2H^2)^2Ca + 3H^2\uparrow;$$

le gaz recueilli renferme moins d'hydrogène que dans les préparations précédentes, car l'hypophosphite formé reste inaltéré à froid.

2° *Phosphure gazeux non spontanément inflammable à froid*, se formant quand on chauffe le *phosphore* avec le *mélange hydrogénant acide chlorhydrique-étain*, ou avec de l'*eau* et du *sulfure de baryum* :

$$2.P^4 + 12.H^2O + 3BaS = 3(PO^2H^2)^2Ba + 3H^2S\uparrow + 2PH^3\uparrow;$$

l'acide chlorhydrique dans le premier cas, l'acide sulfhydrique dans le deuxième cas, empêchant l'inflammabilité spontanée.

On peut préparer ce gaz par la *méthode de Davy* qui consiste à chauffer *à l'ébullition*, dans un petit ballon muni d'un tube à dégagement, la solution *concentrée d'acide hypophosphoreux* ou d'*acide phosphoreux*, qui se décompose en laissant de l'acide orthophosphorique.

$$2PO^2H^3 = PO^4H^3 + PH^3\uparrow;$$
$$4.PO^3H^3 = 3.PO^4H^3 + PH^3\uparrow.$$

Mais il est plus facile de décomposer *à froid* le *phosphure de calcium* du commerce par *l'acide chlorhydrique* du commerce, dans le flacon bitubulé déjà employé tout à l'heure, mais presque rempli d'acide chlorhydrique; on commence par laisser tomber un *bâton de craie* par la large tubulure centrale afin de dégager du gaz carbonique qui chasse l'air du flacon :

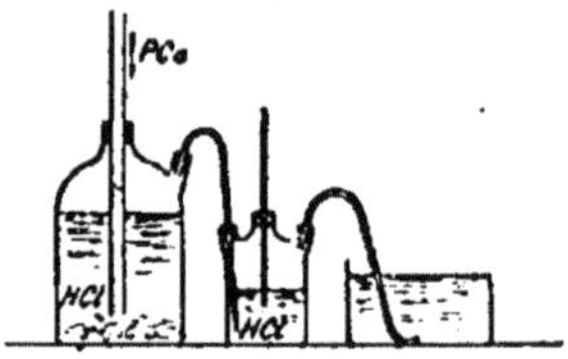

$$CO^3Ca + 2HCl = CaCl^2 + H^2O + CO^2\uparrow;$$

Fig. 124. — Préparation du gaz phosphure d'hydrogène non spontanément inflammable à froid.

puis on introduit les fragments de phosphure de calcium; il y a d'*abord* formation de phosphure liquide d'hydrogène :

$$PCa + 2HCl = CaCl^2 + PH^2;$$

et *immédiatement* décomposition du phosphure liquide par le contact de l'acide chlorhydrique :

$$5PH^2 = P^2H + 3PH^3\uparrow.$$

Mais le phosphure gazeux préparé par les méthodes précédentes renferme *encore un peu d'hydrogène libre*, et il n'est pas complètement absorbable par les dissolutions des sels de cuivre.

3° *Phosphure gazeux pur*, se formant dans l'action du *phosphure de magnésium* sur l'*eau* :

$$P^2Mg^3 + 3H^2O = 3.MgO + 2PH^3\uparrow,$$

par une réaction identique à la formation d'ammoniaque dans la décomposition de l'azoture de magnésium par l'eau.

On le prépare par une réaction analogue à celle de la préparation usuelle du gaz ammoniac, en faisant tomber goutte à goutte une dissolution de *potasse* par un tube à entonnoir sur de l'*iodure de phosphonium* cristallisé, mélangé avec du verre pilé, et contenu dans un petit ballon muni d'un tube à dégagement :

$$PH^4I + KOH = KI + H^2O + PH^3\uparrow.$$

On l'obtient plus facilement en lavant le gaz impur non spontanément inflammable, dans l'acide chlorhydrique, à la sortie de l'appareil à préparation à froid, et en le faisant arriver dans une *solution chlorhydrique de chlorure cuivreux* contenue dans un ballon refroidi à 0° : ce réactif absorbe le gaz PH^3 pur pour donner des *cristaux* de la *combinaison* ($Cu^2Cl^2,2PH^3$) qui disparaissent par un excès de gaz PH^3 ; on adapte alors au ballon un tube à dégagement et un laveur à eau, et on chauffe le ballon dont le liquide dégage quatre-vingts fois son volume de gaz pur; on peut *dessécher* par un tube à fragments de potasse caustique, comme si c'était du gaz ammoniac.

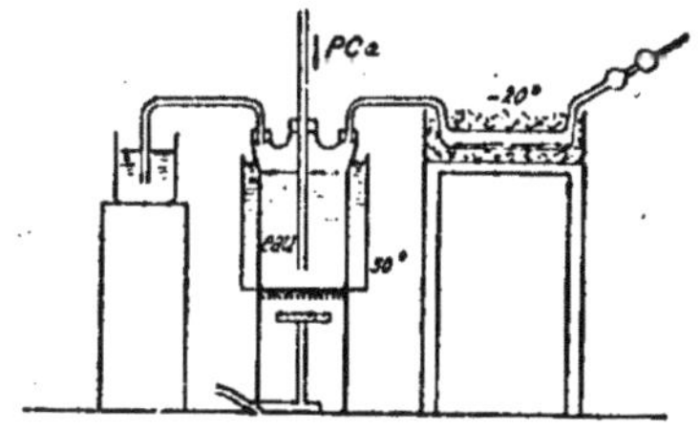

Fig. 125. — Préparation du phosphure liquide d'hydrogène.

4° *Phosphure liquide*, que l'on prépare à *l'obscurité* en faisant passer rapidement le phosphure gazeux spontanément inflammable dans un *tube fortement refroidi* où se condensera la vapeur du phosphure liquide : un flacon à 3 tubulures contient de *l'eau* maintenue *à 50°* par un bain-marie extérieur; le tube à dégagement se recourbe suivant une partie horizontale plongeant dans un mélange réfrigérant, et se relève obliquement pour présenter une série d'ampoules, et se terminer par une pointe effilée; un tube de sûreté adapté à la troisième tubulure se recourbe pour venir plonger dans de l'eau.

On fait passer un courant de gaz carbonique par la pointe effilée pour chasser l'air du flacon qui se dégage par le tube de sûreté, et on ferme la pointe effilée par un peu de cire; on introduit alors *rapidement* les fragments de phosphure de calcium par le large tube central, et quand le gaz phosphure d'hydrogène commence à s'enflammer en se dégageant de l'eau par le tube de sûreté, on ouvre la pointe effilée : le phosphure d'hydrogène passe alors dans le tube refroidi, où il y a condensation de phosphure liquide et d'eau entraînée; bientôt l'eau condensée en se congelant obstrue le tube refroidi, et alors, le dégagement du phosphure d'hydrogène se faisant de nouveau par le tube de sûreté, on met fin à la préparation. Pour cela on ferme à la lampe la pointe effilée; on retire le tube à dégagement dont on ferme immédiatement l'orifice avec le doigt; et en inclinant ce tube, on fait couler le phosphure liquide dans les ampoules qu'on détache et qu'on ferme en fondant à la lampe les parties étroites voisines. On conserve ces ampoules dans l'obscurité.

5° Enfin *phosphure solide*, préparé par décomposition de la vapeur de phosphure liquide; en faisant arriver le *gaz spontanément inflammable* dans de l'*acide chlorhydrique du commerce*, soit directement par un *large* tube, soit par un tube débouchant dans du mercure surmonté par l'acide chlorhydrique; on recueille la poudre jaune en suspension dans l'acide en versant l'acide sur un filtre; et on lave le produit solide resté sur le filtre avec de l'eau, jusqu'à ce que l'eau de lavage n'ait plus de réaction acide; il suffit de sécher la matière à la température 100°.

COMBINAISONS DU PHOSPHORE AVEC LES HALOGÈNES

Elles se produisent *par action directe* de l'halogène sec sur le phosphore desséché. Avec le fluor, il y a formation de 2 *fluorures gazeux*, le trifluorure PF^3, et le pentafluorure PF^5, que l'on prépare à partir du fluorure d'arsenic liquide. — Avec le chlore, il y a formation de *trichlorure* PCl^3 liquide, puis de *pentachlorure* ou perchlorure PCl^5 solide, auquel se rattache l'*oxychlorure* $POCl^3$ liquide incolore. — Avec le brome, il y a formation de *deux bromures* : PBr^3 liquide incolore, PBr^5 solide jaune, suivant les proportions. — Enfin avec l'iode, il y a formation de *biiodure* PI^2 ou P^2I^4 solide rouge orangé, de *triiodure* PI^3 solide rouge foncé, ou de *pentaiodure* PI^5 solide brun noir mal défini.

On *prépare* les bromures et iodures de phosphore par un procédé général qui consiste à dissoudre les éléments, en proportion calculée, dans du sulfure de carbone; à mélanger les dissolutions dans une cornue tubulée, et à évaporer le sulfure de carbone au bain-marie à 40° par un courant de gaz carbonique arrivant par la cornue et entraînant la vapeur de sulfure de carbone.

Les trichlorure, tribromure, et triiodure de phosphore sont *décomposés* immédiatement *par l'eau* avec formation d'acide phosphoreux et de l'hydracide correspondant :

$$PM^3 + 3H^2O = PO^3H^3 + 3HM;$$

d'où *leur analyse* en dosant l'halogène par précipitation, au moyen d'un excès de dissolution d'azotate d'argent, à l'état de sel halogéné d'argent de composition connue :

$$HM + AzO^3Ag = AzO^3H + AgM\downarrow.$$

— Les pentachlorure et pentabromure de phosphore sont aussi décomposés nettement et immédiatement par l'eau, avec formation d'acide orthophosphorique :

$$PM^5 + 4H^2O = PO^4H^3 + 5HM;$$

d'où également leur analyse par la même méthode que précédemment. — Mais le *biiodure de phosphore*, le plus important, subit par l'eau une décomposition complexe avec formation d'acide iodhydrique libre HI, et des acides du phosphore [PO^2H^3, PO^3H^3, PO^4H^3], puis dépôt de phosphore rouge, et enfin sublimation de cristaux blancs d'iodure de phosphonium PH^4I : d'où la *préparation de l'iodure de phosphonium* en laissant tomber goutte à goutte de l'eau dans la cornue où l'on a préparé le biiodure, et en recueillant les *cristaux* sublimés dans un large tube refroidi en relation avec le col de la cornue; la formation de l'iodure de phosphonium à partir de l'iode, du phosphore et de l'eau, peut se traduire par la formule :

$$5.I + 9.P + 16.H^2O = 4.PO^4H^3 + 5PH^4I\curvearrowright.$$

TRICHLORURE DE PHOSPHORE, PCl^3

C'est un *liquide incolore*, *fumant* à l'air, ayant pour *masse spécifique* 1gr,61, *bouillant* à 78°, solidifié à —113°, ayant pour *densité de vapeur* 4,742.

Il est *décomposé par l'eau*, d'après la formule :

$$PCl^3 + 3H^2O = PO^3H^3 + 3HCl;$$

d'où les fumées blanches qu'il répand à l'air humide; c'est le *chlorure de l'acide phosphoreux*, qu'il sert à préparer d'après la réaction précédente. Pourtant par *un peu* d'eau seulement, il y aurait formation d'un *oxychlorure* $POCl$, solide, soluble dans PCl^3.

Il se dissout dans le sulfure de carbone, ou dans la benzine. Et il est lui-même un *dissolvant du phosphore* blanc.

I. — Propriétés chimiques du trichlorure de phosphore.

Il se combine directement :

1° Avec le *chlore*, en se solidifiant, pour donner le *pentachlorure* PCl^5 ou PCl^3Cl^2;

2° Avec le *brome* refroidi, pour donner un *chlorobromure* de phosphore PCl^3Br^2 *cristallin*;

3° Avec l'*oxygène*, pour donner l'*oxychlorure* $POCl^3$ *liquide*, que l'on peut former en versant goutte à goutte le trichlorure de phosphore sur du *chlorate de potassium* sec pulvérisé :

$$ClO^3K + 3.PCl^3 = KCl + 3.POCl^3\curvearrowright;$$

il suffit de chauffer pour faire distiller l'oxychlorure;

4° Avec le *soufre* pour donner le *sulfochlorure* $PSCl^3$ *liquide*. Alors le trichlorure de phosphore est décomposé par le *gaz sulfureux* avec formation de sulfochlorure et d'oxychlorure :

$$SO^2 + 3.PCl^3 = PSCl^3 + 2.POCl^3.$$

Donc le trichlorure de phosphore *se comporte comme un radical bivalent* vis à vis de Cl^2, Br^2, O et S, et aussi comme on le verra de $(AzH^2)^2$ dans l'existence d'un chloro-amidure de phosphore.

5° Enfin il est décomposé par le *fluorure d'arsenic* AsF^3 tombant goutte à goutte dans un petit ballon contenant le trichlorure de phosphore, et muni d'un tube à dégagement :

$$AsF^3 + PCl^3 = AsCl^3 + PF^3\uparrow;$$

ce qui est la *préparation du trifluorure de phosphore*, *gaz incolore*, lentement *décomposé par l'eau*, se combinant directement au *brome* pour donner un fluobromure de phosphore, se combinant aussi directement à l'*oxygène* par mélange des deux gaz et inflammation pour donner un oxyfluorure de phosphore.

II. — Composition du trichlorure de phosphore.

On la détermine par une *méthode générale très importante* applicable aux chlorures et bromures de phosphore, d'arsenic, de silicium et de bore, et conduisant à la détermination des masses atomiques de ces éléments, et à la composition des anhydrides ou des acides qu'ils forment : on remplit du liquide, dans le cas particulier, une ampoule de verre tarée, qu'on ferme à la lampe, et dont on détermine l'augmentation de masse M, qui est la *masse du trichlorure* employé. — On introduit cette ampoule dans un grand flacon fermant à l'émeri et contenant de l'eau distillée; on agite pour briser l'ampoule, produire la décomposition par l'eau, et dissoudre complètement l'acide chlorhydrique formé. On ouvre alors le flacon, et on y verse une dissolution d'azotate d'argent, jusqu'à cessation de la précipitation du chlorure d'argent; l'acide phosphoreux reste dissous, car le phosphite d'argent PO^3HAg^2 étant soluble dans l'acide azotique qui a pris naissance n'a pu se former :

$$HCl + AzO^3Ag = AgCl\downarrow + AzO^3H.$$

— On recueille le précipité, on le lave, on le sèche à l'abri de la lumière, on le fond et on détermine sa masse μ; d'où la masse $m = \mu \times \frac{35,5}{143,5}$ de chlore que contient ce chlorure d'argent et qui est la *masse de chlore* contenue dans le trichlorure employé. Or ce produit ne peut renfermer que du chlore et du phosphore puisqu'on l'obtient par synthèse directe; il contient donc m de chlore et $M - m$ de phosphore; or ces nombres sont entre eux comme $3 \times 35^{gr},5$ à 31^{gr}; d'où la *formule la plus simple* PCl^3 pour le liquide étudié, et c'est bien la *formule moléculaire* car $28^{gr},8 \times d = 31^{gr} + 3 \times 35^{gr},5$.

III. — Production et préparation du trichlorure de phosphore.

On montre sa *production* dans les laboratoires en faisant passer un courant de chlore *sec* sur du phosphore *desséché* contenu dans une cornue tubulée en relation par une allonge de verre avec un ballon récipient, sec et refroidi : il y a combustion spontanée du phosphore; on chauffe cependant la cornue au bain de sable pour faire distiller le trichlorure qui se condense dans le récipient, l'excès de chlore pouvant se dégager par la tubulure du ballon : le liquide obtenu est *impur*, il contient du phosphore ou du pentachlorure de phosphore, et un peu des acides du phosphore provenant de l'imparfaite dessiccation.

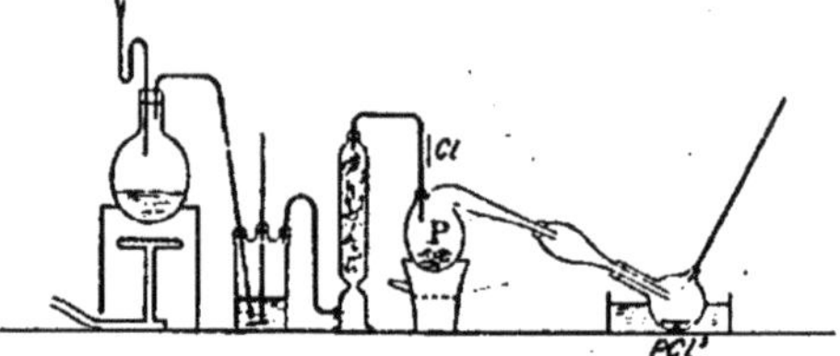

Fig. 126. — Production du trichlorure de phosphore.

Alors pour *préparer* le trichlorure en grande quantité, on introduit le trichlorure impur obtenu précédemment dans un ballon à long col avec du phosphore sec, on chauffe légèrement le ballon au bain de sable, et on fait arriver un courant de chlore sec un peu au-dessus de la surface du liquide; par action du chlore sur le trichlorure, il y a formation de pentachlorure, lequel est immédiatement réduit à l'état de trichlorure par le phosphore dissous :

$$PCl^3 + Cl^2 = PCl^5,$$
$$3PCl^5 + 2P = 5.PCl^3;$$

le phosphore disparaît progressivement; on a soin d'ajouter de temps en temps du phosphore sec de manière à opérer toujours en présence d'un excès de phosphore. On arrête finalement le courant de chlore avant la disparition complète des dernières parties du phosphore ajouté; la seule *impureté* est alors le phosphore dissous, avec des traces des acides du phosphore et d'acide chlorhydrique provenant d'un peu d'humidité. On *purifie* par distillation.

PENTACHLORURE DE PHOSPHORE, PCl^5

C'est une *masse cristalline* un peu *jaunâtre, fumant* fortement à l'air et irritant vivement les yeux. Ce corps ne peut être fondu que sous pression, car chauffé sous la pression atmosphérique il *passe directement à l'état de vapeur*, laquelle est *dissociée* en gaz chlore et vapeur de trichlorure, d'autant plus profondément que la température est plus élevée : en effet la *densité de vapeur* décroît de la valeur 5 vers 200° à la valeur limite 3,65 atteinte à partir de 300°, en même temps que la vapeur d'abord incolore prend de plus en plus la teinte du chlore;

$$28^{gr},8 \times 3,65 = \frac{1}{2}(31^{gr} + 35^{gr},5 \times 5);$$

la densité limite conduirait à une masse moléculaire moitié de la masse moléculaire PCl^5, déduite de la formation synthétique $PCl^3 + Cl^2 = PCl^5$; de plus $3,65 = \frac{d + d'}{2}$, la densité limite est la moyenne arithmétique des densités de la vapeur de trichlorure et du gaz chlore; on en conclut que la vapeur de pentachlorure est *complètement dissociée à partir de 300°*.

Le pentachlorure de phosphore est *décomposé par l'eau* suivant 2 modes principaux; si l'eau est *en faible quantité*, comme quand on abandonne du pentachlorure dans un grand flacon contenant aussi un vase d'eau dont la vapeur agira progressivement sur le pentachlorure jusqu'à liquéfaction, il y a formation d'*oxychlorure de phosphore liquide incolore fumant* :

$$PCl^5 + H^2O = 2HCl + POCl^3;$$

et on *prépare* ce corps en distillant le pentachlorure avec des corps solides fournissant difficilement de l'eau comme l'acide borique BO^3H^3, ou l'acide oxalique $C^2O^4H^2 + 2H^2O$, cristallisés :

$$2.BO^3H^3 + 3PCl^5 = B^2O^3 + 6HCl\uparrow + 3.POCl^3\curvearrowright;$$
$$(C^2O^4H^2 + 2H^2O) + 3PCl^5 = CO\uparrow + CO^2\uparrow + 6HCl\uparrow + 3.POCl^3\curvearrowright.$$

Mais l'oxychlorure est lui-même décomposé par l'eau *en excès* avec formation d'acide orthophosphorique :

$$POCl^3 + 3H^2O = PO^4H^3 + 3HCl,$$

ce qui en fait le *chlorure de l'acide orthophosphorique*. [En modérant l'action de l'eau sur $POCl^3$, on peut obtenir un *chlorure de pyrophosphoryle* $P^2O^3Cl^4$, puis un *chlorure de métaphosphoryle* PO^2Cl, comme produits intermédiaires.] — Si l'eau est *en grande quantité* dans l'action sur le pentachlorure, il y aura immédiatement formation d'*acide orthophosphorique* :

$$PCl^5 + 4H^2O = PO^4H^3 + 5.HCl.$$

I. — Propriétés chimiques du pentachlorure de phosphore.

1° C'est un *agent chlorurant* très énergique, par la molécule de chlore Cl^2 que sa molécule PCl^5 peut céder aux corps chlorurables, comme l'*iode*, le *soufre*, le *sélénium*, et la plupart des *métaux*.

Il est décomposé par le *gaz sulfhydrique*, comme par la vapeur d'eau, avec formation de *sulfochlorure* :

$$PCl^5 + H^2S = 2HCl + PSCl^3;$$

et aussi par le *gaz ammoniac* avec formation de *chloroamidure* de phosphore :

$$PCl^5 + 4AzH^3 = 2.AzH^4Cl + PCl^3(AzH^2)^2.$$

Son action chlorurante sert à préparer les *chlorures d'acides*, soit à partir des *anhydrides* comme l'anhydride sulfurique SO^3 :

$$SO^3 + PCl^5 = POCl^3 + SO^2{<}^{Cl}_{Cl};$$

soit à partir des *oxacides concentrés*; l'action ne se produit qu'en une proportion avec les oxacides *monobasiques* comme l'acide azotique, et avec formation d'un seul chlorure de l'acide monobasique :

$$AzO^2.OH + PCl^5 = POCl^3 + HCl + AzO^2.Cl,$$

chlorure d'azotyle; mais l'action se produira en deux proportions avec les acides *bibasiques* comme l'acide sulfurique SO^4H^2 :

$$SO^2{<}^{OH}_{OH} + PCl^5 = POCl^3 + HCl + SO^2{<}^{Cl}_{OH},$$

acide chlorosulfurique, ayant encore une fonction acide;

$$SO^2{<}^{OH}_{OH} + 2PCl^5 = 2POCl^3 + 2HCl + SO^2{<}^{Cl}_{Cl},$$

chlorure de sulfuryle n'ayant plus la fonction acide. Enfin il y a encore formation de chlorure d'acide par action du pentachlorure sur un *sel d'oxacide* : il se produit alors de l'oxychlorure de phosphore et le chlorure du métal.

Mais on prépare surtout les chlorures d'acides par l'*action de l'oxychlorure de phosphore* sur un *sel de l'oxacide* correspondant, ce qui est le procédé le plus commode; il y a alors formation du phosphate correspondant :

$$3.(AzO^3)^2Pb + 2.POCl^3 = (PO^4)^2Pb^3 + 6AzO^2Cl\uparrow;$$
$$3.SO^4Pb \quad + 2.POCl^3 = (PO^4)^2Pb^3 + 3SO^2Cl^2\uparrow.$$

Ainsi la molécule du pentachlorure contient 2 atomes de chlore facilement remplaçables par l'atome d'oxygène O'', l'atome de soufre S'', 2 radicaux amide AzH^2, et prenant facilement la place de l'atome O'' dans les anhydrides ou du radical OH dans les oxacides.

2° Le pentachlorure de phosphore forme avec les *chlorures métalliques*, tels que $SnCl^4$, Fe^2Cl^6 ou Al^2Cl^6, des *chlorures doubles volatils*.

3° Enfin par le *fluorure d'arsenic* tombant goutte à goutte sur du pentachlorure de phosphore dans un ballon muni d'un tube à dégagement, il y a dégagement de *pentafluorure de phosphore*, *gaz* incolore *très soluble* dont c'est la préparation :

$$5.AsF^3 + 3.PCl^5 = 5.AsCl^3 + 3.PF^5\uparrow.$$

II. — Composition du pentachlorure de phosphore.

On la détermine *par analyse* : on remplit de la matière un petit flacon à l'émeri taré dont l'augmentation de masse donne la *masse M du perchlorure* employé; on l'introduit dans un grand flacon fermant à l'émeri contenant de l'eau distillée, on agite pour décomposer le pentachlorure en acide orthophosphorique et acide chlorhydrique; puis on ouvre le flacon et on y ajoute un excès de dissolution d'azotate d'argent pour précipiter uniquement la totalité du chlore à l'état de chlorure d'argent, dont la masse μ à l'état fondu donne la *masse m du chlore* qui y est contenu et qui provient du chlore du perchlorure employé. Or le perchlorure de phosphore ne peut contenir que du chlore et du phosphore puisqu'on l'obtient par synthèse directe; donc la masse *m* de chlore y est unie à la masse $M-m$ de phosphore; ces masses sont entre elles comme $35^{gr}5 \times 5$ et 31^{gr}, d'où la *formule la plus simple* du perchlorure de phosphore, PCl^5, que l'on prend comme *formule moléculaire*.

III. — Production et préparation du pentachlorure de phosphore.

Il se produit dans la combustion spontanée du phosphore *sec* dans le chlore *sec* en *excès*.

On le *prépare* dans un ballon à long col contenant du *trichlorure*, à une faible distance de la surface libre duquel on fait arriver un courant de *chlore sec* par un *large* tube jusqu'à solidification complète du liquide. Et comme le produit peut contenir des traces de composés oxygénés du phosphore à cause d'un peu d'humidité, on *purifie* par distillation *dans un courant de chlore* qui empêche la dissociation.

On peut l'obtenir *cristallisé* en faisant passer un courant lent de chlore sec dans la solution sulfocarbonique de phosphore, et en évaporant le sulfure de carbone comme il a été dit dans la préparation des bromures et iodures de phosphore.

VINGT-SIXIÈME LEÇON

Combinaisons du phosphore avec l'oxygène, et acides du phosphore.

Outre un *sous-oxyde* P^4O, et un *oxyde phosphoreux* P^2O, mal connus, le phosphore par union directe avec l'oxygène forme *3 anhydrides* : l'anhydride *phosphoreux* P^2O^3, l'anhydride *hypophosphorique* P^2O^4, et l'anhydride *phosphorique* P^2O^5.

Puis le phosphore forme *4 acides simples* que l'on peut regarder comme résultant de la combinaison d'un anhydride avec l'eau :

l'*acide hypophosphoreux*, $PO\begin{cases}H\\H\\OH\end{cases}$ ou PO^2H^3, *monobasique*, regardé comme renfermant un anhydride P^2O mal connu, uni à 3 molécules d'eau : $PO^2H^3 = \frac{1}{2}(P^2O + 3H^2O)$;

l'*acide phosphoreux*, $PO\begin{cases}H\\OH\\OH\end{cases}$ ou PO^3H^3, *bibasique*, contenant l'anhydride P^2O^3 : $PO^3H^3 = \frac{1}{2}(P^2O^3 + 3H^2O)$;

l'*acide orthophosphorique*, $PO\begin{array}{l}\diagup OH\\ - OH\\ \diagdown OH\end{array}$ ou PO^4H^3, *tribasique*, contenant l'anhydride P^2O^5 : $PO^4H^3 = \frac{1}{2}(P^2O^5 + 3H^2O)$;

l'*acide métaphosphorique*, $PO\begin{array}{l}\diagup O\\ \diagdown OH\end{array}$ ou PO^3H, *monobasique* comme l'acide azotique, et contenant aussi l'anhydride P^2O^5 : $PO^3H = \frac{1}{2}(P^2O^5 + H^2O)$.

Enfin le phosphore donne encore *3 acides condensés* ou *pyrogénés*, regardés comme formés par l'union de 2 molécules d'acides simples, avec élimination d'une molécule d'eau s'effectuant dans certaines conditions sous l'action de la chaleur :

l'*acide pyrophosphoreux*, $PO\begin{array}{l}\diagup H\\ \diagdown OH\end{array}\!\!-O-PO\begin{array}{l}\diagup H\\ \diagdown OH\end{array}$, *bibasique*, ou $2.PO^3H^3 - H^2O = P^2O^5H^4$;

l'*acide pyrophosphoreux phosphorique* ou *hypophosphorique*, $PO\begin{array}{l}\diagup OH\\ \diagdown OH\end{array}\!\!-PO\begin{array}{l}\diagup OH\\ \diagdown OH\end{array}$, *tétrabasique*, ou $PO^3H^3 + PO^4H^3 - H^2O = P^2O^6H^4$, que l'on peut aussi regarder comme contenant l'anhydride P^2O^4 : $P^2O^6H^4 = P^2O^4,2H^2O$;

enfin l'*acide pyrophosphorique*, $PO\begin{array}{l}\diagup OH\\ \diagdown OH\end{array}\!\!-O-P\begin{array}{l}\diagup OH\\ \diagdown OH\end{array}$ *tétrabasique*, ou $2PO^4H^3 - H^2O = P^2O^7H^4$, que l'on a aussi regardé longtemps comme renfermant l'anhydride phosphorique : $P^2O^7H^4 = P^2O^5,2H^2O$.

Les acides méta-, pyro-, et orthophosphorique s'appelaient alors acides phosphoriques mono-, bi-, et trihydatés, quand l'anhydride phosphorique portait le nom d'acide phosphorique anhydre.

Il est à remarquer que tous les acides du phosphore contiennent le radical phosphoryle $PO\begin{array}{l}\diagup \\ - \\ \diagdown \end{array}$ trivalent.

ACIDE HYPOPHOSPHOREUX, PO^2H^3 ou $PO^2H^2.H$

C'est une *masse cristalline blanche* fondant *à 17°*, en un *liquide incolore* restant facilement en surfusion. Il est *soluble* dans l'eau. Il est *décomposé* par la chaleur, soit quand on le chauffe *à 140°*, soit quand on fait *bouillir* la dissolution; il y a alors dégagement de phosphure gazeux d'hydrogène non spontanément inflammable à froid :

$$2.PO^2H^3 = PO^4H^3 + PH^3\uparrow.$$

I. — Propriétés chimiques de l'acide hypophosphoreux.

1° Il est *réduit* à l'état de phosphure d'hydrogène dans l'*appareil producteur d'hydrogène*, comme les composés oxygénés acides de l'azote :

$$PO^2H^3 + 2H^2 = 2H^2O + PH^3\uparrow.$$

2° Mais il est surtout *très avide d'oxygène*, qu'il absorbe dans l'*air* pour donner de l'acide phosphoreux PO^3H^3; qu'il enlève aux *oxydants* pour se transformer en acide orthophosphorique PO^4H^3; aussi c'est surtout un *réducteur énergique* des composés oxygénés :

du *permanganate* de potassium MnO^4K qu'il décolore;

de l'*acide sulfurique* et de l'*acide sulfureux* SO^3H^2 quand on chauffe, et avec précipitation de soufre :

$$2.SO^4H^2 + 3.PO^2H^3 = 3.PO^4H^3 + 2H^2O + 2S\downarrow;$$

de beaucoup de solutions de *sels métalliques*; le *chlorure d'or* $AuCl^3$, à froid, avec précipitation d'or métallique :

$$4.AuCl^3 + 6.H^2O + 3.PO^2H^3 = 3.PO^4H^3 + 12HCl + 4Au\downarrow;$$

l'*azotate d'argent* AzO^3Ag, rapidement même à froid, avec précipitation d'argent métallique noir :

$$4.AzO^3Ag + 2H^2O + PO^2H^3 = PO^4H^3 + 4AzO^3H + 4Ag\downarrow;$$

le *chlorure mercurique* $HgCl^2$, d'abord avec précipitation de *chlorure mercureux* Hg^2Cl^2 blanc, puis si l'on chauffe avec formation finalement d'un dépôt gris de mercure métallique :

$$4HgCl^2 + 2H^2O + PO^2H^3 = PO^4H^3 + 4HCl + 2.Hg^2Cl^2\downarrow,$$
$$2Hg^2Cl^2 + 2H^2O + PO^2H^3 = PO^4H^3 + 4HCl + 4Hg\downarrow;$$

enfin il réduit la solution de *sulfate cuivrique* SO^4Cu maintenue *à 60°*, avec précipitation au bout de quelque temps d'*hydrure de cuivre* Cu^2H^2 *rouge brun*, ce qui est une réaction *caractéristique* de l'acide hypophosphoreux *dans les conditions où elle se produit*, car l'acide phosphoreux ne la donne pas, et l'acide hydrosulfureux la donne à froid.

II. — Propriétés des hypophosphites.

L'acide hypophosphoreux étant *monobasique*, la molécule des hypophosphites alcalins contiendra *toujours 2 atomes d'hydrogène non remplaçable* par le métal. Les hypophosphites sont en général *solubles*. Ils sont *décomposés par la chaleur*, en phosphates et phosphure gazeux d'hydrogène; ou bien, si l'on opère en présence des alcalis, en phosphates et hydrogène comme on l'a vu dans la préparation du gaz de Gengembre. Ils ont les mêmes *propriétés réductrices* que l'acide libre : ainsi ils donnent avec l'*azotate d'argent* un précipité blanc difficile à observer, car il passe immédiatement par diverses teintes jusqu'au noir de l'argent libre; cette réaction est *caractéristique*, car la réaction analogue pour les phosphites est beaucoup plus lente; et si les hyposulfites donnent une réaction d'apparence identique, ces sels ont été reconnus par la décomposition spéciale qu'y produit une goutte d'acide chlorhydrique.

Les hypophosphites se *forment* par ébullition du phosphore blanc avec de l'eau et des alcalis ou des alcalinoterreux, en particulier dans la purification du phosphore rouge, ou dans la préparation du gaz de Gengembre; mais alors il y a toujours transformation partielle de l'hypophosphite en phosphate avec dégagement d'hydrogène.

III. — Préparation de l'acide hypophosphoreux.

On emploie un *procédé général* qui consiste à préparer la solution du sel de baryum de l'acide, dont il suffit de précipiter le baryum par une quantité strictement équivalente d'acide sulfurique. Pour cela, on fait bouillir du phosphore blanc avec de l'*eau de baryte*, ou mieux avec une *dissolution de sulfure de baryum* bien plus soluble que l'hydrate de baryum :

$$2P^4 + 12.H^2O + 3.BaS = 2.PH^3 \uparrow + 3H^2S \uparrow + 3(PO^2H^2)^2Ba;$$

alors dans la solution froide de l'hypophosphite de baryum obtenu, on ajoute goutte à goutte de l'acide sulfurique *étendu*, jusqu'à cessation de la précipitation du sulfate de baryum :

$$(PO^2H^2)^2Ba + SO^4H^2 = SO^4Ba\downarrow + 2.PO^2H^3;$$

on décante, ou on filtre, et on évapore *rapidement* à la température 100° *sans faire bouillir*; puis on achève l'évaporation dans une capsule en platine, en ayant soin de *ne pas dépasser 140°*. On verse alors le liquide restant dans un flacon qu'on ferme à l'émeri, et on refroidit à 0° pour faire cristalliser.

ANHYDRIDE PHOSPHOREUX, P^4O^6 ou P^2O^3

C'est une *masse blanche*, à *odeur* spéciale d'ozone, *fondant* à 22°,5 en un liquide qui dans un gaz inerte *bout* à 173°; la *densité de vapeur* conduit à la masse moléculaire P^4O^6 pour l'état gazeux; on l'obtient *cristallisé*, soit par sublimation, soit par fusion et refroidissement.

Il est soluble *très lentement* dans l'*eau froide* pour donner une dissolution d'acide phosphoreux PO^3H^3; mais il réagit violemment sur l'eau chaude en donnant des produits complexes.

Il est *décomposé par la lumière* avec formation de phosphore rouge et d'anhydride phosphorique P^2O^5 :

$$5.P^2O^3 = 3P^2O^5 + P^4;$$

il est aussi décomposé *par la chaleur* en tube scellé *à 440°* avec formation de phosphore rouge et d'*anhydride hypophosphorique* P^2O^4, dont c'est un mode de production :

$$4.P^2O^3 = 3P^2O^4 + 2P.$$

Enfin il réagit facilement sur le *chlore* et sur l'*oxygène*, à peu près comme le phosphore blanc; il s'enflamme *spontanément* dans le chlore et y brûle pour donner deux oxychlorures de phosphore :

$$P^2O^3 + 2Cl^2 = POCl^3 + PO^2Cl;$$

le 1er est le chlorure de l'acide orthophosphorique, le 2e est le chlorure de l'acide métaphosphorique. — Il s'oxyde spontanément dans l'*air* ou dans l'oxygène à basse pression, et *avec phosphorescence*; et il s'enflamme dans l'air dès la température 70°, en donnant de l'anhydride phosphorique P^2O^5.

Il se *produit* par combustion lente du phosphore sec par l'air sec; et on le *prépare* dans un tube de verre maintenu à *50°* contenant du phosphore sec à une extrémité et un tampon de coton de verre à l'autre extrémité qui est mise en relation avec un tube en U refroidi par un mélange réfrigérant; on fait passer un courant *rapide* d'air sec par l'extrémité qui contient le phosphore qu'on chauffe : le phosphore vaporisé et l'anhydride phosphorique formé sont arrêtés par le coton de verre, tandis que la vapeur d'anhydride phosphoreux va se condenser à l'état solide dans le tube en U fortement refroidi.

ACIDE PHOSPHOREUX, PO^3H^3 ou $PO^3H.H^2$

C'est une *masse cristalline blanche*, déliquescente, fondant à *70°*, *soluble* dans l'eau, *décomposée* par la chaleur, soit à *180°*, soit par *ébullition* de la dissolution, avec formation d'acide orthophosphorique et dégagement de phosphure d'hydrogène non spontanément inflammable à froid, comme il arrive pour l'acide hypophosphoreux :

$$4.PO^3H^3 = 3PO^4H^3 + PH^3\uparrow.$$

I. — Propriétés chimiques de l'acide phosphoreux.

1° Il est *réduit* à l'état de phosphure gazeux d'hydrogène dans l'*appareil producteur d'hydrogène*, comme l'acide hypophosphoreux, d'après une réaction analogue à celles que donnent les acides de l'azote et l'acide arsénieux :

$$PO^3H^3 + 3H^2 = 3H^2O + PH^3\uparrow.$$

2° Mais il est *surtout* oxydable en acide orthophosphorique par les *agents oxydants* comme l'*acide azotique* chauffé; et c'est encore un *réducteur énergique* des composés oxygénés :

de l'*acide sulfureux* SO^3H^2 quand on chauffe, et avec précipitation de soufre :

$$SO^3H^2 + 2PO^3H^3 = 2.PO^4H^3 + H^2O + S\downarrow;$$

du *chlorure d'or*, de l'*azotate d'argent*, du *chlorure mercurique*, quand on chauffe :

$$2.AuCl^3 + 3.H^2O + 3.PO^3H^3 = 3.PO^4H^3 + 6.HCl + 2.Au\downarrow,$$
$$2.AzO^3Ag + H^2O + PO^3H^3 = PO^4H^3 + 2.AzO^3H + 2Ag\downarrow,$$
$$2.HgCl^2 + H^2O + PO^3H^3 = PO^4H^3 + 2HCl + Hg^2Cl^2\downarrow,$$

puis par excès d'acide phosphoreux :

$$Hg^2Cl^2 + H^2O + PO^3H^3 = PO^4H^3 + 2HCl + 2Hg\downarrow;$$

c'est donc un réducteur analogue à l'acide hypophosphoreux, mais moins énergique, car il est *sans action sur la dissolution de sulfate cuivrique*, ce qui est un premier caractère le distinguant de l'acide hypophosphoreux.

II. — Propriétés des phosphites.

L'acide phosphoreux étant *bibasique* donnera 2 phosphites du même métal alcalin : un *phosphite acide*, comme PO^3H^2Na lequel est neutre à l'hélianthine, réactif des acides forts, ce qui montre que l'acide phosphoreux n'a qu'*une fonction acide fort*; puis un *phosphite neutre*, comme PO^3HNa^2, lequel contient encore dans sa molécule un *atome d'hydrogène non remplaçable* par le métal. — On prépare le *phosphite acide de sodium*, en neutralisant la solution d'acide phosphoreux par de la soude NaOH, le réactif indicateur étant l'hélianthine : on verse la solution de soude en agitant jusqu'à ce que le liquide acide coloré en rouge par l'hélianthine reprenne la couleur jaune du réactif.

Les phosphites *alcalins* sont *seuls solubles*; et leur solution donne par l'*azotate d'argent* un *précipité blanc noircissant* à froid en une dizaine de minutes ce qui distingue les phosphites des hypophosphites pour lesquels la réaction est rapide : la transformation serait encore rapide si l'on chauffait.

Si on chauffe à 160° le phosphite monosodique PO^3H^2Na, on le transforme en un *nouveau sel*, ne *précipitant pas l'azotate d'argent* et qui est un *pyrophosphite de sodium*; la solution de pyrophosphite se retransforme à la longue en la solution de phosphite monosodique, d'après la réaction inverse :

$$2PO^3H^2Na \rightleftarrows H^2O\uparrow + P^2O^5H^2Na^2.$$

Mais la solution *fraîche* de pyrophosphite donne, par le chlorure de baryum, le *pyrophosphite de baryum* $P^2O^5H^2Ba$, lequel par une quantité équivalente d'acide sulfurique étendu refroidi à 0° donne par filtration la *dissolution d'acide pyrophosphoreux* $P^2O^5H^4$, décomposable par la chaleur avec dépôt de phosphure solide d'hydrogène P^2H (différence avec la solution d'acide phosphoreux qui dégage PH^3), et se transformant en quelques heures en dissolution d'acide phosphoreux.

$$P^2O^5H^4 + H^2O = 2.PO^3H^3.$$

III. — Formation et préparation de l'acide phosphoreux.

1° Il y a formation d'acide phosphoreux PO^3H^3 dans la *combustion lente du phosphore* blanc à l'air humide, avec en même temps formation d'acide hypophosphorique $P^2O^6H^4$ et d'acide orthophosphorique PO^4H^3 : le mélange des 3 acides constitue un liquide que l'on appelait autrefois *acide phosphatique* et que l'on obtenait comme on l'a vu à propos de l'oxydation du phosphore.

2° Il y a surtout formation d'acide phosphoreux dans l'*action de l'eau* sur le *trichlorure* PCl^3, le *tribromure* PBr^3, le *triiodure* PI^3, ou le *trisulfure* P^2S^3, de phosphore; et dans la dissolution lente de l'*anhydride* P^2O^3 par l'eau froide.

Et pour *préparer* l'acide phosphoreux, on verse goutte à goutte le trichlorure de phosphore par un long tube à entonnoir dans de l'eau refroidie, agitée par un courant de gaz carbonique par exemple :

$$PCl^3 + 3H^2O = 3HCl + PO^3H^3;$$

on *concentre* alors par la chaleur *sans faire bouillir*, et on élève progressivement la température jusque *vers 180°* pour chasser l'acide chlorhydrique; il suffit de verser le liquide restant dans un flacon à l'émeri pour que par le refroidissement il y ait cristallisation.

IV. — Composition de l'anhydride et de l'acide phosphoreux.

On la déduit immédiatement des résultats de l'analyse du trichlorure de phosphore : dans l'action de l'eau sur ce trichlorure, il se produit *uniquement* de l'*acide chlorhydrique pur* HCl que l'on peut séparer par distillation, et de l'*acide phosphoreux pur* qui reste. Or cet acide phosphoreux est identique à celui que l'on obtient en décomposant par l'eau les bromure PBr^3, iodure

PI^3, sulfure P^2S^3, ou en dissolvant dans l'eau froide l'anhydride phosphoreux; l'*anhydride phosphoreux*, obtenu par synthèse à partir du phosphore et de l'oxygène, *ne peut contenir que du phosphore et de l'oxygène*; et l'acide phosphoreux ne peut contenir que l'anhydride et les éléments de l'eau. Il faut donc que le déplacement du chlore du trichlorure ait été total, dans l'action de l'eau; aussi les formules de la réaction :

$$2.PCl^3 + 3H^2O = 6HCl + P^2O^3{}_{\text{dissous}},$$
$$PCl^3 + 3H^2O = 3HCl + PO^3H^3,$$

sont nécessaires, ce qui fixe la composition de l'anhydride représentée par la *formule la plus simple* P^2O^3 et la composition de l'acide PO^3H^3. — En réalité la *formule moléculaire* de l'anhydride est P^4O^6, car $28^{gr},8 \times d = 31^{gr} \times 4 + 16^{gr} \times 6$: dans les composés oxygénés du phosphore, la molécule P^4 resterait intacte.

ANHYDRIDE HYPOPHOSPHORIQUE, P^2O^4, ET ACIDE HYPOPHOSPHORIQUE, $P^2O^6H^4$

L'anhydride hypophosphorique *se produit* dans l'oxydation du phosphore par l'*air sec*, en même temps que les anhydrides phosphoreux P^2O^3 et phosphorique P^2O^5;

On l'*obtient* en chauffant *à 440°* en tube scellé l'anhydride phosphoreux : $4.P^2O^3 = 3.P^2O^4 + 2P$;

En se dissolvant dans l'*eau*, il donne la dissolution d'acide hypophosphorique : $P^2O^4 + 2.H^2O = P^2O^6H^4$.

Cette dissolution est d'autant plus *stable* qu'elle est plus *étendue*; la dissolution étendue peut se conserver à la température ordinaire sans altération, pourvu toutefois qu'elle ne contienne aucun acide étranger; elle ne s'oxyde pas à l'*air*.

Par concentration *dans le vide*, elle laisse déposer l'*hydrate d'acide hypophosphorique* $P^2O^6H^4 + 2H^2O$ en *tables* orthorhombiques *déliquescentes*, se conservant à l'abri de l'humidité, *fondant* à 62°,5 et *se dédoublant* à 70° en les acides phosphoreux et orthophosphorique :

$$P^2O^6H^4 + 2H^2O = PO^3H^3 + PO^4H^3 + H^2O.$$

Par abandon dans le *vide sec*, les cristaux de l'hydrate perdent de l'eau, se liquéfient et laissent *l'acide hypophosphorique normal*

$P^2O^6H^4$ en *petits cristaux* grenus, qui *chauffés* à 70° se liquéfient brusquement avec dégagement de chaleur ; il y a eu *dédoublement* en les acides pyrophosphoreux et pyrophosphorique :

$$2P^2O^6H^4 = P^2O^5H^4 + P^2O^7H^4 ;$$

et si l'on chauffe à 120°, il y a décomposition de l'acide pyrophosphoreux formé en acide orthophosphorique et phosphure d'hydrogène solide, avec dégagement de phosphure gazeux d'hydrogène.

En quelques jours, au contact de *traces d'eau*, les cristaux se détruisent en donnant les acides phosphoreux et orthophosphorique : $P^2O^6H^4 + H^2O = PO^3H^3 + PO^4H^3$; c'est ce dédoublement qui fait considérer l'acide hypophosphorique comme un acide pyrophosphoreux phosphorique.

L'acide hypophosphorique ne réduit pas les sels d'or ou de mercure. Il est *en général sans action sur les oxydants*. Pourtant il décolore lentement à chaud le *permanganate* en passant à l'état d'acide orthophosphorique. Et l'*acide azotique concentré* produit d'abord le dédoublement, qui est suivi de la transformation en acide orthophosphorique.

Le réactif molybdique ne donne rien avec l'acide hypophosphorique.

C'est un acide *tétrabasique* ; on connait en effet les *4 sels de sodium*, les hypophosphates *monosodique* $P^2O^6H^3Na$, *disodique* $P^2O^6H^2Na^2$ lequel est neutre à l'hélianthine et peu soluble dans l'eau froide, *trisodique* $P^2O^6HNa^3$, enfin *tétrasodique* $P^2O^6Na^4$.

L'acide hypophosphorique et les hypophosphates solubles donnent avec l'*azotate d'argent* un *précipité blanc* d'*hypophosphate tétraargentique* $P^2O^6Ag^4$, ne noircissant pas si on chauffe, soluble à chaud dans l'acide azotique d'où il cristallise par refroidissement.

Préparation de l'acide hypophosphorique.

Il *se forme* avec les acides phosphoreux et orthophosphorique dans l'oxydation *lente* du phosphore à l'*air humide*, qui donne naissance à un liquide très acide (*acide phosphatique* de Dulong).

Pour obtenir de grandes quantités de ce liquide, dans un cristallisoir contenant de l'eau, on place un grand nombre de petits flacons dans chacun desquels se trouvent 2 bâtons de phosphore en croix avec de l'eau jusqu'au point de croisement. On abandonne *au frais* et *à l'obscurité*, après avoir recouvert partiellement l'orifice de chaque flacon par une petite plaque de verre, pour éviter l'oxydation rapide qui amènerait l'inflammation spontanée du phosphore. Au bout de *deux jours*, il y a disparition de la partie émergente du phosphore, pourvu que la température ne soit pas inférieure à 7°. On décante le liquide, et on remet de l'eau dans les flacons pour en continuer la production.

Fig. 127. — Formation de l'acide hypophosphorique.

Le liquide acide est alors saturé *à chaud* par du *carbonate de sodium sec* jusqu'à ce que quelques gouttes du liquide ne fassent plus virer l'hélianthine : il s'est formé du phosphite monosodique PO^3H^2Na, de l'orthophosphate monosodique PO^4H^2Na, sels très solubles, et l'hypophosphate bisodique peu soluble à froid $\left(\frac{1}{45}\right)$, tous neutres à l'hélianthine. On *concentre* par la chaleur, et on laisse refroidir; l'hypophosphate $P^2O^6H^2Na^2 + 6H^2O$ cristallise. On le *purifie* par recristallisation.

Alors on le transforme par double décomposition avec le chlorure de baryum en *hypophosphate monobarytique* $P^2O^6H^2Ba$, très peu soluble, qui se dépose. Il suffit de faire agir sur ce sel une quantité équivalente d'acide sulfurique étendu pour libérer l'acide hypophosphorique en *solution étendue*, que l'on évaporera *dans le vide*.

ANHYDRIDE PHOSPHORIQUE, P^4O^{10} ou P^2O^5

C'est une *masse blanche*, fusible en tube scellé au rouge sombre; il est *volatil au-dessous du rouge* quand il est bien dépourvu de traces d'eau; et sa *densité de vapeur* répond à la formule moléculaire P^4O^{10}.

Il se forme par *combustion vive* du phosphore *sec* dans l'oxygène ou dans l'air secs; et il est constitué par un mélange de *3 variétés isomériques* : il est *cristallisé* quand il se dépose sur une paroi froide; il est *amorphe* quand le dépôt se fait sur une paroi chaude; il est *vitreux* quand il se dépose sur une paroi au rouge sombre.

La *variété cristallisée* est *volatile* dès 250°, d'où sa préparation par distillation de l'anhydride brut; et elle se dissout *immédiatement* dans l'eau avec un grand dégagement de chaleur, 45°. — L'anhydride cristallisé, par l'*action de la chaleur* en tube scellé à 440°, se transforme en la *variété amorphe, moins volatile*, se dissolvant *plus lentement* dans l'eau en dégageant seulement 41°. — Enfin *par fusion* des deux variétés précédentes ou de l'anhydride brut en tube scellé au rouge sombre, il y a formation de la *variété vitreuse* capable de redonner par distillation la variété cristallisée, et se dissolvant *très lentement* dans l'eau, comme l'anhydride phosphoreux.

L'anhydride phosphorique brut est *très avide d'eau* : il se dissout avec bruit dans l'eau *froide* en laissant cependant déposer d'abord des flocons de la variété vitreuse; la dissolution *fraîche* est un mélange d'acides méta- et orthophosphorique :

$$P^2O^5 + H^2O = 2.PO^3H,$$
$$P^2O^5 + 3H^2O = 2.PO^4H^3;$$

mais si l'on fait bouillir la dissolution, elle ne renferme plus bientôt que de l'acide orthophosphorique. Cette avidité de l'anhydride phosphorique pour l'eau lui permet de *déshydrater les oxacides*, comme l'*acide azotique* :

$$2AzO^3H + P^2O^5 = 2.PO^3H + Az^2O^5,$$

d'où la préparation pratique de l'anhydride azotique; ou encore comme l'*acide sulfurique* :

$$SO^4H^2 + P^2O^5 = 2.PO^3H + SO^3,$$

d'où la transformation possible de l'acide sulfurique en anhydride. — L'anhydride phosphorique absorbe très énergiquement la *vapeur d'eau*, d'où son usage autrefois pour la *dessiccation des gaz* : il ne peut servir à dessécher le gaz fluorhydrique HF sans le transformer en oxyfluorure de phosphore POF^3 qui n'attaque pas le verre.

Il est *indécomposable par la chaleur*, différence avec les anhydrides azotique ou arsénique. Il est *irréductible par l'hydrogène*, autre différence avec les mêmes corps. Mais il est encore réduit au rouge par le *charbon* :

$$P^2O^5 + 5C = 5CO\uparrow + 2P\uparrow.$$

Il n'est *pas combustible* à l'air, différence avec l'anhydride phosphoreux qui s'enflamme dès 70°.

Enfin il est déplacé à très haute température par l'*anhydride silicique*, lequel est fixe.

I. — Préparation de l'anhydride phosphorique.

Pour l'obtenir *en petites quantités*, sur une assiette desséchée on place une coupelle contenant un fragment de phosphore blanc desséché que l'on enflamme et que l'on recouvre immédiatement d'une cloche pleine d'air sec : les fumées blanches d'anhydride phosphorique qui remplissent la cloche se déposent peu à peu sur l'assiette en une *masse neigeuse*, qui contient des traces d'eau à cause de l'imparfaite dessiccation.

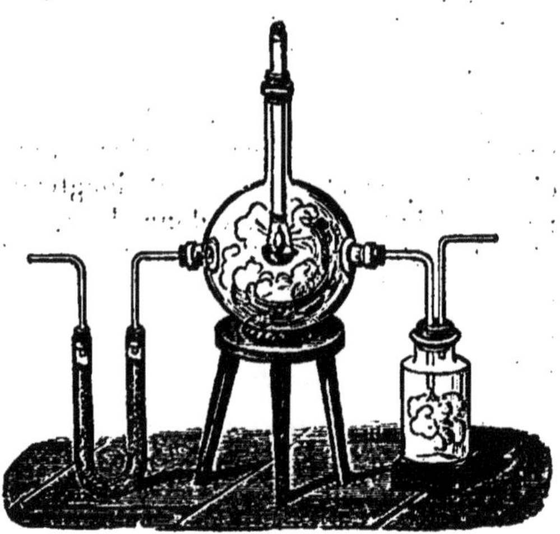

Fig. 128. — Préparation de l'anhydride phosphorique.

Aussi pour préparer de *plus grandes quantités* d'anhydride phosphorique *plus pur*, on emploie l'appareil suivant : un grand ballon à 2 tubulures latérales porte par un bouchon dans son col un tube en porcelaine, muni à la partie inférieure d'une coupelle supportée par des fils de platine au niveau du centre du ballon; l'une des tubulures latérales est mise en relation avec l'atmosphère par une série de tubes desséchants; l'autre est en relation par un large tube avec un flacon sec relié d'autre part avec une trompe à eau, pour produire un appel d'air sec dans le ballon quand le tube de porcelaine est fermé par un bouchon. — On laisse tomber du phosphore sec dans la coupelle, on l'allume en le touchant avec un fer chauffé, et on referme le tube de porcelaine : les flocons d'anhydride retombent en majeure partie dans le ballon, et le reste se dépose dans le flacon; on laisse tomber de temps en temps de nouveaux fragments de phosphore sec par le tube central que l'on referme aussitôt. — Pour mettre fin à l'opération, on arrête l'appel d'air, on ferme les tubulures latérales par des bouchons, on enlève le tube central, et on coiffe le col du ballon avec un flacon sec fermant à l'émeri : il suffit de retourner le système pour que, par de légers chocs contre le ballon, on fasse tomber l'anhydride dans le flacon qu'on ferme aussitôt.

II. — Composition de l'anhydride phosphorique et d'un acide phosphorique quelconque.

1° D'abord par *synthèse directe* : sur une *masse* connue *m de phosphore rouge pur* et *sec*, contenue dans un tube de verre *taré* avec le phosphore et que l'on chauffe, on fait passer un courant d'*oxygène pur* et *sec* pendant longtemps : l'augmentation de masse *m'* du tube de verre donne la *masse d'oxygène* fixé par le phosphore. Mais la méthode est *peu précise*, car il y peut y avoir perte d'un peu d'anhydride phosphorique volatil dès 250° sous la forme cristallisée; et enfin surtout, la détermination des masses est peu précise, car on a dû prendre une faible masse de phosphore pour arriver plus sûrement à l'oxydation complète.

2° Aussi, on préfère la *synthèse indirecte* qui ne présente pas ces défauts : on transforme la *masse m de phosphore rouge pur sec* en acide orthophosphorique, en chauffant avec un *excès d'acide azotique pur*; et dans l'acide formé *on dose l'anhydride* par la méthode générale; on verse l'acide et les eaux de lavage du vase qui le contient, dans une capsule de porcelaine *tarée* avec un grand excès d'oxyde de plomb sec; on chauffe pour évaporer l'eau, décomposer l'azotate de plomb, et obtenir uniquement du phosphate de plomb anhydre mélangé à l'excès d'oxyde de plomb; l'augmentation de masse M de la capsule donne la *masse d'anhydride* fixé par l'oxyde de plomb; et comme l'anhydride ne peut contenir que du phosphore et de l'oxygène puisqu'il se forme par synthèse directe, la *masse d'oxygène* est M — *m*. Or les nombres *m* de phosphore, et M — *m* d'oxygène [ou *m'* de la méthode précédente], sont entre eux comme $31^{gr} \times 2$ et $16^{gr} \times 5$, d'où la *formule la plus simple* de l'anhydride phosphorique P^2O^5 :

la *formule moléculaire* déduite de la densité de vapeur serait P^4O^{10}.

On peut remarquer que si l'on avait pris la *masse* M' *d'un acide phosphorique quelconque* pour obtenir un accroissement M de la capsule à oxyde de plomb, on en déduirait pour la *composition de l'acide* M d'anhydride et M' — M d'eau.

3° Enfin, la composition de l'anhydride ou de l'acide phosphorique se déduit surtout *immédiatement* des résultats de l'*analyse du perchlorure de phosphore* : la décomposition de ce corps par un *excès* d'eau donne *uniquement* de l'*acide chlorhydrique pur* séparable par distillation, et de l'*acide orthophosphorique pur* qui reste, et qui est identique à celui que l'on obtiendrait par décomposition du *pentabromure* PBr^5, ou à partir de l'anhydride dissous par l'eau bouillante ; il faut donc que le remplacement du chlore du pentachlorure PCl^5 ait été complet, de sorte que les formules de la réaction :

$$2.PCl^5 + 5.H^2O = 10.HCl + P^2O^5{}_{\text{dissous}},$$
$$PCl^5 + 4H^2O = 5HCl + PO^4H^3,$$

sont nécessaires : ce qui fixe les *formules les plus simples*, P^2O^5 pour l'anhydride, PO^4H^3 pour l'acide orthophosphorique, qui est tribasique.

ACIDES PHOSPHORIQUES

On en connait *3 distincts*, donnant des sels différents avec la même base, contrairement à ce que l'on observe pour les 2 acides azotiques et les hydrates arséniques.

1° Si on fait bouillir la dissolution dans l'eau d'*une demi-molécule* d'anhydrique phosphorique $\frac{1}{2}$ P^2O^5, suivant qu'on y ajoute *2 molécules* de soude NaOH, ou *3 molécules*, ou *1 molécule* seulement, en faisant cristalliser le liquide on obtient 3 sels sodiques : le *phosphate disodique* $PO^4HNa^2 + 12\ H^2O$, qui devient *anhydre* à 200° sans que sa dissolution change de propriétés ; elle est *alcaline au tournesol*, mais *neutre à la phénolphtaléine* qui est un réactif des alcalis libres ; un liquide additionné de quelques gouttes de la solution alcoolique de la phtaléine du phénol prend une coloration rouge par des traces d'alcali. — Dans le 2ᵉ cas on obtient le *phosphate trisodique* $PO^4Na^3 + 12H^2O$, dont la dissolution est *alcaline* au tournesol et alcaline aussi à la phénolphtaléine. — Dans le dernier cas, on obtient le *phosphate monosodique* $PO^4H^2Na + 2H^2O$, dont la dissolution est *acide au tournesol*, mais *neutre à l'hélianthine*.

Si on a ajouté successivement les 3 molécules de soude en mesurant la quantité de chaleur dégagée à chaque addition, on observe que l'addition de la 1re molécule dégage *14*c,7, ce qui indique la neutralisation d'*une fonction acide fort* comparable à celle de l'acide azotique. L'addition de la 2e molécule de soude dégage *12*c, nombre inférieur au précédent, comparable à celui que donne la neutralisation de l'acide carbonique, quoique plus élevé, ce qui indique la neutralisation d'une *2e fonction acide moins fort* ; et le *phosphate monosodique*, qui possède cette fonction acide, *décompose les carbonates*, et en général les sels des acides faibles comme l'acide carbonique. L'addition de la 3e molécule de soude ne dégage plus que 7c,*3*, quantité de chaleur bien moindre, ce qui indique la neutralisation d'une *3e fonction acide très faible* ; aussi le *phosphate trisodique* est *dissocié par l'eau* en excès comme les sels formés par les acides faibles et les alcalis, tels que les carbonates alcalins :

$$PO^4HNa^2 + NaOH \rightleftarrows PO^4Na^3 + H^2O,$$

d'où la réaction alcaline de ce sel à la phénolphtaléine. L'existence de ces *3 fonctions acides de caractères différents* explique les actions sur les réactifs colorés des 3 sels obtenus : la *neutralité au tournesol* serait réalisée par l'addition de $\frac{3}{2}$ molécules de soude et répondrait à un *sel double* $PO^4H^2Na + PO^4HNa^2$, qui est d'ailleurs connu à l'état cristallisé.

Les 3 sels sodiques simples, ainsi obtenus par synthèse, ont la propriété commune de donner par l'*azotate d'argent* le même précipité *jaune* de *phosphate triargentique*, la précipitation n'étant cependant complète que dans le cas du phosphate trisodique :

$$PO^4Na^3 + 3AzO^3Ag = PO^4Ag^3 \downarrow + 3AzO^3Na,$$

la solution qui était alcaline devient neutre ;

$$PO^4HNa^2 + 3AzO^3Ag = PO^4Ag^3 \downarrow + 2AzO^3Na + AzO^3H,$$

le liquide qui était alcalin devient acide;

$$PO^4H^2Na + 3AzO^3Ag = PO^4Ag^3\downarrow + AzO^3Na + 2AzO^3H,$$

le liquide qui était acide devient fortement acide : on suppose que le réactif coloré est le tournesol; la précipitation de l'acide phosphorique est incomplète dans les 2 derniers cas avec les proportions indiquées, à cause de la solubilité du phosphate triargentique dans les acides. Dans ces réactions, Na^3, H et Na^2, H^2 et Na, ont été remplacés par Ag^3, ce qui montre que l'hydrogène a joué le même rôle que le métal alcalin; et les 3 sels sodiques en question sont les *3 sels de sodium d'un même acide*, l'acide *orthophosphorique* PO^4H^3 qui est un acide *tribasique mixte*, c'est-à-dire pour lequel les fonctions acides sont différentes.

La saturation de l'acide phosphorique ne paraît pas d'ailleurs s'arrêter là : par la chaux, il pourrait se former un phosphate quadribasique, et aussi avec la baryte ou même avec la soude.

2° Si on calcine *au rouge sombre* l'orthophosphate disodique anhydre, que l'on reprenne par l'eau et que l'on fasse cristalliser, on obtient un nouveau sel solide $P^2O^7Na^4 + 10H^2O$, que l'on appelle *pyrophosphate de sodium* à cause de son mode de préparation; 2 molécules de l'orthophosphate disodique ont perdu une molécule d'eau pour former la molécule de pyrophosphate :

$$2PO^4HNa^2 = H^2O\uparrow + P^2O^7Na^4.$$

Et on sait aussi préparer un *pyrophosphate acide* $P^2O^7H^2Na^2$.

Ces deux nouveaux sels sodiques ont la propriété commune de donner par l'*azotate d'argent* le même précipité *blanc* de *pyrophosphate tétraargentique*, bien que la précipitation soit incomplète dans le cas du pyrophosphate acide :

$$P^2O^7Na^4 + 4.AzO^3Ag = P^2O^7Ag^4\downarrow + 4.AzO^3Na,$$

$$P^2O^7H^2Na^2 + 4AzO^3Ag = P^2O^7Ag^4\downarrow + 2.AzO^3Na + 2.AzO^3H;$$

le liquide est neutre dans le 1er cas, il est acide dans le 2e. Les deux nouveaux sels sodiques sont les sels d'un même acide, l'*acide pyrophosphorique* $P^2O^7H^4$, différent de l'acide orthophosphorique.

3° Enfin si on calcine l'orthosphosphate monosodique, on obtient un dernier sel sodique non cristallisable, le *métaphos-*

phate de sodium, par le départ d'une molécule d'eau :

$$PO^4H^2Na = H^2O\uparrow + PO^3Na.$$

La dissolution de ce sel donne par l'*azotate d'argent* un précipité *blanc* différent du précédent et qui est du *métaphosphate d'argent* :

$$PO^3Na + AzO^3Ag = PO^3Ag\downarrow + AzO^3Na.$$

Ce dernier sel sodique est le sel unique de sodium d'un 3e acide phosphorique différent des deux précédents, l'*acide métaphosphorique* PO^3H, *monobasique* comme l'acide azotique AzO^3H.

4° Les dissolutions des 3 acides *libres* se distinguent par les *caractères* suivants : il y a coagulation de l'*albumine* du blanc d'œuf à froid par l'acide métaphosphorique, et non par les autres acides phosphoriques. — Il y a précipitation de la solution de *chlorure de baryum* par l'acide méta :

$$BaCl^2 + 2PO^3H = (PO^3)^2Ba\downarrow + 2HCl,$$

car le métaphosphate de baryum est insoluble dans l'acide chlorhydrique étendu qui prend naissance, tandis que les 2 autres acides libres ne donnent rien, leurs sels de baryum étant solubles dans les acides chlorhydrique ou azotique étendus.

Pour distinguer les acides pyro et orthophosphorique libres, on commence par les *neutraliser exactement* au tournesol par un alcali, puis on ajoute de l'*azotate d'argent* : s'il se forme un précipité *blanc*, c'est du pyrophosphate d'argent, l'acide était de l'*acide pyrophosphorique*; s'il se forme un précipité *jaune*, c'est de l'orthophosphate d'argent, l'acide était de l'acide orthophosphorique.

Enfin pour reconnaître que l'on a bien affaire à un acide phosphorique, il suffit de *faire bouillir* la dissolution de l'acide libre pour que le liquide donne toujours les réactions de l'acide orthophosphorique facile à reconnaître comme on le verra.

I. — Acide métaphosphorique, PO^3H.

Appelé encore *acide phosphorique vitreux* : c'est une *masse vitreuse* incolore *non cristallisable*, *fondant* à très haute température et *dissolvant* alors la silice et les sesquioxydes métalliques pour donner par refroidissement des combinaisons cristallisées ;

volatile au rouge, et à densité de vapeur conduisant à la formule $P^2O^6H^2$, se *dissociant* d'ailleurs en P^2O^5 et H^2O.

C'est un corps *très avide d'eau*, d'où son emploi pour *dessécher les gaz* à la place de l'anhydride phosphorique, moins maniable à cause de son état pulvérulent. Il est *très soluble*, et la dissolution perd *peu à peu* la propriété de coaguler l'*albumine* et de précipiter le *chlorure de baryum* par suite de la transformation *spontanée* en dissolution d'acide orthophosphorique :

$$PO^3H + H^2O = PO^4H^3;$$

cette transformation est très rapide à l'*ébullition*.

L'acide métaphosphorique est réduit au rouge par le *charbon*.

Il se *forme* : 1° quand on dissout l'*anhydride* dans l'eau *froide*, en même temps que l'acide ortho ; 2° quand on chauffe progressivement l'*acide ortho* dans une capsule en platine jusqu'au rouge sombre :

$$PO^4H^3 = H^2O\uparrow + PO^3H;$$

3° et on le *prépare* en chauffant au rouge le *phosphate d'ammonium* du commerce, qui est le phosphate biammonique :

$$PO^4H(AzH^4)^2 = H^2O\uparrow + 2AzH^3\uparrow + PO^3H;$$

on *conserve* dans un flacon à l'émeri.

Les *métaphosphates* se forment par calcination des orthophosphates monométalliques. Les métaphosphates *alcalins* sont incristallisables ; à l'état fondu ils dissolvent les *oxydes métalliques* en prenant une coloration qui dépend de la nature du métal : d'où l'emploi du *sel de phosphore*, qui est un phosphate double de sodium et d'ammonium, pour la *recherche des métaux* par voie sèche ; le sel chauffé sur une boucle de fil de platine y forme une *perle* de métaphosphate de sodium qui dissoudra l'oxyde métallique :

$$PO^4HNaAzH^4 = H^2O\uparrow + AzH^3\uparrow + PO^3Na.$$

Le *silice* SiO^2 est insoluble dans le métaphosphate à la température du bec Bunsen avec lequel on a produit la perle : d'où la *recherche de la silice et des silicates* dans la perle au sel de phosphore, par le *squelette de silice* non dissoute qui y reste. — La dissolution des métaphosphates alcalins par une *longue ébullition* perd la propriété de donner un précipité blanc avec l'*azotate d'argent*; il y a alors formation d'un précipité jaune, par suite de la transformation du métaphosphate en orthophosphate mono-alcalin.

II. — Acide pyrophosphorique, $P^2O^7H^4$.

Il est connu *pur* à l'état de *dissolution étendue seulement*; et sa dissolution se transforme *spontanément* en dissolution d'acide ortho : $P^2O^7H^4 + H^2O = 2.PO^4H^3$, d'autant plus *lentement à froid* que la solution est plus étendue, rapidement à l'ébullition. — La dissolution d'acide pyrophosphorique se distingue de la solution d'acide ortho en ce que l'acide pyro est *complètement précipité à chaud* en présence d'*acide acétique* par le *réactif magnésien*, tandis que l'acide ortho reste dissous dans ces conditions. — La *formule* de l'acide pyro se déduit de la composition de ses sels alcalins.

Les *pyrophosphates neutres* se préparent par la calcination des orthophosphates bimétalliques :

$$2.PO^4HNa^2 = H^2O\uparrow + P^2O^7Na^4.$$

Les pyrophosphates *alcalins* sont *cristallisés, solubles*; leur dissolution perd très lentement la propriété de donner un précipité *blanc* avec l'*azotate d'argent*, plus rapidement à l'ébullition, par suite de la transformation en dissolution d'orthophosphate bialcalin qui précipite le réactif en jaune.

Pour *préparer* la *dissolution étendue pure* d'acide pyrophosphorique, par un mélange des dissolutions de pyrophosphate de sodium et d'acétate neutre de plomb on obtient un précipité blanc de *pyrophosphate de plomb* :

$$P^2O^7Na^4 + 2.(CH^3\text{-}CO^2)^2Pb = 4.CH^3\text{-}CO^2Na + P^2O^7Pb^2\downarrow;$$

On *lave* le précipité, on le met *en suspension* dans l'eau pure où l'on fait passer un courant de *gaz sulfhydrique*, qui précipite le plomb à l'état de sulfure noir :

$$P^2O^7Pb^2 + 2H^2S = 2PbS\downarrow + P^2O^7H^4;$$

il faut avoir soin d'arrêter le courant de gaz sulfhydrique avant que tout le pyrophosphate blanc ait disparu, afin qu'il n'y ait *pas d'excès d'acide sulfhydrique* que l'on ne pourrait pas séparer. Il suffit de *filtrer* pour avoir la solution *étendue* d'acide pyro; *on ne peut concentrer* sans amener la transformation en acide ortho.

On obtient un *acide pyrophosphorique impur* sous forme d'une masse sirupeuse non cristallisable en chauffant l'*acide ortho* à *213°* :

$$2PO^4H^3 = H^2O\uparrow + P^2O^7H^4;$$

mais il reste toujours de l'acide ortho non déshydraté, et il y a toujours formation aussi d'acide méta par déshydratation trop complète; il y a équilibre entre les 3 acides coexistants.

III. — Acide orthophosphorique, ou acide phosphorique ordinaire, PO^4H^3.

C'est une *masse sirupeuse* qui suffisamment concentrée finit par laisser déposer des *cristaux* quand on l'abandonne à elle-même dans un flacon à l'émeri : si la concentration n'a pas été poussée très loin, les cristaux répondent à la composition d'un *acide quadrihydraté* $2PO^4H^3,H^2O$ ou $P^2O^5,4H^2O$, fondant à 27°, *soluble* dans l'eau *avec abaissement de température*. Mais si la concentration est très grande, les cristaux répondent à la composition de l'*acide normal* ou trihydraté PO^4H^3, fondant à 42°, *soluble* avec *élévation de température*; le liquide provenant de la fusion des cristaux reste facilement en *surfusion*; il *se déshydrate* par la *chaleur*, avec formation surtout d'acide pyro à 213°, puis d'acide méta au rouge sombre, *sans que la déshydratation puisse être complète* contrairement à ce qui se passe pour l'acide arsénique.

Il se *forme* : 1° par ébullition des solutions d'*anhydride* P^2O^5, ou d'*acide méta* PO^3H, ou d'*acide pyro* $P^2O^7H^4$;

2° Par oxydation du *phosphore* en *présence de l'eau*; soit spontanément *à l'air* humide en même temps que les acides phosphoreux et hypophosphorique; soit par un courant de *chlore en excès* dans de l'eau chaude où du phosphore blanc est fondu; soit quand on chauffe le phosphore avec de l'*acide azotique* étendu;

3° Dans l'*action de l'eau* sur le *pentachlorure* PCl^5, ou sur l'*oxychlorure* $POCl^3$;

4° Enfin dans l'action de la *chaleur* ou l'action des *oxydants*, comme l'acide azotique, sur l'*acide phosphoreux* PO^3H^3 ou l'*acide hypophosphoreux* PO^2H^3.

On le *prépare* dans les *laboratoires* en chauffant du phosphore avec de l'acide azotique étendu de 2 fois son volume d'eau, dans une cornue en relation avec un ballon refroidi *où se condense l'acide azotique* distillé, que l'on reverse de temps en temps dans la cornue jusqu'à ce que la totalité du phosphore ait disparu; il y a formation d'acide orthophosphorique *qui reste dans la cornue*, et dégagement de bioxyde d'azote qui donne une *coloration rougeâtre* à l'air de la cornue :

$$6.P + 10.AzO^3H + 4H^2O = 6.PO^4H^3 + 10.AzO\uparrow;$$

il ne peut pas se former d'acide méta ni d'acide pyro puisque le liquide est bouillant; mais il y a formation d'*un peu d'acide phosphoreux*, ce que l'on pourrait reconnaître en neutralisant exactement au tournesol un petit essai du liquide de la cornue, en y ajoutant de l'azotate d'argent et en constatant que le précipité noircit quand on le chauffe. — Quand le phosphore a complètement disparu, on *évapore* le liquide de la cornue jusqu'à consistance sirupeuse en ayant soin de *ne pas dépasser 200°*; l'excès d'acide azotique est ainsi chassé, mais on observe en général un *dégagement de vapeur rouge* due à la réduction de l'acide azotique par l'acide phosphoreux. On conserve le liquide sirupeux dans un flacon à l'émeri pour le laisser cristalliser.

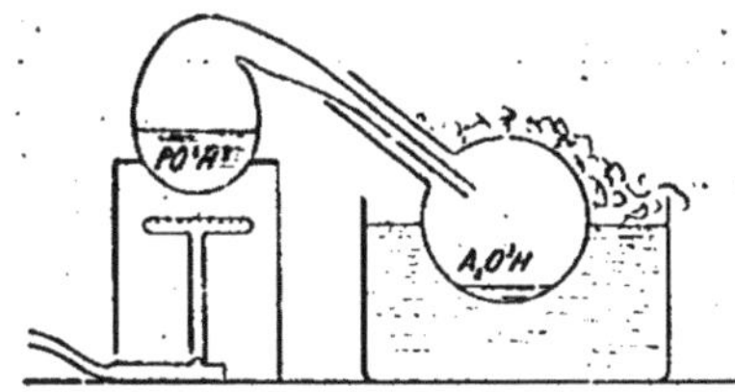

Fig. 129. — Préparation de l'acide orthophosphorique dans les laboratoires.

On prépare la *solution industrielle d'acide phosphorique*, soit en partant *des os* comme on l'a vu dans le procédé Coignet pour l'extraction du phosphore, soit en partant de la *phosphorite* finement pulvérisée, que l'on mélange dans un appareil en plomb avec une quantité calculée d'acide sulfurique étendu et chaud suffisante pour libérer l'acide phosphorique :

$$(PO^4)^2Ca^3 + 3.SO^4H^2 = 3.SO^4Ca\downarrow + 2.PO^4H^3;$$

il suffit de passer la matière au *filtre-presse*, et d'*évaporer* le liquide clair par la chaleur. — Si l'on n'avait employé que

2 molécules d'acide sulfurique étendu, on aurait préparé le *phosphate monocalcique* $(PO^4)^2H^4Ca$. Tandis que si les 2 molécules d'acide avaient été de l'acide concentré on aurait obtenu une matière solide le *superphosphate de calcium*, mélange de phosphate monocalcique et de sulfate de calcium employé comme engrais chimique.

La solution industrielle d'acide phosphorique renferme des *impuretés* : un peu d'acide sulfurique libre, un peu de sulfate de calcium qui n'est pas tout à fait insoluble, des sels de fer ou d'aluminium provenant de la phosphorite naturelle. — Pour *en retirer l'acide phosphorique pur*, on la neutralise à l'hélianthine par addition d'ammoniaque du commerce, et en concentrant on obtient par refroidissement des cristaux de *phosphate monoammonique* $PO^4H^2AzH^4$, sel beaucoup plus soluble à chaud qu'à froid et *facile à obtenir pur* par recristallisation. On fait alors bouillir ce sel avec de l'acide chlorhydrique pur concentré, ce qui amène un abondant dépôt de chlorure d'ammonium peu soluble dans l'acide chlorhydrique :

$$PO^4H^2AzH^4 + HCl = AzH^4Cl\downarrow + PO^4H^3.$$

Après refroidissement on évapore le liquide clair dans une capsule *en porcelaine* avec un peu d'acide azotique pur pour détruire la petite quantité d'ammoniaque restant à l'état de chlorure d'ammonium. Enfin on concentre le liquide dans une capsule *en platine* pour chasser l'acide chlorhydrique restant, jusqu'à ce qu'un essai du liquide très étendu d'eau distillée ne précipite plus par addition d'azotate d'argent.

IV. — Propriétés des orthophosphates.

1° Les orthophosphates *alcalins* sont *solubles* dans l'eau, de même que l'orthophosphate *monocalcique*; les *autres* orthophosphates *alcalino-terreux* sont insolubles dans l'eau, mais *solubles dans les acides étendus*, même dans l'acide carbonique; enfin les phosphates *métalliques* sont insolubles.

On *prépare* les orthophosphates *alcalins* au moyen des carbonates alcalins, soit comme on le fait maintenant par saturation de la *solution industrielle d'acide phosphorique*, soit comme on le faisait autrefois par saturation de la *solution de phosphate monocalcique*; on obtient ainsi les orthophosphates *bialcalins* puisque la troisième fonction acide très faible ne peut déplacer la fonction acide carbonique :

$$PO^4H^3 + CO^3Na^2 = PO^4HNa^2 + H^2O + CO^2\uparrow,$$
$$3(PO^4)^2H^4Ca + 4CO^3Na^2 = (PO^4)^2Ca^3\downarrow + 4.PO^4HNa^2 + 4H^2O + 4CO^2\uparrow.$$

— Alors on prépare les phosphates *métalliques* par double décomposition entre les dissolutions des phosphates alcalins et du sulfate du métal; il y a formation de sulfate alcalin soluble et de phosphate métallique insoluble.

Les phosphates alcalino-terreux sont réduits au four électrique par le *charbon*, avec formation de *phosphures* alcalino-terreux : P^2Ca^3 en cristaux rouge foncé, P^2Ba^3, P^2Sr^3, lesquels sont décomposés par l'eau avec formation d'hydrate alcalino-terreux et dégagement de phosphure gazeux d'hydrogène pur.

2° *Caractères des dissolutions des orthophosphates alcalins* :

Par l'*acide sulfhydrique*, rien;

Par le *chlorure de baryum*, précipité *blanc* de phosphate de baryum, soluble dans l'acide chlorhydrique ou azotique étendu; *la solution d'acide* phosphorique *ne donnerait rien*, l'orthophosphate monobarytique étant soluble comme le phosphate monocalcique;

Par l'*azotate d'argent*, précipité *jaune* de phosphate triargentique, soluble dans l'acide azotique ou dans l'ammoniaque; la précipitation est *incomplète* avec les phosphates mono ou bimétalliques; il n'y aurait *pas de précipitation* avec la solution de l'*acide libre*;

Dans le réactif magnésien en liqueur neutre, c'est-à-dire par le mélange des dissolutions de sulfate ou de chlorure de magnésium et de chlorure d'ammonium, ce dernier sel dissolvant en général les sels de magnésium insolubles dans l'eau et empêchant leur précipitation, il y a formation d'un précipité *blanc* cristallin de *phosphate ammoniaco-magnésien*, soluble dans les acides, même l'acide acétique, insoluble dans la solution de chlorure d'ammonium :

$$SO^4Mg + AzH^4Cl + PO^4HNa^2 = PO^4MgAzH^4\downarrow + SO^4Na^2 + HCl;$$

la précipitation n'est *complète* qu'*en liqueur ammoniacale*; d'où le *dosage de l'anhydride phosphorique en liqueur neutre* ou *ammoniacale*, en recueillant le phosphate ammoniaco-magnésien et le calcinant, pour déterminer la masse du *pyrophosphate magnésien* bien défini qui s'est formé :

$$2.PO^4MgAzH^4 = 2.AzH^3\uparrow + H^2O\uparrow + P^2O^7Mg^2;$$

Dans le réactif molybdique chauffé, qui est une dissolution nitrique un peu jaune de molybdate d'ammonium sel blanc insoluble dans l'eau, il y a formation d'un précipité *jaune* de *phosphomolybdate d'ammonium* $PO^4(AzH^4)^3,20.MoO^3 + aq$, insoluble dans l'acide azotique, *soluble dans l'ammoniaque*; d'où le *dosage* très important de l'*anhydride phosphorique en liqueur acide* par précipitation au moyen du réactif molybdique chaud, dissolution du phosphomolybdate dans l'ammoniaque, et dosage à l'état de pyrophosphate magnésien;

Enfin *dans la solution nitrique* d'*azotate neutre de bismuth*, précipité *blanc* cristallin de phosphate de bismuth PO^4Bi insoluble dans l'acide azotique.

VINGT-SEPTIÈME LEÇON

Arsenic et ses composés.

ARSENIC

L'arsenic est un corps *solide, gris d'acier*, cassant, à structure cristalline, ayant pour *masse spécifique* $5^{gr},75$. On ne peut *le fondre*, comme le phosphore rouge, qu'en le chauffant dans un *tube scellé* peu fusible protégé contre la déformation par un tube de fer; quand on le chauffe sous la pression atmosphérique, à 360° il passe *directement à l'état de vapeur*; la *densité* de sa vapeur est 10,6, d'où la masse moléculaire $28^{gr},8 \times 10,5 = 75 \times 4$: la molécule est donc *tétratomique* comme celle du phosphore, ou bien la masse atomique occupe seulement $\frac{1}{2}$ *volume* à l'état gazeux comme celle du phosphore. Par condensation de la vapeur sur une paroi chauffée un peu au-dessous de 360°, l'arsenic cristallise en *rhomboèdres* comme le phosphore rouge : c'est ce qui arrive quand on le *sublime* dans une cornue en grès chauffée, le dépôt d'*arsenic cristallisé* se faisant sur la paroi supérieure de la cornue.

Mais quand la vapeur se condense sur une paroi *froide*, ce qui arrive quand on chauffe de l'arsenic en un point d'un tube de verre traversé par un courant d'hydrogène, le dépôt est alors constitué par de l'*arsenic amorphe*, pulvérulent ou vitreux, se produisant aussi dans la décomposition par la chaleur du gaz arséniure d'hydrogène. Il est alors *noirâtre*, à *masse spécifique* plus faible $4^{gr},71$, volatil dès la température *300°* quand on le chauffe dans du gaz hydrogène sous la pression atmosphérique, mais *se transformant* à cette même température 300° et avec dégagement de chaleur en arsenic cristallisé non volatil à cette température : on devra donc constater un arrêt dans la vaporisation de l'arsenic amorphe chauffé à 300°.

L'arsenic existe donc sous *2 états allotropiques* analogues à ceux du phosphore, se différenciant par l'état physique, la couleur, la masse spécifique, la volatilité, mais ces 2 états de l'arsenic le laissent toujours *insoluble dans les dissolvants usuels*.

I. — Propriétés chimiques de l'arsenic.

Il est sans action sur l'hydrogène libre, mais il se combine directement avec les *corps halogènes*, avec l'*oxygène*, avec le *soufre*; il s'unit aussi directement avec *tous les métaux* chauffés : avec le *calcium* au rouge sombre il y a formation d'arséniure As^2Ca^3; avec le *zinc* fondu dans un creuset et où on ajoute une quantité calculée d'arsenic, il y a formation d'arséniure de zinc As^2Zn^3.

1° Il y a combustion de l'arsenic par le *fluor* avec formation de *fluorure d'arsenic* AsF^3, *liquide fumant*, que l'on *prépare* en distillant dans un appareil en plomb un mélange d'anhydride arsénieux avec de la fluorine pulvérisée et de l'acide sulfurique *en excès*, pour retenir l'eau formée :

$$As^2O^3 + 3.CaF^2 + 3SO^4H^2 = 3.SO^4Ca + 3H^2O + 2AsF^3 ;$$

ce liquide tombant goutte à goutte dans du trichlorure de phosphore, ou sur du pentachlorure de phosphore, dégage par double décomposition les gaz fluorure de phosphore PF^3, ou PF^5.

2° Il y a combustion de l'arsenic *fraîchement pulvérisé* quand on le projette dans du gaz *chlore*, ou de la *vapeur de brome*, ou de la *vapeur d'iode*, avec formation de chlorure d'arsenic $AsCl^3$

liquide, ou de *bromure* $AsBr^3$ *solide incolore fondant à 20°*, ou de *triiodure* AsI^3 *solide rouge.*

On *prépare* le bromure, soit en laissant le brome tomber goutte à goutte sur de l'arsenic en poudre, soit en ajoutant une quantité calculée d'arsenic en poudre à une solution sulfo-carbonique de brome et en évaporant le sulfure de carbone.

On *prépare* aussi le triiodure par le procédé précédent; mais il est plus facile de l'obtenir en ajoutant de l'iodure de potassium à la solution chlorhydrique chaude d'anhydride arsénieux; on peut dire que cette solution renferme du chlorure d'arsenic qui donne l'iodure par double décomposition :

$$AsCl^3 + 3.KI = 3.KCl + AsI^3.$$

Ce triiodure chauffé à 150° en tube scellé avec du sulfure de carbone et de l'arsenic en poudre donne un *biiodure d'arsenic* AsI^2 *solide rouge foncé.*

3° L'arsenic s'altère superficiellement *à l'air* en se recouvrant d'une couche *noirâtre terne* d'*oxyde d'arsenic*, laquelle disparaît au contact de l'eau de chlore par transformation en acide arsénique soluble; et alors l'arsenic conservé *dans l'eau* garde son éclat métallique.

Il se transforme en anhydride arsénieux As^2O^3 quand on le chauffe dans un courant d'air, ou quand il brûle avec une flamme pâle dans un courant d'*oxygène* où on le chauffe, ou encore quand on le projette sur des *charbons ardents* auquel cas il produit des *fumées* blanches à *odeur* alliacée.

Il réduit l'*acide azotique* concentré et chaud avec formation d'acide arsénique AsO^4H^3, et l'*acide sulfurique* bouillant en dégageant du gaz sulfureux.

4° Enfin il se combine directement avec le *soufre* chauffé, pour donner le *bisulfure* As^2S^2, *solide rouge, volatil* sans décomposition, que l'on prépare plus facilement en chauffant le mélange de soufre en poudre avec l'anhydride arsénieux qui est réduit :

$$As^4O^6 + 7S = 2.As^2S^2 + 3.SO^2\uparrow.$$

Mais en réduisant la solution *fortement* chlorhydrique d'anhydride arsénieux par un courant de gaz sulfhydrique :

$$As^2O^3 + 3H^2S = 3H^2O + As^2S^3\downarrow,$$

on obtient un précipité de *trisulfure* As^2S^3, *solide jaune insoluble dans l'acide chlorhydrique*, mais soluble dans les *sulfures alcalins* pour donner des *sulfoarsénites*, donc analogue au trisulfure de phosphore P^2S^3.

Si on le fond avec une proportion calculée de soufre, on obtient le *pentasulfure d'arsenic* As^2S^5, *solide jaune pâle*, soluble aussi dans les *sulfures alcalins* pour donner des *sulfoarséniates*, donc analogue au pentasulfure de phosphore P^2S^5.

II. — État naturel et préparation de l'arsenic.

Il existe quelquefois à l'*état natif*, quelquefois aussi à l'état d'*arsénites* ou d'*arséniates* en très petites quantités dans certaines eaux minérales. Mais il existe surtout à l'état de *sulfures*, le *réalgar* As^2S^2 *rouge*, et l'*orpiment* As^2S^3 *jaune*; ou à l'état de *sulfoarséniures*, le *mispickel* FeSAs, les sulfoarséniures de nickel et de cobalt NiSAs, CoSAs; enfin à l'état d'*arséniures*, comme les arséniures de nickel et de cobalt, $NiAs^2$, $CoAs^2$; et il accompagne souvent le soufre dans de nombreux composés métalliques naturels comme la *pyrite*.

On l'*extrait* en calcinant le mispickel dans des cornues en grès :

$$FeSAs = FeS + As\curvearrowright;$$

l'arsenic se sublime sur les parois du col de la cornue; il est bon d'ajouter au mispickel des *rognures de fer* pour retenir plus sûrement la totalité du soufre et éviter la fusion du sulfure de fer. — L'arsenic recueilli contient alors *un peu d'anhydride arsénieux*, produit par l'oxydation d'un peu d'arsenic au contact de l'air des cornues.

On le purifie en le distillant avec *un peu de charbon* qui réduit l'anhydride arsénieux :

$$As^4O^6 + 3C = As^4\curvearrowright + 3CO^2\uparrow;$$

et on peut produire de l'*arsenic dans les laboratoires* en distillant un mélange d'anhydride arsénieux avec un *excès* de charbon *sec* réduit en poudre.

COMBINAISONS DE L'ARSENIC AVEC L'HYDROGÈNE

On en connaît 2 : l'arséniure gazeux d'hydrogène AsH^3, et l'arséniure solide As^2H, qui répondent au phosphure gazeux et au phosphure solide d'hydrogène.

ARSÉNIURE GAZEUX D'HYDROGÈNE, AsH^3

C'est un *gaz incolore*, à *odeur* alliacée comme le phosphure gazeux d'hydrogène, *très toxique*, ayant pour *densité* 2,195, liquéfié à — 102°, solidifié à — 114°, *peu soluble* comme le phosphure gazeux : coefficient $\frac{1}{5}$.

Il est *décomposé* par passage dans un tube *au rouge* en hydrogène libre et en arsenic amorphe formant un *anneau brun foncé miroitant* : il ne contient donc que de l'hydrogène et de l'arsenic.

Il est décomposé avec explosion et dégagement de chaleur 36c,7 par la détonation d'une capsule de *fulminate* : il a donc une *formation très endothermique à partir des éléments* libres. Aussi il y a décomposition *spontanée* lente du gaz *humide*, avec dépôt d'arsenic.

I. — Propriétés chimiques de l'arséniure gazeux d'hydrogène.

Il est décomposé violemment par le *chlore* ou le *brome* à froid, et par l'*oxygène* au contact d'une flamme; puis par le *soufre* ou le *phosphore* chauffés qui s'emparent de l'arsenic; enfin par les *métaux* chauffés, comme le potassium, l'*étain* ou le *cuivre*, qui retiennent aussi l'arsenic et laissent l'hydrogène libre : d'où l'*analyse du gaz* par l'étain ou le cuivre chauffés et la *purification de l'hydrogène* par le cuivre au rouge sombre.

1° Il est décomposé par le *chlore*, introduit bulle à bulle dans une éprouvette du gaz, avec d'abord précipitation de l'arsenic :

$$AsH^3 + 3Cl = 3HCl + As\downarrow ;$$

puis si le chlore *sec* arrive à être en excès, il y a naturellement transformation de l'arsenic en chlorure $AsCl^3$. — Tandis que par le chlore ou le *brome* en présence de l'*eau*, il y aurait formation d'acide arsénique AsO^4H^3 :

$$AsH^3 + 4H^2O + 4Br^2 = AsO^4H^3 + 8HBr.$$

2° L'hydrogène arsénié brûle à l'*air* par inflammation, avec une *flamme blanche* et un dépôt d'arsenic sur la paroi de l'éprouvette; la flamme du gaz se dégageant par une pointe effilée donne sur une *soucoupe* de porcelaine qui écrase la flamme des taches brunes miroitantes d'arsenic, car alors la combustion est incomplète :

$$2AsH^3 + 3O = 3H^2O + 2As\downarrow;$$

cependant il y a aussi formation de *fumées blanches* d'anhydride arsénieux par la combustion d'une partie de l'arsenic :

$$2AsH^3 + 3.O^2 = 3H^2O + As^2O^3 \curvearrowright.$$

Un *mélange* de 4 volumes du gaz avec 6 volumes d'*oxygène* détonerait par inflammation, et la combustion serait complète.

3° Alors, comme le phosphure PH^3, l'arséniure gazeux est un *réducteur énergique* d'un grand nombre de *solutions métalliques* qui l'absorbent; avec les sels de *platine*, *d'or* ou *d'argent*, le métal est précipité, et il y a formation d'acide arsénieux AsO^3H^3, au moins tout *d'abord* :

$$3.PtCl^4 + 6.H^2O + 2.AsH^3 = 2.AsO^3H^3 + 12.HCl + 3.Pt\downarrow;$$
$$2AuCl^3 + 3H^2O + AsH^3 = AsO^3H^3 + 6.HCl + 2Au\downarrow,$$

mais s'il y avait un excès de chlorure d'or et que l'on chauffât, il y aurait formation d'acide arsénique;

$$6.AzO^3Ag + 3H^2O + AsH^3 = AsO^3H^3 + 6.AzO^3H + 6Ag\downarrow,$$

et de même avec le sulfate d'argent SO^4Ag^2 qui a été employé dans la *purification de l'hydrogène*;

Avec le *chlorure mercurique*, il y aurait d'abord précipitation de chlorure mercureux blanc :

$$6.HgCl^2 + 3.H^2O + AsH^3 = AsO^3H^3 + 6HCl + 3Hg^2Cl^2\downarrow;$$

enfin il y a encore absorption du gaz par la solution de *sulfate cuivrique*, qui noircit, à cause d'un précipité noirâtre d'arséniure de cuivre As^2Cu^3 :

$$3SO^4Cu + 2.AsH^3 = 3.SO^4H^2 + As^2Cu^3\downarrow;$$

d'où un *caractère* de l'arséniure gazeux, et sa *séparation d'avec l'hydrogène* qu'il contient en général.

II. — Composition de l'arséniure gazeux d'hydrogène.

On la détermine par l'*analyse* dans la cloche courbe sur le mercure au moyen du cuivre ou de l'étain chauffés : le volume V du gaz à la pression atmosphérique laissait un résidu v de gaz hydrogène à la pression atmosphérique par la *solution de sulfate cuivrique*, et contenait le volume $V-v$ du gaz à la pression atmosphérique. Le même volume V du même gaz impur donne dans la cloche courbe au contact du métal chauffé un résidu de gaz hydrogène pur qui mesuré à la pression atmosphérique occupe un volume U. Or on trouve $U=(V-v)\frac{3}{2}+v$. On en conclut que le volume $V-v$ du gaz pur contient le volume $(V-v)\frac{3}{2}$ de gaz hydrogène, ou que *2 volumes du gaz pur* contiennent *3 volumes d'hydrogène*, comme le gaz ammoniac ou le gaz hydrogène phosphoré : la *formule moléculaire* est alors AsH^3 analogue à AzH^3 et à PH^3, ce qui définit la *masse atomique de l'arsenic* comme la masse unie à 3gr d'hydrogène dans l'arséniure gazeux d'hydrogène. — Pour achever de déterminer la composition en volumes, il suffit d'appliquer la conservation de la masse à 2ème du gaz et au résultat précédent : $2ad = 3ad' + xad''$, x volume de la vapeur d'arsenic, d, d', d'' densités des 3 corps gazeux; d'où $x=\frac{2d-3d'}{d''}$: on trouve $x=\frac{1}{2}$; donc 2 *volumes* du gaz *contiennent* 3 volumes d'hydrogène et $\frac{1}{2}$ *volume de vapeur d'arsenic*, composition analogue à celle du phosphure gazeux PH^3.

III. — Caractères de l'arséniure gazeux d'hydrogène.

1° Il n'est pas absorbé par la *potasse*;

2° Il est *combustible* avec une flamme blanche et une odeur alliacée, en donnant un *dépôt brun* sur une soucoupe en porcelaine qui écrase la flamme, ce qui le distingue du phosphure gazeux d'hydrogène.

3° Il est absorbé par la dissolution de *sulfate cuivrique* qui noircit, et par la dissolution d'*azotate d'argent* qui donne un précipité noir.

IV. — Modes de formation et préparation de l'arséniure gazeux d'hydrogène.

1° Il *se forme* toutes les fois que dans un *appareil producteur d'hydrogène*, on introduit un composé soluble de l'arsenic :

$$AsO^3H^3 + 3H^2 = 3H^2O + AsH^3 \uparrow,$$
$$AsO^4H^3 + 4H^2 = 4H^2O + AsH^3 \uparrow,$$
$$AsCl^3 \quad + 3H^2 = 3HCl + AsH^3 \uparrow;$$

ces réactions sont analogues à la réduction des composés oxygénés de l'azote et des acides hypophosphoreux et phosphoreux dans les mêmes conditions : elles expliquent la *présence* de l'arséniure gazeux *dans l'hydrogène* préparé au moyen de l'acide sulfurique arsenical, et le *dosage de l'arsenic* par l'appareil de Marsh modifié; s'il y avait en outre de l'acide azotique dans l'appareil producteur d'hydrogène, le dosage de l'arsenic serait impossible car une partie de l'arsenic pourrait rester à l'état d'arséniure solide As^2H.

2° On *prépare* l'arséniure gazeux dans le flacon à 2 tubulures par l'arséniure de zinc artificiel et l'acide sulfurique étendu de 5 fois son volume d'eau, en recueillant sur l'eau :

$$As^2Zn^3 + 3.SO^4H^2 = 3.SO^4Zn + 2.AsH^3 \uparrow;$$

on pourrait *dessécher* par un tube à fragments de potasse, et recueillir sur le mercure. — Le gaz recueilli renferme *toujours de l'hydrogène* non absorbable par la solution de sulfate cuivrique, et provenant de l'action de l'acide sur le zinc libre que renferme toujours l'arséniure artificiel; comme le zinc du commerce renferme toujours de l'arséniure de zinc, l'hydrogène renferme toujours un peu d'arséniure gazeux provenant de cette impureté du zinc ordinaire. — Si pour attaquer l'arséniure de zinc on employait l'acide chlorhydrique, une partie de l'arsenic resterait encore à l'état d'arséniure solide As^2H.

3° Actuellement, on peut obtenir de l'arséniure gazeux *dépourvu d'hydrogène libre* en traitant par l'eau l'arséniure de calcium cristallisé :

$$As^2Ca^3 + 6.H^2O = 3.CaO^2H^2 + 2.AsH^3\uparrow.$$

ARSÉNIURE SOLIDE D'HYDROGÈNE, As^2H

Il forme un dépôt *brun* sur une catode d'arsenic avec laquelle on produit l'*électrolyse de l'eau*, ou une *poudre rouge brun* dans la décomposition par l'eau de l'*arséniure de potassium* artificiel.

Il est *décomposé* en ses éléments quand on le chauffe à *200°*.

Il brûle spontanément dans le *chlore*, la *vapeur de brome*, ou la *vapeur d'iode*; ou à l'*air* quand on le chauffe, ou encore par le contact de l'*acide azotique* fumant.

COMBINAISON DE L'ARSENIC AVEC LE CHLORE

On n'en connaît qu'une : le *chlorure d'arsenic* $AsCl^3$, *liquide incolore huileux*, *fumant* à l'air, ayant pour *masse spécifique* 2gr,85, bouillant à 134°, ayant pour *densité de vapeur* 6,3, solidifié à — 18°, *très toxique*.

Il est décomposé par l'*eau*; par *un peu* d'eau il y a formation d'*acide chloroarsénieux cristallin* :

$$AsCl^3 + 2H^2O = 2.HCl + AsCl(OH)^2;$$

mais par l'*eau en excès* il y a décomposition complète avec formation d'anhydride arsénieux qui se dépose en majeure partie :

$$2AsCl^3 + 3H^2O = 6HCl + As^2O^3\downarrow.$$

D'où la composition par *analyse*, et la détermination de la *masse atomique de l'arsenic* : on remplit du liquide une petite ampoule tarée que l'on ferme à la lampe; l'augmentation de masse de l'ampoule donne la *masse* M du liquide. On introduit l'ampoule dans un grand flacon à l'émeri contenant de l'eau pure, *acidulée par l'acide azotique* pur, afin que l'anhydride arsénieux y reste plus facilement dissous; on agite pour briser l'ampoule et provoquer la décomposition complète; on ouvre le flacon, et on y verse un excès de dissolution d'azotate d'argent pour précipiter la totalité du chlore à l'état de chlorure d'argent qu'on recueille et qu'on pèse, d'où la *masse m de chlore* qu'il contient et qui provient uniquement de la masse M du chlorure : l'acide arsénieux reste dissous. Or le chlorure d'arsenic ne peut contenir que du chlore et de l'arsenic puisque c'est un produit de synthèse directe; donc il contient m de chlore pour $M - m$ d'arsenic; ces 2 nombres sont entre eux comme $35^{gr},5 \times 3$ et 75^{gr}; donc la *formule la plus simple* est $AsCl^3$; c'est d'ailleurs la *formule moléculaire*, car $28^{gr},8 \times d = 75^{gr} + 35^{gr},5 \times 3$; et la *masse atomique de l'arsenic* est 75^{gr}.

On *prépare* le chlorure d'arsenic en faisant passer un courant de chlore *sec* sur de l'arsenic chauffé dans une cornue tubulée en relation avec un ballon récipient où se condense le liquide; le produit a alors une *coloration jaunâtre* due à un excès de chlore; on le *purifie* par distillation sur de l'arsenic en poudre qui s'unit au chlore libre.

On prépare *encore* le chlorure d'arsenic comme le fluorure, en distillant un mélange d'anhydride arsénieux avec du chlorure de sodium fondu puis réduit en poudre, et de l'acide sulfurique en *excès* pour retenir l'eau formée :

$$As^2O^3 + 6NaCl + 6.SO^4H^2 = 6.SO^4HNa + 3H^2O + 2AsCl^3.$$

COMBINAISONS DE L'ARSENIC AVEC L'OXYGÈNE.

On en connaît 2 sans compter l'*oxyde d'arsenic* mal défini :

L'*anhydride arsénieux* As^2O^3, se formant dans la combustion de l'arsenic par l'oxygène, et dont la solution contient l'*acide arsénieux* AsO^3H^3;

L'*anhydride arsénique* As^2O^5, dont la dissolution est l'*acide orthoarsénique* dissous AsO^4H^3.

Ces 2 composés oxygénés ont, comme *propriétés communes*, leur grande *toxicité*, leur faculté d'être réduits à l'état d'arsenic libre par le *charbon* chauffé ou par l'*hydrogène* sous l'action de la chaleur, enfin la propriété d'être réduits à l'état d'arséniure gazeux AsH^3 dans l'*appareil producteur d'hydrogène*.

ANHYDRIDE ARSÉNIEUX, As^4O^6 ou As^2O^3

Très connu sous le nom d'*arsenic blanc*.

1° C'est une *poudre cristalline blanche*, sans odeur, n'ayant qu'une faible saveur âcre et qui est un *poison violent* à la dose de quelques centigrammes : on peut essayer de neutraliser ce poison par absorption d'hydrate ferrique ou de magnésie faiblement calcinée qui le transforment en arsénite insoluble et par suite non toxique; mais l'anhydride arsénieux est un poison mortel dès qu'il a pénétré dans la circulation; il est cependant employé en médecine mais à très petites doses.

Comme l'arsenic, il ne peut être *fondu* qu'*en tube scellé*, car il passe *directement à l'état de vapeur* quand on le chauffe au rouge sombre sous la pression atmosphérique; sa *densité de vapeur* est 13,83, d'où la masse moléculaire As^4O^6.

Il est *peu soluble* à froid : $\frac{1}{80}$ de la masse de l'*eau*; mais il est *plus* soluble dans les *solutions acides* ou dans les *solutions alcalines*.

2° C'est un corps *dimorphe*, cristallisé soit à l'état d'*octaèdres réguliers*, soit sous forme de *prismes orthorhombiques*.

On l'obtient en *octaèdres* par condensation de la vapeur sur une paroi *froide*, comme quand on le chauffe dans un tube de verre; ou par cristallisation de sa solution *aqueuse* ou *chlorhydrique* saturée à chaud; ou enfin par exposition à l'air de sa solution *ammoniacale*, dont le gaz ammoniac s'échappe peu à peu.

Tandis qu'il se dépose *en prismes* par condensation de la vapeur *en présence du gaz sulfureux* sur une paroi chauffée *vers 250°*, d'où la découverte de l'anhydride arsénieux prismatique dans les conduits allant des fours à pyrite au Glover, dans la fabrication industrielle de l'acide sulfurique; et aussi par cristallisation de sa solution *sulfurique* ou de sa solution *potassique*.

Enfin il se dépose *d'abord* des prismes, *puis* des octaèdres, quand on laisse refroidir la solution aqueuse saturée en tube scellé à la température 250°.

3° L'anhydride arsénieux existe encore sous *deux états isomériques* :

A l'état *vitreux*, par condensation de la vapeur sur une paroi vers le *rouge sombre*; c'est alors une *masse transparente*, ayant pour *masse spécifique* 3gr,74, *plus soluble* que l'anhydride en farine : $\frac{1}{25}$ de la masse de l'eau, et dont la solution saturée à froid laisse déposer peu à peu des octaèdres moins solubles; l'anhydride vitreux n'est en effet *stable* que *vers le rouge sombre*, et il perd peu à peu par cristallisation superficielle, très lente à se propager, son aspect vitreux pour devenir blanc et opaque comme la porcelaine.

A l'état *porcelanique*, c'est une *masse cristalline blanche et opaque*, à *masse spécifique plus faible* 3gr,70, à *moindre solubilité* : $\frac{1}{80}$ de la masse de l'eau comme les octaèdres, *stable à froid* comme les octaèdres, se retransformant en anhydride vitreux au rouge sombre.

I. — Propriétés chimiques de l'anhydride arsénieux ou de l'acide.

Il est *réduit* par l'*hydrogène* ou le *charbon* chauffé; par les *acides hypophosphoreux* ou *phosphoreux*; par le *zinc*, ou le *cuivre* avec lequel sa solution froide donne un dépôt gris d'arséniure de cuivre; par le *cyanure de potassium* KCy ou le *chlorure stanneux* $SnCl^2$. Mais il est lui-même un *réducteur* des *agents oxydants*, qui le transforment en acide arsénique AsO^4H^3; du *permanganate* de potassium qu'il décolore, du *bichromate* de potassium dont il fait changer la couleur, etc.

1° L'anhydride arsénieux est réduit par l'*hydrogène*, à l'état d'*arsenic*, quand on le chauffe dans un courant de ce gaz :

$$As^2O^3 + 3H^2 = 3H^2O + 2As;$$

et l'acide arsénieux est réduit à l'état d'*arséniure gazeux* d'hydrogène dans l'appareil producteur d'hydrogène :

$$AsO^3H^3 + 3H^2 = 3H^2O + AsH^3\uparrow.$$

L'anhydride arsénieux est réduit aussi par le *charbon*, soit quand on le chauffe dans un tube de verre avec du charbon sec en poudre, et alors il y a formation d'un *dépôt miroitant* d'arsenic à la partie supérieure du tube :

$$As^4O^6 + 3C = 3CO^2\uparrow + As^4 ;$$

soit quand on le dépose sur des charbons ardents, avec alors production de *fumées blanches* et d'une *odeur alliacée* attribuable à l'oxyde d'arsenic formé : ces actions du charbon servent à *caractériser l'anhydride arsénieux*.

2° Mais l'anhydride ou l'acide arsénieux sont oxydés et transformés en acide arsénique;

Par le *chlore*, le *brome*, ou l'*iode*, en présence de *l'eau* :

$$AsO^3H^3 + H^2O + Cl^2 = 2HCl + AsO^4H^3,$$

réaction que l'on utilise en *chlorométrie*;

$$AsO^3H^3 + H^2O + I^2 = 2HI + AsO^4H^3,$$

réaction utilisée dans le dosage de l'acide arsénieux par une liqueur titrée d'iode;

Par l'*ozone* O^3, qui est ramené à l'état d'oxygène O^2 :

$$AsO^3H^3 + O^3 = AsO^4H^3 + O^2,$$

d'où l'emploi d'une liqueur titrée d'anhydride arsénieux pour *doser l'ozone* dans l'air, en déterminant l'acide arsénieux non oxydé soit par une liqueur titrée d'iode soit par une liqueur titrée de permanganate;

Par l'*acide azotique* chauffé qui agissant sur l'anhydride arsénieux le transforme en acide arsénique avec dégagement de vapeur nitreuse dont ce sont des modes de préparation;

Enfin par le *chlorure d'or* chauffé qui est réduit :

$$2.AuCl^3 + 3H^2O + 3AsO^3H^3 = 3.AsO^4H^3 + 6HCl + 2Au\downarrow.$$

II. — Composition de l'anhydride et de l'acide arsénieux.

La synthèse, par combustion d'une masse connue d'arsenic chauffée dans un courant d'oxygène, montre seulement que l'*anhydride ne renferme que de l'arsenic et de l'oxygène*; elle ne peut servir à déterminer la composition quantitative, à cause de la volatilité de l'arsenic employé et de l'anhydride formé.

On déduit la composition des *résultats de l'analyse du chlo-*

rure d'arsenic : dans la décomposition du chlorure par l'eau en excès, il y a formation uniquement d'*acide chlorhydrique pur* que l'on pourrait séparer par distillation, et d'*anhydride arsénieux pur* qui reste, et qui a des propriétés identiques à celui que l'on obtient à partir de la décomposition par l'eau du bromure ou du triiodure, et au produit de synthèse directe à partir de l'arsenic et de l'oxygène. Il faut donc que le déplacement du chlore du chlorure ait été complet, d'où la réaction nécessaire :

$$2AsCl^3 + 3H^2O = 6HCl + As^2O^3,$$

donnant la *formule la plus simple* As^2O^3 de l'anhydride; la *formule moléculaire* est As^4O^6, d'après la densité de vapeur comme on l'a vu.

La formule à attribuer à l'acide arsénieux sera AsO^3H^3 d'après la formule nécessaire :

$$AsCl^3 + 3H^2O = AsO^3H^3 + 3HCl,$$

car l'acide arsénieux est bibasique comme l'acide phosphoreux.

III. — Acide arsénieux et arsénites.

On admet l'existence de l'acide dans la dissolution de l'anhydride, car elle fait virer la teinture de *tournesol* au rouge vineux, sans avoir d'action sur l'hélianthine; par addition de molécules successives de soude NaOH à la dissolution $\frac{1}{2} As^2O^3$, on observe les dégagements successifs $7^c,5$, $6^c,5$, puis des quantités très faibles $1^c,3$...; on en conclut que l'acide arsénieux est un acide *bibasique*, *faible*, pouvant donner des *arsénites acides* et des *arsénites neutres* contenant toujours de l'hydrogène non remplaçable, et décomposables partiellement par l'eau.

Les arsénites des métaux *alcalins* sont *seuls solubles*; ils sont *incristallisables*, et leur solution a les *caractères* suivants :

1° Par le *gaz sulfhydrique* passant dans la solution *très fortement* acidulée par l'acide chlorhydrique, précipité *jaune* d'orpiment artificiel As^2S^3, insoluble dans l'acide chlorhydrique, soluble dans les sulfures alcalins; — la solution *aqueuse* d'acide arsénieux donnerait seulement une *coloration* jaune;

2° Par l'*azotate d'argent* dans la solution *aqueuse* d'arsénite, précipité *jaune* d'arsénite d'argent AsO^3HAg^2, *soluble dans l'acide azotique* et dans l'ammoniaque; — la solution aqueuse de l'acide libre ne donnerait rien;

3° Par le *sulfate cuivrique*, précipité *vert jaunâtre* d'arsénite de cuivre AsO^3HCu, ou vert de Scheele;

4° Par le *chlorure d'or* en chauffant, précipité d'or métallique, bleu par transparence;

5° Dans l'*appareil de Marsh*, réactions des composés solubles de l'arsenic, d'où la recherche de l'arsenic dans les acides sulfurique ou chlorhydrique du commerce.

IV. — Production de l'anhydride arsénieux.

Elle est accessoire de l'extraction du nickel et du cobalt dont on *grille* les *arséniures* et les *sulfoarséniures* dans des cylindres en terre inclinés, chauffés par un foyer extérieur et traversés par un courant d'air : il reste des oxydes que l'on traitera pour

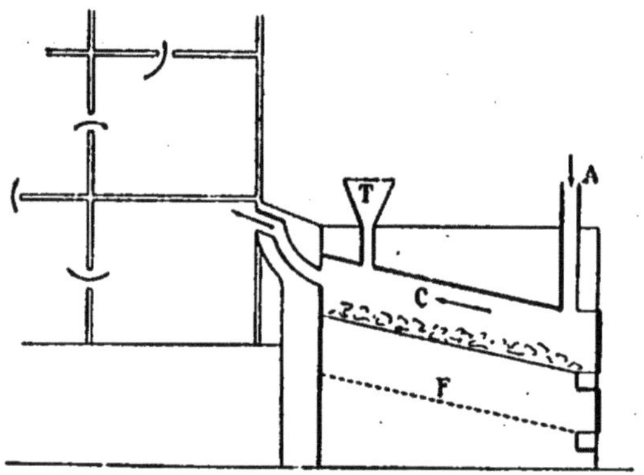

Fig. 130. — Production de l'anhydride arsénieux par le grillage des arséniures de Ni et de Co :

A, arrivée de l'air; C, cylindre; F, foyer; T, trémie de chargement.

en retirer le nickel et le cobalt, et il se dégage du gaz sulfureux et de la vapeur d'anhydride arsénieux qui se condense en poudre blanche dans des chambres en maçonnerie.

Le produit brut peut contenir un peu de *sulfure d'arsenic* As^2S^2, non oxydé, et volatil sans décomposition; aussi on le *purifie* par distillation lente dans un cylindre vertical en fonte surmonté de 3 anneaux de fonte et d'une cheminée conique en relation avec des caisses en bois : il se forme de l'anhydride *vitreux* dans l'anneau inférieur qui est porté vers le rouge sombre, des cristaux *octaédriques* dans le haut de l'appareil, et on recueille l'anhydride *pulvérulent* ou en farine dans les caisses.

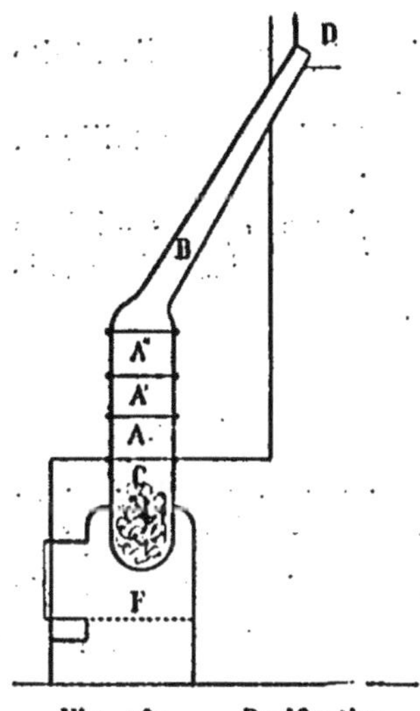

Fig. 131. — Purification de l'anhydride arsénieux :
C, cylindre; A, A' A'' anneaux; B, cheminée; F, foyer; D, 1re chambre de condensation.

ANHYDRIDE ARSÉNIQUE ET ACIDES ARSÉNIQUES

L'anhydride arsénique, As^2O^5, est une *masse blanche, amorphe, dense, très toxique, fondant* au rouge mais en se *décomposant* en majeure partie : $As^2O^5 = As^2O^3 + O^2$, différence avec l'anhydride phosphorique indécomposable; il se forme vers 180° par déshydratation de l'acide arsénique; il se décompose au rouge sombre.

Il se *dissout* lentement dans l'eau froide, rapidement dans l'eau bouillante, mais en donnant toujours *uniquement* une dissolution d'*acide orthoarsénique* AsO^4H^3, différence avec l'anhydride phosphorique qui par l'eau froide donne de l'acide méta en même temps que de l'acide ortho.

Il est réduit à l'état d'arsenic, comme l'anhydride arsénieux, quand on le chauffe avec du *charbon* :

$$2\,As^2O^5 + 5C = 5CO^2\uparrow + As^4\curvearrowright ;$$

l'arsenic forme encore un *dépôt miroitant* sur le tube où l'on effectue la réaction, et on perçoit encore une *odeur alliacée.*

On détermine la *composition* de l'anhydride arsénique par *synthèse indirecte* : on chauffe dans une capsule une *masse déterminée m d'arsenic* avec de l'acide azotique pur en excès jusqu'à dissolution complète de l'arsenic; on verse le liquide obtenu et les eaux de lavage de la capsule dans une capsule en porcelaine contenant un grand excès d'oxyde de plomb sec, et tarée; on chauffe pour chasser l'eau et décomposer l'azotate de plomb formé; il reste de l'*arséniate de plomb anhydre*, avec l'excès d'oxyde de plomb. L'augmentation de masse de la capsule à oxyde de plomb donne la *masse M de l'anhydride* fixé par l'oxyde de plomb. Comme l'anhydride arsénique *ne renferme que de l'arsenic et de l'oxygène*, car par la chaleur il donne uniquement de l'anhydride arsénieux et de l'oxygène, la masse *m* d'arsenic y est unie à la *masse M—m d'oxygène* : or ces nombres sont comme $75^{gr}\times 2$ à $16^{gr}\times 5$, d'où la *formule la plus simple* As^2O^5, qui n'est pas une formule moléculaire.

On *prépare* l'anhydride arsénique en chauffant dans une cornue en relation avec un ballon, soit de l'arsenic en poudre avec une eau régale faiblement chlorhydrique, soit plus facilement de l'anhydride arsénieux avec de l'acide azotique; on observe alors un dégagement de vapeur rouge et il y a formation d'*acide arsénique* qui reste dans la cornue :

$$As^2O^3 + 2.AzO^3H + 2H^2O = 2.AsO^4H^3 + Az^2O^3\uparrow;$$

après dissolution complète, il suffit d'évaporer à sec le *liquide de la cornue*, et de chauffer progressivement jusque vers 400° pour amener la *déshydratation complète* de l'acide arsénique, différence avec l'acide orthophosphorique PO^4H^3 :

$$2AsO^4H^3 = As^2O^5 + 3H^2O\uparrow.$$

— Si l'on se contente d'évaporer le liquide de la cornue pour chasser l'excès d'acide azotique, on obtient l'*acide arsénique* sous forme d'un liquide *sirupeux*.

I. — Acides arséniques.

Ils sont *formés* par l'union de l'anhydride As^2O^5 avec 1, 2, 3, ou 4 molécules d'eau comme les hydrates correspondants de l'anhydride phosphorique. Ils sont *cristallisés*, mais on ne les obtient que par déshydratations successives à température déterminée, et à partir de l'acide sirupeux.

L'hydrate $[2AsO^4H^3,H^2O]$ se dépose de la solution sirupeuse de l'acide suffisamment concentré; il est isomorphe de l'acide phosphorique *quadrihydraté*, il *fond à 36°* et reste facilement en surfusion; il se dissout *avec abaissement de température*.

L'acide *orthoarsénique* normal AsO^4H^3 se déposerait du liquide surfondu précédent, et il se dissoudrait *sans variation de température*.

L'acide *pyroarsénique* $As^2O^7H^4$, s'obtiendrait par fusion de l'acide ortho maintenu à une température *inférieure à 180°*, et il se dissoudrait avec *dégagement de chaleur*.

L'acide *métaarsénique* AsO^3H, se formerait quand la température atteint *206°* dans l'opération précédente; il serait *difficilement soluble* à froid; il *se déshydraterait* bien au-dessous du rouge sombre, différence avec l'acide métaphosphorique.

En réalité on n'a pu obtenir que l'hydrate $2AsO^4H^3,H^2O$ ou acide quadrihydraté, et $As^2O^7H^4,2AsO^3H$ ou $2As^2O^5,3H^2O$; les acides ortho, pyro et métaarséniques n'existeraient pas libres.

Ainsi il peut y avoir déshydratation complète de l'acide arsénique et décomposition de l'anhydride par la chaleur; de plus, il y a *hydratation immédiate* des divers acides arséniques *par le contact de l'eau* : *les dissolutions* de l'anhydride ou de ses hydrates sont *toujours des dissolutions du même acide*, l'acide orthoarsénique, de même que les dissolutions des deux acides azotiques sont identiques.

L'acide arsénique en solution sirupeuse est *très toxique*, et il ulcère l'*épiderme*; c'est un *corps oxydant*, cédant facilement de l'oxygène pour redonner de l'acide arsénieux, ce que l'on utilise dans la fabrication de la *fuchsine*. — Il est réduit dans l'*appareil producteur d'hydrogène* :

$$AsO^4H^3 + 4H^2 = 4H^2O + AsH^3\uparrow,$$

ou quand on le chauffe avec l'*acide sulfureux* :

$$AsO^4H^3 + SO^3H^2 = SO^4H^2 + AsO^3H^3.$$

II. — Propriétés des arséniates.

L'acide arsénique est *tribasique*, comme l'acide orthophosphorique, et les *arséniates* sont en général *isomorphes des orthophosphates* correspondants.

Les arséniates *alcalins* sont *seuls solubles*, et leur solution a les *caractères* suivants :

1° Par le *gaz sulfhydrique* dans la solution *acidulée* par l'acide chlorhydrique et *chauffée à 70°*, *après un certain temps*, précipité *jaune pâle* du mélange $As^2S^3 + S^2$, soluble dans les sulfures alcalins;

2° Par l'*azotate d'argent* dans la solution *aqueuse* des arsénites, précipité *rouge brique caractéristique* d'arséniate d'argent AsO^4Ag^3, *soluble dans l'acide azotique* et dans l'ammoniaque. — La solution *aqueuse* de l'acide libre ne donnerait rien;

3° Par le *sulfate cuivrique* : précipité *vert bleu*;

4° Par le *chlorure d'or*, rien, même si on chauffe;

5° Dans l'*appareil de Marsh*, réactions des composés solubles de l'arsenic;

6° Par le *réactif magnésien*, et par le *réactif molybdique chauffé*, il y a précipitation comme par les orthophosphates;

7° Par *fusion* avec le *carbonate de sodium*, les arséniates *insolubles* [comme les phosphates, pyrophosphates ou métaphosphates insolubles] se transforment en arséniates solubles faciles à reconnaître [comme les phosphates insolubles se transforment en phosphates solubles].

8° Enfin les arséniates *alcalino-terreux* réduits au *four électrique* par le *charbon* donnent les arséniures de calcium, de strontium, de baryum, qui sont décomposés violemment par l'eau avec formation d'hydrates alcalino-terreux et dégagement d'*arséniure gazeux pur* :

$$As^2Ca^3 + 6H^2O = 3CaO^2H^2 + 2.AsH^3\uparrow.$$

APPAREIL DE MARSH

Il est destiné à *déceler* des traces d'*arsenic* à l'état de *combinaison oxygénée dissoute*, soit dans les produits industriels comme l'acide sulfurique ou l'acide chlorhydrique, soit dans les empoisonnements. Il repose sur la formation d'arséniure gazeux d'hydrogène dans l'appareil producteur d'hydrogène, sa décomposition par la chaleur, et sa combustion incomplète.

1° Pour *isoler la totalité de l'arsenic* et le doser, on procède de la façon suivante : un flacon tubulé contient du zinc *pur*; la tubulure centrale porte un tube à entonnoir effilé en pointe recourbée; la tubulure latérale est munie d'un large tube à dégagement, qui se recourbe horizontalement pour pénétrer dans un tube plus large encore rempli de coton où le gaz se filtrera; à la suite se trouve un tube *étroit* en verre peu fusible, entouré de clinquant dans sa partie moyenne et effilé. — On verse de l'acide sulfurique *pur et étendu*; on ajoute quelques gouttes de *chlorure platinique*, pour que l'hydrogène pur puisse se dégager; on place le flacon dans l'eau froide; et quand l'hydrogène se dégage du tube effilé, on chauffe le clinquant, et on s'assure qu'il ne se produit pas d'anneau brun miroitant sur le tube étroit au delà de la partie chauffée, ce qui montre que les réactifs employés n'ont pas apporté d'arsenic.

Si cet essai à blanc a réussi, on introduit *peu à peu* le liquide à étudier additionné d'acide sulfurique pur; on enflamme le gaz

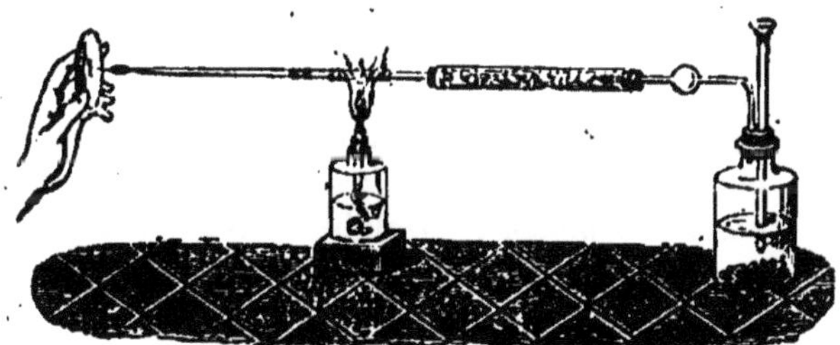

Fig. 132. — Appareil de Marsh.

à la pointe effilée, et on s'assure que la flamme ne produit pas de taches brunes miroitantes sur une soucoupe qui l'écrase; on termine l'opération qui dure plusieurs heures par une addition d'acide sulfurique pur : *tout l'arsenic* du liquide ajouté *s'est déposé* à l'état d'anneau miroitant sur le tube au delà de la partie chauffée.

2° Mais pour déceler *qualitativement* l'arsenic dans le liquide étudié, on peut l'introduire beaucoup plus rapidement; alors l'arséniure d'hydrogène est décomposé incomplètement dans le tube étroit chauffé, et outre l'*anneau miroitant* sur ce tube, si le liquide contient de l'arsenic, on observe une *coloration blanche* de la flamme, et on obtient des *taches brunes* sur une capsule de porcelaine au contact de la flamme.

On peut faire l'*essai des taches* de deux façons : on dissout la tache dans quelques gouttes d'*acide azotique pur fumant*, ce qui la transforme en acide arsénique, et on évapore *à sec* en chauffant doucement; on touche alors la tache blanche d'acide arsénique formé avec une goutte de dissolution concentrée d'*acétate d'argent*; et on observe que la tache prend la coloration *rouge brique* de l'arséniate d'argent, insoluble dans l'acide acétique. — Ou bien on dissout la tache dans quelques gouttes de *sulfure d'ammonium*, et on évapore à sec; on obtient alors une tache *jaune* d'orpiment, insoluble dans l'acide chlorhydrique.

Pour faire l'*essai de l'anneau*, qui est *brun* ou *gris*, on le *chauffe dans le courant d'hydrogène*, et on constate qu'*il se déplace facilement*; on démonte alors le tube étroit dont on détache la partie effilée, on incline obliquement le tube et on y *chauffe* l'anneau : un *appel d'air* se produit dans le tube chauffé et le dépôt d'arsenic s'y oxyde; aussi on observe un *odeur alliacée* à l'extrémité supérieure du tube, et un *dépôt blanc cristallisé* d'anhydre arsénieux vers cette extrémité. On lave alors l'intérieur du tube avec de l'*acide chlorhydrique pur et chaud* qui dissout le dépôt blanc, et dans le liquide obtenu on fait passer un courant de *gaz sulfhydrique* : on observe alors un précipité *jaune* d'orpiment, insoluble dans l'acide chlorhydrique.

ANALOGIES DE L'ARSENIC ET DE L'ANTIMOINE

L'antimoine est un corps *solide*, d'aspect *métallique, cassant*, à structure *cristalline, fondant* à 425° sous la pression atmosphérique (différence avec l'arsenic), *distillant* au rouge vif dans un courant d'hydrogène, ayant une *densité de vapeur* répondant à une molécule Sb^4 *tétratomique* comme celle du phosphore ou de l'arsenic, cristallisant en *rhomboèdres* comme le phosphore rouge et l'arsenic. — Il existe à l'état *natif* comme l'arsenic, mais surtout à l'état de *stibine* Sb^2S^3, en cristaux fibreux gris noir, et analogue à l'orpiment naturel.

1° L'antimoine forme *indirectement* avec l'hydrogène l'*antimoniure d'hydrogène* SbH^3 *gaz incolore*, à *odeur désagréable*, *décomposé* par la chaleur avec dépôt *noir* d'antimoine, combustible avec une *flamme bleuâtre*, donnant des taches *noires* sur une soucoupe et des *fumées blanches* solides mais inodores. — L'antimoniure d'hydrogène *se forme* chaque fois qu'on introduit un composé soluble de l'antimoine dans l'appareil producteur d'hydrogène; et on le *prépare* par action de l'acide chlorhydrique sur un alliage d'antimoine et de potassium : il est *toujours mêlé d'hydrogène libre*. Il est donc tout à fait analogue à l'arséniure gazeux d'hydrogène.

2° L'antimoine pulvérisé brûle dans le *chlore*, comme l'arsenic récemment broyé, en donnant d'abord le *trichlorure d'antimoine* $SbCl^3$, *masse butyreuse* qui est le résidu de la préparation du gaz sulfhydrique par la stibine et l'acide chlorhydrique concentré chaud; ce corps est dissocié par l'*eau froide* d'après la réaction limitée :

$$SbCl^3 + H^2O \rightleftarrows SbOCl\downarrow + 2HCl,$$

que l'on peut rapprocher de la formation de l'acide chloroarsénieux $AsOCl,H^2O$. Il y a décomposition complète par l'*eau bouillante*, d'après la réaction :

$$2.SbCl^3 + 3H^2O = Sb^2O^3 + 6HCl,$$

analogue à la décomposition du chlorure d'arsenic par l'eau en excès.

Mais l'antimoine présente cette différence avec l'arsenic que par le chlore en excès il donne un *pentachlorure* $SbCl^5$, *liquide jaune*, facilement dissociable :

$$SbCl^5 \rightleftarrows SbCl^3 + Cl^2,$$

ce qui en fait un *chlorurant énergique* comparable au pentachlorure de phosphore PCl^5.

3° L'antimoine est inaltérable à l'air à froid, mais quand il est *fondu* il *brûle* à l'air avec des *fumées blanches sans odeur* et formation d'*anhydride antimonieux* Sb^2O^3, *isodimorphe* de l'anhydride arsénieux, ayant la fonction *anhydride vis-à-vis des alcalis*, mais ayant le rôle d'*oxyde d'antimoine* vis-à-vis de l'acide sulfurique avec lequel il donne un sulfate $(SO^4)^3Sb^2$, et se dissolvant dans le tartrate acide de potassium pour donner l'*émétique*, toxique à dose trop forte.

Tandis que par l'*acide azotique* ou l'*eau régale* chauffés, il y a oxydation complète de l'antimoine à l'état d'*anhydride antimonique* Sb^2O^5, *poudre blanche insoluble*, pouvant former *indirectement* les *acides pyroantimonique et métaantimonique*. — L'action de l'acide azotique sur le trichlorure fournit un liquide rouge, qui par l'eau donne un précipité de l'hydrate $Sb^2O^5,6H^2O$; ce précipité abandonné dans le vide sec prendrait la composition $Sb^2O^5,3H^2O$ d'un *acide orthoantimonique*.

4° L'antimoine se combine directement avec le *soufre* chauffé, et par un courant de gaz sulfhydrique dans les solutions chlorhydriques de trichlorure ou de pentachlorure, il y a formation de *précipités orangés caractéristiques de sulfures* d'antimoine Sb^2S^3 ou Sb^2S^5, *solubles dans les sulfures alcalins* comme les tri ou pentasulfures d'arsenic, mais solubles aussi dans l'*acide chlorhydrique concentré* (différence avec le sulfure d'arsenic As^2S^3).

5° Les composés solubles d'antimoine donnent dans l'*appareil de Marsh* des phénomènes tout à fait analogues à ceux que présentent les composés solubles de l'arsenic :

Il y a formation de *taches noires* sur la capsule de porcelaine; mais la tache *blanche* d'anhydride antimonique Sb^2O^5, qui reste après l'action de l'acide azotique et l'évaporation à sec *ne change pas de couleur* par le contact de la dissolution d'acétate d'argent; et la tache noire est transformée par le sulfure d'ammonium en une tache *rouge orangée* de sulfure d'antimoine;

Il y a formation d'un *anneau* sur le tube étroit chauffé, mais cet anneau est *noir*; il *se déplace difficilement* quand on le chauffe dans le courant d'hydrogène; il se grille par l'appel d'air *sans répandre d'odeur*, en donnant un dépôt blanc cristallisé d'anhydride antimonieux ressemblant complètement au dépôt d'anhydride arsénieux; mais le liquide obtenu par lavage de l'intérieur du tube avec l'acide chlorhydrique chaud donne par le courant de gaz sulfhydrique le *précipité rouge orangé* caractéristique, et ce précipité est *soluble dans l'acide chlorhydrique concentré*.

En *résumé* il y a des analogies extrêmement étroites entre l'arsenic et l'antimoine, mais les différences dans le détail sont telles qu'il est impossible de confondre un empoisonnement par l'arsenic, lequel est en général voulu, avec l'empoisonnement accidentel que peuvent causer les remèdes à base d'antimoine, comme l'émétique, lorsque leur dose est trop forte.

LIVRE V

MÉTALLOÏDES TÉTRAVALENTS ET BORE

VINGT-HUITIÈME LEÇON

Carbone. — Oxyde de carbone.

CARBONE :

Masse atomique C = 12.

Cet élément ne peut pas être défini par ses propriétés physiques ; il constitue l'élément principal des corps appelés *charbons* ; on reconnaît qu'*une matière renferme du carbone* quand la combustion complète de cette matière par un excès d'oxygène donne du gaz carbonique CO^2 dans les produits de la combustion ; et *un charbon sera du carbone pur* quand 12^{gr} de ce corps, par combustion au moyen d'un excès d'oxygène, donneront *sans résidu* et *uniquement* 44^{gr} de gaz carbonique.

Le carbone est connu à peu près pur sous *3 états allotropiques* : le diamant, le graphite et le carbone amorphe, qui présentent chacun de *nombreuses variétés*. Ces charbons variés ont comme *propriétés physiques communes* : l'*infusibilité* ; la *fixité* jusque la température de l'arc électrique estimé 3500° pour le charbon positif ; l'*insolubilité* dans les dissolvants usuels. — Il y a *dissolution* du carbone amorphe dans *certains métaux fondus* : le *platine*, l'*argent*, le *fer* ; mais il y a aussi *combinaison* du carbone avec le *fer* dans les produits ferreux, fontes et aciers : on y trouve CFe^3.

Par refroidissement *lent* de la fonte de fer, il y a *cristallisation de graphite*, qui existe dans la *fonte grise*, employée pour le moulage à cause de sa propriété d'augmenter légèrement de volume par la solidification. — Mais si l'on chauffe au *four électrique*, dans un creuset de charbon des cornues, de la fonte avec un excès de charbon, et qu'on refroidisse brusquement le creuset par immersion dans le plomb fondu, il y aura cristallisation du carbone dans le noyau de fonte encore liquide sous une très forte pression due à la présence de l'enveloppe de fonte solidifiée brusquement; et alors il y a formation non seulement de graphite mais encore de *cristaux microscopiques de diamant*. Cette reproduction artificielle du diamant, due à *M. Moissan*, a conduit à rechercher la présence du diamant dans les *aciers* fabriqués *à la presse hydraulique*, et dans les *produits des hauts-fourneaux*, où le refroidissement du métal carburé s'effectue sous une très forte pression : on a pu découvrir ainsi de très petits diamants, dont le plus beau avait $\frac{1}{2}^{mm}$ de dimension.

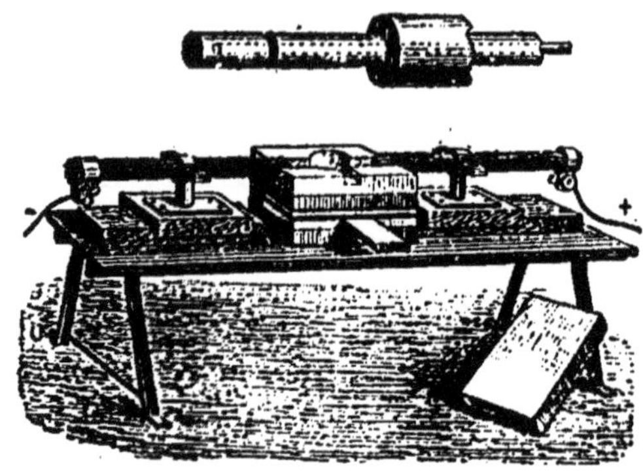

Fig. 133. — Four électrique.

I. — Propriétés chimiques du carbone.

Il est *sans action* sur le *chlore*, le *brome* ou l'*iode*, sur les hydracides, et sur le *phosphore* et l'*arsenic*; il se combine aux *autres métalloïdes*; en particulier il est *combustible* à chaud par l'*oxygène*; et alors c'est un *réducteur* d'un grand nombre de *composés oxygénés* sous l'action de la chaleur :

1° Il se combine directement avec l'*hydrogène* quand l'arc électrique se produit entre deux charbons dans une atmosphère de gaz hydrogène, car le courant de gaz qui sort de l'appareil donne dans la solution chlorhydrique de chlorure cuivreux Cu^2Cl^2, un précipité rouge d'acétylure cuivreux C^2H^2,Cu^2O caractéristique du gaz acétylène C^2H^2. — Le carbone et l'hydrogène s'uniraient à 1200° pour former le méthane CH^4, et il y aurait équilibre entre CH^4, H et C.

2° Il y a combustion du carbone *amorphe* à froid dans le *fluor*, avec formation des gaz fluorures de carbone CF^4 et C^2F^4; mais il n'y a pas d'action du fluor à froid sur le graphite ou sur le diamant; il faudrait chauffer le *graphite au rouge* pour qu'il fût attaqué par le fluor; et le diamant resterait inaltéré. L'action du fluor est donc un *1er caractère distinctif des 3 états du carbone*.

3° Il y a *combustion* du carbone à chaud par l'*oxygène* ou par *l'air*, *facile* à température élevée *dans l'oxygène* même pour le diamant, *plus difficile dans l'air* pour le diamant et le graphite qu'il faut y *maintenir* au rouge, et avec un *très faible résidu* : 0,002 en moyenne pour le diamant, 0,02 environ pour le graphite naturel, qui sont donc du *carbone à peu près pur*.

Dans la combustion du carbone il y a *toujours* production simultanée des *gaz carbonique* CO^2 et *oxyde de carbone* CO, mais presque uniquement de gaz carbonique si l'oxygène est en excès. Et on observe alors un *dégagement de chaleur* moindre pour le diamant que pour le carbone amorphe; on en conclut qu'il y a dégagement de chaleur quand le carbone amorphe se transforme en diamant.

4° Il y a combinaison directe du carbone amorphe chauffé au rouge avec la *vapeur de soufre*, et alors il y a formation *limitée* de vapeur de sulfure de carbone.

5° Il y a combinaison *indirecte* du carbone amorphe au rouge avec l'*azote* en présence d'alcalis ou d'alcalinoterreux; ainsi il y a formation de *cyanure de potassium* par un courant d'azote ou d'air passant sur du charbon imprégné de potasse et chauffé au rouge :

$$3C + Az^2 + 2KOH = 2KCAz + H^2O\uparrow + CO\uparrow;$$

de *cyanure de baryum* par le même courant sur un mélange de charbon et de carbonate de baryum au rouge :

$$4C + Az^2 + CO^3Ba = Ba(CAz)^2 + 3CO\uparrow.$$

Le charbon au rouge décompose aussi le *gaz ammoniac* avec formation de *cyanure d'ammonium*, condensable dans un tube refroidi :

$$C + 2AzH^3 = AzH^4CAz\curvearrowright + H^2\uparrow.$$

6° Il se combine directement avec le *silicium* à la température de l'arc électrique pour former le carbure de silicium SiC, cristallisé et incolore.

7° Il se combine directement au *bore* dans les mêmes conditions pour donner le carbure de bore B^6C en cristaux noirs.

Le carbone est surtout un *réducteur énergique des composés oxygénés*, quand on les *chauffe* avec le carbone *amorphe* :

1° De *l'eau* H^2O, soit quand on éteint des charbons rouges sous une cloche pleine d'eau, soit quand on fait passer de la vapeur d'eau sur de la braise chauffée au rouge dans un tube de porcelaine; on peut alors recueillir un gaz combustible, malheureusement très toxique, que l'on appelle le *gaz d'eau* et qui est un mélange d'hydrogène, de gaz oxyde de carbone CO et de gaz carbonique CO^2. En effet au *rouge sombre* il y a formation de *gaz carbonique* non encore dissociable :

$$C + 2H^2O = 2H^2\uparrow + CO^2\uparrow;$$

au *rouge vif* il y a formation de gaz *oxyde de carbone* plus difficilement dissociable que le gaz carbonique :

$$C + H^2O = H^2\uparrow + CO\uparrow;$$

ces réactions sont endothermiques, mais cependant faciles à cause de la dissociation de la vapeur d'eau sensible dès le rouge sombre; comme il y a des *températures différentes le long du tube*, au rouge vif dans la région centrale seulement, les 2 réactions s'y passent. — La toxicité du gaz à l'eau, qui limite son emploi, est due au gaz oxyde de carbone : on emploie la haute température fournie par la combustion de l'hydrogène et de l'oxyde de carbone du gaz à l'eau, dans les *fours à réchauffer* les métaux, qui alors ne s'oxydent pas dans l'atmosphère réductrice à cause de la présence de l'oxyde de carbone.

2° Le charbon réduit l'*acide sulfurique* chauffé :

$$C + 2SO^4H^2 = 2H^2O + 2SO^2\uparrow + CO^2\uparrow,$$

d'où un mode de production du *gaz sulfureux* qui serait lui-même décomposé par le charbon au rouge blanc.

Il y a encore réduction des *sulfates* alcalins et alcalinoterreux par mélange avec du charbon en poudre dans un creuset au rouge :

$$SO^4Na^2 + 4C = 4CO\uparrow + Na^2S,$$

ce qui est une des réactions de la production de la *soude Leblanc*;

$$SO^4Ba + 4C = 4CO\uparrow + BaS,$$

réaction utilisée pour la préparation du *sulfure de baryum*.

3° Le charbon réduit les *composés oxygénés de l'azote* : le *protoxyde* Az^2O et le *bioxyde* AzO, l'*acide azotique* AzO^3H, qui entretiennent la combustion du charbon suffisamment chauffé.

Il y a réduction aussi des *azotates*, qui fusent au contact des charbons incandescents, de même que les *chlorates*, et en produisant une vive combustion de charbon :

$$4AzO^3K + 5C = 2.CO^3K^2 + 2Az^2\uparrow + 3CO^2\uparrow,$$
$$2AzO^3K + 4C = CO^3K^2 + Az^2\uparrow + 3CO\uparrow,$$

sont les principales réactions de la combustion de la *poudre noire*.

4° Le charbon réduit encore l'*anhydride phosphorique* P^2O^5, l'*acide métaphosphorique* PO^3H, le *métaphosphate de calcium* $(PO^3)^2Ca$, d'où l'extraction du *phosphore* au rouge blanc, d'après la réaction :

$$PO^3H + 3C = P\curvearrowright + 3CO\uparrow + H\uparrow.$$

Il réduit aussi les *anhydrides arsénieux* As^2O^3 ou *arsénique* As^2O^5 chauffés :

$$2.As^2O^3 + 3C = 3CO^2\uparrow + As^4\curvearrowright;$$

d'où la production de l'arsenic possible à partir de l'anhydride arsénieux.

Il réduit encore dans le four électrique les *phosphates* ou *arséniates alcalinoterreux*.

5° Le charbon au rouge réduit encore le *gaz carbonique* :

$$CO^2 + C = 2.CO\uparrow,$$

d'où la forte proportion d'oxyde de carbone dans le produit de la combustion du charbon par l'oxygène en quantité insuffisante.

Mais il ne réduit la *silice* SiO^2 qu'à la température du four électrique.

$$SiO^2 + 3.C = 2.CO\uparrow + SiC,$$

d'où la préparation du carbure de silicium ou *carborundum* en cristaux incolores très durs remplaçant l'émeri.

6° Le charbon réduit encore les *oxydes métalliques* en général, à *température variable* suivant la nature de l'oxyde. La réduction a lieu à température *peu élevée*, et avec production de *gaz carbonique*, si la chaleur de formation de l'oxyde est faible, ce qui est le cas de l'*oxyde cuivrique* noir :

$$2CuO + C = 2Cu + CO^2\uparrow,$$

la réaction étant possible dans un tube à essai; le mélange noir prend la teinte rouge du cuivre, et le gaz carbonique qui s'échappe par le petit tube à dégagement vient troubler l'eau de chaux d'un vase. — La réduction n'a lieu qu'à température *élevée*, et avec production d'*oxyde de carbone*, si la chaleur de formation de l'oxyde est plus grande, ce qui est le cas de l'*oxyde de zinc* :

$$ZnO + C = CO\uparrow + Zn\curvearrowright;$$

et même au rouge blanc il n'y a *pas réduction* de l'*oxyde de baryum*, ou de *calcium*, ou d'*aluminium*; pour réduire l'alumine Al^2O^3, il faudrait faire réagir en même temps le chlore qui s'unirait au métal :

$$Al^2O^3 + 3C + 3Cl^2 = 3CO\uparrow + Al^2Cl^6\curvearrowright;$$

et de même pour réduire au rouge la *silice* SiO^2 ou l'*anhydride borique* B^2O^3.

Mais il y a encore réduction des oxydes alcalinoterreux, de l'alumine ou de la silice à la température du *four électrique*, avec production de carbures cristallisés; les carbures métalliques ainsi produits, décomposés par l'eau, donnent des carbures d'hydrogène, comme l'acétylène; en particulier, avec la *chaux* :

$$CaO + 3C = C^2Ca + CO\uparrow,$$

il y a formation de *carbure de calcium*; si le charbon était en excès, il y aurait libération du calcium.

$$CaO + C = Ca + CO\uparrow.$$

— Ces actions réductrices du charbon sur les oxydes métalliques sont *très importantes*; ce sont elles que l'on utilise dans la *métallurgie* du cuivre, de l'étain, du zinc, et même dans l'extraction du fer mais par un mécanisme que l'on étudiera plus loin.

7° Enfin on peut *distinguer les 3 états allotropiques* du carbone en utilisant l'*action oxydante* du mélange d'*acide azotique* fumant et de *chlorate de potassium* agissant sur le charbon à la température 60° pendant plusieurs jours, cette action étant suivie d'un lavage et d'une dessiccation, et l'opération pouvant être *renouvelée plusieurs fois*. — Le *diamant* reste alors *inaltérable*. Le carbone *amorphe disparaît complètement* à l'état de produits solubles. Enfin le *graphite* est transformé en *oxyde graphitique* $C^{22}H^4O^5$ généralement *jaunâtre*, *détonant* quand on le chauffe à 250° pour donner de l'*oxyde pyrographitique* $C^{22}H^2O^4$ par départ d'une molécule d'eau. — On a ainsi le moyen de *rechercher l'état* allotropique *du carbone* dans les charbons complexes.

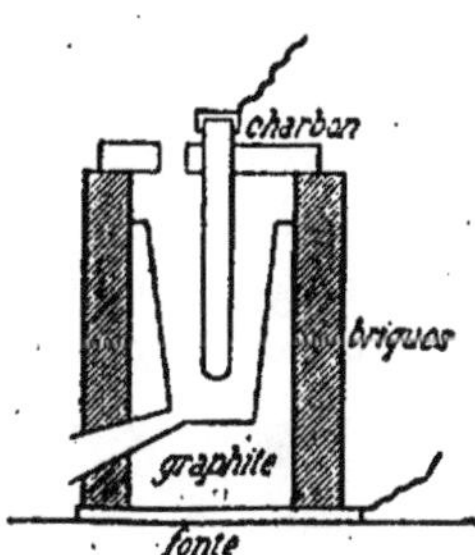

Fig. 134. — Disposition d'un four électrique à trou de coulée, employé tout d'abord dans l'industrie.

II. — Caractères physiques des diverses variétés de charbons.

On les divise en charbons *naturels* et en charbons *artificiels*. Les charbons naturels comprennent le *diamant*; le *graphite*; et les *combustibles naturels*, lesquels ne contiennent que du *carbone amorphe* comme aussi tous les charbons artificiels.

1° Le *diamant* provient actuellement *du Cap* où on le trouve seulement dans certains *terrains d'alluvion*; il existe aussi dans *certains fers météoriques*, et comme on l'a vu dans les produits ferreux préparés sous forte pression.

Il est *généralement incolore*, quelquefois *jaune*, ou diversement coloré, et même *noir*.

Il est *généralement cristallisé* dans le système cubique, mais souvent avec des arêtes courbes et des faces courbes striées opaques; il peut être aussi *cristallin* seulement, et plus dur, on l'appelle alors *diamant de nature*; enfin il peut encore être *non cristallin* et *noir*, il est alors encore plus dur, et on l'appelle dans ce cas *carbone*. Le diamant est *le plus dur* des corps connus.

C'est *le plus dense* de tous les charbons : sa masse spécifique varie entre 3^{gr} et $3^{gr},6$.

C'est *le plus réfringent* de tous les corps : aussi il émet non seulement des *feux blancs* par réflexion sur sa surface inaltérable; mais encore des *feux colorés*, par réfraction et réflexion totale, quand il est transparent et bien taillé. — La *taille* du diamant a pour but d'y produire des *facettes artificielles*, de manière que les rayons intérieurs y subissent la réflexion totale : on *dégrossit* le diamant brut en utilisant le clivage, une fente produite par un diamant plus dur et un léger choc; on *produit les facettes* par frottement mutuel de deux diamants dégrossis; enfin on *polit les facettes* par frottement sur de la poussière de diamant dur humectée d'huile.

On emploie le diamant en *joaillerie* : c'est la plus belle des pierres précieuses; on utilise sa dureté dans les pivots des *chronomètres*; et pour former les pointes d'outils destinés à *couper le verre*, à *travailler les pierres* dures, à *percer* les trous de mine dans *les roches* dures.

Fig. 135. — Diamant taillé en rose.

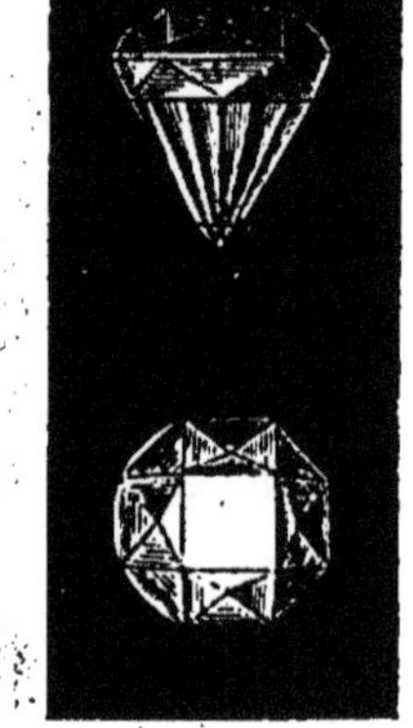

Fig. 136. — Diamant taillé en brillant.

Dans un gaz inerte ou dans le vide, à la température de l'arc, le diamant se *transforme* en graphite en se boursouflant.

2° Le *graphite*, ou *plombagine*, ou *mine de plomb*, se rencontre dans les *terrains primitifs*, quelquefois en *paillettes hexagonales*, le plus souvent en *masse feuilletée gris noir* et *opaque*. Il est *onctueux* au toucher, *tache* les doigts et le papier. Il a pour *masse spécifique* $2^{gr},2$. Il est *bon conducteur*.

On l'emploie dans les *crayons ordinaires*; pour *atténuer le frottement* dans les organes des mécanismes; pour frotter les moules utilisés en *galvanoplastie*; pour *préserver les objets en fer ou en fonte* contre l'altération à l'air humide; enfin par mélange avec de la terre réfractaire pour fabriquer les *creusets en plombagine* infusibles utilisés dans la préparation des alliages industriels.

On peut *purifier* le graphite en le soumettant à l'action du *mélange acide sulfurique-chlorate de potassium*, lavant, séchant, et chauffant au rouge : le graphite se réduit alors en poudre très fine, qu'on soumet à la *lévigation*, pour en retirer les parcelles impalpables de graphite pur, qui restent le plus longtemps en suspension dans l'eau.

3° Les *charbons naturels* employés comme *combustibles* sont l'*anthracite*, la *houille*, le *lignite*, auxquels on joint quelquefois la *tourbe*. Ils sont trouvés dans des *terrains de plus en plus récents*. Ils sont d'*origine végétale* comme le montre la structure dans de nombreux échantillons de houille, et même la forme extérieure dans les lignites, dont une variété assez dure pour pouvoir être polie constitue le *jais naturel* noir. Ils sont *de moins en moins purs*, car par combustion ils laissent de plus en plus de cendres. Enfin ils sont *de moins en moins denses*.

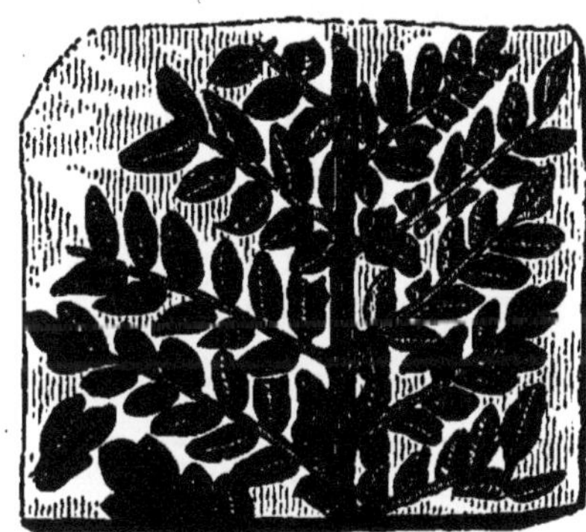

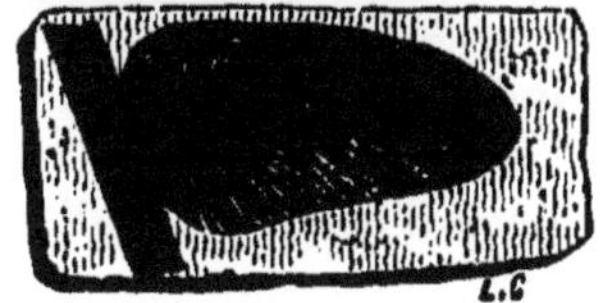

Fig. 137. — Fougères de la houille.

Chaquefois que l'on calcine une matière *organique* solide *en vase clos*, il y a des réactions complexes appelées *réactions pyrogénées*, avec formation de produits volatils, et d'un résidu de carbone plus ou moins pur constituant un *charbon artificiel*. Si la matière organique est dépourvue de matières minérales *fixes*, le résidu est du *carbone pur* : tel le *charbon de sucre*, noir, brillant, très poreux, qui est du carbone pur, quand il a été obtenu par calcination du *sucre pur* dans un creuset en porcelaine fermé.

Mais en général les charbons artificiels sont *impurs*; ils peuvent contenir des *matières minérales* qui donneront les cendres de la combustion; ils peuvent contenir aussi du gaz *hydrogène* dont on les débarrasse si l'on veut en chauffant au rouge blanc dans un courant de chlore, lavant et séchant.

On *prépare* les charbons artificiels, soit par *calcination*, soit ce qui revient au même par *combustion incomplète* des matières organiques. Les principaux charbons artificiels sont le *noir de fumée*, le *charbon de bois*, les charbons de la distillation de la houille : *coke* et *charbon des cornues*, enfin le *charbon animal*.

1° *Noir de fumée*, sous forme de *poussière noire très légère* utilisée pour la *peinture* en noir, la fabrication des *encres indélébiles* (encre d'imprimerie, encre de Chine), et des *crayons noirs* (crayons Conté).

Il se *produit* dans la combustion incomplète des *corps gras*,

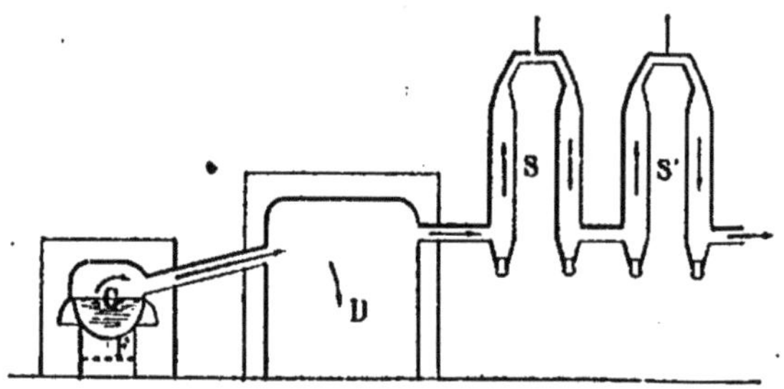

Fig. 138. — Appareil pour la fabrication du noir de fumée : C, chaudière ; F, foyer ; D, chambre à condensation ; S, S', sacs à condensation.

des *essences* et des *résines*, corps qui brûlent à l'air avec une flamme très fumeuse.

On le *prépare* en brûlant des résines dans une chaudière en fonte chauffée par un foyer, en relation avec une chambre en maçonnerie où se dépose le noir grossier, puis avec une série de sacs en toile en forme d'U renversé s'ouvrant par le bas, et où se dépose le noir de plus en plus fin : il suffit d'ouvrir les sacs et de les secouer pour recueillir le noir de fumée qui s'y est déposé.

Le noir de fumée brut contient toujours *un peu de matière huileuse*. On peut le *purifier* en le calcinant dans un creuset fermé.

On a essayé d'utiliser les résidus de carbure de calcium pour préparer un *noir pur* dit *noir d'acétylène* : l'action de l'eau sur ces résidus non marchands dégage de l'acétylène que l'on comprime à 4 atmosphères et que l'on fait exploser ; le gaz comprimé se décompose en carbone libre, et en gaz hydrogène que l'on peut utiliser.

2° *Charbon de bois*.

Par *distillation* de bois *légers* (fusain, bourdaine), on obtient un *gaz combustible* utilisé pour chauffer la cornue en tôle où s'effectue l'opération; des *vapeurs condensables* en un liquide d'où l'on retire l'*esprit de bois* ou alcool méthylique CH^3OH, le *vinaigre de bois* ou acide acétique CH^3CO^2H, le *goudron de bois*, l'*acétone* CH^3-CO-CH^3, etc.; et il reste, avec un *rendement* 0,27, un charbon de bois *homogène*, de couleur *rougeâtre*, *très combustible*, employé pour la fabrication de la *poudre noire* et pour le *dessin*.

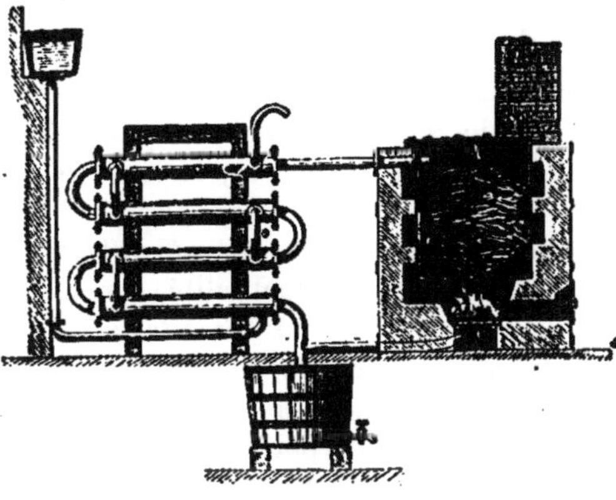

Fig. 139. — Distillation du bois.

Le plus souvent on prépare le charbon de bois par *combustion incomplète* de bois plus denses, dans des meules recouvertes de terre et établies au milieu des forêts, en pratiquant des évents dans l'enveloppe de terre successivement de haut en bas, quand la fumée qui se dégage des ouvertures plus élevées étant devenue transparente indique que la combustion dans les régions correspondantes est suffisamment avancée. Il y a alors perte totale des produits volatils, et rendement plus faible 0,18 seulement en *charbon de bois ordinaire*, *noir*, *fragile*, à *cassure brillante*, *poreux*, *absorbant* facilement l'*humidité* de l'air, et employé comme *combustible*.

Fig. 140. — Fabrication du charbon de bois.

Le charbon de bois *absorbe les gaz* à froid sans altération; d'où l'emploi du charbon *de tourbe* ou *de sciure* comme *désinfectant* dans l'industrie. Le *volume* de gaz *absorbé* est d'*autant plus grand* que la solubilité du gaz dans l'eau est plus grande, que la pression du gaz restant est plus forte, et que la température est plus basse. On peut *chasser le gaz absorbé* par le charbon, soit par le vide, soit *par la chaleur*, ce qui fait utiliser quelquefois le charbon saturé du gaz pour montrer la *liquéfaction des gaz* chlore, sulfhydrique ou ammoniac, dans le tube de Faraday. — Mais les dernières traces de gaz absorbé par le charbon sont retenues jusqu'à la température du rouge; aussi on a soin d'*employer dans les réactions chimiques* du *charbon calciné*, ou de la *braise*, ou encore du *coke*.

Les charbons artificiels présentent une *très inégale inflammabilité*, due surtout à une très inégale conductibilité, comme on le voit pour le charbon de bois : préparé *à basse température* vers 400°, il est *mauvais conducteur*, et alors la chaleur qu'on lui fournit pour l'allumer reste aux points que l'on chauffe et les porte à une température à laquelle le charbon brûle; ce charbon est donc *très inflammable*, d'autant plus que fabriqué à partir de bois légers il est *plus poreux* ce qui diminue encore sa conductibilité, et qu'il renferme encore en général des *carbures d'hydrogène* très combustibles. — Tandis que le charbon préparé *à haute température* vers 800° est *bon conducteur*; la chaleur qu'on lui cède pour l'allumer se propage à travers sa masse sans échauffer fortement les points où elle est appliquée; aussi il est *peu inflammable*, d'autant moins que fabriqué à partir de bois denses il est *moins poreux* et *plus dense* lui-même, ce qui augmente sa conductibilité. — Mais pour une même masse de charbon, 1gr par exemple, la *quantité de chaleur dégagée* dans la combustion est *la même*, 8c environ. Si on veut *obtenir une température élevée*, il faudra brûler du charbon *dense* afin de dégager la même quantité dans un espace plus restreint, par exemple du charbon des cornues en fragments gros comme des noisettes.

3° *Charbons de la distillation de la houille.*

Le *coke* est le résidu *noirâtre poreux* des fragments de houille. Il est employé, soit comme *combustible* brûlant à peu près *sans flamme*, soit aussi et surtout comme *réducteur* en métallurgie, et en général dans les réactions chimiques industrielles. — On le *prépare* par calcination de la houille, soit dans des *fours* spéciaux permettant la condensation des produits liquides et l'utilisation des gaz combustibles, soit dans les *cornues* en terre de l'appareil à fabrication du *gaz de l'éclairage*; l'opération fournit en même temps les *eaux ammoniacales*, qui sont la principale source de l'ammoniaque industrielle, et le *goudron de houille* dont on retire un grand nombre de matières organiques industrielles, en particulier la *benzine* du commerce, la *naphtaline*, l'*anthracène*, etc.

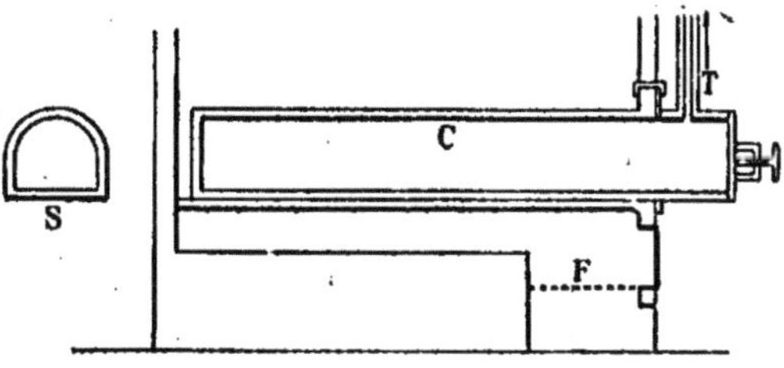

Fig. 141. — Une cornue à fabrication du gaz de l'éclairage :

C, la cornue ; S, la section transversale ; T, le tube à dégagement ; F, le foyer.

Le *charbon des cornues* est une *masse compacte*, *dure*, aussi *dense* que le graphite ; c'est un charbon *bon conducteur*, d'où son usage pour constituer le *pôle positif* d'un grand nombre *de piles*, et pour fabriquer les agglomérés des *charbons de l'arc* électrique. On utilise son infusibilité pour y tailler des *nacelles*, *creusets*, *tubes*, destinés aux réactions à température élevée. Et comme c'est un charbon très dense et *presque pur*, on utilise encore sa combustion pour obtenir des températures très élevées, 1500° par exemple, pourvu que l'on possède un foyer à tirage suffisant comme celui que donne une cheminée d'une dizaine de mètres de haut. — Il *se produit* sur les parois des cornues à gaz de l'éclairage portées au rouge vif, par décomposition des produits gazeux très carburés de la calcination de la houille, en produits moins carburés qui constitueront le gaz, et en carbone libre qui forme peu à peu un dépôt de grande épaisseur.

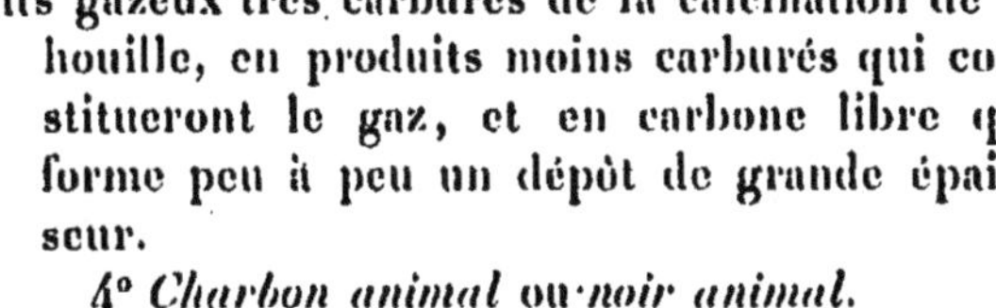

Fig. 142. — Marmites pour la fabication du charbon animal.

4° *Charbon animal* ou *noir animal.*

C'est une matière *noire, poreuse*, que l'on *prépare* par calcination des os dans des séries de marmites superposées et chauffées dans des fours ; il ne renferme alors que *0,1 de charbon* provenant de la décomposition pyrogénée de l'osséine en vase clos, et supporté par la *matière minérale fixe* des os. Il conserve la forme des os d'où il provient ; on le pulvérise en *grains* grossiers pour son usage.

Il possède deux propriétés remarquables : celle d'*absorber les matières minérales des dissolutions*, puis la propriété d'*absorber les matières colorantes*. Ainsi par agitation avec du noir en grains et filtration, il y a décoloration de la teinture de *tournesol* ou d'*indigo*, du *vin rouge*, ou d'eau noircie par de l'*encre* : il y a d'abord eu simple *fixation* de la matière colorante, qui peut alors être enlevée au charbon animal par des dissolvants appropriés; mais bientôt il y a *destruction* de la matière colorante, par une oxydation lente au contact de l'air, possible grâce à la présence du charbon *poreux*. — Ces deux propriétés du noir animal étaient très employées *autrefois* dans le *traitement des jus sucrés*, chargés de matières minérales et plus ou moins colorés, pour l'extraction du sucre : on préfère actuellement l'emploi des hydrosulfites et de l'eau oxygénée comme décolorants.

Mais on emploie encore le charbon animal pour la *décoloration des liquides organiques*, d'où l'on veut retirer les substances organiques incolores. Si le liquide organique est *acide*, il faut d'abord laver le charbon animal avec de l'acide chlorhydrique pour le débarrasser des matières minérales qui pourraient réagir sur le liquide acide.

Quand le noir animal saturé de matière colorante avait perdu son pouvoir absorbant, on pouvait *revivifier le noir épuisé*, soit par calcination, soit par un traitement à la vapeur surchauffée. Après un certain nombre de revivifications, le pouvoir absorbant étant presque perdu complètement sans retour, on employait le noir complètement épuisé sous le nom de *noir de raffinerie* comme *engrais phosphaté*.

COMBINAISONS DU CARBONE AVEC L'OXYGÈNE

On n'étudiera que les 2 combinaisons simples qui se forment dans la combustion du charbon : le gaz *oxyde de carbone* CO, et le gaz *anhydride carbonique* CO^2. On laissera de côté l'*acide oxalique* $C^2O^4H^2$, qui peut être regardé comme du sesquioxyde de carbone uni à une molécule d'eau, et qui existe en *cristaux blancs* avec 2 molécules d'eau de cristallisation $C^2O^4H^2 + 2H^2O$.

OXYDE DE CARBONE, CO, ou CARBONYLE

C'est un *gaz incolore, sans odeur*, ce qui présente de graves inconvénients, car ce gaz est *très toxique* : il amène la mort à la dose de $\frac{1}{400}$ seulement dans l'air, en formant une combinaison stable avec l'hémoglobine du sang, qui alors perd sa propriété physiologique d'absorber l'oxygène de l'air dans les poumons; l'oxyde de carbone est l'agent de l'asphyxie par la combustion du charbon; il faut se garder d'employer des braseros ou des poêles à combustion lente, de fermer les clefs des poêles, etc. — Le gaz oxyde de carbone a pour *densité* 0,96702 très voisine de celle de l'azote ou de l'éthylène, qui ont même masse moléculaire; il est *très difficile à liquéfier*, comme l'azote : c'est alors un *liquide* bouillant à — 190°,0, et solidifiable par évaporation dans le vide en une *masse neigeuse* fondant à — 207°,0.

Il est *peu soluble* dans l'eau : coefficient 0,035 à 0°. Il est absorbé au rouge par les *métaux ferreux*, d'où son passage à travers les parois des poêles quand ces parois sont portées au rouge.

Il est *dissocié* dans le tube chaud et froid au rouge blanc, car on observe un léger dépôt de *charbon* à la partie inférieure du tube froid, et un peu de *gaz carbonique* CO^2 dans le gaz qui se dégage de l'appareil :

$$2.CO \rightleftarrows C_{\downarrow} + CO^2\uparrow;$$

le charbon libre refroidi a été soustrait à la réaction inverse. — L'oxyde de carbone est décomposé aussi partiellement par le passage d'une *série d'étincelles*.

I. — Propriétés chimiques de l'oxyde de carbone.

Il se combine directement avec un grand nombre de corps pour donner des *produits d'addition* où il joue le rôle d'un radical bivalent, le carbonyle $C{<}^{O}$; en particulier, avec l'*oxygène* : aussi il possède des *propriétés réductrices* très importantes.

1° Il se combine directement au *chlore* ou au *brome*, pour donner le chlorure $COCl^2$, ou le bromure de carbonyle $COBr^2$; ainsi par mélange de volumes égaux du gaz et de gaz chlore, et exposition *au soleil*, il y a diminution de volume de moitié et décoloration :

$$CO + Cl^2 = COCl^2;$$

le *chlorure de carbonyle* est un *gaz incolore*, condensable en un *liquide* bouillant à 8°, et *décomposé par l'eau* :

$$COCl^2 + 2H^2O = 2HCl + CO(OH)^2,$$

ce qui en fait le *chlorure de l'acide carbonique* $CO\begin{smallmatrix}<OH\\<OH\end{smallmatrix}$. Il est décomposé aussi par l'ammoniaque, pour donner l'amide de l'acide carbonique ou *urée*, dont c'est une synthèse :

$$COCl^2 + 4.AzH^3 = 2.AzH^4Cl + CO\begin{smallmatrix}<AzH^2\\<AzH^2\end{smallmatrix}.$$

Il se forme aussi par un courant de gaz oxyde de carbone dans du *pentachlorure d'antimoine* chauffé, ou sur les *chlorures d'argent ou de plomb* chauffés au rouge.

2° Le gaz oxyde de carbone brûle *à l'air* par inflammation, avec une *flamme bleue* :

$$CO + O = CO^2;$$

De l'eau de chaux, versée dans l'éprouvette où l'on vient d'effectuer la combustion, se trouble, ce qui montre la production de gaz carbonique. — Le mélange du gaz avec la moitié de son volume d'*oxygène* détone par le contact d'une flamme, ou d'une étincelle, ou sous l'action de la température 650°.

3° L'oxyde de carbone se combine directement au *soufre*, quand le gaz entraînant de la vapeur de soufre passe dans un tube chauffé au rouge : $CO + S = COS\uparrow$; il y a formation seulement d'*un peu d'oxysulfure de carbone* COS, *gaz incolore, assez soluble* d'abord puis lentement *décomposé par l'eau, combustible* :

$$COS + 3.O = CO^2 + SO^2,$$

et que l'on *prépare* par l'action de l'acide sulfurique étendu sur les sulfocyanures.

4° Il y a encore combinaison directe avec le *potassium* fondu, vers la température 80°, pour donner le composé $C^6(OK)^6$, qui dérive de l'*hexahydroxylbenzine* $C^6(OH)^6$, et qui se forme dans l'extraction du potassium à partir du carbonate CO^3K^2 réduit par le charbon.

5° Il y a combinaison directe avec le *nickel* et avec *le fer*, quand sur ces métaux, obtenus *par réduction* de leurs oxydes à la plus basse température possible (400° par exemple), et refroidis *à la température ordinaire*, on fait passer un courant du gaz; on peut en effet, à la sortie du tube où s'effectue la réaction, condenser des produits *liquides* : le *nickelcarbonyle* $Ni(CO)^4$ qui est *incolore*, ou les *ferropentacarbonyle* $Fe(CO)^5$ et *ferroheptacarbonyle* $Fe(CO)^7$. La vapeur de ces corps est explosive, et elle se décompose par passage dans un tube capillaire chauffé vers 200°, avec formation d'un dépôt du métal.

6° Il y a encore combinaison directe mais *très lente* avec la *potasse concentrée*, en tube scellé maintenu à 100°; il y a production de formiate de potassium :

$$CO + KOH = H\text{-}CO^2K;$$

on peut dire qu'en présence de la potasse, il y a eu fixation d'eau sur l'oxyde de carbone, et production d'*acide formique*, dont c'est une synthèse :

$$CO + H^2O = H.CO^2H;$$

et inversement la déshydratation de l'acide formique par l'acide sulfurique concentré chaud donnera du gaz oxyde de carbone.

Il réagit encore sur l'*hydrure de potassium* KH à 360°, pour donner du formiate de potassium, et du carbone amorphe :

$$2.CO + KH = HCO^2K + C.$$

7° Enfin il se combine encore directement au *chlorure cuivreux* en solution chlorhydrique, qui absorbe le gaz et le laisse dégager quand on chauffe; d'où la *recherche et le dosage du gaz oxyde de carbone* dans un mélange gazeux; et la *préparation du gaz pur* : il y a eu formation de *combinaisons cristallisables*, telles que $Cu^2Cl^2,2CO + 2H^2O$.

Mais les propriétés les plus importantes de l'oxyde de carbone sont les *propriétés réductrices* :

1° Il y a réduction de l'*acide iodique* sec IO^3H chauffé à 150°

dans un tube où passe le gaz, avec mise en liberté d'iode :

$$2IO^3H + 5CO = I^2\uparrow + 5CO^2\uparrow + H^2O\uparrow;$$

d'où le *dosage du gaz oxyde de carbone* par le dosage de l'iode libéré. — L'*anhydride iodique* I^2O^5 légèrement chauffé serait réduit plus facilement encore.

2° Il y a réduction de la *vapeur d'eau* à haute température, mais par une réaction *limitée* :

$$H^2O + CO \rightleftarrows H^2 + CO^2;$$

3° Du *gaz sulfureux* au rouge :

$$SO^2 + 2CO = S + 2CO^2;$$

4° Surtout de la plupart des *oxydes métalliques* chauffés ; ainsi de l'*oxyde cuivrique* noir qui est ramené à l'état de cuivre métallique rouge :

$$CuO + CO = Cu + CO^2\uparrow,$$

réaction que l'on utilise dans la synthèse en masses du gaz carbonique ;

Du *peroxyde de fer* rouge, qui donne du fer réduit noir :

$$F^2O^3 + 3CO = 2Fe + 3CO^2\uparrow;$$

d'où l'application très importante dans les hauts fourneaux pour le *traitement des minerais de fer* : le minerai qui est un oxyde (quelquefois le carbonate ferreux, ce qui revient au même), est déversé avec du charbon; le charbon brûle complètement en bas dans le violent courant d'air des tuyères :

$$C + O^2 = CO^2;$$

le gaz carbonique formé se transforme en oxyde de carbone par le contact du charbon rouge dans la partie moyenne :

$$CO^2 + C = 2CO;$$

l'oxyde de carbone réduit le minerai, dans la partie supérieure du haut fourneau.

5° L'oxyde de carbone réduit encore le *chlorure d'or* à froid :

$$2AuCl^3 + 3H^2O + 3CO = 2Au\downarrow + 6HCl + 3CO^2;$$

il suffit d'introduire dans une éprouvette du gaz un *papier* imprégné de dissolution de chlorure d'or, pour voir bientôt une *coloration violette* due au dépôt d'or métallique.

6° Il réduit l'*azotate d'argent* en solution *ammoniacale*, qui brunit; d'où la *recherche de traces de gaz oxyde de carbone* dans l'air, en faisant passer l'air dans le réactif.

7° Enfin il y a réduction du *permanganate* en solution faible légèrement acidulée par l'*acide azotique*, surtout en présence d'un peu d'azotate d'argent : la décoloration du réactif peut servir à *reconnaître* et *même à doser des traces* d'oxyde de carbone dans l'air par agitation de l'air d'un flacon à l'émeri avec le réactif.

II. — Composition du gaz oxyde de carbone.

Il ne peut renfermer *que du carbone et de l'oxygène*, puisque c'est un produit de la combustion du charbon pur dans l'oxygène, et qu'on l'obtient par un courant de gaz carbonique (ne renfermant que du carbone et de l'oxygène) sur du charbon au rouge. On établit sa composition *par la combustion eudiométrique* : le mélange de *2 volumes de gaz* oxyde de carbone avec 2 volumes de gaz oxygène laisse après l'étincelle un résidu de 3 volumes; la potasse absorbe 2 volumes du gaz restant, et le pyrogallol potassique absorbe le dernier volume qui est donc de l'oxygène en excès; et puisque l'oxygène est en excès, les 2 volumes absorbés par la potasse étaient constitués par du gaz carbonique, produit ultime de la combustion du charbon par un excès d'oxygène : ainsi 2 volumes de gaz ont pris 1 volume d'oxygène pour donner 2 volumes de gaz carbonique. Or 2 volumes de gaz carbonique renferment 1 atome de carbone et 2 volumes d'oxygène : d'où la *formule moléculaire* CO. — On *vérifie* en effet que

$$28^{gr},8 \times d = 12^{gr} + 16^{gr}.$$

III. — Caractères du gaz oxyde de carbone.

1° Il n'est pas absorbé par la *potasse étendue*.

2° Il est absorbé complètement par la *solution chlorhydrique de chlorure cuivreux*.

3° Il est *combustible*, avec une *flamme bleue*, en donnant un gaz qui trouble l'eau de chaux que l'on ajoute dans l'éprouvette à combustion.

4° Il réduit le *chlorure d'or*, qui se colore en bleu par agitation avec le gaz.

5° Il réduit la *solution ammoniacale d'azotate d'argent* qui brunit, surtout si on chauffe après le contact du gaz.

6° Il décolore le *permanganate* acidulé par l'*acide azotique* et additionné d'*azotate d'argent*, quand on agite.

IV. — Modes de formation, et préparations de l'oxyde de carbone.

1° Dans la *combustion du charbon* par l'oxygène ou par l'air, surtout si l'oxygène est *en défaut*, car il y a réaction du gaz carbonique formé sur le charbon au rouge.

2° En effet, on peut *préparer* le gaz en faisant passer *lentement* un courant de gaz carbonique sur du charbon chauffé au

Fig. 143. — Production de l'oxyde de carbone par le gaz carbonique et le charbon.

rouge dans un tube de porcelaine et en recueillant sur une cuve à dissolution de potasse qui absorbe le gaz carbonique non décomposé :

$$CO^2 + C = 2CO;$$

on utilise ce mode de production dans les *hauts fourneaux*, et dans la préparation du *gaz d'air*, que l'on obtient en faisant passer un courant d'air sur une longue colonne de coke ou d'anthracite au rouge.

3° Dans la décomposition de l'eau par le charbon au rouge vif, d'où la préparation du *gaz d'eau* en faisant passer un courant de *vapeur d'eau surchauffée* sur du *coke* au *rouge vif* :

$$H^2O + C = H^2 + CO\ ;$$

cette réaction est endothermique; aussi la température du charbon s'abaissant, il se produit aussi la réaction :

$$2H^2O + C = 2H^2 + CO^2;$$

et finalement il faut interrompre l'arrivée de la vapeur d'eau que l'on remplace par un courant d'air pour ranimer le charbon; si le gaz d'air qui se produit alors est mélangé au gaz d'eau formé d'abord, on obtient le *gaz mixte*.

4° Dans la *réduction* au rouge vif par le charbon des oxydes ou des carbonates difficilement réductibles, comme l'*oxyde de zinc* dans la métallurgie du zinc :

$$ZnO + C = Zn^{\curvearrowright} + CO\uparrow;$$

Le *carbonate de baryum*, dans la préparation de l'eau de baryte :

$$CO^3Ba + C = BaO + 2CO\uparrow;$$

Les *carbonates alcalins*, dans la préparation des métaux alcalins :

$$CO^3Na^2 + 2C = 2Na^{\curvearrowright} + 3CO\uparrow$$

$$CO^3K^2 + 2C = 2K^{\curvearrowright} + 3CO\uparrow.$$

Tous ces modes de formation ne peuvent donner que du gaz oxyde de carbone impur.

5° On *prépare* habituellement l'oxyde de carbone en chauffant dans un ballon de l'*acide oxalique cristallisé* avec de l'acide sulfurique qui agit comme déshydratant :

$$[C^2O^4H^2 + 2H^2O] = 3H^2O + CO\uparrow + CO^2\uparrow;$$

on fait passer les gaz qui se dégagent dans un *laveur à potasse* qui retient le gaz carbonique, et on recueille *sur l'eau*. Il faut avoir soin de *modérer le feu* quand le dégagement commence, sans quoi le boursouflement pourrait faire passer la matière dans le laveur. Il faudra agiter le contenu de chaque éprouvette avec un peu d'une dissolution de potasse, si l'on a besoin d'un gaz bien débarrassé de gaz carbonique.

On peut naturellement remplacer l'acide oxalique par un *oxalate*.

On pourrait aussi remplacer l'acide oxalique par *l'acide formique* ou par *un formiate*, si l'emploi de ces corps n'était trop

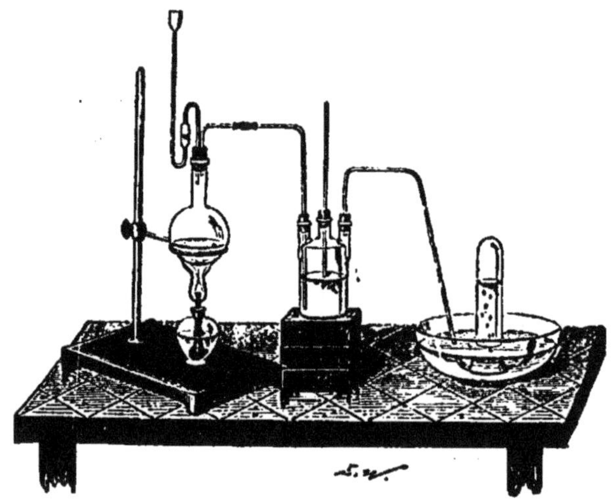

Fig. 144. — Préparation de l'oxyde de carbone.

coûteux; il se dégagerait alors uniquement du gaz oxyde de carbone :

$$H\text{-}CO^2H = H^2O + CO\uparrow,$$

réaction inverse de la synthèse de l'acide formique.

6° On peut encore préparer l'oxyde de carbone en chauffant avec précaution pour éviter le boursouflement du *ferrocyanure de potassium* ou cyanure jaune $Fe(CAz)^6K^4$, en cristaux jaune pâle qu'on a pulvérisés, avec de l'acide sulfurique *concentré*; si l'acide était étendu, il se dégagerait de l'acide cyanhydrique HCAz dont c'est une préparation. Pour *expliquer* le dégagement d'oxyde de carbone CO, on peut admettre la formation d'acide cyanhydrique, lequel au contact de l'acide sulfurique concentré fixe immédiatement les éléments de l'eau pour donner de l'ammoniaque et de l'acide formique :

$$HCAz + 2H^2O + SO^4H^2 = SO^4HAzH^4 + H\text{-}CO^2H,$$

l'acide formique étant immédiatement déshydraté par l'excès d'acide sulfurique comme on vient de le voir. La réaction totale est la suivante :

$$Fe(CAz)^6K^4 + 11.SO^4H^2 + 6.H^2O$$
$$= SO^4Fe + 6.CO\uparrow + 6.SO^4HAzH^4 + 4.SO^4HK;$$

l'eau nécessaire à la réaction est apportée par l'acide sulfurique ordinaire renfermant un peu plus d'eau que l'acide normal qui figure dans la formule, et par l'eau de cristallisation du ferrocyanure. — On *lave* encore le gaz qui se dégage dans une dissolution de potasse, pour arrêter les traces d'acide cyanhydrique ou de gaz carbonique, qui ont pu prendre naissance.

7° Enfin on peut obtenir l'oxyde de carbone *pur* en le séparant d'un mélange gazeux qui le contient, par dissolution dans la solution chlorhydrique de chlorure cuivreux; il suffira de chauffer la dissolution pour en dégager le gaz, qu'on lavera dans l'eau pour arrêter le gaz chlorhydrique entraîné, et qu'on desséchera par l'acide sulfurique ou le chlorure de calcium, pour l'avoir pur et sec.

VINGT-NEUVIÈME LEÇON

Anhydride carbonique. — Sulfure de carbone.

ANHYDRIDE CARBONIQUE, CO^2

1° C'est un *gaz incolore*, à *densité* assez grande, 1,529, ce qui permet de le recueillir par déplacement, de le verser comme un liquide, de le siphonner, etc. Il est *assez facile à liquéfier*, car son *point critique* est 31°,25; aussi on le liquéfie industriellement par compression, et l'*anhydride carbonique liquide* est livré dans de grands cylindres en acier.

C'est alors un *liquide incolore*, *bouillant* à — 79°, se *solidifiant partiellement* par évaporation du jet liquide à l'air : il suffit de recueillir l'*anhydride carbonique solide* dans un corps mauvais conducteur, comme une boîte en ébonite percée de trous, ou un simple tissu de laine, qu'on présente au jet liquide.

On obtient ainsi une *masse neigeuse*, ayant la *température* — 79° par exposition à l'air, pouvant cependant être touchée car elle *ne mouille pas* les corps, mais ne devant pas être serrée entre les doigts; pour l'*usage frigorifique*, on la mélange généralement avec de l'éther *refroidi* qui assure le contact, ou mieux avec du *chlorure de méthyle* qui, dissolvant un peu de la matière solide constitue avec elle un mélange réfrigérant : on obtient —85° au contact de l'air, et jusque — 125° dans le vide. — Un tube de verre, fermé par le bas, qui plonge dans le mélange précédent, et recevant le jet liquide, se remplira de liquide carbonique, qui bientôt *cristallisera* si on le maintient dans le mélange.

2° Le gaz carbonique est *assez soluble* dans l'eau : coefficient 1 à 15°. — Par dissolution du gaz sous la pression de 2 ou 3^{atm}, on prépare l'*eau de Seltz artificielle*, dégageant du gaz carbonique par exposition à l'air, tout en restant sursaturée du gaz dont les bulles pourront se dégager pendant très longtemps, et dont on utilise la *saveur acide*. — Si la température de la dissolution est 0° et si la pression dépasse 12^{atm}, il s'y forme des *cristaux* incolores de l'*hydrate* $CO^2,6H^2O$, *très instable*. — On admet que la solution renferme l'*acide carbonique* CO^3H^2 ou CO^2,H^2O; car elle fait virer au rouge vineux la teinture de *tournesol* sans avoir d'action sur l'hélianthine, ce qui indique un acide *faible*; l'acide carbonique est *bibasique*, et ses *sels acides* ou bicarbonates sont *solubles* dans l'eau.

3° Le gaz carbonique sec est *dissocié* par son passage dans un tube de porcelaine rempli de fragments de porcelaine, et chauffé au *rouge vif*; car le gaz recueilli traité par la potasse laisse un faible résidu combustible (20^{cmc} pour 8 lit. de gaz ayant passé en 1 heure) :

$$CO^2 \rightleftarrows CO + O.$$

Tandis que par une *série d'étincelles*, il y a encore dissociation d'après l'équation précédente, mais avec action ultérieure de l'étincelle sur l'oxygène libéré, donnant de l'oxygène ozonisé.

4° L'acide carbonique est abondant dans le sol, surtout à l'état de *carbonate de calcium* CO^3Ca, constituant le *marbre*, la *craie*, la *pierre calcaire*, etc.

I. — Propriétés chimiques de l'anhydride et de l'acide carboniques.

Il est *réduit*, soit à l'état d'oxyde de carbone CO, soit à l'état de carbone libre, par certains corps combustibles à température élevée; mais *en général*, le gaz carbonique *éteint les corps en combustion* qu'on y plonge :

1° Par mélange avec l'*hydrogène* dans un tube de porcelaine *au rouge*, il est réduit d'après la réaction *limitée* :

$$CO^2 + H^2 \rightleftarrows CO + H^2O.$$

2° Par le passage du gaz sur du *charbon* au rouge dans un tube de porcelaine, il est réduit à l'état d'oxyde de carbone :

$$CO^2 + C = 2CO,$$

d'où la *production de gaz oxyde de carbone* toutes les fois que du gaz carbonique reste en présence de charbon au rouge.

3° Il est encore réduit au rouge par le *phosphore*, le *silicium* ou le *bore*, avec production d'oxyde de carbone, sauf dans le cas du bore qui, réduisant l'oxyde de carbone donnera du charbon libre.

La réduction par le phosphore, le silicium ou le bore sera toujours complète, avec mise en liberté de charbon, dans l'action de ces métalloïdes *sur les carbonates* au rouge; exemple :

$$CO^3Na^2 + Si = SiO^3Na^2 + C.$$

4° Le gaz carbonique produit la combustion vive du *potassium* ou du *sodium* chauffés, ou encore du *magnésium* enflammé; ainsi par un courant du gaz sec sur du potassium chauffé dans un tube de verre, il y a réduction avec incandescence :

$$4K + 3.CO^2 = 2.CO^3K^2 + C;$$

par un ruban de magnésium enflammé et plongé dans un flacon du gaz, il y a combustion vive du magnésium :

$$2Mg + CO^2 = 2MgO + C.$$

Un jet de gaz carbonique arrivant sur l'*hydrure de sodium* NaH l'enflamme avec production de formiate de sodium :

$$NaH + CO^2 = H\text{-}CO^2Na.$$

5° Il y a absorption du gaz carbonique par les *alcalis* à froid, par les *oxydes de calcium ou de baryum* quand on chauffe, par l'*eau de chaux ou de baryte* à froid, avec formation tout d'*abord* de carbonates *neutres*; d'où l'emploi de la potasse solide ou dissoute pour *arrêter le gaz carbonique* et *le doser* :

$$2KOH + CO^2 = CO^3K^2 + H^2O;$$

de l'eau de chaux pour *reconnaître le gaz carbonique*, ou de l'eau de baryte pour le doser :

$$CaO^2H^2 + CO^2 = CO^3Ca\downarrow + H^2O.$$

Mais par excès de gaz carbonique sur les *carbonates neutres alcalins*, ou de l'acide carbonique sur les *carbonates alcalino-terreux*, il y a formation de bicarbonates ; ainsi on prépare le *bicarbonate de sodium pharmaceutique* en faisant passer un courant du gaz sur du carbonate de sodium cristallisé pur :

$$CO^3Na^2, 10H^2O + CO^2 = 2.CO^3HNa + 9H^2O;$$

et il y a redissolution du précipité de carbonate de calcium formé par le gaz carbonique dans l'eau de chaux, quand on agite avec un excès de gaz carbonique :

$$CO^3Ca + CO^2 + H^2O = (CO^3)^2H^2Ca;$$

mais alors, si on fait bouillir le liquide contenant maintenant du bicarbonate de calcium dissous, le précipité reparaît par suite de la réaction inverse qui se produit.

6° La dissolution d'acide carbonique, comme l'eau de pluie, dissoudra donc le *carbonate de calcium* du sol, ainsi que le *phosphate tricalcique* ou la *silice*, comme le ferait l'acide chlorhydrique étendu. Elle dissoudra même le *fer* :

$$Fe + CO^3H^2 = CO^3Fe + H^2\uparrow;$$

mais en présence de l'oxygène libre, il y aura oxydation du carbonate ferreux avec formation d'oxyde ferrique insoluble :

$$2.CO^3Fe + O = Fe^2O^3\downarrow + 2CO^2,$$

l'acide carbonique ainsi libéré réagissant de nouveau sur le fer ; d'où les effets observés dans les *conduites en fer* de certaines distributions d'eau : usure des conduites, trouble rougeâtre de l'eau distribuée, et même obstruction des conduites étroites par le dépôt d'oxyde ferrique.

II. — Composition du gaz carbonique et masse atomique du carbone.

Le gaz carbonique ne peut renfermer *que du carbone et de l'oxygène*, puisque c'est un produit de synthèse directe. On a déterminé sa composition *en volumes* par la *synthèse* de la façon suivante : dans un ballon à col étroit plein de mercure sur la cuve à mercure, on a introduit du *gaz oxygène pur* jusqu'à un trait marqué sur le col; puis par un fil de fer un fragment de *charbon pur* assez *petit* pour que sa combustion complète, réalisée par la chaleur solaire et une lentille convergente, se faisant en présence d'*oxygène en excès*, il se forme presque uniquement du gaz carbonique, avec des traces inappréciables de gaz oxyde de carbone. Alors, après refroidissement, on ne constate *pas de changement de volume* par la transformation partielle du gaz oxygène en gaz carbonique : donc 2 *volumes* du gaz contiennent 2 *volumes d'oxygène*, et la *formule moléculaire* du gaz devra contenir O^2. On a choisi la *formule la plus simple* CO^2, ce qui fixe la *masse atomique du carbone* comme la masse de carbone unie à 32gr d'oxygène dans le gaz carbonique.

De l'expérience précédente on peut déduire la masse atomique *approchée* du carbone, connaissant les densités d et d' du gaz carbonique et de l'oxygène : si en effet de la masse moléculaire approchée du gaz carbonique $28^{gr},8 \times d$, on retranche la masse moléculaire de l'oxygène $28^{gr},8 \times d'$ qui y est contenue, la différence

$$28^{gr},8(d - d') = 28^{gr},8 \times 0,424 = 12^{gr},$$

est la masse atomique approchée du carbone. — Mais la composition *exacte* du gaz carbonique, et la masse atomique *exacte* du carbone qui s'en déduit ne peuvent être obtenues que par une *synthèse en masses*, réalisée par *Dumas et Stas* en 1840 :

Du gaz oxygène *pur*, contenu dans un grand flacon à 2 tubulures, va être déplacé *très lentement* par de l'acide sulfurique tombant d'un vase de Mariotte par la tubulure centrale; *débarrassé de traces de gaz carbonique* par son passage dans un tube à pierre ponce imprégnée d'une solution de potasse; puis *desséché complètement* par son passage dans un tube à ponce sulfurique, ce que l'on constatera par l'invariabilité de la masse d'un *tube témoin* à ponce sulfurique taré. Cet oxygène vient alors passer sur du diamant, du graphite purifié et sec, ou sur du charbon de sucre bien sec, tarés dans une nacelle en porcelaine, et chauffés au rouge dans un tube de porcelaine : il y a alors formation de gaz carbonique, de *traces de gaz oxyde de carbone*, et aussi d'*un peu de vapeur d'eau* dans le cas où le charbon employé

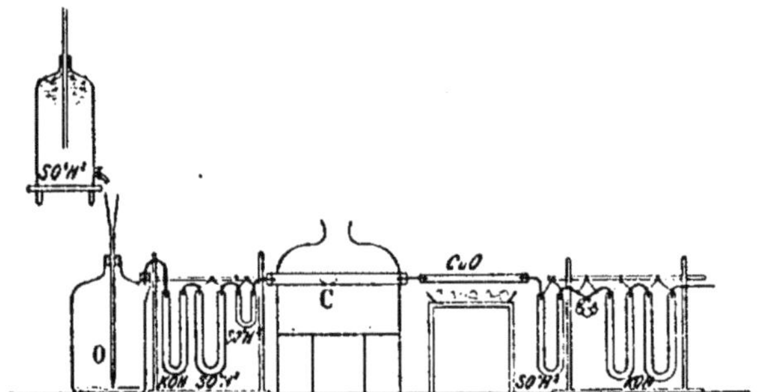

Fig. 145. — Synthèse du gaz carbonique en masses.

contient un peu d'hydrogène. Les gaz qui se dégagent du tube en porcelaine viennent alors passer dans un tube à oxyde cuivrique bien sec chauffé au rouge, où les traces de gaz oxyde de carbone passent à l'état de gaz carbonique :

$$CuO + CO = Cu + CO^2 \uparrow.$$

Enfin les traces de vapeur d'eau formée sont absorbées par le passage des gaz dans un *tube à ponce sulfurique taré*, puis la totalité du gaz carbonique dans des *tubes à fragments de potasse caustique tarés*. — Soient m la perte de masse de la nacelle; m' l'augmentation de masse du tube à ponce sulfurique, qui est la *masse de la vapeur d'eau*, contenant $\frac{m'}{9}$ *d'hydrogène*; M l'augmentation de masse des tubes à potasse, qui est la *masse du gaz carbonique*. La masse de carbone brûlé est $m - \frac{m'}{9}$; la masse d'oxygène qui a servi à cette combustion est $M - \left(m - \frac{m'}{9}\right)$:

d'après la moyenne des expériences où l'on brûla en tout plus de 5gr de charbon, on trouva que les masses de carbone et d'oxygène étaient entre elles comme *12 à 32* : d'où la *composition en masses du gaz carbonique* exprimée par la formule CO^2 où la *masse atomique exacte du carbone* est 12gr.

Alors, si l'on *admet* que la masse atomique du carbone puisse occuper 1 volume à l'état gazeux inconnu pour le carbone, on en déduit la *densité théorique de la vapeur de carbone* :

$$12 \times \frac{1}{14,4} = 0,424 \times 2 = 0,848,$$

la vapeur de carbone étant alors 12 fois plus dense que le gaz hydrogène.

III. — Caractères du gaz carbonique, et propriétés des carbonates.

Le gaz carbonique se reconnait aux caractères suivants :

1° Il est absorbé complètement par la *potasse*.

2° Il donne un trouble blanc au contact de l'*eau de chaux* ou de l'*eau de baryte* en excès.

3° Il est *incombustible*, et il *éteint une allumette* ou une bougie allumées qu'on y plonge.

4° Il fait virer au rouge vineux la teinture de *tournesol*.

Les carbonates *alcalins* sont *solubles*; cependant le *bicarbonate de sodium* CO^3HNa est relativement *peu soluble*. Les carbonates *alcalinoterreux* sont *insolubles* dans l'eau, mais ils se dissolvent dans l'acide carbonique en passant à l'état de *bicarbonates alcalinoterreux solubles*.

D'où les *caractères de la dissolution d'acide* carbonique et des *carbonates alcalins* :

1° Par l'*acide chlorhydrique*, et en général par les acides solubles, sauf les acides sulfhydrique et cyanhydrique trop faibles, si la *solution* du carbonate est *assez concentrée* ou si le carbonate est solide, il y a *dégagement de bulles* d'un gaz qui trouble l'eau de chaux;

2° Par l'*acide sulfhydrique*, rien;

3° Par l'*azotate de baryum :* il ne se produit *rien* avec l'*acide* carbonique ni avec les *bicarbonates*, à moins que l'on ne fasse bouillir; mais avec les carbonates *neutres* il y a formation d'un *précipité blanc*, qui est du carbonate de baryum, soluble dans l'acide chlorhydrique avec dégagement de gaz carbonique;

4° Par l'*azotate d'argent*, il y a formation d'un *précipité blanc*, qui est du carbonate d'argent, soluble dans l'acide azotique ou dans l'ammoniaque.

IV. — Modes de formation, production et préparations du gaz carbonique.

1° Dans la *combustion du charbon* par l'oxygène de l'air, et presque uniquement si l'*oxygène* est *en excès*, car le gaz carbonique se forme aussi dans la *combustion du gaz oxyde de carbone* par l'oxygène de l'air : $CO + O = CO^2$.

D'où la *production industrielle* par un courant d'air passant

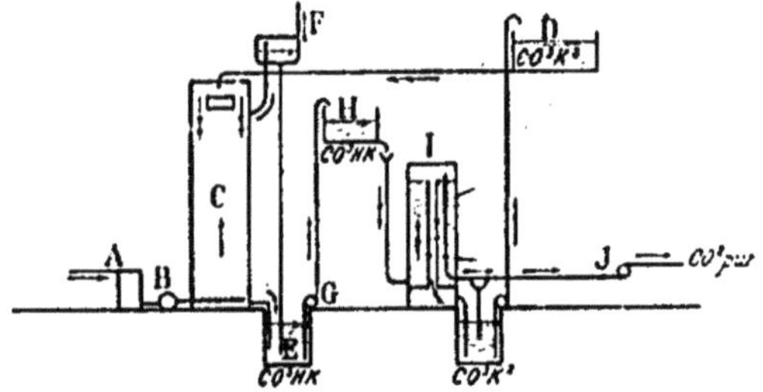

Fig. 146. — Appareil industriel pour la séparation du gaz carbonique par le carbonate de K :

A, laveur arrêtant SO^2; B, compresseur; C, tour à bicarbonatation où la lessive arrive du réservoir D; E, citerne du liquide bicarbonaté; F, échappement des gaz inertes; G, élévateur du bicarbonate dans le réservoir H; I, appareil à décarbonatation chauffé par un serpentin; J, aspirateur du gaz CO^2 dégagé.

sur une longue colonne de charbon portée au rouge dans un *gazogène*, en brûlant le gaz oxyde de carbone ainsi produit.

2° Dans la *calcination des carbonates*, sauf les carbonates neutres des métaux alcalins et le carbonate de baryum qui sont indécomposables par la chaleur.

D'où la *production industrielle* par calcination de la *pierre calcaire* dans les fours à chaux :

$$CO^3Ca = CaO + CO^2\uparrow;$$

et la *régénération* du gaz carbonique dans l'action de la température 100° sur le *bicarbonate de sodium* :

$$2.CO^3HNa = CO^3Na^2 + H^2O + CO^2\uparrow.$$

On *sépare le gaz carbonique* produit industriellement d'avec les gaz de l'air en faisant passer le mélange dans une solution *concentrée* de *carbonate neutre de potassium* qui absorbe le gaz carbonique :

$$CO^2 + H^2O + CO^3K^2 \rightleftarrows 2.CO^3HK;$$

il suffit alors de *faire bouillir* pour dégager le gaz carbonique d'après la réaction inverse, et régénérer la solution de carbonate neutre.

3° Dans la *fermentation des matières organiques*, surtout dans la fermentation *alcoolique* où l'on peut peut admettre le dédoublement sous l'action de la levure du *glucose* $C^6H^{12}O^6$, qui est un hydrate de carbone, en alcool ordinaire C^2H^5OH et en gaz carbonique CO^2 :

$$C^6H^{12}O^6 = 2.C^2H^5OH + 2CO^2\uparrow.$$

D'où la *production industrielle* de gaz carbonique *pur*, se dégageant des produits de la saccharification de la *farine de grains* dans l'industrie de l'alcool.

Fig. 147. — Appareil Briet.

4° Dans l'action des *acides fixes* sur les *carbonates* :

Ainsi production dans les *petits appareils à eau de Seltz* par action de l'*acide tartrique* réduit en poudre, sur le *bicarbonate de sodium*, au contact de l'eau : l'acide tartrique dérive du 4e terme des carbures saturés C^nH^{2n+2}, soit C^4H^{10}, dont la formule développée est CH^3-CH^2-CH^2-CH^3; il possède 2 fonctions acides par la transformation des radicaux méthyle CH^3 en radicaux carboxyle CO^2H, et 2 fonctions alcool par la substitution de deux oxhydryles à deux atomes d'hydrogène des radicaux méthylène CH^2; la formule de l'acide tartrique est ainsi :

$$CO^2H \cdot CHOH \cdot CHOH \cdot CO^2H = C^4O^6H^4H^2,$$

en mettant en évidence les 2 atomes d'hydrogène remplaçables par un métal ; d'où la réaction :

$$2.CO^3HNa + C^4O^6H^4H^2 = C^4O^6H^4Na^2 + 2H^2O + 2CO^2\uparrow.$$

On *prépare* le gaz carbonique *dans les laboratoires* par action de l'*acide chlorhydrique* étendu sur le marbre blanc ou la craie dans un flacon à 2 tubulures contenant de l'eau où on verse *quelques gouttes* d'acide, en recueillant sur l'eau :

$$CO^3Ca + 2HCl = CaCl^2 + H^2O + CO^2 \uparrow.$$

Si on ajoutait trop d'acide, il y aurait effervescence et boursouflement; on pourrait *dessécher* par passage dans de l'acide sulfurique ou sur du chlorure de calcium sec, et alors recueillir le gaz sec, soit sur la cuve à mercure, soit par déplacement. — On peut aussi l'obtenir dans l'*appareil continu* avec du marbre blanc et de l'acide chlorhydrique *étendu de son volume* d'eau, mais alors il faut *laver* le gaz qui se dégage dans de l'eau chargée de bicarbonate de sodium pour arrêter le gaz chlorhydrique entraîné :

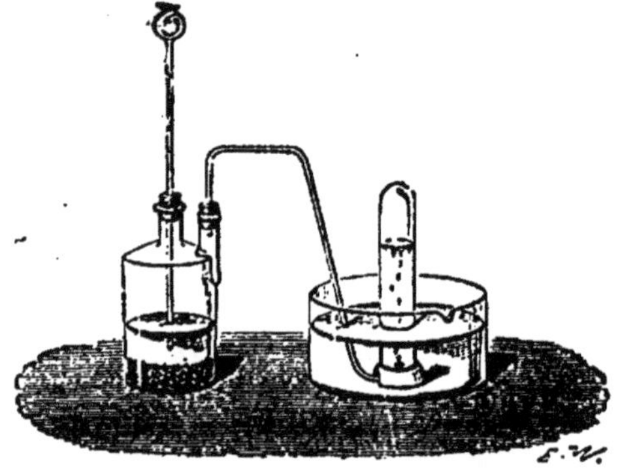

Fig. 148. — Préparation du gaz carbonique.

$$CO^3HNa + HCl = NaCl + H^2O + CO^2 \uparrow.$$

Enfin on produit *industriellement* le gaz carbonique pour la *fabrication de l'eau de Seltz* par l'action de l'acide sulfurique étendu sur la craie pulvérisée dans un appareil doublé intérieurement de plomb et muni d'un agitateur mécanique :

$$CO^3Ca + SO^4H^2 = SO^4Ca \downarrow + H^2O + CO^2 \uparrow.$$

On prend la craie en poudre, et on agite, pour éviter que le dépôt de sulfate de calcium peu soluble empêche le contact de la craie avec l'acide. — Mais alors l'eau de Seltz renferme des traces d'acide sulfurique et de plomb, qui ont fait prohiber cette fabrication en Suisse.

V. — Usages de l'anhydride et de l'acide carboniques.

Ils sont très nombreux :

1° De l'*anhydride liquéfié*, pour exercer une pression de gaz carbonique dans le *transvasement de la bière*, ou la *filtration des liquides organiques* que l'anhydride carbonique stérilise à froid; mais surtout *comme frigorifique*, et aussi pour préparer des *boissons moussant artificiellement*;

2° De la *saveur acide*, dans la *bière*, le *cidre*, *le vin* mousssant naturellement, où la présence du gaz carbonique est due à la fermentation alcoolique non achevée; — dans le *vin de Champagne*, où elle est due à la fermentation d'un peu de sirop de sucre candi ajouté à diverses reprises; — enfin dans les *limonades* gazeuses, l'*eau de Seltz* artificielle, où l'on dissout le gaz carbonique industriel;

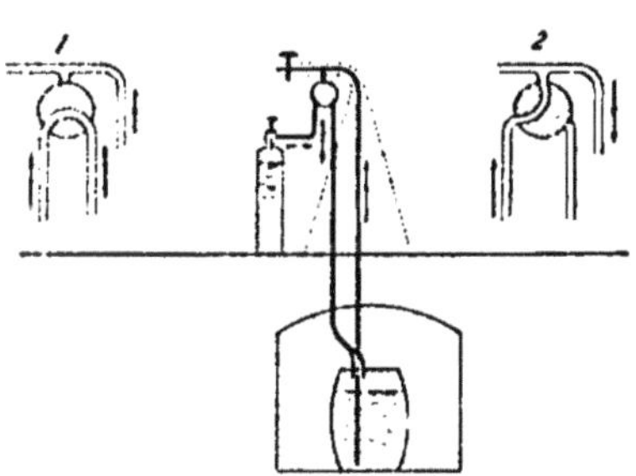

Fig. 149. — Transvasement de la bière : 1, position du soutirage; 2, position du renvoi de la bière des tubes dans le fût.

3° Dans la *fabrication des carbonates* :

Surtout du bicarbonate de sodium industriel, destiné à donner les *cristaux de soude* artificielle $CO^3Na^2 + 10H^2O$; le gaz carbonique industriel est amené dans une dissolution de *sel gemme* additionnée d'eau ammoniacale :

$$CO^2 + NaCl + AzH^3 + H^2O = CO^3HNA\downarrow + AzH^4Cl;$$

le bicarbonate précipité est recueilli, lavé, séché et chauffé à 100° :

$$2.CO^3HNa = H^2O + CO^2\uparrow + CO^3NA^2;$$

il suffit de faire cristalliser le carbonate neutre qui reste; le gaz carbonique dégagé retourne à la fabrication;

Puis dans la préparation de la *céruse* ou *blanc de plomb* par réaction du gaz carbonique sur une dissolution d'*acétate tribasique de plomb* :

$$2CO^2 + (CH^3CO^2)^2Pb,2PbO = 2.CO^3Pb\downarrow + (CH^3CO^2)^2Pb;$$

la dissolution d'acétate neutre de plomb qui reste redonne l'acétate tribasique par le contact prolongé à une douce température avec la *litharge*, ou oxyde de plomb PbO cristallisé rougeâtre;

4° Dans la *carbonatation des jus* sucrés pour l'extraction du sucre : on a ajouté aux jus sucrés un lait de chaux pour favoriser la coagulation des matières albuminoïdes qui se séparent sous forme d'écumes, et il s'est formé du sucrate de calcium soluble, dont le gaz carbonique précipite le calcium à l'état de carbonate de calcium insoluble, en mettant le sucre dissous en liberté ;

5° Enfin l'acide carbonique a une importance très grande dans les *phénomènes de nutrition* de tous les êtres vivants :

Par la présence du gaz carbonique dans l'*air atmosphérique*, constatée toujours par la formation d'une pellicule blanche de carbonate de calcium à la surface de l'eau de chaux exposée à l'air. Sous l'action de la lumière, dans les parties vertes des végétaux, il se produit l'*action chlorophyllienne* consistant en une absorption de gaz carbonique et un dégagement d'oxygène; cette action est la seule source du carbone dans les végétaux, qui en constitue la moitié en masse pour la matière végétale desséchée.

Par la présence de l'*acide* carbonique libre dans l'eau de pluie, il y a *dissolution de matières minérales* dans le sol, telles que le *carbonate de calcium*, le *phosphate* tricalcique, la *silice*, que l'on retrouvera dans toutes les eaux de source, et qui pourront ainsi pénétrer dans l'organisme des végétaux et des animaux pour servir à leur nutrition.

Le gaz carbonique est d'autre part un *produit d'excrétion* dans la *respiration* de tous les êtres vivants : sa présence dans l'air expiré est manifestée par le trouble blanc de l'eau de chaux où l'on insuffle de l'air avec la bouche et un tube de verre. — Aussi il y a *asphyxie* rapide des animaux dans un air qui contient o,3 de gaz carbonique : l'asphyxie est due à ce que la diffusion de l'acide carbonique du sang veineux dans l'air des poumons ne peut plus alors se produire. Cette action explique le grand *danger* du voisinage immédiat des *fours à chaux* et des *cuves à fermentation*, et la nécessité de la *ventilation* des atmosphères confinées où vivent un grand nombre de personnes. Mais de l'air contenant seulement du gaz carbonique est encore respirable tant qu'une bougie allumée ne s'y éteint pas, ce qui n'indique pas que l'on puisse y séjourner indéfiniment : on a trouvé jusqu'à 0,0075 de gaz carbonique dans les wagons du métropolitain, et cette proportion relativement considérable pourrait peut-être produire des malaises chez certains voyageurs.

Le *dosage* du gaz carbonique dans l'*air atmosphérique* y montre une *proportion très faible, peu variable*, voisine de *0,0003 en volumes*; et cela malgré les nombreuses *causes de formation* de gaz carbonique dans l'atmosphère : dégagement du sol ou des sources, combustions, fermentations, respiration des êtres vivants; car il y a aussi des *causes de disparition* : l'action chlorophyllienne, la solubilité dans l'eau de pluie. — On *explique* la constance relative de la proportion de gaz carbonique par la *tension de dissociation* à froid du *bicarbonate de calcium dissous* dans toutes les eaux de la surface de la Terre : si la proportion du gaz augmente dans l'atmosphère, il s'en dissout des quantités nouvelles qui amènent le carbonate CO^3Ca toujours en suspension dans les eaux à l'état de bicarbonate dissous $(CO^3)^2H^2Ca$, jusqu'à ce que la proportion du gaz dans l'atmosphère soit rétablie; si la proportion du gaz diminue dans l'atmosphère, il y a dissociation du bicarbonate dissous en carbonate qui reste en suspension, et en gaz carbonique qui se dégage dans l'atmosphère et rétablit la proportion : dans cette hypothèse, la pression du gaz carbonique dans l'atmosphère serait la tension de dissociation du bicarbonate de calcium.

SULFURES DE CARBONE

On en connaît 2 : le *protosulfure* CS, ou plutôt $(CS)^n$, *poudre brune, insoluble*, décomposée à 200° en ses éléments. Et le *bisulfure* CS^2 ou simplement *sulfure de carbone*, ou encore *anhydride sulfocarbonique*, le seul important :

C'est un *liquide incolore, mobile, très réfringent*, à *odeur* peu agréable, ayant pour *masse spécifique* 1gr,293; bouillant *à 45°*, et par suite *très volatil*; ayant pour *densité de vapeur* 2,645. Le sulfure de carbone est *difficile à solidifier*, ce qui l'a fait quelquefois employer comme corps thermométrique pour les basses températures : *point de fusion* — 110°.

Il est *peu soluble* dans l'eau : 2 grammes dans un litre d'eau. Il donne par filtration à l'air humide des *hydrates solides* de peu d'importance.

Il se décompose *très lentement* par exposition *au soleil* en vase clos, en donnant du protosulfure brun CS qui se dépose, et du soufre qui reste dissous, et donne au liquide une faible teinte jaunâtre.

I. — Mode de formation, et préparation du sulfure de carbone.

Il *se forme* dans l'action de la vapeur de soufre sur du charbon au rouge; mais la réaction est toujours *incomplète*, car il y a *dissociation* de la vapeur de sulfure de carbone à la température de sa formation : en effet soit un système de 2 tubes concentriques en porcelaine vernissée, contenant du coke pulvérisé dans l'espace annulaire, et chauffé au rouge dans un fourneau à réverbère; si on fait passer un courant de vapeur de soufre dans l'espace annulaire, et un courant très lent de vapeur de sulfure de carbone dans le tube central, il y aura dépôt de carbone graphite sur la paroi interne du tube central et dépôt de soufre à l'extrémité de ce tube, tandis que les gaz dégagés de l'espace annulaire donneront dans de l'eau froide une condensation de sulfure de carbone.

Fig. 150. — Production du sulfure de carbone.

On montre la *production* de sulfure de carbone *dans les laboratoires* de la façon suivante : un tube en porcelaine *vernissée*, presque rempli de charbon *calciné* concassé, est chauffé *au rouge* dans un fourneau à réverbère incliné; en ôtant le bouchon qui ferme la partie supérieure du tube, on introduira de temps en temps un fragment de *soufre* qui fondra, s'écoulera vers les parties plus chaudes du tube, et s'y vaporisera de manière que la vapeur de soufre passe sur le charbon rouge ; la partie inférieure du tube se prolonge par une allonge recourbée, qui y est fixée par un bouchon annulaire, où une partie de la vapeur de soufre en excès se condensera en la rendant opaque, tandis que la vapeur du sulfure de carbone formé viendra se condenser à l'état liquide au fond de l'eau froide d'un flacon où

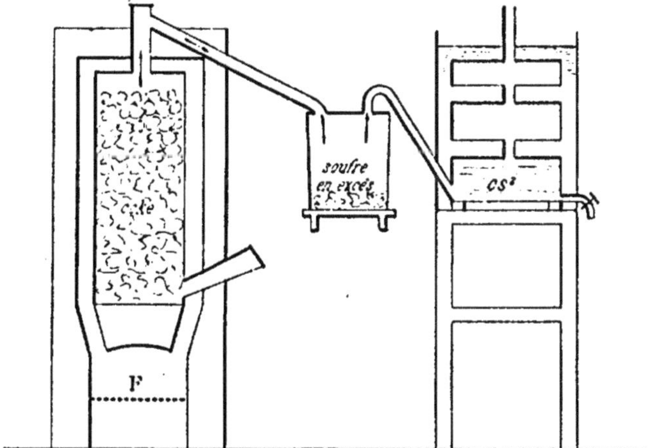

Fig. 151. — Production industrielle du sulfure de carbone.

plonge le col de l'allonge ; on observera aussi le dégagement d'un peu de gaz sulfhydrique provenant de l'hydrogène du charbon, et de traces de carbures d'hydrogène, d'hydrogène et de gaz oxyde de carbone.

La *préparation industrielle* se fait dans un *cylindre vertical* en fonte, chauffé par un foyer extérieur, contenant du charbon calciné ou du coke, et où on introduit peu à peu le soufre par une tubulure oblique s'ouvrant près du fond et fermée extérieurement. Sur le trajet du tube à dégagement partant de la partie supérieure se trouve un *récipient* où l'excès de soufre se condense. La condensation de la vapeur de sulfure de carbone s'effectue dans un *système de boîtes métalliques* superposées et plongeant dans l'eau froide d'un *réfrigérant*, tandis que les gaz non condensables se dégagent par un tube vertical. On *extrait* le sulfure par un robinet, et on le *recueille* dans un vase contenant de l'eau, pour éviter son évaporation : le tube qui amène la vapeur de sulfure de carbone dans le condenseur doit déboucher à la partie inférieure du condenseur, afin d'*éviter la rentrée de l'air dans le cylindre* lors des opérations de soutirage du liquide.

Le sulfure de carbone contient alors des *impuretés* : de l'*eau* que le sulfure de carbone dissout un peu ; du *soufre* dissous qui donne une couleur jaunâtre au liquide, puisqu'il y a toujours du soufre libre ; enfin des *produits organiques sulfurés* mal connus donnant au liquide brut une *odeur fétide*.

Pour *purifier* le sulfure de carbone, on *sépare* mécaniquement l'*eau* dans un entonnoir à robinet : le liquide occupe le fond ; on ouvre le robinet pour le recueillir, et on le referme quand l'eau arrive au robinet. On abandonne alors le liquide au contact du *mercure* qui retient le soufre des impuretés sulfurées, et enlève la mauvaise odeur, si l'on agite de temps en temps. On *dessèche* complètement en abandonnant au contact de *chlorure de calcium sec*, qui s'empare de l'eau dissoute. Il ne reste plus qu'à *distiller* au *bain-marie* pour laisser le soufre dissous comme résidu, dans la cornue où l'on chauffe : il faut avoir soin d'employer pour cette distillation un *appareil* entièrement *clos* en relation avec un tube très long qui puisse entraîner la vapeur non condensée très loin du foyer qui chauffe la cornue.

II. — Propriétés du sulfure de carbone.

1° Par le *mélange* hydrogénant *acide sulfurique-zinc*, il y a hydrogénation partielle, et formation d'un *hydrosulfure de carbone* CSH^2, *cristallisable* :

$$CS^2 + 2.H^2 = H^2S\uparrow + CSH^2.$$

Tandis que par mélange de la vapeur de sulfure de carbone avec l'*hydrogène sulfuré* passant dans un tube *au rouge*, il y a hydrogénation complète avec formation de *gaz des marais* CH^4 dont c'est une synthèse :

$$CS^2 + 2H^2S = 2.S^2\curvearrowright + CH^4\uparrow;$$

on effectue plus facilement la réaction en présence du cuivre qui retient le soufre :

$$CS^2 + 2H^2S + 8Cu = 4Cu^2S + CH^4\uparrow.$$

2° Par le *chlore sec à froid*, il y a chloruration incomplète avec formation de *chlorosulfure* $CSCl^2$:

$$2.CS^2 + 3Cl^2 = S^2Cl^2 + 2.CSCl^2.$$

Mais par mélange de la *vapeur* de sulfure de carbone avec le gaz chlore passant dans un tube *au rouge sombre*, il y a chloruration complète avec formation de *tétrachlorure de carbone* CCl^4, *liquide incolore* dont c'est la préparation :

$$CS^2 + 3.Cl^2 = S^2Cl^2 \curvearrowright + CCl^4 \curvearrowright;$$

on le séparera du chlorure de soufre S^2Cl^2 par distillation fractionnée.

L'*eau de chlore* ne donne pas de coloration au sulfure de carbone

Le sulfure de carbone dissout le *brome* en prenant une coloration *rouge brun*, et l'*iode* en prenant une coloration *rouge violet* : on utilise ces propriétés dans la *recherche du brome libre*, et dans la *préparation des bromures et iodures* comme ceux du phosphore.

3° Il y a combustion du sulfure de carbone par l'*oxygène* de l'*air* quand on l'enflamme : on observe une *flamme bleue*, une *odeur vive* de gaz sulfureux, et un léger *résidu de soufre*; l'équation de la combustion complète serait :

$$CS^2 + 3.O^2 = CO^2\uparrow + 2.SO^2\uparrow;$$

l'inflammation a lieu avant que l'allumette touche le liquide; il est donc *très inflammable* : aussi, comme pour tout corps inflammable très volatil, il faut avoir soin de *manipuler le sulfure* de carbone *loin de toute flamme*; le mélange de sa *vapeur* avec l'*air détone* violemment par inflammation.

Par agitation d'un peu de sulfure de carbone dans un flacon de gaz *bioxyde d'azote*, ou par passage d'un courant du gaz sur de la pierre ponce imbibée de sulfure de carbone, on obtient un mélange de vapeur de sulfure de carbone et de bioxyde d'azote qui brûle très vivement par inflammation, et avec une *flamme violacée éblouissante* : on a utilisé cette flamme pour l'étude photographique de la *vitesse de propagation de la flamme*.

Par mélange avec le liquide *peroxyde d'azote*, il y a combustion *très vive* par inflammation, et *explosion* violente par détonation du fulminate : d'où l'utilisation dans la *panclastite*.

4° Le sulfure de carbone dissout *complètement* le *soufre natif* ou le *soufre octaédrique*, incomplètement le soufre *en canons*, et surtout le soufre *en fleur*; d'où la préparation du *soufre insoluble* et du soufre octaédrique.

5° Il dissout le *phosphore ordinaire* en laissant intact le phosphore rouge, d'où la *purification du phosphore rouge* dans les laboratoires et la préparation des bromures et iodures de phosphore.

6° Il est décomposé par les *métaux* chauffés, avec mise en liberté de carbone et formation de sulfures métalliques; ainsi par le passage de la vapeur sur du *zinc* chauffé, il y a réaction avec *incandescence* d'après :

$$CS^2 + 2Zn = C + 2.ZnS.$$

7° Il est décomposé par les *oxydes métalliques* chauffés *au rouge*, avec formation de *sulfures métalliques*, d'anhydride carbonique qui peut rester combiné à l'excès d'oxyde ou devenir libre, enfin quelquefois de gaz sulfureux; ainsi avec les *oxydes de baryum ou de calcium* :

$$CS^2 + 3CaO = 2.CaS + CO^3Ca;$$

tandis qu'avec l'*oxyde ferrique* :

$$6Fe^2O^3 + 7CS^2 = 12.FeS + 7CO^2\uparrow + 2.SO^2\uparrow;$$

[la réaction de Fe^2O^3 sur CS^2 donne $2FeS + CO^2$ avec un atome d'oxygène capable d'oxyder $\frac{1}{6}$ de CS^2, d'où les coefficients de la formule complexe].

Le sulfure de carbone est donc un *agent sulfurant* énergique *sous l'action de la chaleur*, que l'on peut employer pour la *préparation des sulfures* d'aluminium, de silicium ou de bore, par action de la vapeur de sulfure de carbone sur le mélange d'*alumine* ou de *silice* ou d'*anhydride borique* avec du charbon au rouge vif :

$$SiO^2 + C + CS^2 = SiS^2 + 2CO\uparrow;$$
$$2.B^2O^3 + 3.C + 3CS^2 = 2.B^2S^3 + 6.CO\uparrow;$$

ces sulfures sont des solides incolores cristallisés.

8° Le sulfure de carbone se combine directement aux *sulfures alcalins* pour donner des *sulfocarbonates*, dérivant d'un *acide sulfocarbonique* CS^3H^2 *peu stable*, décomposé rapidement en $CS^2 + H^2S$, comme l'acide carbonique en $CO^2 + H^2O$.

On prépare le *sulfocarbonate de potassium* CS^3K^2, en chauffant au bain-marie à 50° le sulfure de carbone avec une solution concentrée de *sulfure neutre de potassium* K^2S; on obtient ainsi une *dissolution rougeâtre, décomposée* lentement par le gaz carbonique de l'*air* :

$$CS^3K^2 + CO^2 + H^2O = CO^3K^2 + CS^2\uparrow + H^2S\uparrow;$$

d'où son emploi autrefois pour détruire le *phylloxera* au lieu du sulfure de carbone dangereux à manier. — Il y a aussi formation de sulfocarbonate alcalin, en même temps que de carbonate alcalin dans l'action du sulfure de carbone sur la *potasse* ou la *soude* :

$$3.CS^2 + 6.KOH = 2.CS^3K^2 + CO^3K^2 + 3H^2O.$$

On prépare le *sulfocarbonate d'ammonium* $CS^3(AzH^4)^2$ en chauffant en vase clos à 100° le sulfure de carbone avec l'ammoniaque du commerce; il y a en même temps formation de sulfocyanure d'ammonium, ou *sulfocyanate* $CAzSAzH^4$:

$$2.CS^2 + 4AzH^3 = CS^3(AzH^4)^2 + CAzSAzH^4;$$

si l'on distille alors le produit de la réaction, il se dégage du gaz sulfhydrique, et on obtient uniquement du sulfocyanate d'ammonium dont c'est la *préparation industrielle* :

$$CS^3(AzH^4)^2 = CAzSAzH^4 + 2H^2S\uparrow.$$

— On obtiendrait directement le sulfocyanate par un courant de *vapeur* de sulfure de carbone et de *gaz* ammoniac dans un tube chauffé *à 100°* :

$$CS^2 + 2.AzH^3 = CAzSAzH^4\curvearrowright + H^2S\uparrow;$$

et de l'*acide sulfocyanique* si le tube était porté *au rouge* :

$$CS^2 + AzH^3 = CAzSH\curvearrowright + H^2S\uparrow.$$

On *reconnaît* la solution des sulfocarbonates par le précipité *rouge* qu'y donne l'*azotate de plomb* :

$$CS^3K^2 + (AzO^3)^2Pb = CS^3Pb\downarrow + 2AzO^3K\,;$$

le sulfocarbonate de plomb formé *noircit* quand on fait bouillir par la formation de sulfure de plomb noir :

$$CS^3Pb = PbS\downarrow + CS^2\uparrow$$

— On peut alors *reconnaître des traces de sulfure de carbone* par le précipité *noir* que le liquide à essayer donne avec une solution *bouillante* d'azotate de plomb additionnée de potasse.

III. — Composition du sulfure de carbone.

Il ne peut renfermer *que du charbon et du soufre* puisque c'est un produit de synthèse directe. — On avait d'abord déterminé sa composition en faisant passer un courant de sa vapeur sur un *excès d'oxyde ferrique* chauffé, et recueillant les gaz dégagés, constitués par un mélange des gaz sulfureux et carbonique, sur la cuve à mercure : on absorbait le gaz sulfureux par le bioxyde de plomb ou le borax, et on lisait la diminution de volume ; on absorbait le gaz carbonique par la potasse, et on lisait la nouvelle diminution de volume ; enfin on transformait le sulfure de fer formé par l'eau régale, en sulfate ferrique précipitable par le chlorure de baryum : d'où la masse de carbone par le volume du gaz carbonique, et la masse de soufre par le volume du gaz sulfureux et la masse du précipité de sulfate de baryum.

On opère *plus simplement* en *dosant le carbone* d'une masse connue M *de sulfure* de carbone prise dans une ampoule, en faisant passer *très lentement* la vapeur qui en provient sur un excès de *chromate de plomb* chauffé : ce corps oxydant retient le soufre à l'état de sulfate de plomb, et transforme le carbone en gaz carbonique qui se dégage et que l'on absorbe dans un tube à potasse taré ; de l'augmentation de masse du tube à potasse, on déduit la *masse m de carbone*, et par suite la masse M — *m de soufre* : on trouve que ces masses sont entre elles comme 12 à 64, d'où la formule *la plus simple* CS^2, et c'est la *formule moléculaire* car $28^{gr},8 \times d = 12 + 32 \times 2$.

On peut vérifier ce résultat par le *dosage du soufre*, en faisant passer *très lentement* la masse M connue de la vapeur sur un mélange d'*oxyde cuivrique* et de *carbonate de sodium* au rouge, qui retient le soufre à l'état de sulfate de sodium; il suffit de dissoudre la matière, de la traiter par l'acide chlorhydrique en faisant bouillir pour chasser la totalité de l'acide carbonique, et de précipiter par le chlorure de baryum en excès : de la masse de sulfate de baryum sec recueillie on déduit la masse de soufre.

IV. — Usages du sulfure de carbone.

On utilise les *propriétés toxiques de sa vapeur* pour détruire le *phylloxera* dans les vignes à terre suffisamment perméable.

Mais on utilise surtout ses *propriétés dissolvantes* sur le brome, l'iode, le soufre, le phosphore ordinaire; sur les *matières grasses*, dans leur extraction complète; sur le *caoutchouc*, etc.

Sa combustion pourrait servir à éteindre les *feux de cheminée*, si son maniement par des personnes peu expérimentées n'était si dangereux.

TRENTIÈME LEÇON

Carbures d'hydrogène.

Les carbures d'hydrogène sont *très nombreux* et *beaucoup existent dans la nature* : tels les *pétroles*, qui sont des mélanges de carbures abondants à Bakou près de la mer Caspienne et aux États-Unis; l'*essence de térébenthine* $C^{10}H^{16}$, liquide retiré de la distillation des térébenthines qui s'écoulent d'incisions faites à divers arbres de la famille des conifères, etc.

Pour pouvoir faire l'étude des carbures, on les a rangés en *séries*, dont les termes ont des propriétés chimiques générales communes; le *terme général* dans chacune des séries a pour formule C^nH^{2n+2}, C^nH^{2n}, C^nH^{2n-2}, C^nH^{2n-4}, C^nH^{2n-6}, etc., et la formule d'un terme général ne diffère de la formule des deux termes voisins que par une molécule d'hydrogène H^2. — *Dans une même série* on passe de la formule de l'un des termes à celle du suivant, où *n* a augmenté de 1 unité, en ajoutant CH^2. Il suffit d'étudier l'un des termes de chaque série pour avoir une idée nette des propriétés chimiques des termes de la même série.

Les 1ers termes où $n = 1$, sont : CH^4, le *méthane*; CH^2, le *méthylène* qui est mal connu : aussi on prend pour 1er terme de la 2e série C^2H^4, l'*éthylène*; et de même le 1er terme de la 3e série est C^2H^2, l'*acétylène*. Le 1er terme de la 5e série est C^6H^6, la *benzine*.

On n'étudiera que le *méthane* CH^4, à la suite duquel on trouve l'*éthane* C^2H^6; puis l'*éthylène* C^2H^4; enfin l'*acétylène* C^2H^2, qui est le *seul* carbure *obtenu par fixation directe* de l'hydrogène sur le carbone, mais à partir duquel on peut faire la *synthèse* des autres carbures et de la plupart des composés organiques.

ACÉTYLÈNE, C^2H^2

C'est un gaz incolore, ayant une *odeur* pénétrante alliacée, *toxique* par la formation d'une combinaison avec l'hémoglobine du sang, ayant pour *densité* 0,9056. — Il est *assez facile à liquéfier*, car son *point critique* est 37° : l'acétylène liquéfié est un *liquide mobile* très réfringent, *explosible* par le choc, qui par évaporation à l'air laisse une *neige combustible* fondant à — 81°.

Il est *assez soluble* dans l'*eau* : coefficient 1,58 et il forme avec l'eau refroidie sous pression un *hydrate* $C^2H^2,6.H^2O$ *cristallisé* en cubes. — Il est *plus* soluble dans la *paraffine* : coefficient 2,5; dans l'*alcool* : coefficient 6; et surtout dans l'*acétone*, l'un des produits liquides de la distillation du bois : coefficient 24.

Par exposition *au soleil*, il donne un *dépôt* dans les tubes qui le contiennent, en même temps qu'il subit une diminution notable de volume.

Il est *décomposé* complètement et avec un grand dégagement de chaleur par l'explosion d'une petite cartouche de *fulminate de mercure* : sa *formation* à partir des éléments est en effet fortement *endothermique* — 60c,5. — Il est encore décomposé par une *série d'étincelles*, mais par une réaction *limitée*. — Il commence à se décomposer en carbone amorphe et hydrogène *au rouge* dès la température 700°. — Mais s'il est *comprimé* au-dessus de 2atm, ou s'il est *liquéfié*, il peut *détoner* quand on le chauffe, par exemple au contact d'un fil rougi; aussi on se garde de l'employer dans ces conditions; la *solution* dans l'acétone faite sous la pression 10atm n'explose pas. On a utilisé l'explosion de l'acétylène comprimé, par le contact d'un fil rougi, pour préparer un noir de fumée très pur, le *noir d'acétylène*, ce qui donne en même temps du gaz hydrogène.

A température moins élevée, le gaz acétylène subit lentement par la chaleur une *polymérisation*, avec diminution du volume du gaz et formation de *produits liquides* : au rouge à peine visible, comme quand on chauffe dans la cloche courbe à partie horizontale entourée d'une toile métallique avec un fort bec Bunsen, il y a production de *benzine* $C^6H^6 = 3.C^2H^2$ et de *styrolène* C^8H^8; tandis qu'à température plus haute, on observe la formation de *naphtaline* solide :

Fig. 152. — Polymérisation de l'acétylène.

$$5.C^2H^2 = C^{10}H^8 + H^2.$$

C'est que l'acétylène a la propriété chimique importante de s'unir directement à un grand nombre de corps (et en particulier à lui-même), pour donner en général *1 ou 2 produits d'addition*.

I. — Propriétés chimiques de l'acétylène.

Il se combine directement :

1° Avec l'*hydrogène* par la *chaleur* pour donner au *rouge sombre*, dans la cloche courbe, de l'*éthylène* C^2H^4 et de l'*éthane* C^2H^6, mêlés avec les produits de l'action de la chaleur sur l'acétylène lui-même :

$$C^2H^2 + H^2 \quad = C^2H^4,$$
$$C^2H^2 + 2H^2 = C^2H^6;$$

tandis qu'*au rouge* il y a formation *limitée* de *méthane* :

$$C^2H^2 + 3H^2 \rightleftarrows 2.CH^4;$$

et il y aurait aussi addition d'hydrogène par l'action de l'hydrogène *naissant* en liqueur *alcaline*.

2° Avec le *chlore*, il n'y aurait pas d'action à l'obscurité; mais à la *lumière diffuse*, il peut y avoir formation de 2 produits d'addition, $C^2H^2Cl^2$ *éthylène bichloré*, et $C^2H^2Cl^4$ *éthane tétrachloré*, que l'on obtient plus facilement en faisant passer le gaz acétylène dans du *pentachlorure d'antimoine.* — Car dans le mélange des 2 gaz, même à lumière diffuse, il peut aussi y avoir *combustion*, ce qui a lieu sûrement *au soleil* ou par le contact d'une *flamme*; alors :

$$C^2H^2 + Cl^2 = 2C\downarrow + 2HCl,$$

on observe un abondant dépôt de noir de fumée. C'est ce qui se produit aussi quand on introduit un fragment de carbure de calcium dans de l'eau *saturée* de chlore. Il n'y a jamais substitution directe du chlore dans l'acétylène.

3° Avec le *brome à froid*, qui *absorbe* le gaz acétylène, il y a addition pour donner $C^2H^2Br^2$ *éthylène bibromé*, et $C^2H^2Br^4$ *éthane tétrabromé*.

4° Avec l'*iode chauffé* à 100°, il y a formation de $C^2H^2I^2$ *éthylène biiodé*.

5° L'acétylène brûle à l'*air* par inflammation avec une flamme *éclairante* mais *très fumeuse*, et il se produit un abondant dépôt de noir de fumée sur les parois de l'éprouvette à combustion. Aussi dans l'emploi pour l'éclairage, il faut des *becs spéciaux* au sortir desquels le gaz s'étale en nappe très mince et brûle plus complètement. La *température d'inflammation* est 480°, plus *basse* que pour tous les autres gaz combustibles. — La combustion *complète* s'écrirait : $C^2H^2 + 5.O = 2CO^2 + H^2O$; le *mélange* de 2 volumes de gaz *avec* 5 volumes d'*oxygène* détone avec une extrême violence par inflammation; la *température* de la flamme du mélange est *extrêmement élevée*, ce que l'on a utilisé dans le *chalumeau oxyacétylénique* où le mélange, préparé à l'avance dans un appareil rempli de brique poreuse, brûle sous la pression 4ᵐ d'eau : dans le *dard verdâtre très court* de la flamme, on peut pratiquer la *soudure autogène du fer* et de l'acier, volatiliser la *silice*, fondre la *chaux*, l'alumine et même la magnésie. — Le *mélange* avec 1^vol.^25 d'*air* commence à être explosible; l'explosion est la plus forte pour le mélange avec 12 volumes d'air; il faudrait le mélange avec 20 volumes d'air pour que l'explosion ne se produisît plus. D'où le *danger des petites installations* d'éclairage à l'acétylène, dans des locaux trop étroits.

Par agitation du gaz d'un flacon avec une *solution alcaline* de *permanganate de potassium*, qui se décolore et brunit à cause de sa réduction à l'état de bioxyde de manganèse hydraté, il y a formation d'*acide oxalique*, facile à reconnaître dans le liquide filtré par le précipité blanc d'oxalate de calcium qu'y donne un sel soluble de calcium :

$$C^2H^2 + 2.O^2 = C^2O^4H^2;$$

tandis que par agitation du gaz avec une *solution d'anhydride chromique*, il y a formation de gaz carbonique et d'*acide formique* si la solution est *concentrée* :

$$C^2H^2 + 2.O^2 = CO^2 + HCO^2H;$$

ou d'*acide acétique* si la solution est *étendue* :

$$C^2H^2 + H^2O + O = CH^3\text{-}CO^2H.$$

6° Par mélange avec un égal volume d'*azote*, le mélange étant *dilué* dans 10 fois son volume d'hydrogène et soumis à l'action d'une *série d'étincelles*, il y a formation d'*acide cyanhydrique* HCAz :

$$C^2H^2 + Az^2 \rightleftarrows 2HCAz;$$

la réaction est *limitée* par la décomposition inverse, retardée par la présence de l'hydrogène; comme l'acide cyanhydrique est facile à reconnaître, la réaction peut être employée pour *déceler l'azote libre*.

7° Par les *métaux alcalins*, il y a formation *à froid* des *acétylures* C^2HK ou C^2HNa, que l'on peut écrire C^2H^2,C^2K^2 et C^2H^2,C^2Na^2; ces corps chauffés dégagent du gaz acétylène et laissent les *carbures alcalins* C^2K^2 ou C^2Na^2, qu'une nouvelle élévation de la température décomposerait en leurs éléments, et que l'on ne peut pas préparer au four électrique.

Le gaz acétylène passant dans la *solution* bleue de *potassammonium* dans l'ammoniaque liquéfiée, y donne un dépôt d'*acétylure pur* C^2HK ou C^2H^2,C^2K^2, qui par le vide laisse le *carbure pur* C^2K^2 :

$$2AzH^2K + 3C^2H^2 = 2AzH^3 + C^2H^2,C^2K^2\downarrow + C^2H^4\uparrow;$$

il s'est produit un dégagement d'éthylène. — De même la solution bleue de *calcium-ammonium* dans l'ammoniaque liquéfiée à — 40°, se décolore par un courant de gaz acétylène pur, pour laisser précipiter le composé $C^2Ca,C^2H^2,4AzH^3$, lequel dans le vide à 100° donne le *carbure de calcium pur* C^2Ca, sous forme de *poudre blanche* transparente. — Mais on prépare plus facilement les *carbures alcalino-terreux* C^2Ca, C^2Sr, C^2Ba au four électrique en partant de l'oxyde et du charbon.

Les carbures alcalins et alcalino-terreux sont décomposés par l'eau avec dégagement de gaz acétylène.

8° Par le *nickel réduit*, à température peu élevée, le gaz acétylène, soit seul, soit mélangé d'hydrogène, donne des *liquides semblables aux pétroles*.

9° Il est absorbé lentement par l'*acide sulfurique* pour donner l'acide acétylsulfurique $C^2H^2SO^4H^2$, lequel par l'eau donne un alcool $CH^3\text{-}CHOH$ résultant de la fixation d'une molécule d'eau sur l'acétylène.

10° L'acétylène est absorbé par une *solution ammoniacale d'azotate d'argent* pour donner un précipité *blanc jaunâtre d'acétylure d'argent*.

Il est absorbé par la *solution ammoniacale de chlorure cuivreux*, avec laquelle il donne un *précipité rouge caractéristique d'acétylure cuivreux* contenant C^2H^2,Cu^2O ou $(C^2H\text{-}Cu^2)OH$ hydrate de cuprosacétyle et $(C^2H\text{-}Cu^2)Cl$ chlorure de cuprosacétyle, formés d'après les réactions :

$$C^2H^2 + Cu^2Cl^2 + H^2O \rightleftarrows C^2H^2,Cu^2O + 2HCl,$$
$$C^2H^2 + Cu^2Cl^2 \rightleftarrows C^2H\text{-}Cu^2Cl + HCl;$$

et il suffirait de chauffer l'acétylure cuivreux avec de l'acide chlorhydrique concentré pour libérer le gaz acétylène d'après les réactions inverses. — L'acétylure cuivreux traité par le zinc et l'ammoniaque dégagerait de l'hydrogène, de l'acétylène, et de l'éthylène formé par hydrogénation au moyen de l'hydrogène naissant dans la réaction.

Enfin par un courant de gaz pur dans la *solution chlorhydrique de chlorure cuivreux*, il y a formation d'une combinaison Cu^2Cl^2,C^2H^2 cristallisable, ou $C^2H\text{-}Cu^2Cl,HCl$.

II. — Composition du gaz acétylène.

Il ne peut renfermer *que du carbone et de l'hydrogène* puisque c'est un produit de synthèse directe. On détermine la composition par une *combustion eudiométrique* en présence d'un excès d'oxygène :

$$C^2H^2 + 3.O^2 = 2CO^2 + H^2O\downarrow + O.$$

On fait un mélange de *2 volumes d'acétylène* avec *6 volumes d'oxygène*; on introduit *un peu* du mélange dans l'eudiomètre plein de mercure. on fait passer une étincelle; on introduit une nouvelle partie du mélange, que l'on fait détoner par l'étincelle; et ainsi de suite : on évite ainsi la rupture de l'eudiomètre par la violence de l'explosion d'une trop grande quantité du mélange. Après que l'on en a employé la totalité, on constate qu'il *reste 5 volumes*, dont 4 absorbables par la potasse; et le volume restant, absorbable par le pyrogallol potassique, est un volume d'oxygène en excès. Les 4 volumes absorbés d'abord étaient donc 4 volumes de gaz carbonique, contenant *2 atomes de carbone* et 4 volumes d'oxygène. Le volume d'oxygène disparu a dû prendre *2 volumes d'hydrogène* pour former de l'eau. D'où la *formule moléculaire* C^2H^2, vérifiée par la densité expérimentale : $28^{gr},8 \times d = 2 \times 12^{gr} + 2 \times 1^{gr}$.

III. — Caractères du gaz acétylène.

1° Il n'est pas absorbé par la *potasse*;

2° Il est *combustible*, avec une *flamme fumeuse* et un dépôt de noir de fumée sur les parois de l'éprouvette;

3° Il donne avec la *solution ammoniacale de chlorure cuivreux* un précipité rouge, et avec la *solution ammoniacale d'azotate d'argent* un précipité blanc jaunâtre, réactions qui le distinguent de l'éthylène.

IV. — Usages de l'acétylène.

Il a une importance fondamentale comme point de départ de la *synthèse des composés organiques à partir des éléments* libres; on a vu les synthèses de la benzine, de la naphtaline; de l'éthylène, de l'éthane, du méthane; des acides oxalique, formique, acétique, cyanhydrique. On verra plus loin la synthèse de l'alcool, produit de la fermentation des matières organiques sucrées par le développement de certaines levures.

Depuis 1895, l'acétylène a pris également une importance considérable comme gaz de l'éclairage à cause de son *pouvoir éclairant très grand*, 14 fois celui du gaz de houille; ou si l'on emploie l'éclairage à incandescence, à cause de sa *grande puissance calorifique*, 2 fois celle du gaz de houille. Il est *moins toxique*, et offre *moins de risques de former des mélanges détonants* avec l'air à cause de sa densité voisine de 1 qui l'empêche de se diffuser rapidement. Il convient surtout pour l'*éclairage par petites usines* ou pour les *édifices isolés*; mais on ne devrait pas descendre au-dessous d'une production pour 50 becs dans les installations utilisant le gaz lui-même, car les risques sont d'autant plus grands que les appareils sont plus petits et par suite plus faciles à obstruer, qu'ils sont installés dans des locaux plus étroits où une surproduction de gaz est plus à craindre, et qu'enfin le service en est fait par des personnes incompétentes employées d'ordinaire à tout autre chose.

V. — Modes de formation de l'acétylène, et sa préparation.

Il *se forme* : 1° *par synthèse*, quand on fait passer de l'*hydrogène pur* dans un ballon à 2 tubulures opposées par où pénètrent 2 *charbons de cornue* entre lesquels on produit l'*arc*; le gaz qui se dégage contient de l'hydrogène 0,9, de l'acétylène 0,09, et un peu de ses produits d'addition avec un excès d'hydrogène : méthane, 0,0125, éthane 0,0025; en passant dans un flacon à solution ammoniacale de chlorure cuivreux, le gaz dégagé donne un précipité d'*acétylure cuivreux* d'où l'on peut retirer l'acétylène formé en chauffant avec de l'*acide chlorhydrique concentré*;

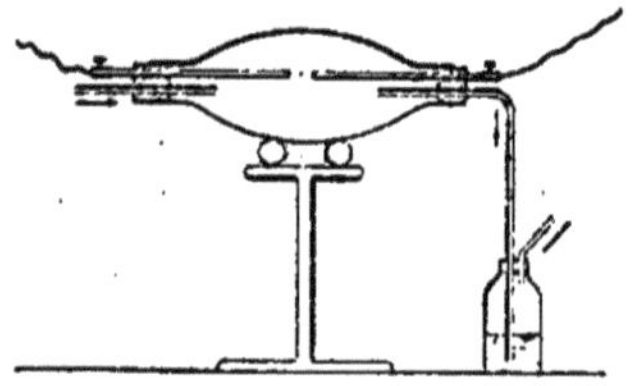
Fig. 153. — Synthèse de l'acétylène.

2° Chaque fois que l'on fait passer un *carbure à l'état gazeux*, ou en général la *vapeur d'un composé organique*, l'éther par exemple, dans un tube de porcelaine *au rouge* :

$$2CH^4 \rightleftarrows C^2H^2 + 3H^2,$$
$$C^2H^4 \rightleftarrows C^2H^2 + H^2;$$

aussi il y a toujours de l'acétylène *dans le gaz de houille*, car une goutte du réactif cuivreux se transforme dans un flacon de gaz de houille en une tache rouge d'acétylure cuivreux;

Encore toutes les fois qu'on fait passer une *série d'étincelles* dans un *carbure à l'état gazeux*, ou même dans un *mélange de gaz carboné* (oxyde de carbone, vapeur de sulfure de carbone) *avec l'hydrogène*;

Enfin dans la *combustion incomplète* des *carbures*, comme le gaz de houille, ou de la *vapeur d'un composé organique*, comme l'éther : ainsi si l'on prépare un peu du réactif dans une éprouvette, qu'on y verse un peu d'*éther* qui surnage et dont on enflamme la vapeur à l'orifice, en faisant tourner l'éprouvette autour de son axe, on observe un abondant dépôt rouge. — Et on préparait autrefois de grandes quantités d'acétylure cuivreux pour la préparation de l'acétylène, en utilisant la combustion incomplète du *gaz de houille* dans un bec spécial en relation par un flacon à réactif cuivreux avec une trompe à eau. — On peut attribuer l'*odeur désagréable des combustions incomplètes* dans les lampes, à l'acétylène formé;

3° Quand on chauffe les molécules de *bichlorure* ou de *bibromure d'éthylène* avec 2 molécules de *potasse* en solution *alcoolique* :

$$C^2H^4Br^2 + 2KOH = 2KBr + 2H^2O + C^2H^2\uparrow;$$

4° Surtout dans la décomposition par l'*eau* des *carbures alcalins et alcalino-terreux* :

$$C^2K^2 + 2H^2O = 2KOH \quad + C^2H^2\uparrow,$$
$$C^2Ca + 2H^2O = CaO^2H^2_{\downarrow} + C^2H^2\uparrow,$$

ce qui est devenu le *procédé pratique* de préparation à partir du *carbure de calcium*.

Dans les *laboratoires* on prépare actuellement le gaz acétylène en laissant tomber des fragments du carbure par un large tube dans l'eau d'un flacon tubulé, et en recueillant sur l'eau : la décomposition du carbure se fait donc par l'*eau en excès*, et le liquide s'échauffe peu. Si l'on faisait arriver l'*eau goutte à goutte* par un tube à entonnoir allant jusqu'au fond d'un flacon tubulé contenant le *carbure*, qui serait alors *en excès*, on observerait une *grande élévation de température* accompagnée d'une *polymérisation partielle* du gaz dégagé violemment; l'hydrate de calcium formé entourerait les fragments du carbure en retenant jusqu'à 3 fois son poids d'eau; et l'eau

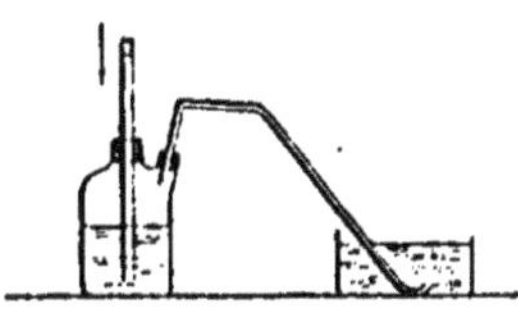
Fig. 154. — Préparation du gaz acétylène.

ainsi retenue agirait peu à peu pendant longtemps sur le carbure restant, d'où la *surproduction de gaz* ayant amené de graves accidents dans les petits appareils industriels à chute d'eau sur le carbure employés tout d'abord.

On a essayé d'obvier à ce défaut par l'emploi de l'*acétylithe* : c'est du carbure de calcium qui a été immergé dans le pétrole pendant plusieurs semaines, puis que l'on a trempé dans une solution chaude concentrée de glucose qui s'est solidifié à sa surface; cette couche de glucose protège tout d'abord le carbure contre l'humidité de l'air et le rend plus facile à conserver; en se dissolvant dans l'eau, elle fournira un liquide qui dissoudra l'hydrate de calcium, car le sucrate de calcium est très soluble; le pétrole qui imprègne le carbure empêche la pénétration de l'eau à l'intérieur des fragments, aussi il faut qu'il y ait immersion complète pour que le dégagement gazeux se produise, et le dégagement cesse aussitôt que le contact de l'eau est supprimé. — On peut alors employer la *disposition du briquet* : l'acétylithe est placée dans un panier au milieu d'une cloche munie du tube à dégagement et concentrique avec le récipient clos contenant de l'eau; par l'ouverture du robinet, le gaz se dégage, l'eau vient baigner l'acétylithe; par la fermeture du robinet, le gaz produit refoule l'eau au-dessous de l'acétylithe, et la production s'arrête. La partie supérieure de la cloche contient du carbure ordinaire entre 2 tampons de ouate pour produire la dessiccation du gaz.

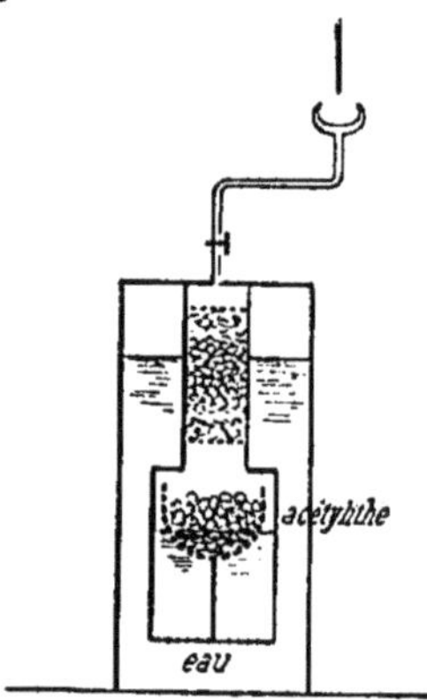

Fig. 155. — Production de l'acétylène par l'acétylithe.

Pour l'*éclairage par petites usines centrales*, le *générateur* est un récipient cylindrique en tôle galvanisée rempli d'eau jusqu'aux $\frac{2}{3}$, où plonge un large tube légèrement évasé à l'extérieur pour l'introduction de petites charges de carbure, un flotteur conique fermant la partie inférieure du tube; l'eau étant surmontée d'une mince couche de pétrole, le carbure tombe au fond de l'appareil avant d'être attaqué; le fond qui a la forme d'un tronc de cône, est muni d'un large clapet commandé par un levier pour l'évacuation de la chaux formée, qui pourra rentrer dans la fabrication du carbure; l'appareil est entouré latéralement d'eau froide. — Le gaz qui se dégage subit une *épuration physique* dans un serpentin refroidi, où se déposent les produits condensables à l'état liquide; puis il est soumis à une *épuration chimique* : le gaz produit par du carbure dont 1^kgr. en dégage 300^l contient moins de 0,01 d'*impuretés*; outre un peu d'*hydrogène* 0,0006, il renferme un peu de *phosphure gazeux d'hydrogène* 0,0002 provenant du phosphate de calcium du calcaire employé pour fabriquer la chaux, du *gaz sulfhydrique* 0,0018 provenant du sulfate de calcium du calcaire et de la pyrite de la houille employée, du *gaz ammoniac* 0,0050 venant de la décomposition d'un peu d'azoture de calcium.

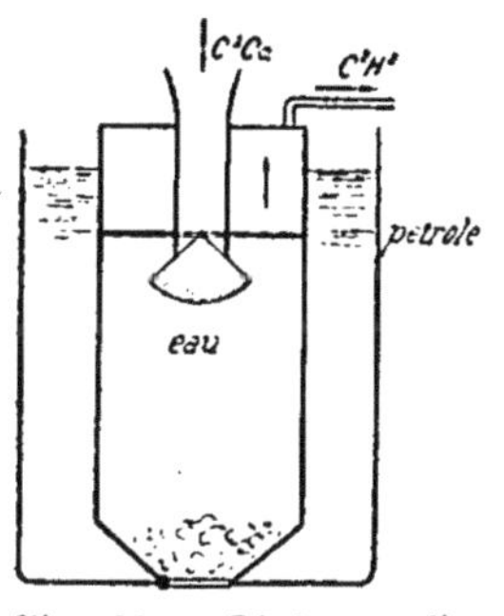

Fig. 156. — Générateur d'acétylène par le carbure de calcium.

Le *mélange épurateur* contient, dilués dans de la braise et de la sciure de bois, du *sulfate cuivrique* qui détruit le phosphure d'hydrogène, de l'*hydrate ferrique* qui décompose le gaz sulfhydrique, des *sels ferreux* qui arrêtent le gaz ammoniac en donnant des sels ammoniacaux et de l'hydrate ferreux. — Le gaz épuré se rend au *gazomètre*, dont la cloche actionne une *sonnerie* au moment où il est nécessaire d'introduire une nouvelle charge de carbure dans le générateur. A la sortie du gazomètre, le gaz traverse un *dessiccateur* à chlorure de calcium, puis à l'origine de la canalisation un *appareil à toiles métalliques* pour empêcher un retour de flamme au gazomètre. — Le gaz acétylène ainsi produit se brûle comme le gaz de l'éclairage, soit sous la pression 0^m,1 d'eau dans des *becs à flamme* genre Manchester où 2 jets très fins se brisent pour former une nappe mince de bec papillon, soit sous la pression de 0^m,3 d'eau dans des *becs à incandescence* genre Bunsen ou dans des *fourneaux pour le chauffage*.

Enfin pour l'*éclairage isolé* (voitures de chemins de fer et de tramways, automobiles, chantiers, fêtes foraines, maisons de campagne), on peut employer l'*acétylène dissous* fabriqué dans une usine et transporté au lieu de l'usage. — Le dissolvant est l'*acétone très concentrée* à 0,99 que l'on obtient par distillation sèche de l'acétate de calcium :

$$(CH^3CO^2)^2Ca = CO^3Ca + CH^3CO{\cdot}CH^3 \nearrow,$$

on met au contact de chlorure de calcium desséché qui enlève l'eau, on décante et on distille pour obtenir un liquide de masse spécifique $0^{gr},814$, bouillant à 56°. On y dissout *sous pression* du *gaz acétylène sec*. La solution est parfaitement stable jusqu'à la pression 10^{atm}; il n'y a d'explosible que la petite masse de gaz acétylène qui existe forcément au-dessus de la solution dans le récipient incomplètement rempli à cause de la dilatation, et l'explosion du gaz laisserait stable la solution. — Les *récipients* sont *en fer* et peuvent supporter la pression 100^{atm}; ils sont complètement remplis d'une matière poreuse à grains très fins qui empêcherait l'explosibilité (brique très légère de masse spécifique $0^{gr},5$ et à porosité 0,80), et sont munis d'un *détendeur* qui fait tomber la pression de 10^{atm} à 2^m d'eau pour le gaz qui se dégage. L'acétone qui reste peut resservir. Les récipients reçoivent leur charge à l'usine d'accumulateurs remplis de brique et d'acétone, où l'on a comprimé le gaz sec.

Pour les *bicyclettes* ou les *automobiles* on emploie de petites lampes à carbure qui n'offrent pas de danger puisque l'éclairage a lieu en plein air.

MÉTHANE, CH^4

Auquel se rattache l'alcool méthylique CH^3OH et qui est l'*hydrure de méthyle*; appelé encore *formène*, à cause de sa relation avec l'acide formique $H\text{-}CO^2H$; mais plus connu sous le nom de *gaz des marais*, ou de *protocarbure d'hydrogène*.

C'est un *gaz incolore*, sans odeur, à *faible densité* 0,559, *difficile à liquéfier* en un liquide *bouillant* à — 164°,0 et solidifiable en un corps solide *fondant* à — 185°,6.

Il est *peu soluble* dans l'eau.

Il subit une décomposition *limitée*, soit par la chaleur au *rouge vif*, soit par une *série d'étincelles*.

$$2.CH^4 \rightleftarrows C^2H^2 + 3.H^2.$$

I. — Propriétés chimiques du méthane.

Il est en général *sans action sur les éléments*, sauf le chlore et l'oxygène (ou le brome).

1° Par son mélange avec le *chlore*, il donne lieu à *deux sortes de réactions* suivant les conditions :

Il y a *combustion* dans le mélange avec dépôt de noir de fumée d'après :

$$CH^4 + 2.Cl^2 = C\downarrow + 4HCl,$$

quand on mélange le gaz avec le double de son volume de gaz chlore, et qu'on *enflamme*, ou qu'on expose *au soleil.*

Mais sous l'action de la *lumière solaire diffusée*, soit par un mur blanc, soit à travers un verre dépoli, il y a dans le mélange *substitution* du chlore à un égal volume d'hydrogène qui s'élimine à l'état d'acide chlorhydrique, cette substitution pouvant s'effectuer *en 4 fractions* pour devenir complète; *d'abord* :

$$CH^4 + Cl^2 = HCl + CH^3Cl,$$

il y a formation de méthane *monochloré*, corps *gazeux*, qui est le *chlorure de méthyle*, résultant aussi de l'action du gaz chlorhydrique sur l'alcool méthylique avec élimination d'eau :

$$CH^3OH + HCl \rightleftarrows CH^3Cl + H^2O,$$

ou de la réaction en autoclave de l'alcool méthylique en chauffant On l'obtient *industriellement* en grande quantité à partir des *vinasses de betteraves*, résidu de l'extraction de l'alcool de betteraves; on le *liquéfie* pour s'en servir comme *frigorifique*, car il bout à — 23°;

puis par excès de chlore :

$$CH^3Cl + Cl^2 = HCl + CH^2Cl^2,$$

formation de méthane *bichloré* ou *bichlorure de méthylène* sans importance;

puis :

$$CH^2Cl^2 + Cl^2 = HCl + CHCl^3,$$

formation de méthane *trichloré*, *liquide* incolore très employé comme *anesthésique* sous le nom de *chloroforme*, et préparé par l'action de la dissolution de chlorure de chaux sur l'alcool;

enfin :

$$CHCl^3 + Cl^2 = HCl + CCl^4,$$

formation de méthane *tétrachloré* ou *tétrachlorure de carbone*, *liquide* incolore, que l'on prépare en faisant passer un mélange de chlore et de vapeur de sulfure de carbone dans un tube au rouge :

$$CS^2 + 3Cl^2 = 2.S^2Cl^2 + CCl^4,$$

en séparant le mélange liquide condensé, par distillation fractionnée.

Si le mélange de méthane et de *vapeur de brome* brûle encore quand on l'enflamme, il n'y a *pas d'action* du méthane *à froid* sur le *brome* ou sur *l'iode*.

2° Le méthane brûle à l'*air* par inflammation avec une *flamme jaunâtre peu éclairante*, et un *très léger dépôt* de noir de fumée sur les parois de l'éprouvette à combustion.

L'équation de la combustion *complète* par l'*oxygène* est :

$$CH^4 + 2O^2 = CO^2 + 2.H^2O;$$

le mélange du gaz avec le double de son volume d'oxygène *détone* violemment par le contact d'une *flamme*, d'une *étincelle*, ou sous l'action de la *température 650°* agissant *pendant quelques secondes* : un creuset de platine au rouge ne provoque pas l'inflammation du mélange quand l'orifice est en haut, parce que le mélange chauffé peut s'élever rapidement le long des parois à cause de la diminution de sa densité par l'échauffement; tandis qu'il y a explosion au bout de quelques secondes si l'orifice est tourné vers le bas, le mélange de l'intérieur du creuset ne pouvant s'en échapper.

La combustion complète par l'air exigerait le mélange du gaz avec 10 fois son volume d'air. Le mélange du gaz avec *8 fois son volume d'air détone* encore violemment par inflammation. — Avec un *moindre* volume d'air, la détonation serait plus faible à cause de la trop imparfaite combustion. — Avec un volume d'air *plus grand*, la détonation est plus faible aussi bien que la combustion soit complète, à cause de la température médiocrement élevée par la présence d'une grande quantité d'azote inerte que la chaleur dégagée doit chauffer. — Aussi, si le gaz est mélangé avec *12 fois son volume d'air*, il n'y a plus de détonation.

II. — Composition du méthane.

Il ne peut renfermer *que du carbone et de l'hydrogène*, car on l'obtient par synthèse à partir de l'acétylène, produit de synthèse directe, et de l'hydrogène. On détermine sa composition par la *combustion eudiométrique* au moyen d'un excès d'oxygène, 6 volumes par exemple pour 2 volumes du gaz :

$$CH^4 + 3O^2 = CO^2 + 2H^2O\downarrow + O^2;$$

on observe un résidu de 4 volumes, dont 2 volumes absorbables par la potasse, et les 2 autres absorbables par le pyrogallol potassique et constitués par 2 volumes d'oxygène en excès : 4 volumes d'oxygène seulement sont entrés en réaction. Puisqu'il y avait un excès d'oxygène, les 2 volumes absorbés par la potasse sont forcément du gaz carbonique, contenant *1 atome de carbone* et 2 volumes d'oxygène; les 2 volumes d'oxygène disparus ont dû forcément prendre *4 volumes d'hydrogène* pour former de l'eau liquide. Donc 2 volumes de méthane contiennent 1 atome de carbone et 4 volumes d'hydrogène : d'où la *formule moléculaire* CH^4, qui rend bien compte de la substitution du chlore en 4 fractions dans le méthane. — On *vérifie* cette formule par la connaissance de la densité; *d* en effet :

$$28^{gr},8 \times d = 12^{gr} + 1^{gr} \times 4.$$

III. — Caractères du méthane.

1° Il n'est pas absorbable par *la potasse*.

2° Il est *combustible*, avec une *flamme peu éclairante*, en donnant du gaz carbonique qui trouble l'*eau de chaux* ajoutée dans l'éprouvette à combustion.

3° Il n'est absorbé par aucun réactif connu, car il a pour *caractère fondamental* de ne pouvoir donner *aucun produit d'addition*; d'où le nom de *paraffines* ou de *carbures saturés* donné aux carbures de la série C^nH^{2n+2} qui offrent le même caractère et dont il est le 1er terme.

Ces carbures sont mélangés dans les *pétroles d'Amérique*; la *vaseline*, qui est un mélange pâteux de carbures saturés; la *paraffine du commerce*, qui est un mélange solide de carbures saturés à points de fusion un peu plus élevés.

IV. — Modes de formation et préparations du méthane.

Il se *dégage* du *sol* dans les *pays à pétrole*, et dans les *mines de houille ou de sel gemme* où il forme avec l'air le *grisou*, dont on essaye d'éviter la détonation par l'usage de *lampes de sûreté*, une *aération* aussi grande que possible et l'emploi d'*explosifs détonant à basse température* dans l'arrachement de la houille ou du sel.

1° Il se *forme* dans la *décomposition des matières organiques* :

En particulier dans la *distillation de la houille*; aussi il entre toujours dans la composition du *gaz de l'éclairage*;

Encore dans la *putréfaction de la vase des marais*, qu'il suffit d'agiter pour en dégager des bulles de gaz qu'on recueille par le moyen d'un entonnoir renversé, dans un flacon plein d'eau retourné sur l'eau du marais. Mais ce *gaz des marais* est du méthane *très impur* : il contient du *gaz carbonique* absorbable par la potasse, un peu d'*oxygène* absorbable par le pyrogallol potassique, et aussi de l'*azote* et de l'*hydrogène* qu'il est difficile d'enlever pratiquement; cependant l'oxyde d'argent Ag^2O légèrement chauffé absorbe l'hydrogène en l'oxydant sans agir sur le méthane.

2° Il se forme par *synthèse*, soit en chauffant au *rouge vif* un mélange d'*acétylène* avec un *excès* d'hydrogène par la réaction *limitée* :

$$C^2H^2 + 3H^2 \rightleftarrows 2.CH^4;$$

Soit en faisant passer un mélange de vapeur de *sulfure de carbone* et de *gaz sulfhydrique* dans un tube chauffé *au rouge*, surtout en présence du cuivre qui retient le soufre :

$$CS^2 + 2H^2S + 8Cu = 4Cu^2S + CH^4\uparrow.$$

3° Il *se produit* quand on fait passer de la vapeur d'*acide acétique* dans un tube de porcelaine au *rouge vif* :

$$CH^3\text{-}CO^2H = CO^2\uparrow + CH^4\uparrow;$$

il suffit de laver le mélange gazeux qui se dégage dans un *laveur à potasse* qui retient l'acide acétique non décomposé et le gaz carbonique formé; mais la *réaction* est *difficile* à produire. — La décomposition de l'acide acétique est beaucoup plus facile et s'effectue dès le rouge sombre en présence d'*alcalis* ou de *baryte hydratée*, qui retiennent alors l'anhydride carbonique.

D'où la *préparation* du méthane en chauffant fortement, dans une cornue en verre peu fusible munie d'un tube à dégagement s'ouvrant sur l'eau, un mélange intime d'*acétate de sodium anhydre*, soit avec de la *chaux sodée*, soit avec de l'*hydrate de baryum*. — La chaux sodée est une *matière blanche pulvérulente*, obtenue en calcinant de la chaux en poudre avec de l'hydrate de sodium NaOH; elle agit *chimiquement* par la soude, et *mécaniquement* par la chaux infusible, qui empêche la fusion du mélange et la séparation des matières réagissantes qui en résulterait :

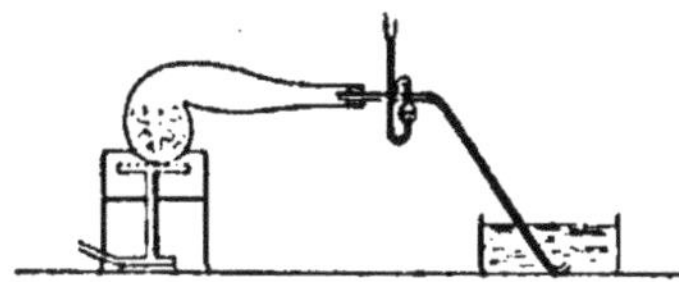

Fig. 157. — Préparation du méthane.

$$CH^3CO^2Na + NaOH = CO^3Na^2 + CH^4\uparrow;$$
$$2.CH^3CO^2Na + BaO^2H^2 = CO^3Na^2 + CO^3Ba + 2.CH^4\uparrow.$$

On *recueille* en général sur l'eau, et le gaz peut contenir *un peu d'éthylène* C^2H^4 absorbable par le brome, et *un peu d'hydrogène* absorbable par l'oxyde d'argent chauffé légèrement. — On pourrait *dessécher* le méthane par un argent desséchant quelconque, et le recueillir *sec* sur le mercure.

4° Enfin, on peut produire directement du méthane *pur* par l'action lente de l'eau sur le *carbure d'aluminium* C^3Al^4 en cristaux *jaunes* et transparents préparés au four électrique par union directe de 2 éléments :

$$C^3Al^4 + 12.H^2O = 3.CH^4\uparrow + 2.Al^2O^6H^6.$$

ÉTHYLÈNE, C^2H^4

Préparé à partir de l'alcool éthylique C^2H^5OH ou alcool ordinaire ou hydrate d'éthyle, dérivant de l'éthane C^2H^6; appelé aussi *gaz oléfiant*, ou encore *bicarbure d'hydrogène*.

C'est un *gaz incolore*, ayant une légère *odeur*; sa *densité* est

0,97, très voisine de celles de l'azote et du gaz oxyde de carbone. Il est *assez facile à liquéfier* en un liquide *bouillant* à $-106°$ très employé comme *frigorifique* dans les laboratoires ; et solidifiable en une *masse cristalline* fondant à $-169°$.

L'éthylène est *peu soluble* dans l'*eau* : coefficient $\frac{1}{6}$; il est *assez soluble* dans l'*alcool* : coefficient 3, il est plus soluble encore dans l'*éther* ordinaire ou oxyde d'éthyle $(C^2H^5)^2O$.

Il subit *au rouge* une décomposition *limitée* :

$$C^2H^4 \rightleftarrows C^2H^2 + H^2.$$

I. — Propriétés chimiques de l'éthylène.

Il a pour caractère essentiel de pouvoir donner *un seul produit d'addition* en se combinant directement *avec un grand nombre de corps* : l'acétylène donne 2 produits d'addition avec le même corps, le méthane ne donne pas de produits d'addition.

1° L'éthylène se combine directement par mélange avec l'*hydrogène* dans la cloche courbe chauffée au rouge sombre :

$$C^2H^4 + H^2 = C^2H^6 ;$$

cette *synthèse de l'éthane* est plus facile à réaliser en chauffant l'éthylène avec la solution *concentrée* d'*acide iodhydrique* en tube scellé vers 300° :

$$C^2H^4 + 2HI = I^2 + C^2H^6 ;$$

la réaction est différente comme on le verra avec le gaz iodhydrique à froid.

2° L'éthylène se combine directement avec le *chlore*, le *brome* ou *l'iode* :

Il y a *combustion* du mélange avec le chlore avec une *flamme rougeâtre* et production abondante de *noir de fumée*, d'après l'équation :

$$C^2H^4 + 2Cl^2 = 2C_{\downarrow} + 4HCl,$$

quand on mélange le gaz avec le double de son volume de gaz chlore, et qu'on enflamme.

Mais par exposition du mélange à la lumière diffuse, ou plus rapidement au soleil, il y a disparition du mélange gazeux avec formation de gouttes de *liqueur des Hollandais* ou *bichlorure d'éthylène* $C^2H^4Cl^2$, *liquide incolore*, *huileux*, plus *dense* que l'eau, à *odeur* éthérée, qui est l'éthane *bichloré* :

$$C^2H^4 + Cl^2 = C^2H^4Cl^2 \downarrow ;$$

c'est aussi l'éther dichlorhydrique de l'alcool biatomique dérivant de l'éthane C^2H^6, et que l'on appelle le *glycol* $C^2H^4(OH)^2$:

$$C^2H^4(OH)^2 + 2HCl \rightleftarrows 2H^2O + C^2H^4Cl^2.$$

Il y a eu *addition* d'éthylène et de chlore, ce que l'on *montre* en abandonnant le mélange à volumes égaux des deux gaz effectué dans une cloche sur la cuve à eau ; on voit l'eau monter progressivement dans la cloche, qu'elle finirait par remplir complètement, et des gouttelettes huileuses de liqueur des Hollandais s'étalant d'abord à la surface libre de l'eau avant de tomber au fond ; c'est cette réaction découverte à la fin du XVIIIe siècle par 4 chimistes hollandais qui a fait donner au gaz le nom de *gaz oléfiant*, et au produit le nom d'*huile des Hollandais*. — On *prépare* le bichlorure d'éthylène dans un ballon renversé à 2 tubulures par où arrivent les courants de chlore et d'éthylène, tandis que le produit tombe par le col dans un flacon entouré d'eau froide.

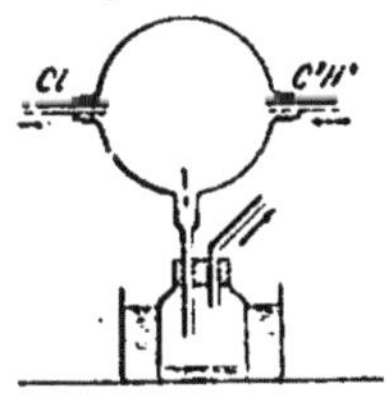

Fig. 158. — Préparation du chlorure d'éthylène.

S'il y avait alors un *excès* de chlore *au soleil*, il y aurait *substitution* du chlore à un égal volume d'hydrogène *dans la liqueur des Hollandais*, l'hydrogène s'éliminant encore à l'état d'acide chlorhydrique, et en 4 fractions, pour donner successivement :

l'éthane *trichloré* $C^2H^3Cl^3$,
l'éthane *tétrachloré* $C^2H^2Cl^4$,
l'éthane *pentachloré* C^2HCl^5,
l'éthane *hexachloré* C^2Cl^6,

qui est un 2e *chlorure de carbone*, corps *solide*. — Ainsi par action directe du chlore sur l'éthylène, on n'obtient pas les *produits de substitution chlorés de l'éthylène*.

Pour obtenir ces produits, il suffit de chauffer les *molécules* du bichlorure d'éthylène ou de ses produits de substitution obtenus, avec *une molécule* de potasse *en solution alcoolique*, qui enlève les éléments de l'acide chlorhydrique ;

$$C^2H^4Cl^2 + KOH = C^2H^3Cl + KCl + H^2O,$$

avec formation d'éthylène *monochloré* ; et de même avec les divers éthanes chlorés, jusqu'à :

$$C^2HCl^5 + KOH = C^2Cl^4 + KCl + H^2O$$

avec production d'*éthylène tétrachloré*, qui est un *3e chlorure de carbone*, corps *liquide*. — Si l'on avait fait agir *2 molécules* de potasse alcoolique sur la molécule de liqueur des Hollandais, il y aurait eu dégagement d'acétylène :

$$C^2H^4Cl^2 + 2KOH = 2KCl + 2H^2O + C^2H^2\uparrow.$$

— Enfin si l'on fait agir sur la molécule de bichlorure d'éthylène, 2 molécules de potasse mais *en solution aqueuse*, il y a *saponification* de l'éther dichlorhydrique du glycol, c'est-à-dire décomposition avec régénération de l'alcool correspondant, donc ici *formation de glycol* :

$$C^2H^4Cl^2 + 2KOH = 2KCl + C^2H^4(OH)^2.$$

Il y a de même addition du gaz éthylène avec le *brome*, avec formation de *bibromure d'éthylène, liquide incolore* :

$$C^2H^4 + Br^2 = C^2H^4Br^2\downarrow ;$$

le gaz éthylène d'un flacon à l'émeri est *complètement absorbé* par *agitation* avec une ampoule pleine de brome, ce qui est un *caractère du gaz* éthylène. Et on *prépare* le bibromure d'éthylène en faisant passer un courant du gaz dans du brome surmonté d'une couche d'eau qui empêche sa vaporisation, jusqu'à décoloration complète. — Par action d'un *excès* de brome *au soleil*, il y aurait formation de *produits de substitution bromés de l'éthane* jusqu'à C^2HBr^5, sans que la substitution atteigne à la formation d'un bromure de carbone.

Enfin, il y a encore combinaison directe de l'éthylène avec *l'iode*, si l'on chauffe à 100°, ou au soleil, avec formation de *biiodure d'éthylène* $C^2H^4I^2$, corps *solide blanc*.

3° L'éthylène se combine encore directement aux *hydracides gazeux* HCl, HBr, HI, pour donner les *éthers-sels* de l'alcool ordinaire ou éthylique C^2H^5OH, savoir les *chlorure* C^2H^5Cl, *bromure* C^2H^5Br, ou *iodure d'éthyle* C^2H^5I :

$$C^2H^4 + HI = C^2H^5I.$$

Le nom d'éther-sel donné à ces combinaisons vient de ce que la formation à partir de l'alcool sur lequel réagit l'acide libre, comme celle du chlorure d'éthyle, par action du gaz chlorhydrique sur l'alcool, ou de l'acide chlorhydrique du commerce sur l'alcool dans un autoclave chauffé :

$$C^2H^5OH + HCl \rightleftarrows H^2O + C^2H^5Cl,$$

cette formation est tout à fait analogue à la formation des sels par action de l'acide sur la base :

$$KOH + HCl = H^2O + KCl.$$

La formation de l'éther-sel, par *éthérification de l'alcool* sous l'action de l'acide, est limitée par la décomposition inverse ou *saponification de l'éther-sel*, s'effectuant sous l'action de l'eau formée, ou plus facilement par les alcalis :

L'expression saponification vient de ce que l'action des alcalis comme la soude caustique sur les corps gras, qui sont des éthers-sels de l'alcool triatomique glycérine $C^3H^5(OH)^3$ dérivant du 3ᵉ terme des carbures saturés, donne la glycérine libre et les sels des acides gras très connus sous le nom de *savons*.

4° L'éthylène se combine encore directement mais *très lentement* avec l'*acide sulfurique* SO^4H^2, par agitation du gaz dans un flacon à l'émeri avec l'acide, et un peu de mercure qui divise l'acide; le produit de l'absorption est le *sulfate acide d'éthyle* ou *acide sulfovinique* :

$$C^2H^4 + SO^4H^2 = SO^4H.C^2H^5;$$

c'est l'*éther-sel* que forme l'acide sulfurique en agissant sur l'alcool ordinaire *à froid* :

$$C^2H^5OH + SO^4H^2 \rightleftarrows H^2O + SO^4HC^2H^5$$

par une réaction limitée. La *distillation* avec de *l'eau* du sulfate acide d'éthyle, donne de l'alcool qui distille, par saponification de l'éther-sel. — D'où une *synthèse totale de l'alcool* possible à partir des éléments minéraux, et comportant les opérations suivantes : production d'acétylène à partir du charbon de cornue et de l'hydrogène par l'arc électrique; production d'éthylène par fixation d'hydrogène sur l'acétylène au rouge sombre; formation d'acide sulfovinique par agitation d'éthylène avec de l'acide sulfurique; enfin distillation de l'acide sulfovinique avec de l'eau.

Mais *au-dessus de 160°*, l'acide sulfurique est réduit par l'éthylène avec formation d'une matière noirâtre, que l'on peut admettre être du charbon libre, lequel agit lui-même comme réducteur de l'acide chauffé :

$$C^2H^4 + 2SO^4H^2 = 2C\downarrow + 4H^2O + 2SO^2\uparrow,$$

puis :

$$C + 2SO^4H^2 = CO^2\uparrow + 2SO^2\uparrow + 2H^2O,$$

ce qui explique le dégagement des gaz sulfureux et carbonique que l'on observe. En réalité la réaction est complexe, comme la plupart des réactions en chimie organique.

5° L'éthylène brûle à l'*air* par inflammation avec une *flamme éclairante* et un *dépôt de noir de fumée* sur la paroi de l'éprouvette. L'équation de la combustion complète par l'*oxygène* serait :

$$C^2H^4 + 3O^2 = 2CO^2 + 2H^2O,$$

et le mélange du gaz avec 3 fois son volume d'oxygène *détone très violemment* quand on l'enflamme, ou par l'étincelle : aussi si l'on veut faire détoner le mélange dans un flacon, il faut prendre la *précaution* d'entourer le flacon d'un linge mouillé pour éviter les blessures graves de la main lors de la rupture possible du flacon. On diluera le mélange dans un excès d'oxygène pour pratiquer sa combustion eudiométrique.

Mais par agitation du gaz avec la *solution de permanganate*, il y a formation d'acide oxalique comme avec l'acétylène :

$$C^2H^4 + 5.O = C^2O^4H^2 + H^2O;$$

et en chauffant le gaz avec la *solution d'anhydride chromique* à 120°, il y a formation d'acide acétique comme dans l'action de la solution étendue sur l'acétylène :

$$C^2H^4 + O^2 = CH^3\text{-}CO^2H.$$

II. — Composition de l'éthylène.

Il ne peut renfermer *que du carbone et de l'hydrogène* puisqu'il est obtenu par fixation d'hydrogène sur l'acétylène au rouge sombre. On détermine sa composition par la *combustion eudiométrique* en présence d'un grand *excès* d'oxygène pour diminuer la violence de l'explosion :

$$C^2H^4 + 5.O^2 = 2CO^2 + 2H^2O_{\downarrow} + 2.O^2;$$

2 volumes du gaz avec *10 volumes d'oxygène* laissent par l'étincelle un résidu de 8 volumes dont 4 volumes absorbables par la potasse, et les 4 autres absorbables par le pyrogallol potassique et constitués par 4 volumes d'oxygène en excès : donc 6 volumes d'oxygène sont entrés en réaction. Les 4 volumes absorbés par la potasse sont forcément du gaz carbonique, et contiennent *2 atomes de carbone* et 4 volumes d'oxygène. Les 2 autres volumes d'oxygène en réaction ont pris *4 volumes d'hydrogène* pour former de l'eau liquide. D'où la *formule moléculaire* C^2H^4. — On vérifie ce résultat par la mesure de la densité du gaz :

$$28^{gr},8 \times d = 12^{gr} \times 2 + 1^{gr} \times 4.$$

III. — Caractères de l'éthylène.

1° Il n'est pas absorbé par la *potasse*;

2° Il est *combustible,* avec une *flamme éclairante,* en donnant un *dépôt de noir de fumée* sur les parois de l'éprouvette à combustion.

3° Il est absorbé par le *brome,* car il a pour caractère de donner *un produit d'addition* avec les halogènes : son action sur le chlore lui a fait donner le nom de *gaz oléfiant*; d'où le nom d'*oléfines* donné aux carbures C^nH^{2n} qui présentent le même caractère et dont il est le 1er terme.

IV. — Modes de formation et préparations de l'éthylène.

1° Dans la *distillation sèche des matières organiques*; aussi il existe dans le *gaz de l'éclairage* comme le méthane et l'acétylène;

2° Par *synthèse* en chauffant au rouge sombre dans la cloche courbe un mélange à volumes égaux d'acétylène et d'hydrogène : $C^2H^2 + H^2 = C^2H^4$;

3° En chauffant *à 160°* le *sulfate acide d'éthyle* :

$$SO^4HC^2H^5 = SO^4H^2 + C^2H^4 \uparrow.$$

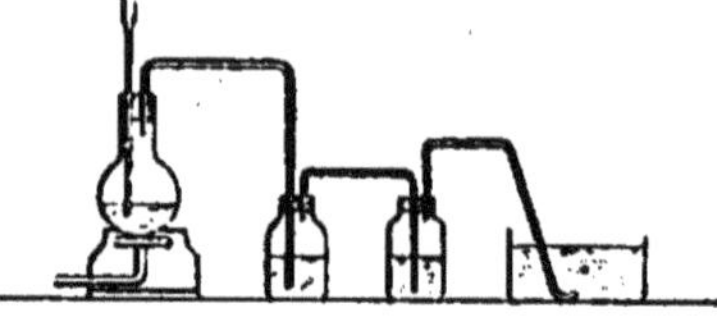

Fig. 159. — Préparation de l'éthylène.

D'où la *préparation* de l'éthylène à partir de l'alcool ordinaire C^2H^5OH et de l'acide sulfurique SO^4H^2 ; l'alcool étant contenu dans une capsule en porcelaine reposant sur l'eau d'une cuve, on y verse *goutte à goutte* l'acide sulfurique *en agitant* de manière à provoquer la formation incomplète d'acide sulfovinique :

$$C^2H^5OH + SO^4H^2 \rightleftarrows H^2O + SO^4HC^2H^5.$$

On verse le mélange froid dans un ballon qu'il remplit au $\frac{1}{3}$ au plus, et on ajoute quelques grains de sable destinés à favoriser le dégagement des bulles.

On va chauffer *rapidement* jusqu'à l'ébullition vers 160° ; si en effet on chauffait à une température inférieure, il y aurait formation de *vapeur d'éther ordinaire* ou oxyde d'éthyle dont c'est le mode de préparation, et produit par réaction de l'acide sulfovinique sur l'alcool resté libre :

$$C^2H^5OH + SO^4HC^2H^5 = SO^4H^2 + (C^2H^5)^2O \curvearrowright ;$$

ce corps est un exemple d'*éther-oxyde*, et il s'en forme toujours un peu dans la préparation de l'éthylène, puisqu'en chauffant il a fallu passer par la température de sa formation. — On voit toujours le liquide du ballon *noircir* par suite de la réduction de l'acide sulfurique resté libre par l'éthylène, avec formation des *gaz sulfureux et carbonique*. — Aussi le tube à dégagement du ballon amène le gaz dégagé dans un *laveur à potasse* qui arrête les anhydrides sulfureux et carbonique, puis dans un *laveur à acide sulfurique* qui absorbe la vapeur d'éther :

$$(C^2H^5)^2O + 2.SO^4H^2 = H^2O + 2.SO^4HC^2H^5,$$

sans absorber sensiblement le gaz éthylène. Le gaz ainsi purifié s'est *desséché* dans l'acide sulfurique, et on pourrait le recueillir sur le mercure, mais on le recueille en général sur l'eau.

4° On obtiendrait *directement* du gaz éthylène *presque pur* en faisant arriver l'alcool *goutte à goutte* dans un ballon contenant de l'*acide phosphorique sirupeux* chauffé vers 220°.

V. — Remarque sur les réactions de synthèse ou de décomposition des carbures.

Ces réactions sont le plus souvent complexes, et on a à considérer des mélanges d'hydrogène, d'acétylène, de méthane et d'éthylène : *on dose l'acétylène* en l'absorbant par la solution chlorhydrique de chlorure cuivreux, l'*éthylène* en l'absorbant par le brome, l'*hydrogène* en l'absorbant par l'oxyde d'argent chauffé légèrement, et *il reste le méthane*. — Mais en général le problème à résoudre est plus complexe : car le chlorure cuivreux absorbe aussi les homologues de l'acétylène, le brome absorbe aussi les oléfines, et le résidu est formé d'un mélange de carbures saturés.

La *combustion* du mélange dans l'*eudiomètre*, ou par passage sur l'*oxyde cuivrique chauffé*, pourra aider à connaître les proportions des divers gaz par le dosage du *carbone et de l'hydrogène* du mélange.

TRENTE ET UNIÈME LEÇON

Cyanogène. Acide cyanhydrique.

CYANOGÈNE, C^2Az^2 ou Cy^2

C'est un *gaz incolore*, à *odeur* vive, ayant pour *densité* 1,806. Il est *très facile à liquéfier* en un *liquide incolore* de faible masse spécifique $0^{gr},86$, solidifiable par évaporation spontanée en un *corps solide blanc fondant* à —34°.

Le gaz cyanogène est *assez soluble* dans l'*eau* : coefficient 4. Il est plus soluble dans l'*alcool* : coefficient 25.

Il est *décomposé* en ses éléments, *tout d'un coup* par l'explosion d'une capsule de *fulminate*; progressivement et *complètement* par une *série d'étincelles* avec un dépôt de noir de fumée et mise en liberté d'azote : cette décomposition s'effectue *sans changement de volume*; et elle montre que le cyanogène ne renferme *que du carbone avec son propre volume d'azote.* — Il est encore décomposé *partiellement* par la chaleur *à partir du rouge sombre*, mais dans les mêmes conditions il se transforme aussi en un produit de *polymérisation* : le paracyanogène.

Le *paracyanogène* $(CAz)^n$ est une *poudre brune*, soluble dans l'acide sulfurique, reprécipitée de sa solution sulfurique par l'eau, *transformable complètement en gaz cyanogène dans le vide au-dessus de 500°*, ayant donc même composition en masse que le cyanogène, d'où le nom qu'on lui a donné.

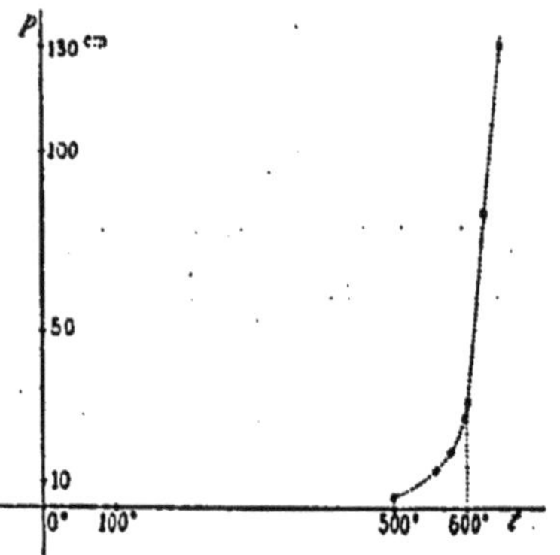

Fig. 160. — Courbe de la tension de transformation du paracyanogène en gaz cyanogène.

Les transformations réciproques du cyanogène et du paracyanogène suivent les *mêmes lois* que les transformations réciproques de la vapeur de phosphore et du phosphore rouge à partir de 340°.

1° Pour étudier la *transformation du paracyanogène en gaz cyanogène*, on a introduit du paracyanogène pur dans l'appareil à dissociation ; on a chauffé à une température constante supérieure à 500°; on a fait le vide à plusiurs reprises pour faire dégager le gaz cyanogène simplement condensé dans le paracyanogène poreux.

Alors quand le paracyanogène bien débarrassé de gaz est maintenu à la température constante *t supérieure à 500°* dans l'appareil vide de gaz, on observe une pression de gaz cyanogène *très lentement* croissante depuis *o*, jusqu'à une *valeur limite p* atteinte au bout d'un temps suffisant, *indépendante de la masse* assez grande de paracyanogène employé *ou du volume* de l'appareil, et que l'on appelle la *tension de transformation du paracyanogène* à la température *t*; et cette pression limite *se reproduit à chaque fois qu'on fait le vide* en maintenant la température *t*.

Si on chauffe alors à une température constante *t'* supérieure à t, on observe une nouvelle pression limite p' supérieure à p, et se reproduisant à chaque fois qu'on fait le vide : donc *la tension de transformation croît avec la température*; c'est ce que que montre le tableau suivant :

Température t.	Tension de transformation p.
502°	5^{cm},4
559	12 ,3
587	15 ,7
599	27 ,5
601	31 ,8
620	86 ,8
640	131 ,0

Mais si l'appareil étant à t' et rempli de gaz à la pression p', on le laisse refroidir lentement de t' à t que l'on maintient longtemps, il y a diminution *lente* de la pression jusqu'à la limite p, en même temps que l'on observe un *enduit brun* de paracyanogène sur la paroi de l'appareil : donc au-dessus de 500° il y a *transformation inverse du gaz cyanogène en paracyanogène*, et cette transformation est *limitée* aussi *par la tension de transformation.*

Il est à remarquer que la pression limite p dont il est parlé et qui figure dans le tableau n'est pas toujours la pression indiquée par le manomètre; en effet, à cause de la décomposition partielle du gaz par la chaleur, il y a mise en liberté d'un peu de gaz azote qui ne peut avoir aucun effet pour limiter la transformation : la tension de transformation *s'obtient* en retranchant de la pression totale indiquée par le manomètre la *pression particulière du gaz azote* dans le mélange, connue par l'analyse du gaz extrait, au moyen de la potasse qui absorbe le gaz cyanogène et laisse l'azote.

On pourra *transformer complètement une masse donnée de paracyanogène en gaz cyanogène*, en chauffant à une température supérieure à 500°, et en faisant le vide un nombre indéterminé de fois dans l'appareil, ou plus simplement en faisant passer sur la matière un courant d'azote qui entraînera le gaz cyanogène au fur et à mesure de sa production et l'empêchera d'atteindre la tension de transformation. — Tandis que le paracyanogène restera *inaltéré* même *à 600°* dans un *courant de gaz cyanogène* à la pression atmosphérique.

2° Le cyanogène est le 1er exemple connu d'un corps contenant un groupement d'atomes, le *radical* C≡Az *monovalent*, fonctionnant comme l'atome des corps halogènes et alors représenté par Cy.

Il *forme* en effet, par union directe avec un égal volume d'hydrogène sous l'action de la chaleur, un *hydracide* HCy, comme les halogènes gazeux.

Il forme avec les métaux des *cyanures* isomorphes des sels halogénés du même métal, comme le cyanure de potassium KCy par union directe avec le potassium chauffé; ou le cyanure mercurique $HgCy^2$ et le cyanure d'argent AgCy par voie indirecte.

Il agit sur les *alcalis*, comme le chlore ou le brome sur les alcalis étendus, en donnant d'abord un cyanure tel que M'Cy, et un cyanate tel que CyOM' que l'on peut rapprocher des hypochlorites et des hypobromites.

Mais le radical cyanogène entre lui-même dans la constitution de *radicaux plus complexes*, dont les principaux sont : le radical *ferrocyanogène* $FeCy^6$ *tétravalent*, existant dans le *ferrocyanure de potassium* ou cyanure *jaune* ou prussiate jaune $FeCy^6K^4$, le *ferrocyanure double de potassium et de fer* blanc *bleuâtre* $FeCy^6K^2Fe$, le ferrocyanure ferrique ou *bleu de Prusse* $(FeCy^6)^3Fe^4$ qui a donné son nom au cyanogène; puis le radical *ferricyanogène* $(FeCy^6)^2$ *hexavalent* par la soudure de deux radicaux ferrocyanogène tétravalents, existant dans le *ferricyanure de potassium* ou cyanure *rouge* ou prussiate rouge $(FeCy^6)^2K^6$.

3° Le cyanogène et ses composés ont une *tendance à la polymérisation*, comme le montre l'existence du paracyanogène $(CAz)^n$, d'un polymère solide $(HCy)^n$ blanc et cristallisé de l'acide cyanhydrique HCy liquide, du chlorure solide de cyanogène $(CyCl)^3$ polymère du chlorure gazeux CyCl, de l'acide cyanurique $(CyOH)^3$ solide polymère de l'acide cyanique CyOH liquide, etc.,

4° Enfin le cyanogène et ses composés ont une *tendance à fixer les éléments de l'eau* pour former des sels ammoniacaux organiques, qui inversement par déshydratation redonneront le cyanogène ou ses composés.

Il était nécessaire de donner ces indications générales pour faciliter l'étude des corps où entre le radical cyanogène.

I. — Propriétés chimiques du cyanogène.

Il est sans action sur les métalloïdes sauf l'*hydrogène* et l'*oxygène*, et il n'agit directement que sur *quelques métaux* :

1° Il se combine *directement* mais *très lentement* avec un égal volume de gaz *hydrogène* en tube scellé à 500°; la combinaison est *presque complète*, et on peut rapprocher cette synthèse de l'acide cyanhydrique HCy des synthèses des hydracides; il se produit seulement un faible dépôt de paracyanogène.

2° Le gaz cyanogène brûle à l'*air*, quand on l'enflamme, avec une *flamme violacée*, en donnant du gaz carbonique qui trouble l'eau de chaux ajoutée dans l'éprouvette à combustion, et de l'azote libre :

$$C^2Az^2 + 2.O^2 = 2CO^2 + Az^2.$$

Le mélange du gaz avec le double de son volume d'*oxygène* détone par inflammation, ou par une étincelle; mais la température de l'explosion n'est pas assez élevée pour qu'il ne puisse se former aussi des *composés oxygénés de l'azote*.

Le mélange du cyanogène avec le *bioxyde d'azote* AzO, brûle aussi par inflammation.

3° Le gaz cyanogène dans la cloche courbe sur le mercure est absorbé complètement et avec incandescence par le *potassium* ou le *sodium* légèrement chauffés, avec formation des cyanures correspondants.

Il se combine encore directement avec le *zinc*, le *cadmium* et le *fer*, pourvu que l'on chauffe vers 300°.

4° Il est absorbé par la *potasse*, soit en dissolution, soit légèrement chauffée, en donnant toujours et d'abord la même réaction :

$$Cy^2 + 2KOH = KCy + CyOK + H^2O,$$

de sorte que le produit de l'absorption donnera les réactions des cyanures alcalins. Mais il y a bientôt fixation spontanée des éléments de l'eau sur le *cyanate* formé, qui est *peu stable* :

$$CAzOK + 2H^2O = CO^3HK + AzH^3,$$

avec formation d'un carbonate et d'ammoniaque.

5° Il y a *fixation d'eau* sur le cyanogène, par saponification du radical — CAz qui se transforme en radical carboxyle —CO^2H, pour donner de l'acide oxalique et de l'ammoniaque :

$$C^2Az^2 + 4.H^2O = C^2O^4H^2 + 2.AzH^3;$$

la réaction est *très lente* par *altération spontanée de la solution de cyanogène*, qui brunit : dans le liquide incolore clair, on peut reconnaître la présence de l'oxalate d'ammonium $C^2O^4(AzH^4)^2$ par le précipité blanc qu'y donne un sel soluble de calcium.

La réaction est *rapide* par la présence de l'*acide chlorhydrique concentré*, ou de l'*ammoniaque concentrée*.

6° Enfin il y a combinaison directe du gaz cyanogène avec le *gaz ammoniac* AzH^3 pour donner un *solide brun*, ou avec le *gaz sulfhydrique* H^2S pour donner des *combinaisons cristallisées* :

H^2S,Cy^2 en cristaux *jaunes*, si la réaction a lieu en présence d'*un peu d'eau*, le gaz sulfhydrique étant en défaut;

H^2S,Cy en cristaux *orangés*, si le mélange des gaz où le gaz sulfhydrique est en excès arrive dans l'*alcool*.

II. — Composition du gaz cyanogène.

Il ne renferme *que du carbone et de l'azote* comme le montre l'action complète d'une *série d'étincelles*, qui suffirait à établir la composition.

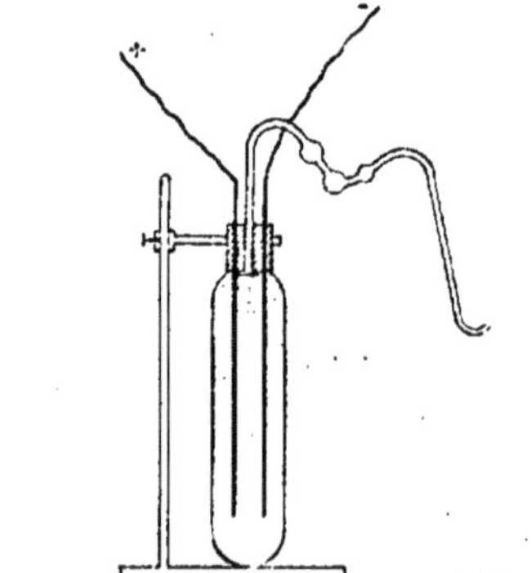

Fig. 161. — Production de gaz tonnant pour l'analyse eudiométrique du cyanogène.

On détermine la composition par la *combustion eudiométrique*, en présence d'un égal volume à peu près de *gaz tonnant* obtenu par électrolyse de l'eau et qui disparaîtra complètement sans résidu gazeux; la combustion du mélange produira alors une température très élevée où l'existence de composés oxygénés de l'azote est impossible, et elle se fera d'après la réaction :

$$C^2Az^2 + 5.O + n(H^2 + O) = 2CO^2 + Az^2 + O + nH^2O\downarrow.$$

On prend donc 2 *volumes* du gaz et 5 *volumes d'oxygène* dans l'eudiomètre, et on y recueille encore un égal volume à peu près du mélange tonnant; après l'étincelle, on constate que le volume du mélange gazeux initial n'a pas changé : il y a un résidu gazeux occupant 7 volumes; la potasse en absorbe 4; le pyrogallol potassique absorbe 1 volume constitué par de l'oxygène en excès : 4 volumes d'oxygène seulement sont entrés en réaction; les 4 volumes absorbés par la potasse sont alors forcément du gaz carbonique et contiennent *2 atomes de carbone* et les 4 volumes d'oxygène disparus; les 2 *volumes* restant sont constitués par de l'*azote pur*, comme on peut le reconnaître. D'où la *formule moléculaire* du cyanogène C^2Az^2. — On vérifie encore cette formule par la densité expérimentale *d* du gaz : on trouve que $28^{gr},8 \times d = 12^{gr} \times 2 + 14^{gr} \times 2$.

On peut remarquer que dans l'hypothèse de la vapeur de carbone, il y aurait contraction de moitié dans la formation du gaz cyanogène par union à volumes égaux de vapeur de carbone et d'azote.

III. — Caractères du gaz cyanogène.

1° Il est absorbé par la *potasse*, et le produit de l'absorption donnera la réaction de formation du bleu de Prusse comme les cyanures alcalins.

2° Il est *combustible*, avec une *flamme violacée*, en donnant un gaz qui trouble l'*eau de chaux* ajoutée dans l'éprouvette, et en répandant l'*odeur vive* du gaz.

3° Il est soluble dans l'*alcool*.

IV. — Modes de formation du cyanogène et de ses composés utiles à connaître.

1° A l'état d'*acide sulfocyanique*, ou de *sulfocyanures* appelés aussi *sulfocyanates* :

Dans l'action du sulfure de carbone sur l'ammoniaque, qui donne CySH au rouge, et $CySAzH^4$ à 100°, comme on l'a vu;

Quand on chauffe le cyanure de potassium KCy avec du soufre, ce qui donne le *sulfocyanure de potassium* CySK, sel blanc cristallisé : $KCy + S = CySK$;

Par action de la solution de chlorure mercurique sur une solution de sulfocyanure alcalin, il y a précipitation de *sulfocyanure mercurique*, sel *blanc*, *combustible* en laissant des cendres excessivement volumineuses (phénomène des serpents de Pharaon) :

$$2.CySK + HgCl^2 = 2KCl + (CyS)^2Hg\downarrow ;$$

on *prépare* l'acide sulfocyanique, *liquide incolore*, en faisant passer un courant très lent de gaz sulfhydrique sec sur du sulfocyanure mercurique sec, et en condensant dans un tube *fortement* refroidi :

$$(CyS)^2Hg + H^2S = HgS + 2.CySH\curvearrowright ;$$

l'acide sulfocyanique ainsi préparé fixe les éléments de l'eau au contact de l'acide sulfurique étendu :

$$CAzSH + H^2O = AzH^3 + COS\uparrow ,$$

d'où la *préparation* du gaz *oxysulfure de carbone* ou *sulfure de carbonyle*, par l'action de l'acide sulfurique étendu de son volume et froid sur le sulfocyanure de potassium.

L'acide sulfocyanique et les sulfocyanures alcalins donnent avec le *chlorure ferrique* une coloration *rouge sang*.

2° Il y a formation de cyanogène *à l'état de combinaisons oxygénées* :

Par action *modérée* de la chaleur sur l'urée, qui se décompose en gaz ammoniac et en *acide cyanurique* $(CAzOH)^3$, qui est un *solide blanc*, *cristallisable*, *soluble* dans l'eau :

$$3.CO(AzH^2)^2 = (CAzOH)^3 + 3.AzH^3\uparrow ;$$

— Si l'on *distille* l'acide cyanurique ainsi formé, en condensant le produit gazeux qui se dégage dans un tube *fortement* refroidi, on obtient l'*acide cyanique*, *liquide incolore*, stable *au-dessous de* 0° seulement :

$$(CyOH)^3 = 3.CyOH\curvearrowright ;$$

et la *transformation de l'acide cyanurique solide en vapeur d'acide cyanique* suit la même loi que la transformation du paracyanogène en gaz cyanogène, ou du phosphore rouge solide en vapeur de phosphore. — Si on laisse *se réchauffer* l'acide cyanique liquide à la température ordinaire, il y a transformation spontanée avec dégagement de chaleur en *cyamélide* $(CyOH)^n$, *solide blanc*, *amorphe*, *insoluble*, par un phénomène analogue à la transformation du phosphore liquide en phosphore rouge au-dessus de 240°.

Il y a formation de *cyanate alcalin*, soit par oxydation des cyanures alcalins par l'*oxygène* :

$$KCy + O = CyOK ;$$

soit quand un courant de gaz cyanogène passe dans une dissolution de potasse, ou sur de la potasse chauffée.

Mais par *action des acides sur les cyanates*, il y a fixation des éléments de l'eau par l'acide cyanique :

$$CAzOH + H^2O = CO^2 \uparrow + AzH^3 ,$$

par une réaction analogue à celle que donnent les sulfocyanates.

3° Il y a formation de cyanogène *à l'état de cyanures alcalins* ou *alcalino-terreux*, toutes les fois que du charbon et de l'azote se trouvent en présence d'alcalis, ou de carbonates alcalins ou alcalino-terreux, à température élevée :

Ainsi on montre la *production de cyanure de potassium dans les laboratoires* en faisant passer un courant d'azote ou d'air sur du charbon imprégné de potasse et chauffé au rouge.

$$3C + Az^2 + 2.KOH = 2.KCAz + CO \uparrow + H^2O \uparrow ,$$

la vapeur d'eau pouvant naturellement être décomposée par le charbon au rouge. — Et on *préparait* autrefois le *ferrocyanure de potassium*, en *cristaux jaune pâle*, plus soluble à chaud qu'à froid, en calcinant des matières animales azotées (comme les débris d'abattoir) avec du carbonate de potassium et de la limaille de fer, ou du sulfate ferreux, dans des chaudières en fer, reprenant par l'eau bouillante et faisant cristalliser :

$$Fe + 10.C + 3.Az^2 + 2.CO^3K^2 = Fe(CAz)^6K^4 + 6.CO \uparrow ;$$

il suffisait de calciner le ferrocyanure *sec* pour *obtenir* le *cyanure de potassium* fondu, que l'on coulait en tablettes blanches :

$$Fe(CAz)^6K^4 = 4.KCAz + FeC^2 + Az^2 \uparrow ;$$

il y avait alors perte du tiers du cyanure. Aussi *actuellement* on calcine le ferrocyanure avec une proportion calculée de sodium pour obtenir la totalité du cyanogène à l'état de cyanure alcalin :

$$FeCy^6K^4 + 2Na = Fe + [4KCy + 2NaCy]$$

le mélange est vendu sous le nom de *cyanure de potassium industriel.*

Il y a *production de cyanure de baryum* quand un courant d'azote ou d'air passe sur un mélange intime de charbon et de carbonate de baryum au rouge :

$$4C + Az^2 + CO^3Ba = Ba(CAz)^2 + 3CO\uparrow ;$$

et le produit par la vapeur d'eau surchauffée donnerait un dégagement d'ammoniaque :

$$Ba(CAz)^2 + 4H^2O = BaO^2H^2 + 2CO\uparrow + 2AzH^3\uparrow .$$

Il y a *production de cyanure d'ammonium* quand du gaz ammoniac passe sur du charbon au rouge; ce qui est appliqué *industriellement* :

$$C + 2AzH^3 = AzH^4CAz\curvearrowright + H^2\uparrow ;$$

et alors il y a production de cyanures *dans la calcination de la houille* : le mélange épurateur du gaz de houille à base d'oxyde ferrique retiendra l'acide cyanhydrique à l'état de sels insolubles ; et le produit sera la *principale source du ferrocyanure de potassium industriel.*

Il y a encore *production de cyanure de potassium* quand on chauffe en vase clos l'*azoture de bore* avec un mélange de charbon et de carbonate de potassium :

$$BAz + C + CO^3K^2 = BO^2K + KCAz + CO\uparrow :$$

l'*alcool* permettra de dissoudre le cyanure formé.

On *prépare* le *bleu de Prusse, insoluble,* en précipitant la solution de ferrocyanure de potassium par un sel ferrique :

$$3.FeCy^6K^4 + 2.Fe^2Cl^6 = 12.KCl + (FeCy^6)^3Fe^4 ;$$

et on *prépare* le *cyanure mercurique* en faisant bouillir le bleu de Prusse avec de l'eau et de l'oxyde mercurique, filtrant et laissant cristalliser par le refroidissement :

$$(FeCy^6)^3Fe^4 + 9HgO = 2.Fe^2O^3\downarrow + 3.FeO\downarrow + 9.HgCy^2 .$$

4° Il y a *formation d'acide cyanhydrique* soit par une série d'étincelles dans le *mélange d'acétylène et d'azote* dilué dans beaucoup d'hydrogène pour empêcher la décomposition inverse ; soit par la température 500° sur le *mélange de cyanogène et d'hydrogène* en tube scellé ; soit dans l'action de l'eau sur *certaines feuilles* ou sur *certaines amandes* ; soit enfin dans l'action déshydratante de la chaleur sur le *formiate d'ammonium* :

$$H.CO^2AzH^4 = 2H^2O + HCAz\uparrow;$$

l'acide cyanhydrique sera dit le *nitrile de l'acide formique*, et inversement en fixant les éléments de 2 molécules d'eau il redonnera le formiate d'ammonium.

5° Enfin il y a *formation de gaz cyanogène libre*, soit quand on chauffe l'*oxalate d'ammonium* $C^2O^4(AzH^4)^2$ avec un excès d'anhydride phosphorique P^2O^5 qui retient 4 molécules d'eau :

$$C^2O^4(AzH^4)^2 = 4H^2O + C^2Az^2\uparrow;$$

le cyanogène est alors dit le *nitrile de l'acide oxalique*, et inversement en fixant les éléments de l'eau il redonnera l'oxalate d'ammonium ;

Soit plus facilement quand on chauffe le *cyanure d'argent* AgCy ou le cyanure mercurique $HgCy^2$, qui se décomposent en le métal libre, et en gaz cyanogène, en même temps qu'il y a production de paracyanogène.

V. — Préparation usuelle du gaz cyanogène et du paracyanogène.

On *prépare* le *gaz* cyanogène en chauffant *rapidement* au rouge sombre dans un ballon en verre peu fusible du cyanure mercurique *sec*, et en recueillant sur le mercure :

$$HgCy^2 = Hg\curvearrowright + Cy^2\uparrow;$$

on observe un *dépôt grisâtre* de mercure sur le col du ballon et sur le tube à dégagement, et il y a toujours un *résidu brun* de paracyanogène en proportion d'autant plus grande que la température de décomposition du cyanure est plus basse : il faut donc chauffer aussi rapidement que possible. — Si le cyanure était humide, il y aurait en même temps formation d'acide cyanhydrique, de gaz carbonique et d'ammoniaque, par *réaction de* l'*eau sur le cyanogène* :

$$C^2Az^2 + 2H^2O = HCAz\uparrow + CO^2\uparrow + AzH^3\uparrow.$$

Si l'on effectue la calcination du cyanure sec dans l'une des branches d'un *tube de Faraday*, on observe la *liquéfaction* du cyanogène dans la branche froide.

Si l'on effectue la calcination en *tube scellé* à basse température, comme celle de l'ébullition du soufre, on observe une *forte proportion* 0,40 de *paracyanogène* au lieu de la proportion 0,10 restant dans la préparation usuelle du gaz. — D'où la *préparation du paracyanogène* en chauffant le cyanure en tube scellé à 440° pendant un jour, ouvrant alors le tube, et faisant passer dans le tube maintenu à 440° un courant de gaz cyanogène pour entraîner la totalité du mercure à l'état de vapeur.

ACIDE CYANHYDRIQUE, HCAz ou HCy

C'est un *liquide incolore*, à *odeur* particulière, *excessivement toxique* ainsi que sa vapeur et ses sels solubles, ayant une *faible masse spécifique* 0gr,65, *bouillant* à 26° et par suite devant être *conservé* en tube scellé à cause de son *extrême volatilité*, ayant pour *densité de vapeur* 0,9467, et *solidifiable* dans un mélange réfrigérant.

Il est *très soluble* dans l'*eau*; et il est absorbé à froid par les *chlorures métalliques*, comme le chlorure de calcium ou le chlorure mercurique. Il n'est *stable* que s'il est *anhydre et pur*.

Sa vapeur subit par une *série d'étincelles* une décomposition *limitée* :

$$2.HCAz \rightleftarrows C^2H^2 + Az^2.$$

I. — Propriétés chimiques de l'acide cyanhydrique.

Il est sans action sur les métalloïdes sauf le *chlore*, le *brome* et l'*oxygène*; et il n'agit guère que sur les *métaux alcalins*.

1° Il est décomposé par le *chlore* et le *brome* qui lui enlèvent l'hydrogène et s'unissent au cyanogène;

Si l'on fait passer un courant de *chlore* dans la *solution étendue et froide* d'acide cyanhydrique, il y a formation du *chlorure de cyanogène* CyCl qui reste dissous :

$$HCy + Cl^2 = HCl + CyCl;$$

on chauffe pour dégager le *gaz* incolore ainsi formé, on le fait passer sur du chlorure de calcium sec pour le *dessécher*, puis sur du cuivre pour arrêter un peu de gaz chlore en excès, et on peut le condenser dans un matras *fortement* refroidi sous forme d'un *liquide* bouillant à 12°. — Ce chlorure est *soluble* dans l'eau, qui le décompose *lentement* par fixation des éléments de l'eau avec formation d'abord d'acide cyanique :

$$CyCl + H^2O = HCl + CyOH ;$$

c'est donc le *chlorure de l'acide cyanique*; mais il y a bientôt fixation des éléments de l'eau sur l'acide cyanique lui-même :

$$CAzOH + H^2O = CO^2 + AzH^3.$$

Tandis que si l'on verse de l'acide cyanhydrique *anhydre* dans un flacon de *chlore sec, au soleil*, il y a formation de *chlorure de cyanogène solide* Cy^3Cl^3 en *cristaux jaunes*, décomposé par l'eau *bouillante* seulement avec formation d'acide cyanurique $(CyOH)^3$:

$$(CyCl)^3 + 3H^2O = 3HCl + (CyOH)^3,$$

et qui est par suite le *chlorure de l'acide cyanurique*.

La décomposition de l'acide cyanhydrique par le *brome* donne seulement le *bromure de cyanogène* CyBr, connu sous forme de *cristaux incolores* fondant à 4°.

Il y a formation *aussi* du chlorure CyCl et du bromure CyBr par action du chlore ou du brome sur le *cyanure mercurique* en présence de l'eau; et par une réaction analogue on prépare l'*iodure de cyanogène* CyI en chauffant doucement le mélange de cyanure mercurique et d'iode :

$$HgCy^2 + 2I^2 = HgI^2 + 2CyI ;$$

l'iodure de cyanogène se sublime en *longues aiguilles blanches*.

2° L'acide cyanhydrique brûle à l'*air* par inflammation, et avec une *flamme violacée* :

$$2.HCAz + 5.O = H^2O + 2CO^2\uparrow + Az^2\uparrow ;$$

et le mélange de la vapeur avec le gaz *oxygène* est combustible par l'étincelle dans l'eudiomètre.

3° Il y a décomposition de la vapeur par les *métaux alcalins* chauffés dans la cloche courbe, par une réaction analogue à celles que donnent les gaz chlorhydrique ou bromhydrique :

$$HCy + K = KCy + H\uparrow.$$

Mais la *solution* par l'*amalgame de sodium* donne de la *méthylamine* par *hydrogénation* incomplète :

$$HCAz + 2H^2 = AzH^2.CH^3.$$

4° Il y a réaction sur les *alcalis étendus et froids* avec formation de cyanures alcalins, comme dans la neutralisation des hydracides par les alcalis :

$$HCAz + KOH = KCAz + H^2O.$$

Mais il y a *fixation d'eau* par l'acide cyanhydrique, soit en présence des alcalis *étendus et bouillants*, soit en présence des alcalis *concentrés*, soit encore en présence des *acides concentrés*, ou même par contact prolongé avec l'*eau* :

Ainsi il y a décomposition *spontanée* de l'acide cyanhydrique imparfaitement desséché, avec formation d'un *dépôt brun* d'où l'on peut retirer le polymère $(HCy)^n$ en cristaux blancs, et d'un liquide qui contient du formiate d'ammonium :

$$HCAz + 2H^2O = H\text{-}CO^2AzH^4;$$

Il y a décomposition de la solution *aqueuse* de *cyanure de potassium* par l'*ébullition* :

$$KCAz + 2H^2O = H\text{-}CO^2K + AzH^3\uparrow,$$

d'où l'impossibilité d'*extraire le cyanure de potassium industriel* par évaporation à chaud de sa solution aqueuse, et le passage habituel par le ferrocyanure dans cette extraction;

Il y a décomposition de l'acide cyanhydrique par l'*acide chlorhydrique fumant* :

$$HCAz + 2.H^2O + HCl = AzH^4Cl + H\text{-}CO^2H;$$

et par l'*acide sulfurique concentré*, d'abord par la réaction :

$$HCAz + 2H^2O + SO^4H^2 = SO^4HAzH^4 + HCO^2H,$$

mais avec déshydratation ultérieure de l'acide formique et dégagement de gaz oxyde de carbone.

5° Enfin il y a combinaison *directe* du *gaz* cyanhydrique avec les *gaz chlorhydrique, bromhydrique* ou *iodhydrique*, pour donner des corps cristallisés tels que HCy,HCl.

Mais le *gaz iodhydrique* à la température 300° produirait l'hydrogénation complète du *gaz* cyanhydrique :

$$HCAz + 6.HI = CH^4 + AzH^3 + 3I^2.$$

II. — Composition de l'acide cyanhydrique.

Il ne peut renfermer *que du carbone, de l'azote* et *de l'hydrogène*, puisqu'on peut le produire soit en fixant de l'hydrogène sur le cyanogène par la chaleur, soit en fixant de l'azote sur l'acétylène. — Sa *composition en volumes* a d'abord été déduite de la *combustion eudiométrique* en opérant vers 30° pour que l'acide cyanhydrique ait l'état gazeux ; *4 volumes de gaz cyanhydrique* avec *5 volumes d'oxygène* laissent par l'étincelle 6 volumes de résidu gazeux :

$$2HCAz + 5.O = H^2O\downarrow + 2CO^2 + Az^2;$$

4 volumes sont absorbables par la potasse; le pyrogallol potassique ne produit aucune diminution de volume, montrant que les 5 volumes d'oxygène sont entrés en réaction; les 2 *volumes* restant sont de l'*azote pur*, comme on peut le reconnaître; le produit de l'absorption par la potasse ne donne pas les réactions des cyanures, montrant que tout l'acide cyanhydrique a été brûlé; les 4 volumes absorbés par la potasse étaient donc du gaz carbonique renfermant 2 *atomes de carbone* et 4 volumes d'oxygène; le volume d'oxygène disparu a dû prendre 2 *volumes d'hydrogène* pour former de l'eau. Donc 2 volumes du gaz contiennent 1 volume d'hydrogène, 1 atome de carbone et 1 volume d'azote, d'où la *formule moléculaire* HCAz. — On la vérifie par la densité de vapeur d : $28^{gr},8 \times d = 1 + 12 + 14$.

On détermine la *composition en masses* plus précise par une *analyse organique*, qui consiste à brûler la matière organique par l'oxygène de l'oxyde cuivrique CuO bien sec et chauffé au rouge sombre : l'*hydrogène* passe à l'état de vapeur d'eau absorbable dans des tubes à ponce sulfurique tarés; le *carbone* donne du gaz carbonique absorbable dans des tubes à fragments de potasse tarés; l'*azote* deviendra libre et on pourra le recueillir pour mesurer son volume dans des conditions déterminées. — Si m est l'augmentation de masse des tubes à ponce sulfurique, la masse d'hydrogène était $\frac{m \times 2}{18}$; si m' est l'augmentation de masse des tubes à potasse, la masse du carbone était $\frac{m' \times 12}{44}$; enfin si V est le volume de l'azote à la température t et à la pression H, la masse de l'azote est $V a_0 \frac{H}{76} \frac{1}{1 + \alpha t} d'$, où d' est la densité de l'azote. — Et on doit *vérifier* que la somme de ces masses est M la masse de la substance organique employée, *si la*

Fig. 162. — Dosage de l'hydrogène et du carbone.

matière ne contenait pas d'oxygène, ce qui est le cas de l'acide cyanhydrique.

Dans une *première opération* on dose l'hydrogène et le carbone : un long tube en verre peu fusible ayant une extrémité effilée fermée reçoit dans cette région un peu d'oxyde cuivrique, puis l'ampoule ou le petit flacon où l'on a pris la masse M de la substance, et on achève de remplir avec l'oxyde cuivrique; on entoure le tube de clinquant pour éviter sa déformation, et on adapte d'abord le tube à ponce sulfurique taré, puis les tubes à potasse tarés. On porte alors au rouge sombre la colonne d'oxyde cuivrique entre la matière et les tubes absorbants; puis on chauffe la région qui contient la matière; et enfin on chauffe la totalité du tube à oxyde cuivrique. On ouvre alors la pointe effilée pour faire passer dans le tube, par cette pointe, un courant d'*air* bien *sec* et bien *débarrassé de gaz carbonique* qui entraîne la vapeur d'eau et le gaz carbonique restants dans le tube. On détermine l'augmentation de masse des tubes absorbants, m et m'.

Dans une *deuxième opération* on dose l'azote par le moyen de la disposition précédente où les tubes absorbants sont remplacés par un tube à dégagement s'ouvrant sur la cuve à mercure. Par la pointe effilée ouverte on fait passer dans le tube un courant de *gaz carbonique* pour chasser l'azote de l'appareil; on ferme la pointe à la lampe; on dispose au-dessus de l'extrémité du tube à dégagement une éprouvette pleine de mercure où l'on fait passer un peu d'eau et un fragment de potasse; et on chauffe le tube à oxyde cuivrique comme tout à l'heure. Quand le déga-

Fig. 163. — Dosage de l'azote.

gement gazeux cesse, on rouvre la pointe et on fait passer de nouveau dans le tube un courant de gaz carbonique pour entraîner dans l'éprouvette l'azote qui y reste. On agite le gaz de l'éprouvette au contact de la potasse pour absorber complètement le gaz carbonique, et on mesure le volume de l'azote recueilli par transvasement dans un tube gradué plein de mercure.

Ces 2 opérations faites sur des masses d'acide cyanhydrique connues par l'augmentation de masse de l'ampoule, montrent que la *masse M d'acide cyanhydrique* renferme des masses d'hydrogène, de carbone et d'azote entre elles comme 1^{gr}, 12^{gr}, 14^{gr} et dont la somme donne Mgr. D'où la formule *la plus simple* HCAz; et c'est la *formule moléculaire* car $28^{gr},8 \times d = 1 + 12 + 14$.

III. — Modes de formation et préparations de l'acide cyanhydrique.

Il se forme :

1° Par *synthèse* : soit par une *série d'étincelles* dans le mélange à volumes égaux d'*acétylène* et d'*azote* dilué dans 10 fois son volume d'hydrogène, mais alors la réaction est *limitée* :

$$C^2H^2 + Az^2 \rightleftarrows 2.HCAz;$$

Soit en chauffant à 500° en tube scellé le mélange à volumes égaux de *cyanogène* et d'*hydrogène*, et alors la réaction est *presque complète*, sauf le dépôt d'un peu de paracyanogène :

$$C^2Az^2 + H^2 = 2.HCAz.$$

2° En déshydratant le *formiate d'ammonium* par la chaleur à la température 200°, l'acide cyanhydrique étant le nitrile de l'acide formique :

$$H.COAzH^4 = 2H^2O + HCAz.$$

3° Dans l'action de l'eau sur *certaines feuilles* ou sur les amandes des *fruits à noyaux* : d'où les propriétés toxiques de l'eau de feuilles de *pêcher*, et la présence d'un peu d'acide cyanhydrique dans le *kirsch* : le kirsch authentique peut renfermer 0gr,1 d'acide cyanhydrique par litre.

On prépare la *solution médicinale très étendue* d'acide cyanhydrique en partant des tourteaux d'*amandes amères* qui contiennent un glucoside, l'*amygdaline* [contenu également dans les amandes douces], mais aussi un ferment soluble ou diastase, l'*émulsine*, appelé maintenant synaptase. Par le contact de *l'eau* pendant 1 jour, et sous l'action de l'émulsine, l'amygdaline se dédouble en glucose, *essence d'amandes amères* ou aldéhyde benzoïque, et acide cyanhydrique. Il suffit de *distiller* pour obtenir l'essence d'amandes amères surmontée dans le récipient de la solution très étendue d'acide cyanhydrique, que l'on sépare par *décantation*.

4° Dans l'action des acides sur les *cyanures*, ou sur le *ferrocyanure* de potassium ;

Ainsi il y a formation d'acide cyanhydrique dans l'action du *gaz carbonique de l'air* sur les cyanures alcalins :

$$2KCy + CO^2 + H^2O = CO^3K^2 + 2HCy,$$

d'où l'*odeur* des cyanures alcalins, et la présence constante des *carbonates alcalins* dans la solution des cyanures alcalins :

Encore dans l'action de l'*acide sulfhydrique* sur les cyanures d'argent ou de mercure :

$$HgCy^2 + H^2S = HgS + 2.HCy,$$

d'où un *procédé de préparation* par un courant *très lent* de gaz sulfhydrique sur du cyanure mercurique sec, et la *recherche de l'acide cyanhydrique* dans les cyanures métalliques;

Surtout quand on chauffe un mélange de ferrocyanure de potassium en poudre avec de l'*acide sulfurique étendu de 2 fois son volume d'eau,* sans quoi il y aurait production de gaz oxyde de carbone; la réaction laisse un ferrocyanure double de fer et de potassium blanc bleuâtre mêlé de sulfate de potassium :

$$2.FeCy^6K^4 + 3.SO^4H^2 = FeCy^6K^2Fe + 3SO^4K^2 + 6HCy^{\curvearrowright}.$$

— On prépare la *solution étendue pure* en chauffant le mélange dans une cornue à col *descendant* en relation par un réfrigérant *descendant* avec un flacon refroidi. — On prépare l'acide *anhydre, pur* et *stable,* en chauffant le mélange dans une cornue à col *ascendant* prolongé par un réfrigérant *ascendant* maintenu à la *température* 30°, et où se condensera la majeure partie de la vapeur d'eau dégagée, qui retombera à l'état liquide dans la cornue; la vapeur d'eau non condensée sera arrêtée dans un *tube desséchant* à chlorure de calcium sec, entouré d'*eau chaude* afin qu'il ne retienne pas aussi de gaz cyanhydrique; celui-ci viendra se condenser dans un matras *fortement* refroidi, qu'il suffira de *sceller* à la lampe.

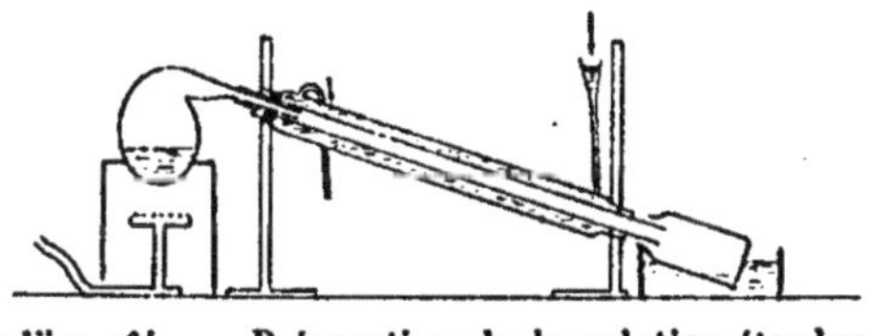

Fig. 164. — Préparation de la solution étendue pure d'acide cyanhydrique.

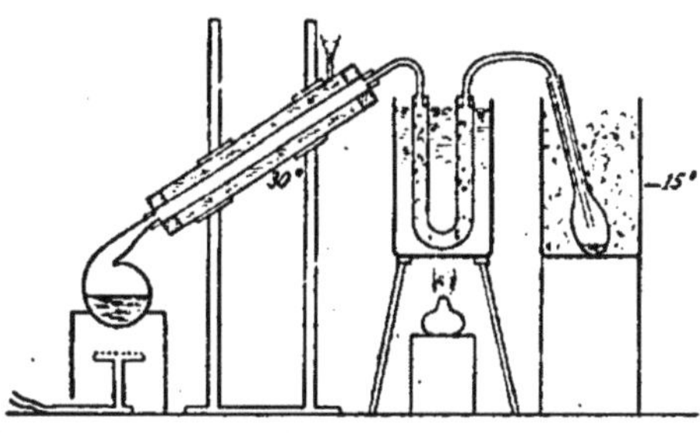

Fig. 165. — Préparation de l'acide cyanhydrique anhydride et pur.

Enfin on prépare habituellement l'acide impur en chauffant un mélange de cyanure mercurique et de chlorure d'ammonium avec de l'*acide chlorhydrique concentré* :

$$HgCy^2 + 2HCl \rightleftarrows HgCl^2 + 2HCy^{\curvearrowright};$$

il faut que l'acide chlorhydrique soit *concentré,* sans quoi il n'y aurait pas d'action, et au contraire c'est l'acide cyanhydrique qui en présence d'acide chlorhydrique étendu décompose le chlorure mercurique d'après la réaction inverse. Le chlorure mercurique formé retiendrait une grande partie de l'acide cyanhydrique, d'où l'addition de *chlorure d'ammonium* qui se combinera avec le chlorure mercurique pour former un chlorure double qui ne retient pas l'acide cyanhydrique. La vapeur d'acide cyanhydrique entraîne du *gaz chlorhydrique* et de la *vapeur d'eau*; on arrête le gaz chlorhydrique par une colonne de marbre blanc ce qui donne du *gaz carbonique* :

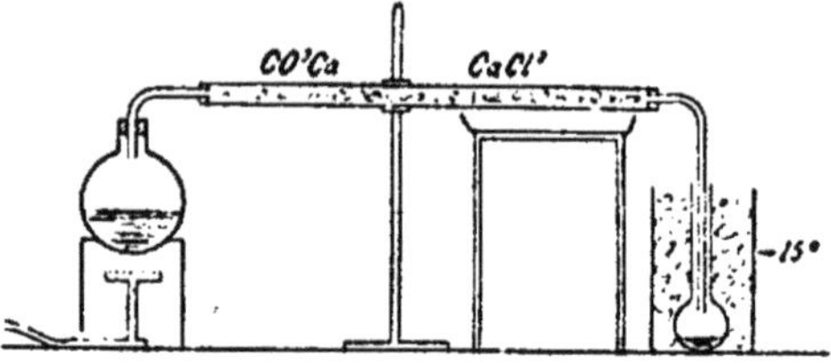

Fig. 166. — Préparation ordinaire de l'acide cyanhydrique impur.

$$CO^3Ca + 2HCl = CaCl^2 + CO^2\uparrow + H^2O;$$

on dessèche par une colonne de chlorure de calcium *sec* et *chauffé*. — D'où la disposition suivante : les matières sont chauffées dans un ballon ; le tube à dégagement recourbé horizontalement pénètre dans un long tube de verre horizontal contenant des fragments de marbre, puis des fragments de chlorure de calcium sec que l'on chauffe. Le mélange gazeux arrive dans un matras *fortement* refroidi, où la vapeur d'acide cyanhydrique se condense, tandis que le gaz carbonique se dégage. — L'acide condensé est *impur* car il y a réaction possible de l'acide chlorhydrique concentré sur lui, il est *imparfaitement desséché*, et il ne *se conserve pas*.

IV. — Propriétés des cyanures.

L'acide cyanhydrique est *monobasique*, et c'est un acide *faible par rapport aux alcalis*, puisqu'il est déplacé par l'acide carbonique et en général par l'acide sulfhydrique. Les cyanures *alcalins* et *alcalino-terreux* sont *solubles*: le cyanure d'*argent* est insoluble, de même que celui de *plomb*, comme les chlorures correspondants. D'où les *réactions des dissolutions de l'acide* ou des *cyanures alcalins*.

1° *Odeur* particulière;

2° Par l'*acide sulfhydrique*, rien;

3° Par l'*azotate de baryum*, rien; tandis que par l'*azotate de plomb*, il y a formation d'un précipité *blanc* qui est du cyanure de plomb $PbCy^2$;

4° Par l'*azotate d'argent*, il y a formation d'un précipité *blanc, caillebotté*, insoluble dans l'*acide azotique*; soluble dans l'*ammoniaque*, l'*hyposulfite* de sodium, et dans un excès de *cyanure alcalin*; donc tout à fait analogue au chlorure d'argent. — Et on peut *doser l'acide cyanhydrique* dans sa solution étendue, au moyen d'une liqueur d'azotate d'argent, comme on dose les acides chlorhydrique, bromhydrique et iodhydrique.

5° Réaction particulière à l'*acide libre* : on chauffe avec du *sulfure d'ammonium jauni* par la présence du soufre jusqu'à décoloration complète; il y a alors formation d'acide sulfocyanique : $HCy + S = CySH$, qui reste à l'état de sulfocyanure d'ammonium, tandis que le sulfure d'ammonium en excès, est complètement décomposé par la chaleur en produits gazeux qui se dégagent. Il suffit au liquide restant d'ajouter une goutte de *chlorure ferrique* pour voir la coloration *rouge* que prennent alors les sulfocyanures. — Avec un cyanure alcalin, il y aurait en outre formation de sulfure alcalin fixe, qui donnerait un précipité noir de sulfure de fer FeS, masquant la coloration rouge.

6° Réaction particulière des *cyanures alcalins*, que donnera aussi le produit de l'absorption du *cyanogène* par la potasse, ou de la neutralisation de l'acide par un alcali : on *chauffe* le liquide avec une dissolution de *sulfate ferreux exposée un instant à l'air* et contenant alors du sulfate ferrique; on observe un précipité *vert* qui devient *bleu foncé* si on ajoute quelques gouttes d'*acide chlorhydrique*, et qui est alors du *bleu de Prusse*; le cyanure alcalin a été transformé par le sulfate ferreux en ferrocyanure :

$$6.KCy + SO^4Fe = SO^4K^2 + FeCy^6K^4;$$

le ferrocyanure a donné le bleu de Prusse insoluble avec le sulfate ferrique; mais en outre le carbonate alcalin ou l'alcali libre a donné un précipité *rouille d'hydrate ferrique*, qu'il a fallu dissoudre par l'acide chlorhydrique, pour observer le bleu de Prusse.

7° Réactions des *cyanures de mercure ou d'argent* : ils dégagent du cyanogène quand on les chauffe, on observe un dépôt gris de mercure au-dessus de la matière qui brunit par formation de paracyanogène. — Mis en suspension dans l'eau, ils se transforment par l'acide sulfhydrique en un dépôt noir de sulfure, et le liquide contient de l'acide cyanhydrique libre facile à reconnaître.

V. — Usages des cyanures.

1° Du *cyanure de potassium* KCy : dans l'*extraction de l'or* qu'il dissout;

Dans la *dorure* et l'*argenture* galvaniques, pour constituer les bains de dorure et d'argenture;

Dans l'*analyse chimique* pour réduire l'acide stannique, l'anhydride antimonique, ou même l'orpiment, qu'on fond avec le cyanure et qui donnent l'*étain*, l'*antimoine* ou l'*arsenic libres*. — Le cyanure de potassium chauffé avec des traces d'*acide azotique* ou d'*azotates*, ou de *chlorates*, donne lieu à une violente détonation;

2° Du *ferrocyanure de potassium* pour *préparer* le cyanure de potassium, le bleu de Prusse, l'acide cyanhydrique, l'oxyde de carbone.

Il sert aussi comme réactif indicateur du chlore libre en *chlorométrie* : la couleur jaune pâle de sa dissolution se fonce et passe au rouge brun par suite de la formation de *ferricyanure*, que l'on prépare en faisant passer un courant de chlore dans la dissolution de ferrocyanure jusqu'à ce qu'un essai du liquide ne précipite plus les sels ferriques en bleu de Prusse :

$$2.FeCy^6K^4 + Cl^2 = 2KCl + (FeCy^6)^2K^6.$$

TRENTE-DEUXIÈME LEÇON

Le silicium et ses composés.

SILICIUM

Masse atomique Si = 28.

C'est une *poudre amorphe* de couleur *brune*, *fusible* vers 1200° sous une couche de chlorure de sodium sec qui empêchera l'oxydation; et formant alors des *globules* prenant une structure cristalline par le refroidissement. Il diffère donc du carbone par sa fusibilité; mais il est *fixe* comme le carbone : si on observe sa *volatilisation apparente* quand on le chauffe vers 1300° dans un courant de gaz fluorure de silicium SiF^4 ou de vapeur de tétrachlorure $SiCl^4$, avec dépôt de silicium cristallisé en une région déterminée du tube si le courant gazeux est assez lent, ceci tient à une action chimique. — Le silicium est soluble dans le *zinc* ou l'*aluminium* fondus : ces métaux chauffés vers 1000° le laisseront cristalliser par le refroidissement.

Le silicium cristallise en *octaèdres réguliers* comme le diamant; ces octaèdres sont associés pour former des *aiguilles noires brillantes* de silicium *cristallisé*; d'autres fois, ils sont modifiés par de larges facettes pour former des *lames gris de plomb* ressemblant à du graphite, et constituant alors le silicium *graphitoïde*. — Le silicium cristallisé est *moins dur* que le diamant, *moins dense* que le diamant, et il est *fusible* vers 1200° comme le silicium amorphe.

I. — Propriétés chimiques du silicium.

Il est sans action sur l'hydrogène, le phosphore ou l'arsenic; il réagit en général sur les métaux chauffés; il est en général sans action sur les acides, mais décompose les alcalis et les carbonates alcalins par la chaleur.

1° Il se combine directement avec les *corps halogènes*, différence avec le carbone sur lequel le fluor agit seul et encore dans certaines conditions :

Il y a *combustion à froid* du silicium dans le gaz *fluor* avec formation de gaz fluorure de silicium SiF^4, absorbable par l'acide fluorhydrique HF pour donner l'acide hydrofluosilicique SiF^6H^2; cette combustion du silicium *cristallisé* est *caractéristique du gaz fluor*;

Il y a combinaison directe du silicium avec le *chlore*, la vapeur de *brome* ou la vapeur d'*iode*, quand le silicium est *chauffé* dans un tube de verre où passe un courant de ces corps à l'état gazeux; il y a formation de vapeurs de chlorure de silicium $SiCl^4$, liquide incolore, ou de *bromure* $SiBr^4$ *liquide incolore*, ou d'*iodure* SiI^4 *solide incolore*, qui sont décomposables par l'eau avec dépôt de silice gélatineuse, SiO^2 hydraté :

$$SiBr^4 + 2H^2O = SiO^2\downarrow + 4HBr;$$
$$SiI^4 + 2H^2O = SiO^2\downarrow + 4HI.$$

2° Le silicium brûle avec un grand éclat quand on le chauffe *à 400°* dans un courant d'*oxygène*, pour donner de l'anhydride silicique ou *silice* SiO^2, poudre blanche *fixe*, dont la présence empêche la combustion d'être complète;

Et le silicium réduit le *gaz carbonique* CO^2 à l'état de gaz oxyde de carbone CO à température élevée.

3° Il se combine directement *au rouge* avec la vapeur de *soufre* pour donner le *sulfure de silicium* SiS^2, corps *cristallisé incolore*, décomposable par l'eau :

$$SiS^2 + 2H^2O = SiO^2\downarrow + 2H^2S\uparrow.$$

4° Il se combine directement *au rouge vif* avec l'*azote* pour donner l'azoture de silicium Si^3Az^4, poudre blanche amorphe.

5° Il se combine encore directement au *carbone* à la température de l'arc électrique pour donner le *carbure de silicium* SiC en lames hexagonales incolores et très dures.

Enfin il se combine directement à haute température avec le *bore* pour donner B^3Si et B^6Si cristallisés.

On peut donc remarquer qu'il y a *combinaison directe* du silicium avec les métalloïdes en général, mais *avec une facilité décroissante* depuis le fluor jusqu'au carbone.

6° Le silicium est retenu par certains métaux chauffés, tels que les *métaux alcalins*, ou le *fer* avec lequel il forme le *ferrosilicium*; la fonte ne renferme pas de silicium libre comme elle contient du graphite; le silicium y est à l'état de *siliciure de fer* $SiFe^2$ très soluble dans le fer, et alors facilement attaquable par les acides.

Le silicium forme des combinaisons cristallisées de formule générale SiM''^2, avec le *magnésium*, avec le *cuivre* qui donne le cuprosilicium ou *bronze de silicium* [le bronze est un alliage de cuivre et d'étain analogue au silicium]; avec le *platine*, dont le siliciure est très fusible. — Tandis que le silicium se dissout simplement dans le *zinc* ou l'*aluminium* fondus.

7° Le silicium est *sans action à froid* sur les *acides*, et en général sur les mélanges d'acides; pourtant il est attaqué à froid dans un vase de platine avec dégagement de gaz fluorure de silicium par le *mélange acide azotique-acide fluorhydrique*, qui agit donc comme source de fluor, ce que l'on peut expliquer par la réaction :

$$HF + AzO^3H = AzO^2 + H^2O + F,$$

analogue à l'une des réactions de l'eau régale.

Mais le silicium est attaqué au *rouge sombre* par les *gaz chlorhydrique*, *bromhydrique*, et *iodhydrique*, avec mise en liberté d'hydrogène et formation de *composés halogénés* SiM'^4 et de *composés* $SiHM'^3$ *analogues au chloroforme* :

$$Si + 4HCl = 2H^2 \uparrow + SiCl^4 \curvearrowright,$$
$$Si + 3HCl = H^2 \uparrow + SiHCl^3 \curvearrowright;$$

les produits condensés sont en général des *liquides incolores*, sauf les composés iodés, et on les sépare par *distillation fractionnée*. — Aux composés halogénés SiM'^4 répondrait l'*acide silicique normal* $Si(OH)^4$ qui est *inconnu*, mais dont on connaît l'éther éthylique le *silicate d'éthyle* $Si(OC^2H^5)^4$, et quelques sels comme le silicate de zinc SiO^4Zn^2. — Tandis qu'aux composés $SiHM'^3$ se rapporte l'*acide siliciformique* $SiH(OH)^3$ ou $H.SiO^2H,H^2O$, *inconnu* aussi, mais dont on connaît encore l'éther éthylique le *siliciformiate d'éthyle* $SiH(OC^2H^5)^3$. — Ces éthers peuvent s'obtenir par un procédé général de préparation qui consiste à traiter le corps halogéné, SiM'^4 ou $SiHM'^3$, par la solution alcoolique de sodium qui contient l'alcool sodé C^2H^5ONa :

$$SiCl^4 + 4.C^2H^5ONa = 4NaCl + Si(OC^2H^5)^4;$$
$$SiHCl^3 + 3.C^2H^5ONa = 3NaCl + SiH(OC^2H^5)^3.$$

8° Le silicium est attaqué par les *solutions alcalines chaudes* avec dégagement d'hydrogène et formation de silicate; nous admettrons la formation d'un sel dérivant de l'*acide métasilicique* SiO^3H^2, par analogie avec l'acide carbonique CO^3H^2 :

$$Si + 2KOH + H^2O = SiO^3K^2 + 2H^2 \uparrow.$$

Enfin le silicium est dissous au *rouge vif* par le *carbonate de sodium* fondu, avec formation de silicate et *déplacement du carbone par le silicium* :

$$Si + CO^3Na^2 = SiO^3Na^2 + C.$$

II. — Préparations diverses du silicium.

On *prépare* le silicium en réduisant à température plus ou moins élevée, au moyen des *métaux*, le fluosilicate de potassium SiF^6K^2, la vapeur de chlorure de silicium $SiCl^4$, ou la silice SiO^2. Si le métal *ne dissout pas* le silicium, on obtient du silicium *amorphe*. Si le métal *dissout* le silicium, comme le font le zinc et l'aluminium, et que la température soit assez élevée, on obtiendra le silicium *cristallisé*.

1° *Berzelius* découvrit le silicium *amorphe* en chauffant dans un tube de verre du *fluosilicate de potassium* avec du *potassium* :

$$SiF^6K^2 + 4K = Si + 6KF.$$

2° Il s'en produit encore quand on fait passer un courant de vapeur de *chlorure de silicium* sur du *sodium* contenu dans une nacelle en porcelaine et chauffé dans un tube de verre :

$$SiCl^4 + 4Na = Si + 4.NaCl;$$

3° Et aussi quand on chauffe dans un creuset en terre un mélange de *sodium* et de *verre pilé*, qui agit par la silice qu'il contient :

$$3.SiO^2 + 4Na = 2.SiO^3Na^2 + Si.$$

4° *Deville* a rendue pratique la *préparation du silicium amorphe impur* en utilisant l'action réductrice du sodium sur le fluosilicate de potassium :

$$SiF^6K^2 + 4Na = Si + 2KF + 4NaF;$$

il faudra un *excès de sodium* afin qu'il ne reste pas de fluosilicate insoluble, que l'on ne pourrait séparer du silicium. — On projetait dans un creuset en terre porté *au rouge* le mélange de fluosilicate en poudre et de sodium en menus morceaux, et on recouvrait immédiatement de *chlorure de sodium* sec en poudre pour protéger le sodium et le silicium contre l'oxydation. Il se formait une masse *brune* que l'on traitait par l'*eau froide*, pour détruire l'excès de sodium :

$$H^2O + Na = H\uparrow + NaOH,$$

en évitant l'action de la soude formée sur le silicium. On *décan-*

tait, et on traitait le résidu solide par l'eau *bouillante* pour achever de dissoudre les fluorures et chlorure alcalins. On *recueillait* sur un filtre, et on *séchait à froid* sur des briques poreuses le silicium amorphe restant. — Mais le silicium amorphe ainsi préparé retenait du sodium.

5° On prépare actuellement le *silicium amorphe pur*, en chauffant *à 540°* un mélange de *silice* avec du *magnésium* en poudre et *un peu de magnésie* MgO pour modérer la réduction, ou en chauffant *à 800°* un mélange de silice et d'*aluminium* en poudre. On traite le produit de la réaction par l'*acide chlorhydrique* qui dissout l'excès du métal réducteur, puis par l'*acide sulfurique* qui achève de dissoudre les oxydes métalliques formés, enfin par l'*acide fluorhydrique* qui enlève la silice non attaquée. On lave à l'eau et on sèche.

6° On obtient le silicium *graphitoïde*, en chauffant vers *1000°* le mélange de *fluosilicate* de potassium avec un *excès d'aluminium* en poudre qui agit comme réducteur puis comme dissolvant; on laisse refroidir *lentement*, et on traite le culot d'aluminium par l'*acide chlorhydrique* qui dissout le métal, et les lamelles de silicium par l'*acide fluorhydrique* qui enlève un peu de silice formée.

7° Il s'en produit encore quand on fait passer de la vapeur de *chlorure* de silicium sur de l'*aluminium* au *rouge blanc*.

8° On prépare le silicium *cristallisé en aiguilles* par le procédé de Deville en ajoutant du *zinc* en grenaille au mélange de fluosilicate et de sodium projeté dans le creuset rougi, recouvrant le mélange avec du fluosilicate et *fermant* le creuset : une vive réaction se produit qui amène la fusion du mélange; on *ouvre* alors le creuset, et on *agite* avec une tige de fer pour mettre le silicium libre au contact du zinc fondu. On *chauffe* alors fortement le creuset jusqu'à ce que la vapeur de zinc commence à s'échapper en donnant des fumées blanches d'oxyde de zinc, et on laisse refroidir *lentement*. Il suffit de traiter le culot de zinc par l'*acide chlorhydrique* qui dissout le zinc, puis le résidu par l'*acide azotique* qui dissout le plomb apporté par le zinc impur, et *après lavage à l'eau* par l'*acide fluorhydrique* qui enlève un peu de silice formée.

9° Enfin on obtient plus facilement le silicium cristallisé au *four électrique* en réduisant le *fluosilicate* de potassium ou la *silice* par l'*aluminium* ou le *zinc*.

On a essayé des bâtons de silicium pur aggloméré, enveloppés de tubes de verre vides d'air, pour le *chauffage électrique*, la résistance spécifique du silicium étant 13000 fois celle du charbon.

SILICIURE D'HYDROGÈNE, SiH^4

C'est un *gaz incolore*, *assez difficile à liquéfier* car son point critique est voisin de 0°, *insoluble* dans l'eau.

Il est *décomposé* par la chaleur en passant dans un tube chauffé, et avec formation d'un *anneau* noirâtre de silicium *non volatil* (l'anneau brun d'arsenic est volatil, l'anneau noir d'antimoine est moins volatil). — Il est décomposé complètement au rouge sombre en présence du *cuivre* qui retient le silicium.

Il est décomposé violemment par le *chlore* ou le *brome*, comme le phosphure ou l'arséniure d'hydrogène, ou encore par les *perchlorures* de phosphore, d'antimoine, ou d'étain.

Il brûle quand on l'enflamme à l'*air* en donnant des fumées blanches de silice. Il s'*enflamme spontanément* quand il est chauffé *à 100°* au contact de l'air, comme le phosphure gazeux pur d'hydrogène. Il s'enflamme spontanément *à froid* quand on le mélange avec de l'*oxygène* et qu'on vient à *diminuer la pression* du mélange, ou ce qui revient au même à *diluer* le mélange dans un autre gaz, par un phénomène que l'on peut rapprocher de l'oxydation du phosphore par l'oxygène à froid; on verra tout à l'heure une autre explication de l'inflammabilité spontanée. — Alors le siliciure d'hydrogène est un *réducteur énergique* des dissolutions des *sels d'or*, d'*argent*, de *cuivre*, comme les phosphure ou arséniure d'hydrogène, sans avoir cependant d'action sur le chlorure platinique.

Enfin il est décomposé par les *alcalis concentrés* avec formation d'un volume quadruple d'hydrogène pur :

$$SiH^4 + 2KOH + H^2O = SiO^3K^2 + 4H^2 \uparrow$$

I. — Formation et préparations du siliciure d'hydrogène :

1° En *petites quantités*, en même temps que de l'hydrogène et des carbures d'hydrogène, dans l'action des *acides* chlorhydrique ou sulfurique *étendus* sur le *fer* qui contient toujours des carbure et siliciure de fer :

$$SiFe^2 + 4HCl = 2FeCl^2 + SiH^4\uparrow;$$

d'où la *purification de l'hydrogène* par le cuivre chauffé ou la potasse qui détruisent le siliciure d'hydrogène.

2° On *prépare* un *gaz spontanément inflammable à froid*, à cause de la présence d'hydrogène libre, par l'action de l'acide chlorhydrique étendu sur le *siliciure de magnésium*, obtenu en ajoutant du chlorure de magnésium à la préparation du silicium amorphe de Deville :

$$SiF^6K^2 + 2MgCl^2 + 8Na = SiMg^2 + 2KF + 4NaF + 4NaCl;$$

on introduit le mélange obtenu, qui contient forcément du *magnésium libre* :

$$MgCl^2 + 2Na = Mg + 2NaCl,$$

dans un flacon à 2 tubulures presque complètement rempli d'*eau bouillie*, on verse un peu d'acide chlorhydrique par le tube à entonnoir, et on recueille le gaz sur une cuve à eau bouillie :

$$SiMg^2 + 4HCl = 2MgCl^2 + SiH^4\uparrow,$$
$$Mg + 2HCl = MgCl^2 + H^2\uparrow.$$

Or si on fait passer le gaz impur ainsi obtenu dans un tube refroidi par l'*air liquide*, il se condense un solide blanc d'où, par distillation fractionnée, en laissant réchauffer, on peut retirer un *liquide spontanément inflammable à l'air*, comme le phosphure d'hydrogène liquide : il existe donc un *siliciure liquide* dont la vapeur donne l'inflammabilité spontanée à froid à un gaz combustible, comme le siliciure gazeux d'hydrogène ou l'hydrogène. — L'*hydrure liquide* de silicium *bout* à 52°, cristallise à la température de l'air liquide et *fond* à — 138°. Sa vapeur est décomposée par une série d'étincelles en hydrogène et en *silicium amorphe de couleur jaune* ayant un grand pouvoir réducteur à froid. La *formule* du siliciure liquide est Si^2H^6, répondant à celle de l'éthane.

3° Enfin on prépare le siliciure gazeux *pur* en *chauffant* doucement du *sodium*, qui ne semble pas entrer en réaction, avec l'*éther siliciformique* qui laisse de l'éther silicique :

$$4.SiH(OC^2H^5)^3 = 3.Si(OC^2H^5)^4 + SiH^4\uparrow.$$

II. — Composition du siliciure d'hydrogène.

1° On détermine la composition *en masses* en faisant passer *très lentement* du siliciure d'hydrogène pur dans un tube de verre contenant de la tournure de *cuivre*, préalablement *taré* et chauffé, à la suite duquel se trouve un *tube à oxyde cuivrique chauffé* où l'hydrogène passera à l'état de vapeur d'eau qui sera absorbée dans des *tubes à ponce sulfurique tarés* : l'augmentation de masse m du tube de cuivre donnera la *masse de silicium* retenu par le cuivre; l'augmentation de masse m' des tubes à ponce sulfurique donnera la *masse* $\frac{m'}{9}$ *d'hydrogène* : on trouve que ces masses sont entre elles comme 28gr et 4gr, d'où la formule *la plus simple* SiH^4 que l'on *vérifie* être la *formule moléculaire* par la densité de vapeur : $28^{gr},8 \times d = 28 + 4$.

2° On *vérifie* aussi cette formule moléculaire par l'action de la potasse concentrée sur *2 volumes du gaz pur*, qui donnent *8 volumes d'hydrogène pur* : or il n'a pu se former que du silicate de potassium contenant de l'anhydride silicique de formule connue SiO^2; la formation de SiO^2 aux dépens de SiH^4 a exigé la décomposition de 2 molécules d'eau $2H^2O$ avec libération de 4 volumes d'hydrogène; donc les *4 volumes d'hydrogène* en plus viennent du siliciure d'hydrogène avec l'*atome de silicium* de l'anhydride silicique : d'où encore la *formule moléculaire* SiH^4, analogue à celle du méthane CH^4.

CHLORURES DE SILICIUM

On en connaît 2 : le *chlorure* $SiCl^4$, *liquide incolore, fumant* à l'air, ayant pour *masse spécifique* 1gr,52, *bouillant* à 59°, ayant pour *densité de vapeur* 5,94 et *décomposé par l'eau* en donnant un dépôt de silice gélatineuse :

$$SiCl^4 + 2H^2O = SiO^2\downarrow + 4HCl;$$

Puis le *sous-chlorure de silicium* Si^2Cl^6, *liquide incolore*, ayant pour masse spécifique 1gr,58, *bouillant* à une température très différente 146°, ayant pour *densité de vapeur* 9,7, et décomposé par *l'eau* pour donner un corps *solide blanc*, appelé *acide silicioxalique*, par analogie de composition avec l'acide oxalique, et bien qu'il n'ait pas la fonction acide; on peut le regarder comme un *sesquioxyde de silicium hydraté* :

$$Si^2Cl^6 + 4H^2O = Si^2O^4H^2 \downarrow + 6.HCl.$$

On connaît aussi le *silicichloroforme* $SiHCl^3$, *liquide incolore*, *fumant* à l'air, ayant pour masse spécifique 1gr,65, *bouillant* à 42°, et décomposé par l'*eau* en donnant un *solide blanc*, que l'on appelle *anhydride siliciformique* $Si^2O^3H^2$, dérivant de l'acide siliciformique inconnu $SiH(OH)^3$

$$2.SiH(OH)^3 - 3H^2O = Si^2O^3H^2.$$

Ce corps n'a pas non plus la fonction acide; on peut le regarder comme un *protoxyde de silicium hydraté* $2SiO,H^2O$, dont la formation s'écrit :

$$2.SiHCl^3 + 3.H^2O = Si^2O^3H^2 \downarrow + 6.HCl.$$

— L'acide silicioxalique et l'anhydride siliciformique décomposent l'eau en présence de la *potasse* avec dégagement d'hydrogène :

$$Si^2O^4H^2 + 4KOH = 2.SiO^3K^2 + 2.H^2O + H^2 \uparrow;$$
$$Si^2O^3H^2 + 4KOH = 2.SiO^3K^2 + H^2O + 2H^2 \uparrow.$$

Ce sont des *réducteurs*, décolorant rapidement le *permanganate*, comme l'acide oxalique ou l'acide formique.

Enfin on connaît un grand nombre d'*oxychlorures de silicium*, dont *le plus simple* est l'oxychlorure Si^2OCl^6, *liquide incolore*, *fumant* et décomposé par l'*eau* :

$$Si^2OCl^6 + 3H^2O = 2.SiO^2 \downarrow + 6HCl.$$

I. — Modes de formation des composés chlorés du silicium.

1° Il y a formation de chlorure de silicium $SiCl^4$ quand on fait passer un courant de *chlore sec* sur du *silicium chauffé* dans un tube de verre, en relation avec un récipient refroidi où le liquide se condense.

2° Encore, avec en même temps formation de silichloroforme $SiHCl^3$, quand on fait passer un courant de *gaz chlorhydrique* sur du silicium au *rouge sombre*, en condensant les produits formés dans un tube *fortement* refroidi à cause de leur dilution dans l'hydrogène libre :

$$Si + 4HCl = 2H^2\uparrow + SiCl^4\curvearrowright,$$
$$Si + 3HCl = H^2\uparrow + SiHCl^3\curvearrowright;$$

on sépare les 2 produits par distillation fractionnée pour *obtenir le silichloroforme* dont c'est la préparation.

3° On *prépare* habituellement le *chlorure de silicium* en faisant passer un courant de *chlore sec* sur un mélange intime d'*anhydride silicique* et de *charbon* chauffé *au rouge* :

$$SiO^2 + 2Cl^2 + 2C = 2CO\uparrow + SiCl^4\curvearrowright.$$

— Pour cela on forme une pâte homogène avec de la silice *gélatineuse* séchée, du *noir de fumée* et un peu d'*huile*; on *calcine* cette pâte au rouge sombre pour décomposer l'huile qui donne un résidu de charbon. On introduit les fragments du mélange dans une cornue en grès tubulée qu'on chauffe au rouge, et par la tubulure de laquelle arrive au moyen d'un tube en porcelaine le courant de chlore sec; on condense dans un tube en Y entouré d'un *mélange réfrigérant*, et on recueille dans un flacon refroidi. — Le liquide a une légère teinte *jaune* due à un excès de *chlore*, et à un peu de *chlorure ferrique* Fe^2Cl^6 provenant de l'attaque du grès par le chlore. On le *purifie* en le mettant en contact prolongé dans un tube scellé avec du *mercure* qui retient le chlore libre, et en *distillant* pour le séparer des chlorures de mercure et de fer.

4° Quand on fait passer un courant de la vapeur du chlorure $SiCl^4$ dans un tube de *porcelaine* vernissée au *rouge vif*, il y a échange de chlore Cl^2 du chlorure avec l'oxygène O des silicates de la couverte de la porcelaine, et *formation d'un peu de l'oxychlorure liquide* Si^2OCl^6 qui a été ainsi découvert.

Et quand on fait passer un *mélange de vapeur du chlorure* $SiCl^4$ et *d'oxygène* dans un tube de porcelaine *chauffé*, ou ce qui revient au même si l'on fait passer le *mélange de chlore et d'oxygène sur du silicium chauffé* vers 1200°, il y a *formation des divers oxychlorures de silicium* que l'on peut condenser pour les séparer par *distillation fractionnée.*

5° Enfin si l'on fait passer un courant *rapide* de *vapeur du chlorure* $SiCl^4$ sur du *silicium fondu* vers 1300° dans un tube de *porcelaine*, on peut condenser un mélange du chlorure inaltéré, avec un peu de l'oxychlorure Si^2OCl^6, et du *sous-chlorure de silicium* Si^2Cl^6 que l'on séparera par distillation fractionnée, et dont c'est la *préparation* :

$$3SiCl^4 + Si \rightleftharpoons 2.Si^2Cl^6.$$

— Tandis que si le courant de vapeur du chlorure était *lent*, il y aurait *volatilisation apparente* du silicium fondu, avec cristallisation en une région *déterminée* du tube, et sans que le chlorure ait semblé éprouver d'altération.

C'est qu'il y a *dissociation de la vapeur du sous-chlorure* chauffée en vase clos, par une réaction inverse de sa formation, et avec dépôt de silicium, *jusqu'à ce qu'il y ait un rapport défini* $\frac{m'}{M}$ entre la *masse m' de sous-chlorure non décomposé* et la *masse totale M de sous-chlorure* soumise à l'action d'une *température déterminée* : la dissociation est encore *très faible à 440°*; elle *croît d'abord rapidement* avec la température jusque vers 800°, de manière à devenir *presque complète* à cette température où m' passe par une valeur minimum; le rapport $\frac{m'}{M}$ *croît* alors *à partir de 800°* quand la température continue à croître, puisqu'il y a formation de sous-chlorure au-dessus de 1200°, si le courant de chlorure sur le silicium est rapide, ce qui évite la dissociation lente aux points du tube à 800°. — La dissociation de la vapeur du sous-chlorure de silicium a offert le 1er *exemple d'un maximum de dissociation*, que l'on admet aussi pour le *sous-fluorure* Si^2F^6, et que l'on a retrouvé depuis sur les *gaz sélénhydrique* H^2Se et *tellurhydrique* H^2Te, et si l'on veut sur l'*ozone* O^3.

II. — Composition du chlorure de silicium, masse atomique du silicium, et composition de l'anhydride silicique.

Pour déterminer la composition du chlorure de silicium, on utilise sa *décomposition par l'eau* en présence d'*acide azotique*, pour que la silice reste dissoute et ne puisse être précipitée par l'azotate d'argent : on remplit une ampoule *tarée* avec le liquide, on la scelle à la lampe, et on détermine son augmentation de masse M, qui est la *masse de chlorure employé*. On introduit l'ampoule dans un grand flacon à l'émeri contenant de l'eau pure acidulée par l'acide azotique, on agite pour briser l'ampoule, produire la décomposition d'après :

$$SiCl^4 + 2H^2O = SiO^2 + 4HCl,$$

et dissoudre complètement l'acide chlorhydrique formé. On ouvre alors le flacon, et on y verse un *excès* de dissolution d'azotate d'argent pour précipiter tout le chlore : le silicate d'argent étant soluble dans l'acide azotique ne peut se former. On recueille le chlorure d'argent, on le lave, on le sèche à l'abri de la lumière, et on détermine sa masse, d'où l'on déduit la *masse m de chlore* qu'il contient et qui provient de la masse M du chlore employé. — Or le chlorure de silicium ne peut contenir *que du chlore et du silicium* puisque c'est un produit de synthèse directe; et il a été *décomposé complètement* par l'eau, car la distillation du produit de son action sur l'eau donne comme résidu de la silice, identique au produit que donneraient les bromure, iodure et sulfure de silicium, ou la combustion du silicium chauffé par l'oxygène. Donc la masse m de chlore était unie à la *masse M-m de silicium* dans la masse M du chlorure : on trouve des nombres entre eux comme 35,5 et 7. Or la masse moléculaire du chlorure est $28^{gr},8 \times d = 35^{gr},5 \times 4 + 28^{gr}$: la *formule moléculaire* doit donc contenir *4 atomes de chlore*. — On a choisi la formule *la plus simple* $SiCl^4$, ce qui définit la *masse atomique du silicium* $Si = 28^{gr}$.

Et comme la décomposition du chlorure par l'eau donne uniquement de l'acide chlorhydrique HCl que l'on peut recueillir pur par distillation, et de la silice ne pouvant renfermer que du silicium et de l'oxygène, la formule

$$SiCl^4 + 2H^2O = 4HCl + SiO^2$$

est *nécessaire*; et elle fixe la *composition* SiO^2 *de la silice*, que l'on ne pouvait déterminer par combustion toujours incomplète d'une masse connue de silicium par l'oxygène. — On *vérifie* le résultat par l'augmentation de masse de silicium chauffé avec de l'acide azotique en excès, après évaporation à sec et calcination.

FLUORURES DE SILICIUM

On en connait 2 : le *fluorure* SiF^4, *gaz incolore*, *fumant* à l'air, à *odeur* suffocante, ayant pour *densité* 3,574, liquéfiable et solidifiable vers — 100°, décomposé par l'*eau* en silice gélatineuse et acide hydrofluosilicique :

$$3SiF^4 + 2H^2O = SiO^2\downarrow + 2SiF^6H^2,$$

enfin absorbé par l'*acide fluorhydrique concentré* pour donner l'acide hydrofluosilicique ;

Puis le *sous-fluorure*, matière *solide blanche*, à laquelle on attribue la formule Si^2F^6 par analogie avec le sous-chlorure.

I. — Modes de formation et préparation des fluorures de silicium.

Il y a formation du fluorure SiF^4 :

1° Dans la combustion du *silicium* à froid par le *fluor* ;

2° Dans l'action sur la *silice* de l'*acide fluorhydrique concentré* afin que l'eau ne produise pas de décomposition :

$$SiO^2 + 4.HF = 2H^2O + SiF^4\uparrow;$$

3° Et on *prépare* le fluorure en chauffant *légèrement* dans un ballon en verre un mélange de silice, sous forme de *sable fin* ou de verre pilé, avec de la *fluorine en poudre*, et un *excès* d'acide sulfurique *concentré*, qui retiendra l'eau formée :

$$SiO^2 + 2.CaF^2 + 2SO^4H^2 = 2.SO^4Ca + 2H^2O + SiF^4\uparrow;$$

On *recueille* sur le mercure dans des éprouvettes en verre.

4° Si l'on fait passer un courant de gaz fluorure de silicium sur du *silicium fondu* vers 1300°, il y a encore *volatilisation apparente* du silicium qui se dépose en une région *déterminée* du tube, ce que l'on explique par la *formation de sous-fluorure* au rouge blanc, suivie de sa décomposition au rouge sombre d'après la réaction inverse :

$$3.SiF^4 + Si \rightleftarrows 2.Si^2F^6;$$

et en effet si l'on fait passer un courant *rapide* de gaz fluorure sur le silicium fondu dans l'*appareil chaud et froid*, on observe un dépôt blanc de sous-fluorure sur le tube froid. — Et il se produit le même dépôt blanc sur des *électrodes de silicium* entre lesquelles on produit une *série d'étincelles* dans une *atmosphère de gaz fluorure*.

5° Enfin si l'on fait passer du gaz fluorure SiF^4 sur des *oxydes métalliques chauffés*, il y a formation de fluorures métalliques et de silicates cristallisés, ce qui est un mode général de *reproduction artificielle des silicates* naturels cristallisés.

La *composition du fluorure* se déduira de celle des fluosilicates,

ACIDE HYDROFLUOSILICIQUE, SiF^6H^2

On le connaît soit *à l'état de dissolution*, soit à l'état d'*hydrates cristallisés* : $SiF^6H^2,2H^2O$, *fumant* à l'air, et *fondant* à 19°; puis $SiF^6H^2,4H^2O$.

I. — Production et préparations de l'acide hydrofluosilicique.

1° On prépare la *solution concentrée industrielle* en faisant passer un courant de gaz fluorure SiF^4 dans de l'acide fluorhydrique *concentré* et *refroidi*.

Si l'acide fluorhydrique était *très* concentré, comme HF,H^2O, il y aurait *formation du 1er hydrate* hydrofluosilicique. Tandis que si l'acide fluorhydrique a seulement la concentration de son hydrate stable $HF,2H^2O$, c'est le 2e hydrate hydrofluosilicique qui se forme.

2° On prépare dans les laboratoires la *solution étendue*, par la décomposition du gaz fluorure SiF^4 arrivant dans de l'eau : on montre la réaction, soit en faisant arriver le gaz dans du *mercure sec* surmonté d'une couche d'eau, soit en le faisant arriver directement dans l'eau mais alors par un *tube très large* pour éviter son obstruction par le dépôt de silice gélatineuse. — Il est plus facile dans la *préparation* de l'acide hydrofluosilicique de chauffer le mélange de sable, de fluorine et d'acide sulfurique dans une cornue dont le col vient déboucher à quelques centimètres au-dessus de la surface de l'eau d'un ballon. Il suffit après l'opération de *filtrer* la masse gélatineuse, et d'*évaporer* le liquide jusqu'à apparition de fumées blanches

Si l'on concentre dans un vase de platine, il y a en effet *décomposition* de l'acide hydrofluosilicique par la chaleur quand la concentration est assez grande, et d'après la réaction inverse de la préparation industrielle :

$$SiF^6H^2 \rightleftarrows 2HF \uparrow + SiF^4 \uparrow,$$

d'où les fumées observées.

Si l'on chauffait dans un vase de verre dont la silice serait attaquée, ou si on chauffait avec du *sable*, il y aurait encore décomposition mais d'après la réaction inverse de la production des laboratoires :

$$2.SiF^6H^2 + SiO^2 \rightleftarrows 2H^2O + 3SiF^4 \uparrow.$$

II. — Propriétés des fluosilicates.

La solution d'acide hydrofluosilicique est *fortement acide*; elle *dissout* en général les *oxydes* métalliques, car les *fluosilicates* sont *en général solubles* : pourtant les fluosilicates de *potassium* SiF^6K^2 et de *baryum* SiF^6Ba sont insolubles, ce que l'on applique dans la *purification de l'acide fluorhydrique* qui contient toujours de l'acide hydrofluosilicique provenant de la silice de la fluorine, et dans la *préparation de l'acide chlorique* à partir du chlorate de potassium.

L'acide hydrofluosilicique et les fluosilicates solubles se reconnaissent aux *caractères* suivants :

1° Par l'*azotate de baryum*, précipité *blanc*; tandis que par l'*azotate de plomb*, rien;

2° Par un *sel soluble de potassium*, précipité *gélatineux transparent* de fluosilicate de potassium.

3° Si un *fluosilicate solide* est chauffé dans un vase de *platine* avec de l'acide sulfurique, il y a dégagement d'un mélange gazeux *fumant*, attaquant le *verre* à cause du gaz fluorhydrique, et donnant un précipité gélatineux dans l'*eau* à cause du gaz fluorure SiF^4, ces 2 gaz provenant de la décomposition de l'acide hydrofluosilicique libéré.

Les fluosilicates solubles d'*aluminium* ou de *zinc*, obtenus par l'action de l'acide sur l'oxyde ou le métal, sont employés pour *durcir* superficiellement les calcaires tendres usités comme matériaux de construction.

III. — Composition de l'acide hydrofluosilicique et du fluorure de silicium.

Les fluosilicates sont *isomorphes des fluostannates* du même métal ; or la formule des fluostannates est bien connue, car la masse atomique de l'étain est très nettement déterminée par plusieurs procédés qui donnent des résultats bien concordants. La *formule des fluosilicates* doit donc être la même que celle des fluostannates correspondants. On trouve ainsi que la formule d'un fluosilicate de métal monovalent est $SiF^4,2M'F$; et que par suite la *formule à attribuer à l'acide hydrofluosilicique* est $SiF^4,2HF$ ou SiF^6H^2. Alors comme cet acide se forme par union directe du gaz fluorure de silicium avec l'acide fluorhydrique HF, la *formule du fluorure de silicium* est SiF^4. — On *vérifie* cette composition en constatant que $28^{gr},8 \times d$ est bien égal à $28^{gr} + 19^{gr} \times 4$.

ANHYDRIDE SILICIQUE OU SILICE, SiO^2, ET ACIDES SILICIQUES

On ne connaît pas l'acide silicique *normal* $Si(OH)^4$ ou $SiO^2,2H^2O$, pas plus que l'on ne connaît l'acide carbonique ; on ne connaît que les *éthers* de l'acide normal et *quelques sels*.

Mais on sait préparer l'*acide métasilicique* SiO^3H^2 ou SiO^2,H^2O, analogue à l'acide carbonique, et qui est une *masse dure transparente* obtenue en abandonnant à l'air *humide* le silicate d'éthyle qui se saponifie :

$$Si(OC^2H^5)^4 + 3H^2O = 4.C^2H^5OH + SiO^3H^2.$$

A l'acide métasilicique se rattachent *quelques silicates* comme les silicates de magnésium SiO^3Mg ou de calcium SiO^3Ca.

Mais la plupart des silicates dérivent d'*acides siliciques condensés*, formés par union de 2 ou 3 molécules des acides siliciques précédents avec soustraction de 1 ou 2 molécules d'eau ; ainsi un grand nombre de silicates se rattachent à des *acides disiliciques* :

$$2SiO^4H^4 - H^2O = Si^2O^7H^6,$$

ou

$$2SiO^3H^2 - H^2O = Si^2O^5H^2 ;$$

D'autres répondent à des *acides trisiliciques* :

$$3SiO^4H^4 - 2H^2O = Si^3O^{10}H^8,$$

ou

$$3SiO^3H^2 - 2H^2O = Si^3O^7H^2, \text{ etc.}$$

Le seul composé oxygéné important du silicium est l'*anhydride silicique* SiO^2, qui est *très abondant*, soit *libre* sous divers états, soit *combiné* avec l'eau, soit surtout combiné avec les oxydes alcalins ou les oxydes métalliques.

I. — États divers sous lesquels on rencontre la silice.

1° Elle existe à l'état *libre* dans le *sol*, soit à l'état de *silice amorphe*, soit *cristallisée* sous plusieurs formes incompatibles dont 2 sont importantes :

Le *quartz*, incolore et transparent sous le nom de *cristal de roche*, souvent opaque et à colorations diverses comme l'*agate*; le quartz est cristallisé en *prismes hexagonaux* terminés par des *pyramides* hexagonales, présentant des *facettes hémiédriques* et des *stries* perpendiculaires aux arêtes du prisme; on emploie le quartz transparent en *optique*, en particulier pour l'étude du spectre chimique; il est *très dur*, ce qui le fait utiliser dans la construction des *balances de précision*, la fabrication des *mortiers et des pilons*; il a pour *masse spécifique* $2^{gr},6$;

Puis la *tridymite*, beaucoup plus *rare* que le quartz, obtenue d'abord *artificiellement* dans les laboratoires; elle est cristallisée en *lamelles hexagonales*; sa *masse spécifique* est plus faible, $2^{gr},3$.

2° La silice se trouve *mélangée* à l'alumine Al^2O^3, ou à l'oxyde ferrique Fe^2O^3, dans les *pierres siliceuses, dures, inattaquables par les acides* ordinaires ou par le *chlore* d'où leur emploi dans certains appareils industriels; les principales roches siliceuses sont la *pierre meulière* employée dans les constructions car elle n'est pas gélive, le *silex* ou pierre à fusil, le *sable quartzeux* qui est la forme usuelle de la silice, le *grès naturel* employé pour les meules à aiguiser.

3° La silice est *dissoute* : en *petites* quantités dans les *eaux courantes* à cause de l'acide carbonique de l'eau de pluie, et elle peut alors pénétrer dans les tiges *des graminées* qui lui doivent leur rigidité, et dans les *os* des animaux; en *grandes* quantités dans les eaux des *geysers* d'Islande d'où elle se dépose.

4° La silice est *combinée avec l'eau* dans certaines pierres comme l'*opale* à reflets irisés, ou l'*hydrophane* transparente dans l'eau seulement, et qui sont analogues à l'acide métasilicique.

5° La silice est surtout *combinée aux oxydes* :

Dans la plupart des *roches cristallines*, qui contiennent des cristaux de *feldspath* et de *mica*; l'*amiante*, qui est un silicate de magnésium en cristaux fibreux et soyeux faciles à séparer, servant de matière filtrante inattaquable;

A l'état de silicate d'aluminium dans l'*argile* qui provient de la désagrégation des feldspaths, et qui est la base de toutes les *poteries* : *porcelaine*, *grès cérame*, *terre réfractaire*, etc;

Dans les *verres*, comme le *verre à vitres* à tranche verdâtre qui est un silicate double de sodium et de calcium; le *verre de Bohême* employé en chimie, et le *crown*, incolores et qui sont des silicates doubles de potassium et de calcium de faible masse spécifique; enfin le *cristal* employé pour la verrerie de luxe, le *flint*, le *strass* employé pour l'imitation des pierres précieuses, beaucoup plus denses, et qui sont des silicates doubles de potassium et de plomb; l'*émail* est aussi un verre à base de plomb rendu opaque par des oxydes d'étain;

Enfin dans les *silicates alcalins du commerce* obtenus en chauffant au *rouge vif* dans un creuset en terre un mélange de sable et de carbonate alcalin :

$$SiO^2 + CO^3Na^2 = SiO^3Na^2 + CO^2\uparrow;$$

il y a alors déplacement de l'anhydride carbonique par l'anhydride silicique fixe; en réalité, il y aurait formation de *trisilicate disodique* $Si^3O^7Na^2$ ou $3SiO^2,Na^2O$. Par *pulvérisation* et longue *ébullition* avec l'eau, il y a dissolution du produit, appelé alors *verre soluble*, ou un *liquide épais*, appelé quelquefois *liqueur des cailloux*, et qui est la forme *industrielle* du silicate alcalin; en réalité, on observe un dépôt de silice SiO^2 dans la dissolution et la concentration, et le liquide contiendrait un *disilicate disodique* $Si^2O^5Na^2$ ou $2SiO^2,Na^2O$.

II. — Préparations de la silice et propriétés physiques.

1° En versant de l'acide chlorhydrique ou de l'acide sulfurique dans une *solution de silicate alcalin*, en agitant, il y a formation d'un volumineux précipité de *silice gélatineuse* qu'il suffit de *laver* et de *sécher* :

$$SiO^3Na^2 + 2HCl = SiO^2\downarrow + 2NaCl;$$

si la dessiccation a lieu *à froid* dans le vide, la silice répond à la composition $3SiO^2,2H^2O$; si la dessiccation est produite à la *température 120°*, la composition est $3SiO^2,H^2O$ ou $Si^3O^7H^2$, l'un des acides trisiliciques indiqués ; enfin si l'on élève la température *au rouge*, on obtient la *silice calcinée* ou *anhydride silicique* SiO^2, *poudre blanche*, de *masse spécifique* 2gr,2, tout à fait analogue à la silice amorphe naturelle.

2° On prépare la *silice pure*, soit en décomposant le *chlorure de silicium* $SiCl^4$ par l'eau, soit plutôt en chauffant du *sable* avec de l'acide hydrofluosilicique, et en faisant arriver le gaz fluorure SiF^4 qui se dégage dans de l'eau pure, ce qui donne un précipité de silice pure avec régénération de l'acide hydrofluosilicique par la réaction inverse :

$$SiO^2 + 2SiF^6H^2 = 2H^2O + 3SiF^4\uparrow;$$

il suffira de concentrer l'acide hydrofluosilicique pour qu'il puisse servir de nouveau. La silice précipitée est *pure*, car les impuretés du sable n'ont pas pu prendre l'état gazeux comme le silicium sous l'état de fluorure.

3° Pour la *reproduction artificielle de la silice cristallisée*, on indiquera seulement les procédés par *voie sèche* reposant sur la solubilité *vers 1000°* de la silice amorphe dans les *métaphosphates* alcalins ou le tungstate de sodium :

La tridymite a été découverte par la fusion vers 1000° de la silice amorphe avec le *sel de phosphore* $PO^4HNaAzH^4$ qui donne du métaphosphate de sodium ;

$$PO^4HNaAzH^4 = H^2O\uparrow + AzH^3\uparrow + PO^3Na;$$

la perle au sel phosphore chauffée vers 600° seulement ne dissoudrait pas la silice ;

On peut remplacer le sel de phosphore dans la reproduction de la tridymite par le *phosphate acide de potassium* :

$$PO^4H^2K = H^2O\uparrow + PO^3K.$$

Si l'on emploie du *tungstate de sodium*, qui peut dissoudre la silice à température plus basse, en opérant encore *à 1000°* on obtient toujours la tridymite; mais si la température est seulement 700°, la silice cristallise alors sous forme de quartz. On retrouve l'influence de la température sur la forme cristalline.

4° En fondant la silice au *chalumeau oxhydrique* on obtient le *quartz fondu* sous forme d'un *verre* de *masse spécifique* 2gr,2 comme la silice amorphe.

La silice amorphe ou cristallisée est *insoluble* dans l'*eau* et les *acides ordinaires*, très lentement *soluble* dans les *alcalis bouillants*. — Tandis que la silice hydratée est *un peu soluble* dans l'*eau*, elle est *soluble* dans les *acides étendus*, même dans une solution étendue d'*acide carbonique* comme l'eau de pluie; et elle se dissout *à froid* dans les *alcalis*.

5° Aussi, on n'observe *pas de précipité* quand on verse la solution étendue de silicate alcalin *dans* l'acide chlorhydrique étendu, qui reste en excès et dissout la silice libérée :

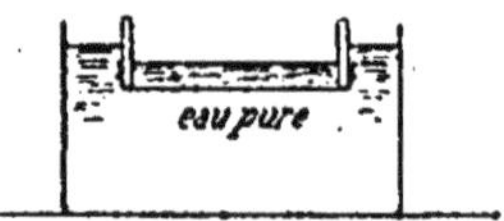

Fig. 167. — Dialyseur.

Alors par *dialyse* du liquide obtenu à travers une membrane dont l'autre face est baignée par de l'eau *pure renouvelée* fréquemment, il y a élimination du chlorure de sodium formé et de l'acide chlorhydrique en excès, corps *cristalloïdes* traversant facilement la membrane pour se diffuser dans l'eau pure; et il reste la *silice pure en dissolution dans l'eau pure*, ou *silice soluble*, corps *colloïde* traversant difficilement les membranes : on peut *concentrer* la silice soluble *par la chaleur* sans la coaguler; mais elle finit par devenir opaline puis trouble au bout de quelques semaines par *transformation spontanée* en silice gélatineuse; la transformation est *immédiate* par le contact de traces de sels comme le carbonate de sodium. — Par la dialyse, on obtiendrait de même des solutions aqueuses d'alumine, d'hydrate ferrique, ou d'hydrate stannique.

III. — Propriétés chimiques de la silice.

Elle est sans action sur les métalloïdes en général, sauf le *carbone* et le *bore*; elle est réduite à température élevée par *quelques métaux*; mais elle est décomposée en présence du *charbon* par un *assez grand nombre d'éléments* pouvant prendre le silicium.

1° Elle est réduite par le *charbon* à la température de l'*arc électrique* avec formation de carbure de silicium SiC ou *carborundum* dont c'est la préparation industrielle :

$$SiO^2 + 3C = SiC + 2CO\uparrow;$$

On obtient ainsi des *lamelles* hexagonales *incolores très dures*, remplaçant l'émeri, qui est de l'alumine naturelle en grains très durs aussi.

2° La silice est réduite aussi à température très élevée par le *bore*.

3° La réduction de la silice s'effectue à la température du *rouge* quand sur un mélange de silice et de *charbon* on fait passer un courant de *chlore*, ou de *vapeur de brome*, ou de *vapeur de soufre* ou de *sulfure de carbone*, ou encore d'*azote* ; il y a formation de chlorure de silicium liquide $SiCl^4$, ou de *bromure de silicium* $SiBr^4$ *liquide* :

$$SiO^2 + 2C + 2Br^2 = 2CO\uparrow + SiBr^4 \quad ;$$

ou de *sulfure de silicium* SiS^2 en *cristaux incolores* :

$$SiO^2 + 2C + 2S = 2CO\uparrow + SiS^2,$$
$$SiO^2 + C + CS^2 = 2CO\uparrow + SiS^2;$$

ou enfin d'*azoture de silicium* Si^2Az^2 *poudre blanche* :

$$2SiO^2 + 4C + 3Az = 4CO\uparrow + Si^2Az^2.$$

4° La silice est réduite encore à température élevée par le *potassium* ou le *sodium*, à 540° par le *magnésium*, à 800°, par l'*aluminium*, ce que l'on utilise pour la production du silicium.

5° Elle est réduite, mais seulement en présence du *charbon* et à température très élevée, par le *fer*, le *cuivre*, le *platine*, qui retiennent le silicium :

On prépare le *ferrosilicium* dans les *hauts fourneaux* où l'on traite un mélange de *minerai de fer*, de silice et de charbon ; comme le minerai de fer apporte en général un peu de silice, la *fonte de fer* contient du silicium à l'état de siliciure de fer SiF^2, en même temps que du carbone libre ou à l'état de carbure de fer. On emploie le ferrosilicium pour transformer la *fonte blanche* ne renfermant guère que du carbone combiné en *fonte grise* propre au moulage et où le carbone est surtout libre : le silicium a *déplacé le carbone* des carbures de fer. Actuellement on prépare au *four électrique* du ferrosilicium plus riche en silicium, et que l'on ajoute aux aciers fondus pour pouvoir obtenir plus facilement des *aciers sans soufflures* ;

En traitant au four électrique un mélange de silice, de charbon et de *cuivre*, on obtient le *cuprosilicium* ou *bronze de silicium*, qui allié au cuivre donnera le *cuivre silicié* plus conducteur et plus tenace que le cuivre, d'où son emploi dans les circuits téléphoniques ;

Enfin dans l'analyse chimique, on a toujours soin de ne pas chauffer de silicates en présence de charbon dans des vases en *platine*, car au rouge vif il y aurait formation de siliciure de platine $SiPt^2$ très fusible, et le vase de platine serait hors d'usage.

6° La silice est sans action sur les acides ordinaires, mais elle est attaquée par l'*acide fluorhydrique*, ce que l'on utilise dans l'*analyse des silicates* et dans la gravure sur verre.

Elle est attaquée aussi par l'*acide hydrofluosilicique concentré* quand on *chauffe*, d'où la préparation de la silice pure.

A cause de sa fixité, elle *déplace les autres anhydrides* dans leurs *sels* au *rouge vif*, comme dans son action sur le *carbonate de sodium* ou sur le *phosphate tricalcique*.

7° La silice se combine avec les *alcalis bouillants* ou *fondus*, et en général avec les *oxydes métalliques*, pour donner des silicates fusibles : c'est ainsi que dans la *soudure autogène du fer* on saupoudre les surfaces au rouge vif avec du sable qui scorifie les oxydes, de sorte qu'il suffit de marteler pour produire la soudure des surfaces propres de fer.

IV. — Propriétés des silicates.

Les silicates *alcalins* sont *seuls solubles*, d'où les *caractères des dissolutions* de silicates alcalins :

1° Par l'*acide chlorhydrique*, en agitant, précipité *gélatineux blanc* soluble dans les alcalis. — Si la solution de silicate était par *trop étendue*, il n'y aurait pas de précipité, mais en évaporant alors à sec, et en calcinant, on aurait un résidu blanc contenant de la silice calcinée et par suite insoluble dans les acides ;

2° Par l'*acide sulfhydrique*, rien ;

3° Par l'*azotate de baryum*, précipité *blanc* ;

4° Par l'*azotate d'argent*, précipité *blanc* de silicate d'argent, soluble dans l'acide azotique.

La *silice* ou les *silicates insolubles* se reconnaissent aux *caractères* suivants :

1° Par *fusion* avec du *carbonate de sodium sec*, il y a formation de silicate de sodium soluble facile à reconnaître; de plus, dans le cas de *silice libre*, on peut lors de la fusion observer un dégagement de *gaz carbonique*;

2° Dans la *perle de phosphore*, il y a dissolution des oxydes basiques des silicates, mais il reste un *squelette de silice* conservant la forme du très petit fragment de silice ou de silicate ainsi traité, car la température du bec Bunsen où l'on a formé la perle est insuffisante pour que la silice se dissolve dans le métaphosphate de sodium;

3° Enfin en chauffant dans un vase de *platine* le mélange de la matière en poudre avec du *fluorure de calcium pur* et de l'*acide sulfurique*, il y a dégagement d'un *gaz fumant*, qui est du fluorure de silicium, lequel au contact d'une *goutte d'eau* présentée par une baguette de verre donne un *dépôt gélatineux* blanc.

TRENTE-TROISIÈME LEÇON

Le bore et ses composés.

BORE

Masse atomique B = 11.

C'est une *poudre amorphe* de couleur *marron*, *infusible*, *insoluble* dans tous les dissolvants.

I. — Propriétés chimiques du bore pur.

Il est sans action sur les derniers termes des familles des métalloïdes en général, et sur l'hydrogène; il se combine directement aux autres *métalloïdes* avec une facilité décroissante : c'est un *réducteur énergique*; il n'agit que sur *quelques métaux*, comme le magnésium, avec lequel il forme le borure B^2Mg^3.

1° Le bore est *sans action sur l'hydrogène*; aussi c'est de l'hydrogène qui sera libéré dans les actions du bore sur les composés hydrogénés, ou dans l'action de l'acide chlorhydrique sur le borure de magnésium. Pourtant on admet l'existence d'*un peu d'hydrure de bore* dans l'hydrogène dégagé par cette dernière réaction, car ce gaz a alors une *odeur* désagréable, il donne un léger dépôt de bore par son passage dans un tube *au rouge*, il brûle avec une *flamme verte*, il donne un précipité *brun* dans l'*azotate d'argent*, et il perd toutes ces propriétés par agitation avec la potasse ou avec le mercure.

En traitant le borure de magnésium par l'acide chlorhydrique *concentré*, dans le *vide*, le gaz qui se dégage donne par refroidissement des *cristaux blancs*, qui par la chaleur fondent et donnent un *hydrure de bore* B^3H^3, *gaz*, à *odeur* forte, ayant pour *densité* 1,34, décomposé par l'*étincelle* avec dépôt de bore et augmentation de volume dans le rapport 2 à 3, brûlant avec une *flamme verte* brillante, et se composant en majeure partie de l'hydrure B^3H^3 relativement stable avec un peu d'un autre hydrure très instable. — Le gaz dégagé est un mélange d'hydrogène avec un autre gaz condensable à la température de l'air liquide et qui serait l'*hydrure* BH^3. — Le résidu par la chaleur dégage beaucoup de gaz hydrogène et renferme les *hydrures solides* de bore.

2° Le bore brûle à froid dans le *fluor*, vers 400° dans le gaz *chlore*, au rouge dans la *vapeur de brome*, avec formation de gaz fluorure de bore BF^3, de vapeur de chlorure de bore BCl^3, ou de vapeur de *bromure de bore* BBr^3, qui est un *liquide incolore* décomposé par l'*eau* :

$$BBr^3 + 3H^2O = BO^3H^3 + 3HBr;$$

mais le bore est *sans action sur l'iode*.

Il décompose au rouge sombre le *gaz fluorhydrique*, au rouge vif les *gaz chlorhydrique* ou *bromhydrique*, avec mise en liberté d'hydrogène; mais il est *sans action sur le gaz iodhydrique*.

Enfin il *réduit* les *chlorures métalliques* : le chlorure *platinique* et le chlorure d'*or*, à froid; les chlorures d'*argent*, de *mercure*, de *plomb*, si on chauffe; il y a alors mise en liberté du métal. Il réduit encore le chlorure *ferrique* Fe^2Cl^6, qui est ramené à l'état de chlorure ferreux $FeCl^2$. Mais il est sans *action sur les iodures*.

3° Le bore brûle au rouge dans l'*oxygène* ou l'*air*, ou dans la *vapeur de soufre*, avec formation d'*anhydride borique* B^2O^3

fusible qui empêche la combustion d'être complète, ou de *sulfure de bore* B^2S^3 en *cristaux* incolores décomposés par l'*eau* :

$$B^2S^3 + 6H^2O = 2.BO^3H^3 + 3H^2S\uparrow.$$

Il décompose au rouge la *vapeur d'eau*, ou le *gaz sulfhydrique*, en mettant l'hydrogène en liberté.

C'est un *réducteur très énergique* des composés oxygénés ou sulfurés : il brûle au contact du *chlorate de potassium* fondu, ou de l'*acide azotique* bouillant. Il réduit l'*acide sulfurique* chauffé avec dégagement de *gaz sulfureux*, qui serait lui-même décomposé au rouge vif. Il réduit l'*anhydride phosphorique* au rouge vif avec dégagement de vapeur de phosphore, l'*anhydride arsénieux* chauffé avec condensation d'un anneau d'arsenic. Il réduit les *oxydes métalliques* chauffés, comme le charbon, mais plus facilement : la réduction des oxydes *de cuivre, de plomb, ou d'étain,* se produit dès que l'on chauffe. Le bore est un *réducteur plus énergique que le carbone*, car il réduit au rouge le *gaz carbonique* et le gaz *oxyde de carbone* avec mise en liberté de charbon; et il réduit encore la *silice* avec mise en liberté de silicium.

Il réduit à froid l'*azotate d'argent* dont le métal est précipité, et le *permanganate* de potassium qui se décolore.

Enfin il réduit le *sulfure de plomb* chauffé :

$$3PbS + 2B = 3Pb + B^2S^3.$$

4° Le bore, qui est *sans action sur le phosphore, l'arsenic ou l'antimoine*, se combine au rouge blanc avec l'*azote* pour donner l'*azoture de bore* BAz, *poudre blanche amorphe*, inattaquable par l'eau, les acides ou les solutions alcalines; décomposé par fusion avec la *potasse* avec dégagement de gaz ammoniac facile à doser :

$$BAz + KOH + H^2O = BO^2K + AzH^3\uparrow,$$

d'où la composition de l'azoture de bore; décomposé aussi par fusion avec le *carbonate de potassium et le charbon*, avec production de cyanure de potassium séparable par l'alcool :

$$BAz + CO^3K^2 + C = BO^2K + KCAz + CO\uparrow.$$

Le bore décompose au rouge le *gaz ammoniac*, avec mise en liberté d'hydrogène.

Il décompose encore au rouge le *protoxyde d'azote*, et au rouge vif le *bioxyde d'azote*, en s'emparant de leurs deux éléments :

$$8B + 3Az^2O = B^2O^3 + 6BAz;$$
$$5B + 3AzO = B^2O^3 + 3BAz.$$

5° Le bore se combine directement au *carbone* à la température de l'arc électrique pour donner le *carbure de bore* B^6C en petits *cristaux noirs*.

Il se combine aussi au *silicium* à haute température pour donner B^3Si et B^6Si cristallisés.

6° Enfin il se combine directement avec quelques métaux seulement : les *métaux alcalins* et le *fer* qui retiennent le bore, le *magnésium* avec lequel il forme le borure B^2Mg^3, l'*aluminium* avec lequel il donne les borures B^2Al et $B^{12}Al$.

En *résumé*, le bore se combine directement mais avec une facilité décroissante avec les 1ers termes des familles des métalloïdes; il n'a pas d'action sur les derniers, l'iode, le phosphore et l'arsenic, non plus que sur l'hydrogène.

II. — Préparations du bore.

On réduit l'anhydride borique B^2O^3 par les métaux chauffés : potassium, sodium ou magnésium.

1° Préparation du *bore impur* par le *procédé de Deville et Wöhler*; on utilise comme réducteur le sodium :

$$2.B^2O^3 + 3.Na = 3.BO^2Na + B.$$

Dans un *creuset en fer* porté *au rouge*, on projetait un mélange d'anhydride borique en poudre et de sodium en petits morceaux, et on recouvrait de *chlorure de sodium sec en poudre* facilement fusible pour protéger le sodium et le bore contre l'oxydation par l'air. Il se produisait aussitôt une *vive réaction*, après laquelle on *agitait* la masse fondue avec une tige de fer avant de la *couler* dans l'*eau acidulée* par l'acide chlorhydrique, qui dissolvait le borate formé et le chlorure de sodium. — On *recueillait* le bore sur un filtre; et on *lavait*, d'abord avec de l'eau acidulée, puis avec de l'eau pure, jusqu'à ce que la poudre très fine de bore commençât à passer à travers le filtre. — On desséchait *à froid* sur des plaques poreuses, en *évitant* l'exposition au *soleil*, car il y a combustion spontanée possible du bore impur sec légèrement chauffé.

Le bore impur est donc *très altérable*; il peut contenir jusqu'à 0,5 d'*impuretés* : des borures de sodium et de fer, du borure d'azote, et aussi de l'acide borique BO^3H^3 formé par oxydation spontanée pendant la dessiccation.

2° Préparation du *bore à peu près pur* par le *procédé de M. Moissan*, en utilisant le *magnésium* comme réducteur, un *creuset en terre* pour éviter les borures de sodium et de fer, et en opérant très rapidement pour éviter la formation de borure d'azote.

Dans un fourneau chauffé d'abord au *rouge vif*, on introduit un creuset en terre contenant le mélange d'un *grand excès* d'anhydride borique avec de la limaille de magnésium; il y a production de *bore* :

$$4.B^2O^3 + 3.Mg = 3.(BO^2)^2Mg + 2B;$$

mais il y a aussi formation de *borure de magnésium* B^2Mg^3, d'*un peu d'azoture de bore* BAz, et d'un dépôt noir de *charbon* autour de la masse, à cause de la réduction des gaz carbonique et oxyde de carbone du foyer qui ont traversé la terre du creuset :

$$2B + 3CO = B^2O^3 + 3.C.$$

— Après refroidissement, pour éviter la présence du charbon, on prend seulement la *partie centrale* de la masse, et on la fait bouillir avec de l'*acide chlorhydrique* étendu puis avec de l'acide concentré pour dissoudre l'excès d'anhydride borique et décomposer partiellement le borate et le borure formés; on lave alors avec de la *potasse alcoolique bouillante* pour dissoudre *un peu de silicium* provenant de la terre du creuset; puis avec de l'*acide fluorhydrique* qui enlève les traces de composés du silicium empruntés au creuset; on termine par un lavage à l'*eau* et une dessiccation dans le *vide sec*.

Ce bore renferme encore comme *impuretés* : le *borure* B^2Mg^3 difficilement attaquable, et le *borure d'azote* inaltéré. — On *purifie* le bore par calcination avec de l'anhydride borique qui détruit le borure de magnésium :

$$B^2Mg^3 + 4B^2O^3 = 3.(BO^2)^2Mg + 4.B;$$

et on recommence le traitement par voie humide, comme tout à l'heure. — Il ne reste comme impureté qu'un peu de borure d'azote.

Pour obtenir du *bore pur*, il faut éviter la production de borure d'azote, en opérant les calcinations, soit dans une atmosphère d'hydrogène, ce qui est difficile à réaliser, soit dans un creuset entouré d'une brasque d'oxyde de titane TiO^2 et de charbon, qui absorbe l'azote.

3° Préparation de *cristaux renfermant du bore*, en opérant la réduction de l'anhydride borique au rouge blanc par l'*aluminium* dans un *creuset en charbon* de cornue, et laissant refroidir *lentement*, on obtient d'*abord* une production de bore libre :

$$B^2O^3 + 2Al = Al^2O^3 + 2B\,;$$

mais il y a *combinaison* du bore avec l'aluminium resté libre et avec le carbone du creuset. — Or on ne peut opérer à cette température dans un creuset en terre qui fondrait au contact de l'anhydride borique fondu, ni dans un creuset en fer qui fondrait aussi, mais par le contact de l'aluminium fondu ; la *production du bore cristallisé* paraît donc *impossible* pour le moment.

On traite le *culot* d'aluminium restant par la *soude concentrée*, qui dissout le métal, l'alumine Al^2O^3 et l'anhydride borique B^2O^3 ; puis on lave le résidu avec divers dissolvants, l'acide chlorhydrique, l'acide azotique *froid*, l'acide fluorhydrique ; et on constate qu'il reste *4 sortes de cristaux* :

Un *1er borure d'aluminium*, B^2Al, en *lamelles* hexagonales *jaunes*, surtout si l'action de la chaleur a été peu prolongée ;

Un *2e borure d'aluminium*, $B^{12}Al$, en *lames noires*, si l'action de la chaleur a été très prolongée. Les 2 borures d'aluminium sont lentement *solubles* dans l'*acide azotique bouillant* ;

Le *carbure de bore*, B^6C, en petits *cristaux noirs inattaquables* par l'acide azotique bouillant ;

Enfin le *borocarbure d'aluminium* $[3B^{12}Al, 2B^6C]$, en petits *octaèdres quadratiques, jaune brun*, transparents, attaqués *partiellement* par l'acide azotique bouillant, et que Deville avait pris pour le bore cristallisé.

Tous ces cristaux sont *très durs*, mais moins que le diamant. Ils *gonflent* à température élevée avant de brûler, comme le diamant. Mais ils sont *attaqués par le chlore* au rouge, lequel laisse le carbone inaltéré.

CHLORURE DE BORE, BCl^3

C'est un *liquide incolore, fumant* à l'air, ayant pour masse spécifique 1gr,39, *bouillant* à 18°, ayant pour *densité de vapeur* 4,065.

Il est décomposé par l'*eau* :

$$BCl^3 + 3H^2O = BO^3H^3 + 3HCl$$

Avec le *gaz iodhydrique*, il donne par double décomposition l'*iodure de bore* BI^3 :

$$BCl^3 + 3HI = 3HCl + BI^3;$$

Ce corps est constitué par des *cristaux incolores* décomposés par l'eau :

$$BI^3 + 3H^2O = BO^3H^3 + 3HI.$$

I. — Composition du chlorure de bore, masse atomique du bore et composition de l'anhydride borique.

Le chlorure de bore ne peut contenir *que du bore et du chlore*, puisque c'est un produit de synthèse directe. On détermine sa composition en utilisant son *action sur l'eau*, laquelle ne donne que de l'*acide chlorhydrique pur* que l'on peut séparer par distillation, et de l'acide ou de l'*anhydride borique* identique au produit obtenu dans l'action de l'eau sur le bromure BBr^3, l'iodure BI^3 ou le sulfure B^2S^3, ou au produit de la combustion du bore par l'oxygène; de sorte que la *décomposition* du chlorure de bore par l'eau est *complète*.

On remplit une ampoule tarée avec le liquide, on la ferme à la lampe, et on détermine son augmentation de masse M, qui est la *masse du chlorure de bore* employé. On introduit l'ampoule dans un grand flacon à l'émeri contenant *beaucoup d'eau* pure; on agite pour briser l'ampoule, produire la décomposition complète, et dissoudre complètement l'acide chlorhydrique formé. On ouvre alors le flacon, et on y verse un excès de dissolution d'azotate d'argent pour précipiter tout le chlore à l'état de chlorure d'argent :

$$HCl + AzO^3Ag = AgCl + AzO^3H;$$

l'acide borique reste dissous, car le borate d'argent est soluble dans l'acide azotique formé. On recueille le chlorure d'argent, on le lave, on le sèche, à l'abri de la lumière, et on détermine sa masse μ, d'où l'on déduit la *masse de chlore m* qui y est contenue, et qui est la masse de chlore du liquide employé. — Il y avait donc *m* de chlore et M — *m de bore*; on trouve que ces nombres sont entre eux comme $35^{gr},5$ à $\frac{11^{gr}}{3}$. Or la masse moléculaire du chlorure de bore $d \times 28^{gr},8 = 11^{gr} + 35^{gr},5 \times 3$: la *formule moléculaire* doit donc contenir Cl^3. — On choisit la formule *la plus simple* BCl^3, ce qui fixe la *masse atomique du bore* $B = 11^{gr}$.

La formule $2BCl^3 + 3H^2O = B^2O^3 + 6HCl$, pour exprimer la réaction *complète* de l'eau sur le chlorure de bore, est nécessaire. Ce qui détermine la *composition de l'anhydride borique* : B^2O^3. — On ne peut guère déterminer cette composition par l'augmentation de masse d'une masse connue de bore chauffée dans l'oxygène à cause de l'oxydation incomplète, ni par l'oxydation d'une masse connue de bore par l'acide azotique en excès, car le bore employé est rarement pur.

II. — Modes de formation, et préparation du chlorure de bore.

1° Par combustion du *bore* dans le *chlore* vers 400°;

2° Dans la décomposition du *gaz chlorhydrique* au rouge vif par le *bore*;

3° Quand on chauffe l'*anhydride borique* avec le *pentachlorure de phosphore* :

$$B^2O^3 + 3PCl^5 = 3.POCl^3 \nearrow + 2.BCl^3 \nearrow ;$$

4° Quand on fait passer un courant de *chlore sec* sur un mélange d'*anhydride borique* et de *charbon* chauffé au rouge vif dans un tube de porcelaine :

$$B^2O^3 + 3C + 3Cl^2 = 2.BCl^3 \nearrow + 3CO \nearrow ;$$

mais alors *on ne peut condenser* la vapeur de chlorure de bore à cause de sa dilution dans $\frac{3}{2}$ fois son volume de gaz oxyde de carbone.

5° Aussi pour *préparer* le chlorure de bore, on fait passer un courant de chlore *sec* sur du *bore* chauffé dans un tube de verre, en condensant dans un tube en Y entouré d'un *mélange réfrigérant*, et dont la tubulure inférieure est en relation avec un flacon *fortement* refroidi. — On *purifie* le liquide jaunâtre obtenu de l'*excès de chlore* qu'il contient, en le maintenant dans un tube scellé en contact prolongé avec du *mercure*, et en *distillant*.

FLUORURE DE BORE, BF^3

C'est un *gaz incolore, fumant* à l'air, ayant pour *densité* 2,314, *très avide d'eau* qui en absorbe *800* fois son volume en le décomposant :

Si l'on fait passer un courant du gaz dans de l'eau, il y a formation d'acide borique BO^3H^3 et d'acide hydrofluoborique BF^4H :

$$4.BF^3 + 3H^2O = BO^3H^3 + 3.BF^4H;$$

l'acide borique peu soluble sature bientôt l'eau et se dépose (comme la silice gélatineuse dans l'action de l'eau sur le fluorure de silicium); mais la solution d'acide hydrofluoborique se concentrant dissout bientôt l'acide borique précipité (différence avec la silice insoluble dans l'acide hydrofluosilicique à froid).

Par les *alcalis* ou les *alcalino-terreux*, le gaz fluorure de bore donnerait un mélange de borate et de fluoborate.

On *admet* la *composition* BF^3 par analogie avec la composition du chlorure de bore; et on la *vérifie* en remarquant que la masse moléculaire $d \times 28^{gr},8 = 11^{gr} + 19^{gr} \times 3$.

I. — Caractères du gaz fluorure de bore.

1° Il est absorbé par la *potasse*, et par la *chaux éteinte*.

2° Il est *incolore, fumant* à l'air, et *très avide d'eau*; il *carbonise* rapidement le *papier*, qui est un hydrate de carbone, en lui enlevant les éléments de l'eau.

3° Il donne une *coloration verte* aux *flammes* incolores, d'où l'application de sa formation à la *recherche des fluorures* attaquables par l'acide sulfurique.

II. — Modes de formation, et préparation du fluorure de bore.

1° Dans la combustion du *bore* à froid dans le *fluor*;

2° Dans la décomposition du *gaz fluorhydrique* au rouge sombre par le *bore*;

3° Dans l'action de l'*acide fluorhydrique concentré* sur l'*anhydride borique* :

$$B^2O^3 + 6HF = 3H^2O + 2BF^3\uparrow.$$

4° On le prépare en chauffant *légèrement* dans un appareil *en platine* un mélange d'*anhydride borique* en poudre et de *fluorine pure* pulvérisée avec de l'*acide sulfurique* concentré *en excès* pour retenir l'eau formée, en *recueillant* sur le mercure :

$$B^2O^3 + 3CaF^2 + 3SO^4H^2 = 3.SO^4Ca + 3H^2O + 2BF^3\uparrow.$$

Si on opère dans un ballon en verre, ou si la fluorine contient de la silice, on recueille un mélange des gaz fluorures de bore et de silicium.

5° Le gaz fluorure de bore avait été découvert dans la calcination au rouge vif du mélange d'*anhydride borique* et *de fluorine* :

$$4.B^2O^3 + 3.CaF^2 = 3.(BO^2)^2Ca + 2.BF^3\uparrow.$$

ACIDE BORIQUE ET ANHYDRIDE BORIQUE

L'acide borique est un corps *solide blanc* cristallisé en *écailles brillantes*, *peu* soluble dans l'eau *froide* (20^{gr} par litre à 0°), *très soluble à l'ébullition* (300^{gr} par litre d'eau); *entraîné* de sa solution bouillante *par la vapeur* d'eau qui se dégage. — Il est soluble dans l'*alcool* et surtout dans l'*esprit de bois*, avec lesquels il forme des éthers. — Il est sans action sur l'hélianthine : c'est un *acide faible*, *déplacé* de ses sels *par les acides forts*, mais *déplaçant* lui-même l'*acide carbonique*.

Il a la composition d'un *acide borique normal* BO^3H^3 ou $B(OH)^3$, ou encore $B^2O^3,3H^2O$. — On ne connaît pas les sels alcalins de cet acide normal, mais on connaît ses éthers, tels que les *borates d'éthyle* $B(OC^2H^5)^3$ ou *de méthyle* $B(OCH^3)^3$.

Le *métaborate de sodium*, $BO^2Na + 4H^2O$, qui est *très soluble*, dérive d'un *acide métaborique* $B\!\!<^{O}_{OH}$, ou B^2O^3,H^2O.

Le *borax*, $B^4O^7Na^2 + 10H^2O$, très *important*, *peu soluble à froid*, est un *tétraborate disodique* dérivant d'un *acide tétraborique bibasique* obtenu par la condensation de 4 molécules d'acide normal avec élimination de 5 molécules d'eau : $4BO^3H^3 - 5H^2O = B^4O^7H^2$; sa formule de constitution serait :

```
B — O — B — O — B — O — B
‖       |       |       ‖
O      OH      OH       O
```

Le *borate de magnésium*, qui est un *tétraborate trimagnésien*, a pour composition $B^4O^9Mg^3$ + *aq*, et il dérive d'un *acide tétraborique hexabasique* formé par la condensation de 4 molécules d'acide normal avec élimination de 3 molécules d'eau : $4BO^3H^3 - 3H^2O = B^4O^9H^6$; sa formule de constitution serait :

```
   B  — O — B — O — B — O —  B
  / \       |       |       / \
OH   OH    OH      OH     OH   OH
```

Le *borate de calcium* est un *octoborate tricalcique* : $B^8O^{15}Ca^3 + 6H^2O$, dérivant d'un acide octoborique hexabasique dont il est facile d'écrire la formule développée.

Les *borates*, comme les silicates, *dérivent* donc en général d'*acides condensés*.

I. — État naturel, extraction, et préparation de l'acide borique.

1° Il existe à l'*état libre* dans les gaz des *soffioni* naturels ou artificiels du sol de la *Toscane*, comme la silice dans l'eau des geysers d'Islande; on va s'expliquer cette présence dans les soffioni :

Le *borate de magnésium* existe dans l'*eau de la mer* et se concentre avec le chlorure de magnésium $MgCl^2$ dans les eaux mères des marais salants; aussi on le retrouve mélangé avec le chlorure de magnésium dans la *boracite*, à un certain étage des mines de Stasfurt; on peut supposer des dépôts de boracite analogues dans le sol de la Toscane. Dans cette hypothèse, les jets de vapeur d'eau bouillante qui constituent la majeure partie des gaz des soffioni ont réagi dans le sol sur le chlorure de magnésium pour donner de l'acide chlorhydrique libre :

$$MgCl^2 + H^2O = MgO + 2HCl;$$

l'acide chlorhydrique a déplacé l'acide borique dans le borate de magnésium; et enfin l'acide borique libre a été entraîné par la vapeur d'eau bouillante.

Le *borax naturel* existe dans les eaux d'un grand nombre de

Fig. 168. — Extraction de l'acide borique : les chaudières *a*, *b*, *c*, *d*, *e*, sont remplacées par la longue nappe de plomb ondulée.

lacs, et il se dépose sur les bords pendant la saison chaude, comme en *Amérique*.

Enfin le *borate de calcium* forme d'abondants dépôts en *Asie Mineure*, où on le rencontre souvent mélangé avec du silicate de calcium.

On retire actuellement l'acide borique des soffioni, et du borate de calcium naturel.

2° Pour l'*extraction* de l'acide borique *des soffioni*, on forme autour des soffioni assez importants de petits bassins en maçonnerie rendue étanche par de l'argile, et appelés *lagoni* ; on amène de l'eau de source dans le bassin le plus élevé, d'où elle s'écoule dans les bassins de plus en plus bas en dissolvant des proportions croissantes d'acide borique : au bout d'*un jour*, l'eau est arrivée dans le bassin inférieur où elle est *presque bouillante* et où elle marque un peu plus de *1° Baumé*; on la laisse alors reposer dans des *réservoirs* afin que les *matières terreuses* en suspension se déposent. On va *concentrer* le liquide clair dans des appareils en *plomb*, chauffés par les soffioni peu importants, à une *température inférieure à 60°*, pour éviter que la vapeur d'eau dégagée n'entraîne l'acide borique : l'évaporation commence par écoulement du liquide sur une très longue *nappe de plomb* ondulée, et s'achève dans une *chaudière* où la concentration atteint *10° Baumé*. Il suffit de laisser refroidir dans des cristallisoirs pour que l'acide se dépose.

3° Pour l'*extraction* à partir du *borate de calcium*, on traite la matière finement pulvérisée par l'acide sulfurique en *quantité calculée* et étendu d'eau : il se dépose du sulfate de calcium, et on obtient une *dissolution* d'acide borique d'où l'on pourrait retirer l'acide par évaporation et cristallisation. — Mais l'acide borique est en général *transformé en borax*.

4° L'acide borique *brut* contient en effet jusqu'à 0,25 *d'impuretés*, et en particulier du *sulfate de calcium*. Pour le *purifier*, on l'ajoute à une solution chaude de *carbonate de sodium* CO^3Na^2 jusqu'à cessation du dégagement de gaz carbonique :

$$CO^3Na^2 + 4.BO^3H^3 = B^4O^7Na^2 + CO^2\uparrow + 6H^2O,$$
$$CO^3Na^2 + SO^4Ca = CO^3Ca\downarrow + SO^4Na^2;$$

on abandonne au *repos* pour laisser déposer les matières insolubles, on *décante* le liquide clair, on le *concentre* par la chaleur, et on l'abandonne dans des cristallisoirs protégés contre le refroidissement rapide : alors, au bout d'un très long temps, un mois par exemple, on obtient un dépôt de *gros cristaux de borax*, qu'il est facile d'obtenir *pur* par cristallisations successives dans l'eau pure.

Autrefois on transformait *directement* le borate de calcium pulvérisé en borax par une solution *concentrée* de carbonate de sodium en quantité calculée et chauffée en *vase clos*; il y avait alors formation de métaborate et de borax :

$$B^6O^{15}Ca^3 + 3.CO^3Na^2 = 3.CO^3Ca\downarrow + 4.BO^2Na + B^4O^7Na^2;$$

alors dans le liquide clair on faisait passer un courant de gaz carbonique pour transformer le métaborate en borax avec dépôt de bicarbonate de sodium :

$$4.BO^2Na + 2.CO^2 + H^2O = B^4O^7Na^2 + 2.CO^3HNa\downarrow;$$

il suffisait de faire cristalliser le borax.

5° Pour *préparer* l'acide borique *pur*, on part du *borax pur* avec lequel on sature de l'eau *chaude*, et on ajoute goutte à goutte de l'*acide chlorhydrique* en agitant jusqu'à ce qu'une goutte du liquide fasse virer l'*hélianthine*, ou jusqu'à ce qu'un papier au *tournesol bleu* trempé dans le liquide vire au rouge clair :

$$B^4O^7Na^2 + 2HCl + 5H^2O = 4.BO^3H^3 + 2NaCl;$$

on *laisse refroidir* pour que l'acide cristallise, on le lave à l'eau *froide*, et on le fait recristalliser dans l'eau pure en laissant refroidir très lentement pour obtenir de belles lamelles.

II. — Préparation, et propriétés de l'anhydride borique

L'acide borique *fond* quand on le chauffe, puis *se boursoufle* en perdant de l'*eau*, ce que l'on utilise dans la préparation de l'oxychlorure de phosphore $POCl^3$ à partir du perchlorure PCl^5; la déshydratation est complète au *rouge sombre* :

$$2.BO^3H^3 = B^2O^3 + 3H^2O\uparrow.$$

L'anhydride borique qui reste est une *matière solide blanche*, *fondant* au rouge en un liquide assez fluide, *volatil* mais lentement au *rouge blanc*, et donnant par refroidissement du liquide un *verre incolore* transparent de masse spécifique 1^{gr},87. — Le verre d'anhydride borique devient bientôt opaque et blanc à l'*air humide*, en absorbant la *vapeur d'eau* pour redonner de petits cristaux de l'acide. L'anhydride borique *en poudre* se combine avec l'*eau* en dégageant beaucoup de chaleur : le mélange à masses égales prend la température 100°.

1° L'anhydride borique est *sans action sur les métalloïdes* isolés; mais si sur un mélange d'anhydride borique et de *charbon* au rouge vif, on fait passer du *chlore*, de la vapeur de *brome*, de la vapeur de *soufre* ou de *sulfure de carbone*, il y a décomposition :

$$B^2O^3 + 3C + 3Cl^2 = 3CO\uparrow + 2BCl^3\curvearrowright \text{ liquide};$$
$$B^2O^3 + 3C + 3Br^2 = 3CO\uparrow + 2.BBr^3\curvearrowright \text{ liquide};$$
$$B^2O^3 + 3C + 3S = 3CO\uparrow + B^2S^3 \text{ cristallisé};$$
$$2.B^2O^3 + 3.C + 3.CS^2 = 6CO\uparrow + 2B^2S^3;$$

et il y aurait encore formation de chlorure de bore dans l'action de la chaleur sur le mélange d'anhydride borique et de *perchlorure de phosphore* par le procédé général de formation des chlorures d'acides :

$$B^2O^3 + 3.PCl^5 = 3.POCl^3\curvearrowright + 2BCl^3\curvearrowright.$$

2° L'anhydride borique est réduit par *quelques métaux* : le *potassium* ou le *sodium* au rouge, le *magnésium* au rouge vif, l'*aluminium* au rouge blanc, d'où les préparations du bore. .

3° Il est *sans action sur les acides*, sauf sur l'*acide fluorhydrique* concentré :

$$B^2O^3 + 6.HF = 3H^2O + 2BF^3\uparrow.$$

Il *déplace* les acides forts *de leurs sels* à haute température, comme le fait la silice, et cela à cause de sa fixité relative.

4° L'anhydride borique *fondu* dissout les *oxydes métalliques*, d'où les applications suivantes :

Formation de divers borates par voie sèche, par fusion avec le même oxyde; c'est ainsi que par fusion avec la *magnésie* MgO, on peut obtenir 4 borates où une molécule B^2O^3 est unie à 1, $\frac{3}{2}$, 2, 3 molécules d'oxyde de magnésium;

Reproduction artificielle des minéraux, dans laquelle on utilise en outre la volatilité de l'anhydride borique à *très haute température* : du *corindon* ou rubis blanc, en partant de l'alumine amorphe Al^2O^3; du *rubis-spinelle*, ou aluminate de magnésium, Al^2O^3,MgO, isomorphe de l'oxyde salin de fer, en partant de l'alumine et de la magnésie; des *oxydes métalliques cristallisés* en général, en faisant agir la *vapeur du fluorure métallique* correspondant;

Dans la *fabrication des bougies*, dont la mèche de coton tressé est imprégnée d'une solution sulfurique d'acide borique; le tressage fera recourber l'extrémité libre de la mèche dans la partie chaude extérieure de la flamme, la combustion sera complète, et l'anhydride borique dissoudra les cendres de la combustion;

Dans la composition des *verres et des émaux*;

Enfin dans la *recherche des métaux par voie sèche*, l'anhydride borique ou le borax prenant une coloration différente suivant la nature du métal du composé métallique avec lequel on le fond, comme l'acide métaphosphorique, les métaphosphates ou le sel de phosphore : une boucle de fil de platine de quelques millimètres de diamètre est chauffée au rouge puis trempée immédiatement dans du borax en poudre qui y adhère; on chauffe ce borax au bec Bunsen pour le déshydrater et le fondre, et il se forme ainsi dans la boucle une *perle transparente et incolore*. Si on touche la perle refroidie avec *une trace* d'un composé métallique, et qu'on fonde de nouveau, il y aura dissolution de l'oxyde métallique dans le borax anhydre fondu, et par refroidissement la perle prendra souvent une *coloration* caractéristique : *bleue* avec les composés du *cobalt*, *rouge violet* avec les composés du *manganèse*, etc.

III. — Caractères de l'acide borique et des borates.

La *dissolution d'acide* borique a une *saveur acide* et elle est très employée comme *antiseptique*; elle fait virer le *tournesol* au rouge vineux. — Mélangée avec de l'*alcool*, elle donne par inflammation une *flamme verte*; la coloration verte de la flamme est due à la présence d'éther borique volatil dans la flamme de l'alcool; elle ne se produirait pas avec la dissolution d'un borate. — Enfin la dissolution d'acide borique donne une *coloration brune* au *papier au curcuma* qui est jaune, et cette coloration devient *rouge brun* par dessiccation *à 100°*, tandis que les solutions alcalines donnent une coloration brun foncé.

Les borates *alcalins* sont *seuls solubles*, et leur dissolution se reconnaît aux *caractères* suivants :

1° *Réaction alcaline* au papier de tournesol rougi;

2° Par l'*acide chlorhydrique*, rien, à moins que la solution ne soit très concentrée, auquel cas il y aurait dépôt blanc d'acide borique peu soluble à froid;

3° Par l'*acide sulfhydrique*, rien;

4° Par l'*azotate de baryum*, précipité *blanc* qui est du borate de Ba soluble dans HCl ou AzO^3H étendu. — Et par l'*azotate de plomb*, précipité *blanc* qui est du borate de plomb.

5° Par l'*azotate d'argent*, il y a formation d'un précipité *blanc* de borate d'argent *si* la *solution* n'est *pas trop étendue*, ou d'un précipité *brun* d'hydrate d'argent si la solution étant trèsétendue le borate alcalin est dissocié par l'eau en acide borique libre et alcali libre : ces précipités sont solubles dans l'acide azotique, ou dans l'ammoniaque ;

6° Par l'*acide sulfurique* et addition d'*alcool* que l'on *enflamme*, ou plus simplement par acide sulfurique et introduction par un fil de platine dans la flamme incolore d'un *bec Bunsen*, coloration *vert jaunâtre* de la flamme visible surtout sur les bords.

7° Enfin l'acide borique ou le borate *solides* par l'*acide sulfurique* et la *fluorine* dégagent un gaz *fumant* qui passant dans la flamme incolore du bec Bunsen lui donne une *coloration verte*.

SUJETS DONNÉS DANS LES CONCOURS LES PLUS RÉCENTS

Concours d'entrée à l'École polytechnique.

1896. — Préparation de l'acide sulfurique par le procédé des chambres de plomb. Théorie et pratique.

1897. — Préparations du phosphure d'hydrogène gazeux; ses analogies avec l'ammoniaque.

1898. — Préparation du cyanogène : son analyse; ses caractères; ses analogies avec le chlore.

1899. — Chlorures d'azote, de phosphore et d'arsenic : indiquer seulement leurs préparations et leurs analogies.

1900. — Méthode de préparation commune au chlore, au brome et à l'iode. — Modes particuliers de préparation du chlore.

1901. — Préparation de l'acide azotique anhydre. — Préparation de l'acide azotique dans les arts. — Purification de l'acide azotique du commerce.

[D'après le langage du programme, il fallait entendre pour la 1re question : préparation de l'anhydride azotique.]

1902. — Préparation du formène CH^4 et de l'éthylène C^2H^4. — Analyse de ces 2 corps. — Indiquer les propriétés qui permettent de les distinguer l'un de l'autre.

Concours général dans la classe de mathématiques spéciales.

[On ne donne ici que les problèmes en les rangeant dans l'ordre où les élèves pourront utilement les résoudre. On a dû modifier certains énoncés pour les faire cadrer avec les notations actuelles. Malgré tout il arrive que les données numériques peuvent conduire à des résultats peu admissibles. Il n'en résulte que peu d'inconvénients, pourvu que les calculs numériques soient faits en une seule fois, à la fin des raisonnements et des opérations.]

I. — Déterminer la chaleur de formation de l'*acide hypochloreux* en solution étendue, à partir du chlore, de l'oxygène et de l'eau, à l'aide des données suivantes : la chaleur de formation de l'eau est 69^c; celle de l'acide chlorhydrique dissous, à partir du chlore, de l'hydrogène et de l'eau en excès, est $39^c,6$; la chaleur de neutralisation de l'acide chlorhydrique en solution étendue est $13^c,7$; celle de l'acide hypochloreux est $9^c,6$; la chaleur dégagée dans la réaction d'une molécule de chlore gazeux sur une solution étendue de potasse est $25^c,4$ (1888).

II. — Un mélange d'oxygène, d'*ozone* et de chlore, occupant V^{cmc} dans les conditions normales de température et de pression est mis en contact avec une solution aqueuse d'anhydride arsénieux jusqu'à ce que la réaction soit terminée. — On ajoute alors au liquide une quantité d'iode juste suffisante pour qu'il n'en reste pas à l'état libre : soit a^{gr} ce poids d'iode. — La liqueur exactement neutralisée donne avec l'azotate d'argent en excès un précipité qui desséché pèse P^{gr}. — Le précipité lavé avec de l'acide azotique étendu est réduit à un poids P'gr. — On demande de déduire de ces données la composition en volumes du mélange gazeux : les inconnues seront exprimées en fonction de V, *a*, P et P', et de constantes numériques, sans effectuer de calcul. — On fera ensuite

$$V^{cmc} = 1500; \; a^{gr} = 2,54; \; P^{gr} = 21,46; \; P'^{gr} = 7,57;$$

et on achèvera le calcul numérique.

$$Ag = 108; \; As = 75; \; I = 127.$$

(1898).

(Pour traiter ce problème à propos de l'ozone, il suffit de savoir que l'arséniate d'argent est tribasique et qu'il est soluble dans l'acide azotique.)

III. — Dans une dissolution très étendue contenant $11^{gr},06$ d'*hyposulfite* de sodium anhydre, on verse peu à peu à froid une solution de $6^{gr},86$ d'acide sulfurique monohydraté. La liqueur est ensuite filtrée. — D'autre part on chauffe avec de l'eau un mélange de $2^{gr},45$ de chlorate de potassium, $2^{gr},54$ d'iode, et 1^{gr} d'acide azotique. Le gaz qui se dégage est dirigé dans la liqueur limpide provenant de la 1re opération. — La liqueur ainsi obtenue est mêlée avec celle qui provient de l'action de l'iode, du chlorate de potassium et de l'acide azotique. Dans cette liqueur finale, on ajoute d'abord un excès de nitrate de baryum; on sépare par filtration le précipité qui s'y forme, et dans la dissolution filtrée on ajoute un excès de nitrate d'argent. — On demande le poids des 2 précipités lavés et séchés.

$$K = 39, \; Na = 23, \; Ba = 137, \; Ag = 108.$$

(1889).

IV. — On fait brûler 100^{kgr} de pyrite de fer dans un excès d'air, et on dirige les gaz obtenus dans une *chambre de plomb* où ils rencontrent de la vapeur d'eau et du bioxyde d'azote. On admet que ce dernier gaz se retrouve à la fin de l'opération. — Les réactions étant terminées, et les produits condensables s'étant déposés, on fait passer 1 litre du gaz restant dans la chambre et débarrassé de bioxyde d'azote à 0° et sous la pression 760^{mm}, dans un excès d'eau de chlore additionné de chlorure de baryum; il se précipite du sulfate de baryum qui lavé et séché pèse $0^{gr},030$. — On demande le volume qu'auraient occupé, à 0° et sous la pression 760^{mm}, les gaz introduits dans la chambre de plomb et leur composition.

$$Ba = 137, \; Fe = 56.$$

(1888).

V. — On fait arriver lentement dans l'eau d'un calorimètre un courant de gaz sulfureux dont le volume à 0° et à 760^{mm} est 4^l,464. Il en résulte un dégagement de chaleur 1^c,66. — Au courant de gaz sulfureux, on fait succéder un courant de chlore correspondant au même volume de gaz. Le calcul calorimétrique donne pour cette 2° phase 14^c,8. — On ajoute maintenant dans le calorimètre une solution de baryte contenant 30^{gr},6 de baryte anhydre. La chaleur dégagée par suite de cette addition est 7^c,36. On demande : 1° quelle est la chaleur de formation de l'*acide sulfurique* dissous à partir du gaz sulfureux, de l'oxygène et de l'eau? 2° quelle est la chaleur dégagée quand on fait passer un courant de gaz sulfureux sur 16^{gr},9 de bioxyde de baryum?

$$\begin{aligned}
H + Cl + aq &= HCl \text{ diss.} + 39^c,4 \\
H^2 + O &= H^2O \text{ liq.} + 69^c \\
BaO + aq &= BaO \text{ diss.} + 28^c \\
BaO + O &= BaO^2 \quad + 12^c,1 \\
S = 32,\ Ba &= 137
\end{aligned}$$

(1899.)

VI. — On fait détoner dans une bombe calorimétrique dont la température initiale est 0°, 2^{gr},27 d'un explosif solide de formule $C^mH^n(AzO^2)^mO^m$. — 1° Quand l'équilibre est établi, on recueille 0^{gr},45 d'eau, et un gaz qui après avoir été traité par la potasse et le pyrogallate alcalin mesure 336^{cmc} à 0° et à 76^{cm}. Calculer la formule la plus simple que l'on puisse attribuer au composé, formule qui sera adoptée comme formule moléculaire. — 2° La chaleur dégagée dans la réaction est 3^c,605. Calculer la chaleur de formation de l'explosif à partir de ses éléments :

$$\begin{aligned}
C + O^2 &= CO^2 \quad + 94^c \\
H^2 + O &= H^2O \text{ liq.} + 69^c
\end{aligned}$$

— 3° Calculer la température théorique de la réaction : on admettra que la chaleur moléculaire à volume constant d'un gaz peut être mise sous la forme $P.c = a + bt$, dans laquelle $a = 0{,}0048$, $b = 0{,}000\,002$ pour les gaz diatomiques; $a = 0{,}0062$, $b = 0{,}000\,005$ pour les gaz triatomiques. — 4° Le volume de la bombe étant 500^{cmc}, calculer la pression théorique au moment de la détonation. (1897.)

VII. — Pour déterminer la chaleur de formation du gaz *phosphure d'hydrogène*, on fait arriver le gaz bulle à bulle dans un excès de brome. Le brome recouvert d'une épaisse couche d'eau est placé dans un tube de verre immergé dans l'eau d'un calorimètre. — Le dégagement de chaleur observé est 1^c,452; l'augmentation de masse du tube à brome est 0^{gr},194. — La quantité de chaleur dégagée dans l'oxydation complète de l'atome de phosphore P = 31^{gr} est 202^c,7 en présence d'un excès d'eau. — D'autre part on donne

$$\begin{aligned}
H + Br \text{ liq.} &= HBr \text{ diss.} + 29^c,5 \\
H^2 + O &= H^2O \text{ liq.} \quad + 69^c
\end{aligned}$$

(1896.)

VIII. — On chauffe 12^{gr},400 de phosphore avec un excès d'hydrate de baryum dissous dans l'eau. On admet qu'il ne se produit ni hydrogène libre, ni acide phosphorique, et que le gaz dégagé contient les 0,9 de sa masse d'*hydrogène phosphoré* liquide. — Après dissolution du phosphore, le liquide est traité par un courant de gaz carbonique en excès et filtré. — A cette solution on ajoute de l'acide sulfurique dilué tant qu'il se forme un précipité. On filtre de nouveau, on lave et on sèche le précipité. — Dans la dernière liqueur filtrée on fait passer un courant de chlore en excès, puis on évapore et on calcine en s'arrêtant avant la volatilisation du produit solide. — On demande : 1° le poids du précipité donné par l'acide sulfurique; 2° la nature et le poids du produit contenu dans le liquide séparé de ce précipité; 3° le poids de chlore utilisé par cette dissolution; 4° la nature et le poids du produit obtenu après évaporation et calcination. — Ba = 137 (1891.)

IX. — L'action de l'eau sur une molécule de *trichlorure de phosphore* dégage $63^c,6$; celle de la potasse étendue sur une molécule de trichlorure de phosphore dégage $132^c,4$; celle de la potasse étendue sur une molécule d'acide chlorhydrique étendu dégage $13^c,7$. — On demande la chaleur de formation à l'état dissous du phosphite bipotassique à partir de l'acide dissous et de la base dissoute. (1890.)

X. — Déterminer la chaleur de formation de l'*acide phosphorique* dissous à partir de l'acide phosphoreux dissous et de l'oxygène, à l'aide des données suivantes : — Dans un calorimètre en platine qui contient 540^{gr} d'eau de brome à 17°,2 on ajoute 3^{gr} d'acide phosphoreux cristallisé. La température atteint en quelques secondes son maximum 21°,72. La valeur du calorimètre en eau est 6^{gr}. — La chaleur de dissolution de l'acide phosphoreux dans un excès d'eau est $-0^c,13$. — La chaleur de formation de l'acide bromhydrique dissous à partir du brome, de l'hydrogène et de l'eau est $+29^c,5$. — La chaleur de formation de l'eau est $+69^{c}$ (1899.)

XI. — On fait les 2 expériences suivantes :

1° Sous une cloche renversée sur une petite quantité d'eau, on fait brûler complètement $0^{gr},310$ de phosphore au contact d'un excès d'oxygène. On lave bien la cloche pour faire passer dans l'eau le produit total de la combustion. On obtient ainsi une liqueur A qui n'a pas été chauffée.

2° On fait passer une étincelle dans une éprouvette eudiométrique qui repose sur un cristallisoir contenant de l'eau et qui renferme un mélange d'hydrogène sulfuré et d'*hydrogène phosphoré* en présence d'un excès convenable d'oxygène. Les produits de la combustion après lavage de l'éprouvette se dissolvent dans l'eau. On traite par un courant de chlore la liqueur étendue ainsi préparée. Puis on la porte à l'ébullition pendant quelques instants. Après refroidissement, on obtient la liqueur B.

La liqueur C résultant du mélange de A et de B est partagée en 2 parties égales. On neutralise la 1re partie en présence d'hélianthine avec 115^{cmc} d'une liqueur de soude renfermant $\frac{1}{10}$ de molécule par litre; la 2e partie en présence de phénolphtaléine avec 180^{cmc} de la même liqueur. Enfin une solution de chlorure de baryum contenant $\frac{1}{10}$ de molécule par litre achève de donner un précipité dans la 1re moitié, acidulée de nouveau par l'acide chlorhydrique, quand on y a versé 10^{cmc} de chlorure de baryum.

1° Quel est le volume de gaz sulfhydrique contenu dans le mélange supposé ramené à 0° et à 760^{mm}? — 2° Sous quelle forme se trouvent dans C au moment du titrage les produits venant de A? — 3° Quel était le volume d'hydrogène phosphoré à 0° et à 760^{mm}? (1900.)

XII. — Pour déterminer la chaleur de formation de l'*arséniure d'hydro-*

gène, on fait arriver bulle à bulle le gaz dans un excès de brome. Le brome recouvert d'une épaisse couche d'eau est placé dans un tube de verre immergé dans l'eau d'un calorimètre. — Le dégagement de chaleur observé est $1^c,064$, et l'augmentation de poids du tube à brome est $0^{gr},390$. — La quantité de chaleur dégagée dans l'oxydation complète de l'atome d'arsenic $As = 75^{gr}$ est $112^c,7$ en présence d'un excès d'eau. — D'autre part on donne pour le calcul :

$$H + Br\ liq = HBr\ diss. + 29^c,5$$
$$H^2 + O = H^2O liq + 69^c.$$

(1896.)

XIII. — On chauffe avec un excès d'acide sulfurique concentré $3^{gr},320$ d'*oxalate neutre de potassium* anhydre. Le produit gazeux de la réaction est dirigé dans une enceinte en verre, close, communiquant, d'une part avec un manomètre à mercure, d'autre part avec un matras en porcelaine vernissée contenant 20^{gr} de chaux vive et 20^{gr} de carbonate de calcium. L'espace total offert aux gaz est $1^l,300$. — On demande quelle sera la force élastique finale, et la composition en masses du gaz, l'enceinte étant maintenue à 0°, et le matras en porcelaine de volume négligeable étant chauffé à 860°. — Tension de dissociation du carbonate de calcium à 860° : 85^{mm}. — $K = 39$. (1890.)

XIV. — On dissout 24^{gr} de brome dans une solution concentrée contenant $16^{gr},8$ d'hydrate de potassium. Le liquide porté à l'ébullition et évaporé à sec donne un résidu que l'on pèse. — Ce résidu calciné à une température élevée dégage un gaz dont on mesure le volume, et laisse un nouveau résidu dont on détermine le poids. — On mélange le gaz recueilli avec celui que l'on prépare en chauffant $27^{gr},6$ d'*acide formique pur* avec un excès d'acide sulfurique, et on fait passer une étincelle dans le mélange gazeux. — Le résidu gazeux est agité avec une dissolution de potasse, et le nouveau résidu gazeux mesuré sec est mélangé avec son volume de chlore, et exposé au soleil. On mesure ensuite le volume du gaz. — On demande : 1° le poids et la composition de chacun des résidus solides; 2° la nature et le volume des diverses masses gazeuses obtenues successivement. — $K = 39$, $Br = 80$. (1893.)

XV. — Un mélange de méthane, d'éthylène, de gaz carbonique et de *siliciure d'hydrogène* occupe 20^{cmc}. Après avoir été traité par la potasse, le volume est réduit à 18^{cmc}. — On ajoute alors à ces 18^{cmc} un volume 50^{cmc} d'oxygène, et on fait détoner le mélange dans un eudiomètre; après cette détonation le volume est 36^{cmc}. — Traités par la potasse ces 36^{cmc} se réduisent à 22^{cmc} qui sont entièrement absorbés ensuite par un bâton de phosphore. — On demande le volume de chacun des gaz du mélange. (1901.)

1896. — Étude des composés hydrogénés du phosphore, de l'arsenic et du silicium.

1897. — Azote. Air atmosphérique. Modes de formation, propriétés chimiques des combinaisons que forme l'azote avec l'hydrogène et avec le chlore.

1898. — Arsenic et ses composés étudiés dans le cours. Analogies de l'arsenic avec le phosphore et l'antimoine.

1899. — Chlore. Acide chlorhydrique. Acide chlorique.

1900. — Phosphore.

1901. — Étude des combinaisons formées seulement d'azote et d'oxygène; préparations et propriétés.

TABLE DES MATIÈRES

LIVRE II

MÉTALLOÏDES MONOVALENTS AUTRES QUE L'HYDROGÈNE

LIVRE III

MÉTALLOÏDES BIVALENTS

LIVRE IV

MÉTALLOÏDES TRIVALENTS ET POUVANT ÊTRE PENTAVALENTS

LIVRE V

MÉTALLOÏDES TÉTRAVALENTS ET BORE

573-02. — Coulommiers. Imp. Paul BRODARD. — 1-03.

575-02. — Coulommiers. Imp. Paul Brodard. — 1-03.

www.ingramcontent.com/pod-product-compliance
Ingram Content Group UK Ltd.
Pitfield, Milton Keynes, MK11 3LW, UK
UKHW020254230726
13925UKWH00001B/35

9 782013 537995